1,4-Butanediol,
Tetrahydrofuran
and Their Derivatives

1,4-丁二醇、四氢呋喃及其工业衍生物

第二版

白庚辛　黄 龙　祝桂香　权 力◎编著

化学工业出版社
·北京·

内容简介

本书是一部全面阐述1,4-丁二醇产业链的著作，系统介绍了1,4-丁二醇(BDO)、四氢呋喃（THF）及其衍生产品γ-丁内酯（GBL)、2-吡咯烷酮、N-甲基吡咯烷酮（NMP)、N-乙烯基吡咯烷酮（NVP)、聚乙烯基吡咯烷酮（PVP)、聚丁二酸丁二醇酯（PBS)、聚对苯二甲酸-己二酸丁二醇酯（PBAT)、聚对苯二甲酸丁二酸丁二醇酯（PBST)、聚丁二酸-己二酸丁二醇酯（PBSA)、聚对苯二甲酸丁二醇酯(PBT)、聚四氢呋喃（PTMEG)、聚氨酯（PU）弹性体及弹性纤维（Spandex）等产品的物化性质、工艺技术、应用及生产消费情况，并对产业链的现状和发展趋势做了有针对性的评述和展望。

本书第二版在原有框架的基础上，结合作者多年的丁二醇产业链技术开发和咨询经验，对第一版内容进行了全面的更新和补充。特别增加了生物技术1,4-丁二醇及其下游产品的发展现状，扩写了丁二醇酯类可生物降解树脂等内容，进一步完善了聚氨酯产业链的产品介绍，体现了产业链最新的技术进展和市场情况。

本书资料翔实，可供石油化工、有机化工、精细化工、高分子化工等领域的研究开发人员、生产技术人员和行业管理人员参考，可作为1,4-丁二醇产业链从业者的工作指南。

图书在版编目（CIP）数据

1,4-丁二醇、四氢呋喃及其工业衍生物 / 白庚辛等编著. -- 2版. -- 北京 : 化学工业出版社，2024. 11.
ISBN 978-7-122-46291-6

Ⅰ. TQ223. 16；TQ251. 1

中国国家版本馆CIP数据核字第2024X58W03号

责任编辑：傅聪智　　文字编辑：王丽娜
责任校对：王　静　　装帧设计：王晓宇

出版发行：化学工业出版社
（北京市东城区青年湖南街13号　邮政编码100011)
印　　装：北京建宏印刷有限公司
710mm×1000mm　1/16　印张30½　字数581千字
2024年11月北京第2版第1次印刷

购书咨询：010-64518888　　售后服务：010-64518899
网　　址：http://www. cip. com. cn
凡购买本书，如有缺损质量问题，本社销售中心负责调换。

定　　价：198. 00元

前言
PREFACE

本书第一版出版于2013年，正值我国1,4-丁二醇、四氢呋喃产业链蓬勃发展的初期。由于作者长期深入参与这一产业链的生产技术研究、技术引进与生产实践，积累了丰富的知识和经验，因此能够精准把握其中的关键与难点。第一版以1,4-丁二醇产业链的全面视角，首次揭示了产业链上下游产品的内在联系、生产技术的发展脉络、各种技术的优缺点，以及国内外产业的发展现状和趋势。第一版中，作者由浅入深，从原理和基础知识到工业生产，从上游到下游，从产能到市场，做了全面介绍，力求为读者呈现一个完整的产业链画卷，便于读者进行深入的思考和决策。

在过去的十年间，我国1,4-丁二醇、四氢呋喃产业链迎来了飞速发展的黄金时期，本书的出版也受到了广泛的欢迎和认可，特别是在企业界产生了深远的影响。在业界的认可和鼓励下，本书荣获2014年中国石油和化学工业优秀出版物奖（图书奖）一等奖。

随着全球1,4-丁二醇、四氢呋喃产业链的巨变，中国已成为全球产业链的中心，产能、产量和市场需求均占据半壁江山以上。中国的1,4-丁二醇产能在2023年后将超过1000万吨/年，继长三角、珠三角之后，将在新疆和内蒙古形成新的产业链生产中心。与此同时，新能源、高速铁路等领域对1,4-丁二醇的需求不断增长，生物质1,4-丁二酸加氢生产1,4-丁二醇技术已实现工业化生产，二氧化碳人工合成淀粉技术也进入中试阶段，为产业链的未来发展注入了新的活力。

为满足企业界人士和广大读者对十年来国内外1,4-丁二醇、四氢呋喃产业链生产技术进步、产能提升、上下游协同发展等方面的了解需求，本书第二版在原有框架的基础上，进行了全面的回顾、更新和补充。特别增加了生物技术1,4-丁二醇及其下游产品的发展现状，扩写了丁二醇酯类可生物降解树脂等内容，进一步完善了聚氨酯产业链的品种介绍。针对当前产业链面临的产能过剩问题，本书还探讨了如何通过加强上下游产品的生产衔接、相互促进、扩大市场和消费来化解产能过剩的局面。

本书第二版由白庚辛、黄龙、祝桂香、权力共同编著。本书编写过程中，得到了中国石油化工股份有限公司北京化工研究院领导和同事们有力的支持和帮助、热情的关怀和鼓励。同时，倍杰特集团股份有限公司权秋红董事长的支持和鼓励以及本书责任编辑的辛勤付出也为本书的出版贡献了重要力量。在此，向他们表示衷心的感谢！

作者衷心希望本书第二版的出版能为从事相关工作的学者、企业界人士提供有价值的参考。受水平和时间所限，加之产业发展迅猛，书中难免存在疏漏和不足之处，恳请读者批评指正！

作者

2024 年 5 月

第一版前言

PREFACE

1,4-丁二醇和四氢呋喃及其下游产品构成的产业链是近十多年来全球产能和产量增长、技术更新、市场扩大和发展最快的行业之一。推动这一产业链发展的原动力是该产业链的终端产品——聚对苯二甲酸丁二醇酯、聚氨酯弹性体和氨纶等需求的快速增长。其源头在亚洲，在中国。中国对聚对苯二甲酸丁二醇酯、聚氨酯弹性体和氨纶等的需求近十多年急剧膨胀式的发展，形成上游促下游、后浪推前浪的独特发展方式，使中国在短短的十多年中，从无到有，从自主研发到技术引进，不同的经济体在发展中相互竞争，相互促进，相互依托，共同发展，使全球这一产业链的中心已从欧美等西方国家和地区转移到中国。我国这一产业链的产能、产量、市场和消费量占到全球总量的1/3～1/2，跃居全球第一，成为引领发展的领头羊。

全球经济经过短期的衰退，又将缓慢起飞之际，这一产业链在全球，特别是我国，无论产能还是市场均已基本饱和，激烈的国内外竞争局面是不可避免的事实，出路和进一步的发展将考验生产者和消费者。

笔者早在“七五”和“八五”期间在化工部北京化工研究院亲身参与1,4-丁二醇、四氢呋喃生产技术的研究开发，“九五”和“十五”期间又参与了其下游产品的生产技术的开发和引进。在参与、关注和目睹我国这一产业链研发、市场、消费和发展的经历后，感触很多，愿将这一产业链的技术、市场、消费和发展的认知完整写出，给同行和后继者以回顾、展望、启迪和思考共勉。

笔者在写作过程中得到了中国石油化工股份有限公司北京化工研究院领导和诸多同事的热情帮助、关怀和指导，在此深表衷心的感谢。

著者

2012年4月

目录

CONTENTS

第一章
1,4-丁二醇

第一节
1,4-丁二醇的物理化学性质

一、1,4-丁二醇的物理性质[1-4]

1,4-丁二醇（1,4-butanediol，tetramethylene glycol，1,4-buthylene glycol）简称丁二醇，缩写为 BDO，分子式为 $C_4H_{10}O_2$，结构式为 $HOCH_2CH_2CH_2CH_2OH$，分子量为 90.12。常温常压下为无色、有刺激性气味的油状黏稠液体。相对密度 1.017，熔点 20.2℃，沸点 228℃。在空气中有较强的吸湿性，易溶于水、乙醇、丙酮、乙二醇醚等，微溶于乙醚，几乎不溶于脂肪烃、芳烃、氯代烃等溶剂。其主要物理性质见表 1-1。

表 1-1 丁二醇的主要物理性质

性质	数值	性质	数值
熔点/℃	20.2	比热容/[kJ/(kg·K)]	2.2
沸点/℃		20℃	2.46
101.3kPa	228	50℃	2.9
13.3kPa	171	100℃	3.33
1.33kPa	123	150℃	
0.133kPa	86	蒸发潜热/(kJ/mol)	68.2
密度/(g/cm^3)		131.4℃	59.4
20℃	1.017	193.2℃	57.8
25℃	1.015	215.6℃	56.5
临界压力/MPa	4.12	230.5℃	
临界温度/℃	446	热导率/[W/(m·K)]	0.2100
折射率		30℃	0.2091
20℃	1.4460	50℃	0.2083
25℃	1.4446	70℃	0.2096
蒸气压/kPa		100℃	
60℃	0.031	黏度/mPa·s	91.56
100℃	0.43	20℃	71.5
140℃	4.08	25℃	31.4
180℃	21.08	介电常数(20℃)	44.6
200℃	41.5	表面张力(20℃)/(mN/m)	
燃烧热/(kJ/mol)	2585	闪点(开杯)/℃	21

二、1,4-丁二醇的化学性质[1-4]

1,4-丁二醇的分子结构为含有四个亚甲基的直链饱和二元醇，因此具有直链二元醇的一般通性，其化学反应主要由两个伯羟基确定。首先，BDO可进行氧化反应。如果采用V_2O_5等催化剂，进行气相催化氧化可以得到90%产率的马来酸酐，在水溶液中液相催化氧化可以得到1,4-丁二酸（1,4-butanedioic acid，butane diacid），又名琥珀酸（succinic acid，简称丁二酸，SA）：

$$2HOCH_2CH_2CH_2CH_2OH + 5O_2 \xrightarrow[\text{催化剂}]{\text{气相}} 2\ \text{(马来酸酐)} + 8H_2O$$

$$HOCH_2CH_2CH_2CH_2OH + 2O_2 \xrightarrow[\text{催化剂}]{\text{液相}} HO\underset{\underset{O}{\|}}{C}CH_2CH_2\underset{\underset{O}{\|}}{C}OH + 2H_2O$$

在较高温度及酸性催化剂存在下，BDO脱去一分子水，环化生成四氢呋喃（tetrahydrofuran，简称THF），THF是BDO最重要的工业衍生物之一；如果脱去两分子水，就生成1,3-丁二烯，这是最初工业生产BDO的重要用途：

$$HOCH_2CH_2CH_2CH_2OH \longrightarrow \text{(四氢呋喃)} + H_2O$$

$$HOCH_2CH_2CH_2CH_2OH \longrightarrow CH_2{=}CH{-}CH{=}CH_2 + 2H_2O$$

1,4-丁二醇易进行酯化反应，采用非酸性催化剂进行酯化及酯交换反应，可以减少或避免其脱水环化反应的进行。BDO与羧酸进行酯化反应生成羧酸酯，例如与对苯二甲酸进行酯化反应，首先生成对苯二甲酸二丁二醇酯，然后再进行缩聚反应，可以生成线型结晶的热塑性聚对苯二甲酸丁二醇酯（polybutylene terephthalate，简称PBT）。PBT是一种性能优良的工程塑料。当在高度稀释的条件下制造BDO的碳酸酯时，也会形成一些环酯，在较浓的溶液中反应时得到聚合产品。

在温和的条件下，BDO与异氰酸酯进行加聚反应，得到异氰酸酯的聚合物，也称聚氨酯（polyurethane，简称PU），这是另一类用途广泛的衍生物：

$$n\,HO{+}CH_2{+}_4OH + n\,OCN{-}R{-}NCO \longrightarrow {+}O{+}CH_2{+}_4O{-}\overset{\overset{O}{\|}}{C}{-}NH{-}R{-}NH{-}\overset{\overset{O}{\|}}{C}{+}_n$$

上式中的R代表烷基或芳基，n代表分子数或分子中链段的重复次数。

在铜-锌-铝等催化剂存在下，BDO脱氢生成4-丁内酯，又名γ-丁内酯（gamma-butyrolactone，简称GBL），这又是BDO的一种重要衍生物，是优良的有机高沸点溶剂和有机合成中间体，由它可以合成一系列精细化工产品。

$$HOCH_2CH_2CH_2CH_2OH \longrightarrow \text{(γ-丁内酯)} + 2H_2$$

在镍或钴催化剂和氢气存在下，约200℃，BDO和氨或胺反应得到吡咯烷或其衍生物。例如与甲胺反应，可得到N-甲基吡咯烷（N-methylpyrrolidine），反应方程如下：

$$HOCH_2CH_2CH_2CH_2OH + CH_3NH_2 + H_2 \longrightarrow \text{(吡咯烷环)}N\text{—}CH_3 + 2H_2O$$

在酸性催化剂存在下，BDO和硫化氢反应生成四氢噻吩。在汞盐催化剂的作用下，BDO和乙炔一起加热生成一种七元环的缩醛，和醛或醛的衍生物反应也生成七元环缩醛（1,3-二氧杂环庚烷）或线型缩醛。在羰基镍存在下，BDO和两个一氧化碳分子发生加成反应生成己二酸。

BDO的这些化学性质构成了其一系列衍生物生产和应用的基础。BDO属于低毒性的化学品，对皮肤没有刺激和过敏作用，由于其蒸气压较低，吸入的毒性也较小。大鼠、豚鼠的LD_{50}是1525mg/kg。但是大量吸入，会引起肾、肝的病变，当直接大量饮用时，开始会出现麻醉，继而会因中枢神经麻痹而死亡。

第二节 1,4-丁二醇生产技术的发展历程[4-8]

1,4-丁二醇是一种重要的精细化工产品，1890年Dekker用稀硫酸溶液水解N,N-二硝基-1,4-丁二胺时首次制得BDO，之后通过丁二醛或丁二酸加氢还原、1,4-二氯丁烷皂化水解等方法也同样能制得。BDO真正实现工业化生产则迟了50多年，虽然已开发出数种以石油化工产品为原料的技术，但炔醛法仍是全球BDO工业生产装置采用的主要技术。促进BDO产能提高和新技术出现的动力永远是下游产品需求的增加、产业链的扩大。纵观BDO生产技术80多年来的发展历程，可分为以下几个阶段。

1. 初创期

在合成橡胶工业对原料1,3-丁二烯需求的刺激下，1943年，德国BASF公司的前身，德国Farben公司的W. Reppe等人在研究以乙炔为原料合成一系列醇、醚和二元醇类化合物时，首次以乙炔为原料，在乙炔铜催化剂的作用下和甲醛反应，生成2-丁炔-1,4-二醇（2-butyne-1,4-diol，也称1,4-丁炔二醇，简称丁炔二醇或BYD），进一步加氢生成BDO，从而实现了BDO的工业化生产，这种炔醛法工艺被命名为Reppe法。最初，开发BDO工业生产技术是为了将其进一步脱水，生产合成橡胶用的1,3-丁二烯。当时Reppe法产业化是建立在煤化工发展的基础上，即由煤制成焦炭，在电炉中焦炭与石灰石反应制成电石，煤制成合成气合成甲醇，在由电石生产乙炔、甲醇氧化生产甲醛的基础上合成BDO。到

20世纪50年代初，全球BDO的产能已超过10万吨/年。

2. Reppe法的改进发展期

最初采用Reppe法合成BDO的生产过程中，乙炔需要加压，催化剂乙炔铜易引起爆炸，存在生产安全问题，这成为Reppe法生产装置扩大、BDO产能增长和进一步发展的障碍。美国GAF公司（简称GAF）、DuPont公司（简称DuPont），德国BASF公司（简称BASF）开发的Reppe技术，以及后来经德国Linde公司和韩国SK公司合作开发成功的低压Reppe法等新工艺，对Reppe法生产BDO技术的发展和装置大型化起到关键的作用，使Reppe法不再完全依赖于传统的煤化工，转而采用廉价的来自石油化工的原料生产；使Reppe法的发展更加灵活和经济，为传统Reppe法增添了竞争力，延续了Reppe法的存在和发展。

与此同时，1959年美国DuPont开发成功Spandex弹性纤维（我国称为氨纶），这种纤维是由THF聚合生成的聚四氢呋喃（聚四亚甲基醚二醇，也称聚醚二元醇，polytetramethylene ether glycol，简称PTMEG）与异氰酸酯合成的。最初THF来源于农副产品甘蔗渣、玉米芯等水解制成的糠醛，糠醛脱羰基生成呋喃，再经加氢制成THF。这种生产路线过程长、效率低，远远不能满足Spandex弹性纤维生产的需要。在THF需求的刺激下，BDO脱水环化生产THF成为首选，这大大刺激了BDO产能的增加和生产技术的发展，到1970年BDO的全球产能已接近40万吨/年。

3. 石油化工原料BDO生产技术的发展期

20世纪50年代以后，由THF、PTMEG、PBT、*N*-甲基吡咯烷酮(NMP)、GBL等构成的BDO产业链初步形成并逐渐扩大，对BDO的市场需求逐步上升。与此同时石油化工兴起和发展，廉价丰富的石化产品为BDO发展提供了丰富多样的原料，打破了立足煤化工的Reppe法原料单一的局限性，促使多种石油化工原料BDO生产技术开发成功。

① 1970年，日本Mitsubishi公司首先开发成功以1,3-丁二烯为原料，经乙酸乙酯化、加氢、水解三步合成BDO，副产THF的技术。1,3-丁二烯来源于乙烯装置副产，Mitsubishi法在日本实现了工业化生产。

② 1990年，另一项石油化工BDO生产技术由ARCO（现在的LyondellBasell）公司开发成功。这是一家在环氧丙烷（propylene oxide，简称PO）及其衍生物业务中有很强影响力的公司，他们以PO为原料生产BDO来开拓自己的市场地位，这使得他们能够利用比乙炔更便宜的PO，与他们的PO衍生物技术集成。该技术首先将PO异构化为烯丙醇，烯丙醇甲酰化为4-羟基丁醛，后者加氢成BDO。

这项技术结合了铑磷甲酰化催化剂的使用，1990 年第一套工业装置建于美国得克萨斯州，产能为 5.5 万吨/年，2014 年扩大到 7.7 万吨/年。

③ 20 世纪 90 年代初，Davy 公司开发了以马来酸酐(maleic anhydride，又名顺丁烯二酸酐、顺酐，简称 MA) 为原料生产 BDO 的技术。Davy 公司隶属于 Johnson Matthey Davy 技术有限公司，因此该法又称为 Johnson Matthey Davy 马来酸酐 BDO 工艺。最初采用 MA 经乙酯化再加氢生成 BDO，现改进为以马来酸二甲酯加氢生成琥珀酸二甲酯中间体，然后再加氢转化成 BDO 及副产品 THF。第一批技术授权于日本川崎的 Tonen 石化公司(2001 年已关闭)和韩国蔚山的新石化公司(现在的韩国 PTG 公司)。这两家公司将该技术与丁烷氧化制 MA 技术集成为以丁烷为原料生产 BDO、THF 和 GBL 技术，其中包括集成的流化床氧化的 MA 技术单元。规模为每年生产能力为 3 万吨 MA、2 万吨 BDO 和 1 万吨 THF。

④ BP/Lurgi Geminox® 丁烷流化床氧化技术：20 世纪 90 年代中期，英国石油公司 (BP) 与 Lurgi 公司合作，开发出丁烷流化床氧化制 MA，MA 直接加氢成 BDO 技术，称为 BP/Lurgi Geminox® BDO 技术。1997 年在美国俄亥俄州利马建立 BDO 工厂。现在该技术属于 Ashiland 公司所有。

⑤ DuPont-移动床技术：在 20 世纪 90 年代，DuPont 公司采用新的移动床技术将丁烷氧化为 MA，MA 可回收成马来酸，不经分离和提纯，直接加氢为 BDO 和 THF。1997 年该技术被西班牙的 Gijon 公司采用，建成 4.5 万吨/年 THF 装置。2004 年装置被 Koch 工业公司收购，该装置现已停产。

⑥ 中国台湾 Dairen 化学公司 (DCC) 在 1998 年以烯丙醇为原料，经氢甲酰化然后加氢成 BDO。DCC 成为第一家采用自己技术在高雄市的塔发工厂生产 BDO 的台湾本地生产商。2002 年 8 月，第二个产能为 10 万吨/年的装置在塔发工厂投产。随后，台湾将原 3 万吨装置的产能扩大到 3.6 万吨，2004 年搬迁到江苏省仪征市。

4. 2000 年后至今 BDO 产能的迅速扩张期

21 世纪始，BDO 产业链的扩大，特别是 Spandex 弹性纤维、聚氨酯弹性体 (TPU)、PBT 等生产需求的快速增长，中国 BDO 产能从无到有，迅速崛起，进一步促进了全球 BDO 产能、产量快速上升。其标志为：

① 新建装置全部采用石化产品丙烯、丁烷、MA、PO 等为原料，中国大部分 Reppe 法装置已由电石乙炔转为天然气甲烷乙炔。

② 新建单套装置 BDO 产能扩大到 10 万吨/年以上；新建装置大部分都采用 BDO、THF 和其他衍生物联合生产的经营方式。

③ 北美、西欧产能和消费增长缓慢，全球的增长几乎全部来自亚洲，主要是中国。

全球2020年BDO产能为370多万吨/年，中国产能为230万吨/年，约占全球产能的62%。在聚丁二酸丁二醇酯［poly(1,4-butylene succinate)，简称PBS］等BDO酯类可生物降解树脂需求增加的刺激下，中国实施的和计划再建的BDO装置产能已在千万吨/年以上，产能将会超过市场需求。

需要关注的是20世纪90年代初，在全球减少对煤炭、石油等化石能源的依赖，节能减排，减少二氧化碳排放，环境友好生产的大环境下，日益扩大的BDO产业链究竟如何进一步发展，这是面临的一个现实问题。在此大背景下，美国一些生物技术公司利用基因工程改造的大肠杆菌发酵淀粉、葡萄糖等，获得了琥珀酸等制取BDO的前驱体，进一步化学转化就可得到生物基BDO、THF等，从试点已进入商业规模的发展时期。此外，二氧化碳人工合成淀粉技术已进入中试阶段。虽然生物基BDO生产技术还有许多技术难题需要进一步研究开发，需要进行经济评估，但还是给这一产业链的发展带来了希望（详见本章第五节）。

第三节 1,4-丁二醇的炔醛法生产技术[9-46]

一、炔醛法生产技术原理

1. 炔醛法的基本反应过程

炔醛法也称为Reppe法，主要工艺过程分为两步：第一步乙炔在铜催化剂的作用下和一分子甲醛进行加成反应生成丙炔醇，丙炔醇再与一分子甲醛进行加成反应生成2-丁炔-1,4-二醇（BYD）；第二步BYD经两段催化加氢反应生成BDO。其化学反应方程式如下：

（1）乙炔和甲醛的加成反应

$$\mathrm{CH{\equiv}CH + HCHO \longrightarrow \underset{丙炔醇}{CH{\equiv}CCH_2{-}OH}}$$

$$\mathrm{CH{\equiv}CCH_2{-}OH + HCHO \longrightarrow \underset{2\text{-}丁炔\text{-}1,4\text{-}二醇}{HO{-}CH_2C{\equiv}CCH_2{-}OH}}$$

$$\mathrm{CH{\equiv}CH + 2HCHO \longrightarrow HO{-}CH_2C{\equiv}CCH_2{-}OH} \qquad -100.5\mathrm{kJ/mol}$$

（2）丁炔二醇加氢反应

$$\mathrm{HO{-}CH_2C{\equiv}CCH_2{-}OH + H_2 \longrightarrow \underset{2\text{-}丁烯\text{-}1,4\text{-}二醇}{HO{-}CH_2CH{=}CHCH_2{-}OH}} \qquad -154.8\mathrm{kJ/mol}$$

$$\mathrm{HO{-}CH_2CH{=}CHCH_2{-}OH + H_2 \longrightarrow \underset{1,4\text{-}丁二醇}{HO{-}CH_2CH_2CH_2CH_2{-}OH}} \qquad -96.3\mathrm{kJ/mol}$$

(3) 主要副反应

$$CH\equiv CCH_2-OH + 2H_2 \longrightarrow CH_3CH_2CH_2-OH$$

正丙醇

$$n\ CH\equiv CH \longrightarrow \text{多种乙炔大分子量的低聚物}$$

$$HO-CH_2CH=CHCH_2-OH \xrightarrow{\text{异构化}} HO-CH_2CH_2CH_2CHO$$

γ-羟基丁醛

2. 乙炔、甲醛加成反应原理和影响因素

(1) 乙炔和甲醛加成反应催化剂的活性组分和载体

乙炔和甲醛加成反应采用的催化剂大多以铜作为主要活性组分，以铋为助催化剂，可以制成有载体型和无载体型两种。常用的载体有 SiO_2、SiO_2-MgO、Al_2O_3、分子筛、尖晶石、浮石、活性炭等。有载体型催化剂采用载体浸渍活性组分铜和铋的水溶性盐溶液法制造。固定床用的催化剂一般为直径 3～5mm、长 5～10mm 的柱状体，淤浆床采用 0.1～2mm 的细颗粒催化剂。催化剂的铜含量为 20%左右，铋含量为 2%～3%。当铜含量由 13%增加到 26%时，催化剂的活性成倍增加。在使用前首先将催化剂置于甲醛溶液中，在 60～100℃，通入 0.1～0.15MPa 的乙炔气体进行活化约 10h，使活性组分铜转化为乙炔铜。采用淤浆床反应器时，反应介质中催化剂含量为 5%～15%。在炔化反应过程中活性组分铜有可能还原成零价金属铜，金属铜会促进乙炔进行聚合副反应，而铋的加入可以阻止铜的还原。

(2) 反应液 pH 值的影响

在炔化反应过程中，由于存在甲醛易生成甲酸的副反应，故反应液 pH 值会下降，反应液 pH 值的大小，即其酸、碱性直接影响甲醛的转化率和丁炔二醇的选择性。当反应液的 pH 值较小时，有利于丙炔醇的生成，而不利于丙炔醇继续与甲醛反应生成丁炔二醇的反应，因此选择性下降。试验证明，反应液的 pH 值偏离中性都会使甲醛的转化率下降，一般维持反应液的 pH 值在 6～6.5 可以得到 97%的甲醛转化率和最高的 BYD 产率，丙炔醇产率一般保持在 2%以下。

(3) 乙炔分压的影响

Kale 和 Chaudhari 等认为在炔化反应过程中乙炔分压存在一个临界值，当低于此值时，催化剂上未能吸附使催化剂具有催化活性的足够量的乙炔，因此炔化反应速率低；当高于此值时，反应速率与乙炔分压无关。徐邦澄等采用直径 0.1mm 的催化剂得出乙炔分压的临界值为 0.1MPa，当低于此值时，无论反应液的 pH 值大小，丙炔醇在反应液中的含量基本保持为零。说明当乙炔分压低于临界值时，主要使生成丙炔醇的第一步炔化反应速率变慢，从而使总反应速率降低。

（4）反应液中甲醛初始浓度的影响

Kale 和 Chaudhari 等通过改变甲醛反应初始浓度，发现反应速率与甲醛浓度呈非线性关系，表观反应级数为 0.4；反应速率常数随甲醛初始浓度的降低而增大；温度越高，甲醛初始浓度的影响越小。因此在实践中要权衡反应速率常数、反应温度和甲醛初始浓度三者之间的变化规律，以得到较高的 BYD 收率。

（5）反应温度的影响

乙炔和甲醛加成反应是一放热的气、液、固三相反应，温度低虽然有利于加大乙炔在反应液中的溶解度，但因反应速率慢而不利于转化。温度过高，反应速率虽然加快，但因乙炔溶解度的减小、催化剂活性组分铜的流失、催化剂催化活性的降低和副反应的增多而降低了丁炔二醇的转化率。试验证明当反应温度为 90℃时能得到较好的反应结果。

（6）乙炔和甲醛加成反应动力学

徐国文等采用粒径 $(1.2\sim1.8)\times10^{-4}$m 的铜-铋催化剂，在反应温度 70～90℃、乙炔分压 0.08～0.23MPa、催化剂含量 70kg/m³、甲醛浓度 2.0～10.0kmol/m³ 的条件下，测定了气、固、液三相淤浆床反应器炔化过程的反应动力学，甲醛的反应速率表达式如下：

$$R=\omega\times3.72\times10^{20}\exp(-187200/T)c_F^{0.9}p_A^n$$

式中 p_A——乙炔分压，MPa，当 $p_A\geqslant0.18$MPa 时 $n=0$，当 $p_A<0.18$MPa 时 $n=1.4$；

R——甲醛的反应速率，kmol/(m³·h)；

ω——催化剂含量，kg/m³；

c_F——甲醛浓度，kmol/m³；

T——反应温度，℃；

n——乙炔的反应级数。

同样，徐邦澄等在温度 80～95℃，乙炔分压 0.16MPa，甲醛浓度 1～13mol/L 的反应介质，以硅-铝-镁氧化物为载体的粒径 0.1mm 的铜-铋催化剂，催化剂浓度 10～100g/L 的反应条件下，试验归纳出幂函数表观动力学方程如下：

$$\gamma=1.45\times10^2e^{-11.050/1.987T}c_{F_0}^{-0.829}c_Fc_A^{\beta}$$

式中 c_A——乙炔浓度，mol/L；

c_F——甲醛浓度，mol/L；

γ——以甲醛浓度表示的反应速率，mol/L；

c_{F_0}——甲醛的初始浓度，mol/L；

β——化学反应级数。

当乙炔分压为 0.01MPa 时，$\beta=0$。但受甲醛溶剂化效应的影响，反应速率常数随甲醛浓度的降低而增大。同样条件下，当甲醛水溶液浓度>4.5mol/L 时，反应动力学方程为：

$$\gamma = kc_F/(1+K_F c_F)$$

式中 K_F——甲醛吸附平衡常数；

k——反应速率常数。

反应过程受丁炔二醇脱附控制，其中 K_F 值随甲醛水溶液初浓度的升高而增大。甲醛水溶液浓度<4.5mol/L 时，反应动力学方程为：

$$\gamma = kc_F/(1+K_B c_B)$$

式中 K_B——丁炔二醇吸附平衡常数；

c_B——丁炔二醇浓度，mol/L。

反应为甲醛吸附控制，K_B 值与甲醛浓度无关。

3. 丁炔二醇加氢反应的原理及影响因素[46-48]

(1) 丁炔二醇加氢催化剂

BYD 加氢过程都是以其 35%～40%的水溶液为原料，分两段以气-液-固三相床进行。一段加氢反应的温度一般为 60～70℃，压力 1.5～3MPa，多采用 Raney-Ni、Pd-C、Pd-Al_2O_3 催化剂，淤浆床或悬浮床反应器；二段加氢反应一般在 120～160℃，10～30MPa 压力下进行，一般采用负载型催化剂，载体主要是氧化铝，活性组分有镍、铜、镁以及贵金属钯等，反应器采用气-液-固三相滴流床，可以得到高纯度 BDO 产品。

(2) 加氢原料中杂质的去除

乙炔和甲醛反应生成的 BYD 水溶液经蒸馏脱除未反应甲醛及重组分后呈酸性，需要用氢氧化钠水溶液调成中性。其中尚含有钠、镁、钙等金属离子和甲酸根、乙酸根，甚至还含有硅酸根离子，这些离子的存在量虽然只有几十或数百微克每毫升的微量，但会影响最终 BDO 的质量，影响 BYD 加氢催化剂的活性和寿命，需要在加氢反应前进一步脱除，脱除这些离子的有效方法是采用相应的离子交换树脂。脱除金属阳离子采用含有氢离子的阳离子交换树脂，例如由 Rohm and Haas 公司生产的 Amberlite IR-12 及 Amberlite-200 型树脂。脱除甲酸根和乙酸根阴离子需要采用含羟基的弱碱或强碱型离子交换树脂，例如由 Rohm and Haas 公司生产的 Amberlite IRA-47 及 Amberlite IRA-93 树脂。如果存在硅酸根离子，则需要经第三个强碱型阴离子交换树脂，例如由 Rohm and Haas 公司生产的 Amberlite IRA-400 树脂。经过离子交换树脂后 BYD 水溶液含上述不同离子的量可降至 1～3μg/mL。

(3) 丁炔二醇加氢反应机理及反应动力学

BYD 催化加氢是一个复杂的反应过程，了解其反应步骤，有利于提高其转化率及选择性。Setrak Tannielyan 采用 Raney-Ni 催化剂、搅拌釜间歇淤浆床反应器，对 BYD 加氢过程进行了研究，发现整个反应过程存在三个反应特征阶段，即 A、B、C 三阶段，如图 1-1 所示。

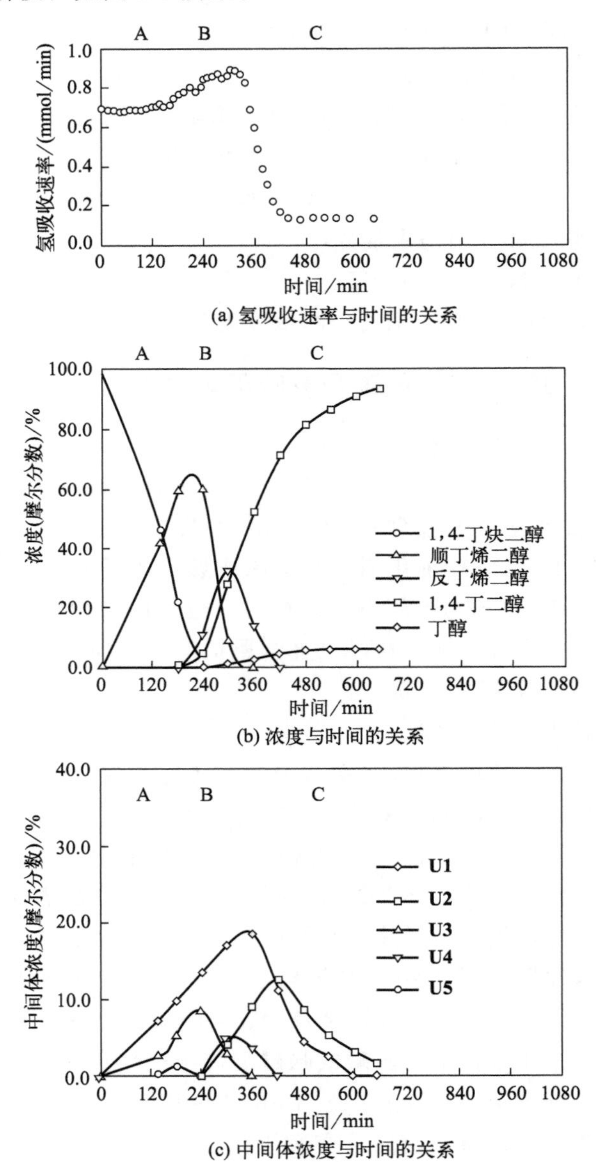

图 1-1 丁炔二醇加氢过程各组分随反应时间变化图

反应条件：采用 RN1-32（BET 表面积 $32m^2/g$），反应温度 70℃，压力 1000psi（1psi=6894.76Pa，余同），丁炔二醇水溶液 pH=8.9，浓度 3.09mmol/mL，40mL，催化剂用量 9.6g，搅拌转速 1900r/min

如图 1-1 所示，加氢反应的 A 段为反应的起始阶段，催化剂被强烈吸附的 BYD 所饱和，主要进行的反应是 BYD 加氢生成顺丁烯二醇的反应；随着 BYD

浓度迅速降低，消耗已尽，顺丁烯二醇的浓度迅速上升并达到最高值，一些生成微量杂质的副反应也开始启动，则加氢反应进入 B 阶段。也即 A 阶段进行的主要化学反应为 BYD 加氢生成顺丁烯二醇，少量顺丁烯二醇异构化为 γ-羟基丁醛，而 γ-羟基丁醛与 BDO、顺丁烯二醇、反丁烯二醇、BYD 及自身进行醇醛缩合，生成一系列 **U1～U5** 的半缩醛化物，这些反应方程表示如下：

① $\underset{\text{丁炔二醇}}{HO-H_2C-C\equiv C-CH_2-OH} + H_2 \longrightarrow \underset{\text{顺丁烯二醇}}{HO-H_2C-HC=CH-CH_2-OH}$

② $HO-H_2C-HC=CH-CH_2-OH \xrightleftharpoons{\text{异构化}} \underset{\gamma\text{-羟基丁醛}}{HO-CH_2CH_2CH_2-CHO}$

③ $HO-CH_2CH_2CH_2-CHO + HO-CH_2CH_2CH_2CH_2-OH \longrightarrow \underset{\mathbf{U2}}{HO-CH_2CH_2CH_2-CH(OH)-O-CH_2CH_2CH_2CH_2-OH}$

④ $HO-CH_2CH_2CH_2-CHO + HO-CH_2-CH=CH-CH_2-OH \longrightarrow \underset{\mathbf{U3}}{HO-CH_2CH_2CH_2-CH(OH)-O-CH_2-CH=CH-CH_2-OH}$

⑤ $HO-CH_2CH_2CH_2-CHO + HO-CH_2-CH=CH-CH_2-OH \longrightarrow \underset{\mathbf{U4}}{HO-CH_2CH_2CH_2-CH(OH)-O-CH_2-CH=CH-CH_2-OH}$

⑥ $HO-CH_2CH_2CH_2-CHO + HO-CH_2C\equiv CCH_2-OH \longrightarrow \underset{\mathbf{U5}}{HO-CH_2CH_2CH_2-CH(OH)-O-CH_2C\equiv CCH_2-OH}$

⑦ $HO-CH_2CH_2CH_2-CHO \longrightarrow \underset{\mathbf{U1}}{\gamma\text{-丁内酯}} + H_2$

在 B 阶段主要组分为顺丁烯二醇，经两条途径加氢生成 BDO：其一是顺丁烯二醇直接加氢为 BDO；其二是顺丁烯二醇异构为反丁烯二醇，再加氢为 BDO，这是主要反应。在 B 阶段主要的副反应是反丁烯二醇异构为 γ-羟基丁醛、加氢脱水生成正丁醇，随着 γ-羟基丁醛生成量的增加，生成半缩醛等一些副反应速率明显加快，副产品的含量也明显增多。B 阶段的主要反应如下：

① HO—CH_2—CH═CH—CH_2—OH（顺丁烯二醇）$\underset{}{\overset{\text{异构化}}{\rightleftharpoons}}$ HO—CH_2CH═CHCH_2—OH（反丁烯二醇）$\xrightarrow{+H_2}$ HO—$CH_2CH_2CH_2CH_2$—OH

顺丁烯二醇 $\xrightarrow{+H_2}$ HO—$CH_2CH_2CH_2CH_2$—OH

② HO—CH_2CH═CHCH_2—OH（反丁烯二醇）$\xrightarrow{\text{异构化}}$ HO—$CH_2CH_2CH_2$CHO

反丁烯二醇 $\xrightarrow{+H_2}$ $CH_3CH_2CH_2CH_2$—OH＋H_2O

在加氢的 C 阶段，剩余的反丁烯二醇全部加氢成 BDO，γ-羟基丁醛也缓慢地加氢生成 BDO，一些微量半缩醛也相应进行加氢或氢解反应，正丁醇成为唯一的副产品。C 阶段的主要反应如下：

① HO—CH_2CH═CHCH_2—OH $\xrightarrow{+H_2}$ HO—$CH_2CH_2CH_2CH_2$—OH＋H_2O

$\overset{\text{异构化}}{\rightleftharpoons}$ HO—$CH_2CH_2CH_2$CHO

$\xrightarrow{+H_2}$ $CH_3CH_2CH_2CH_2$—OH＋ H_2O

② HO—$CH_2CH_2CH_2$CHO $\xrightarrow{+H_2}$ HO—$CH_2CH_2CH_2CH_2$—OH

从图 1-1（a）中丁炔二醇加氢反应过程中氢气吸收速率的变化可以发现，在 A、B 阶段，氢气吸收速率很快，说明加氢生成顺丁烯二醇较快；但随着顺丁烯二醇生成量的增加，其异构为 γ-羟基丁醛反应速率加快，导致生成 **U** 类杂质的副反应反应速率也相应加快。这些副反应不消耗氢气，因此 C 阶段氢气的吸收速率变慢。而 γ-羟基丁醛含量又是影响 BDO 质量的重要指标，要求在 5μg/mL 以下，因此成为整个加氢过程的控制步骤。这也是工业生产中 BYD 的加氢过程采用两段加氢，而二段加氢的反应条件、对催化剂活性要求更为苛刻的原因所在。

R. V. Chaudhari 和华萱采用钯-碳和钯-氧化铝催化剂，在淤浆床反应器中对 BYD 进行加氢，也得到类似于 Setrak Tannielyan 的结论，给出了不同反应条件下的各步反应的速率常数 k 和活化能数据，并推导出相应的机理模型。

二、最初产业化的炔醛法技术

炔醛法最初在德国建成的工业生产装置，甲醛和乙炔的加成反应所用催化剂为载于硅胶、氧化铝等载体上含量为10%～20%的铜氧化物，直径3～5mm，长约10mm。反应起始，在60～90℃将乙炔通入含有催化剂的甲醛水溶液中，氧化铜转化成乙炔铜 CuC_2，乙炔铜与乙炔络合生成乙炔铜的络合物 $CuC_2 \cdot H_2O \cdot (C_2H_2)$，络合物具有较好的稳定性，是起催化作用的活性组分。

甲醛和乙炔反应采用气-液-固三相床反应器，反应压力为0.2～0.6MPa，温度90～120℃，甲醛水溶液浓度为30%～50%。为了使甲醛完全转化，可以采用反应液循环或几个反应器串联的方式。反应的液体产品中含有33%～55%的BYD、1%～2%的丙炔醇、0.4%～1%未反应的甲醛和1%～2%的其他副产品。经过蒸馏，得到含35%～55%BYD的水溶液，作为进一步加氢制造BDO的原料。也可以经过进一步蒸馏提纯结晶成固体，作为BYD产品出售。

催化加氢过程是采用含35% BYD的水溶液，在30MPa压力、70～140℃温度下加氢。所用催化剂含15%的镍、5%的铜和0.7%的镁，载在硅胶载体上。加氢反应器为耐高压的筒体，催化剂床层分成几段，段间通入循环冷氢气来补充氢的消耗和移出反应放热，控制反应温度稳定。在最佳的反应条件下BDO的收率可达到95%以上，反应的主要副产物为丁醇、甲醇、丙醇、2-甲基-1,4-丁二醇、乙缩醛、三元醇、羟基丁醛等。通过常压或减压蒸馏，脱除水等轻组分和缩醛等重组分，可以得到合格的BDO产品。当用作生产聚对苯二甲酸丁二醇酯(PBT)等聚酯产品的原料时，一般要求：BDO的纯度≥99.5%，色度为5～10APHA，凝固点≥19.5℃，水含量≤0.05%，羰基值≤1。

早期BDO的生产方法存在许多缺陷，首先是较高的炔化反应压力下，原料乙炔的稳定性差。一般认为乙炔在0.14MPa压力以上处理时，易发生爆燃或爆炸。为此，设备、管道等设计需要采用12～20倍的安全系数，甚至要求通过加压乙炔的管道设备要用金属填料或细的金属管道充满，以此减少爆炸引发的损害。其次是催化剂乙炔铜活性低、稳定性差、易于爆炸。生产中反应器壁上如有乙炔铜沉积，或活化后催化剂变干，即使有轻微的震动，也会引起爆炸。再次是BYD加氢反应压力过高，反应条件苛刻，设备庞大而效率低。另外该工艺原材料和能耗都较高，大规模生产困难。因此，这种早期产业化的Reppe工艺在20世纪50年代后，很快就被一系列经过改进的Reppe法所取代。

三、炔醛法生产技术的改进和发展

20世纪50年代以后，全球主要BDO生产商，诸如BASF、GAF、DuPont、

Linde 和 SK 等公司都在 Reppe 法生产 BDO 原有及新建的生产装置上进行了大量改进，采用了新的高活性催化剂，使两步反应条件缓和，安全性能提高，生产费用下降，从而使这一经典的生产技术获得新生，延续至今。全球基本上形成了三种改良的 Reppe 技术，即 GAF（现为 ISP）工艺、BASF 工艺和 DuPont 工艺，使 Reppe 工艺仍占据全球 BDO 总产能的 1/3 以上。这些改进大同小异，主要表现如下。

(1) 原料乙炔来源的多样化

原料乙炔已由单一的电石乙炔转而采用更为经济的天然气甲烷制乙炔，这不但降低了 BDO 的生产成本，而且也减少了电石渣等污染。天然气甲烷在电弧高温或部分氧化高温下裂解得到富含乙炔、氢气的混合气体，采用 NMP 吸收分离可得到乙炔和氢气。其优点是原料甲烷来源丰富，避免了电石乙炔的污染，副产氢气可作为 BYD 加氢反应的氢源。

(2) 甲醛炔化反应采用高活性细颗粒的铜-铋催化剂及淤浆床或悬浮床反应器

这种反应体系的催化剂是直径为 0.1～2mm 的细颗粒，铜含量与其活性密切相关，当铜含量由 13%增加到 27.5%时，催化活性成倍增加。催化剂中添加 3%～6%的氧化铋，铜-铋催化剂要比单纯的铜催化剂具有更高的寿命和选择性。因为铋能抑制乙炔的低聚反应，乙炔低聚反应生成不溶于水、覆盖在催化剂表面的聚合物，会导致催化剂活性降低或失活。也可加入 Ni、Cd、Cr、Fe、Mn 等金属的氧化物，其目的也是提高催化剂的活性和选择性。反应器采用低温、低压的气-液-固三相淤浆床或悬浮床反应器。所谓淤浆床或悬浮床反应器，是指在反应器内的催化剂颗粒和甲醛水溶液混合形成淤浆或悬浮液，乙炔从下面进入反应器，鼓泡穿过淤浆或悬浮的催化剂层时与甲醛进行炔化反应。这两种反应体系易于控制，且由于催化剂活性的提高，乙炔和细颗粒催化剂的接触面积增大，炔化反应速率加快，反应压力降低，反应器的效率提高，装置的安全性能大大增加。在工业实践中，反应器可带有搅拌或不带搅拌，也可通过几台反应器串联、反应液外循环等方式，控制炔化反应温度，增加甲醛的转化，移出反应放热。避免了原来气-液-固三相固定床反应器易出现的催化剂床层局部过热、催化剂结块、床层压降增高等现象的出现。采用这种反应技术，可使炔化反应温度在 90～100℃，反应压力在 0.2MPa 以下。GAF 和 Linde 工艺的甲醛炔化反应是在串联的数个带搅拌的反应釜中进行的，反应温度 90～100℃，乙炔分压 0.04～0.15MPa，新鲜和循环的乙炔进入反应器，鼓泡穿过悬浮有催化剂的液层，新鲜和循环的甲醛水溶液从反应器的下部通入反应器。从第四台反应器排出的反应液，经过过滤分离出夹带的催化剂，催化剂再返回反应器循环使用。反应液经闪蒸脱除乙炔、蒸馏分离出甲醛和重组分后，得到 35%～40%的粗 BYD 水溶液。

美国 DuPont 公司的 Godignola 研发的催化剂可使 BYD 的产率和选择性大大

提高，该催化剂是活性组分铜和铋载于分子筛或沸石载体上，载体与活性组分金属之间的化学键结合，使金属原子有规则地分布，相互之间可以保持一定间隔，并且可在较大范围内调整。此外，催化剂是通过分子筛与金属进行离子交换所得，因此得到的催化剂也具有和分子筛或沸石大小一样、分布规则的几何形状内孔。采用这种催化剂的悬浮床反应器炔化反应温度为90℃，压力为0.1MPa。反应器内的催化剂靠乙炔气鼓泡和机械搅拌来保持悬浮状态，单位体积反应器的BYD产率提高了数倍。反应产物通过反应器内装有的特殊烛式过滤器与催化剂实现分离，再经精密过滤器进一步去除微量的夹带催化剂后，去分离系统。

BASF工艺也是采用悬浮床炔化反应器，但反应器呈塔式，甲醛水溶液和乙炔气一起通过悬浮的催化剂床层，再经过气液分离，液相产物再经分离夹带的催化剂后去蒸馏和精制系统，气相乙炔与补充的新鲜乙炔一起经压缩再返回炔化反应器。

当采用细颗粒催化剂时，催化剂的连续分离、过滤和循环是非常重要的技术。首先，催化剂和反应物料都不能接触空气，不能形成干的滤饼，也不能在滤液中残留。这不仅要求催化剂具有一定的粒径和强度，也要有一定的粒径分布，要求过滤后固体催化剂仍保留一定的反应液含量，呈一种浆液状，既湿润又便于输送。图1-2和图1-3是低压炔化反应采用的三段反应器及催化剂过滤和浓缩装置的连续过程示意图，以及催化剂过滤和浓缩设备的结构。

如图1-2所示，低压、连续炔化反应采用细颗粒铜催化剂，载体为硅酸镁，催化剂铜含量为5%～35%，铋含量为0～5%，最好在2%～3%。炔化过程采用三段带有搅拌的大小、结构相同的釜式反应器，含有新鲜催化剂的30%～40%的甲醛水溶液和乙炔一起连续按比例进入一段反应器101，搅拌下进行炔化反应；一段反应产品和催化剂等组成的浆状液体连续由101引出并进入二段反应器102，乙炔也一起连续通入，反应后，二段反应产品和催化剂等组成的浆状液体连续进入三段反应器103，乙炔也一起连续通入。三台反应器中易挥发的物质上升到尾气冷凝器，冷凝的液体返回反应器；部分气体经无害化处理排放至大气，其余部分循环。

炔化过程的反应产品混合物由三段反应器103出来，经泵104加压去到过滤和浓缩设备，即105，其具有连续过滤和浓缩炔化反应产品混合物两种功能，经过105后得到不含催化剂的炔化反应产品滤液106和可以流动的催化剂浆液107。滤液106中仅含低于25mg/L的固体、产品BYD、少量的副产品丙炔醇，以及微量未反应的乙炔和甲醛、甲醇、水等，可以返回一段反应器进行炔化反应，主要作为炔化过程的产品进行BYD的分离提纯，用作加氢制BDO的原料。催化剂浆液107与补充的新鲜催化剂、新鲜甲醛一起无须进一步处理连续循环回第一反应器101，构成连续稳定炔化反应过程。

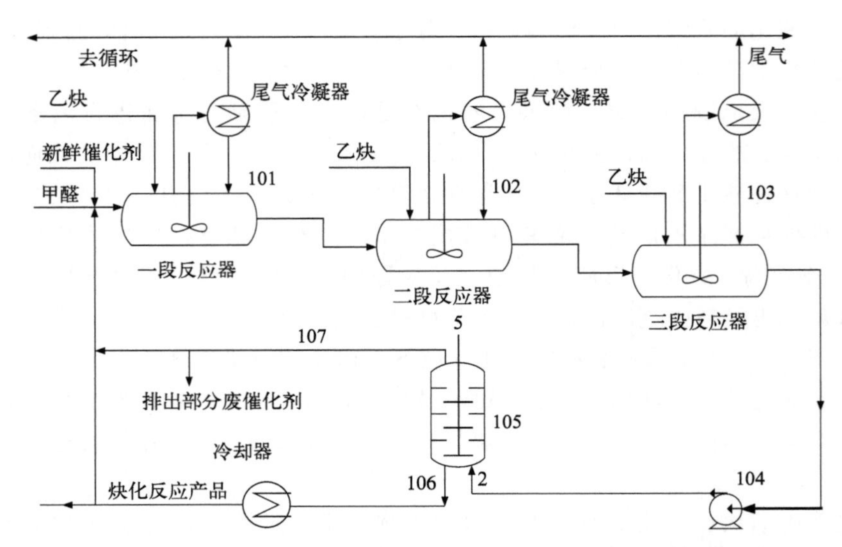

图 1-2　具有三段炔化反应器和催化剂过滤-浓缩装置的连续过程示意图

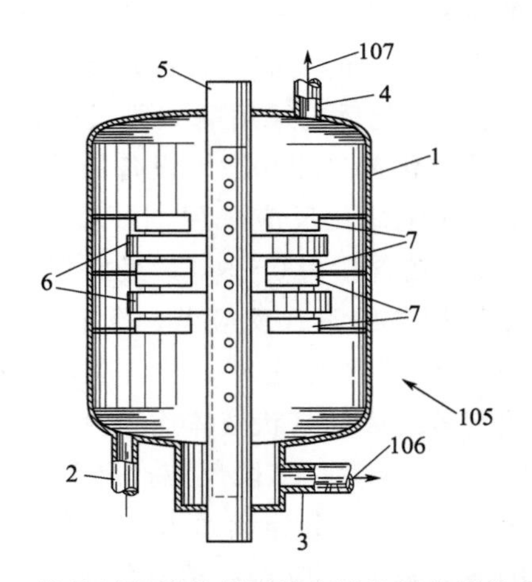

图 1-3　炔化过程催化剂过滤和浓缩设备结构示意图

1—过滤器装置，2—炔化反应液入口，3—过滤液出口；4—催化剂浆液出口；5—空心多孔轴；6—过滤盘；7—刮刀叶片；105—过滤-浓缩设备；106—滤液；107—催化剂浆液

（注：该图引自 US4117248，作者认为原文字说明与图的表示有误，按文字说明中间旋转的轴上应开孔与过滤盘 6 相通，滤液进入轴内，经下面开口与过滤液出口 3 相通，将滤液 106 由 3 排出。）

如图 1-3 所示，当乙炔和甲醛反应采用淤浆床反应器时，反应液离开最后一台反应器时，其主要组成应是含有约 10％炔醛化催化剂的 BYD 水溶液，在一定压力及接近反应温度下由炔化反应液入口 2 进入过滤器装置 1。过滤器装置 1 的中心是一空心多孔轴 5，轴上安装有上下过滤面的多个过滤盘 6，过滤盘随中心轴旋转，反应液在压力的作用下，穿过盘上的过滤面，以及轴上的开孔进入空心旋转轴，经过滤液出口 3 汇集排出，去进一步分离。过滤盘 6 上滤出的催化剂被静止的刮刀叶片 7 刮下，返回到反应液中，可流动呈浆状的催化剂浆液 107 由催化剂浆液出口 4 排出，再返回到第一台炔化反应器，循环使用。可以通过调节进出口物料流量及转盘的转速，调节浆液中催化剂的含量在 40%左右。当采用粒径<200μm 的催化剂时，经过滤后的反应液中催化剂含量<25μg/mL。

丁炔二醇加氢可采用多种形式 开发了多种高活性的催化剂，如 Raney-Ni、Ni-Al_2O_3、Ni-Cu-Mn/硅胶催化剂，甚至贵金属 Pd-Al_2O_3 等催化剂。加氢反应过程则采用固定床、悬浮床、淤浆床以及混合床等多种多段形式，从而使 BYD 的加氢反应能在低温、低压下进行。试验表明固体催化剂的表面酸和反应介质的酸性都可以促进 BYD 部分加氢生成的丁烯二醇异构成 4-羟基丁醛的反应，后者加氢也能生成 BDO，但反应条件要求苛刻。4-羟基丁醛的存在对产品 BDO 的质量影响较大，必须脱除至最低。为此，应降低催化剂表面酸，并用氢氧化钠水溶液调节加氢介质呈微碱性。GAF 工艺的 BYD 加氢反应采用两段混合床反应器：一段加氢使用 Raney-Ni 催化剂，采用带搅拌的釜式反应器，在压力 1.4～2.5MPa、温度 50～60℃，较缓和的反应条件下使大部分 BYD 加氢转化成丁烯二醇和 BDO；二段加氢采用高活性的 Ni-Al_2O_3 催化剂，采用气-液-固三相滴流床反应器，在压力 14～21MPa、温度 120～140℃，较为苛刻的反应条件下完全加氢成 BDO。二段加氢后 BYD 的转化率达 100%，BDO 的选择性大于 95%。

DuPont 工艺的 BYD 加氢是在两台串联的高压固定床反应器中进行的，采用铜系催化剂，反应温度 75～145℃，压力 29～33MPa，几乎 99%的加氢反应是在第一台反应器中进行的，第二台反应器的作用是使加氢反应更完全，将 4-羟基丁醛加氢成 BDO，以提高产品的质量。

BASF 工艺类似于经典的 Reppe 工艺，采用喷淋床高压反应器，催化剂为 Ni-Cu-Mn/硅胶，反应温度为 40～170℃，压力为 20～30MPa，反应液和氢气并流通过催化剂床层，反应热由冷氢循环带出。在加氢前或加氢后，增加了金属离子等脱除过程，采用大孔阴、阳离子交换树脂，去除加氢原料溶液中的金属离子和胶质。这对于提高加氢催化剂的活性和寿命，获得高纯度 BDO 产品都是极为必要的成功措施。

四、典型改进型炔醛法的工艺流程

工业上现运行的改进的 Reppe 法生产 BDO 的典型工艺流程见图 1-4 和图 1-5。

图 1-4 是一种采用带有机械搅拌的两段淤浆床反应器的 BYD 生产装置工艺流程图。需要指出的是，为了得到高纯度的 BDO 产品，对影响产品纯度和影响，乙炔与甲醛加成、丁炔二醇加氢催化剂活性的有毒杂质应严格控制不进入反应系

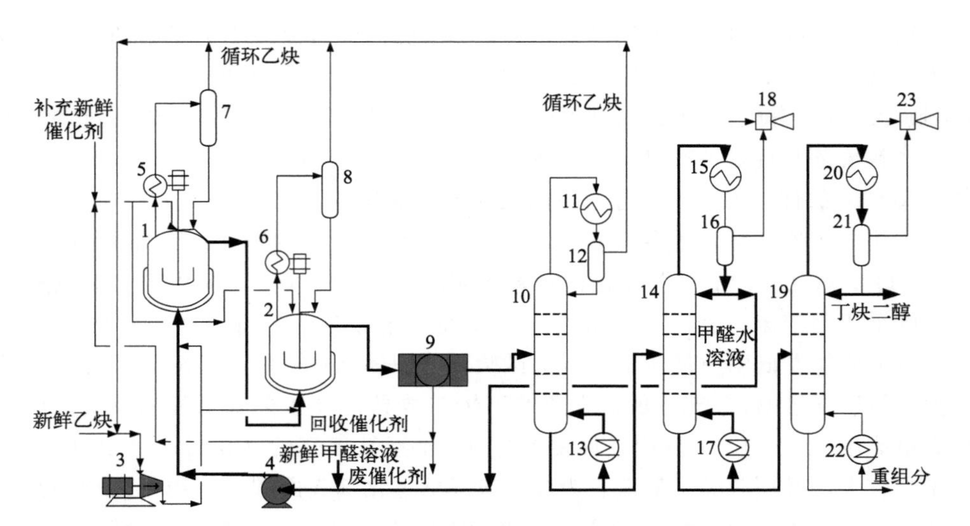

图 1-4　典型 Reppe 法技术丁炔二醇生产工艺流程

1—一段炔化反应器；2—二段炔化反应器；3—乙炔压缩机；4—甲醛泵；5，6—回流冷凝器；7,8,12,16,21—气液分离器；9—过滤器；10—乙炔蒸出塔；11,15,20—塔顶冷凝器；13,17,22—重沸器；14—脱甲醛塔；18,23—蒸汽喷射泵；19—脱重塔

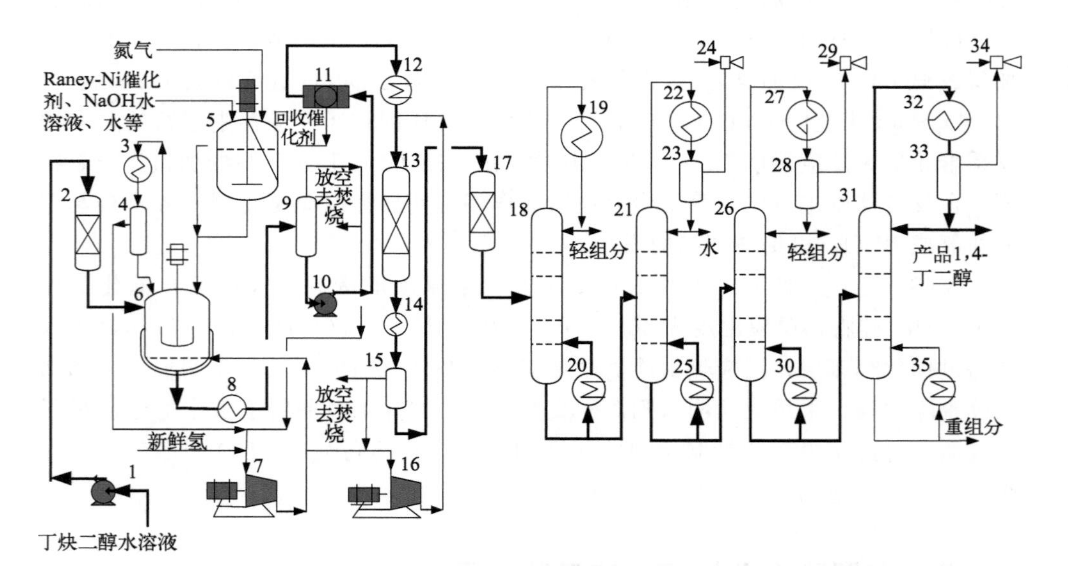

图 1-5　丁炔二醇溶液两段混合床加氢及 1,4-丁二醇分离过程工艺流程

1—丁炔二醇水溶液泵；2—离子交换树脂净化罐；3—回流冷凝器；4,9,15—气液分离器；5—Raney-Ni 催化剂活化罐；6—一段加氢反应器；7—一段氢气压缩机；8,14—冷却器；10—二段加氢加压泵；11—过滤器；12—预热器；13—二段加氢反应器；16—二段氢气压缩机；17—离子交换树脂净化罐；18—轻组分塔；19,22,27,32—塔顶冷凝器；20,25,30,35—塔釜重沸器；21—脱水塔；23,28,33—气液分离器；24,29,34—蒸汽喷射泵；26—脱轻塔；31—脱重塔

统。因此对原料乙炔，特别是对电石乙炔中所含的硫、磷，甲醛溶液中含有的钙、镁等金属离子要进行净化处理，严格控制物料的 pH 值。经净化处理的含甲醛 37%的水溶液经甲醛泵 4 由底部进入一段淤浆床炔化反应器 1。净化的乙炔气经过乙炔压缩机 3 增压也从底部进入一段炔化反应器 1，鼓泡穿过催化剂和甲醛溶液形成的淤浆层，和甲醛进行炔化反应生成 BYD。为了使甲醛转化完全，工业装置一般采用两个或两个以上串联的炔化反应器。一段炔化反应器 1 的反应液，由上部溢流出，再由底部进入二段炔化反应器 2，乙炔也同样由其底部鼓泡进入。采用多段反应器，可以分别在不同的反应条件下操作，例如不同的反应温度和炔醛比等，以期获得甲醛最大的转化率和丁炔二醇最佳的选择性。含有炔化反应生成的丁炔二醇、溶解的乙炔、水、副反应产物、微量未反应的甲醛、少量催化剂的反应液，由二段炔化反应器 2 上部引出，经过精密过滤器 9，分离出夹带的催化剂颗粒，少量催化剂去再生处理，大部分催化剂再与补充的新鲜催化剂一起返回炔化反应器，过滤后的反应液则进入分离系统。炔化反应器上均带有回流冷凝器及气液分离器，以回收汽化的甲醛和水。分离出的过量乙炔，再返回压缩机增压循环。炔化反应器还带有冷却夹套，以移出炔化反应放热。分离系统由三个蒸馏塔组成：第一个塔为乙炔蒸出塔 10，由塔顶闪蒸出溶于反应液中的未反应的乙炔，返回乙炔压缩机，与新鲜乙炔一起经增压后循环回炔化反应器 1、2；第二个塔为脱甲醛塔 14，将未反应的少量甲醛及副反应生成的丙炔醇等轻组分由塔顶蒸出，和新鲜甲醛一起由反应器底部返回一段炔化反应器，以增加丁炔二醇的收率；第三个塔为脱重塔 19，由塔顶蒸出 35%～50%的丁炔二醇水溶液，去加氢生产 BDO，塔釜排出副反应生成的重组分去焚烧。为了防止丁炔二醇分解等反应发生，脱甲醛塔和脱重塔均要在减压下操作。

图 1-5 为 BYD 两段加氢生产 BDO 的工艺流程，一段加氢反应器为采用 Raney-Ni 催化剂的淤浆床，二段反应器为气-液-固三相滴流床。市售的 Raney-Ni 催化剂首先在 Raney-Ni 催化剂活化罐 5 中用氢氧化钠水溶液活化、水洗后，呈水淤浆状的 Raney-Ni 催化剂在氮气保护下，由上部加入一段加氢反应器 6 中。35%～50%的 BYD 水溶液经过 BYD 水溶液泵 1，再经离子交换树脂净化罐 2，脱除金属等离子和低聚物重组分后，也由其上部加入。新鲜氢和循环氢一起经过一段氢气压缩机 7 增压后由底部鼓泡进入一段加氢反应器 6。一段加氢反应器 6 为带有搅拌、冷却夹套和盘管的反应釜，反应条件为压力 1.5～2.5MPa，温度 50～60℃。反应热通过冷却夹套和盘管移出，过量的氢气由反应器的顶部排出，经过回流冷凝器 3，可冷凝物冷凝并回流入反应器，经气液分离器 4 分出的氢气经一段氢气压缩机 7 增压后循环回一段加氢反应器。一段加氢产品由反应器的底部引出，经冷却器 8 冷却，进入气液分离器 9，分出少量溶解的氢气，液体经二段加氢加压泵 10 加压，经过过滤器 11 过滤，滤出夹带的催化剂后，滤液再经预

热器 12 加热到二段加氢温度 120～140℃后，与氢气一起进入二段加氢反应器 13。经过滤器回收的 Raney-Ni 催化剂，可以再返回一段加氢反应器 6 使用，也可以作为废催化剂移出。需要注意的是 Raney-Ni 催化剂无论是新鲜的或失活的，处理和输送过程必须有氮气保护，隔绝空气。来自一段氢气压缩机出口的补充氢气与二段循环氢气一起经二段氢气压缩机 16 加压后，与反应液并流由上部进入二段加氢反应器 13。二段加氢反应条件为压力 15～25MPa，温度 120～140℃，催化剂采用载于 Al_2O_3 上的 Ni 或 Ni-Cu-Mg/硅胶催化剂。

经过两段加氢后的粗产品经冷却器 14 冷却、减压进入气液分离器 15，分出的过量的氢气经二段氢气压缩机增压后循环回二段加氢反应器，分出的液体首先经过离子交换树脂净化罐 17 去除影响产品纯度的阴、阳离子和低聚物，再依次经过轻组分塔 18、脱水塔 21、脱轻塔 26、脱重塔 31，由其塔顶得到高纯度的 BDO 产品。由轻组分塔 18 塔顶蒸出副产的丙醇和丁醇与水的共沸物，由脱水塔 21 塔顶蒸出残余的水分和比 BDO 沸点低的副产品，由脱重塔 31 塔釜排出缩醛等高沸点副产品。分出的轻组分和重组分可以做焚烧处理，或进一步分离丁醇等副产品。

采用上述技术的 BDO 装置，生产 1t BDO 约消耗乙炔 0.31t，37%的甲醛溶液 2t。

第四节
正丁烷生产 1,4-丁二醇的技术

一、正丁烷生产 1,4-丁二醇技术的兴起和发展[48-79]

以正丁烷为原料生产 BDO 技术的开发与发展，与两项技术的开发与产业化有关。其一是马来酸酐（MA）直接加氢生产 BDO 系列产品的技术。MA 直接加氢技术于 20 世纪 70 年代初首先由日本三菱油化株式会社和三菱化学株式会社开发成功，第一步加氢采用 Raney-Ni 催化剂，反应原料可以是 MA，也可以是 MA 的 γ-丁内酯（GBL）溶液，反应条件为 210～280℃、6～12MPa。第一步反应速率快，主要生成丁二酸酐。丁二酸酐进一步加氢则采用载镍-钴-钍等活性组分的硅藻土催化剂，反应条件为 250℃、10MPa，反应停留时间为 6h，MA 的转化率可达到 100%，选择性在 98%以上，除 BDO 外主要副产物有 THF、GBL，也有采用钯-铼、铜-铬等催化剂的报道。这种技术的特点是可以通过改变工艺条件来改变产品的组成，可同时生产 THF、GBL 和 BDO。

20 世纪 80 年代初，英国 Davy 公司成功开发 MA 经乙酯化加氢制 BDO 技术，其工艺条件远较 MA 直接加氢缓和，也可以同时联产 BDO、THF 和 GBL。工业生产装置采用的是 MA 甲酯化路线，要优于乙酯法。新技术具有产品纯度高、反应条件缓和、公用工程消耗低、废弃物排放少、流程短、投资省等优势，很快取代了 MA 直接加氢工艺，促进了 MA 生产 BDO 路线的快速发展。

其二为 MA 生产原料的变更。传统的 MA 生产工艺是苯氧化工艺，自 20 世纪 60 年代初美国 Petro-Tex 公司成功开发正丁烯氧化制 MA 技术后，很快以各种直链 C_4 烃为原料的氧化制 MA 技术纷纷登场。1974 年美国 Monsanto 公司率先成功将以正丁烷为原料氧化制 MA 的技术工业化，由于正丁烷原料来源广泛、价廉、毒性小、碳的有效利用率高、经济上有利，这一工艺路线得到快速发展。到 1986 年，美国的 MA 生产已全部完成由苯向正丁烷的转换。就全球范围来说，全球 80%的 MA 产能是采用正丁烷为原料生产的，并已形成多项专利技术。

在全球 BDO 及其下游产品需求增长的推动下，上述两项技术合并，以廉价正丁烷为原料氧化成 MA，用水或溶剂吸收，不经过提纯精制，直接进行加氢生产 BDO 及其衍生物成为优选的工业途径。20 世纪 90 年代，一些正丁烷氧化制 MA 专有技术的拥有者，例如 BASF、DuPont、BP 等公司纷纷将此技术向下游延伸，开发出各自的正丁烷氧化不经分离直接加氢制造 BDO、GBL、THF 的成套技术，形成各具特点的专利技术。

BDO、GBL、THF 分子中都含有四个碳原子，以正丁烷为原料生产，碳原子数不增不减，碳资源的利用率最高。以吸收了丁烷氧化生成的 MA 的水溶液或有机溶液直接进行加氢，避免了复杂的 MA 提纯和精制过程，简化了工艺流程，增加了这种技术的竞争优势。

二、正丁烷生产 1,4-丁二醇技术的基本原理

1. 正丁烷催化氧化生产马来酸酐的技术

(1) 正丁烷的工业来源

以正丁烷为原料生产 MA 的工艺要求正丁烷的纯度在 95%以上，烯烃，特别是异构烃的存在将影响 MA 的收率和选择性。

自然界中正丁烷主要存在于天然气和油田伴生气中。天然气的主要组成为甲烷，因产地的地质形成条件不同，尚含有不同数量的乙烷、丙烷、丁烷等低碳烷烃，含量差别很大，一般乙烷以上烷烃的含量只有 1%～3%。油田伴生气是指与石油共生的天然气在开采石油的同时采出经冷凝回收的轻质烃，一般叫作凝析油，主要由 C_4～C_5 烷烃组成，其中也含有大量的正丁烷，经过分离得到的 C_4 馏分主要由正丁烷和异丁烷组成，经过蒸馏分离可得到纯度较高的正丁烷。美国和中东地区这两种来源的正丁烷占较大的比例。我国天然气中正丁烷的含量低，油

田伴生气产量少，因此，来源于这部分的正丁烷量很少。

正丁烷的主要工业来源是石油加工中的催化裂化和热裂化过程副产的气体产品，称为炼厂气，经过分离得到的 C_4 馏分，几乎含有除 C_4 二烯烃、炔烃外的所有 C_4 烃。一套催化裂化装置 C_4 馏分的产率为 5%～8%，其中正丁烷含量在 10%以上。为了增加汽油的产量，许多炼厂都建有所谓烷基化装置，以 C_4 馏分为原料经烷基化反应，将其中的异丁烯、异丁烷等组分烷基化为 C_8 烃，副产纯度在 95%以上的正丁烷，为 MA、BDO 生产提供了丰富的原料。

正丁烷的另一主要工业来源是生产乙烯装置，以石脑油为原料，高温蒸汽裂解 C_4 馏分的产率为 8%～10%，C_4 馏分中正丁烷的含量为 3%～5%，1,3-丁二烯的含量为 40%～45%。经过 1,3-丁二烯萃取蒸馏分离后的抽余 C_4 馏分中正丁烷含量为 8%～10%，1,3-丁二烯残留 0.2%～1%。

由于异丁烯和 1,3-丁二烯的存在，这种来源的 C_4 馏分直接蒸馏不能得到纯度较高的正丁烷，必须先经过催化加氢等预处理，再通过溶剂吸收、萃取或醚化除去异丁烯，然后再通过蒸馏的方法才能得到 95%纯度的正丁烷，这无疑将使生产费用提高。所以，天然气和油田伴生气，以及炼厂的烷基化装置来源的正丁烷是最好且廉价的 MA 生产原料。

(2) 正丁烷氧化生产 MA 的主要技术

2020 年全球 MA 的产能约 300 万吨，我国产能约 120 万吨。之前我国 MA 生产主要以苯为原料，现已逐步淘汰，被丁烷法生产 MA 取代。MA 的主要用途是生产不饱和聚酯，占其总消费量的 40%以上；其次是生产 BDO 及其下游产品，占总消费量的 18%～20%。丁烷法使 MA 的产能增加，新建丁烷法装置下游产品多为进一步生产 BDO。

正丁烷氧化过程采用钒-磷催化剂体系，所用氧化反应器有固定床和流化床之分，MA 吸收和精制部分有水吸收和有机溶剂吸收之分。由于采用的催化剂、工艺技术和设备结构等不同，形成多种专利技术，典型过程如下。

① 固定床氧化法　采用固定床反应器的有 Halco-SD、Denka、Monsanto、BP、Huls 等工艺。以 Halco-SD 工艺技术为例，以空气为氧化剂，进入反应器的正丁烷浓度为 1.0%～1.6%（体积分数），催化剂空速为 2000～2500h^{-1}，反应温度 400～450℃，压力 0.125～0.13MPa。反应产物经部分冷凝后，可收集到 50%～60%的 MA，其余再经水吸收后，用二甲苯共沸脱水，减压精制，以丁烷计，MA 的质量收率为 50%～55%。

② 流化床氧化法　采用流化床反应器的有 BP/UCB 工艺和 Lummus 公司与 Lonza 公司联合开发的 ALMA 工艺。丁烷氧化反应器采用流化床，进入反应器的丁烷浓度为 2%～5%，MA 的摩尔收率可达 58%。BP/UCB 工艺采用水吸收 MA，ALMA 工艺采用有机溶剂六氢化邻苯二甲酸二异丁酯（DIBP）吸收，后

者减少了富马酸的生成，因此 MA 回收率比水吸收法提高 2%。

③ 移动床氧化法　由 DuPont 和 Monsanto 公司联合开发，其特点是在氧化过程中正丁烷不直接和空气接触，正丁烷氧化反应所需要的氧气是由催化剂传递，反应后的催化剂在再生器中经氧化再生，循环使用。由反应器出来的正丁烷浓度较高，可直接循环，因此 MA 的摩尔收率在 72%。与同样规模的流化床氧化法比较，该方法催化剂用量可减少一半，投资和生产成本相对较低。

2. 在正丁烷氧化制 MA 基础上延伸开发的 BDO 系列产品生产技术

以正丁烷为原料，氧化生成 MA，然后加氢生产 BDO 系列产品有如下几种专利技术。

(1) 马来酸酐甲酯化加氢技术

① Kvaerner (Davy Mackee) 的 MA 酯化加氢技术：起始原料是精制的 MA，经过甲酯化生成马来酸二甲酯，马来酸二甲酯催化加氢采用以铜为主要组分的催化剂，主要产品是 BDO，可以联产一定比例的 THF 和 GBL。采用该技术在国外及中国南京等地建有多套工业生产装置。

② 意大利 SISAS 的 Eurodiol 技术：Eurodiol 公司是意大利 SISAS SpA 公司的子公司，在 20 世纪 80 年代参与了 Davy 的 MA 加氢生产 BDO、THF 技术的开发，在此基础上，该公司在比利时的 Feluy 建成 4.5 万吨/年的生产装置，由正丁烷氧化成 MA，再经甲酯化，两步气相加氢，主要产品为 GBL、THF。21 世纪初，BASF 公司获得 SISAS SpA 公司 Pantochim 和 Eurodiol 公司的经营权。

(2) MA 气相加氢技术

以 MA 的丁醇溶液或水溶液为原料进行加氢，主要生产 GBL。

① 日本 Mitsubishi 技术：1971 年日本三菱化学株式会社（简称日本三菱化学）首先建成千吨级的 MA 液相加氢生产 GBL 的生产装置。加氢反应采用由镍及其他金属组成的催化剂，主要产品为 GBL 等。

② Standard Oil (BP Amoco) 技术：以 MA 为原料采用两段气相加氢技术，采用铜、锌、铝系催化剂，主要产品为 THF，未见工业生产装置报道。

(3) MA 水溶液加氢技术

① BP/Lurgi (Geminox) 技术：起始原料为正丁烷，经过流化床空气氧化成 MA，用水直接吸收成顺丁烯二酸，水溶液直接进行加氢，采用 Pd 等贵金属催化剂，主要产品为 BDO，副产 THF 和 GBL。该技术在美国俄亥俄州的 Lima 建有工业生产装置。

② DuPont 技术：起始原料为正丁烷，采用 DuPont 移动床技术氧化成 MA，不经分离精制，直接水吸收成马来酸水溶液，水溶液直接进行加氢，催化剂为 Pd、Ru 等贵金属，主要产品为 THF。该技术在西班牙北海岸的 Gijon 建有工业

生产装置，为聚四氢呋喃（PTMEG）生产提供原料。

（4）MA 有机溶液加氢技术

① 比利时 UCB 技术：以 MA 的 THF 溶液为原料进行液相加氢，产品主要是 GBL，采用由多个反应釜串联的悬浮床反应器。

② BASF 技术：以正丁烷为原料，氧化为 MA，用高沸点有机溶剂，如邻苯二甲酸的酯类为溶剂吸收，对 MA 的有机溶液进行加氢，主要产品为 THF、BDO。采用该项技术在中国上海建有 8 万吨/年的四氢呋喃工业生产装置。

三、Kvaerner 马来酸酐酯化加氢技术[49-59]

该技术由 Davy-Mackee 公司（现属于 Kvaerner Process Technology 公司，简称 KPT）开发，又称 Davy-Mackee 技术。1989 年 Kvaerner 公司给韩国 PTG（前 Shinwha 石化公司）和日本东燃通用集团颁发了采用该技术生产 BDO 的许可证，这两套装置已在 1992 年启动投产。后 BASF/Petronas 公司在马来西亚的 Geband，台湾水泥股份有限公司在中国台湾水华也采用该技术建有装置。在 20 世纪 90 年代初，我国胜利油田引进该项技术，建成 1 万吨/年 BDO 生产装置，MA 生产是采用 ALMA 工艺。2000 年后，中国蓝星化工新材料股份有限公司引进 Davy 公司采用第四代加氢催化剂的最新 MA 酯化加氢技术，在南京建成 5.5 万吨/年 BDO 生产装置，2009 年 8 月投产，成为中国甚至全球采用该项技术最大的生产装置。MA 酯化加氢技术工业生产装置的经济指标为生产 1t BDO 消耗：MA 1.27t，甲醇 0.07t，氢气 0.13t，电力 228kW·h，蒸汽 3.8t，冷却水（10℃以上）320t。采用该技术全球总生产能力为 30 多万吨 BDO/年。

1. Kvaerner 的马来酸酐酯化加氢技术的基本原理

（1）马来酸酐甲酯化过程

由于 MA 是二元羧酸的酸酐，甲酯化反应首先生成马来酸一甲酯，一甲酯再酯化为二甲酯。主要反应方程如下：

① 一酯化反应

$$\text{(马来酸酐)} + CH_3OH \longrightarrow CH_3-O-\overset{\overset{\large O}{\|}}{C}-CH=CH-\overset{\overset{\large O}{\|}}{C}-OH$$

② 二酯化反应

$$CH_3-O-\overset{\overset{\large O}{\|}}{C}-CH=CH-\overset{\overset{\large O}{\|}}{C}-OH + CH_3OH \longrightarrow CH_3-O-\overset{\overset{\large O}{\|}}{C}-CH=CH-\overset{\overset{\large O}{\|}}{C}-O-CH_3$$

MA 与甲醇生成一甲酯的反应是快速反应，无须用催化剂，升高反应温度即可得到满意的转化率。一酯化过程一般采用带有搅拌和夹套的反应釜，典型的反应条件为反应温度 60～100℃，压力 0.1～0.5MPa，MA 与甲醇的摩尔比 1∶2，反应停留时间约 1h，控制一酯化反应达到 MA 基本转化完全。一酯化反应的产品主要含马来酸一甲酯，过量的甲醇，少量的马来酸二甲酯、反丁烯二酸一甲酯、反丁烯二酸二甲酯、顺丁烯二酸、反丁烯二酸等，以及生成的水、微量的未转化的 MA（一般在 0.5%或更少）。

一甲酯的二酯化反应过程是平衡反应，反应速率较慢，不但需要用催化剂，而且需要及时脱除酯化反应生成的水，在甲醇过量的条件下，才能使一甲酯完全转化成二甲酯。二酯化反应可以采用诸如硫酸等强酸型催化剂，但是这样就需要在分离和提纯马来酸二甲酯前，采用水洗、碱中和等手段分离出强酸催化剂。这首先导致工艺复杂、废水处理、设备腐蚀等问题；其次，少量的马来酸二甲酯溶于水中，分离回收困难，降低了收率。此外，微量的残余强酸催化剂留在马来酸二甲酯中，会使加氢催化剂中毒，污染最终的 BDO 产品。专利技术避开了传统的酸催化剂，而采用了固体大孔阳离子交换树脂，使酯化过程更加经济合理。Davy-Mackee 技术在开发初期，曾采用马来酸二乙酯或马来酸二丁酯为加氢原料，但工业化装置采用甲醇作为酯化剂，对马来酸二甲酯进行加氢，也避开了乙醇与水形成共沸物、乙醇比甲醇价格高等缺陷，使产品分离过程简化，经济性提高。

专利揭示了 Davy-Mackee 的二酯化过程采用两台反应器，内装含—SO_3H 的大孔离子交换树脂（例如 Amberlyst16）作为催化剂。一酯化反应产品补充部分甲醇后进行预二酯化反应，然后，脱除酯化过程生成的水，进一步与无水甲醇进行二酯化反应。这样分两段的二酯化过程可以最大限度地使一甲酯转化为二甲酯。两台二酯化反应器可以采用固定床反应器，也可以采用带搅拌的悬浮床反应器。典型预二酯化反应的条件为进料中一甲酯与甲醇的摩尔比为 1∶2，反应温度 115℃，液相反应，液体空速为 $1.75h^{-1}$。经过预二酯化反应，70%的一甲酯转化为二甲酯。二酯化的反应条件为温度 115℃，压力 0.5～1.5MPa，反应停留时间 1～2h。

（2）马来酸二甲酯的加氢过程

马来酸二甲酯加氢或氢解反应是极复杂的反应，采用铜系催化剂，反应主要生成 BDO，主要副产品有 THF、GBL、丁醇等。根据其加氢产品组成及性能，主要反应和副反应方程如下。

① 烯键加氢饱和成丁二酸二甲酯

$$CH_3-O-\overset{\overset{\large O}{\|}}{C}-CH{=}CH-\overset{\overset{\large O}{\|}}{C}-O-CH_3 + H_2 \longrightarrow CH_3-O-\overset{\overset{\large O}{\|}}{C}-CH_2CH_2-\overset{\overset{\large O}{\|}}{C}-O-CH_3$$

② 丁二酸二甲酯加氢为 1,4-丁二醇

$$CH_3-O-\overset{\displaystyle O}{\overset{\|}{C}}-CH_2CH_2-\overset{\displaystyle O}{\overset{\|}{C}}-O-CH_3+H_2 \longrightarrow CH_3-O-\overset{\displaystyle O}{\overset{\|}{C}}-CH_2CH_2CH_2-OH+CH_3OH$$

$$CH_3-O-\overset{\displaystyle O}{\overset{\|}{C}}-CH_2CH_2CH_2-OH+H_2 \longrightarrow HO-CH_2CH_2CH_2CH_2-OH+CH_3OH$$

③ 生成 γ-丁内酯的反应

$$CH_3-O-\overset{\displaystyle O}{\overset{\|}{C}}-CH_2CH_2CH_2-OH \longrightarrow \text{[γ-丁内酯环: 环O, =O]}+CH_3OH$$

$$HO-CH_2CH_2CH_2CH_2-OH \longrightarrow \text{[γ-丁内酯环: 环O, =O]}+2H_2$$

④ 生成四氢呋喃的反应

$$\text{[γ-丁内酯环: 环O, =O]}+2H_2 \longrightarrow \text{[四氢呋喃环: 环O]}+H_2O$$

$$HO-CH_2CH_2CH_2CH_2-OH \longrightarrow \text{[四氢呋喃环: 环O]}+H_2O$$

⑤ 生成正丁醇的反应

$$\text{[γ-丁内酯环: 环O, =O]}+3H_2 \longrightarrow CH_3CH_2CH_2CH_2-OH+H_2O$$

$$HO-CH_2CH_2CH_2CH_2-OH+H_2 \longrightarrow CH_3CH_2CH_2CH_2-OH+H_2O$$

⑥ 生成醛和缩醛化合物的反应

$$CH_3-O-\overset{\displaystyle O}{\overset{\|}{C}}-CH_2CH_2CH_2-OH+H_2 \longrightarrow HO-CH_2CH_2CH_2-CHO+CH_3OH$$

$$HO-CH_2CH_2CH_2CH_2-OH+HO-CH_2CH_2CH_2CHO \longrightarrow \text{[四氢呋喃环: 环O]}-O-CH_2CH_2CH_2CHO+2H_2O$$

马来酸二甲酯加氢过程采用两类催化剂，即含铬的铜催化剂和不含铬的铜催化剂。典型的铜-铬催化剂一般含铜量在 32%～38%，含铬量 22%～30%，实际组成是含过量氧化铜的亚铬酸铜（$CuO \cdot CuCr_2O_4$），此外有的催化剂还含有微量的钡和镁等氧化物、稳定剂等，载于惰性载体上。比表面积 30～60m^2/g，呈圆柱状或其他形状。加氢用的催化剂是亚铬酸铜的还原态，故应用前要对催化剂进行还原活化。在 120～180℃的还原温度下，通入含氢量在 1%～15%的氮-氢混合气体，在还原的后期，逐渐提高氢气的含量，直至将氧化铜和氧化铬还原成金属 Cu-Cr。加氢反应采用两段绝热床反应器，反应温度控制在 170～190℃，压力为 4～7MPa，液体空速为 0.2～0.6h^{-1}，原料中马来酸二甲酯和氢气的摩尔比约为 1∶400，对应的气体空速为 8000～30000h^{-1}。一般，进入第一台反应器的原料温度高于第二台反应器，两台反应器之间设有冷却器冷却加氢反应放热而导致的温度升高。两台反应器的控制原则是，第一台反应器温度的选取要达到最大的 BDO 和 GBL 转化率，第二台反应器温度的选取要使 GBL 全部转化为 BDO。为此，进入第一台反应器的原料温度不要超过 190℃，超过此温度副产品将增多；进入第二台反应器的原料温度不要超过 175℃，超过此温度 GBL 的产率就会增加，BDO 的产率将下降。经过两段加氢，马来酸二甲酯的转化率可达 99%，BDO 的选择性大于 80%，THF 的选择性为 5%～10%，GBL 的选择性为 5%～10%，丁醇的选择性≤0.5%。副反应产生的微量的醛及缩醛化合物分离非常困难，影响产品的纯度和色泽，需要经深度加氢过程才能去除。一般，高压、低温、高氢比的加氢条件有利于生成 BDO，高温有利于生成 THF，低压、低氢比有利于生成 GBL。因此，可以通过改变反应条件和物料配比，在一定范围内实现需要的产品比例。但每增产 1mol THF 或 1mol GBL 都是以减产约 1.3mol 或 1.1mol BDO 为代价。

不含铬的催化剂除含有氧化铜外，还含有氧化锌、氧化锰、氧化铁、氧化铝等，典型的有氧化铜和氧化锌组成的催化剂，制法和加氢反应条件类似于铜-铬催化剂，但活性要比铜-铬催化剂低。

(3) *加氢产物的分离*

酯化加氢产品中除含有 BDO、THF、GBL 外，还含有甲醇、水、正丁醇，及未转化的丁二酸一甲酯、丁二酸二甲酯和少量的重组分等。顺酐（MA）酯化加氢产品主要组分及可能存在的微量杂质的沸点、溶解性和存在的共沸物见表 1-2。

表 1-2 顺酐酯化加氢主要产品的沸点和共沸数据

组分	沸点/℃	溶解性	共沸组成
四氢呋喃	66	溶于水和大多数有机溶剂	常压下与水共沸点 64℃，共沸物含水 5.6%；0.8MPa 下与水共沸点 106℃，共沸物含水 8%～10%；常压下与甲醇共沸点约 60℃，共沸物含甲醇约 31%
甲醇 水	64.7 100	溶于水及大多数有机溶剂	常压下与四氢呋喃共沸点约 60℃，含四氢呋喃约 69%；与四氢呋喃、正丁醇等存在共沸物
正丁醇	117.7	在水中溶解度约 8%	常压下与水共沸点为 92.6℃，共沸物含水 42.6%
1,4-丁二醇	228	溶于水	不与水、甲醇、四氢呋喃、γ-丁内酯共沸
γ-丁内酯	206	溶于水	不与水、甲醇、四氢呋喃、1,4-丁二醇共沸，可能与丁二酸二甲酯共沸
顺丁烯二酸	135 分解	易溶于水	不详
反丁烯二酸	290	微溶于冷水	不详
顺丁烯二酸二甲酯	200.4	微溶于水	不详
反丁烯二酸二甲酯	193	微溶于水	不详
顺丁烯二酸酐	202	溶于水	不详
丁二酸	235	可溶于水	不详
丁二酸酐	261	不溶于水	不详
丁二酸二甲酯	193～198	微溶于水	不详

由表 1-2 可以看出，这些组成间有的沸点相差较小，还有共沸物存在，造成分离出高纯度的产品较困难。首先，甲醇、THF、BDO 等是溶于水的，而反丁烯二酸和顺、反丁烯二酸二甲酯基本上不溶于水，或微溶于水。由上述加氢过程的反应方程可以看出，如果加氢产品中 THF、GBL 以及丁醇的含量高，意味着加氢过程中能生成水的反应明显。由于水的存在，如果原料顺、反丁烯二酸二甲酯的转化率低，加氢产品就容易分为有机相和水相两相。其次，THF 与水之间存在共沸物，甲醇与 THF 之间也存在共沸物，两个共沸物的沸点仅差约 4℃，这些性能造成加氢产品分离过程复杂。

DuPont 公司的 Harry B. Copelin 对含有甲醇、THF 及其他有机物的多元体系，在不同水含量时的气液平衡进行了研究，如图 1-6 所示，发现该体系中水与有机物的质量比低于 0.1 时，由于 THF 和甲醇共沸物的存在，是不可能通过普通蒸馏过程得到 THF 纯品的。当系统中的水与有机物的质量比增加时，THF 与甲醇间的相对挥发度增加，不同的水与有机物质量比对应的 THF 和甲醇间相对挥发度的变化如表 1-3 所示。说明可通过水萃取蒸馏的方法从加氢产品中分离出 THF 和水的共沸物，使甲醇和 THF 分离；再通过 THF 和水的共沸体系在不同压力下水含量的差别，得到不含水量的 THF。正丁醇虽然与水之间存在共沸物，但由于其共沸点较高，不会影响 THF 和甲醇的分离，其余组分可以按其沸点的区别逐次得以分离。为减少高温分解的可能，对于 BDO 等高沸点组分的产品，需要在减压、高真空下进行蒸馏。

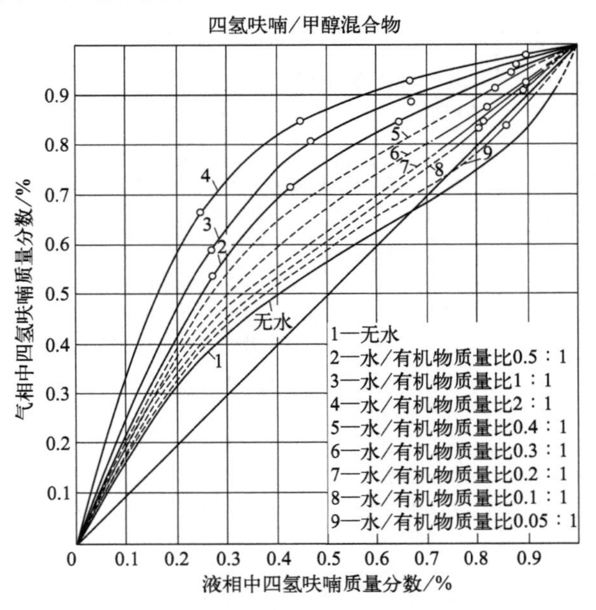

图 1-6 四氢呋喃-甲醇-有机物气液平衡图

表 1-3 不同水与有机物质量比对四氢呋喃与甲醇的相对挥发度的影响

水与有机物的质量比	THF 与甲醇的相对挥发度	水与有机物的质量比	THF 与甲醇的相对挥发度
2.0	6.0	0.2	1.4
1.0	4.1	0.1	1.5
0.5	2.9	0.05	0.9
0.4	2.2	0	0.75
0.3	2.7		

2. Kvaerner 的 MA 酯化加氢技术工艺流程

(1) MA 甲酯化生产顺丁烯二酸二甲酯的过程

Kvaerner 技术的连续 MA 甲酯化的典型工艺流程如图 1-7 所示。

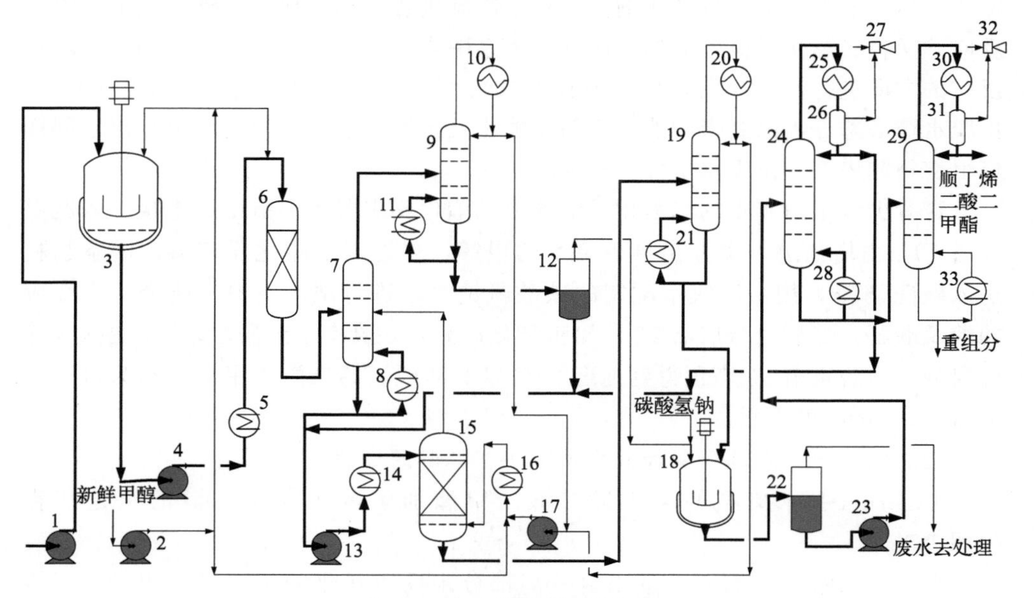

图 1-7 MA 甲酯化工艺流程

1—熔融 MA 泵；2—甲醇加料泵；3——酯化反应器；4—二甲酯加料泵；5—预热器；6—二酯化预反应器；7—脱水塔；8,11,21,28,33—重沸器；9—甲醇精制塔；10,20,25,30—塔顶冷凝器；12,22—分层器；13—二酯化反应器加料泵；14—加热器；15—二酯化反应器；16—甲醇汽化器；17—甲醇加压泵；18—碱洗釜；19—脱甲醇塔；23—粗产品泵；24—脱轻塔；26,31—气液分离器；27,32—蒸汽喷射泵；29—脱重塔

如图 1-7 所示，熔融的 MA 由熔融 MA 泵 1 加入一酯化反应器 3，新鲜及循环甲醇经甲醇加料泵 2 按比例加入一酯化反应器 3，一酯化反应器为带有搅拌的釜式反应器，酯化反应热由夹套冷却介质带走。一酯化产品经二甲酯加料泵 4、

预热器 5，进入二酯化预反应器 6，二酯化预反应器为筒体固定床绝热反应器，内装有大孔酸性离子交换树脂。由二酯化预反应器流出的反应产品进入脱水塔 7，由塔顶蒸出甲醇和水，以及夹带的少量一甲酯和二甲酯，进入甲醇精制塔 9，使甲醇与水分离，由塔顶得到无水甲醇，经甲醇加压泵 17 与经由甲醇加料泵 2 来的新鲜甲醇汇合，进入甲醇汽化器 16，由底部进入二酯化反应器 15。由甲醇精制塔 9 塔釜分出含有一甲酯和二甲酯的水，经分层器 12 后微溶于水的酯沉降至下层，与脱水塔 7 的釜液、脱轻塔 24 的塔顶组分一起作为二酯化反应器的进料，经二酯化反应器加料泵 13 加压，加热器 14 加热至二酯化反应温度，由上部进入二酯化反应器 15。由分层器 12 分出的水层可作为中和碱洗用水，或排出装置去进行处理。

二酯化反应器 15 为一筒体固定床绝热反应器，内装有大孔酸性离子交换树脂。无水甲醇以蒸气状态由下部进入二酯化反应器 15，未完全酯化的 MA 和一酯化产品呈液相向下流过催化剂，两相呈逆流接触酯化催化剂，既完成了二酯化反应，又将二酯化反应生成的水从反应体系中吹出，使反应平衡向有利于二酯化反应的方向进行。由二酯化反应器顶部吹出的甲醇和水的蒸气也进入脱水塔 7，由脱水塔塔釜分出的夹带的酯再返回二酯化反应器，水和甲醇由塔顶分出，同样经甲醇精制塔 9 分出无水甲醇进行循环。

含有少量甲醇和水的二酯化反应液由二酯化反应器底部引出，直接进入脱甲醇塔 19，由塔顶进一步分出含少量水的甲醇，再返回二酯化反应器；塔釜物料进入碱洗釜 18，用由回收水配制的碳酸氢钠溶液进行洗涤，中和残余的未反应的酸及酸酐，然后由分层器 22 分出粗酯化产品，在真空下经脱轻塔 24 脱除水等轻组分，由脱重塔 29 塔顶得到纯度 99%以上的顺丁烯二酸二甲酯，作为进一步加氢生产 BDO 的原料。

(2) 顺丁烯二酸二甲酯加氢生产 1,4-丁二醇的过程

Kvaerner 技术典型的顺丁烯二酸二甲酯加氢制 1,4-丁二醇的工艺流程见图 1-8。

顺丁烯二酸二甲酯和少量来自分离部分未反应转化的丁二酸二甲酯、GBL 以及少量 BDO 等组成的循环组分混合，经甲酯泵 1 加压，再经甲酯预热器 2 加热到 210℃，进入甲酯饱和器 3。新鲜氢气由氢气压缩机 10 加压，经氢气冷却器 11 冷却，与循环氢气混合，再经氢气循环压缩机 12 增压到约 4.2MPa，经二段氢气换热器 13，被从二段加氢反应器出来的物料加热后，直接由底部喷入甲酯饱和器 3，配制成顺丁烯二酸二甲酯和氢气的摩尔比为 1∶300 的被顺丁烯二酸二甲酯蒸气饱和的氢气。为使氢气充分饱和，甲酯饱和器 3 下设甲酯循环泵 4，循环的顺丁烯二酸二甲酯经甲酯加热器 5 加热，再循环回甲酯饱和器。由甲酯饱和器上部出来的被顺丁烯二酸二甲酯饱和的氢气，约 166℃，在换热器 6 中与从一

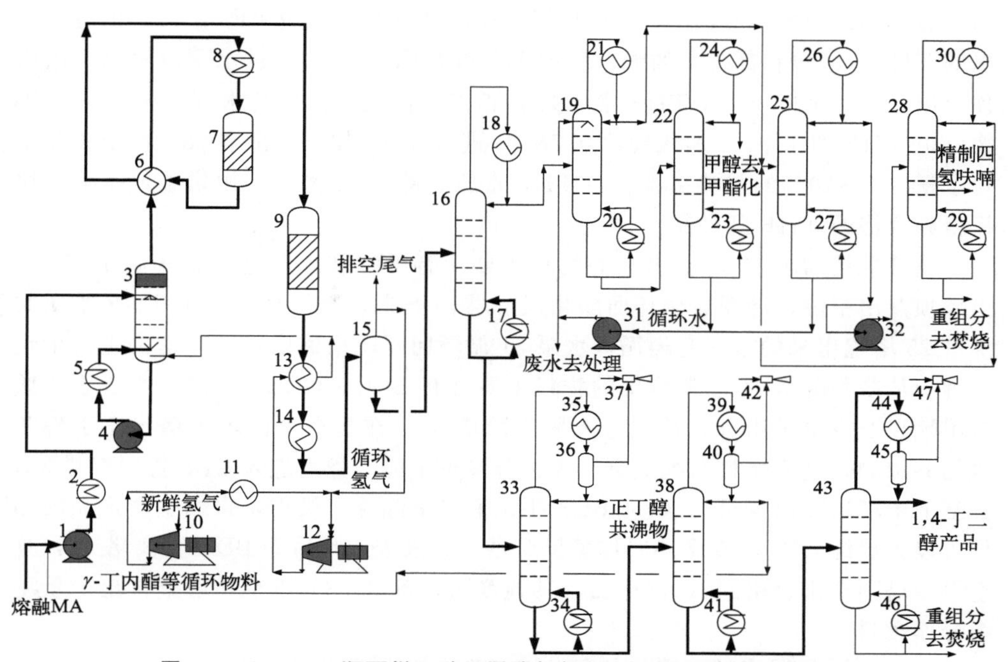

图 1-8 Kvaerner 顺丁烯二酸二甲酯加氢制 1,4-丁二醇的工艺流程

1—甲酯泵；2—甲酯预热器；3—甲酯饱和器；4—甲酯循环泵；5—甲酯加热器；6—换热器；7——段加氢反应器；8——段加氢预热器；9—二段加氢反应器；10—氢气压缩机；11—氢气冷却器；12—氢气循环压缩机；13—二段氢气换热器；14—二段冷却器；15—二段气液分离器；16—脱甲醇塔；17,20,23,27,29,34,41,46—重沸器；18,21,24,26,30,35,39,44—塔顶冷凝器；19—萃取精馏塔；22—甲醇脱水塔；25—THF 常压共沸塔；28—THF 加压共沸塔；31—循环水泵；32—THF 加压泵；33—脱丁醇塔；36,40,45—分离罐；37,42,47—蒸汽喷射泵；38—脱轻塔；43—BDO 分离塔

段加氢反应器出来的反应物料换热，再经一段加氢预热器 8 加热至 170℃，进入一段加氢反应器 7。反应器内装含铜 25%、含铬 35%、比表面积 $85m^2/g$ 的催化剂，催化剂的液体负荷约 $0.45h^{-1}$。一段加氢反应器为气相绝热床，床层温度约 185℃。一段加氢过程控制顺丁烯二酸二甲酯全部转化为丁二酸二甲酯，95%以上的丁二酸二甲酯转化为加氢产品，循环的 GBL 全部被加氢，产品中 BDO 和 GBL 的摩尔比达到约 5∶1。

一段加氢产品由反应器底部引出，与进料换热后被冷却至 170℃，进入二段加氢反应器 9。二段加氢反应器充装与一段加氢反应器组成相同的催化剂，加入量相当于一段的 2 倍，同为绝热床。控制二段加氢反应温度略低于一段加氢反应温度约 10℃，液空速约 $0.15h^{-1}$，可增加生成 BDO 的选择性，减少 THF 的生成量，使反应产品中 BDO 和 GBL 的摩尔比为 9∶1。二段加氢产品由反应器底部引出，在二段氢气换热器 13 中与氢气进行热交换，再经二段冷却器 14 进一步冷却至约 45℃，进入二段气液分离器 15，分出过量的氢气，经氢气循环压缩机 12

增压后循环回甲酯饱和器 3。二段加氢液体产品首先进入脱甲醇塔 16，由塔顶分出的 THF、甲醇和部分水的混合物进入萃取精馏塔 19，通过水萃取蒸馏，由塔顶分出 THF 与水，进入 THF 常压共沸塔 25，由塔顶蒸出含水 5%～6%的共沸物，由 THF 加压泵 32 加压到约 0.7MPa 进入 THF 加压共沸塔 28，由塔顶蒸出含水量 9%～10%的共沸物，返回 THF 常压共沸塔 25 进料，由塔釜或釜上几块板得到合格的 THF 副产品。

从萃取精馏塔 19 塔釜出来的物料主要含有甲醇和水，进入甲醇脱水塔 22，由塔顶蒸出甲醇，冷凝后循环回酯化反应器，釜液主要是水，与从 THF 常压共沸塔 25 塔釜出来的水一起经循环水泵 31 循环回萃取精馏塔，部分送去进行生化处理。从脱甲醇塔 16 塔釜排出的物料主要含有 BDO、GBL、丁醇、水、丁二酸二甲酯以及少量重组分，首先进入脱丁醇塔 33，在真空下由塔顶蒸出正丁醇和水的共沸物，进入燃料系统或进一步去分离正丁醇。釜液进入 GBL 等脱轻塔 38，真空下由塔顶蒸出少量的水、GBL、丁二酸二甲酯等有机物，根据生产产品的品种可以去提纯 GBL，或循环回加氢反应器。釜液进入最后的 BDO 分离塔 43，真空下由塔顶产出合格的 BDO 产品，其纯度可达到 99.8%以上，塔釜排出少量重组分作燃料。

Kvaerner 的马来酸酐酯化加氢生产 BDO 技术的优点是操作条件比较缓和，反应温度和压力较低，可以采用廉价的非贵金属铜系催化剂，除马来酸酐甲酯化过程外，反应和分离过程都没有强酸介质存在，对设备材质要求低。缺点是需要纯度较高的 MA 作原料，存在 MA 的酯化过程，由于甲醇的加入设备的处理量加大，降低了设备的效率，增加了能耗。Kvaerner 的马来酸酐酯化加氢工艺生产 1t BDO 消耗 MA1.125t，氢气 0.116t，甲醇 0.05t，电力 164kW·h，蒸汽 3.6t，冷却水 326m^3。

四、马来酸酐水溶液直接加氢生产 1,4-丁二醇技术[59-72]

1. 马来酸酐水溶液加氢过程的基本原理

正如前述，丁烷氧化生产 MA 工艺因氧化产物吸收过程不同，存在用水吸收的工艺和用有机溶剂吸收的工艺。采用水吸收工艺的有 BP Amoco/Lurgi 和 DuPont 的马来酸酐（又称顺酐）生产技术。因此就派生出以 MA 水溶液直接作为加氢原料生产 BDO、THF 和 GBL 的技术，其中有以生产 BDO 为主的 Geminox 技术，和以生产 THF 为主的 DuPont 技术（详细见第二章四氢呋喃生产方法）。由于加氢过程是在强酸的水溶液中进行的，因此要求催化剂的活性组分和载体在加氢反应条件下不和强酸发生反应，不溶于强酸水溶液，显然以氧化铝为载体的铜系催化剂已不在选用之列。采用的催化剂的主要活性组分为钯、铼、钌等贵金属，载体为活性炭等，其他活性组分还有镍、钼、钴、银、铁等，组成多种催化剂。一般，催化剂中钯含量为1%～3%，铼或钌含量为钯的2～3倍。用作载体的活性炭最好是石墨化的多孔高比表面积的炭，其比表面积约为300m^2/g，采用植物，特别是采用椰壳烧制成的片状活性炭最适用。为了制备符合高比表面积、高孔隙、高强度要求的催化剂，工业活性炭需要经过一系列处理，例如在惰性气体中高温焙烧、在含氧气流中灼烧、稀盐酸处理、真空干燥等，以便进一步提高载体的强度，扩大其孔容和比表面积。

加氢反应温度在150～200℃，压力10～15MPa，氢与MA的摩尔比为80～100，加氢反应器为气-液-固三相床，单段或两段加氢。每段反应器可以采用不同的反应条件及催化剂组成，以达到优化反应的目的。MA的转化率大于99%，典型的产品选择性为BDO 88%～91%，THF 5%～8%，GBL 1%～2%，正丁醇2%～3%，正丙醇0.1%～0.2%。Geminox技术可以对产品进行不同的选择，通过对其催化剂的改进，加氢反应温度、压力的调节，甚至对反应设备结构的变更，可以生产以BDO为主的产品。

2. Geminox技术的工艺流程

Geminox技术是由BP Amoco公司和Lurgi公司联合开发的，又称为BP Amoco/Lurgi技术。实际上是两种技术的组合，即BP Amoco公司开发的正丁烷流化床氧化制MA技术（原来是由SOHIO公司获得，现在为INEOS公司拥有），以及Lurgi公司开发的脂肪酸加氢技术，即马来酸水溶液的加氢过程，产品可以是以BDO为主同时联产THF和GBL，通过调节加氢反应条件、物料配比，调节不同产品产量的比例。工艺过程分为三部分，第一部分为正丁烷氧化部分，以空气作为氧化剂，氧化催化剂的组成为钒-磷，氧化反应器采用流化床。在反应器内正丁烷和空气穿过呈流化状态的催化剂层，正丁烷被氧化生成MA。氧化反应温度425℃，压力0.2～0.25MPa，正丁烷和空气的摩尔比为1∶(21～22)，单程转化率93%～95%，MA的摩尔产率约为52%。正丁烷氧化反应为强放热反应，通过设在反应器中的盘管内产生约4MPa压力的高压蒸汽带出反应热，副产的蒸汽可用作压缩空气透平机和加氢、产品分离过程的动力蒸汽。第二部分为氧化产物的水吸收部分，水吸收塔的MA和水的质量比例约为1∶2，吸收温度约90℃，压力约0.2MPa。MA100%被水吸收，并转变成30%～40%马来酸的水溶液。第三部分为马来酸的水溶液在高压下加氢，加氢产品进行脱水分离的过程。以正丁烷为原料，主要生产BDO和THF的Geminox技术的工艺流程如图1-9所示。

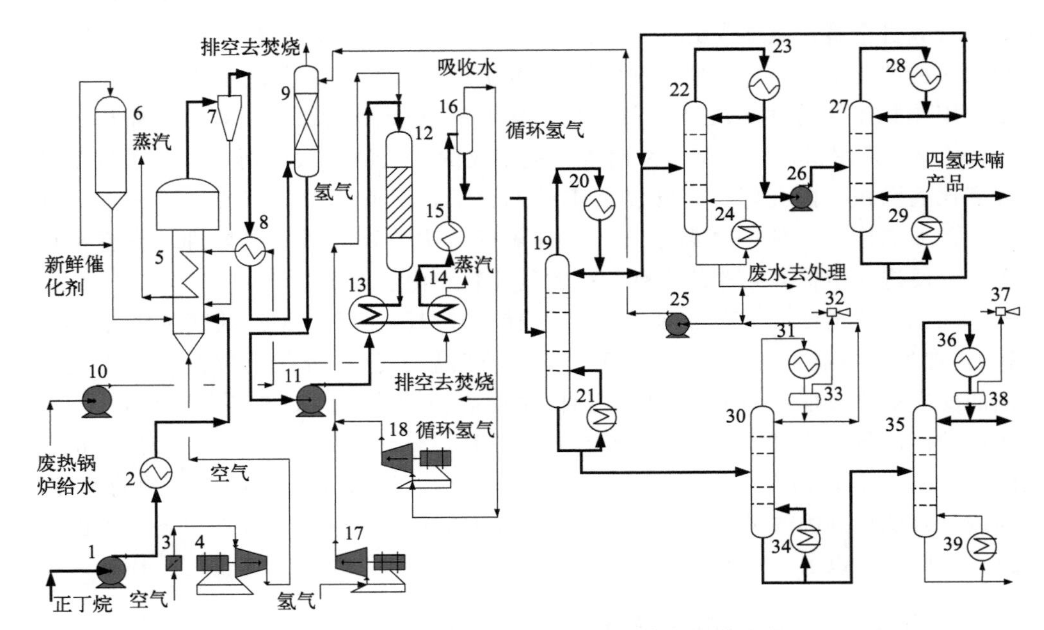

图 1-9　Geminox 1,4-丁二醇生产技术的工艺流程

1—丁烷泵；2—丁烷汽化器；3—空气过滤器；4—空气压缩机；5—丁烷氧化反应器；6—新鲜催化剂储罐；7—催化剂旋风分离器；8—换热器；9—水吸收塔；10—锅炉给水泵；11—高压泵；12—加氢反应器；13—换热器；14—废热锅炉；15—冷却器；16—气液分离器；17—氢气压缩机；18—氢气循环压缩机；19—脱轻塔；20,23,28,31,36—塔顶冷凝器；21,24,29,34,39—重沸器；22—THF 常压共沸塔；25—吸收水泵；26—THF 共沸物加压泵；27—THF 加压共沸塔；30—减压脱水塔；32,37—蒸汽喷射泵；33,38—分离罐；35—BDO 分离塔

正丁烷经丁烷泵 1 加压，再经丁烷汽化器 2 汽化，由底部进入丁烷氧化反应器 5。空气经空气过滤器 3 过滤，再经空气压缩机 4 增压，也由底部进入丁烷氧化反应器 5。空气与正丁烷蒸气混合后穿过流化的催化剂床层，丁烷被氧化生成 MA。废热锅炉给水经锅炉给水泵 10 加压，再经换热器 8 与氧化产品进行热交换，进入铺设在反应器中的冷却盘管，移出反应热并产生高压蒸汽。氧化反应产物经过反应器上部的扩大部分，大部分夹带的催化剂颗粒分离沉降，再经催化剂旋风分离器 7 进一步分离出夹带的催化剂颗粒，并与反应器内的冷却盘管给水进行换热后进入水吸收塔 9。由塔顶喷入从分离部分循环回的水，MA 经逆流水洗被全部吸收，生成马来酸水溶液，水吸收塔顶排出的废气中尚含有未反应的丁烷、二氧化碳、一氧化碳等，送至焚烧炉焚烧。由催化剂旋风分离器分出的部分催化剂颗粒返回氧化反应器或部分排出，新鲜催化剂由新鲜催化剂储罐 6 补充。

由水吸收塔 9 产生的 30%～40%马来酸水溶液经高压泵 11 增压，再经换热器 13 与反应产物进行热交换而被预热，然后与来自氢气压缩机 17 的新鲜氢气和来自氢气循环压缩机 18 的循环氢气混合，从上部进入加氢反应器 12，进行马来酸水溶液催化加氢。加氢反应器12为气-液-固三相滴流床，加氢反应压力15～20MPa，温度100～150℃，采用由BP Amoco公司开发的混合金属氧化物及钌基催化剂，具有较高的活性、选择性和长的寿命。加氢反应产物首先经换热器13与加氢原料进行热交换，预热加氢反应的进料，再经废热锅炉14产生蒸汽，并进一步被冷却器15的循环水冷却，进入气液分离器16，分离出过量的氢气，部分作为尾气去焚烧，部分氢气通过氢气循环压缩机18增压后与新鲜氢气一起返回加氢反应器12。分离出的液体进入产品分离部分，首先经脱轻塔19由塔顶蒸出THF和大部分水等轻组分，轻组分再通过两台共沸蒸馏塔，先经THF常压共沸塔22，控制塔顶温度为62℃，由塔顶分离出THF与水的常压共沸物，经THF共沸物加压泵26增压至约0.7MPa，进入THF加压共沸塔27，由塔顶蒸出的含水量高的共沸物，再返回THF常压共沸塔22，由塔釜或侧线得到纯的THF产品。脱轻塔19釜液含有少量丁醇、丙醇、GBL及BDO等，首先经减压脱水塔30由塔顶减压蒸出全部的残留水及少量丙醇、丁醇、GBL等副产品，根据这些副产品量的多少，可以继续进行分离，也可以去焚烧。脱水塔釜液进入BDO分离塔35，在真空下由塔顶蒸出高纯度的BDO产品。塔釜排出的重组分可循环回加氢反应器，或去焚烧。

由THF常压共沸塔22塔釜及减压脱水塔30塔顶得到的水由两部分构成，一部分是氧化部分吸收用水，另一部分为正丁烷氧化反应及马来酸加氢反应生成的水，可部分去废水处理装置进行生化处理，而大部分是作为氧化产品MA的吸收水进行循环。

Geminox技术具有较大的灵活性，可以通过催化剂及工艺条件的变更，调控生产95%产率的THF，或生产95%产率的GBL。2001年BP Amoco公司已将Geminox技术产业化，现在采用该技术的BDO产能约20万吨/年，生产1t BDO消耗正丁烷约1.25t。

第五节 1,4-丁二醇的其他工业生产技术

一、以1,3-丁二烯为原料生产1,4-丁二醇的Mitsubishi技术[73-80]

20世纪80年代日本三菱化学通过丁二烯乙酰氧化生产BDO的技术工业化，成功开发出Mitsubishi工艺。该技术是基于丁二烯的乙酰氧化反应生成1,4-二乙酰氧基-2-丁烯，然后再加氢，水解，三步反应合成BDO和THF。其中醋酸再返

回与丁二烯进行乙酰氧化反应，循环使用。该项技术在日本已有 10 万吨/年 BDO 装置在生产，此外 BASF 公司对该项技术也进行过开发研究，并从日本三菱化学得到在韩国蔚山新工厂采用该技术生产 BDO 的许可。台湾南亚塑胶工业股份有限公司在中国台湾采用该技术建成 6 万吨/年 BDO 生产装置，全球采用该技术的 BDO 装置的总生产能力曾达到 20 万吨/年，2000 年后因丁二烯价高部分停产。

1. Mitsubishi 技术的基本原理

Mitsubishi 技术的基本化学反应方程如下：

① 1,3-丁二烯乙酰氧化为 1,4-二乙酰氧基-2-丁烯

$$CH_2{=}CHCH{=}CH_2 + 2CH_3COOH + 1/2O_2 \longrightarrow \underset{\text{1,4-二乙酰氧基-2-丁烯}}{CH_3COOCH_2CH{=}CHCH_2OOCCH_3} + H_2O$$

② 1,4-二乙酰氧基-2-丁烯加氢为 1,4-二乙酰氧基丁烷

$$\underset{\text{1,4-二乙酰氧基-2-丁烯}}{CH_3COOCH_2CH{=}CHCH_2OOCCH_3} + H_2 \longrightarrow \underset{\text{1,4-二乙酰氧基丁烷}}{CH_3COOCH_2CH_2CH_2CH_2OOCCH_3}$$

③ 1,4-二乙酰氧基丁烷水解为 1,4-丁二醇

$$CH_3COOCH_2CH_2CH_2CH_2OOCCH_3 + 2H_2O \longrightarrow \underset{\text{1,4-丁二醇}}{HOCH_2CH_2CH_2CH_2OH} + \underset{\text{醋酸}}{2CH_3COOH}$$

水解过程也同时伴有生成四氢呋喃的反应：

$$CH_3COOCH_2CH_2CH_2CH_2OOCCH_3 + H_2O \longrightarrow \underset{\text{四氢呋喃}}{C_4H_8O} + \underset{\text{醋酸}}{2CH_3COOH}$$

（1）1,3-丁二烯乙酰氧化

1,3-丁二烯的乙酰氧化反应是在高压、液相中进行的，所用催化剂为载于活性炭载体上的钯和碲。也曾研究过含铋、硒、锑等组分的钯-碳催化剂，实践证明活性炭载钯和碲的催化剂活性最高。文献报道当反应温度为 80℃，反应压力为 3MPa，停留时间为 2h，1,3-丁二烯转化率大于 99%，1,4-二乙酰氧基-2-丁烯的选择性为 90.9%。副反应主要生成 1,2-二乙酰氧基丁烯和 1,3-二乙酰氧基丁烯异构体等。高压有利于提高产品的产率，当反应压力接近 7MPa 时，1,4-二乙酰氧基-2-丁烯的产率为 98%以上。

典型的催化剂制法举例：取粉碎的 20～50 目椰壳活性炭 10g，加入 40mL 含 2mol 氯化钯和 0.6mol 氧化碲的 6mol/L 硝酸溶液中，加热回流 4h，减压下除去水分，剩余物在 150℃、氮气保护下干燥 2h。得到的产品再用甲醇饱和的氮气流（1L/min）于 200℃下还原处理 2h，300℃下还原 1h，还原后的催化剂再在含 2% 氧的氮氧气流下于 300℃下重新氧化 10h，最后再在氢气流下于 200℃下还原 2h，400℃下还原 4h。用这种方法制成的催化剂具有较高的活性。此外 BASF 公司还开发了钯-钒-活性炭催化剂和非贵金属的 1,3-丁二烯乙酰氧化催化剂，例如

MoO_2-KBr-$CuBr_2$ 催化剂等。

（2）1,4-二乙酰氧基-2-丁烯加氢

1,4-二乙酰氧基-2-丁烯的加氢反应采用镍或钯为催化剂活性组分，例如载于活性炭载体上的钯催化剂、镍-锌-硅藻土催化剂等。反应是典型的不饱和双键加氢放热反应，可以采用一段或两段固定床反应器，反应温度一般为60～90℃，压力6～8MPa，1,4-二乙酰氧基-2-丁烯的转化率和1,4-二乙酰基丁烷的选择性均在98%左右。一些1,2-位、1,3-位异构体也被加氢成相应取代基的丁烷，甚至还有丁烷、1,4-羟基乙酰基丁烷、1,2-羟基乙酰基丁烷等杂质生成。加氢反应热可通过冷却部分产品并以循环的方式引出。

（3）1,4-二乙酰氧基丁烷水解

1,4-二乙酰氧基丁烷水解是在50～60℃、常压，在硫酸型阳离子交换树脂存在下实现的。由于该水解反应受反应平衡控制，因此往往通过过量水的存在，以及多段水解和蒸馏操作来提高BDO的产率。水解反应温度高时，THF等副产品生成较多；当水解反应温度低于100℃时，可控制THF产率在5%以内。其他可能的副产品还有丁醇及以下结构的副产物：

① 2-(4′-羟基丁氧基）四氢呋喃［2-(4′-hydroxybutoxy)tetrahydrofuran］

(THF环)—$OCH_2CH_2CH_2CH_2OH$

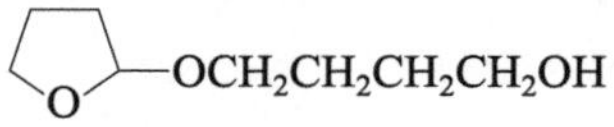

② 2-(4′-氧代丁氧基）四氢呋喃［2-(4′-oxobutoxy)tetrahydrofuran］

(THF环)—$OCH_2CH_2CH_2CHO$

③ 1,4-二(2′-四氢呋喃氧基)丁烷［1,4-di(2′-tetrahydrofuroxy)butanne］

(THF环)—$OCH_2CH_2CH_2CH_2O$—(THF环)

④ 羟基乙酰氧基丁烷（hydroxyacetoxybutane）

$CH_3COOCH_2CH_2CH_2CH_2OH$

这些杂质在水解产品中的含量为1%～2%，使从水解产品中分离得到高纯度的BDO变得困难，需要进行加氢才能脱除，加氢后这些杂质都变成易挥发的THF、丁醇、BDO等，使分离容易进行。

2. 典型Mitsubishi技术的工艺流程

根据专利文献等资料，Mitsubishi技术生产中1,3-丁二烯乙酰氧化过程工艺流程见图1-10，1,4-二乙酰基-2-丁烯加氢、水解过程的工艺流程见图1-11。

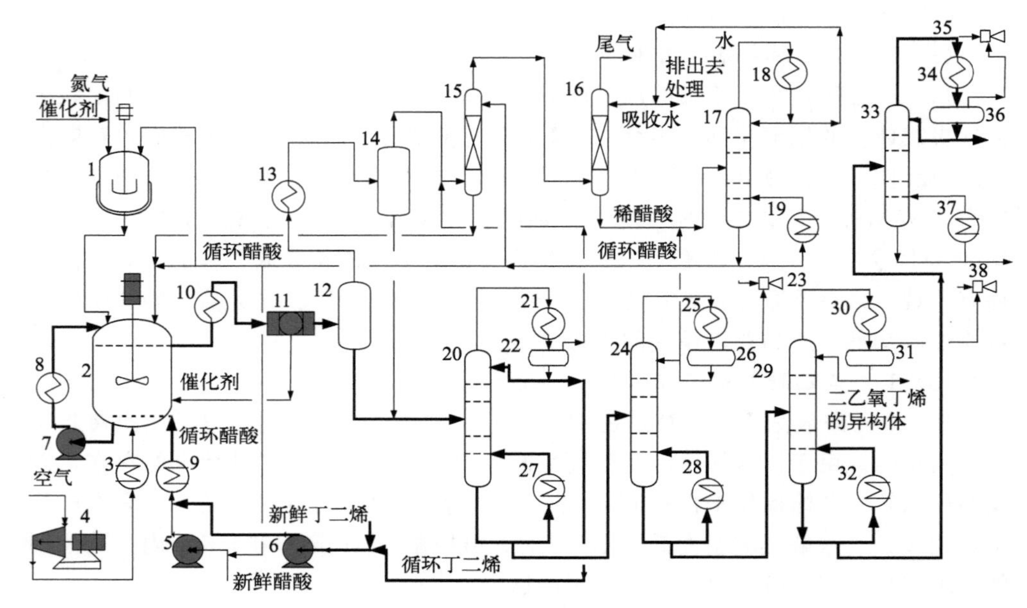

图 1-10　1,3-丁二烯乙酰氧化过程工艺流程

1—催化剂配制罐；2—乙酰氧化反应器；3—空气加热器；4—空气压缩机；5—醋酸泵；6—丁二烯泵；7—反应物料循环泵；8—循环物料冷却器；9—进料加热器；10—出料冷却器；11—催化剂过滤器；12,14—气液分离器；13—冷却器；15—丁二烯吸收塔；16—醋酸水洗塔；17—醋酸脱水塔；18,21,25,30,34—塔顶冷凝器；19,27,28,32,37—重沸器；20—丁二烯蒸馏塔；22,26,31,36—分离罐；23,35,38—蒸汽喷射泵；24—醋酸蒸馏塔；29—异构体蒸馏塔；33—1,4-二乙酰氧基-2-丁烯蒸馏塔

如图 1-10 所示，乙酰氧化反应器 2 为带有搅拌及反应物料外循环冷却系统的淤浆床釜式反应器。醋酸和活化的载于活性炭上的新鲜钯-碲催化剂在催化剂配制罐 1 中配成淤浆，在开工时一次性加入，或连续补充加入淤浆床反应器。新鲜和循环的 1,3-丁二烯经过丁二烯泵 6，新鲜和循环醋酸经过醋酸泵 5，然后都经进料加热器 9 加热后从乙酰氧化反应器 2 底部加入。空气经空气压缩机 4 加压，经空气加热器 3 加热后，由反应器底部鼓泡进入。三种物料一起通过催化剂淤浆层，1,3-丁二烯进行乙酰氧化反应。反应放热可以通过反应物料循环泵 7、循环物料冷却器 8 移出。乙酰氧化反应控制条件为温度 70℃，压力 7MPa。乙酰氧化过程中 1,4-二乙酰氧基-2-丁烯的产率为 98%。

液体乙酰氧化反应产品由反应器的上部引出，经过催化剂过滤器 11，将产品夹带的全部催化剂分离出，并返回反应器。滤液减压进入第一气液分离器 12，由上部分出的气体经冷却器 13 冷却后进入第二气液分离器 14，分出的不凝气体、丁二烯和醋酸等气相，与来自丁二烯蒸馏塔 20 塔顶的经过分离罐 22 的粗丁二烯一起进入丁二烯吸收塔 15，由塔顶喷入来自醋酸脱水塔 17 塔釜的醋酸，未反应的丁二烯被吸收，由丁二烯吸收塔15底部排出丁二烯的醋酸溶液，返回乙酰氧化反应器2。由丁二烯吸收塔15塔顶排出的带有醋酸的不凝气体再进入醋酸水洗塔16，由塔顶喷入来自醋酸脱水塔17塔顶蒸出的水，将其中含有的少量醋酸吸收，由塔底部排出的醋酸水溶液进入醋酸脱水塔17，由塔顶蒸出水，由塔釜得到回收的醋酸，进行循环。塔顶蒸出的水是乙酰氧化反应生成的水，部分作为醋酸水洗塔用水，部分作为废水排出去处理。

由第一和第二气液分离器分出的液体，主要含有少量未反应的1,3-丁二烯、醋酸的乙酰氧化反应产品，首先进入丁二烯蒸馏塔20，由塔顶蒸出丁二烯，经丁二烯泵6再返回乙酰氧化反应器2。塔釜液进入醋酸蒸馏塔24，在真空下由塔顶蒸出剩余的醋酸和水，送至醋酸脱水塔17，进一步脱水和回收醋酸。塔釜液进入异构体蒸馏塔29，在真空下由塔顶蒸出副反应产物、少量的二乙酰氧基丁烯的异构体等杂质，塔釜液进入最后的1,4-二乙酰氧基-2-丁烯蒸馏塔33，由塔釜分出重组分，塔顶得到用于加氢的1,4-二乙酰氧基-2-丁烯产品。

Mitsubishi技术产业化之初，乙酰氧化过程曾采用气-液-固滴流床反应器，1,3-丁二烯、醋酸和空气由顶部进入反应器。为了避免在反应器入口处的氧气与1,3-丁二烯形成爆炸混合物，必须严格控制氧气浓度在爆炸限以下操作。为了确保反应所需要的氧气分压，乙酰氧化反应必须在9MPa压力下进行。之后进行了改进，首先将1,3-丁二烯和醋酸配制成混合液体，空气以微细的气泡形式混入，然后混合反应液由反应器的下方通入，由下至上流过催化剂床层，反应热通过冷却循环液的方式引出。这样实际上将固定床反应器变为淤浆床或悬浮鼓泡床反应器，为此开发了适宜的催化剂和催化剂装填方式。这样的改进自2002年在工业上运行以来，不但降低了反应压力，节约了能耗，还增加了装置的安全性。

如图1-11所示，1,4-二乙酰氧基-2-丁烯经过1,4-二乙酰氧基-2-丁烯加压泵1加压与经氢气压缩机2来的氢气混合，一起经蒸汽加热器3加热到约60℃，由上部进入第一加氢反应器4，加氢反应器为气-液-固三相绝热床，内装载镍或钯的催化剂。加氢反应温度约60℃，压力约5MPa，1,4-二乙酰氧基丁烷的产率在98%以上。加氢反应是放热反应，控制好反应温度是制止副反应发生的有效手段之一。反应产品由反应器的底部引出，经冷却器5、高压气液分离器6、冷却器7、低压气液分离器8，两次冷却，两次气液分离。分出的气体为加氢反应过量的氢气，再经氢气压缩机2与新鲜氢气一起返回加氢反应器，部分排出至焚烧，以保持循环氢气的纯度。分离出的液体经水解加压泵9加压，与来自水循环泵44的回收水混合，经水解预热器10进入离子交换树脂塔11。水解催化剂为硫酸型阳离子交换树脂，例如由Mitsubishi Kasei公司生产的SK1B、SK103、SK106、PK206、PK216和PK228。水解反应温度约50℃，常压。1,4-二乙酰氧基丁烷水解反应生成的BDO和醋酸的选择性在95%以上，主要的副反应是生成THF及

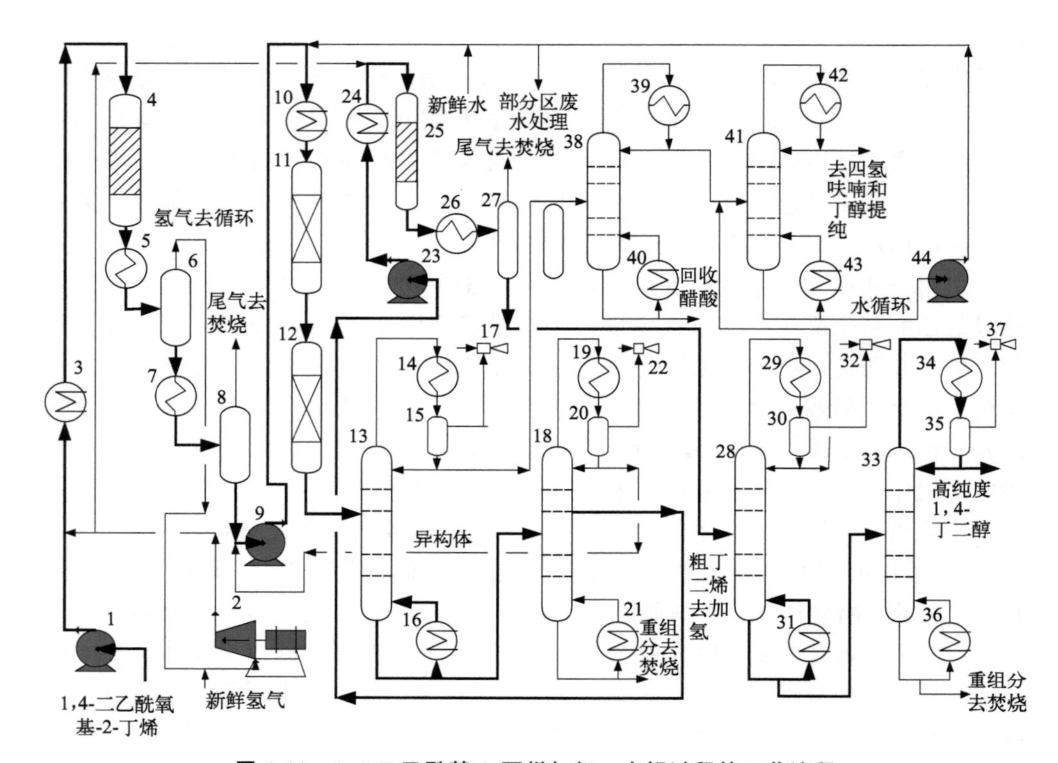

图 1-11　1,4-二乙酰基-2-丁烯加氢、水解过程的工艺流程

1—1,4-二乙酰氧基-2-丁烯加压泵；2—氢气压缩机；3—蒸汽加热器；4—第一加氢反应器；5,7,26—冷却器；6—高压气液分离器；8—低压气液分离器；9—水解加压泵；10—水解预热器；11,12—离子交换树脂塔；13—醋酸蒸出塔；14,19,29,34,39,42—塔顶冷凝器；15,20,27,30,35—气液分离器；16,21,31,36,40,43—重沸器；17,22,32,37—蒸汽喷射泵；18—异构体蒸出塔；23—粗丁二醇泵；24—第二加氢预热器；25—第二加氢反应器；28—真空脱轻塔；33—丁二醇蒸出塔；38—醋酸回收塔；41—脱水塔；44—水循环泵

丁醇。水解反应采用水过量及多段床，以增加 BDO 的产率。

从水解预热器 10 底部出来的反应液进入阴离子交换树脂塔 12，除去带出的磺酸离子。然后进入醋酸蒸出塔 13，由塔顶蒸出醋酸、水和轻组分副产物组成的混合物，去醋酸回收塔 38，由塔顶蒸出水、BDO 和丁醇等轻组分，由塔釜分出比较纯的醋酸，返回乙酰氧化过程，循环使用。塔顶的轻组分进入脱水塔 41，由塔顶蒸出 THF、丁醇等和水的共沸物，由塔釜得到的纯水可以返回水解预热器 10，用作水解用水，部分排放至水处理，塔顶产物可进一步去分离提纯 THF、丁醇等。

醋酸蒸出塔 13 的釜液进入异构体蒸出塔 18，在真空下由塔顶蒸出 1,4-羟基乙酰基丁烷等异构体，以及 1,2-二乙酰氧基丁烷、1,3-二乙酰氧基丁烷、BDO 等，经水解加压泵 9 再循环回水解反应器，以增加 BDO 的产率。由侧线引出含有带四氢呋喃环的一些缩醛杂质的粗 BDO 产品，经粗丁二醇泵 23、第二加氢预热器 24，与来自氢气压缩机 2 的氢气混合，由上部进入第二加氢反应器 25。第二加氢反应器内充装载有 1% 钯的碳载体催化剂，第二加氢反应温度约 100℃，压力约 1MPa。通过二次加氢，去除了影响产品纯度、羰基值，并导致产品颜色加深的有害杂质。二次加氢产品经冷却器 26、气液分离器 27，再经真空脱轻塔 28，由塔顶蒸出 THF、水、丁醇等轻组分合并到脱水塔进料，塔釜物料去丁二醇蒸出塔 33，由塔顶蒸出高纯度聚酯级的 BDO 产品，塔釜排出重组分去燃料系统。为了减少在分离系统中生成 THF 等副产品，系统需要在隔氧及温度低于 200℃下操作。接触醋酸的设备采用 316 不锈钢制造，其他设备采用一般不锈钢制造。

Mitsubishi Chem 公司还提出一种采用结晶分离的工艺，即将脱除水、醋酸、轻组分后的粗 BDO 馏分进行结晶分离，这样有利于简化流程、节省能耗，减少产品中 2-(4′-羟丁氧基)四氢呋喃的含量。

Mitsubishi 技术生产 1t BDO 消耗 1,3-丁二烯约 0.64t，醋酸 0.12t。

3. 其他以 1,3-丁二烯为原料的工艺

采用 1,3-丁二烯为原料生产 BDO，还有其他工艺路线，其中比较成熟的有 20 世纪 70 年代日本东曹株式会社开发出的 1,4-二氯-2-丁烯直接水解，再经加氢生产 BDO 的工艺，以及 20 世纪 90 年代由 Dow 化学公司和 Eastman 公司开发出的以 1,3-丁二烯为原料的类似技术，即 1,3-丁二烯在银催化剂的作用下直接氧化成 1,2-环氧-3-丁烯，再选择性水解成 2-丁烯二醇，加氢得到 BDO，但是上述两种技术均未见进一步工业化的报道。

二、以烯丙醇为原料生产 1,4-丁二醇的 Lyondell 技术[81-88]

以烯丙醇为原料生产 BDO 的技术，最初由日本可乐丽株式会社（Kuraray Co.）和大赛璐株式会社（Daicel）开发，并建成 5000 吨/年生产装置。美国的 Lyondell 公司，即以前的 ARCO 公司，由于采用 Halcon 法生产苯乙烯和联产环氧丙烷（PO），PO 可异构成烯丙醇，因此购买了可乐丽化工公司此项专利技术，1990 年在美国得克萨斯州的 Channelview 建成一套 3.4 万吨/年的工业装置。Lyondell 公司是全球最大的 PO 生产公司，使这一技术得到进一步的发展。采用该技术生产 BDO 的公司还有中国台湾的 Darien 化学公司，生产装置建在高雄大寮。全球采用这种技术的 BDO 生产能力约 40 万吨/年，不足全球总产能的 1/4。

1. Lyondell 技术的基本原理

Lyondell 技术由以下三步反应构成。

① 环氧丙烷异构化成烯丙醇：

$$H_2C\underset{O}{—}CHCH_3 \longrightarrow CH_2{=}CHCH_2{—}OH$$

主要副反应为：

$$H_2C\underset{O}{—}CHCH_3 \longrightarrow \begin{cases} CH_3CH_2CHO \\ CH_3COCH_3 \end{cases}$$

② 烯丙醇进行氢甲酰化反应生成 4-羟基丁醛：

$$CH_2{=}CHCH_2{—}OH + H_2 + CO \longrightarrow HO{—}CH_2CH_2CH_2CHO$$

③ 4-羟基丁醛加氢生成 BDO：

$$HO{—}CH_2CH_2CH_2CHO + H_2 \longrightarrow HO{—}CH_2CH_2CH_2CH_2{—}OH$$

主要副反应为：

$$CH_2{=}CHCH_2{—}OH + H_2 \longrightarrow CH_3CH_2CH_2{—}OH$$

$$CH_2{=}CHCH_2{—}OH + H_2 + CO \longrightarrow HO{—}CH_2\underset{}{\overset{CH_3}{\overset{|}{C}}}HCHO$$

$$HO{—}CH_2\overset{CH_3}{\overset{|}{C}}HCHO + H_2 \longrightarrow HO{—}CH_2\overset{CH_3}{\overset{|}{C}}HCH_2{—}OH$$

环氧丙烷在酸性催化剂作用下可以异构成丙酮、丙醛。但在磷酸三锂催化剂存在下则主要异构为烯丙醇，根据专利，异构化反应的温度为 250～300℃，压力为 1MPa，PO 转化率为 50%～60%，生成烯丙醇的选择性为 90%，主要的副产品为丙酮和丙醛。

烯丙醇的氢甲酰化反应是典型的烯烃氢甲酰化反应（OXO 反应），采用的催化剂是铑的络合物和过量的三苯基膦，即 $HRh(CO)(PPh_3)_3$ 和 PPh_3，一般反应是在甲苯溶剂中进行的，反应温度为 60℃，反应压力为 0.2～0.3MPa，反应停留时间约 2h。生成目标产物 4-羟基丁醛的选择性与反应条件有关，特别是反应介质中一氧化碳的浓度。向反应介质中加入少量的二苯基膦可以有效延长催化剂的寿命，也可以降低三苯基膦的氧化反应速率。氢甲酰化反应产物用水萃取，可以使反应生成的 4-羟基丁醛、2-甲基-3-羟基丙醛、正丙醇和丙醛进入水相，有利于羟基醛类的稳定和避免醇醛缩合产物等在系统中的累积。在 4-羟基丁醛的分离过程中，为减缓醇醛缩合反应等副反应的进行，在必要的部分加入叔丁基邻苯二酚、氢醌等一类阻聚剂。分离得到的 4-羟基丁醛在 60℃、10MPa 下，采用 Raney-Ni 催化剂进行加氢得到 BDO。也有采用钯-炭、Ni-硅藻土和 Ni（La）-SiO_2 等为加氢催化剂的报道。

2. Lyondell 技术的工艺流程

以环氧丙烷为原料通过三步化学反应过程生产 BDO 的工艺流程见图 1-12 和

图 1-13。

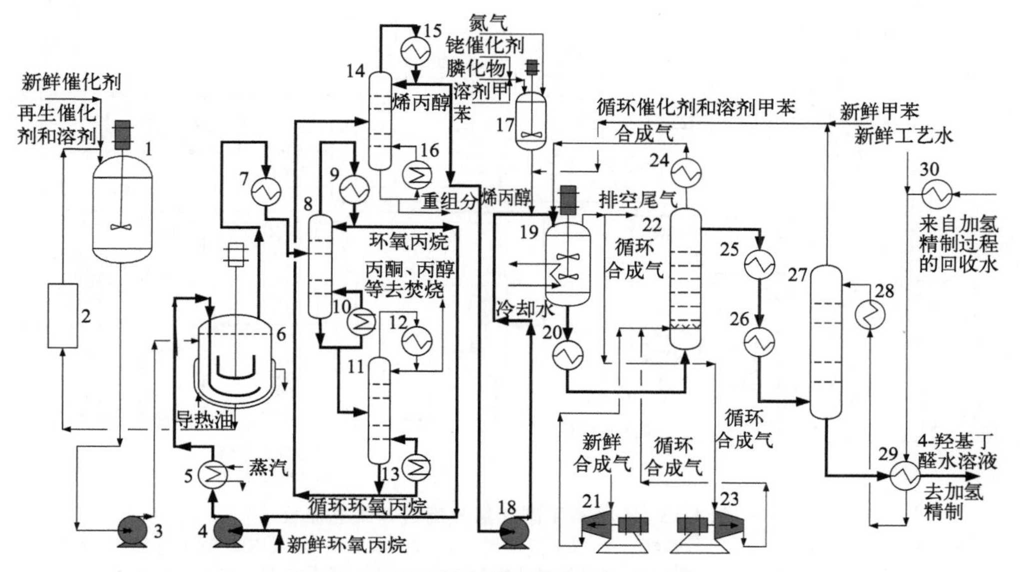

图 1-12 环氧丙烷异构及烯丙醇氢甲酰化过程的工艺流程

1—异构化催化剂配制罐；2—异构化催化剂再生装置；3—催化剂浆液泵；4—环氧丙烷泵；5—环氧丙烷汽化器；6—异构化反应器；7—冷凝器；8—环氧丙烷回收塔；9,12,15—塔顶冷凝器；10,13,16—重沸器；11—脱轻塔；14—烯丙醇蒸馏塔；17—氢甲酰化催化剂配制罐；18—烯丙醇泵；19—一段氢甲酰化反应器；20,24,25,26,28—冷却器；21—合成气压缩机；22—二段氢甲酰化反应器；23—合成气循环压缩机；27—水萃取塔；29,30—换热器

环氧丙烷异构化反应采用磷酸三锂为催化剂，为避免环氧丙烷发生水解、聚合等副反应，异构化过程是在绝水和高沸点溶剂稀释的条件下进行的，所用高沸点溶剂有三联苯、联苯醚等。反应器采用液相悬浮床，如图 1-12 所示，新鲜和循环的 PO 经环氧丙烷泵 4 及环氧丙烷汽化器 5，以蒸气进入异构化反应器 6，高温溶剂和催化剂磷酸三锂由异构化催化剂配制罐 1 通过催化剂浆液泵 3 也定量打入异构化反应器 6。PO 蒸气穿过悬浮在高沸点溶剂中的催化剂层，异构为烯丙醇。异构化反应器 6 为具有导热油加热的夹套和搅拌的釜，反应温度为 280℃，压力为 1MPa，PO 的单程转化率约为 58%，生成烯丙醇的选择性和收率均为 94%（摩尔分数）左右。反应产物和未转化的环氧丙烷由反应器的上部呈气相采出，首先经冷凝器 7 冷凝后进入环氧丙烷回收塔 8，由塔顶蒸出未反应的环氧丙烷，经环氧丙烷泵 4 循环回异构化反应器 6。釜液进入脱轻塔 11，由塔顶蒸出丙酮、丙醛等轻组分副产品，去进一步进行副产物的回收和提纯，或去焚烧。釜液进入烯丙醇蒸馏塔 14，由塔顶得到符合氢甲酰化反应要求纯度的烯丙醇中间产物，由塔釜排出聚合物等重组分，可作为燃料。异构化催化剂活性降低主要是由于被副反应生成的重组分所污染，可以通过定量、连续将高沸点溶剂与催化剂一

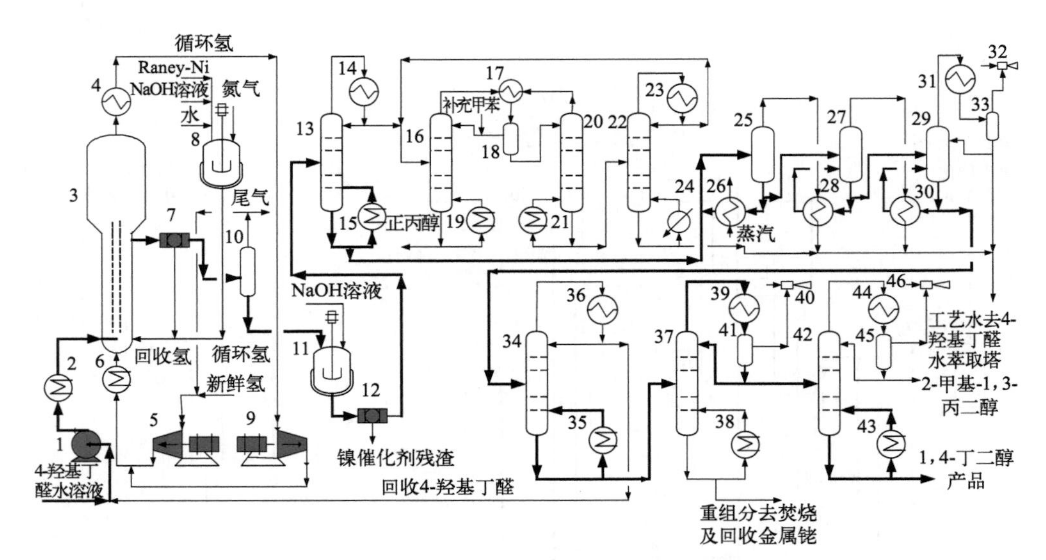

图 1-13　4-羟基丁醛加氢分离过程工艺流程

1—4-羟基丁醛水溶液泵；2—加热器；3—加氢反应器；4—冷却器；5—氢气压缩机；6—氢气加热器；7—过滤器；8—Raney-Ni 活化罐；9—氢气循环压缩机；10—气液分离器；11—中和沉降罐；12—过滤器；13—正丙醇共沸塔；14,17,23,36,39,44—塔顶冷凝器；15,19,21,24,35,38,43—重沸器；16—正丙醇脱水塔；18—分层罐；20—甲苯蒸出塔；22—回收塔；25—一效蒸发器；26—蒸汽加热器；27—二效蒸发器；28，30—换热器；29—三效蒸发器；31—冷凝器；32,40,46—蒸汽喷射泵；33—分离罐；34—4-羟基丁醛蒸出塔；37—脱重塔；41,45—分离罐；42—异构体蒸馏塔

起由异构化反应器 6 的底部引出，进入异构化催化剂再生装置 2，通过溶剂洗涤以及煅烧等方式再生后，再与高沸点溶剂一起加入异构化催化剂配制罐 1 进行配制，定量补充入异构化反应器 6，以保持催化剂活性及高沸点溶剂的组成稳定。

烯丙醇的氢甲酰化反应是在液相、经两段反应器完成。如图 1-12 所示，一段氢甲酰化反应器 19 是带有搅拌和循环冷却水夹套及蛇管的釜式反应器，新鲜的和循环的铑催化剂络合物及含有三苯基膦的甲苯溶液在氢甲酰化催化剂配制罐 17 中配制，由上部进入一段氢甲酰化反应器 19，原料烯丙醇经烯丙醇泵 18 也从反应器上部进入，由二段氢甲酰化反应器 22 上部来的合成气，通过插入底部的分布器，鼓泡穿过含有烯丙醇、催化剂的甲苯溶液，进行氢甲酰化反应。反应剩余的合成气由一段氢甲酰化反应器 19 顶部引出，部分排入燃料系统，大部分经合成气循环压缩机 23 增压，与新鲜合成气（氢气和一氧化碳的摩尔比要求为 1.04∶1.0）一起由底部鼓泡进入二段氢甲酰化反应器。一段氢甲酰化反应器是在 60℃，0.2～0.25MPa 压力下操作，停留时间约 2h。烯丙醇的转化率约为 77%，4-羟基丁醛的选择性约为 80%，3-羟基-2-甲基丙醛的选择性约 11%，丙醛和正丙醇生成量分别约为 6%和 3%。氢甲酰化反应为放热反应，反应放热由夹套和冷却蛇管引出。二段氢甲酰化反应采用液相、塔式绝热反应器。一段氢甲酰化过程的反应液由底部进入二段氢甲酰化反应器，新鲜合成气经合成气压缩机21，和来自合成气循环压缩机23增压的循环合成气一起也由底部进入二段氢甲酰化反应器，鼓泡穿过反应液层，与剩余的烯丙醇进行氢甲酰化反应。二段氢甲酰化反应温度为60～70℃，压力0.3～0.5MPa，停留时间2～3h。烯丙醇在二段氢甲酰化反应的转化率约为87%，各种产品的选择性基本上同一段氢甲酰化反应。经过两段氢甲酰化反应，烯丙醇的总转化率约为97%。未转化的合成气由二段氢甲酰化反应器顶部分出，再进入一段氢甲酰化反应器。二段氢甲酰化反应器产物为含有4-羟基丁醛、3-羟基-2-甲基丙醛、丙醛、正丙醇、少量未转化的烯丙醇以及铑催化剂等的甲苯溶液，由二段氢甲酰化反应器的上部引出，经冷却器25、26冷却后由底部进入水萃取塔27，与来自加氢分离部分的纯水在塔内进行逆流液-液萃取。4-羟基丁醛等醇醛进入水相，由水萃取塔的底部引出，含有主要铑催化剂的甲苯由顶部引出。液-液萃取过程有机物和萃取水的比例约为1∶1，由水萃取塔底部引出的水相中4-羟基丁醛的含量在12%左右，控制使进入水相中的铑催化剂最少，以金属铑计在10μg/kg以下，以减少贵金属铑的损失。含有主要铑催化剂组分的甲苯溶液经补充损失的铑催化剂及甲苯后循环回一段氢甲酰化反应器19。

4-羟基丁醛的加氢工艺流程见图1-13，加氢反应采用Raney-Ni催化剂，高压液相，鼓泡床绝热反应器，内设有供反应液和催化剂循环的导流桶体。来自氢甲酰化过程的含4-羟基丁醛约12%的水溶液，与回收的4-羟基丁醛一起经4-羟基丁醛水溶液泵1增压至10MPa，由加氢反应器3的底部进入。新鲜氢气与回收的低压氢气一起经氢气压缩机5压缩至10MPa，和经过氢气循环压缩机9加压至10MPa的循环氢一起由底部进入加氢反应器3，鼓泡穿过悬浮有Raney-Ni催化剂的反应液层。反应器内气、液、固三相经导流桶内、外循环，充分接触。加氢反应温度约为60℃，压力约10MPa，停留时间2～3h，总醛转化率和二醇的选择性均在99%以上。反应器的上方为扩大部分，有利于气液分离。反应过量的氢气由加氢反应器3顶部分出，经过冷却器4冷却，经氢气循环压缩机9增压后与新鲜氢一起返回加氢反应器3。加氢反应产物呈液相由加氢反应器3的扩大部分引出，经过过滤器7滤出夹带的Raney-Ni催化剂，再与补充的新鲜催化剂一起返回反应器。滤出的液体产品减压，经气液分离器10分出溶解在反应液中的氢气，部分作为燃料气排放去焚烧，主要部分作为回收氢进入氢气压缩机5，与新鲜氢一起经压缩后返回加氢反应器3。减压分出的液体进入中和沉降罐11，加入足量的氢氧化钠溶液中和，不溶的Raney-Ni催化剂沉淀出，经精密过滤排出，滤液送至产品分离部分进行分离。

需要指出的是市售的Raney-Ni催化剂，使用之前首先在Raney-Ni活化罐通过碱溶、洗涤等步骤活化，活化后的Raney-Ni在绝氧的条件下保存于纯水中，使用时与水一起加入反应器。分出的催化剂也必须在绝氧的条件下，经碱溶、活化、洗涤、筛选后与补充的催化剂一起返回反应器。

经高压加氢反应后，4-羟基丁醛加氢生成BDO，氢甲酰化反应的副产品3-羟基-2-甲基丙醛也同样被加氢成2-甲基-1,3-丙二醇，氢甲酰化过程未反应的烯丙醇首先异构成丙醛，之后加氢成正丙醇。

含有BDO、2-甲基-1,3-丙二醇、正丙醇、未反应的少量4-羟基丁醛及微量铑催化剂等重组分的水溶液首先经正丙醇共沸塔13，由塔顶蒸出正丙醇和水的共沸物，再经由正丙醇脱水塔16和甲苯蒸出塔20组成的非均相共沸蒸馏系统，由正丙醇脱水塔16塔釜得到无水的正丙醇副产品。由塔顶蒸出的甲苯和水的共沸物，冷凝后在分层罐18分层，上层为甲苯层，回流入正丙醇脱水塔16塔顶，下层为含有少量甲苯的水层，进入甲苯蒸出塔20，由塔顶蒸出甲苯与水的共沸物，冷凝后也进入分层罐18。釜液再进入回收塔22，由塔顶回收残余的微量正丙醇和甲苯，返回正丙醇共沸塔13，由塔釜排出水。

由正丙醇共沸塔13塔釜排出的除去正丙醇的水溶液，经过一、二、三效蒸发器25、27、29，在真空下连续脱水，脱水后的有机产品首先经4-羟基丁醛蒸出塔34，由塔顶分离出未反应的4-羟基丁醛，返回加氢反应器。塔釜产品再经脱重塔37，由塔釜脱除含有微量铑催化剂的重组分，可以去焚烧和回收金属铑。塔顶馏分为混合二元醇，经异构体蒸馏塔42，进行BDO和2-甲基-1,3-丙二醇的分离，由塔顶得到副产品2-甲基-1,3-丙二醇，塔釜或侧线得到BDO产品。

分离正丙醇和经三效蒸发得到的水作为4-羟基丁醛的萃取剂，构成闭路循环。

Lyondell法生产1t BDO，消耗PO约0.912t，副产正丙醇约0.11t、2-甲基-1,3-丙二醇约0.14t。

3. Lyondell技术原料路线的多样性

Lyondell技术的原料可以是PO，也可以是烯丙醇、丙烯醛，甚至可以是甘油，有多种灵活的选择，主要取决于公司的产品结构和整个生产过程的经济性。Lyondell公司拥有全球最大的PO产能，以PO为原料生产1,4-丁二醇在经济上最为有利。

中国台湾Darien化学公司采用类似这种技术生产BDO，但起始原料为烯丙醇。烯丙醇的生产是通过丙烯与醋酸、氧进行乙酰氧化反应制成醋酸烯丙酯，然后水解得到。其反应式如下：

$$CH_3CH{=}CH_2 + CH_3COOH + 1/2O_2 \longrightarrow CH_3COOCH_2CH{=}CH_2 + H_2O$$

$$CH_3COOCH_2CH{=}CH_2 + H_2O \longrightarrow CH_2{=}CHCH_2{-}OH + CH_3COOH$$

丙烯乙酰氧化反应采用钯催化剂，载体为硅胶，钾、铜、金等为助催化剂，反应温度约160℃，压力约1MPa，采用气相、固定床列管反应器，反应放热通过管间的加压水产生中压蒸汽引出。该技术的关键是原料丙烯、醋酸、氧气、循环惰性气体的合适配比，以及氧气混入的方式，操作不当将会生成爆炸混合物，导致爆炸事故。副反应主要是丙烯的氧化反应，生成二氧化碳、醋酸甲酯、醋酸丙酯等。一般催化剂的寿命为 2 年，醋酸烯丙酯的选择性在 94%左右。

醋酸烯丙酯水解反应采用强酸性离子交换树脂为催化剂，液相反应，反应温度为 60～80℃，压力为 0.1～1MPa，反应以高选择性得到烯丙醇。

醋酸烯丙酯也可以直接进行氢甲酰化反应，生成 4-乙酰氧基丁醛，加氢生成 4-乙酰氧基丁醇，最后水解成 BDO 和醋酸。但是醋酸烯丙酯易导致铑催化剂中毒，不如烯丙醇氢甲酰化反应易进行。Darien 技术类似于 Lyondell 技术，得到的醋酸烯丙酯首先水解得到烯丙醇，烯丙醇经氢甲酰化反应制成 4-羟基丁醛，进一步加氢生成 BDO。

Darien 化学具有生产醋酸乙烯酯的技术和装置，20 世纪 90 年代初首先将一套小规模的生产醋酸乙烯酯的装置改建为生产醋酸烯丙酯装置，配套必要的设备生产 BDO，在此基础上又建成 22 万吨/年的 BDO 生产装置，而停产的小装置于 2000 年后迁往中国大陆建成生产 BDO。

显然，如果以丙烯醛为起始原料，也可以采用该法生产 BDO，丙烯醛可由丙烯催化氧化得到。丙烯醛首先在银-镉或银-镉-锌等催化剂存在下加氢成烯丙醇，再进行氢甲酰化和加氢等反应得到 BDO。DuPont 和 BASF 公司开发了另一种技术，即丙烯醛经缩醛反应制 BDO 的工艺。第一步以弱酸为催化剂，例如用聚磷酸、丙烯醛与 2-甲基-1,3-丙二醇进行醇醛缩合反应，生成缩醛 2-乙烯基-5-甲基-1,3 二氧六环（VMD），然后 VMD 在 1MPa 压力、110℃、铑-膦络合物催化剂存在下进行氢甲酰化反应，得到 2-(3′-丙醛基)-5-甲基-1,3-二氧六环和 2-(2′-丙醛基)-5-甲基-1,3-二氧六环的混合物，两种异构体的比例约为 7∶1。将这种混合物在 10%的醋酸溶液中，在钯-炭催化剂存在下，于 100℃、约 7MPa 压力下进行水解加氢，得到 BDO 产率高于混合物中 2-甲基-1,3-丙二醇的量，分出 BDO，补充新的 2-甲基-1,3-丙二醇，循环再与丙烯醛缩合。显然，该法可以以丙烯醛为原料，将 Lyondell 法副产的 2-甲基-1,3-丙二醇转化成 BDO。其化学反应式如下：

① $CH_3CH{=}CH_2 + 1/2O_2 \longrightarrow CH_2{=}CHCHO + H_2O$

② $CH_2{=}CHCHO + HO{-}CH_2CH(CH_3)CH_2{-}OH \longrightarrow CH_3CH\langle(CH_2{-}O)_2\rangle CHCH{=}CH_2 + H_2O$

VMD

③ $CH_3CH\langle(CH_2{-}O)_2\rangle CHCH{=}CH_2 + H_2 + CO \longrightarrow$

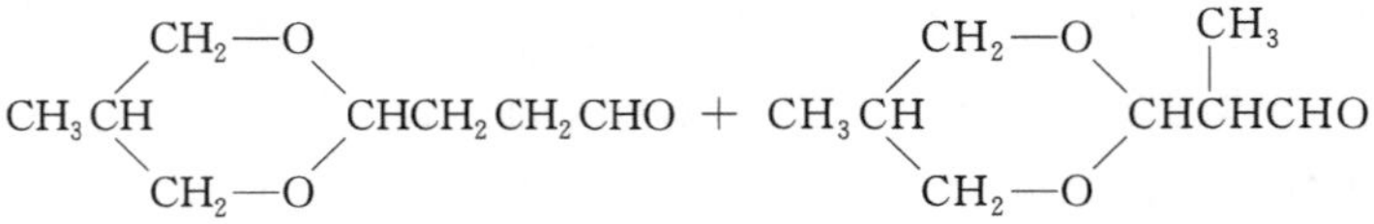

$$
\mathrm{CH_3CH}\!\!\begin{array}{c}\diagup\ \mathrm{CH_2{-}O}\ \diagdown\\ \\ \diagdown\ \mathrm{CH_2{-}O}\ \diagup\end{array}\!\!\mathrm{CHCH_2CH_2CHO} + \mathrm{CH_3CH}\!\!\begin{array}{c}\diagup\ \mathrm{CH_2{-}O}\ \diagdown\\ \\ \diagdown\ \mathrm{CH_2{-}O}\ \diagup\end{array}\!\!\mathrm{CH\overset{CH_3}{\overset{|}{C}}HCHO}
$$

④

$$
\left.\begin{array}{l}\mathrm{CH_3CH}\!\!\begin{array}{c}\diagup\ \mathrm{CH_2{-}O}\ \diagdown\\ \\ \diagdown\ \mathrm{CH_2{-}O}\ \diagup\end{array}\!\!\mathrm{CHCH_2CH_2CHO}\\ \mathrm{CH_3CH}\!\!\begin{array}{c}\diagup\ \mathrm{CH_2{-}O}\ \diagdown\\ \\ \diagdown\ \mathrm{CH_2{-}O}\ \diagup\end{array}\!\!\mathrm{CH\overset{CH_3}{\overset{|}{C}}HCHO}\end{array}\right\} + H_2O + H_2 \longrightarrow
$$

$$
\mathrm{HO{-}CH_2CH_2CH_2CH_2{-}OH} + \mathrm{HO{-}CH_2\overset{CH_3}{\overset{|}{C}}HCH_2{-}OH}
$$

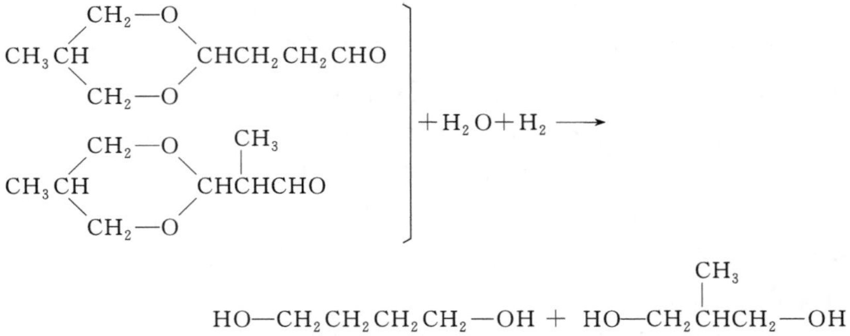

另一种原料路线，可以丙三醇即甘油为起始原料，甘油通过脱水生成丙烯醛，进一步通过上述技术路线生产 BDO。需要指出的是，若采用化学合成甘油，在经济上肯定是不合理的，可以采用廉价的生物甘油，也即动植物油脂经水解或醇解、酯交换得到的生物甘油。在替代能源、可再生能源、循环经济发展的今天，用动植物油脂经过酯交换可以制得生物柴油，这是各国选择的发展技术，且酯交换过程副产大量廉价的生物甘油，可以用其生产高附加值的 BDO 等化工产品，已受到大家的关注。

第六节 生物质-1,4-丁二醇技术

一、生物质-1,4-丁二醇技术的开发[89-108]

1,4-丁二醇是化工行业重要的中间体，其下游产品是许多工业部门生产的原材料，与人民生活息息相关。以乙炔、丙烯或丁烷等为原料生产 BDO 的技术均属于采用石油、天然气和煤炭等化石原料的技术路线。受资源和环境因素影响，20 世纪 90 年代美国的一些公司和研究机构提出通过生物质转化生产 BDO 技术，即采用淀粉、葡萄糖以及其他生物质为原料，利用微生物发酵的方法直接制造 BDO；或利用生物质发酵制造 1,4-丁二酸（又名琥珀酸）或其酯，再经催化加氢同时生成 BDO、GBL 和 THF 的间接方法；以及生物塑料聚 4-羟基丁酸（简称 P4HB）热裂解制取 BDO，P4HB 是在微生物发酵糖的过程产生的。以上三条技术路线很快成为人们关注的热点。采用生物质为原料制出的产品，一般加以 Bio-或 bio-以示区别，例如 Bio-BDO、Bio-THF。

三种途径的基本原料为葡萄糖，葡萄糖可以从淀粉、纤维素、蔗糖和乳糖中获得。在工业规模上，葡萄糖是由淀粉酶解产生的，而玉米是工业生产淀粉的主要原料。

另一种以生物质为原料制造 BDO 的技术，是以山梨醇催化氢解制造化工醇的技术。山梨醇水溶液氢解过程是在铜基催化剂存在下，在温度 180℃、压力 13MPa 的反应条件下进行的，混合化工醇的收率可高达 73%，混合化工醇主要用于聚酯的生产。山梨醇即 D-山梨醇，化学名为 1,2,3,4,5,6-己六醇，是一种重要的精细化工原料，国内外山梨醇工业生产采用葡萄糖催化还原法。化工醇是一种以 C_2～C_6 二元醇为主的高沸点混合醇，所含的醇多达 20 多种。其中 C_2 及 C_3 二元醇是主要产品，BDO 最高含量在 10%以上，具有潜在的应用前景，但分离得到高纯度的 BDO 尚有困难。

新兴的生物质化工价值链与传统的化工行业有显著的不同。生物质化学品生产商的原料供应商是甘蔗、玉米和油料种子等的加工商，而不是炼油、天然气加工以及煤化工（传统化学工业的原料）供应商。工业生物技术公司在生物质化工产品的开发中发挥着重要作用，生物技术公司许多成熟的农业加工技术（如葡萄糖或蔗糖的加工生产技术等）与化学品制造技术紧密合作，以期开发出完整的、具有竞争力的生物质 BDO 技术。

生物基 BDO（Bio-BDO）是由纤维素或淀粉等生物质原料水解产生的葡萄糖通过特殊的酶发酵形成的。由于可持续发展和节能减碳成为未来全球工业发展的主要趋势，因此，Bio-BDO 的生产也受到行业的广泛关注。据报道，截至 2020 年，全球 Bio-BDO 的市场规模估算达到 1.91 亿美元，预计到 2030 年将翻倍达到 3.93 亿美元，2021～2030 年年均增长率将达到 7.5%。

Qore 公司以 QIRA 品牌生产的 Bio-BDO，是通过从玉米中提取的淀粉发酵制成的，其质量与同规格的化石基-BDO 相同。Qore 公司首席执行官 Jon Veldhouse 表示："QIRA 是一款完美的产品，能使化石基-BDO 快速、无缝地转向 Bio-BDO 替代品。与化石基-BDO 相比，QIRA 的 Bio-BDO 及其衍生物具有相同的物理和技术特性，而产品的碳足迹（PCF）可减少 86%。"

二、生物质-1,4-丁二醇技术开发商及其研究开发的技术

1. 美国生物质-1,4-丁二醇技术开发商

（1）BioAmber 公司（生物琥珀有限公司）

该公司从事生物质-1,4-丁二酸（Bio-SA）的制造，2010 年获得 DuPont 公司授权的加氢化催化剂技术，将 Bio-SA 加氢生产出 Bio-BDO 和 Bio-THF，自此以后，集中扩大 DuPont 的技术，生产 100% 的 Bio-BDO、Bio-THF 和 Bio-GBL。

生物琥珀有限公司的技术是基于液相加氢，而不是气相加氢路线。生物琥珀有限公司合成路线的发展主要是消除发酵液提纯、蒸发、结晶以及加氢前将 SA 酯化的需要，将液相加氢法与生物琥珀的 1,4-丁二酸（SA）过程相结合，使糖完全转化为 Bio-BDO 和 Bio-THF 的技术产业化。2014 年，生物琥珀公司在加拿大安大略省萨尼亚市（Sarnia，Ontario）建设 2.3 万吨/年 Bio-BDO 产能的工业装置，该装置使用 DuPont 公司的加氢化催化剂技术。

自 2010 年采用 DuPont 公司的 BDO 加氢化催化剂技术以来，BioAmber 公司一直与美国 Seton Hall 大学应用催化中心合作改进该技术，同时开发新一代催化剂。2012 年 7 月，BioAmber 公司和德国 Evonik 公司宣布建立合作关系，共同开发 Bio-SA 可持续生产化学品的催化剂。该合作关系包括 BioAmber 公司在萨尼亚经营的一家 Bio-SA 工厂，其生产能力为每年 3 万吨 Bio-BDO，已于 2015 年 3 月投入使用，这是目前世界上最大的 Bio-SA 工厂。BioAmber 公司的 Bio-BDO 销售给商业市场，与 Vinmar 公司签订了每年 1 万吨（2016～2030 年），与 PTT MCC 生物化学公司（日本三菱化学和泰国 PTT 的合资企业）签订了每年 0.5 万吨（2016～2017 年）Bio-BDO 的销售合同。

（2）Genomatica 公司（基因组有限公司）

2010 年该公司在 MBI 国际公司的 3000L 试验设施中展示了其基于发酵糖-BDO 技术。2011 年该公司扩大了生产（以玉米中的葡萄糖作为原料），使用了一个 13000L 的示范装置。基因组有限公司与 Chemtex 公司合作，开发从纤维素生物质（通过可发酵糖）生产 BDO 的技术。基因组有限公司还与废物管理公司合作，开发了从城市固体废物产生的合成气中生产化学品的技术。基因组有限公司和日本三菱化学株式会社正在评估从亚洲的蔗糖中生产 Bio-BDO 和其他化学物质。

（3）Metabolix 公司（新陈代谢有限公司）

该公司在实验室规模上由 P4HB 热解，产生了 BDO、THF 和其他 C_4 化学物质。P4HB 在氢气和铜铬铁催化剂存在下，热解可生成 BDO。该公司和 CJcheil 化学公司签署了一项关于生产 C_4 化学品发酵和回收技术的联合开发协议，可能的商业目标产品包括 GBL、BDO 和 THF。

（4）Myriant 公司

该公司和 Davy 工艺技术公司合作，评估使用该公司 Bio-SA 作为 MA 工艺的替代品，其目标是将两种技术相结合，从而降低 SA 回收和纯化过程的成本。

（5）Tate & Lyle 公司

该公司提供玉米葡萄糖原料供给 Bio-BDO 实验。

2. 欧洲主要的生物质-1,4-丁二醇开发商

欧洲主要的 Bio-BDO 开发商是 Davy Process Technology（DPT）公司（戴

维工艺技术公司），其与美国 Myriant 公司合作，目标是将 Myriant 的 Bio-SA 技术与 BDO 技术相结合，从而降低回收和纯化的成本。DPT 公司的气相加氢过程可产生 BDO、THF 和 GBL 的混合物。

3. 亚洲主要的生物质-1,4-丁二醇开发商

亚洲主要的 Bio-BDO 开发商是 Mitsubishi Chemical 公司（MCC）（日本三菱化学），该公司与美国 Genomatica 公司合作评估一家合资企业，拟在亚洲生产 Bio-BDO 和其他可再生来源的化学中间体。

三、糖直接发酵生产生物质-1,4-丁二醇技术

1. 糖发酵直接生产生物质-1,4-丁二醇的途径（直接途径）

美国 Genomatica 公司 2008 年首次开发了以糖类直接发酵生产 BDO 的技术，并在 2010 年成功实现 $3m^3/d$ 发酵中试工艺验证。2012 年，Genomatica 公司和 DuPont Tate&Lyle Bio Products 公司（美国 DuPont 和英国 Tate&Lyle 合资公司）合作建立工业放大生产线，并历时 5 周生产了 500 万磅（2268.0t）Bio-BDO，该生产线采用 Genomatica 的 BDO 发酵工艺和 Tate&Lyle 的示范规模装置。2013 年，BASF 宣布采用 Genomatica 专利技术从可再生原料商业化生产出 Bio-BDO，其质量可与石油基 BDO 相媲美，并将该产品交付客户进行测试和用于商业用途。BASF 目前 Bio-BDO 产能约 3 万吨/年。

2016 年，意大利 Novamont 公司采用 Genomatica 的直接发酵技术建立了世界上第一座 Bio-BDO 专用工业化工厂——MaterBiotech，该工厂产能为 3 万吨/年，目前全部用于 Novamont 生物降解塑料 Mater-Bi 系列产品的生产。

2021 年，美国农业食品巨头嘉吉公司（Cargill）与德国 Helm 公司共同成立 Qore 公司，将利用 Genomatica 技术建设 Bio-BDO 工厂，该工厂将建于 Cargill 位于美国艾奥瓦州埃迪维尔的现有设施周边，预计总投资 3 亿美元，生产能力为 6.5 万吨/年 Bio-BDO，计划于 2024 年投入运营。

2021 年，中国元利化学集团股份有限公司成功研发并投产 Bio-BDO，并于 2022 年正式批量出口欧盟市场，打破了国内 Bio-BDO 产品为零的局面。

直接采用改良的大肠杆菌（E. *coli*）菌株发酵葡萄糖可得到 Bio-BDO。这种方法被 Genomatica 公司使用，该公司将进一步开发利用生物质中的纤维素和城市固体生活废物作为原料生产 Bio-BDO 的技术。图 1-14 给出了由琥珀酸生产 Bio-BDO 的途径。

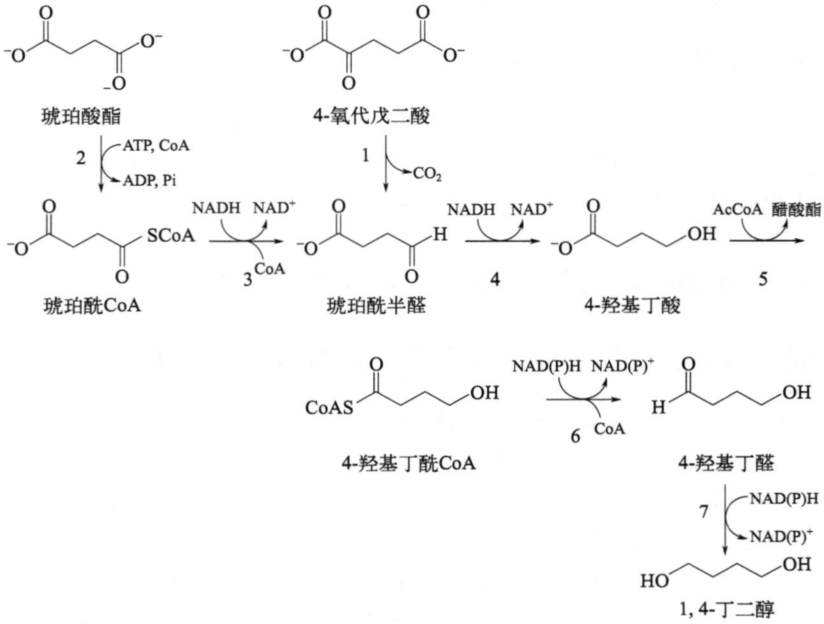

图 1-14 由琥珀酸生产生物质-1,4-丁二醇的途径

每步采用的酶：

步骤 1，2-羟戊二酸脱羧酶(2-氧代戊二酸盐脱羧酶)(2-oxoglutarate decarboxylase)；

步骤 2，琥珀酰辅酶 A 合成酶（succinyl-CoA synthetase)；

步骤 3，辅酶 A 依赖的琥珀酸半醛脱氢酶(CoA-dependent succinate semialdehyde dehydrogenase)；

步骤 4，4-羟基丁酸脱氢酶（4-hydroxybutyrate dehydrogenase)；

步骤 5，4-羟基丁酰辅酶 A 转移酶（4-hydroxybutyryl-CoA transferase)；

步骤 6，4-羟基丁酰辅酶 A 还原酶（4-hydroxybutyryl-CoA reductase)；

步骤 7，醇脱氢酶（alcohol dehydrogenase)。

步骤 2 和步骤 7 的酶在大肠杆菌中自然生成，而其他步骤用酶则是由引入的异源基因编码的。

图 1-14 中有机物的英文名称及结构简式如下：

琥珀酸酯或丁二酸酯	succinate	$ROOCCH_2CH_2COOR$
4-氧代戊二酸（酯）	4-ketoglukarate	$HOOCCH_2CH_2COCOOH$
琥珀酰	succinyl	$—COCH_2CH_2CO—$

琥珀酰半醛	succinyl semialdehyde	$HOOCCH_2CH_2CHO$
4-羟基丁酸	4-hydroxybutyrate	$HOCH_2CH_2CH_2COOH$
4-羟基丁醛	4-hydroxybutyaldehyde	$HOCH_2CH_2CH_2CHO$

由图 1-14 可以看出 Genomatica 公司选择通过 4-羟基丁酸（4-HB）中间体作为最优先途径。上述两条路径汇聚在一个共同的中间体 4-HB 上。

从葡萄糖生物合成 4-HB 的第一条途径是从三羧酸（TCA）循环中间体琥珀酸开始的，它被天然的大肠杆菌酶琥珀酰辅酶 A（succinyl-CoA）激活为琥珀酰辅酶 A（辅酶 A）合成酶（SucCD）。在辅酶 A 依赖的琥珀酸半醛脱氢酶（SucD）和 4-HB 脱氢酶（4HBd）催化的两个连续还原步骤后，辅酶 A 衍生物通过琥珀酸半醛转化为 4-HB。

4-HB 合成的第二个途径来自大肠杆菌的中心代谢过程，关键的步骤是三羧酸循环中间体 4-氧代戊二酸（又称 α-酮戊二酸）氧化脱羧。由于脱羧步骤不可逆，故这一途径在热力学上比琥珀酸途径更有利。

其下游路径为由 4-HB 转化为 BDO，需要两个还原步骤，由脱氢酶催化，醇和醛脱氢酶（分别为 ADH 和 ALD）一起将羧酸基还原为醇基。基于以上途径，由葡萄糖直接发酵生产 BDO 的步骤框图见图 1-15。

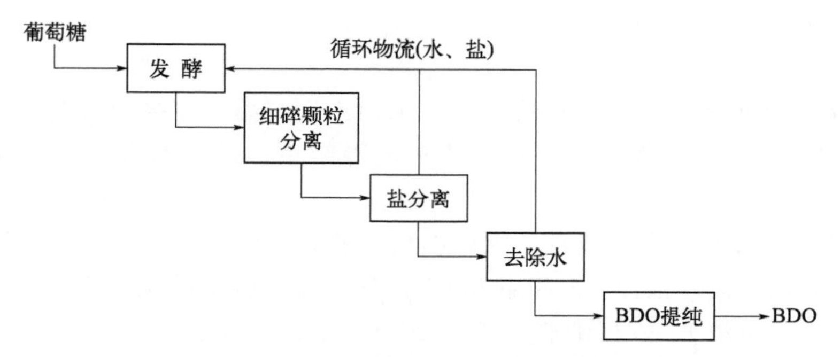

图 1-15 葡萄糖直接发酵制造 1,4-丁二醇的途径示意框图

该项技术的进一步研究开发是由葡萄糖完全合成 BDO。在大肠杆菌中实现功能性 BDO 途径是工程生物体进行高水平 BDO 生产的第一步，下一个主要步骤是优化宿主菌株，将碳和能源资源引导到该途径中，将 BDO 产量与生长相结合，保持 BDO 最大理论产量。

2. 糖发酵直接生产生物质-1,4-丁二醇的工艺流程

基于 Genomatica 公司的研究成果公开信息，对糖发酵直接生产 Bio-BDO 的技术进行了概念设计，装置规模为万吨级 Bio-BDO/年，发酵原料为葡萄糖，选择基因工程大肠杆菌为发酵微生物，整个过程分为葡萄糖发酵和 BDO 回收分离

提纯两部分。

（1）发酵

采用分批次发酵，大肠杆菌分批次培养，发酵过程进料为60%的葡萄糖水溶液，葡萄糖在发酵营养素存在下作为碳源。发酵液的pH值保持在6.5～7.5，温度35～37℃之间，生产率为2g/(L·h)。

依据产能设置批次发酵罐设备的数量，构成连续流程，如图1-16所示。典型的发酵罐批次周期由以下步骤构成：

① 培养基的制备　将氨基酸、维生素和其他营养物质添加到营养液消毒罐E102的水中，产生浓缩发酵培养基。其典型组分及浓度如下（也可能因操作条件而不同）：

- 磷酸氢二钾　7.5g/L
- 磷酸氢二钠　6.8g/L
- 氯化钠　0.5g/L
- $MgSO_4 \cdot 7H_2O$　2.5g/L
- 柠檬水　2g/L
- 柠檬酸铁铵　0.3g/L
- 磷酸钾　3.0g/L
- $(NH_4)_2SO_4$　1.0g/L
- 其他

② 发酵罐灭菌　将营养物质和工艺水加入发酵罐，直接加入低压蒸汽，在130℃保持30min，对发酵罐进行消毒。消毒结束，排出消毒液，发酵罐准备接种。

③ 发酵罐接种　制备改良的大肠杆菌培养物，以两段种子组接种到生产发酵罐中。在第一段，预种子发酵罐R101接种来自实验室的纯培养物。连续监测细胞群（生物量浓度），当细胞密度达到所需值时，通过压力将预种子发酵罐R101的培养物加入一段种子发酵罐R102，在R102中培养，直到达到所需的生物量浓度。随后将这些培养物加入二段种子发酵罐R103中，达到需要浓度后，在压力下转移二段种子发酵罐R103中的发酵液到生产发酵罐R104中。

④ Bio-BDO的生产　将葡萄糖消毒罐Y101中40℃的60%（质量分数）的葡萄糖/水糖浆加热到130℃，在这个温度下保持30min，然后冷却。冷却后的糖浆被过滤，并被输液泵P101送到生产发酵罐R104中。

营养物质在营养液消毒罐E102中与工艺水混合，将营养混合物连续经消毒并加热到130℃，在该温度下保持30min，然后冷却。冷却后的混合物被过滤并送到生产发酵罐R104中。

通过R104的冷却盘管和护套循环水，温度保持在35～37℃；通过从液氨罐Y102

中加入氨，R104 中的混合发酵液 pH 值保持在 6.5～7.5。当大约 50h 后 BDO 浓度达到 100g/L 时，进料停止，批次中的发酵液被送入发酵液储罐 Y103 中。

（2）BDO 的回收分离和提纯

发酵液由发酵产品、生物质/细胞、发酵营养基、水等组成，将生物质/细胞采用超滤和离心分离可除去细胞及一些蛋白质和盐，纳滤和离子交换可以去除剩余的盐和其他不需要的发酵液成分。将 Y103 的发酵液由输液泵 P201 打经离心分离机 S201，再经精密过滤器 S202，纳滤器 S203，再经离子交换树脂塔 S205 分出细胞废弃物及盐。

含有水和生物质的过滤滞留物被送到废物处理处进行处理。澄清的发酵液被送到一个产品提浓的蒸发器 S204，在蒸发器中除去的水可以回收再循环利用。浓缩产物被送到蒸馏系统，由脱轻塔 S206 塔顶脱除轻组分，由脱重塔 S207 塔顶回收纯化的 BDO，可得到纯度大于 99.5%的 Bio-BDO 产品。由塔釜排出重组分去处理。

按这种工艺生产 1t Bio-BDO，需要约 2.34t 葡萄糖，0.0247t 氨。

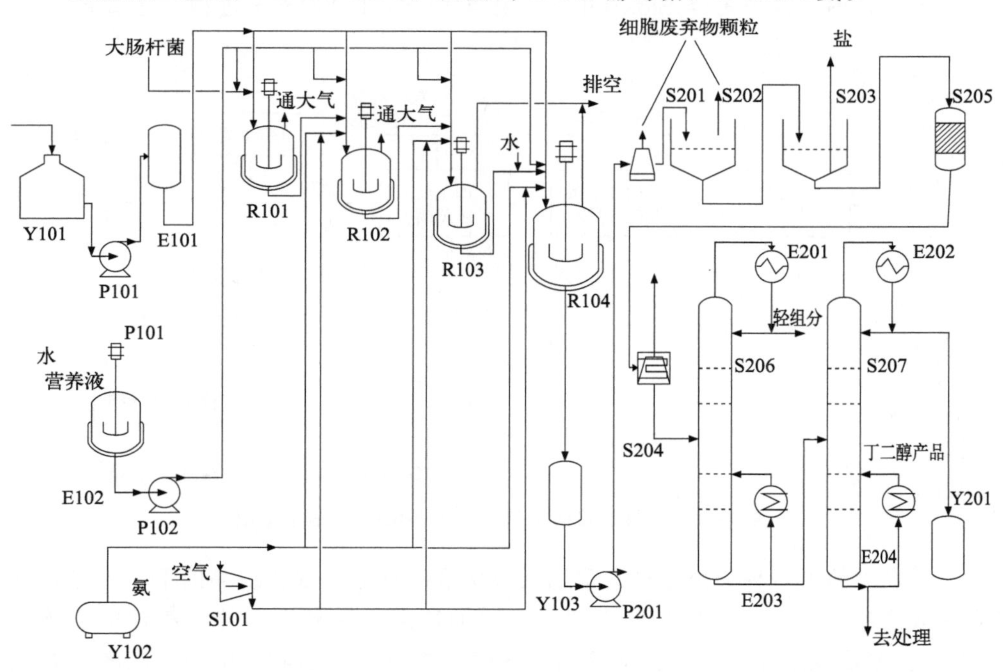

图 1-16　葡萄糖直接制造生物基 1,4-丁二醇过程概念工艺流程图

E101—葡萄糖消毒罐；E102—营养液消毒罐；E201，E202—塔顶冷凝器；E203，E204—塔釜重沸器；S101—空气压缩机；P101，P102，P201—输液泵；R101—预种子发酵罐；R102——段种子发酵罐；R103—二段种子发酵罐；R104—生产发酵罐；S201—离心分离机；S202—精密过滤器；S203—纳滤器；S204—蒸发器；S205—离子交换树脂塔；S206—脱轻塔；S207—脱重塔；Y101－葡萄糖罐；Y102—液氨罐；Y103－发酵液储罐；Y201－产品 BDO 储罐

四、糖发酵经琥珀酸酯生产生物质-1,4-丁二醇技术

1,4-丁二酸又名琥珀酸，如前所述，琥珀酸直接加氢或经酯化催化加氢可以得到 BDO。生物琥珀（BioAmbers）有限公司等研究将 Bio-琥珀酸酯加氢转化为 Bio-BDO 的间接技术路线，其中一些公司已经有了通过糖发酵生产琥珀酸，琥珀酸在催化剂的存在下加氢生产 BDO 的试验设施。生物琥珀有限公司的技术路线是从相应的琥珀酸酯或盐组成的发酵液中通过发酵产生羧酸酯，避免了分离和提纯羧酸的步骤，并利用二氧化碳为催化剂，从而减少了二氧化碳的排放。其发酵原料为自然界植物中最丰富的糖，葡萄糖、果糖、阿拉伯糖和木糖都可以采用。采用葡萄糖为原料时最大的琥珀酸产率为每摩尔葡萄糖可产生 1.71mol 的琥珀酸。

$$\underset{\text{葡萄糖}}{7C_6H_{12}O_6} + 6CO_2 \longrightarrow \underset{\text{琥珀酸}}{12C_4H_6O_4} + 6H_2O$$

生物琥珀有限公司经 Bio-琥珀酸间接生产 Bio-BDO 技术过程示意如图 1-17 所示。

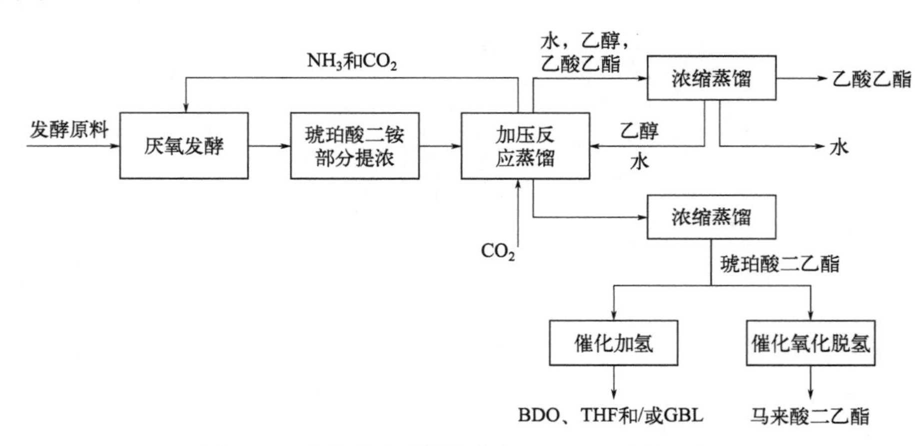

图 1-17 生物琥珀酸间接生产 Bio-BDO 过程示意图

开发出的另一种分离途径是采用反应萃取、真空蒸馏和结晶的下游工艺。反应萃取是基于三正辛胺只提取未解离形式的羧酸，并且它们的解离程度依赖于 pH 值。多段反应萃取可以去除琥珀酸发酵液中，诸如乙酸、甲酸、乳酸和丙酮酸，以及各种类型的盐。通过真空蒸馏可以进一步去除残留的挥发性有机酸。得到稀释的 1,4-丁二酸水蒸气，冷凝并进一步提纯为纯的琥珀酸水溶液，进一步加氢反应产生 BDO、GBL、THF 及副产品正丁醇、正丙醇等。其途径如图 1-18 所示。

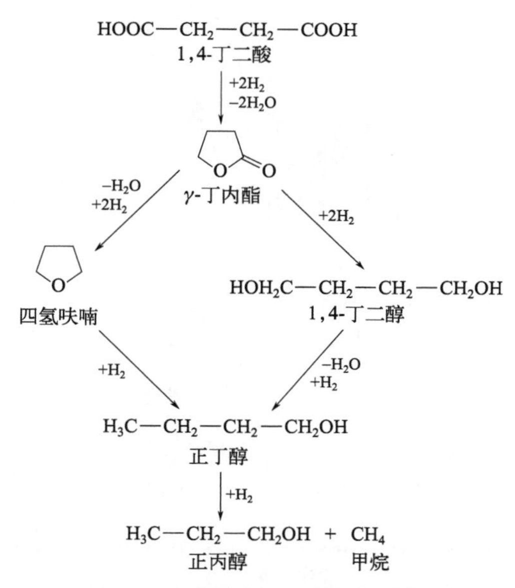

图 1-18 琥珀酸水溶液加氢反应路径

琥珀酸水溶液加氢采用钌、铼等金属催化剂，在 150℃及 20MPa 下可以同时生成 GBL、THF 和 BDO。可以通过催化剂的组成和反应条件抑制或促进其中的反应，获得最大的 BDO 产率。

五、木质素纤维生产生物质-1,4-丁二醇技术

如上所述，无论是直接法还是间接法生产 Bio-BDO 的原料都是用淀粉制取的葡萄糖，而玉米淀粉原料来源有限。如果将糖来源转换成自然界广泛存在的可再生植物纤维素，则可实现真正意义上的可再生资源技术。在整个自然界中，植物通过光合作用产生了大量的纤维素，每年全球纤维素的新增储量预计超过 7.5×10^{10}t。木材、棉花、麦草、稻草、芦苇、麻、桑皮、玉米秸秆和甘蔗渣等都可以用作纤维素的生产原料。纤维素是由葡萄糖组成的大分子多糖，是植物细胞壁的主要成分。半纤维素是由几种不同类型的单糖构成的异质多聚体，这些单糖是五碳糖和六碳糖，包括木糖、阿拉伯糖、甘露糖和半乳糖等。它结合在纤维素微纤维的表面，并且相互连接，构成了坚硬的细胞相互连接的网络。木质素是以氧代苯丙醇或其衍生物为结构单元形成的芳香性高聚物，能形成纤维支架，具有强化木质纤维的作用。将纤维素、半纤维素、木质素转化为葡萄糖，可为 Bio-BDO 技术提供丰富原料，其转化途径如图 1-19 所示。

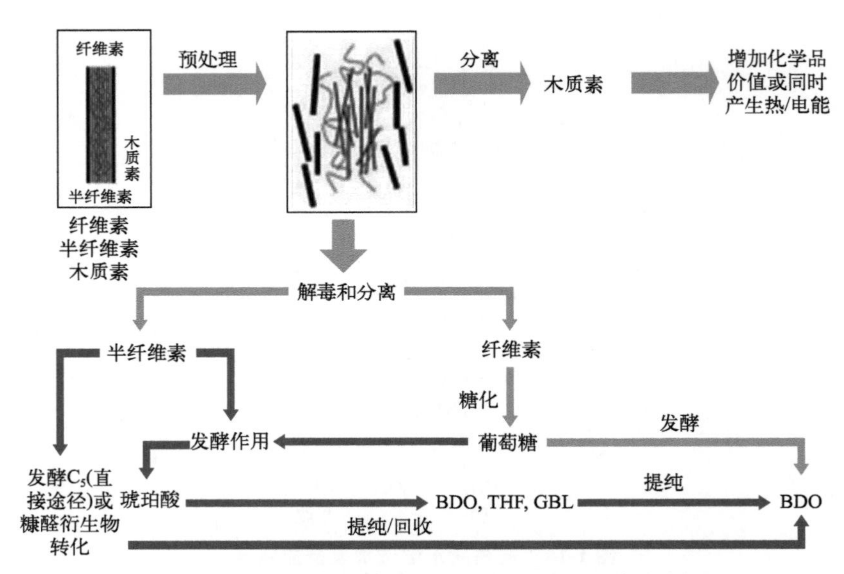

图 1-19　从木质纤维素生物质生产 1,4-丁二醇的途径

纤维素转化为 Bio-BDO 的另一途径是以糠醛和琥珀酸作为生产 Bio-BDO 的原料。糠醛可以通过纤维素和五聚糖的水解得到，糠醛通过脱羰基反应得到呋喃，呋喃加氢可得到 THF。糠醛转化为 BDO 的过程：首先糠醛经过氧化氢选择性氧化生成 2*H*(5*H*)-呋喃酮及其异构体 2*H*(3*H*)-呋喃酮的混合物，催化加氢生成 BDO。由纤维素经糠醛和琥珀酸转化为 BDO 途径如图 1-20 所示。

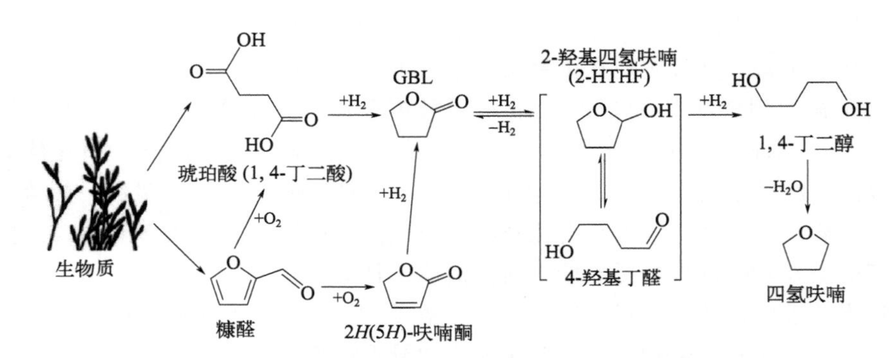

图 1-20　从糠醛和琥珀酸生产 1,4-丁二醇的途径

本质上，两种途径的目标都是使用木质纤维素材料作为生物精炼的原料，然后分两个步骤：第一步预处理，通过一系列处理降解纤维素、半纤维素和木质素

的宏观结构，使微生物的作用更容易；第二步生物转化，使用诸如酵母和细菌等生物催化剂，将糖转化为生物燃料和/或增值的化学品。第二步有两种途径可以选择：其一通过糖发酵直接生成 BDO，这属于基因组的技术；其二糖发酵产生琥珀酸，然后加氢化成 BDO 和/或 THF。这两种情况都可以与糠醛/呋喃的化学转化相结合。许多研究结果都证明通过以上途径，可以实现以植物纤维为原料，通过发酵得到葡萄糖或者琥珀酸以及糠醛、呋喃，进一步化学转化为 BDO、GBL、THF。尽管已经进行了许多研究工作，但要从木质纤维素糖生产 Bio-BDO，仍需要继续进行研究开发工作，克服许多技术挑战：首先要从基因工程上改进大肠杆菌菌株，提高其在发酵中的性能；使用 C_5 和 C_6 糖，使木质纤维素生物质生成的水解物对大肠杆菌无毒；开发更高效的耐水解大肠杆菌菌株，增加目标产物 BDO、THF、GBL 的收率，减少副产物的生成，从而简化从发酵液中回收、分离的过程及降低成本。

六、二氧化碳人工生物转化淀粉前景

近年来世界各国的科学家积极探索研究高效的 CO_2 人工生物转化技术，即通过光电与化学能高效转化耦合实现化学能自养固碳并合成特定的化学品，这是化学能固碳的新选择。与生物固碳相比较，化学能固碳可以实现更高的固碳速率和能量转化效率。通过化学催化反应可以将 CO_2 转化为短碳链的有机化合物，但难以实现长碳链有机化合物的选择性合成。这就需要充分发挥物理、化学、生物以及工程技术多学科间的紧密合作，利用化学反应在能量转换和固碳转化方面的优势，建立工程化的固碳研究开发体系，实现 CO_2 人工转化利用的最佳选择。中国有多家研究机构从事 CO_2 人工固碳研究，其中中国科学院天津工业生物技术研究所的研究团队在人工固碳元件、途径与系统的设计及构建等前沿基础领域取得了重要进展，他们充分利用物理、化学、生物等技术相互结合的优势，首先化学还原 CO_2，再利用其还原产物人工合成碳水化合物，首次以 CO_2 为原料不依赖光合作用而实现 CO_2 到淀粉分子的全人工合成。2023 年 5 月 27 日所长马延和在北京中关村第二届碳达峰碳中和论坛会上宣布，科研团队已建成二氧化碳人工合成淀粉吨级规模的中试装置，正在进行中试的测试，拟在理论、技术和工程上同步推进“二氧化碳人工合成淀粉”技术，早日实现产业化。

以淀粉、糖类为原料可以生产几乎所有的有机化工产品，包括前述的 Bio-BDO 等，而有机化工产品分子中的碳元素会以不同方式、不同的化学反应最终以 CO_2 的形式排放到大气中。因此“二氧化碳人工合成淀粉”这一成就为早日实现“碳达标、碳中和”带来了希望。

七、全球已建/拟建生物质-1,4-丁二醇生产装置

糖类直接发酵法和丁二酸转化法两种生物法制 BDO 工艺已成功建立工业化生产线，其中糖类直接发酵法主要采用的是 Genomatica 公司授权的工艺。

2010 年，BioAmber 公司利用美国 DuPont 公司授权的丁二酸催化加氢技术开发出 Bio-BDO 生产工艺。2013 年，英国 JMDavy 公司宣布其位于 Teesside 的工厂采用丁二酸催化加氢成功生产出生物 Bio-BDO。2015 年，BioAmber 与日本 Mitsui 公司在加拿大安大略省建设投产 3 万吨/年的丁二酸工业化生产线，可以转换生产 2.2 万吨/年的 Bio-BDO。全球已建和拟建 Bio-BDO 生产装置如表 1-4 所示。

表 1-4 全球已建和拟建生物质-1,4-丁二醇生产装置和产能

企业	产能/(万吨/年)	技术路线	备注
BASF	3	Genomatica 技术	自用，用于生产 Bio-PBAT，品牌 ecoflex®
Novamont	3	Genomatica 技术	自用，用于生产 Bio-PBAT，品牌 origo-Bi®
元利化学集团股份有限公司	1.5	中国科学院技术	已投产，两步法生产工艺，Bio-SA 购自山东蓝典生物科技股份有限公司
山东蓝典生物科技股份有限公司	2.0	中国科学院技术	拟建，两步法生产工艺，采用自产 Bio-SA
Qore®	6.5	Genomatica 技术	美国 Cargill 与德国 Helm 合资，计划于 2024 年投入运营
辽宁金发生物材料有限公司	1.0		2023 年底投产

八、生物质-1,4-丁二醇的应用

1. 生物质-聚对苯二甲酸己二酸丁二醇酯（Bio-PBAT）

BASF 和 Novamont 生产的 Bio-BDO 均自用生产 Bio-PBAT，中国 PBAT 作为可降解树脂材料产能发展很快，已形成完整的产业链，但其生产原料无论丁二醇，还是丁二酸和己二酸，均是采用石化原料生产的。已知欧盟对 PBAT 制成的生物降解膜袋，仅要求达到一定的生物质含量（60%）。目前因为 Bio-BDO 产能未得到大幅提升，标准执行并不严格。但随着 Bio-BDO 产能进一步提升，其标准执行仍具有提升的空间。

2. 生物质-氨纶

2022年9月，莱卡（LYCRA®）公司宣布已与Qore®签订协议，成为全球首个大规模使用新一代的Bio-BDO作为主要原料进行生物质-氨纶商业化生产的公司。通过这次合作，LYCRA®纤维70%的成分将来自每年可再生的原材料。与由化石燃料原料所制成的同等产品相比，这一变化有望将LYCRA®纤维的碳足迹最高减少44%，同时保持与传统LYCRA®纤维相同的高质量性能参数。

九、生物质-1,4-丁二醇技术的讨论

全球多家公司在从事Bio-BDO技术开发研究，从已发表的各种文献资料分析来看，Bio-BDO技术整体上尚处于产业化开发的前夕，一些工作需要更加完善：

① 从实验室的研究来看需要通过基因工程改造和培养把葡萄糖转化为Bio-BDO更有效的菌种，减少其他产品的生成；优化BDO的分离、提纯过程，减少废水及生物质废弃物的排放。

② 从原料路线来看现在都是由玉米生产葡萄糖，葡萄糖再发酵生产BDO的直接法，生产1t BDO需要2.34t葡萄糖。现在按每亩地可生产0.7t玉米，每吨玉米可产淀粉0.6t，每吨淀粉可产0.9t葡萄糖来计算，直接发酵法由葡萄糖生产1t Bio-BDO消耗4.33t玉米，这些玉米需要6.19亩可耕地一年的产量。我国2021年玉米产量为2.73亿吨，如果拿出1%的玉米去生产Bio-BDO，只能生产63万吨Bio-BDO。

另一间接法Bio-BDO工艺以每吨葡萄糖可生产1.71t琥珀酸，每吨Bio-BDO需1.25t琥珀酸计，生产1t Bio-BDO需要玉米1.36t，约2亩可耕地的年产量。2021年我国玉米年产量的1%，273万吨玉米采用间接法生产Bio-BDO，可生产Bio-BDO约200万吨。

由上可以看出Bio-BDO的生产对玉米的需要量是很大的，而玉米是人类和牲畜赖以生存的食物，不能与人争粮，与畜争食。因此，需要开发淀粉和葡萄糖的其他来源，例如植物纤维、农副产品，甚至城市生活废弃物中生产的途径。

③ 从更深远的意义来看，Bio-BDO的原料是植物中的纤维、淀粉、葡萄糖等有机物，这些有机物是植物利用光合作用将空气中的二氧化碳转化而来的，是减碳的过程。而石油化工路线是将埋藏于地下的石油、煤、天然气中的碳释放出来转化成二氧化碳，是增碳的过程。通过葡萄糖发酵技术生产Bio-BDO，与石化Reppe工艺生产BDO相比，每千克BDO的总二氧化碳当量排放量低83%，化石能源消耗低67%。全球约50%的BDO，我国90%以上的BDO都采用Reppe

工艺生产，因此从减排及节能的角度考虑，加快研发 Bio-BDO 技术的意义是明显的。

④ 无论是采用玉米淀粉葡萄糖，还是植物纤维葡萄糖，采用直接法或间接法生产 Bio-BDO 技术还需要经过一定规模的生产装置长期运行可行性和经济性性能的检验。

综上所述，就现有技术，Bio-BDO 生产技术无论从资源利用、技术水平，还是从环境友好以及经济性等诸多因素来评价，仍有许多研究开发工作需进行，需要经工业生产装置验证。总体上当前石油化工技术仍占据多种优势。

第七节 1,4-丁二醇生产技术的发展和比较

一、1,4-丁二醇生产技术的发展和进步[109-113]

1,4-丁二醇自 20 世纪 40 年代开始成为一种有应用前景的化工基础原料产品，历经 80 年的发展，已形成一个具有一定规模的完整产业链。其上游原料可以是煤化工、石油化工产品，也可以是可再生的生物质；下游产品是许多工业部门一系列具有特殊性能和用途的制品，如纤维、树脂、弹性体等基础材料。其发展速度之快、生产技术的先进、市场的繁荣表现在以下几个方面：

① 已开发出六种成熟的用不同原料和方法生产 BDO 的工业生产技术。

② 全球 BDO 的产能和规模不断扩大，生产中心已由欧美等西方国家转到中国。

③ 下游产品的性能独特，用途和市场广泛，发展迅速，形成上下游相互促进的有利发展局面。

④ 高性能新下游产品和新用途的出现，成为市场进一步扩大的动力。

⑤ Bio-BDO 的开发为未来 BDO 生产技术实现原料可再生、低碳发展带来希望。

二、六种 1,4-丁二醇生产技术

正如前述，经过多年的发展，已形成多家技术公司拥有的六种工业上成熟的 BDO 生产技术，每种技术路线均有数套 10 万吨级生产装置，甚至有产能 10 万吨/年以上的生产装置在运转，它们在相互竞争中通过不断地改进和革新，取得长足的进步，这些技术分别如下。

1. Invista、巴斯夫和阿什兰公司拥有的传统乙炔 Reppe 工艺

Reppe 法技术开发较早，工艺成熟，原料既可来源于资源丰富的煤，也可来源于天然气和石油化工。现在工业上运行的装置都是改良后的 Reppe 法技术，与原技术比较，乙炔和甲醛的炔化反应，以及炔醇的加氢反应压力都降低了，生产过程安全性能增加，产品质量稳定，生产技术成熟。但 Reppe 法不足之处也是比较明显的，产品单一，采用电石制乙炔，电石生产能耗较大，电石乙炔会产生大量的电石渣，处理难度大，对环境污染严重。如果以天然气乙炔和甲醛为原料，显然会克服其不足，但会使投资及生产费用略有上升，对煤炭资源丰富、电力价格便宜的地区，生产成本会相对较低。因此在煤炭资源和电石生产丰富的中国，Reppe 法生产 BDO 技术得到快速发展，无论产能和规模均居六种技术之首。

2. Johnson Matthey Davy 公司的以马来酸酐为原料的路线

Johnson Matthey Davy（庄信万丰戴维）公司采用马来酸酐（MA）甲酯化生成马来酸二甲酯，然后在 170～190℃、3.5～7.0MPa 下加氢生产 BDO 的技术（简称 Davy-Mackee 技术）。该技术将脱水催化剂和加氢催化剂组合成双功能催化剂。该技术可以和生产 MA 的装置进行组合，可同时生产 BDO 和 THF 任一比例的产品，通过先进的分离技术，实现由复杂的加氢产品中分离出高纯度的 BDO 和 THF 产品。两者的总产率均可达到 99%（摩尔分数）。

3. LyondellBasell（ARCO）公司的环氧丙烷路线

LyondellBasell 公司拥有以环氧丙烷为原料生产 BDO 以及衍生物 THF、GBL 和 NMP 的技术。这项技术最初是由 Khraray 公司在 20 世纪 70 年代末开发的，从环氧丙烷到 BDO 涉及三步反应，即环氧丙烷在磷酸锂或钾明矾催化剂存在下异构化为烯丙醇，烯丙醇与合成气（$CO+H_2$）在铑、钌和二膦配合物组成的复杂催化剂催化下进行氢甲酰化反应生成 4-羟基丁醛，4-羟基丁醛加氢生成 BDO。

2002 年 LyondellBasell 公司在荷兰鹿特丹博特莱克的规模为 12.5 万吨/年 BDO 的工厂开始运营。该工厂被认为是在 21 世纪初建造的最大产能的单套 BDO 装置，它也是第二个利用 ARCO 的从环氧丙烷（PO）到 BDO 技术的工厂。鹿特丹被选为建设 BDO 生产工厂的地点是由于其毗邻 LyondellBasell 公司的两个 PO 生产装置和提供丙烯原料的烯烃生产装置，这样的匹配有利于与其他 BDO 技术的竞争。

4. Dairen 公司的以丙烯为原料通过烯丙醇生产 BDO 的路线

中国台湾 Dairen 化学公司的环氧丙烷技术起始原料为丙烯，首先与乙酸反

应生成乙酸烯丙酯，然后水解为烯丙醇，烯丙醇与合成气经氢甲酰化反应生成4-羟基丁醇，加氢为 BDO。与 LyondellBasell 公司的技术比较，Dairen 公司的技术路线更为直接。

5. Geminox® 路线，从正丁烷经马来酸生产 BDO 的路线

该技术采用 BP 和 Lurgi 公司的流化床丁烷氧化生产马来酸酐，马来酸酐与水反应生成马来酸，马来酸首先加氢成琥珀酸，琥珀酸加氢生成 BDO、THF 和 GBL。

6. Mitsubishi 化学公司的以 1,3-丁二烯为原料生产 BDO 的路线

Mitsubishi 化学公司在 1979 年开发并建设成第一家非乙炔原料的 BDO 生产工厂。该技术采用 1,3-丁二烯为原料，首先与醋酸进行乙酰醇化反应生成 1,4-二乙酰醇-2-丁烯，然后再经加氢和水解生成 BDO。

三、1,4-丁二醇不同生产技术的特点和比较

推动 BDO 技术发展的动力是下游产品需求的扩大和生产原料的多样化，过程效率的提高，催化剂性能的提高，先进反应、分离技术和设备的应用，以及副产品的回收利用，THF、GBL 等下游产品的联产，环境友好措施的实施等，使不同 BDO 生产技术在不同地区建设的 BDO 生产装置的适应性增强，节能降耗，环境友好，过程效益提高，经济性能改善。

经过多年的发展，BDO 生产已由单一的以乙炔和甲醛为原料的 Reppe 法，开发出以丁烷、丙烯、PO、1,3-丁二烯、MA、生物质等多种物质为原料的生产技术，单套生产装置规模已从数千吨/年扩大到数万吨/年，有的装置达到十万吨/年以上，这些不同的技术在全球数个国家都同时拥有多套万吨以上规模的生产装置在运转。

传统的 Reppe 法的全球产能已从 20 世纪 50 年代的数万吨/年，增加到当前的数百万吨/年，原料也由电石制乙炔转变为甲烷高温裂解制乙炔，炔化和加氢两步反应催化剂性能的提高降低了反应压力和温度，采用性能好的反应器设计，提高了生产过程的安全性；通过改善蒸馏系统的操作，增加了高沸点副产品的回收利用，提高了产品 BDO 的纯度和经济性。因此成为建设 BDO 装置技术路线的首选，目前仍占有优势，特别是在中国。Reppe 法的产能占全球 BDO 总产能的一半以上。

Geminox 技术采用丁烷氧化经马来酸加氢生产 BDO 法，而 Davy-Mackee 技术采用马来酸酐（MA）经酯化加氢制 BDO 法。Geminox 公司以丁烷为原料，

直接氧化，然后用水吸收成马来酸再加氢，克服了 MA 酯化法中 MA 需提纯和精制带来的原料费用高的缺点。MA 酯化加氢法反应条件缓和、转化率高、选择性能好、流程短、产品纯度高，可同时生产 BDO、THF、GBL 三种产品，可依据市场需要灵活调节。在丁烷法中，以马来酸的水溶液进行加氢，对催化剂活性组分和载体要求均较高，加氢需要采用贵金属钯-炭催化剂，加氢反应的温度和压力均较高；反应过程中有水存在，酸水对设备的腐蚀严重，故设备制造需要特殊耐腐蚀钢材；大量水在制备过程中循环，无疑降低了设备利用率，增加了投资。但廉价且来源丰富的丁烷原料、短的生产工艺流程，仍是吸引投资者的有利条件。丁烷法既可满足已有 MA 生产装置改扩建 BDO 生产装置，又方便采用丁烷原料新建 BDO 生产装置的选择，采用这种技术的 BDO 产能约占全球总产能的 20%～25%。

LyondellBasell 公司和 Dairen 公司的技术实际上可以采用三种不同的起始原料，其一是环氧丙烷，其二是烯丙醇，其三是丙烯醛，这三种起始原料都可以由丙烯生产，因此更具有原料来源广泛性和灵活性。其工艺流程简单，反应条件缓和，蒸汽消耗低，副产物利用价值高。铑系催化剂可循环使用，寿命长，BDO 收率高。氢甲酰化及加氢过程为液相反应，改变工艺负荷容易，过程安全性能好。对于已有环氧丙烷、烯丙醇、丙烯醛产品生产的公司，延伸或转产 BDO 非常具有竞争性。如果能进一步利用生产生物柴油副产的甘油为起始原料，则可配合替代能源的开发和利用，发展可再生循环经济，这是值得探索和考虑的方法。

同样以丙烯为原料通过烯丙醇生产 BDO 的环氧丙烷法，和 LyondellBasell 公司拥有的从环氧丙烷（PO）中生产 BDO 的技术可以形成互补，立足于石化工业丰富的丙烯原料，既可以作为以不同技术生产 PO 企业改扩建的选择，也可以作为新建 BDO 生产装置的选择，其全球产能约占全球 BDO 总产能的 15%～20%。

Mitsubishi 公司的 1,3-丁二烯法产能约占其余全球 BDO 总产能的 5%～10%。其所用原料来源于乙烯装置副产或丁烷脱氢，资源丰富，无安全隐患，中间产物和产品收率较高，可以更换工艺条件同时生产 THF，具有产品调节的灵活性。但工艺流程复杂，且由于醋酸具有腐蚀性，对设备材质要求高，因此装置投资费用高，催化剂也较昂贵，蒸汽消耗量大，只有在一定生产规模情况下才具有竞争力。近几年，中东以乙烷、丙烷等轻质烃为原料，大规模生产乙烯、丙烯，导致 1,3-丁二烯供需紧张，价格上扬。若采用丁烷脱氢生产 1,3-丁二烯，显然不如直接采用丁烷生产 BDO 更为简捷。因此以丁二烯为原料的 Mitsubishi 技术处于不利的竞争状态，从今后发展来看，中东这种发展趋势有增无减，随着 1,3-丁二烯的供应趋紧，这种工艺或将停产或关闭。

不同 1,4-丁二醇生产技术经济性比较见表 1-5。

表 1-5　不同 1,4-丁二醇生产技术经济性比较

项目	Reppe 技术	Davy-Mackee 技术	Geminox 技术	Mitsubishi 技术	LyondellBasell 技术	Dairen 技术
主要原料及消耗/(t 原料/t BDO)	乙炔 0.31，甲醛(37%溶液) 2.0，氢气 580m^3	马来酸酐 1.13，甲醇 0.05，氢气 1300m^3	丁烷 1.25，氢气 1700m^3	1,3-丁二烯 0.64，醋酸 0.12，氢气 250m^3	环氧丙烷 0.92，合成气 650m^3，氢气 350m^3	烯丙醇 0.716，合成气 0.282，氢气 0.324
主要副产品/(t 副产品/tBDO)	高沸物，乙炔尾气，电石乙炔的电石渣	5%～10%的 THF	少量正丁醇及 THF	少量重组分	正丙醇 0.11，2-甲基-1,3-丙二醇 0.14	正丙醇 0.109，2-甲基-1,3-丙二醇 143
生产技术的反应条件	1. 炔化反应：Cu-Bi 硅胶催化剂，温度 90～100℃，压力 0.2MPa，淤浆床 2. 加氢反应：一段，催化剂 Raney-Ni，温度 90～100℃，压力 1.5～3.0MPa，淤浆床；二段，催化剂 Ni-Al_2O_3 等，温度 120～140℃，压力 10～20MPa，气-液-固三相滴流床	1. 酯化反应：阳离子交换树脂，温度 70～80℃，压力 0.1MPa，液相固定床 2. 加氢反应：Cu-Cr 催化剂，二段床，温度 160～170℃，压力 4～7MPa，气-液-固三相滴流床	1. 丁烷氧化反应：V-P 催化剂，温度 425℃，压力 0.2～0.25MP，流化床反应器 2. 水吸收过程：90℃，顺酐：水＝1：2。 3. 加氢反应：钯-炭催化剂，100～150℃，压力 15～20MPa，气-液-固三相滴流床	1. 乙酰氧化反应：Pd-Te 催化剂，温度 80℃，压力 3MPa，液相淤浆床 2. 加氢反应：Ni 或 Pd 催化剂，温度 60～90℃，压力 6～8MPa，气-液-固三相滴流床 3. 水解反应：阳离子交换树脂催化剂，温度 50～60℃，常压，液相固定床	1. 异构化反应：磷酸三锂催化剂，温度 250～300℃，压力 1MPa，液相固定床 2. 氢甲酰化反应：铑膦催化剂，温度 60℃，压力 0.2～0.3MPa，淤浆床 3. 加氢反应：Raney-Ni 催化剂，温度 60℃，压力 10MPa，气-液-固三相滴流床	1. 丙烯乙酰化反应：160℃，0.9MPa；钯/金二氧化硅催化剂，管式反应器 2. 醋酸烯丙酯水解制烯丙醇反应：离子交换树脂催化剂，温度 50～150℃，压力 1.4MPa 3. 烯丙醇氢甲酰化及加氢反应：类似 LyondellBasell 技术
设备腐蚀性	无	较弱	酸的水溶液腐蚀	醋酸腐蚀	较弱	
废弃物	重组分焚烧，废水处理	重组分焚烧	重组分焚烧，废水处理	重组分焚烧，废水处理	重组分焚烧，废水处理	重组分焚烧，废水处理
产品种类	BDO、BYD	BDO、THF	BDO、THF、GBL	BDO、THF	BDO	BDO

四、1,4-丁二醇生产技术未来的开发和发展

1,4-丁二醇由于其独特的含有四个碳及两个分居两端碳原子上羟基的分子结

构，已成为进一步合成具有特殊性能的许多有机及高分子材料的基本原料，诸如THF、GBL、NMP等有机产品，以及PBT、PU、Spandex纤维、泡沫塑料、表面涂料、胶黏剂等高分子材料，构成庞大的BDO产业链。这些下游产品广泛用于汽车、交通运输、车辆制造、家电、纺织等多个工业部门，以及与每个人都相关的衣食住行的方方面面。值得关注的是可生物降解树脂的开发，聚氨酯弹性体等在新能源、高铁以及医疗卫生材料方面的应用正在扩大，这些下游产品成为BDO发展的新亮点。BDO未来的发展一方面仰仗这些下游产品的性能的提高、应用和市场的扩大，同时也需要BDO生产技术在节能降耗、环境友好、经济性能等方面的改善，从而进一步发展壮大。总体来看：

① 新的合成BDO技术路线出现的可能性变小，主要的努力方向应是对现有技术的进一步更新改进，包括研制活性高、选择性好的催化剂，以及开发与之配套的反应技术、新型反应器、分离技术及设备和应用；研究如何利用网络化、智能化、大数据等新技术加强对企业的经营管理，精细、准确地对生产装置原有技术路线在节能、降耗、环境和产品质量、副产品及废弃物的利用处理等方面加以改善，以期改善和增强生产装置效能和经济性能；研究改进和缩短为下游产品生产企业服务的便捷路径，有利于从事下游产品生产的企业扩大生产，避免重复建设，增强竞争力。

② 当前全球范围出现BDO的产能过剩，特别是中国，消解过剩产能的关键是大力开发和发展下游产品。表面看似乎下游产品的市场已饱和，实际上是由于BDO的价格高，限制了下游产品的应用市场的扩大。消除这一瓶颈的唯一办法是BDO降价，提高下游产品的性价比，以期扩大下游产品的应用市场，消解过剩产能，促进整个产业链的繁荣发展。

③ 近几年BDO的下游产品NMP用于锂电池正极材料溶剂，以及聚丁二酸丁二醇酯（PBS）等聚丁二醇酯类生物可降解树脂的应用为消解BDO过剩产能带来希望，在中国又引发了一轮BDO装置建设潮。但需要注意，生物可降解树脂的应用仅限于包装材料和农用地膜，与塑料整体用量相比，生物可降解树脂的用量有限；用于电池正极材料溶剂的NMP，也只是其优良溶剂性能的应用扩大。BDO市场的扩大仍要寄希望于涉及多个工业及人民衣食住行需求的弹性纤维、聚氨酯弹性体等市场的开发。

④ 从技术上来说已经有几个途径可以得到Bio-BDO，二氧化碳人工生物转化淀粉前景诱人，这对于摆脱对不可再生化石资源的依赖，促进可再生资源的利用，促进自然界碳循环，减碳等的意义重大。虽然一些公司计划甚至正在建设生物质-BDO装置，有些装置已生产出Bio-BDO等产品，但是有关装置运行情况、成本、经济性、进一步扩大规模的信息比较少见。与现有的工业装置和技术相比，生物质-BDO生产技术需要在微生物的基因改造、过程效能提高、发酵原料

选择、减少废弃物排放、环境友好等方面加以改善，且在解决自身生产过程的问题、提高效益和经济性、排除采用与人争粮等方面还有许多工作要进行。因此，短期内不会取代现有的石油化工原料的化学合成技术路线。至于二氧化碳人工合成淀粉技术由实验室走向工业生产的路还很长。

第八节 全球1,4-丁二醇的产能、用途及用途分配

一、全球1,4-丁二醇产能的变化[109-116]

1,4-丁二醇自20世纪40年代实现工业生产以来，其产能和市场发生了巨大的变化，特别是20世纪末和21世纪初的二三十年，已经从全球生产能力仅有十多万吨/年的小品种，发展为产能和需求都放大到数百万吨/年规模的精细化工产品。促使其产能变化的动力，是其下游产品性能独特、用途广泛、需求旺盛和新的市场开辟。BDO从最初以煤化工为基础，生产1,3-丁二烯用作原料，转变为以石油化工产品为原料，多种技术途径生产，并成为数十种专用性强、附加值高的高分子材料和精细化工产品的中间体和原料。在产能增长的同时，特别近十多年，全球BDO的生产和消费中心已从20世纪的欧美和日本，逐步移到亚洲地区，特别是中国。

21世纪始，全球BDO的生产能力只有不到100万吨/年，产能主要集中在欧、美、日等西方国家。2007年全球BDO的生产能力已增加到166.5万吨/年，其中亚洲产能约88.2万吨/年，已占到全球总产能的一半以上；欧洲地区产能为42.3万吨/年，北美地区产能为36万吨/年，分别占全球总生产能力的25.4%、21.6%。2011年，全球生产能力增长至约200多万吨/年，年均增长率为8%～10%。2020年全球生产能力猛涨至约320万吨/年，其中北美36.3万吨/年，西欧41.5万吨/年，分别占全球总产能的11.3%和12.9%；中东地区产能7.5万吨/年，占2.3%；日本产能11.5万吨/年占3.6%；中国大陆的产能222.4万吨/年，约占69.5%。2021年底全球BDO总产能达到335万吨/年，中国产能为225万吨/年。2014年后欧洲和北美地区的产能几乎没有增长，增长几乎全部来自中国。

全球（除中国以外）2016～2020年BDO的产能增长很少，开工率维持在70%以下。预计2020年以后的5～10年，除中国以外，全球BDO的产能不会有大的增长。虽然BDO产量增加，但市场的扩大、需求的增加有限，新增的诸如PBS等可降解树脂及NMP新用途的市场也有限。进一步改进提高生产技术，提

高过程效率，加大开工率，降低BDO的价格是对下游市场扩大的最有力的刺激措施。

二、全球1,4-丁二醇主要生产公司采用工艺及产能变化

全球有几十家生产BDO的公司，其中产能和规模最大同时拥有生产BDO专利技术的三家公司为BASF公司、中国台湾Dairen化学公司和LyondellBasell公司。2016～2020年这些公司产能变化见表1-6。

表1-6 2016～2020年全球BDO主要生产企业在不同地区和国家的产能

单位：万吨/年

生产企业名称	国家和地区	产能					采用工艺
		2016	2017	2018	2019	2020	
1. BASF	Geismar,美国	16.2	16.2	16.2	16.2	16.2	Reppe法
	Ludwigshafen,德国	19.0	19.0	19.0	19.0	19.0	Reppe法
	Ichihala,日本	2.5	2.5	2.5	2.5	2.5	Reppe法
	Kuantan,马来西亚	7.0	7.0	7.0	7.0	7.0	正丁烷/顺酐法
	小计	44.7	44.7	44.7	44.7	44.7	
2. Invista	La Porte,美国	10.0	10.0	10.0	10.0	10.0	Reppe法
3. LyondellBasell	Channlüiew,美国	7.7	7.7	7.7	7.7	7.7	环氧丙烷/烯丙醇法
	Botlek,荷兰	12.5	12.5	12.5	12.5	12.5	环氧丙烷/烯丙醇法
	小计	20.2	20.2	20.2	20.2	20.2	
4. Ashland	Lima,美国	6.0	6.0	6.0	6.0	6.0	正丁烷/顺酐法
	Mart,德国	10.0	10.0	10.0	10.0	10.0	Reppe法
	小计	16.0	16.0	16.0	16.0	16.0	
5. Mitsubishi化学	Yokkaichi,日本	5.7	5.7	5.7	5.7	5.7	丁二烯法
6. Dairen化学	麦寮,中国台湾	13.0	13.0	13.0	13.0	13.0	环氧丙烷/烯丙醇法
	高雄,中国台湾	15.0	15.0	15.0	15.0	15.0	环氧丙烷/烯丙醇法
	高雄,中国台湾	13.0	13.0	13.0	13.0	13.0	环氧丙烷/烯丙醇法
	小计	41.0	41.0	41.0	41.0	41.0	
7. 台湾繁荣有限公司(TPCC)	高雄,中国台湾	3.0	3.0	3.0	3.0	3.0	正丁烷/顺酐法
8. 南亚塑料	麦寮,中国台湾	6.0	6.0	6.0	6.0	6.0	丁二烯法
	麦寮,中国台湾	4.0	4.0	4.0	4.0	4.0	丁二烯法
	小计	10.0	10.0	10.0	10.0	10.0	

续表

生产企业名称	国家和地区	产能					采用工艺
		2016	2017	2018	2019	2020	
9. SK 全球化	Ulsan，韩国	4.0	4.0	4.0	4.0	4.0	Reppe 法
10. 韩国 PTG 有限公司	Uisan，韩国	2.8	2.8	2.8	2.8	2.8	正丁烷/顺酐法
11. Novamont/Genomatica	Adria，意大利	0.8	3.0	3.0	3.0	3.0	生物法
合计		158.2	160.4	160.4	160.4	160.4	
12. 中国大陆		168.6	180.0	190.0	212.4	222.4	
总计		326.8	340.4	350.4	372.8	382.8	

表 1-6 中 2020 年全球 BDO 的总产能为 382.8 万吨/年，其中中国的产能为 222.4 万吨/年，占全球总产能的 58.1%。除中国以外的其他国家和地区的总产能为 160.4 万吨/年，其中 BASF 的产能为 44.7 万吨/年，占 27.9%；Dairen 化学公司的产能 41 万吨/年，占 25.6%；LyondellBasell 的产能为 20.2 万吨/年，占 12.6%；Ashland 公司的产能为 16 万吨/年，占 10%。其中 Reppe 法产能 61.7 万吨/年，占 38.5%；环氧丙烷/烯丙醇法产能 61.2 万吨/年，占 38.2%；正丁烷/顺酐法产能 18.8 万吨/年，占 11.7%；丁二烯法产能 15.7 万吨/年，占 9.8%；生物法仅占 1.8%。

从全球发展来看，2010 年以后，欧美大公司产能的发展减缓，甚至停滞或产能过剩。例如 2001 年上半年美国 ISP 公司在得克萨斯城的 3.5 万吨/年装置和 Tonen 公司在日本川崎的 3 万吨/年装置等已关闭，BASF 公司 2008 年宣布将永久关闭韩国蔚山的 3 万吨/年装置。但是在亚洲，特别是中国 BDO 的生产得到迅速发展，中东地区 BDO 生产从无到有，利用其丰富的油气资源，BDO 生产将会进一步得到发展。中东及亚太地区 BDO 的产能占全球总产能的比例已超过 70%。中国从之前的 BDO 进口国，经过近几年产能的迅速增长，多种下游产品一起发展，部分产品已出口，成为全球 BDO 需求和产能增长的引领者。

三、1,4-丁二醇的产业链

1. 1,4-丁二醇产业链的构成

1,4-丁二醇具有伯醇的典型反应性能，两端的碳原子上均具有羟基官能团，可以进行多种反应生成多种有机产品，这些有机产品大多能通过聚合反应制成许多具有特殊性能的高分子材料，例如 PBT、PU 等，从而构成庞大的产业链。产

业链的构成见图 1-21。

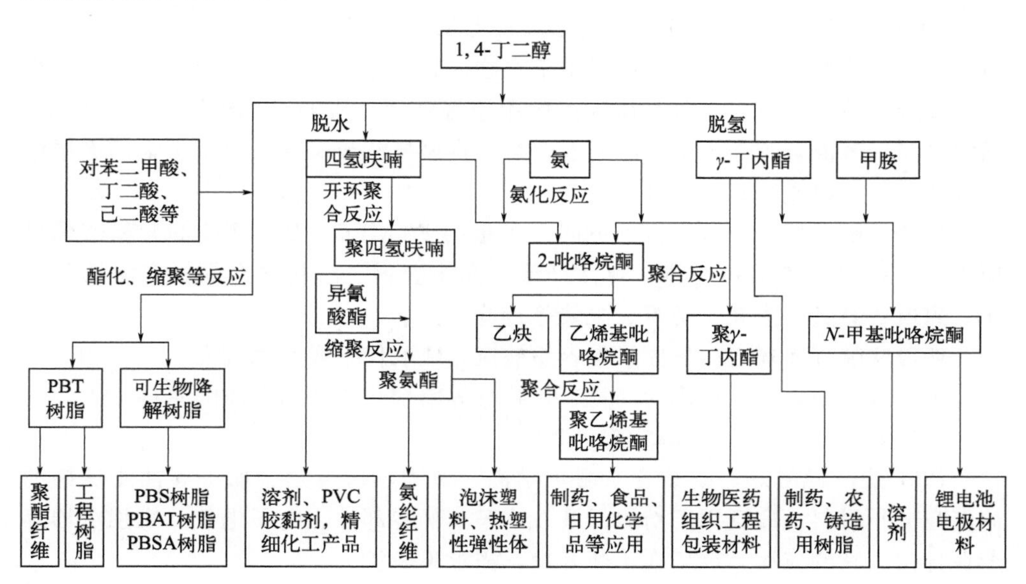

图 1-21　1,4-丁二醇产业链框图

PBT—聚对苯二甲酸丁二醇酯；PBS—聚丁二酸丁二醇酯；PBSA—聚丁二酸-己二酸丁二醇酯；PBAT—聚对苯二甲酸-己二酸丁二醇酯

由图 1-21 可以看出其产业链主要来自以下三个反应体系：

① 1,4-丁二醇脱水反应：BDO 分子内脱水环化生成 THF，THF 开环聚合，或者 BDO 分子间脱水生成一系列分子量不同的线型聚四氢呋喃（PTMEG）。与异氰酸酯缩聚反应可生成性能各异、品种繁多、用途广泛的聚氨酯产品产业链。

② 1,4-丁二醇酯化、缩聚反应：BDO 为二元伯醇，与有机酸反应生成有机酯。特别是与带两个羧基的二元酸反应，再经缩聚反应，会因二元羧酸种类不同，BDO 分子间脱水，或者与其他二元醇分子间脱水缩聚生成的聚醚种类和分子量不同，生成许多种分子量大小有别、性能各异、品种繁多、用途广泛的聚酯产品，例如 PBT、PU、PBS 等。

③ 1,4-丁二醇脱氢反应：BDO 催化脱氢环化生成 GBL，GBL 与氨反应生成 α-吡咯烷酮，α-吡咯烷酮再与乙炔反应生成乙烯基吡咯烷酮。GBL 与甲胺反应生成 N-甲基吡咯烷酮（NMP），又构成另一下游产业链。

2. 1,4-丁二醇产业链主要产品的性能和用途

1,4-丁二醇主要衍生产品的性能和用途简要叙述如下（详细由以后各章节叙述）。

（1）四氢呋喃（THF）

THF是聚氯乙烯（PVC）、氯化聚氯乙烯（CPVC）等高分子树脂的溶剂，可以制成这些树脂的胶黏剂，广泛用于这些树脂的黏结、涂层、成膜、铸造、聚合釜及容器清洗等方面。也可作为溶剂用于将磁性介质的组合物沉积在薄膜上。通常还与甲苯混合，作为基础溶剂混合物，将聚氨酯或聚氯乙烯衍生物的涂层涂覆在磁带上，以提高其耐磨性。

四氢呋喃开环聚合可以得到不同分子量的PTMEG，PTMEG和异氰酸酯反应生成一系列聚氨酯弹性体、弹性纤维、泡沫塑料、涂料等产品，广泛用于汽车、家电、家具、家装、纺织、服装等行业。

四氢呋喃五元环上的氧原子很容易被氮、硫取代生成其他五元杂环化物，如四氢噻吩或吡咯烷等，可作为药物、化妆品等精细化工产品合成的原料。

（2）聚对苯二甲酸丁二醇酯（PBT）

PBT是一种耐热、耐蠕变、耐化学品，及力学、电学、加工等性能良好的聚酯高分子材料，广泛用于纺织纤维、汽车车辆零部件、电子电气、家用电器等产业部门。新的应用领域仍在不断开发，需求不断扩大。

（3）聚丁二酸丁二醇酯（PBS）、聚丁二酸-己二酸丁二醇酯（PBSA）和聚对苯二甲酸-己二酸丁二醇酯（PBAT）

这三种树脂是新开发出的可生物降解树脂，用于包装材料和农用地膜等。

（4）γ-丁内酯（GBL）

γ-丁内酯是合成N-甲基吡咯烷酮（NMP）、2-吡咯烷酮、N-乙烯基吡咯烷酮（NVP）的起始原料，其本身也可以用于聚合物、油漆及清除油漆和石油加工的专用溶剂，除草剂、偶氮染料和蛋氨酸合成的中间体。

（5）2-吡咯烷酮（α-吡咯烷酮）

可用作乙炔和极性化学反应的配制溶剂，地板蜡、特种油墨等的溶剂。2-吡咯烷酮是一种对炔烃、二烯烃、芳烃等溶解性和选择性好的有机溶剂，广泛用作石油炼制和石油化工中乙炔、烯烃、二烯烃、芳烃萃取分离的溶剂，化学反应、加工等用溶剂，以及锂电池正极材料溶剂等，用途广泛。

2-吡咯烷酮的反应性能高，具有极性性质，是合成一系列具有特殊性能均聚物和共聚物的单体，这些特殊性能包括水溶性、高极性、低毒性、化学稳定性以及假阳离子活性等。通过改变聚合物的亲水疏水平衡修饰，共聚物的膜强度、可染新性、硬度和黏附性得到改善。这在胶黏剂、涂料和纺织品中得到很好的应用。

（6）聚氨酯系列

1,4-丁二醇以多种方式及配方用于聚氨酯系列产品。首先是通过THF开环聚合生成不同分子量的聚四氢呋喃（PTMEG）。其次是二元醇生成酯型和醚型聚酯，也可以以二元醇扩链剂的形式进入弹性纤维。在许多应用聚氨酯化学的聚合物体系中，BDO 及其衍生物构成热塑性聚氨酯（TPU）、可铸聚氨酯和反应注射成型（RIM）聚氨酯。

① 热塑性聚氨酯　热塑性聚氨酯是一种反应完全的聚合物，是颗粒形式的商品，可在标准的热塑性挤压设备上加工成型。这些弹性体是通过多元和二元醇分子链的延伸与二异氰酸酯反应制造的，其化学反应式如下：

$$HO(RO)_xH + y\,HO(CH_2)_4OH + (1+y)\,OCN-C_6H_4-CH_2-C_6H_4-NCO \longrightarrow$$

聚醚二元醇　　1,4-丁二醇　　二异氰酸酯

$$\left[-O-(RO)_x\overset{O}{\overset{\|}{C}}NH-C_6H_4-CH_2-C_6H_4-NH\overset{O}{\overset{\|}{C}}-O\left(-(CH_2)_4OCNH-C_6H_4-CH_2-C_6H_4-NH-\overset{O}{\overset{\|}{C}}-\right)_y\right]$$

软链段　　硬链段

反应物中多元醇占总重量的 45%～65%，可以是聚酯或聚醚型多元醇。不同分子量的 PTMEG 是采用最多的聚醚型二元醇，与异氰酸酯反应生成聚醚型聚氨酯。由 BDO 等二元醇与二元羧酸生成的聚酯多元醇，如聚己内酯乙二醇、聚己二酸丁二醇等，与异氰酸酯反应生成聚酯型聚氨酯。

高性能的热塑性聚氨酯具有优良的韧性和耐磨性，用途广泛，可用于人造革、鞋、手提包袋、装饰等用料。用 TPU 作为外护套的电线电缆和光纤可以暴露在石油、汽油及耐磨的使用环境。其他用途还包括汽车保险杠等车辆零部件、工业用各种耐油软管、胶带、齿轮、驱动和给料辊、各种垫圈和密封件、溜冰和滑雪的滑板车轮等。

② 可铸聚氨酯　可铸聚氨酯可通过两步反应制取，首先是将合适的多元醇与过量的异氰酸酯反应，制造出一种稳定的异氰酸酯端基液体预聚物，化学反应式如下：

$$2OCNRNCO + HOR'-OH \longrightarrow OCNRHNH\overset{O}{\overset{\|}{C}}OR'-OC\overset{O}{\overset{\|}{}}HNRNCO$$

然后这种预聚物通过与短链二醇或二胺的进一步反应或链的延伸而转化为弹性体。在扩链的过程中，在高温下液体预聚物和扩链剂之间在模具中发生反应并凝固，然后将固体从模具中取出，最后在高温下进行后固化。

可铸聚氨酯具有高承载能力、优异的耐磨性和抗撕裂强度，广泛用于制造压铸轮、磨具成型垫、压紧轮胎、泥浆管衬垫、液压密封等。

③ 反应注射成型（RIM）聚氨酯　反应注射成型的过程中，所有的反应物同时一步聚合在一起，聚合过程在不到十秒内发生，同时采用少量的吹气剂生成微细胞结构的聚氨酯弹性体，要确保紧密充满模具空间。

(7) 共聚酯醚热塑性弹性体

共聚酯-醚弹性体是一种高性能的工程弹性体，包括对苯二甲酸二甲酯(DMT)、BDO 和 PTMEG。作为高模量的弹性体其具有优良的机械性能和抗油性能，以及耐极端高低温性能，主要用于汽车零部件和许多工业制品，如各种模塑部件垫圈垫片、仪表盘、工业用软管、胶带、罩盖等。

(8) 聚氨酯弹性纤维

聚氨酯弹性纤维是聚氨酯与聚脲的共聚物，也称为 Spedex 纤维，我国叫作“氨纶”。其化学结构为长链聚合物，其中 85%以上重量是由分段的聚氨酯组成。在生产过程中第一步反应是形成线型聚二元醇链的软段，也可以是聚酯或聚醚，但两端都是具有反应活性的羟基，分子量控制在每摩尔 500～4000 之间；第二步反应是与过量的二异氰酸酯反应，通常是采用芳香族二异氰酸酯。最后形成了具有软、硬段分子结构的弹性纤维。这种纤维弹性好、抗拉伸强度高，广泛用于制作需要良好拉伸和恢复的弹力服装。

四、全球 1,4-丁二醇的供需和消费

2007 年全球 BDO 的市场需求量为 137 万吨/年，2011 年达到 158 万吨/年，2020 年达到 210 万吨/年。消费结构为 THF 占总消费量的 51%，PBT 树脂占 21%，GBL 占 13%，PU 占 12%，其他用途（溶剂、涂料树脂和医药中间体等）占 3%。

全球 BDO 需求的增长滞后于产能增长，部分产能和市场将进一步地调整、重组和优化，新的消费将消化增加的产能。纵观全球 BDO 需求市场的变化和发展，现在和将来主要受到 THF、PBT 和 TPU 需求的支持。据 SRI Consulting 咨询公司的报告称，预测中长期全球 BDO 需求年均增长率为 3.0%，2011 年需求量为 158 万吨，产能为 210 万吨，开工率只有 75%，显然全球 BDO 产能已出现过剩。未来数年欧洲 BDO 市场需求增长基本维持在年均 2%～3%的速度，美国 BDO 的需求增长将放慢至年均 1%～2%，由于美国和西欧 BDO 产能变化不大，市场供求日趋紧张，未来美国和西欧 BDO 进口量将有所增加，而且也会使美国和西欧的 BDO 生产装置保持较高的开工率。亚洲 BDO 需求增速将是全球最快速地区，预计年均增速为 3.5%～4.5%，远低于产能年均 10%的增长率。亚洲对 PBT 和 PTMEG 的需求快速增长，加之可降解树脂 PBS、PBSA、PBAT 等快速发展，对 BDO 行业市场推动起着重要的作用。中国的 BDO 需求无论数量还是增速都是全球最高的地区，年均增速达到 4%～6%，甚至更高。2010 年中国 BDO 需求已突破 30 万吨/年，完全实现 BDO 需求自给，但由于近几年多套新建装置尚处于开车试生产阶段，因此在自给率大大增加的同时，仍需少量进口，以弥补消费的不足。从长远看，未来亚洲生产商，特别是中国的生产商，将开始

向美国和欧洲地区市场销售BDO。日本2011年前BDO的市场需求以年均0.7%的速度下降，因此，预计日本的制造商将遇到来自其他亚洲国家制造商的激烈竞争。

未来生物可降解树脂PBS等的需求将有所增加，但由于生产技术、价格、产品性能所限，需求的增长幅度不会太高，短期内会构成BDO产能的新增长点。2020年全球BDO的产能为370多万吨，产量为240多万吨，平均年开工率约为65%，消费约240万吨。

2016年和2020年全球BDO消费量分别为211.6万吨、242.9万吨。其中北美2016年产量为34万吨，消费了42.8万吨（其中进口8.8万吨），占全球总消费的20.2%；2020年消费45.7万吨（其中进口11.4万吨），占全球总消费的18.8%。2016～2020年BDO年均消费增长率约1.7%。其中最大的终端用途是THF，占总消费的50%；其次是GBL，约占总消费的23%；第三是PBT，约占总消费的21%。BDO需求小幅增长。

西欧2016年BDO的产量和消费量分别为34.2万吨、36.2万吨（其中进口2.0万吨），占全球总消费的17.1%；2020年产量和消费量分别为38.3万吨和38.8万吨（其中进口0.5万吨），占全球总消费量的16%，消费年均增长率约2%，消费结构为THF 36%、PBT 22%、GBL 23%、PU 18%。终端消费是小幅需求增长的驱动力。

除中国大陆外的亚太地区，BDO产能和消费主要集中在日本、韩国、中国台湾和马来西亚等国，2016年BDO产量和消费量分别为39.0万吨和51.6万吨（其中进口12.6万吨），消费量占全球总消费的24.4%；2020年产量和消费量分别为48.6万吨和58.4万吨（其中进口9.8万吨），消费量占全球总消费的24%，消费年均增长率为4.4%。2016年THF是最大的消费终端，占总消费量的52%；其次是PBT，占33%；GBL和PU只占15%。

除上述国家和地区外，其他国家和地区BDO生产和需求很少。南美巴西有小规模的PBT生产，东欧有一些TPU生产。2015年沙特阿拉伯启动了6.3万吨/年的PBT生产装置，其原料来自国际二醇公司（IDC）在沙特阿拉伯朱拜勒拥有的8万吨/年BDO和1.3万吨/年THF工厂。

第九节
中国1,4-丁二醇的生产和发展

本节内容主要对中国大陆1,4-丁二醇的生产和发展进行阐述。

一、中国1,4-丁二醇产能、产量和需求增长迅速[117-126]

中国1,4-丁二醇生产的发展经历了以下三个阶段：

① 20世纪90年代初中国还没有BDO生产装置，只有小规模炔醛法丁炔二醇生产装置。在PBT树脂、氨纶等下游产品需求的促进下，国内开始对炔醛法等BDO生产技术开展研究开发。1998年山东胜利油田化工总厂首先引进美国UCC和英国Davy Mackee公司1.5万吨/年丁烷流化床氧化制马来酸酐，马来酸酐经甲酯化低压加氢生产BDO，联产THF和GBL技术，1999年建成并开车，2000年后停产。中国第一套炔醛法BDO生产装置是山西三维集团股份有限公司于2000年从美国GAF公司购买的一套二手装置，规模为2万吨/年，2003年3月建成投产，后几经改扩建和发展，生产能力达到20万吨/年。中国首套马来酸酐法BDO生产装置是由南京蓝星化工新材料有限公司引进Davy公司技术建成的5.5万吨/年BDO生产装置，于2009年5月建成投产。

在引进和自主研究开发的基础上中国已全面掌握炔醛法生产技术，包括催化剂制造、成套装置技术设计、设备制造等BDO的生产技术。由于我国有充足的电石原料，为中国BDO生产的产能扩大提供了原料，2006年中国BDO产能已有10万吨/年，形成了初步规模。

② 2006～2013年是中国BDO产能发展期，汽车、家电、纺织等工业对PBT、氨纶、TPU等的需求增长，通过新建和改扩建生产装置，以及国外公司在中国建厂投产，中国BDO的产能迅速上升，至2013年产能达到100万吨/年。中国的产能占全球产能的一半以上，成为全球产能最多的国家。

③ 2013年以后，随着对环境要求的不断提高，电石乙炔因高能耗、高污染而受到限产，炔醛法BDO技术改用甲烷乙炔为原料，进一步促进了BDO产业链的整体发展。2020年后，PBS、PBSA、PBAT等BDO酯类可生物降解树脂的应用，以及NMP在锂电池正极材料溶剂等方面的应用，使BDO再一次迎来发展的高潮，中国BDO产能在2019年超过200万吨/年。2020年后，产能继续增加，开工与在建的产能已超过1000万吨/年，未来中国BDO的产能将严重过剩。因此，严格管理，精、准、细改进和提高装置的效率，提高装置的开工率，降低成本，以及提高为下游企业的服务质量，从而促进和扩大产业链的规模，消解过剩的产能，将是中国BDO产业面临的长期而艰巨的任务。

二、中国1,4-丁二醇的主要生产企业、产能及采用工艺

中国BDO生产企业主要集中在新疆、内蒙古、宁夏、陕西、四川等地，由

于几经改扩建发展，形成中资、外资，一家企业在多地建厂，或一地多家企业，多套装置同时生产的局面。表1-7列出了截至2021年中国BDO装置生产情况。

表1-7　截至2021年中国BDO生产装置产能　　单位：万吨/年

生产厂	产能	开工产能	装置运行情况
1.新疆美克化工股份有限公司	6＋10＋10	26	运行正常,合资聚四氢呋喃装置运行正常
2.新疆天业(集团)有限公司	3＋6＋6＋6	14.7	四套装置运行正常,开工率70%
3.新疆国泰新华化工有限责任公司	10＋10	10	两套装置半负荷生产
4.新疆蓝山屯河科技股份有限公司	10＋10	20	运行正常
5.新疆新业能源化工有限责任公司	6	6	运行正常
6.中国石化长城能源化工(宁夏)有限公司	10＋10	20	运行正常,下游四氢呋喃装置运行正常
7.陕西陕化化工集团有限公司	3＋10	3	两套装置更换催化剂,轮换运行
8.内蒙古东源投资集团有限公司	10	10	运行正常
9.陕西延长石油(集团)有限责任公司	10	3	减负荷运行
10.陕西融和化工集团有限公司	6	3	半负荷运行,下游2万吨/年GBL装置未运行
11.陕西黑猫焦化股份有限公司	6	0	计划更换催化剂后运行
12.陕西黑猫焦化股份有限公司	7.5	0	停产
13.河南开祥精细化工有限公司	5.5＋5.5	11	两套装置运行正常,下游10万吨/年PET装置未动工
14.河南能源化工集团鹤壁煤化工有限公司	5＋5	10	两套装置运行稳定
15.长春化工(盘锦)有限公司	15	15	满负荷运行,下游PTMEG装置稳定运行
16.大连化工(江苏)有限公司	5	5	运行平稳
17.四川天华股份有限公司	2.5＋6	2.5	装置经检修后投入运行,产品供下游
18.重庆建峰新材料有限责任公司驰源化工分公司	6	6	PTMEG、GBL生产用
19.福建石化集团湄洲湾氯碱工业有限公司	4	0	未运行
合计	225	165.2	运行装置产能占76%

据统计，中国2021年以来BDO规划的在建和改扩建产能已逾1000万吨/年，是现在产能的4倍。有关统计数据见表1-8。

表1-8　中国2021年后在建和规划建设的1,4-丁二醇产能统计

公司名称	项目所在地	采用工艺	产能/(万吨/年)	项目状态
1.大连化工(江苏)有限公司	四川眉山	天然气乙炔,炔醛法	10	2022年投产

续表

公司名称	项目所在地	采用工艺	产能/（万吨/年）	项目状态
2.重庆鸿庆达产业有限公司	重庆	香港冠达，炔醛法	20	在建
3.中国石化集团重庆川维化工有限公司	重庆	炔醛法	20	在建
4.中化学东华天业新材料有限公司	新疆石河子	天然气乙炔，炔醛法	30	在建
5.新疆国泰新华化工有限责任公司	新疆准东经济技术开发区	天然气乙炔，炔醛法	10	2022年投产
6.新疆曙光绿华生物科技有限公司	新疆铁门关经济技术开发区	天然气乙炔，炔醛法	10	在建
7.新疆美克化工股份有限公司	新疆库尔勒	天然气乙炔，炔醛法	10	在建
8.新疆巨融新材料科技有限公司	新疆轮台	天然气乙炔，炔醛法	30	在建
9.新疆巨融新材料科技有限公司	新疆拜城	天然气乙炔，炔醛法	20	在建
10.新疆中泰金晖科技有限公司	新疆阿克苏	炔醛法	60	在建
11.新疆蓝山屯河能源有限公司	新疆	天然气乙炔，炔醛法	10.4	在建
12.内蒙古君正能源化工股份有限公司	内蒙古乌海	炔醛法	60＋60	在建
13.恒华能源科技集团有限公司	内蒙古乌海	天然气乙炔，炔醛法	72	在建
14.内蒙古东景生物环保科技有限公司	内蒙古乌海	香港冠达，炔醛法	20	在建
15.三维控股集团股份有限公司	内蒙古乌海	炔醛法	90	在建
16.内蒙古三维新材料有限公司	内蒙古	炔醛法	30	在建
17.内蒙古久泰新材料科技股份有限公司	内蒙古呼市	炔醛法	30	在建
18.内蒙古东源投资集团有限公司	内蒙古	炔醛法	20	在建
19.内蒙古广聚新材料有限责任公司	内蒙古乌海	炔醛法	12	在建
20.福建百宏（宁夏）化学有限公司	宁夏	不详	30	在建
21.宁夏宁东泰和新材料有限公司	宁夏	不详	25	在建
22.宁夏润丰新材料科技有限公司	宁夏	不详	10	在建
23.中石化长城能源化工宁夏有限公司	宁夏	炔醛法	30	在建
24.五恒化学（宁夏）有限公司	宁夏宁东	不详	1.6＋11.6	在建
25.恒力石化（大连）新材料科技有限公司	陕西榆林	炔醛法转马来酸酐法	180	搁置
26.华阳新材料科技集团有限公司	山西太原	炔醛法	30	在建
27.山西同德化工股份有限公司	山西忻州	不详	50＋24	在建
28.北京宇信科技集团股份有限公司	广东惠州大亚湾	马来酸酐法	2＋16	2万吨/年在建
29.珠海中冠石油化工有限公司	广东珠海	马来酸酐法	10	在建
30.福建中景石化有限公司	福建福清	马来酸酐法	90	在建

续表

公司名称	项目所在地	采用工艺	产能/(万吨/年)	项目状态
31.河南能源化工集团鹤壁煤化工有限公司	河南鹤壁	炔醛法	40	在建
32.山东华鲁恒升集团有限公司	山东德州	炔醛法	18	在建
33.山东天一化学股份有限公司	山东	不详	5.225	在建
34.盛虹石化集团有限公司	江苏连云港	马来酸酐法	30	在建
35.中科启程(海南)生物科技有限公司	河南驻马店	炔醛法	20	在建
36.海南星光化工有限公司	海南	不详	5.5	在建
合计			1253.325	

中国新建、扩建BDO装置具有以下特点：其一是产能大，一般都在10万吨/年以上，分期建设投产；其二是以炔醛法居多，而且多是以甲烷制乙炔为原料，MA法次之；其三是大多数装置同时建有下游产品THF、PTMEG、GBL等生产装置联产，经营向灵活、产品多样性转化。

在中国，受碳达峰、碳中和以及“限塑”等政策的驱动，新能源、可降解树脂、汽车、高铁等需求旺盛，强劲发展的大背景下，2022年后中国BDO的规划产能超过1000万吨/年，2023年后产能的集中释放，将给行业的发展带来不确定性，如何稳步投产、刺激消费、拓展扩大产业链的产能、消解增加的BDO产能将是比较长期的任务。

三、中国1,4-丁二醇的产能、产量和消费的逐年变化[127-142]

2004～2021年，中国BDO的产能、产量、进出口量及表观消费量统计见表1-9。

表1-9　2004～2021中国1,4-丁二醇供需状况统计　单位：万吨/年

年份/年	产能	产量	进口量	出口量	表观消费量	消费年增长率/%	开工率/%
2004		3.1	9.4	忽略	12.5	56.3	
2005	8.1	5.5	8.64	忽略	14.14	13.1	61.7
2006	14.9	10.7	5.85	忽略	16.6	17.4	71.8
2007	14.9	12.5	10.78	忽略	23.3	40.4	53.9
2008	20.9	15.4	10.6	忽略	26.0	11.6	59.2
2009	34.9	18.0	12.0	忽略	30.0	15.4	60.0

续表

年份/年	产能	产量	进口量	出口量	表观消费量	消费年增长率/%	开工率/%
2010	42.4	26.0	8.5	忽略	34.5	14.0	75.3
2011	52.6	32.0	8.0	忽略	40.0	15.0	80.0
2012	68.1	32.0					47.0
2013	103.6	45.0	4.6	忽略	49.6	9.8	43.4
2014	167.9	58.0	3.24	0.42	60.82	21.7	34.3
2015	155.6	87.85	3.59	0.17	91.3	37.6	56.4
2016	168.6	110.59	4.11	0.96	113.65	21.9	65.6
2017	180	122.4	5.1	5.52	122.1	7.2	68.0
2018	190	138.5	6.44	4.58	136.3	11.0	72.9
2019	212.4	134.9	5.6	5.8	135.05	−0.9	63.5
2020	222.4	144.7	6.24	3.05	150.24	10.7	65.1
2021	225.4	178.4	6.48	6.89	175.5	15.6	79.2

中国BDO的消费主要集中在THF、PBT、GBL和PU等领域，2007年中国BDO的表观消费量为23.3万吨/年，消费比例为THF占39.3%，PU占23.2%，GBL占21.9%，PBT占12.9%，其他占2.1%；2010年中国BDO表观消费量上升到34.5万吨/年，增长约14%。其中约15万吨消耗于THF生产，约占总消费量的43.5%；其次是PBT，占消费总量的26.1%，上升至第二位，这是由于中国汽车和电子电气工业的快速发展带动了对PBT树脂需求的上升；GBL占14.5%；PU占13%；其他增塑剂、医药中间体领域占2.9%。2010年后中国BDO不同消费领域间的分配和比例已达到或接近全球和北美发达国家的比例。

2020年后随着产能的提升，中国对BDO的需求仍有一定的上升空间，THF、PBT、PU、GBL仍是BDO需求上升的四大支柱。其中THF仍是BDO的最大消费领域，聚氨酯、氨纶弹性纤维仍是THF的最大消费领域，这种格局不会发生变化。尽管经过多年的高速发展，国内氨纶纤维的消费增速已有所放缓，但全球氨纶纤维产业向中国转移的趋势有增无减。2009年后中国仍在掀起一股新的氨纶建设和投资高潮：浙江华峰化学股份有限公司、烟台氨纶股份有限公司、江苏双良氨纶有限公司等纷纷制定和实施氨纶扩产计划，消费量的年增速接近15%（详见第八章）。部分THF是BDO装置联产，或者直接来源进口。随着人民生活水平的提高，衣着时尚，氨纶的需求进一步增长空间会加大。

1,4-丁二醇第二大消费领域是生产PBT，PBT的需求增长主要仰仗汽车、家电、交通运输等工业的发展。2011 年我国新增 PBT 产能 8 万吨/年，总产能达到 32 万吨/年，对 BDO 的需求量约为 15 万吨/年。我国超过一半的 PBT 尚依赖进口，市场紧俏。2006 年商务部对进口的日本和中国台湾地区的 PBT 实施反倾销终裁，对加快国内 PBT 产业发展起到促进的作用。2007 年我国进口 PBT 树脂 15.5 万吨，2009 年降为 12.7 万吨，当年我国 PBT 的消费量为 24.2 万吨。2009 年后中国汽车产量已突破 1000 万辆/年，未来几年中国仍有不少 PBT 工厂陆续扩产，预计 PBT 生产需要的 BDO 在 15 万～20 万吨/年以上。GBL 的国内产能已超过 5 万吨/年，浙江联盛化学股份有限公司计划在新疆新建设一套 2.4 万吨/年的 GBL 项目。此外，NMP 在锂电池等新领域应用也在扩大，预计未来几年对 BDO 的新增需求仍可达数万吨。

作为 BDO 的传统消费领域，聚氨酯浆料（鞋底原液、合成革等）行业对 BDO 的消费量也会增长。此外诸如可生物降解塑料聚丁二酸丁二醇酯（PBS）、共聚酯醚弹性体（COPEs）医药中间体等生产对 BDO 的需求也会相应增长。更为值得关注的是中国高铁、风力发电、太阳能发电等新能源设施的建设对聚氨酯弹性体等的需求快速上升，家电、家装、建筑建材对聚氨酯泡沫、涂料、胶黏剂等的需求持续增长，上升空间巨大，构成中国未来消化新增 BDO 产能的巨大市场。中国 BDO 主要下游产品的消费比例变化见表 1-10。

表 1-10 中国 1,4-丁二醇主要下游产品的消费占比变化

年份/年	消费领域占比/%				
	THF/PTMEG	PBT	GBL	PU(包括少量 PBST)	其他
2007	39.3	12.9	21.9	23.2	2.7
2010	43.5	26.1	14.5	13.0	2.9
2020	51.9	24.5	11.8	1.9	9.9
2025(预计)	58	25	10	5	2

中国 2015 年 BDO 产能已超过 100 万吨/年，产能几乎翻了一番，已占全球总产能的一半，成为全球第一 BDO 生产大国。中国的 BDO 市场供不应求的局面发生了根本性改变，从原先的供应紧张转变为供大于求，全球 BDO 及其下游系列产品生产和消费的中心转移至中国，中国将引领这一产业链的繁荣和发展。

与此同时，国外 BDO 产业也在发生变化，值得注意的是，欧美国家 BDO 需求增长缓慢，使全球 BDO 市场供大于求的趋势加重，大量产品将涌入中国，以至于商务部不得不动用反倾销武器。2009 年 12 月 24 日，我国商务部发布 BDO 反倾销终裁，实施期限自 2009 年 12 月 25 日起 5 年。这能给国内企业发展减轻一些压力，但是也让业内人士认识到国内外 BDO 潜在的产能过剩风险将更加迫近，参与国际竞争将在所难免。

同时，在中国与人们生活息息相关的聚氨酯弹性纤维、家电、汽车、高铁交通运输等行业对 PBT、聚氨酯等的需求也在快速增长，说明中国仍有一定的 BDO 发展空间。但是国内外 BDO 产能过剩的局面必将会对我国市场的需求、发展格局带来影响，特别是中东石化的崛起，BDO 产能的增加，将加剧这种影响。在清醒认知自身优势和劣势的同时，应及时调整和应对。生产企业和下游产业应努力增强自身竞争力，大力整合优势资源，努力开拓下游及国际市场，积极应对未来 BDO 市场的巨大挑战。但是也应清醒看到，对于一些高档产品、高科技和高附加值产品，我国对外的依存度仍很高。我国的 BDO 技术全部是引进的，熟练掌握技术、加强管理、改进生产工艺、节能降耗、生产技术国产化、环境友好生产，将是今后消化过剩产能的潜力市场和提高竞争力的关键。

四、中国 1,4-丁二醇技术的研究和发展[6-11,13,15,31,40,113-142]

截至 20 世纪 80 年代，我国仅有小规模炔醛法丁炔二醇生产和丁烯二醇生产，丁炔二醇主要用于电镀增亮剂和丁烯二醇的生产原料，而丁烯二醇则主要用作制药工业的原料，BDO 以及 THF 的需求全部仰仗进口满足。面对当时有限的全球 BDO 产能和市场，且生产技术被跨国公司垄断的情况，我国学者和研究单位在引进的原有技术的基础上，对 Reppe 工艺的催化剂和工艺改进作了大量的开发研究。20 世纪 90 年代初北京化工研究院曾对 Reppe 法进行了深入的开发，并建成 200 吨/年炔化过程，500 吨/年丁炔二醇加氢中试装置。采用该院开发的加氢催化剂，以通过离子交换树脂处理的 35%～40%丁炔二醇水溶液为原料，经过两段床加氢技术，一段加氢采用 Raney-Ni 催化剂、鼓泡床反应器，二段加氢采用 Ni-Al_2O_3 催化剂、固定床反应器，在 80～120℃、8～10MPa 下加氢，再经过脱轻、脱重分离可得到高质量的 BDO 产品。但在即将实现工业化的前夕，由于市场的原因，成为引进技术的牺牲品，自己开发的炔醛法 BDO 生产成套技术最终未能实现产业化。20 世纪 90 年代中，山东胜利油田从意大利 ALMA 公司引进 1 万吨/年丁烷制马来酸酐装置，从英国 Davy 公司引进马来酸酐酯化加氢生产 1 万吨/年 BDO 装置，于 1996 年顺利投产，结束了我国不能生产 BDO 的历史。之后，山西三维等公司相继引进数套生产装置，国外及我国台湾地区的大公司也看好国内的 BDO 及下游产品市场，纷纷开始向中国转让技术和投资建厂。从 20 世纪末到 21 世纪初的十多年间，我国 BDO 生产得到快速发展，产能和产量已占全球第一，但是生产技术全部从国外公司或我国台湾地区的公司引进，就国内企业来说，只有三种技术，即 Reppe 炔醛法和 Davy 马来酸酐酯化加氢法，以及一套烯丙醇法生产装置（系台资企业）。其中 Reppe 炔醛法的产能和装置数量占绝对优势。Reppe 法的乙炔全部来源于电石，MA 酯化加氢的 MA 主要是苯氧化生产。有一套最大规模的以丁烷为原料直接生产 BDO 的技术，为德国 BASF 公司独资。近几年我国已成功开发出 2 万吨/年丁烷氧化生产 MA 的固定床成套技术，与 BDO 生产配套，实现先进的以丁烷为原料路线尚需时日。

我国近年来有关 BDO 技术的开发研究，主要集中在对 Reppe 法技术炔化和加氢两个反应过程催化剂的开发研究，即铜-铋和镍系催化剂的研发。大连瑞克科技股份有限公司 2014 年开发出英威达 Reppe 工艺炔化反应用的催化剂，已成功用于新疆美克化工股份有限公司的 BDO 装置；2020 年又开发出硅酸镁负载的铜铋催化剂，也用于 BDO 生产装置。对 Davy 法，我国学者研究最多的领域主要集中在 MA 酯化加氢和丁烷氧化直接水吸收加氢制 BDO 的技术。其中又主要集中在 MA 酯化加氢过程铜系催化剂和马来酸水溶液加氢贵金属催化剂的研究。有关成套工艺技术、设备和工业应用则比较少见，因此，尚未形成具有自主知识产权的工业化成套技术。在该技术领域，国外 BASF、标准石油公司和 Davy 三家公司占有专利总数的 2/3 以上。中国石油化工股份有限公司、中国科学院和复旦大学占国内专利的 2/3 以上。复旦大学开发了添加硼的 Cu-Zn-Al_2O_3 催化剂，该催化剂在上海焦化厂马来酸二甲酯反应装置上已连续完成了 1000h 的试验，又在引进装置上完成了 3000h 的寿命试验，催化剂的选择性和寿命均达到了国外同类催化剂的水平，为进一步替代进口催化剂奠定了基础。中国科学院开发了一种添加不同助催化剂的 Cu-Zn 催化剂和一种贵金属催化剂。中国石化集团公司下属研究单位对酯化催化剂、加氢催化剂以及加氢工艺等多方面进行了开发研究，所有这些工作将为这项技术的改进和国产化打下基础。国内多家化工设计公司承担了国内多套 BDO 装置的工程设计、设备制造和国产化。总的来说，通过这些研究和实践掌握了 BDO 各种生产技术从设计、建设直至生产全套技术，有力地推动了其产能的增长。

纵观我国 BDO 产业的现状和发展历程，具有以下特点：

① 生产工艺以 Reppe 法为主，2015 年前建设的丁二醇装置用乙炔几乎都来自电石。由于电石是高耗能产品，且原料石灰石开采对山体和自然有破坏，国家限制发展。因此，甲烷制乙炔将逐渐取代电石乙炔。甲烷等气态烃高温裂解制乙炔，副产氢气，可以作为炔醇加氢的氢源，一举两得，促进了 Reppe 法的继续发展，特别是在天然气资源丰富的新疆等省份。近年来由于我国民用城市燃料结构的改变，由液化气转变为天然气，多余的液化气碳四馏分经烷基化生产汽油，副产的丁烷为 BDO 生产提供了廉价而丰富的原料，促进了丁烷氧化法生产 BDO 工艺的发展，特别是不经 MA 直接生产 BDO，联产 THF、GBL 的技术。因此不同技术从专利、大型生产装置设计、设备制造，到建设投产、催化剂研发生产等逐步实现国产化，为扩大生产打下基础。

② 历经近 20 年的生产实践，我国许多 BDO 生产企业的装置通过尾气治理，

回收低沸物和高沸物，将副产的聚醚回收并制成THF，配套建设了THF、GBL、NMP甚至PTMEG等下游产品的生产装置，变单一产品为多产品的同时生产经营更加专业和灵活，避免下游产品生产的重复建设，有利于下游产品扩大生产。例如一半的BDO用于生产THF，而THF主要用于生产PU，一般PU企业需要买来BDO脱水制THF，再脱水缩聚成PTMEG。

③ 关注和开展分子筛催化剂或载体用于两个反应体系的研发和应用，降低能耗，减少污染。MA酯化加氢法应加强与国内丁烷氧化制MA技术的发展和衔接，减少对以苯为原料生产MA的依赖，减少中间环节，继续开展新一代催化剂的开发，加强工程化研发，尽快形成上下游一体化的进程，从而形成具有自主知识产权的技术。

参考文献

[1] Kirk-Othmer. Encyclopedia of Chemical Technology [M]. 3rd ed. New York: John Wiley&Sons, 1978: 244-277.

[2] Kirk-Othmer. Encyclopedia of Chemical Technology [M]. 5th ed. New York: John Wiley&Sons, 2004: 235-249.

[3] Ullmann. Ullmann's Encyclopedia of Industrial Chemistry [M]. 6th ed. Germany: Viley-VCH, 2003: 703-708.

[4] 黄凤兴. 丁二醇类 [M] // 化工百科全书：第3卷. 北京：化学工业出版社，1993：555-571.

[5] Reppe W, Mitarbeitern. Äthinylierung [J]. Justus Liebigs Annalen der Chemie. 1955, 596 (1): 1-4.

[6] 龚楚儒，李小林，杨洪春. 1,4-丁炔二醇的合成及其催化剂 [J]. 工业催化，1995 (01)：14-17.

[7] 李晓燕，刘小玮，赵月明. 丁炔二醇生产工艺的比较研究 [J]. 河北化工，2000 (02)：12-13.

[8] 徐国文，顾其威. 淤浆床炔化法催化合成1,4-丁炔二醇连续化的热模研究 [J]. 化学反应工程与工艺，1993, 9 (1)：49-61.

[9] 沃尔夫冈. 福尔格，尼科尔·舍德尔，乌多·朗，等. 合成丁炔二醇的方法：CN 1171388A [P]. 1998-01-28.

[10] 卡尔-海因茨，霍夫曼，等. 从粗丁炔二醇溶液中分离高沸点馏分的方法：CN 1125711A [P]. 1996-07-03.

[11] 李雅丽. 1,4-丁二醇生产技术进展 [J]. 石油化工，1999, 28 (10)：711-714.

[12] 崔小明. 我国1,4-丁二醇生产技术研究进展 [J]. 上海化工，2019, 44 (6)：27-31.

[13] 王俐. 1,4-丁二醇生产技术进展 [J]. 石油化工，2001 (7)：558-562.

[14] Tanielyan S, Schmidt S, Marin N, et al. Selective hydrogenation of 2-butyne-1,4-diol to 1,4-butanediol over particulate Raney: Nickel catalysts [J]. Topics in Catalysis, 2010, 53 (15-18): 1145-1149.

[15] Chaudhari R V, Jaganathan R, Kolhe D. S, et al. Kinetic modelling of hydrogenation of butynediol using 0.2% Pd/C catalyst in a slurry reactor [J]. Applied Catalysis, 1987, 29 (1): 141-159.

[16] 梁旭，李海涛，张因，等. 载体孔结构对丁炔二醇二段加氢 $Ni/\gamma\text{-}Al_2O_3$ 催化剂加氢性能的影响 [J]. 分子催化，2009, 23 (03)：209-214.

[17] 华萱，王承学. 丁炔二醇加氢制1,4-丁二醇反应动力学研究 [J]. 化工学报，1992 (01)：69-74.

[18] 肖明. Reppe法合成1,4-丁二醇技术研究进展 [J]. 精细与专用化学品，2019, 27 (4)：44-46.

[19] Max E C. Process of producing a distilled butanediol product of high quality in high yield: US 4371723A

[P]. 1983-02-01.

[20] Voger D, Karl B, Juergen B, et al. Catalyst for the hydrogenation of acetylene alcohols: US 4048116A [P]. 1977-09-13.

[21] Stanley R, Waldo D. Process and catalyst for preparing 1,4-butanediol: US 3950441A [P]. 1976-04-13.

[22] 杨鑫，林居超. Reppe 法 1,4-丁二醇装置运行研究 [J]. 四川化工，2021 (24): 17-20.

[23] 卡尔-海因茨，等. 丁炔二醇经两步催化加氢制备丁二醇的方法：CN 1172792A [P]. 1998-02-11.

[24] 林西平，栗洪道. 炔醛法合成丁炔二醇催化剂 [J]. 石油化工，1987，16 (04): 265-269.

[25] 林西平，栗洪道. 国外丁炔二醇的合成和应用 [J]. 石油化工，1986，15 (02): 111-117.

[26] 钟琳，赵明英，吕绍洁，等. 炔醛法合成丁炔二醇催化剂研究 [J]. 天然气化工，1989 (06): 5-8.

[27] 高玉明，田恒水，朱云峰. CuO-Bi_2O_3 粉体催化合成 1,4-丁炔二醇的研究 [J]. 广东化工，2008 (09): 53-55.

[28] Lewis P J, Hedworth R L. Continuous low pressure ethynylation process for the production of butynediol: US 4117248A [P]. 1978-09-26.

[29] Franco C, Giorgio V, Paolo G, et al. Process for the preparation of 1,4-butynediol and related catalyst: US 4288641A [P]. 1981-09-08.

[30] 杨明星，张晓凤，黄秋锋，等. HZSM-5 分子筛负载 CuO/Bi_2O_3 催化合成丁炔二醇研究 [J]. 分子催化，2007，21 (01) : 58-62.

[31] Pont D. Reducing color formers in 1,4-butanediol: US 4213000A [P]. 1980-07-15.

[32] Eugene V Hort. Ethynylation catalyst and method of producing alkynols by low pressure ractions: US 3920759A [P]. 1975-11-05.

[33] Heinz H K, Dr S N, Dipl W F. Purificn of crude butynediol to remove high boiling fraction: DE 4432581A1 [P]. 1996-03-14.

[34] Heinz H K, Nicole S, Frank W, at al. Two-stage catalytic hydrogenation of butynediol to butane-diol: DE 19625189C1 [P]. 1997-10-23.

[35] Curd D, Wolfgang F, Nicole S, at al. Butyne-diol preparation from aqueous formaldehyde and acetylene: DE 19624850A1 [P]. 1998-01-08.

[36] 许志美，朱余民，顾其威. 淤浆鼓泡反应器的开发研究 Ⅰ. 间歇过程 [J]. 化学反应工程与工艺，1988，4 (03): 49-54.

[37] Fritz T, Rainer G, Burkhard O, et al. Verfahren zur katalytiischen hydrierung von but-2-ini-1,4-diol: DD 219184A14 [P]. 1985-02-27.

[38] Wolfgang L, Richard T, KlausO, et al. Verfahren zur Verfahren zur herstellung vonbut-2-ini-1,4-diol: DD 248113A1 [P]. 1987-07-29.

[39] Karl B, Wolfgang R, Wolfgang S, et al. Verfahren zur herstellung von katalysatoren und deren verwendung zuhydrierung von aceyylenalkoholen: DE 2917018A1 [P]. 1980-11-13.

[40] Eugene C M. Pure butane-diol preparation from crude butyne-diol-by deionisation using cationic and anionic exchange resins, hydrogenation and distn: DE 2743846A1 [P]. 1979-04-05.

[41] Zhao Y X, Li H T, Yang X Y, et al. Preparation method of butanediol secondary hydrogenation catalyst by butynediol two step hydrogenation: CN 101306368A [P]. 2008-11-19.

[42] 白庚辛，黄风兴，等. 丁炔二醇中压加氢制丁二醇工艺法：CN 92105441.6 [P]. 1994-01-26.

[43] 白庚辛，徐燕东. 建设 1,4-丁二醇生产装置的技术、规模、投资和经济效益述评 [J]. 石油化工，1992 (12): 836-844.

[44] 黄风兴，徐宏芬，马瑞雪，等. 丁炔二醇加氢生产聚合级 1,4-丁二醇［J］. 石油化工，1992（08）：530-533.
[45] 王富斌. 1,4-丁二醇（BDO）生产过程控制管理［J］. 工程技术，2020，5（01）：9-11.
[46] Mohammad S，Keith T. Process for the production of butane-1,4-diol：US 4584419A［P］. 1986-04-22.
[47] Keith T，Mohammad S，Colin R，et al. Process for the production of butane-1,4-diol：US 4751334A［P］. 1988-06-14.
[48] John W Kippax，Colin R，et al. Process for the production of dialkyl maleates：US 4795824A［P］. 1989-01-03.
[49] Hiles Andrew G，Tuck Michael W M. Hydrogenation process：US 5254758A［P］. 1993-10-19.
[50] Andrew H，Michael T. Process for preparing tetrahydrofuran：US 5310954［P］. 1994-05-10.
[51] Michael A W，Paul W，Robert W，et al. Process for the co-production of aliphatic diols and cyclic ethers：US6844452B2［P］. 2005-01-18.
[52] Harry B Copelin. Separation of alcohol from tetrahydrofuran：US 4175009A［P］. 1979-11-20.
[53] 陈荣欣. 顺酐法生产 1,4-丁二醇工艺的改造［J］. 胜利油田职工大学学报，2008（03）：79-80.
[54] 张东芝，张瑞超，薛金娟，等. Cu-Zn-Ce 催化顺丁烯二酸酐气相加氢［J］. 精细石油化工，2008（02）：12-17.
[55] 帕特赛夫冈·威莱斯. Production of alcohols and ethers by the catalyzed hydrogenation of esters：CN1039021A［P］. 1990-01-24.
[56] Mabry M A，Pricharo W W，Ziemecki S B. PD/RE Hydrogehation catalyst and process for making tetrahydrofuran and 1,4-butanediol：EP 0147219A3［P］. 1985-11-21.
[57] Pesa F A，Anne M G. Process for the manufacture of 1-4-butanediol and tetrahydrofuran：US 4301077［P］. 1981-11-17.
[58] Melanie K，Peter S W. Catalyzed hydrogenation of carboxylic acids and their anhydrides to alcohols and/or esters：US 4985572［P］. 1991-01-15.
[59] Bhattacharyya A，Maynard M D. Catalysts for maleic acid hydrogenation to 1,4-butanediol：AU 2005262405A1［P］. 2006-01-19.
[60] Chaudharri R V，Rode C V，Deshpande R M，et al. Kinetics of hydrogenation ofmaleic acid in a batch slurry reactor using a bimetallic Ru-Re/C catalyst［J］. Chemical Engineering Science，2003（58）：627-632.
[61] 马布里，W·普里查德，齐默基. 用钯/铼氢化催化剂制造四氢呋喃和 1,4-丁二醇的方法：CN 1039243［P］. 1990-01-31.
[62] Velliyur M N M R. Process for preparing butyrolactones and butanediols：EP 0276012A3［P］. 1988-08-17.
[63] Velliyur M N M R. Process for preparing butyrolactones and butanediols：US 4782167［P］. 1988-11-01.
[64] Griffiths B W，Michel J B. Method for treating carbon supports for hydrogenation catalysts：US 4659686A［P］. 1987-04-21.
[65] Jo-Ann T S. Ru，Re/carbon catalyst for hydrogenation in aqueous solution：US 5478952A［P］. 1995-03-03.
[66] Takeru O，Akihisa O，Ken S. Process for preparing diacetoxy butane：US 3919294A［P］. 1975-11-11.
[67] Takeru O，Akira Y，Akihisa O，et al. Process for preparing an unsaturated ester：US 3922300A［P］.

1975-11-25.
[68] Jun T, Masato S, Ken S, et al. Verfahren zur isolierung von diacetoxybuten: DE 2510088A1 [P]. 1975-09-18.
[69] Takeru O, Keisuke W. Verfahren zur herstellung eines carbonsaeureesters: DE 2505749A1 [P]. 1975-08-14.
[70] 陈勇. 顺酐加氢制备 1,4-丁二醇的研究进展 [J]. 石油化工, 2023, 32 (2): 264-268.
[71] 房畅. 顺酐加氢催化剂的研究进展 [J]. 石油化工, 2023, 52 (5): 720-727.
[72] Nobuyuki M, Youji I. Production of butanediol: JPH 10152450A [P]. 1998-06-09.
[73] Seijiro N, Youji I, Kazuyuki O, et al. Production of butanediol: JPH10158203A [P]. 1998-06-16.
[74] Nobuyuki M, Youji I. Production of butanediol : JPH 10059885A [P]. 1998-03-03.
[75] Takeshi I, Kazuyuki O, Nobuyuki M. Production of butanediol: JPH 11116515A [P]. 1999-04-27.
[76] Hiroaki K, Ken S. Method for recovering 1,4-butanediol: US 5397439A [P]. 1995-03-14.
[77] 佚名. 日三菱化学改进 1,4-丁二醇生产工艺 [J]. 化学反应工程与工艺, 2006 (05): 450.
[78] Manabu O, et al. Process for preparing 1,4-butanediol: US 5981810A [P]. 1999-11-09.
[79] Sakomura T, Kisaki H, Tada T, et al. Process for preparing 1, 4-diacetoxy-2-butene from dichlorobutenes: US 3720704A [P]. 1973-03-13.
[80] Mitsuo M, Shinichi M, Koichi K, et al. Process for continuous hydroformylation of allyl alcohol: US 4567305A [P]. 1986-01-28.
[81] Hidetaka K, Takeshi H, Masahiro K. Process for treating hydroformylation catalyst: US 4537997A [P]. 1985-08-27.
[82] Mitsuo M, Shinichi M, Koichi K, et al. Process for continuous hydroformylation of allyl alcohol: EP 0129802A1 [P]. 1985-01-02.
[83] Harano Y. Process for obtaining butanediols: US 4465873A [P]. 1984-08-01.
[84] Kaneda K, Imanaka T, Teranishi S. Drect synthesis of 1, 4-butanediol of from allyl alcohol using carbon monoxide and woter in the presence of $Rh_6(CO)_{16}$ propanediamine system [J]. Chemistry Letters, 1983, 12 (9): 1465-1466.
[85] Charles C C, Kamlesh K B. Production of butanediol: US 4024197A [P]. 1977-05-17.
[86] Willian E S, Gerhart R J. Process for preparing butanediol: US 4039592A [P]. 1977-08-02.
[87] Paul D T, Thomas H V. Production of 1,4-butanediol: US 4083882A [P]. 1978-04-11.
[88] 赵巍. 生物基 1,4-丁二醇的研究进展 [C] //聚氨酯工业协会 19 次年会论文集, 2018: 111-116.
[89] 古谷昌宏, 等. 重组细胞以及 1,4-丁二醇的生产方法: CN 104919040 [P]. 2015-09-10.
[90] 徐周文, 吴嘉麟, 陈建文. 一种玉米原料多组分二元醇的制备方法: CN 101045938 [P]. 2007-10-03.
[91] 袁长富, 李仲良, 卢春山, 等. 山梨醇制备及转化催化剂研究进展 [J]. 化工生产与技术, 2007 (01): 34-37, 59.
[92] 王晶仪, 吴洪发, 鲍妮娜, 等. 玉米生物基化工醇高沸点组分分离研究 [J]. 应用化工, 2010, 39 (02): 185-188.
[93] 李兴江, 陈小举, 姜绍通, 等. 秸秆两步发酵法制备丁二酸研究 [J]. 食品科学, 2009, 30 (08): 72-75.
[94] Burgard A, et al. Development of a commercial scale process for production of 1,4-butanediol from sugar [J]. Curr Opin Biotechnol, 2016, 42: 118-125.
[95] Versalis S P A. Process for the production of sugars from biomass: US 9920388B2 [P]. 2018-03-20.
[96] Genomatica Inc. Microorganisms and methods for conversion of syngas and other carbon sources to useful products: US 9109236B2 [P]. 2015-08-18.

[97] Li F, et al. Pt nanoparticles over TiO_2-ZrO_2 mixed oxide as multifunctional catalysts for an integrated conversion of furfural to 1,4-butanediol [J]. Appl Catal A, 2014, 78: 252-258.

[98] Ramon Geraldo Campos Silva, et al. Identifification of potential technologies for 1, 4-Butanediol production using prospecting methodology [J]. J Chem Technol Biotechnol, 2020, 95: 3057-3070.

[99] Francois J M, et al. Engineering microbial pathways for production of bio-based chemicals from lignocellulosic sugars: current status and perspectives [J]. Biotechnology for Biofuels, 2020, 13 (1): 11.

[100] Burk M J. Sustainable production of industrial chemicals from sugars [J]. International Sugar Journal, 2010, 11 (2): 30-35.

[101] Mckinlay J B, Vieille C, Zeikus J G. Prospects for a bio-based succinate industry [J]. Applied Microbiology and Biotechnology, 2007, 76: 727-740.

[102] Song H, Lee S Y. Production of succinic acid by bacterial fermentation [J]. Enzyme and Microbial Technology, Compendex, 2006, 39: 352-361.

[103] Dunuwila D. Process for the direct production of esters of carboxylic acid from fermentation broths: CA 2657666 [P]. 2009.

[104] 庞晓华. 巴斯夫和基诺马蒂卡公司计划合作生产生物基1,4-丁二醇 [J]. 合成纤维，2013 (6): 53.

[105] 李雅丽. 美国 Genomatica 公司推进生物基 1,4-丁二醇工业化进程 [J]. 石油化工技术与经济，2011 (5): 56.

[106] 李雅丽. BASF 看好的生物基 BDO 到底有多香? [N]. 中国化工信息周刊，2023-09-22.

[107] Myriant. JM Davy 成功生产出商业级生物基 BDO/THF [J]. 工程塑料应用，2013 (7): 69-69.

[108] 于剑昆. BioAmber 公司验证生物基丁二醇装置认领引用 [J]. 化学推进剂与高分子材料，2012 (4): 97-97.

[109] 钱伯章，等. 世界 1,4-丁二醇产能和生产技术进展 [J]. 化学工程，2004，10 (3): 19-20.

[110] 于克利，李波. 1,4 丁二醇市场及生产技术综述 [J]. 中国化工，2004 (8): 30-32.

[111] 位洪朋，贾飞. 国内外 1,4-丁二醇的生产现状及前景分析 [J]. 中国石油和化工经济分析，2007 (19): 52-55，66.

[112] 王俐. 国内外 1,4-丁二醇市场预测 [J]. 甲醛与甲醇，2004 (5): 26-33.

[113] 李小鹏，等. 耗氢产品 1,4-丁二醇生产技术及市场前景 [J]. 氯碱工业，2004 (06): 23-27.

[114] 王惟，等. 1,4-丁二醇生产技术及市场概况 [J]. 化工中间体，2006 (07): 18-22.

[115] 庞晓华. 中国将引领全球丁二醇市场需求快速增长 [J]. 化工管理，2008 (06): 79-80.

[116] 安福，周树理，惠泉. 1,4-丁二醇发展概况及市场前景 [J]. 当代石油石化，2010，18 (05): 19-22，49-50.

[117] 屠庆华. 我国 1,4-丁二醇产业现状与发展趋势 [J]. 化学工业，2011，29 (2-3): 12-15.

[118] 国内首个精化原料丁二醇投产 [J]. 化工中间体，2008 (10): 38.

[119] 佚名. 科技动态 [J]. 石油化工应用，2011 (02): 109-112.

[120] 于剑昆. 全球丁二醇产能将过剩 [J]. 化学推进剂与高分子材料，2009 (2): 63.

[121] 康永. 1,4-丁二醇生产工艺及国内产能分析 [J]. 乙醛醋酸化工，2014 (7): 30-34.

[122] 崔小明. 国内外 1,4-丁二醇的市场分析 [J]. 维纶通讯，2015，35 (2): 9-13.

[123] 佚名. 全球最大 BDO 生产基地呼之欲出 [J]. 河南化工，2014 (7): 57.

[124] 刘敬彩. 业界热议 BDO 产业高质量发展路径 [N]. 中国化工报，2023-3-25.

[125] 崔小明. 1,4-丁二醇生产技术研究进展 [J]. 上海化工，2019，44 (6): 27-31.

[126] 刘新. 1,4-丁二醇精馏残液制备四氢呋喃 [J]. 化工环保，2017，37 (6): 703-706.

[127] 高小超. Reppe法BDO生产中乙炔净化工艺改进 [J]. 化工管理，2020 (2)：94-95.

[128] 杨鑫，林居超. Reppe法1,4-丁炔二醇装置改性研究 [J]. 四川化工，2021，24 (4)：17-20.

[129] 谢君. 我国1,4-丁二醇生产技术分析及展望 [J]. 广东化工，2021，48 (21)：111-113.

[130] 黄佩佩. 1,4-丁二醇的生产现状和发展 [J]. 精细化工，2022 (01)：48-50.

[131] 李纲. 固定床镍-铝催化剂失活原因分析及解决措施 [J]. 能源化工，2020，41 (2)：13-17.

[132] 李小定，等. Reppe法1,4-丁二醇三项催化剂的研究 [C] //第22届全国煤化工、化肥、甲醇行业发展技术年会论文集. 2013：388-392.

[133] Wang Yiduo，et al. Insight into the mechanism of the key step for the production of 1,4-butanediol on Ni (111) surface：A DFT study [J]. Molecular Catalysis，2022 (524)：112335.

[134] 杨杰. 1,4-丁二醇精制过程中延长高压加氢催化剂使用周期的研究 [J]. 河南化工，2021 (9)：47-49.

[135] 和进伟，孙凯，张方，等. 一种用于制备1,4-丁二醇的低压加氢催化剂及其制备方法：CN 1068241 [P]. 2017-6-13.

[136] 胡燕，李耀会，章小林，等. 1,4-丁炔二醇加氢制1,4-丁二醇专用雷尼镍-铝-X催化剂的制备及活化方法：CN 102744083B [P]. 2015-11-18.

[137] 马凤云，武洪丽，莫文龙，等. 用于1,4-丁炔二醇加氢合成1,4-丁二醇的镍基催化剂及其制备方法：CN 108097254A [P]. 2018-06-01.

[138] 郑陈华，魏宏斌，陈良才，等. 一种组合式处理1,4-丁二醇生产废水的方法：CN 103253827B [P]. 2014-5-21.

[139] 刘跃进，张光文，李勇飞，等. 一种从雷珀法生产1,4-丁二醇的废液中回收1,4-丁二醇的方法：CN 102659515B [P]. 2014-05-14.

[140] 周桢，颜李秀，周小华，等. 一种综合利用1,4-丁二醇蒸馏底物的方法：CN 103849306B [P]. 2016-01-06.

[141] 袁鹏俊，洪缪. “非张力环”? -丁内酯及其衍生物开环聚合的研究进展 [J]. 高分子学报，2019，50 (4)：327-337.

[142] 中国石油和化学工业联合会，山东隆众信息技术有限公司. 中国石化市场预警报告 (2022) [M]. 北京：化学工业出版社，2022.

第二章
四氢呋喃

第一节
四氢呋喃的物理化学性质

四氢呋喃（tetrahydrofuran，简称 THF）是 1,4-丁二醇产能最大的衍生物，是一种优良的有机溶剂和精细化工中间体，最主要的用途是生产聚四氢呋喃（又名聚醚二元醇、聚四亚甲基醚二醇，polytetramethylene ether glycol，简称 PTMEG）。PTMEG 广泛用于生产铸造及热塑性聚氨酯弹性体和 Spandex 弹性纤维（即氨纶），以及高性能共聚聚酯-聚醚弹性体（COPE）的组成部分。THF 还可用作聚氯乙烯（PVC）、药品和涂料的溶剂，以及精密磁带制造、各种化学反应用溶剂等。

一、四氢呋喃的物理性质[1]

四氢呋喃分子呈一环状内酯结构，分子中有一氧桥连接四个亚甲基。由于分子中重叠氢原子的相互排斥，分子内部有些弯曲，稍有皱折，一般情况下 THF 是稳定的。常温常压下 THF 是无色、透明、易挥发、易燃、有刺激气味的液体，空气中放置易吸收空气中的水分。THF 是优良的溶剂，和水及一般有机溶剂（例如酯、酮、醇、乙醚、脂肪烃、芳烃、氯代烃）能互溶，能溶解许多高分子材料。常压下 THF 和水形成共沸物，共沸点为 64℃，水含量为 5.6%（质量分数）。0.8MPa 压力下的共沸物中水含量可达 8%～10%，共沸点为 106℃，工业上利用 THF 的这种性质变换蒸馏压力脱除其所含水分，得到不含水的 THF。表 2-1 给出了 THF 的主要物理性质。

表 2-1　THF 的主要物理性质

性质	数值	性质	数值
分子量	72.108	蒸发热/(kJ/kg)	398

续表

性质	数值	性质	数值
沸点/℃	66	燃烧热(25℃)/(kJ/g)	34.74
熔点/℃	−108.5	比热容(液体)/[kJ/(kg·K)]	
蒸气压/kPa		20℃	1.97
−15℃	3.40	50℃	2.090
0℃	7.52	66℃(蒸气)	1.55
20℃	19.1	热胀系数平均值(10～20℃)/$℃^{-1}$	0.00126
50℃	61.2	闪点(TCC)/℃	−14.4
液体密度/(g/mL)		临界温度/℃	268
20℃	0.888	临界压力/MPa	5.16
25℃	0.883	介电常数 ε	
30℃	0.878	25℃	7.54
蒸气密度(相对,空气=1)	2.49	20℃	7.25
蒸发速率(相对,醋酸丁酯=1)	8.0	自燃温度/℃	321
黏度(20℃)/mPa·s	0.48	燃烧限(25℃)/%	
空气中的表面张力(25℃)/(mN/m)	26.4	上限	2
折射率(20℃)	1.4073	下限	11.8
阈限值/(μg/mL)	200	电导率(25℃)/(μS/m)	1.5
爆炸限(25℃)(空气中四氢呋喃的体积分数)/%	1.8～11.8	偶极矩(25～50℃)μ/(C·m)	5.3
		熔度参数 δ/$(cal/cm^3)^{1/2}$	9.7
		/$(kJ/dm^3)^{1/2}$	19.8

二、四氢呋喃的化学性质[1]

四氢呋喃分子结构是一含有氧原子的饱和五元杂环，对诸如金属锂、钠、钾和稀的无机酸等化学品是稳定的，对 Grinard 试剂、氧化剂、金属氢化物也是稳定的。由于它对有机镁氯化物，烷基和芳基的碱金属化物，锂、铝和硼的氢化物，二硼化物等有较好的溶解能力，因此在 Grinard 反应、碱金属反应、阴离子聚合反应、金属氢化物反应和硼氢化反应中 THF 常被用作溶剂。THF 易燃，与空气混合能产生爆炸混合物。高纯度的 THF 遇氧易形成过氧化物而变质，因此在生产、贮运以及加工中要绝氧、气相充入高纯氮气进行保护，并加入 100～200μg/mL 的稳定剂 2,6-二叔丁基-4-甲基苯酚。THF 易吸收空气中的水分，过氧化物和水分的存在不仅降低了其纯度等级，并给后续加工过程带来不利的影响，使下游产品质量下降，甚至带来不安全的危险，特别是对开环聚合过程。一般对外购的 THF，在使用前要进行水分含量和过氧化物含量的分析。如果过氧化物的含量大于 0.1%，该批次 THF 必须进行破坏过氧化物的处理，在搅拌下加片状苛性钠或 73%的苛性钠水溶液，过氧化物即被分解。去除 THF 中微量水的最好方法是在氮气流下加氢化铝锂蒸馏，在回流下蒸出 THF。需要指出的是含有剩余的氢化铝锂的 THF 处理要格外谨慎，以免引发火灾。不含过氧化物但含微量水的 THF 也可经固体氢氧化钾干燥处理，这种处理较安全。

四氢呋喃的化学性能活泼，在强酸性催化剂存在下，开环聚合生成聚醚二元醇（PTMEG），PTMEG 是 THF 最重要的衍生物。

四氢呋喃环上的氧原子可以被硫、氮等原子置换，环上的氢原子可以进行取代、水解以及分子加成等反应，THF 与二元酸酐反应生成线型聚合物。这些活泼的反应可生成多种新物质作为中间体被用于生产其他精细化工产品，例如用于生产四氢噻吩等。

第二节 1,4-丁二醇为原料生产四氢呋喃的技术

四氢呋喃是 BDO 产能最大的衍生物和下游产品，全球 50%以上的 BDO 产量都用于生产 THF。BDO 脱水是最直接和最重要的 THF 生产方法。工业装置实施有两种方法，一种是 BDO 生产装置直接生产，另一种是 BDO 下游产品生产企业以商品 BDO 生产。20 世纪 90 年代工业化的以石化产品为原料的 BDO 生产技术，诸如 MA 酯化加氢法、正丁烷氧化法、Mitsubishi 法、环氧丙烷法等都可以按市场需要的比例，同时生产 BDO 和 THF；生产 PBT 及 PBAT 的装置也副产 THF。所有这些生产 THF 的工业技术并存，构成了现今全球 THF 的生产体系。

一、1,4-丁二醇脱水生产四氢呋喃的基本原理[2-41]

1,4-丁二醇在酸性催化剂存在下很容易脱水环化生成 THF，所用的酸性催化剂包括硫酸、磷酸等无机和有机酸，杂多酸、氧化铝、氧化锆等金属氧化物，ZSM-5 等分子筛，离子交换树脂等。脱水反应可以在气相或液相中间歇或连续进行，所用 BDO 原料可以是纯的 BDO，也可以是其各种生产过程中某一富含 BDO 的馏分，甚至是 BDO 高温脱水生成的聚醚多元醇。例如在 Reppe 法生产 BDO 的工艺中（见第一章第二节），丁炔二醇加氢后的水溶液，不经提纯、中和和蒸馏脱水后的粗 BDO 馏分作为生产 THF 的原料，同样可以生产出高纯度的 THF 产品。这样，可以简化过程并增加经济性。任亚平等以 BDO 为原料，水为稀释剂，采用不同催化剂，采用固定床对气相脱水生成 THF 的规律进行了试验研究。反应器内径为 8mm，催化剂装入量为 300mg，在不同催化剂和反应条件下，BDO 的转化率和 THF 选择性如图 2-1～图 2-4 所示。

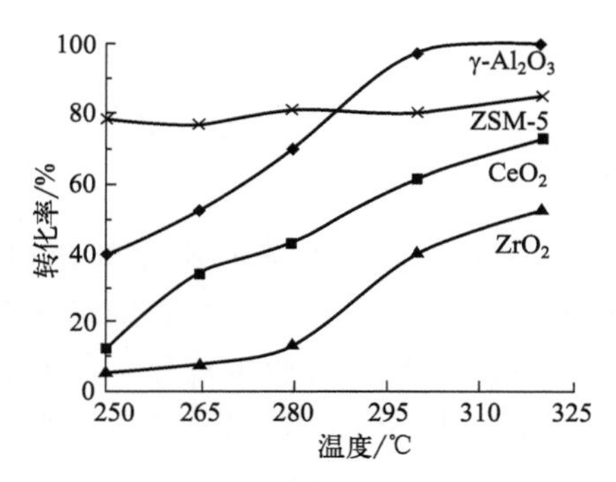

图 2-1 不同催化剂和反应温度下丁二醇转化率的变化

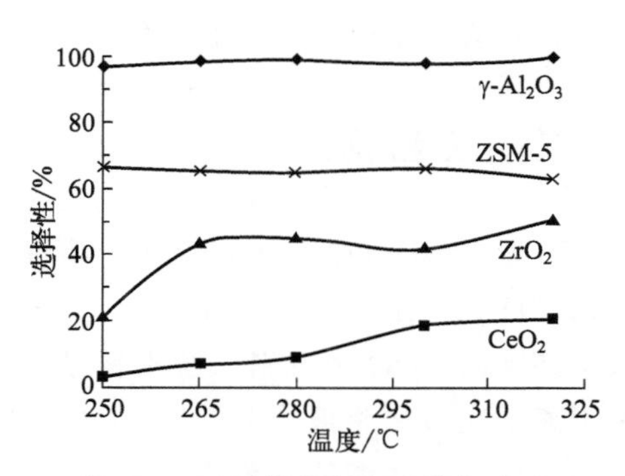

图 2-2 不同催化剂和反应温度下四氢呋喃选择性的变化

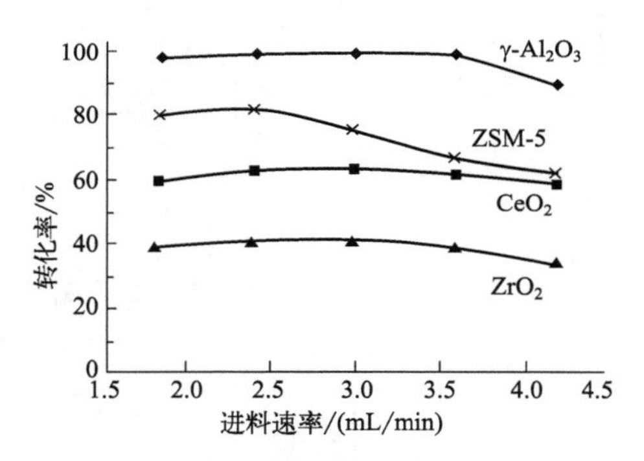

图 2-3 不同催化剂和进料速率下丁二醇转化率的变化

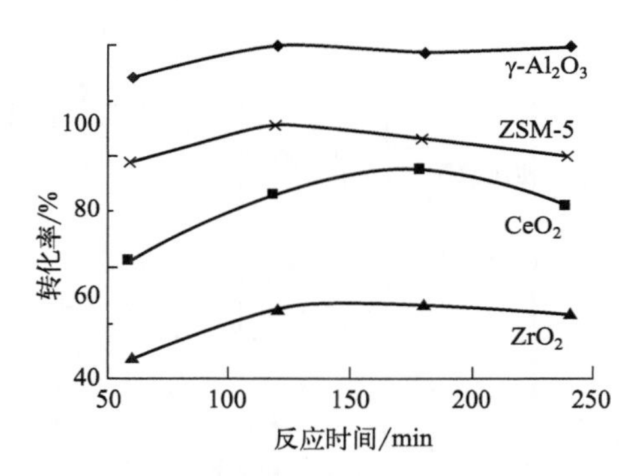

图 2-4 不同催化剂和反应时间下丁二醇转化率的变化

由图 2-1～图 2-4 可以看出，当采用 γ-Al_2O_3 为催化剂时，在温度为 320℃，进料 BDO 与水质量比为 1∶1，BDO 液空速为 0.5h^{-1}，可得到 BDO 转化率 100%，THF 选择性 99%以上的好结果。

采用阳离子交换树脂催化剂时，BDO 的脱水反应可以在 150℃，在液相中进行。可用的树脂型号有 Dowex-50、Amberlite IR-120、Amberlyst-15，均为磺化苯乙烯-二乙烯基苯型树脂。

在酸性催化剂存在下，BDO 脱水缩聚，以及 THF 开环聚合成低分子量的 PTMEG，都是 BDO 脱水环化反应过程最主要的副反应。可以用溶剂稀释原料，使反应生成的 THF 迅速脱离反应体系等方法来减少副反应。反应产品主要由 THF、水及轻、重有机副产品组成。由于 THF 与水形成共沸物，给分离过程带来困难。轻、重组分容易通过蒸馏的方法脱除，水分的脱除有两种方法：一是通过乙二醇、丙二醇、BDO 为溶剂的萃取蒸馏；二是利用 THF 和水的共沸点，以及共沸物的含水量随压力增加而增加的特点，通过改变压力的蒸馏过程，脱除水分，得到含水量≤0.5%的 THF 产品。

二、工艺流程

工业上 BDO 脱水生产 THF 装置大多采用硫酸和离子交换树脂作催化剂。如果 THF 是 BDO 生产装置联产，当然以粗 BDO 馏分为原料有利，否则，只有采用高纯的 BDO 为原料。脱水精制过程大多采用变换压力的脱水流程。典型的采用离子交换树脂催化剂、BDO 为萃取剂的工艺流程见图 2-5，以硫酸为脱水剂采用变压共沸蒸馏的工艺流程见图 2-6。

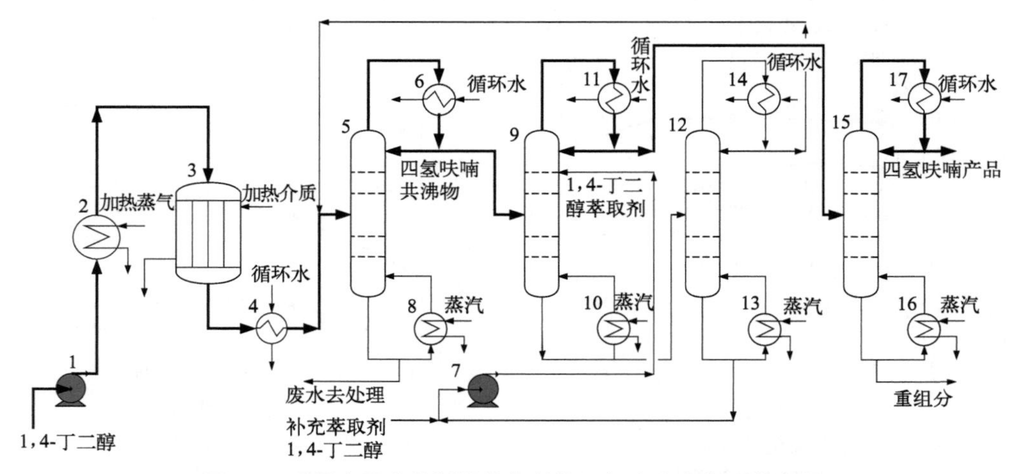

图 2-5　采用离子交换树脂催化剂的四氢呋喃生产工艺流程

1—丁二醇泵；2—加热器；3—脱水反应器；4—冷却器；5—THF 共沸塔；6,11,14,17—塔顶冷凝器；7—循环萃取剂泵；8,10,13,16—重沸器；9—萃取精馏塔；12—脱轻塔；15—脱重塔

如图 2-5 所示，BDO 经过丁二醇泵 1 加压，再经过加热器 2 加热至反应温度，由上部进入脱水反应器 3。脱水反应器为固定床，列管内充装离子交换树脂脱水催化剂，管外通入蒸汽或循环加热介质加热。BDO 脱水反应是在约 150℃，一定压力下，液相反应，BDO 的转化率和 THF 的选择性均在 99%以上。脱水反应产品经过冷却器 4 冷却后进入 THF 共沸塔 5，由塔顶蒸出 THF 和水的共沸物，进入萃取精馏塔 9。塔釜废水，排出去处理。在萃取精馏塔 9，由塔的上部加入萃取剂 BDO，水及部分 THF 溶于 BDO，由塔釜排出，经脱轻塔 12，由塔顶蒸出 THF 和水等轻组分，返回 THF 共沸塔 5 进料。由塔釜得到再生好的 BDO 溶剂，经循环萃取剂泵 7，循环回萃取精馏塔 9。由萃取精馏塔 9 顶部出来的不含水的 THF 进入脱重塔 15，由塔顶蒸出含水量≤0.5%的产品 THF，塔釜排出含有少量 BDO 的重组分，可以作为燃料，也可以循环回脱水反应器，增加 THF 产率。

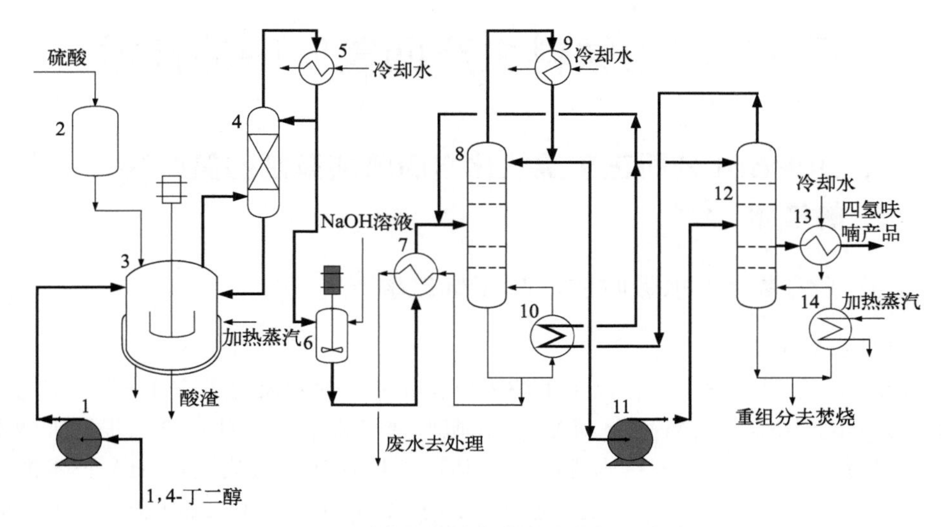

图 2-6 采用硫酸为脱水剂共沸蒸馏工艺流程

1—丁二醇泵；2—硫酸储罐；3—脱水反应器；4—分离塔；5—冷凝器；6—中和罐；7—换热器；8—低压共沸塔；9—塔顶冷凝器；10—重沸器；11—共沸物加压泵；12—加压共沸塔；13—冷凝器；14—重沸器

如图 2-6 所示，BDO 原料由丁二醇泵 1 打入脱水反应器 3，脱水剂硫酸由硫酸储罐 2 加入脱水反应器 3。反应器为带有搅拌的耐腐蚀材质釜，夹套采用蒸汽加热，脱水反应在约 0.1～0.15MPa，高于该压力下 THF 和水的共沸温度，即 80～150℃下进行。脱水生成的 THF 和水、少量未反应的 BDO 蒸气由反应器上部进入分离塔 4，由其塔顶蒸出 THF 和水，分出的 BDO 再流回反应器，继续脱水反应。分离塔 4 塔顶蒸出组分经冷凝器 5 冷凝，流入中和罐 6，加入氢氧化钠水溶液，搅拌下中和夹带的硫酸。中和后的产物进入低压共沸塔 8，塔顶在约 64℃下蒸出 THF 和水的常压共沸物，该共沸物含水 5%～6%。经共沸物加压泵 11 加压打入加压共沸塔 12，该塔在 0.8MPa 压力及塔顶温度为 106℃下由塔顶蒸出含水 8%～10%的 THF 和水的共沸物，经冷凝换热后返回低压共沸塔 8 进料。由加压共沸塔 12 的侧线排出含水量≤0.5%的 THF 产品，塔釜排出重组分去焚烧。

脱水过程 BDO 的转化率和 THF 的选择性，根据原料 BDO 含量的不同，在 90%～99%之间。脱水反应器底部间断或连续排出酸渣，可以经薄膜蒸发器等处理，蒸出有用组分，废渣中和后焚烧处理。由低压共沸塔塔釜排出的废水含有少量硫酸钠及少量有机物，可去生化处理。

第三节
丁烷及其他原料生产四氢呋喃的技术

一、DuPont 公司正丁烷氧化水吸收加氢制四氢呋喃的技术[42-45]

1. 正丁烷氧化、水吸收生产顺丁烯二酸

（1）基本原理

DuPont 公司开发出一种以正丁烷为原料，通过两步反应生产 THF 的工艺技术。第一步正丁烷催化氧化为 MA，用水吸收成马来酸水溶液；第二步马来酸水溶液液相加氢为 THF。该技术是建立在其正丁烷移动床氧化生产 MA 技术的基础上，已在 20 世纪 80 年代实现工业化。20 世纪 90 年代，DuPont 公司在西班牙北海岸的 Gijon 建设了第一套包括 MA 和 THF 在内的工业生产装置。

DuPont 公司技术的特点：①正丁烷氧化反应需要的氧是由催化剂提供，即催化剂不仅催化氧化反应，而且是氧的载体或携带者；②正丁烷氧化反应和催化剂的再生是在两台分开的反应器中分别进行的；③催化剂的再生和载氧过程同时完成。据专利介绍，该催化剂主要是由钒和磷元素组成的混合氧化物，助催化剂组分主要是硅，还有铟、锑和钽元素中的一种。

移动床反应器不同于流化床反应器，它具有一个垂直、绝热的提升管，再生并载氧的催化剂在提升管的入口和正丁烷气体接触，在同时、同向向上移动的过程中完成正丁烷的氧化反应。当催化剂和反应物达到提升管顶部时固、气分离，固体催化剂去再生系统，分离催化剂后的气体氧化产品被水吸收。其优点是氧化反应是在一类似活塞流的反应器中进行的，避免了返混；氧气根据反应的需要由催化剂定量提供，避免了原料和产品的深度氧化，均有利于正丁烷的转化和选择性的提高。缺点是反应系统设备结构和控制复杂，增加了建设投资；其次由于催化剂在反应系统中需经两次流动，要求催化剂具有的强度和抗磨损能力显然要高。工业装置正丁烷的单程转化率约 95%，选择性在 75%以上。反应产物被水直接吸收成 40%左右的顺丁烯二酸水溶液，作为下一步加氢生产 THF 的原料。

（2）工艺流程

DuPont 公司正丁烷氧化及水吸收工艺流程如图 2-7 所示。

如图 2-7 所示，正丁烷由丁烷泵 1 经丁烷蒸发器 2 汽化，与循环的正丁烷和惰性气体混合，进入提升氧化反应器 3，再生过的催化剂和由新鲜催化剂吹扫装置 7 来的载氧催化剂也流入提升氧化反应器 3，与正丁烷接触，并将正丁烷氧化

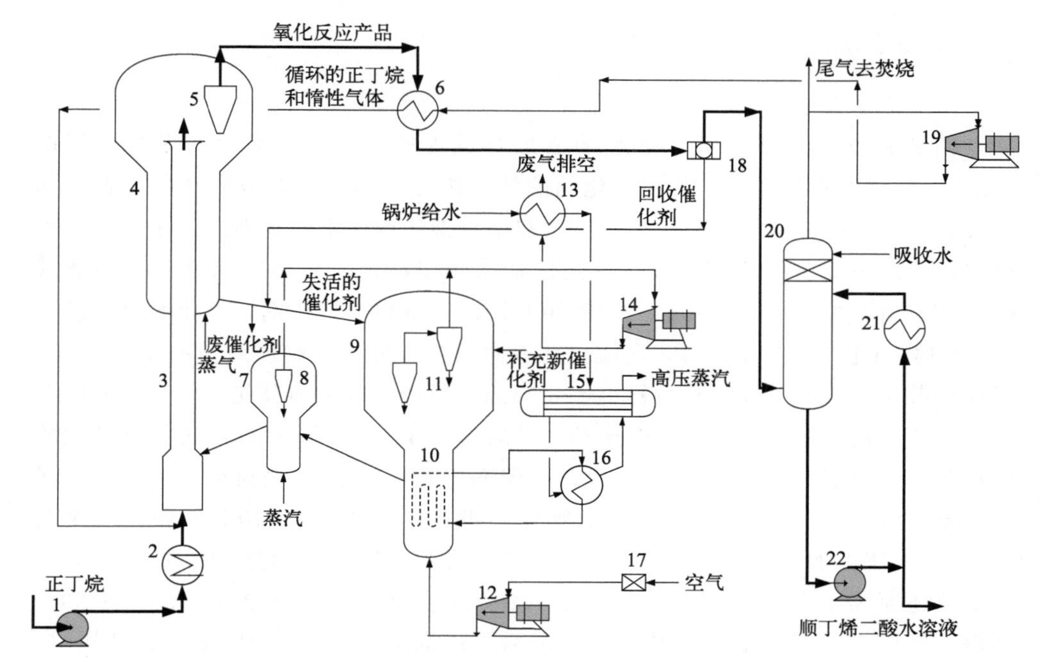

图 2-7 DuPont 正丁烷氧化、水吸收工艺流程

1—丁烷泵；2—丁烷蒸发器；3—提升氧化反应器；4—氧化反应器；5,8,11—催化剂旋风分离器；6,13—换热器；7—新鲜催化剂吹扫装置；9—催化剂再生装置；10—换热蛇管；12—空气压缩机；14—再生尾气排出机；15—废热锅炉；16—重沸器；17—空气过滤器；18—催化剂过滤器；19—尾气循环压缩机；20—水吸收塔；21—冷却器；22—循环泵

成顺丁烯二酸酐等。催化剂被惰性气体和氧化产品提升至顶部，借设在氧化反应器内的催化剂旋风分离器 5 分离出固体催化剂。氧化产品随惰性气体一起由其顶部排出，经换热器 6 与循环惰性气体换热，再经催化剂过滤器 18，回收夹带的催化剂后进入水吸收塔 20，MA 被水吸收生成约 40％的顺丁烯二酸水溶液，经循环泵 22 部分排出，部分循环回水吸收塔。由水吸收塔顶部排出的惰性气体含有少量未转化的正丁烷、二氧化碳、氮气等，部分排出去焚烧，部分经换热器 6 循环回提升氧化反应器。由水吸收塔 20 顶部进入的吸收水主要来自加氢产品分离过程的循环水。

由氧化反应器分出的失活催化剂，由其底部吹入的蒸气脱附被催化剂吸附的丁烷及氧化产品后，进入催化剂再生装置 9，经空气压缩机 12 由其底部通入空气，燃烧掉催化剂的结炭，再生并载氧后，经新鲜催化剂吹扫装置 7 脱除被吸附的 CO_2 等，循环回提升氧化反应器循环使用。结炭燃烧产生的热量由设在催化剂再生装置内的蛇管中锅炉给水带出，通过废热锅炉系统产生约 4MPa 蒸汽。由催化剂再生装置排出的尾气经换热器 13，预热废热锅炉给水，回收带出的热量。

2. 顺丁烯二酸水溶液加氢

（1）基本原理

DuPont公司对顺丁烯二酸水溶液加氢过程做了大量的研究与开发，依据DuPont公司的专利介绍，关于催化剂的活性组分与载体，有双金属催化剂，如Pd-Re-C和Ru-Re-C体系，也可在这两双金属催化剂体系的基础上，添加第三种金属，构成三金属催化剂。催化剂的制造采用浸渍法，载体要求是多孔的碳载体，比表面积为700～1600m^2/g。例如Pd-Re-C双组分催化剂，催化剂组成最好含3%的Pd和3%的Re。Pd在催化剂表面呈晶体分布，粒径为10～25nm；Re呈高分散相分布的晶粒，其粒径小于2.5nm。所用的碳载体首先用六偏磷酸钠多氯联苯清洁剂洗涤，在200℃煅烧2h，然后再在400℃煅烧2h。经过如此处理的碳载体比表面积为1000～1300m^2/g，孔隙率为0.6cm^3/g。浸渍活性组分的步骤为：首先将处理好的碳载体浸入配制好的$PdCl_2$溶液中，110℃干燥；其次在150℃氦气流中加热1h，在氦50%、氢50%的混合气流中加热1h，200～300℃下加热还原3h；然后冷却至50℃，通入氮气，置换后再通入含氧1%、氮99%的混合气体2h，进行表面钝化处理，最后再以同样方法浸渍Re组分。使用时，将该催化剂放入顺丁烯二酸水溶液中，在氢气流中还原为金属催化剂。在加氢反应温度为130～285℃，压力2～35MPa，接触时间为0.5～7h时，可以得到近乎100%的顺丁烯二酸转化率和可调的产品分布，80%～90%的THF选择性。反应器的形式有固定床和淤浆床两种，结果显示较高的加氢反应温度、气相引出反应产品有利于生成THF，否则有利于BDO的生成。因此采用淤浆床反应器、气相连续引出反应产品，是提高THF产率的有效措施。R. V. Chaudhari等采用Ru-Re双金属催化剂，在鼓泡淤浆床反应器上对顺丁烯二酸水溶液加氢反应动力学进行了研究，研究过程采用的催化剂含1%的Ru、6%的Re，载于粒径为$3\times10^{-5}m$、密度为$2\times10^3kg/m^3$、比表面积为$7.7\times10^3m^2/kg$的碳载体上，加氢反应前催化剂在300℃、氢气流下活化。通过试验，提出顺、反丁烯二酸液相加氢反应经历了如下连串-平行反应，生成了一系列中间产品和副反应产品。

① 顺、反丁烯二酸加氢生成丁二酸：

$$HOOCCH=CHCOOH+H_2 \longrightarrow HOOCCH_2CH_2COOH$$

② 丁二酸加氢反应生成丙酸、γ-羟基丁醛、GBL：

$$HOOCCH_2CH_2COOH+H_2 \longrightarrow CH_3CH_2COOH+CO+H_2O$$

$$HOOCCH_2CH_2COOH+3H_2 \longrightarrow HOCH_2CH_2CH_2CHO+2H_2O$$

$$HOOCCH_2CH_2COOH+2H_2 \longrightarrow \text{(γ-丁内酯环状结构)} +2H_2O$$

③ γ-丁内酯（GBL）、丙酸和γ-羟基丁醛继续进行加氢反应：

$$CH_3CH_2COOH+2H_2 \longrightarrow CH_3CH_2CH_2-OH+H_2O$$

$$HOCH_2CH_2CH_2CHO+H_2 \longrightarrow HOCH_2CH_2CH_2CH_2OH$$

$$\xrightarrow{+2H_2} HOCH_2CH_2CH_2CH_2OH$$

$$\xrightarrow{+3H_2} CH_3CH_2CH_2CH_2OH+H_2O$$

$$\xrightarrow{+H_2} \text{(THF)} + H_2O$$

$$\xrightarrow{+H_2} CH_3CH_2CH_2OH+CO$$

$$\xrightarrow{+5H_2} CH_3OH+3CH_4+CO$$

④ 中间产品进一步深度加氢反应：

$$CH_3CH_2CH_2CH_2OH+H_2 \longrightarrow CH_3CH_2CH_2CH_3+H_2O$$

$$HOCH_2CH_2CH_2CH_2OH \longrightarrow \text{(THF)} + H_2O$$

$$CH_3CH_2CH_2OH+H_2 \longrightarrow CH_3CH_2CH_3+H_2O$$

$$CH_3OH+H_2 \longrightarrow CH_4+H_2O$$

不同试验条件下得到的产品分布数据如图 2-8～图 2-10 所示。

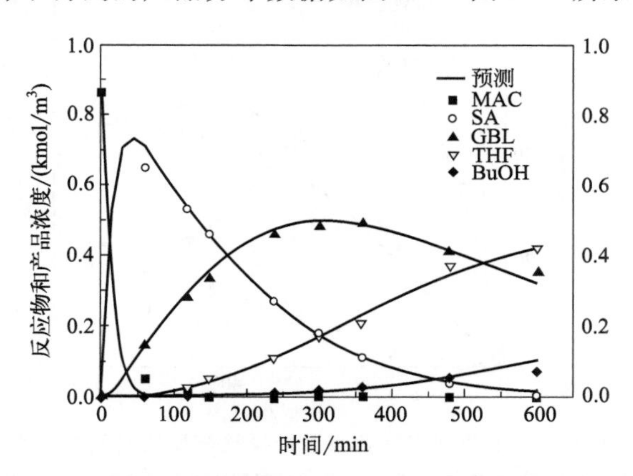

图 2-8 顺、反丁烯二酸加氢过程反应时间和组成浓度分布

反应条件：温度 250℃，压力 13.91MPa，MAC 浓度 0.862kmol/m^3，催化剂负荷 50kg/m^3

MAC—马来酸；SA—1,4-丁二酸；GBL—γ-丁内酯；THF—四氢呋喃；BuOH—丁醇

由试验结果可以看出，顺、反丁烯二酸水溶液加氢过程虽然存在多步平行连串反应，但以下反应由于速率慢而成为整个反应的控制步骤，即：

$$\text{顺、反丁烯二酸} \xrightarrow{\text{加氢}} \text{丁二酸} \xrightarrow{\text{加氢}} \text{丁内酯} \xrightarrow{\text{加氢}} \text{四氢呋喃}$$

其余中间产品及轻质烃在反应产物中检出微量，可忽略不计。由图 2-8 可以看出，顺、反丁烯二酸加氢反应存在两个反应动力学时间段：在第一时间段，顺、反丁烯二酸加氢生成丁二酸，反应速率非常之快，很短的时间就全部转化成

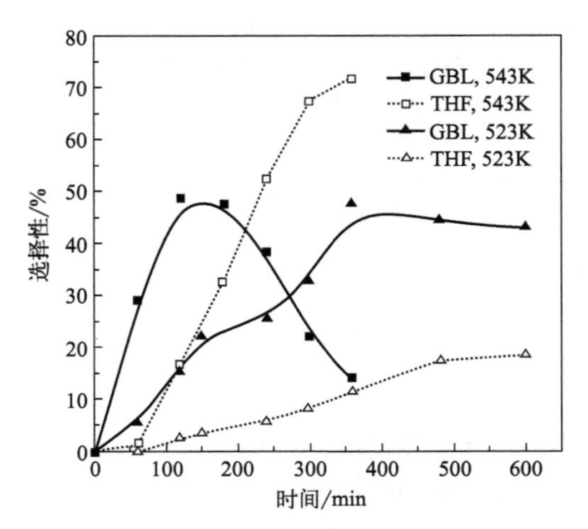

图 2-9 不同反应温度下加氢选择性和反应时间的关系

反应条件：温度 250℃，压力 13.91MPa，MAC 浓度 0.862kmol/m³

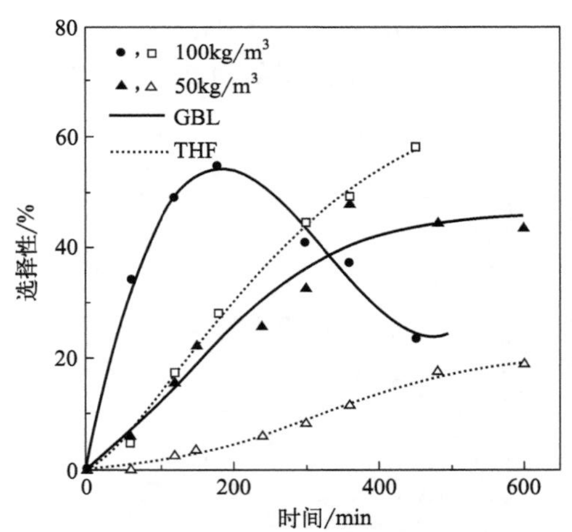

图 2-10 不同催化剂负荷下选择性与反应时间的关系

反应条件：反应温度 250℃，反应压力 13.91MPa，MAC 浓度 0.862kmol/m³

丁二酸；在第二时间段，丁二酸的加氢反应是在顺、反丁烯二酸近于完全消失后才开始，而 GBL 加氢为 THF 的反应是在丁二酸消耗时才开始明显，接近耗尽时才达到最大值。这表明顺、反丁烯二酸和丁二酸与 GBL 比较，能强烈地吸附在催化剂的表面，抑制了 GBL 进一步加氢为 THF。这种现象也说明只有比较苛刻的反应条件，才能有利于提高 THF 的选择性。同时也说明需要选用两种催化剂的活性组分，分别在两个加氢反应时间段表现出高活性，有利于得到较高的 THF 选择性。在试验数据的基础上推导出的本征反应动力学方程如下：

$$r_j=\frac{wk_jA^*c_i}{(1+K_AA^*+K_1c_1+K_2c_2+K_3c_3)^2}$$

$$A^*=Hep_{H_2}$$

式中 r_j——j 反应的加氢速度，kmol/(m^3·s)；

j——反应物料；

A^*——与气相平衡时气-液界面氢气浓度，kmol/m^3；

He——溶度 Henry 常数，kmol/(m^3·atm)；

c_i——液相中 i 组分的浓度，$i=1$，2，3，kmol/m^3；

p_{H_2}——氢气分压，atm（1atm=101325Pa）；

K_A——氢的吸附平衡常数，m^3/kmol；

k_j——j 反应的反应速率常数，m^3/kmol 或 m^3/(kg·s)；

K_1，K_2，K_3——丁烯二酸、丁二酸和 γ-丁内酯的吸附平衡常数，m^3/kmol；

w——催化剂负荷，kg/m^3；

A——氢气；

1——顺、反丁烯二酸；

2——丁二酸；

3——γ-丁内酯。

由试验数据推导出的动力学常数见表 2-2。

表 2-2 顺、反丁烯二酸加氢速率常数

反应温度/℃	$k_1\times10^5$	$k_2\times10^6$	$k_3\times10^6$	$K_j\times10^7$	K_A	K_1	K_2	K_3
230	1.251	4.102	2.098	2.841	0.2011	0.989	0.508	0.0511
250	9.584	8.881	2.912	5.345	0.3042	1.513	0.901	0.1312
543	25.281	28.013	9.452	7.334	0.4997	2.519	1.981	0.3140

注：表中单位 $k_1\sim k_3$ 为 m^3/kmol 或 m^3/(kg·s)；K_A，$K_1\sim K_3$ 的单位为 m^3/kmol。

（2）工艺流程

DuPont 公司丁烯二酸水溶液加氢制四氢呋喃工艺流程如图 2-11 所示。

如图 2-11 所示，来自丁烷氧化的浓度为 40%的顺丁烯二酸水溶液，经过顺丁烯二酸水溶液加压泵 1 加压至约 15MPa，经顺丁烯二酸水溶液预热器 2 预热至约 250℃，进入加氢反应器 3。加氢反应器 3 为全返混型淤浆床，反应物料和催化剂在其内形成气、液、固三相均匀的淤浆。过量的新鲜氢和循环氢经氢气压缩机 6 压缩至约 15MPa，由加氢反应器底部鼓泡进入反应的浆液中，既是加氢反应的氢源，又起到对反应液的搅拌作用，因此反应器无须另设机械搅拌装置。加氢反应产物 THF、GBL、少量的 BDO 和水等由反应器的上部蒸出。加氢反应放热由反应液循环泵 8 循环部分反应液，经循环反应液冷却器 7 冷却后再返回反应器

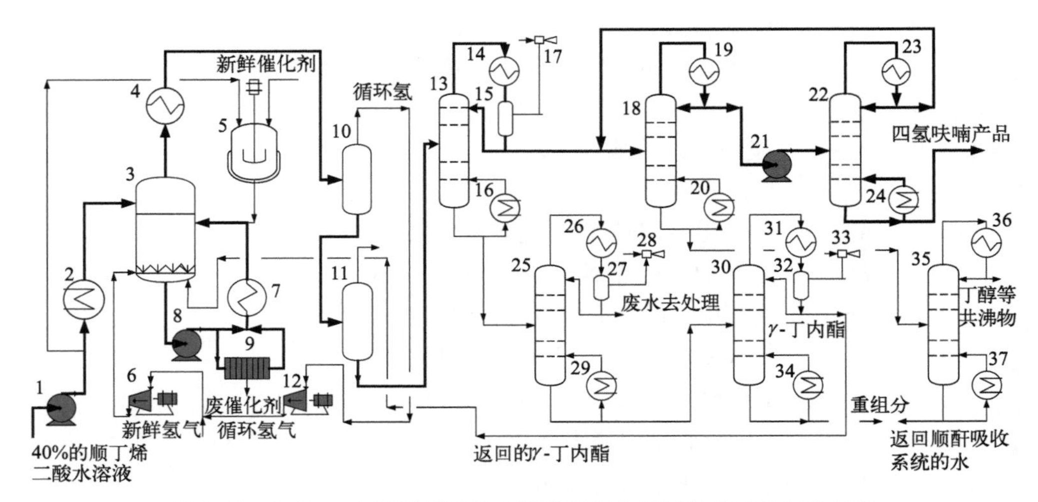

图 2-11 DuPont 由顺丁烯二酸水溶液加氢生产四氢呋喃的工艺流程

1—顺丁烯二酸水溶液加压泵；2—顺丁烯二酸水溶液预热器；3—加氢反应器；4—加氢产品冷却冷凝器；5—催化剂浆液配制罐；6—氢气压缩机；7—循环反应液冷却器；8—反应液循环泵；9—催化剂过滤器；10—高压气体分离罐；11—低压气体分离罐；12—循环氢气压缩机；13—初分塔；14,19,23,26,31,36—塔顶冷凝器；15,27,32—气液分离罐；16,20,24,29,34,37—重沸器；17,28,33—蒸气喷射泵；18—THF 常压共沸塔；21—THF 共沸物加压泵；22—THF 加压共沸塔；25—蒸水塔；30—丁内酯蒸馏塔；35—正丁醇共沸塔

移出反应放热。引出部分循环液经催化剂过滤器 9，滤出活性降低的催化剂。新鲜催化剂和顺丁烯二酸水溶液在催化剂浆液配制罐 5 配制成浆液，不断补充加入加氢反应器 3，以保持反应器内催化剂活性的稳定。由反应器上部蒸出的反应产物经加氢产品冷却冷凝器 4 冷却、冷凝，进入高压气体分离罐 10，分出过量的氢气，经循环氢气压缩机 12 加压后与新鲜氢气一起返回加氢反应器 3。高压气体分离罐 10 的液体产品减压进入低压气体分离罐 11，溶解的氢、甲烷、丙烷、丁烷等不凝气体一起释出，作为燃料气去燃烧。液体产品进入初分塔 13，由塔顶蒸出 THF、正丁醇和水的共沸物和部分水，进入 THF 常压共沸塔 18，由塔顶蒸出含水约 6% 的 THF 与水的共沸物，再经 THF 共沸物加压泵 21 增压至约 0.8MPa，加入 THF 加压共沸塔 22，由塔顶蒸出含水 8% 的 THF 与水的共沸物，返回 THF 常压共沸塔进料，由塔釜得到纯度为 99.9% 的 THF 产品。

由 THF 常压共沸塔 18 塔釜排出的物料主要是水和少量正丁醇等副产品，进入正丁醇共沸塔 35，由塔顶蒸出正丁醇和水的共沸物等副产品，可以继续分离得到纯的副产品，也可以作为燃料焚烧，塔釜的水循环回丁烷氧化部分作为 MA 吸收用水。初分塔 13 的釜液主要是含有大量水的 γ-丁内酯和少量的 BDO 等产物，首先进入蒸水塔 25，在减压下由塔顶蒸出多余的水去进行废水处理；塔釜含少量水的 GBL 和少量的 BDO 等产物，进入 GBL 蒸出塔，减压下由塔顶蒸出

GBL 和少量的 BDO 等，作为循环物料返回加氢反应器 3，也可以继续进行分离得到 GBL 产品。塔釜的缩聚等副反应生成的重组分作为燃料去焚烧。

二、BASF 公司正丁烷氧化有机溶剂吸收加氢制四氢呋喃的技术[46-56]

1. 基本原理

BASF 公司开发出一种用高沸点有机溶剂吸收正丁烷氧化生成 MA，然后解吸出 MA，进行两段或三段气相加氢生产 BDO、GBL、THF 的技术。根据反应条件和催化剂的组成，可以同时制造三种主要产品的混合物，也可以生产以一种品种为主的产品。

正丁烷气相催化空气氧化的产物主要有 MA、水、碳氧化物、氧、氮及其他惰性气体，以及甲酸、乙酸、丙酸等有机酸和未转化的正丁烷。传统的方法采用水吸收再脱水的方式分离和回收 MA。这种方法的不足之处是吸收过程部分 MA 异构化为富马酸，尾气中残留 MA 较多，降低了 MA 收率；吸收液的强酸性导致设备腐蚀严重。BASF 公司采用高温有机溶剂吸收、洗涤的方法，将氧化过程生成的水蒸气在尾气中排放，从而使上述问题得到改善。BASF 公司曾经研究过高碳醇、GBL 及其他羧酸酯等一类溶剂，研究过单一溶剂和两个溶剂的吸收过程。当采用两个溶剂的吸收工艺时，第一高沸点吸收溶剂要求其常压下的沸点高于 MA 沸点在 30℃以上。吸收操作的温度要高于正丁烷氧化产物中水蒸气的露点，这样可以避免水进入吸收溶液中。经过第一高沸点溶剂吸收后的氧化产物再经第二高沸点溶剂吸收，进一步回收其中剩余的 MA 和带出的第一高沸点溶剂。要求第二高沸点溶剂常压下的沸点比第一高沸点溶剂沸点至少高 30℃。由第一高沸点溶剂构成的吸收液，通过氢气解吸出其中的 MA 等有机物，一起去进行催化加氢；由第二高沸点溶剂构成的吸收液，采用空气将其中溶解的第一高沸点溶剂、少量 MA 等一起解吸出来，循环至第一吸收塔进行回收。试验表明无论单一溶剂或两个溶剂吸收，邻苯二甲酸酯类是综合性能最优良的溶剂。通过有机溶剂吸收，得到 MA 浓度为 5～400g/L 的溶液，去进行解吸。

加氢反应器采用多段床，可以根据需要产品组分的不同比例，通过选用不同的催化剂活性组成及加氢反应条件，及中间产品循环加氢等方式来达到要求。催化剂的活性组分主要是铜、锌、铝、铬、锰等。例如以 MA 为原料，采用两段加氢工艺，第一段催化剂采用 70% CuO 和 30% ZnO 的催化剂，反应温度 255℃，压力 0.5MPa，H_2/MAC＝85(摩尔比)，空速为 2.27kg/(L·h)，反应后的产品含 91% GBL、5% THF、1% BDO 及 1%丁二酸。第二段催化剂组成含 66% CuO、24%ZnO、5% Al_2O_3、5%Cu 粉，反应条件为反应温度 180℃，压力

6MPa，H_2/GBL＝200(摩尔比)，空速 0.15kg/(L•h)，加氢产品含 87% BDO、7% GBL 及 5% THF。

当采用 GBL 为吸收溶剂，以组成约含 30% MA 的 GBL 溶液进行两段床催化加氢，一段采用 Pd-C 催化剂，二段采用 Pd-Re-C 催化剂，加氢反应条件为温度 160～260℃，压力 4MPa，H_2/MAC＝40(摩尔比)，氢空速为 2000h^{-1} 时，MA 的转化率为 99%，GBL 的选择性为 93%，THF 的选择性为 4.8%。

采用 Cu-Zn-Al 催化剂，有利于生产以 THF 为主的产品。专利催化剂组成为含 CuO 10%～65%，含具有酸性位的氧化物载体 30%～90%。载体最好是由具有足够酸性位的 Al_2O_3 和 ZnO 组成，两种氧化物的质量比可由 5∶1 到 1∶5。也可加入少量 TiO_2、ZrO_2、SiO_2、MgO 等，以及诸如石墨、硬脂酸、铜粉等添加剂。以 MA 为原料，采用固定床列管式反应器，两段气相加氢时，控制好反应温度等参数是增大 THF 转化率和选择性的关键。

首先是加氢反应温度的选取，反应器入口物料的温度最好为 235～270℃，催化剂床层温度较高，有利于 THF 的生成。催化剂热点的温度维持在 240～280℃，物料进入反应器及离开反应器的温度应低于此热点温度，热点的位置应在管式反应器的上半段，高于物料入口温度 10～15℃。如果加氢反应在低于上述进料温度和热点温度下进行，则生成 GBL 的量增加，而生成四氢呋喃的量减少。同时，在这样的低温下，催化剂的表面易被琥珀酸、富马酸甚至丁二酸等加氢中间产物覆盖而失活。反之，如果加氢反应在高于上述进料温度及热点温度下进行，也不利于四氢呋喃的产率。由于发生深度加氢反应，丁醇和丁烷的生成量增加，而降低了 THF 的产率。加氢反应压力在 0.3～0.7MPa，催化剂的液体负荷在 0.01～1kg/ (L•h)，起始原料与氢气的摩尔比在 50～100 之间。MA 经过两段气相加氢后的典型产品质量分数为 THF 61%、正丁醇 4%、甲醇 0.7%、乙醇 0.5%、正丙醇 1%、GBL 400μg/mL、丁醛 120μg/mL、丁甲醚 100μg/mL，以及一些含氧化物＜200μg/mL，其余为水，含 30%～32%。这些组分沸点相近，像乙醇、THF、正丙醇、正丁醇、丁醛等都能和水形成共沸物，甚至彼此也能形成共沸物，特别是丁醛，形成的二元和三元共沸物复杂，给分离得到高纯度的 THF 带来困难。据专利介绍，通过三台蒸馏塔构成的分离流程，可以获得高收率及高纯度的 THF 产品。

2. BASF 有机溶剂吸收马来酸酐加氢工艺流程

依据专利介绍，BASF 的有机溶剂吸收 MA 加氢制造 THF 的工艺流程见图 2-12。

如图 2-12 所示，来自丁烷氧化装置 1 的含 MA 的气相混合物进入非水溶剂吸收塔 2，经溶剂泵 9 由塔顶将吸收溶剂邻苯二甲酸二丁酯喷入塔内，MA 等有

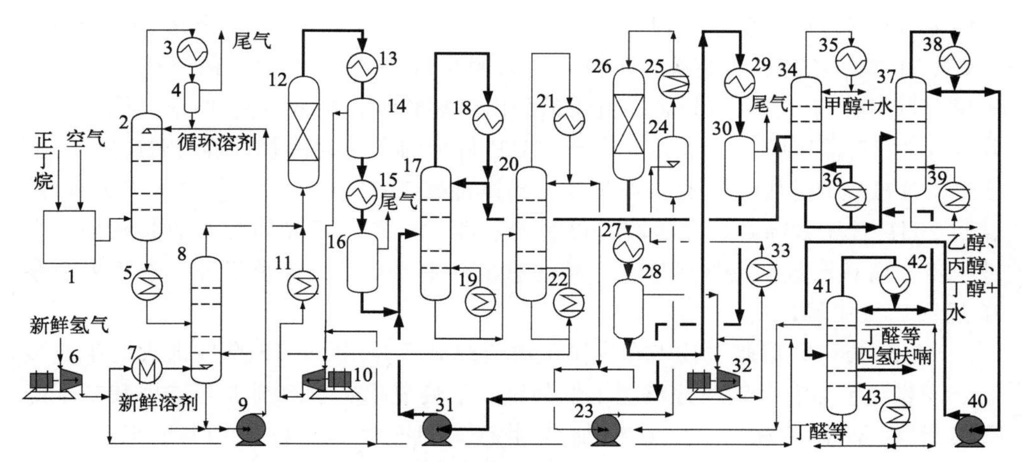

图 2-12　BASF 有机溶剂吸收 MA 加氢制造 THF 工艺流程

1—丁烷氧化装置；2—非水溶剂吸收塔；3,18,21,35,38,42—塔顶冷凝器；4—气液分离器；5,7,11,25,33—加热器；6—氢气压缩机；8—解吸塔；9—溶剂泵；10—一段加氢氢气循环压缩机；12—一段加氢反应器；13,15,27,29—冷却器；14—一段加氢高压气液分离器；16—一段加氢低压气液分离器；17—脱轻塔；19,22,36,39,43—重沸器；20—丁内酯塔；23—丁内酯泵；24—丁内酯汽化器；26—二段加氢反应器；28—二段加氢高压气液分离器；30—二段加氢低压气液分离器；31—二段加氢产品泵；32—二段加氢氢气循环压缩机；34—脱甲醇塔；37—THF 常压塔；40—THF 泵；41—THF 加压共沸塔

机物溶于吸收溶剂，氮气等不凝气体和未反应的丁烷由吸收塔塔顶排出，经塔顶冷凝器 3 回收夹带的溶剂后去尾气燃烧处理系统。含 MA 等有机物的溶剂经加热器 5 加热后进入解吸塔 8。新鲜氢气经氢气压缩机 6 加压，加热器 7 加热后由解吸塔 8 的底部通入，将溶于邻苯二甲酸二丁酯的 MA 解吸，MA 和氢气的气相混合物，与来自一段加氢氢气循环压缩机 10，并经加热器 11 加热的氢气混合成一定的 MA、氢气比，由一段加氢反应器 12 的底部进入，通过催化剂床层进行一段气相加氢。一段加氢控制 MA 基本全部转化，GBL 的选择性不低于 80%。一段加氢产品经两次冷却、冷凝，高、低压两次气-液分离，分离出的过量氢气大部分再经一段加氢氢气循环压缩机 10 循环回一段加氢反应器 12，少部分经低压气液分离器分离作为燃料气去燃烧。一段与二段加氢液体产品主要为 GBL、水、THF、甲醇、乙醇、丁醛、未转化的 MA 和马来酸等，进入脱轻塔 17，由塔顶蒸出 THF、水等轻组分，GBL 等重组分进入丁内酯塔 20，由塔釜分出未转化的马来酸、MA 等重组分，返回解吸塔 8 的底部，与氢气混合后，与新鲜 MA 一起循环回一段加氢反应器。由丁内酯塔塔顶得到的 GBL 等经丁内酯泵 23、丁内酯汽化器 24，与来自二段加氢氢气循环压缩机 32，并经加热器 33 加热的氢气混合成一定的比例，再经加热器 25 加热到反应温度，由上部进入二段加氢反应器 26。同样二段加氢产物经两次冷却、冷凝，高低压气液分离后，过量氢气经二段加氢氢气循环压缩机 32 循环回二段加氢反应器，少部分作为燃料气排出去燃烧处理。

二段加氢的液体产品经二段加氢产品泵 31 打入脱轻塔 17，由塔顶分出水、THF、甲醇、乙醇、丁醛等轻组分，进入脱甲醇塔 34，在含水的组成下，首先实现少量甲醇与 THF 的分离。由塔顶分出甲醇和水，夹带少量 THF，塔釜的组分进入 THF 常压塔 37，由塔顶分出 THF 与水的常压共沸物，经 THF 泵 40 加压进入 THF 加压共沸塔 41，由侧线分出高纯度 THF 产品。塔顶含水多的 THF 返回 THF 常压共沸塔，常压塔釜得到的乙醇、丙醇、丁醛等与水的共沸物，去进一步分离和回收。由加压塔釜得到的重组分主要是丁醛等重组分，经丁内酯泵 23 返回二段加氢。

BASF 公司利用此项技术在中国上海建成 8 万吨/年 THF 全球最大的生产装置，该装置包括混合碳四分离正丁烷装置、丁烷氧化非水溶剂邻苯二甲酸二丁酯吸收分离 MA 装置、MA 直接加氢生产 THF 装置，以及 THF 聚合生产 PTMEG 四套装置，已于 21 世纪初建成投产，产品满足了中国对 PTMEG 急剧增长的市场需求。

三、Eurodiol 公司马来酸酐酯化两段加氢生产四氢呋喃的技术[57-66]

1. Eurodiol 技术的基本原理

Eurodiol 公司是意大利 SISAS SpA 公司的子公司，在 20 世纪 80 年代参与了 Davy 公司的 MA 酯化加氢生产 BDO、THF 技术的开发研究，在此基础上，该公司在比利时的 Feluy 建成由 MA 生产 THF 生产装置。21 世纪初，BASF 公司获得 SISAS SpA 公司 Pantochim 和 Eurodiol 的经营权。BASF 公司本身就是 BDO 及其下游产品的生产商，因此直接进入了由 MA 生产 BDO 和 THF 的领域。

分析 Eurodiol 和 Pantochim 的专利，认为其技术应类似于 Davy 的技术，即 MA 首先经过甲酯化生成马来酸二甲酯，然后进行加氢反应。所不同的是 Eurodiol 的技术是采用两段气相加氢反应，加氢反应要求氢气大大过量，其加氢反应条件和加氢深度远大于 Davy 技术，甚至称为氢解反应，产物仅为 GBL 和 THF，两者比例可通过改变反应条件进行调节，反应产物中两者比例可从 70∶30 到 40∶60。一段加氢采用氧化铜催化剂，助催化剂组分有锌、铝、铬等的氧化物，或者是稳定的铬酸铜型催化剂。二段加氢催化剂是以富含二氧化硅的 SiO_2-Al_2O_3 为载体的铜催化剂，含二氧化硅量要在 80%以上，或者是丝光沸石、分子筛催化剂，要求其堆密度为 0.65，比表面积 $450m^2/g$。两段加氢反应的温度为 200～250℃，压力 1.5～2.5MPa，氢气与酯的摩尔比（200～400）∶1。一段加氢催化剂的液空速为 $0.1\sim0.5h^{-1}$，二段加氢催化剂液体负荷根据对产品比例的要求，可以是一段的数倍。

2. Eurodiol 技术的工艺流程

依据专利文献介绍，Eurodiol 技术的工艺流程如图 2-13 所示。

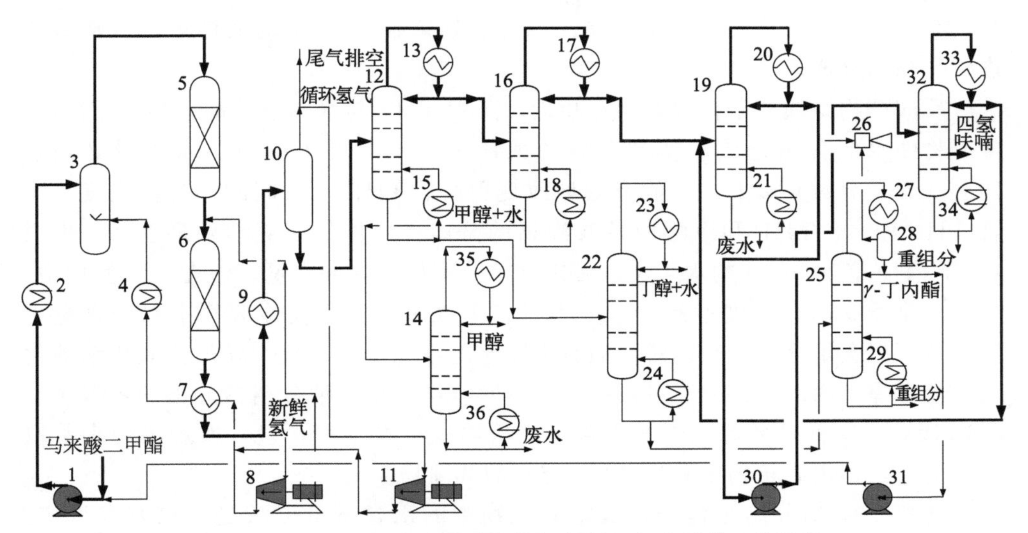

图 2-13 Eurodiol 由马来酸酯化加氢制四氢呋喃的工艺流程

1—马来酸二甲酯加压泵；2，4—加热器；3—混合汽化器；5—一段加氢反应器；6—二段加氢反应器；7—换热器；8—氢气压缩机；9—冷凝器；10—气液分离器；11—循环氢气压缩机；12—脱轻塔；13,17,20,23,27,33,35—塔顶冷凝器；14—甲醇脱水塔；15,18,21,24,29,34,36—重沸器；16—脱甲醇塔；19—THF 常压共沸塔；22—脱丁醇塔；25—丁内酯塔；26—蒸汽喷射泵；28—气液分离罐；30—THF 加压泵；31—丁内酯泵；32—THF 加压共沸塔

由图 2-13 可以看出，马来酸二甲酯原料和自分离部分来的循环 GBL 和丁二酸二甲酯等物料一起由马来酸二甲酯加压泵 1 加压至约 1.5MPa，经加热器 2 加热至 210℃，进入混合汽化器 3，在此与约 200 倍的高压热氢气混合。新鲜氢气经氢气压缩机 8 加压，和来自循环氢气压缩机 11 的循环氢气混合，经与反应产物在换热器 7 换热及加热器 4 加热后进入混合汽化器 3，与加氢原料充分混合，在温度约 200℃，压力 1.5MPa 下，由上部进入一段加氢反应器 5，通过反应器内固定床氧化铜催化剂层，马来酸二甲酯与氢气反应主要生成 GBL 等。一段加氢反应器为绝热床，由于加氢反应放热，离开一段加氢反应器的物料温度升高 15～20℃，与补充的冷氢气混合并降温至 200℃，进入二段加氢反应器 6。二段加氢反应器也为固定床绝热反应器，内装酸性铜-硅-铝型催化剂，反应物料经过二段加氢反应器后，马来酸二甲酯的总转化率应大于 97%，反应产物主要是 THF、GBL、BDO、水、甲醇、未反应的少量丁二酸二甲酯，以及少量的副反应产品正丁醇、正丙醇、高分子缩聚物等。这些有机物与大大过量的氢气一起由

二段加氢反应器底部流出，经换热器 7 预热氢气后，经冷凝器 9 冷凝，有机物和水冷凝成液体，减压进入气液分离器 10 进行气液分离。分出的氢气部分排出去焚烧，以防止惰性气体和杂质在氢气中累积，大部分经循环氢气压缩机 11 增压后，与新鲜氢混合返回加氢反应器。由气液分离器 10 分出的液体进入分离系统进行产品的分离。

反应产物组成复杂，彼此沸点相近，其中 THF 与水和甲醇都有共沸物存在，冷凝物中水的含量是成功实现分离的关键因素。由图 2-13 知，水含量必须在 10%（质量分数）以上，才能有效地改变甲醇、THF 及水间的相对挥发度，实现 THF 和水、THF 和甲醇两种共沸物的分离。从加氢反应结果来看，每生成 1mol THF 必有 3mol 的水生成，可以满足分离所需要的水量。但在实际操作中，如果冷凝器 9 出口温度过高，水分大量被氢气带走，会使冷凝物中水分含量不够，这不但会给分离带来困难，而且大量水的存在也会导致一段加氢氧化铜催化剂活性下降。为此，必要时可以增加一水吸收塔，由气液分离器分出的氢气再经 GBL 吸收，降低循环氢气中的水含量，增加有机物中水含量。或者采用水萃取蒸馏的方式，由有机物中分出 THF 和水的共沸物。

在图 2-13 的分离流程中，认定有机物中的水含量可以满足分离要求设定。由气液分离器 10 分离出的有机物进入脱轻塔 12，由塔顶蒸出甲醇、THF 与水，输送至脱甲醇塔 16，由塔顶蒸出 THF 和水，釜液进入甲醇脱水塔 14，由塔顶蒸出无水甲醇去甲酯化部分，实现甲醇循环使用，其中夹带有少量 THF，但不会影响甲酯化反应，塔釜废水去处理。塔顶 THF 和水的混合物去 THF 常压共沸塔 19，由塔顶蒸出 THF 常压共沸物，经 THF 加压泵 30 加压到 0.8MPa，进入 THF 加压共沸塔 32，由塔顶蒸出高含水量共沸物，再返回 THF 常压共沸塔 19 进料，由塔侧线得到符合要求规格的 THF 产品。从 THF 常压共沸塔塔釜排出废水去处理，THF 加压共沸塔塔釜得到的重组分去焚烧。脱轻塔 12 塔釜的物料进入脱丁醇塔 22，由塔顶蒸出正丙醇、正丁醇、残余的水分等轻组分，塔釜产品进入丁内酯塔 25，减压下由塔顶蒸出 GBL 和丁二酸二甲酯，经丁内酯泵 31 加压后，与新鲜的马来酸二甲酯混合在一起，循环回加氢反应器。根据需要可由侧线抽出产品 GBL，或另设蒸馏塔提纯。塔釜产品根据工艺条件及组成，可以去分离 BDO 或去焚烧。脱丁醇塔塔顶馏分也可以进一步分离提纯丁醇，或去焚烧。

四、其他石化原料生产四氢呋喃的技术

1. Mitsubishi 法生产四氢呋喃

正如在第一章所述，除 Reppe 法、Lyondell 法以外，BP/AMOCO 等丁烷法和 Davy MA 酯化加氢法以及 Mitsubishi 的丁二烯法等，都能同时按一定比例联

产 THF。

Mitsubishi 技术需要生产 THF 时，将制成的 1,4-二乙酰氧基丁烷，采用浓硫酸为催化剂水解、环化一步反应生成 THF，反应方程如下：

$$CH_3COOCH_2CH_2CH_2CH_2OOCCH_3 + H_2O \longrightarrow \text{(四氢呋喃环)} + 2CH_3COOH$$

水解反应是在 120～160℃，约 0.1MPa 压力下进行，控制加水量，采取几段反应，水解温度逐段升高，逐段蒸出产品 THF 的方式，有利于提高反应速率及 1,4-乙酰氧基丁烷的转化率和生成四氢呋喃的选择性，两者均在 99%以上。

2. Enstman 法生产四氢呋喃

Enstman 公司开发了一种同样以 1,3-丁二烯为原料生产 THF 的工艺，其化学反应过程及方程式如下：

① 1,3-丁二烯在银催化剂存在下，一个双键与氧发生环氧化反应，生成 3,4-环氧-1-丁烯：

$$H_2C{=}CHCH{=}CH_2 + 1/2O_2 \longrightarrow CH_2{=}CHCH{-}CH_2 \text{（CH—CH}_2\text{间经 O 成环氧）}$$

② 3,4-环氧-1-丁烯异构化为 2,5-二氢呋喃：

$$H_2C{=}CHCH{-}CH_2 \text{（环氧）} \longrightarrow \text{(2,5-二氢呋喃环)}$$

③ 2,5-二氢呋喃加氢成四氢呋喃：

$$\text{(2,5-二氢呋喃环)} + H_2 \longrightarrow \text{(四氢呋喃环)}$$

上述工艺虽然具有一定的吸引力，但至今在 Estman 公司只有小规模的 3,4-环氧-1-丁烯生产，作为进一步生产精细化学品的原料。

3. 聚对苯二甲酸丁二醇等生产过程副产四氢呋喃

在聚对苯二甲酸丁二醇酯（简称 PBT）以及聚丁二酸丁二醇酯（简称 PBS）等聚酯生产过程中，通常使用 BDO 和精对苯二甲酸以及丁二酸进行酯化缩聚反应而成。而 BDO 在酯化反应过程中，一部分脱水生成了副产物 THF。在 PBT 生产过程中，每生产 1t PBT，同时会产生约 70kg 的 THF，可通过精馏提纯达到 99.9%的纯度。但副产 THF 中含有不饱和的 2,3-二氢呋喃，难以去除，需要通过催化加氢的方式除去。这种生产方式许多应用领域难以接受，所以在市场中处于不利的地位。

五、不同石化原料生产四氢呋喃技术的比较

就上述各种THF的工业生产技术来说，各有其优势和劣势。BDO脱水法技术简单，转化率与选择性高，与其他技术比较，建设生产装置投资最低，全球一半以上的THF产量是通过BDO脱水技术生产的。但是原料BDO的费用最高，生产1t THF，需要消耗BDO 1.32t，接近理论消耗。对于未建有BDO生产装置，每年需要THF在数千吨至万吨的企业，采用这种技术生产THF经济上具有优势。因为市场上THF的价格总是要比BDO高，外购BDO然后自产THF以满足下游产品生产的需要，从产品包装运输过程中易被水和氧气污染变质、管理等方面来说，是有利的选择。对于建有采用Reppe法生产BDO装置或其他不能联产THF装置的企业，可以采用未经精制的粗BDO，或蒸馏BDO剩余的高沸点馏分为原料，催化脱水制造THF，经济上具有优势。

以MA为原料的技术经过甲酯化过程，无论采用直接水吸收还是采用非水溶剂吸收再进行加氢，都可以同时按不同比例生产THF、GBL和BDO。BASF公司非水溶剂吸收MA进行加氢的技术，以及另一经过酯化的Eurodiol技术，可以避开水，采用廉价的铜催化剂，加氢条件比较缓和，具有一定的竞争性。但后者存在甲醇的循环、酯化反应等步骤，增加了设备和投资。以顺丁烯二酸水溶液为原料直接进行加氢的DuPont等技术，只有在与以正丁烷为原料氧化生产MA的技术组合时才具有优势和竞争性。加氢反应过程需要Pd-Re等贵金属催化剂，反应条件相对比较苛刻，虽然省去了MA提纯精制的过程，但是在生产过程中有大量水存在，远比甲醇的量大。对比BASF、Eurodiol和DuPont三种生产THF技术，无论从建设费用、生产成本还是产品的灵活性方面都具有一定的优势和竞争性，应是今后THF生产的发展方向。

第四节
糠醛等生物质原料生产四氢呋喃的技术

一、糠醛的物化性质

糠醛（furfural）又名呋喃甲醛，常温下为有刺激性气味的黏稠液体，常压下糠醛的沸点为161.7℃，与大多有机溶剂能互溶，和水部分互溶，形成两相。能与水形成二元共沸物，共沸点为97.9℃，含糠醛量为9.18%（质量分数）。

在没有氧及催化剂的存在下，糠醛对热是稳定的。由于分子中存在双键及醛

基，糠醛的化学性能活泼，参与多种反应，可以生成多种性能各异的产物。糠醛在常温下空气中放置易被氧化，新蒸馏的糠醛是无色透明（或微黄色）的液体，空气中放置后颜色会逐渐加深，甚至变成黑色，这是由于糠醛被空气中的氧氧化，以及本身缩合等反应。因此，对于长期储运的糠醛，最好采用氮气保护或加0.1%的氢醌，减缓变化的趋势，或者在使用前进行蒸馏。采用新鲜的糠醛，有利于减少副反应。糠醛的热分解温度为565℃，在钒催化剂存在下，催化氧化生成马来酸酐；在铜催化剂存在下，醛基加氢生成糠醇，进一步双键加氢生成四氢糠醇；在钯等催化剂存在下，脱羰基反应生成呋喃，进一步加氢生成THF。糠醛分子中的醛基易进行醇醛缩合反应，例如糠醛与丙酮在碱性介质中进行缩合，然后再与甲醛在酸性溶液中缩合，制成糠醛-丙酮-甲醛树脂，它是一种玻璃钢的黏合剂和防腐涂层材料。在碱性介质中糠醛与苯酚缩合，然后再与甲醛在酸性介质中缩合可制成酚醛树脂，可用于制造胶木等制品。

二、由农副产品生产糠醛的基本原理[21-41]

糠醛唯一的工业生产方法是以含有戊聚糖的农副产品，诸如玉米芯、棉籽壳、棉秆、稻壳、花生壳等为原料，在硫酸等酸性介质存在下进行高温水解得到戊糖，戊糖分子内脱水形成糠醛。木糖是戊糖中最具代表性的一种，由其生成糠醛的反应方程如下。不同农副产品含戊聚糖的量见表2-3。

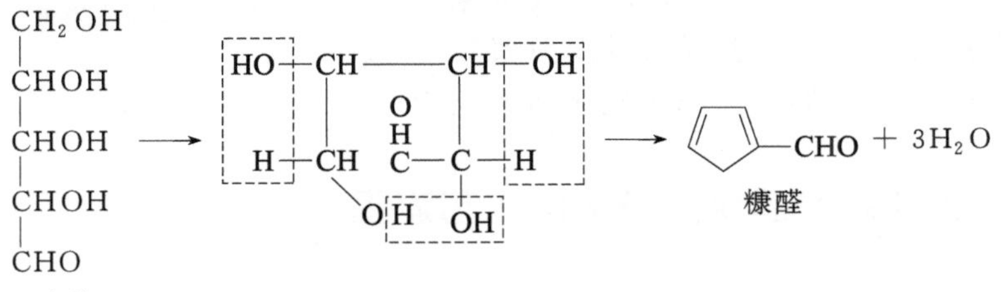

$$\underset{\text{木糖}}{CH_2OH-CHOH-CHOH-CHOH-CHO} \longrightarrow [\text{HO–CH–CH–OH, H–CH, O–H–C–C–H, OH}] \longrightarrow \underset{\text{糠醛}}{C_4H_3O-CHO} + 3H_2O$$

在表2-3所列的诸多农副产品中，生产糠醛使用最多的是玉米芯和燕麦壳，它们在硫酸等酸催化剂存在下进行高温水解即可得到糠醛。Oshima在归纳前人研究结论的基础上，提出戊聚糖水解成糠醛过程存在五个如下式的连续或连串的一级化学反应过程，这些一级化学反应在不同温度下的反应速率常数如图2-14所示。

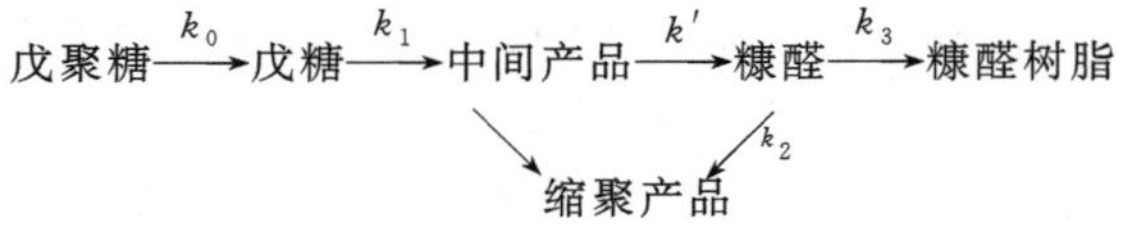

$$\text{戊聚糖} \xrightarrow{k_0} \text{戊糖} \xrightarrow{k_1} \text{中间产品} \xrightarrow{k'} \text{糠醛} \xrightarrow{k_3} \text{糠醛树脂}$$

$$\text{中间产品} \longrightarrow \text{缩聚产品} \xleftarrow{k_2} \text{糠醛}$$

表 2-3　主要农副产品戊聚糖的含量

农副产品	戊聚糖含量(质量分数)/%	农副产品	戊聚糖含量(质量分数)/%
燕麦壳	32	荞麦皮	25
玉米芯	30	甘蔗渣	25
杏核壳	30	榛子壳	24
向日葵籽壳	25	花生皮	20

在农副产品水解过程中，上述反应同时发生在一个反应系统中，这些反应随反应温度的升高而加速的规律基本相同。但是 k' 和 k_0 的值要远大于 k_1，因此整个反应的控制反应或控制步骤是 k_1，也即由戊糖脱水生成中间体一步，或者归为戊糖生成糠醛一步。从化学反应工程来说，影响糠醛产率的主要因素是：①反应器中戊聚糖的浓度；②催化剂的加入量；③反应时间；④水解温度；⑤糠醛在反应介质中高温下的停留时间。快速将反应生成的糠醛由反应介质中移出，有利于加快生成糠醛反应的进行。从另外一个角度来说，尽快将糠醛移出高温反应介质，也可以减少因糠醛聚合或缩聚而带来的损失，有利于产率的提高。

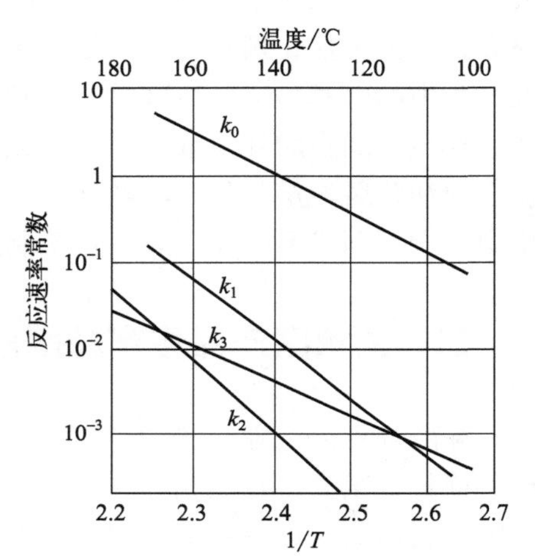

图 2-14　糠醛生成过程不同温度下的反应速率常数

三、由农副产品生产糠醛的工艺流程

糠醛生产工艺可分为一步法和两步法，两步法是首先将半纤维素的戊聚糖水解成戊糖，戊糖再进一步脱水生成糠醛。两步法工艺生产糠醛的收率可高达理论值的 70%以上。但两步法工艺较为复杂，投资大。两步法的第一步首先在约 100℃，5.8%硫酸存在下，反应 2h，戊糖的收率可达 90%以上；第二步戊糖溶液在硫酸催化下脱水环化生成糠醛，糠醛收率可达 69%。水解后的残渣纤维素用 8%的硫酸在 120℃继续水解约数分钟，可得到 90%收率的葡萄糖，经发酵可以进一步制造乙醇，甚至可用以生产 BDO。虽然对农副产品综合利用多方面进行过研究与开发，可以经过多步反应制造数种产品，但在经济上并没有较多利益。因此至今由农副产品制造糠醛在国内外仍沿用一步法，仅限于糠醛的生产，水解渣用于烧制活性炭，或拌以部分煤炭作为燃料产生 1MPa 水解用蒸汽或产生 3.5MPa 高压蒸汽进行发电。由玉米芯或燕麦壳等一步水解生产糠醛的工艺流程如图 2-15 所示。

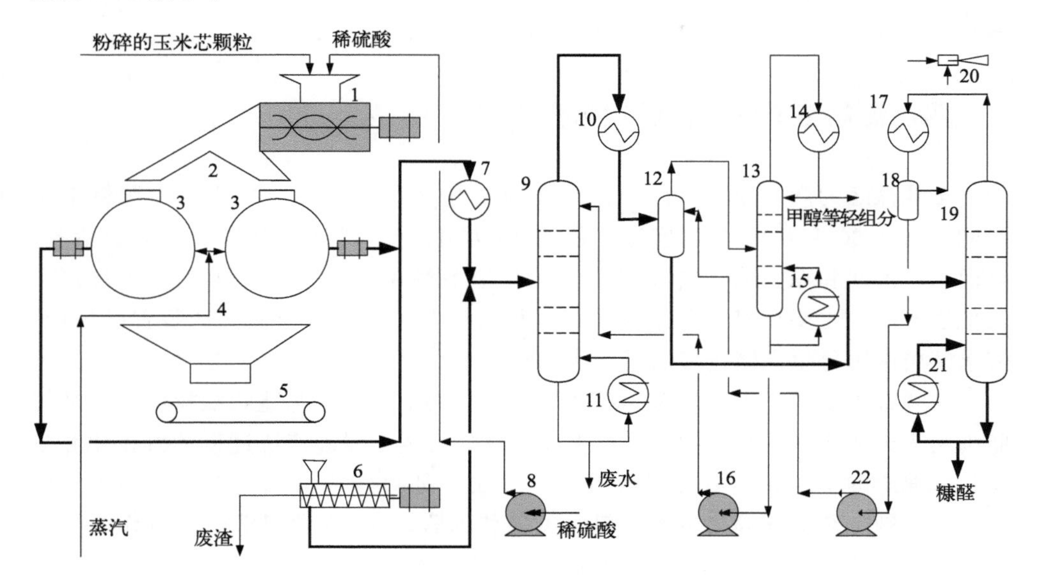

图 2-15 一步法糠醛生产工艺流程

1—混合器；2—分配器；3—蒸煮釜；4—废渣收集器；5—皮带运输机；6—榨干机；7—冷却器；8—硫酸泵；9—蒸出塔；10,14,17—塔顶冷凝器；11,15,21—重沸器；12—分层器；13—脱轻塔；16—水返回泵；18—气液分离器；19—脱水塔；20—蒸汽喷射泵；22—糠醛返回泵

图 2-15 是典型的美国 Quaker Oats 公司的糠醛生产工艺流程（现已停产），粉碎成 2～3cm 大小的玉米芯或燕麦壳运至混合器 1，稀硫酸经硫酸泵 8 喷洒其上，然后加入蒸煮釜 3。蒸煮釜是内衬耐酸砖的球形耐压罐，容积约 $100m^3$。由电机带动旋转，由轴向通入压力约 1MPa 的蒸汽，水解反应温度保持 160～180℃。从轴向另一端引出水解产物，经冷却器 7 后进入蒸出塔 9，由塔顶蒸出糠醛与水的共沸物和水解副产的甲醇等轻组分，进入分层器 12。糠醛与水的共沸物分成含糠醛低的上层水和粗糠醛下层，水层进入脱轻塔 13，由塔顶蒸出甲醇等轻组分，可进一步回收提纯甲醇等副产品。脱轻塔 13 的釜液内仍含有一定量的糠醛，经水返回泵 16 作为回流返回蒸出塔 9，进一步回收糠醛。分层器下部的粗糠醛进入脱水塔 19，由塔顶蒸出糠醛与水的共沸物，经糠醛返回泵 22 返回分层器 12，由塔釜得到产品糠醛。由蒸出塔 9 塔釜排出的废水中含有大量的醋酸，可以进一步去分离醋酸，也可以用碳酸钠中和后，通过蒸发提浓、结晶等过程回收醋酸钠副产品。由蒸煮釜 3 排出的废渣，经废渣收集器 4 收集，皮带运输机 5 送至榨干机 6 榨干，固体送至锅炉作燃料，或烧制成活性炭，榨出的液体进入蒸出塔，回收糠醛。

生产 1t 糠醛约需要消耗 10t 的玉米芯，20t 蒸汽，产生约 $20m^3$ 废水，约 10t

废渣。废渣作为燃料焚烧，产生大量含硫的废气，治理这些废弃物是影响国内外糠醛生产装置规模、生产成本和经济性的主要因素。

四、糠醛生产四氢呋喃技术[23-34]

全球糠醛的产能为 30 万～40 万吨/年，中国产能占一半以上。中国糠醛生产能力已达 20 多万吨/年，实际产量约 15 万吨/年，分布在我国长江以北诸省，以山东、河北和东三省产能最多。生产厂家有数十家，最大规模约 2 万吨/年。其他生产国家主要在南美和非洲，美国和欧洲发达国家的糠醛生产装置已停产，需求转由中国等生产国进口满足，我国每年出口量在 3 万～5 万吨/年。

糠醛最主要的应用是加氢生产糠醇，糠醇则主要用于制造呋喃树脂，呋喃树脂则用于铸造用砂的黏合剂等，可提高铸件的质量，促进铸造过程的机械化和自动化。糠醇的生产要占糠醛消费的 80%以上，还可作为溶剂，也可作为多种医药、杀虫剂、杀螨剂等的生产原料。美国和苏联，在 20 世纪糠醛一直作为生产 THF 的一种原料，2000 年后已全部停产。

1. 糠醛脱羰基的基本原理

由糠醛生成 THF 经过两步反应，第一步是糠醛脱羰基生成呋喃的反应，第二步是呋喃加氢生成 THF 的反应。工业生产装置最初由美国 Quaker Oats 公司建设。采用锌和锰的铬酸盐作为糠醛脱羰基反应的催化剂，反应温度 400℃，常压、气相，固定床反应器。糠醛脱羰基反应最主要的副反应是糠醛本身在反应条件下的缩合、碳化等，会使催化剂较快地失活。需要向反应系统加入一定量的水蒸气，在减少反应结炭的同时，伴随进行水煤气反应，将生成的一氧化碳转化成二氧化碳和氢气。反应方程如下：

$$\text{C}_4\text{H}_3\text{O}{-}\text{CHO} + H_2O \xrightarrow{ZnCrO_2 \cdot MnCrO_2} \text{C}_4\text{H}_4\text{O} + CO_2 + H_2$$

经过分离后，氢气可用作呋喃加氢过程的部分氢源。后改用钯催化剂，大大改善了反应条件，减少了副反应，增加了糠醛的转化率和呋喃的选择性。当采用钯催化剂时，一般以活性炭或氧化铝作为载体，反应生成一氧化碳和呋喃。催化剂具有较高的活性和选择性，结炭较少，从而延长了催化剂的再生周期和寿命。反应可在气相和液相中进行，气相脱羰基反应一般需要在 250～350℃较高的温度下进行，催化剂含钯量为 1%～1.5%，活化周期约 1 周，失活的催化剂通过控制烧焦等措施再生，使用寿命约半年。液相反应采用钯含量高达 5%的细颗粒催化剂，反应在 100～110℃，约 0.3MPa 压力下进行，可以不通氢气，但是要不断向反应液相中加入碳酸钾，保持反应液呈碱性，这是延长催化剂寿命的有效措施。无论气相或液相脱羰基反应，糠醛的转化和呋喃的选择性都在 95%～98%，1g 催化剂钯可生产约 20kg 的呋喃。失活催化剂可经溶剂洗涤、灼烧、酸溶等处理，回收金属钯，再制成新的催化剂，可有效降低生产成本。

呋喃加氢是典型的双键加成反应，一般采用 Raney-Ni 催化剂，液相反应，反应温度 100～150℃，压力 3～5MPa，催化剂用量 5%～10%，淤浆床反应器。也可以采用氧化铝载镍等金属的催化剂，反应温度 90～100℃，压力 9～10MPa，气-固-液三相床反应器。主要副反应是呋喃开环生成丁醇。

需要指出的是无论是糠醛脱羰基生成呋喃，还是呋喃加氢生成 THF 的反应，由于糠醛本身纯度不够和杂质含量较高，以及两个反应本身副反应较多，不但产品分离过程复杂，而且也会影响产品 THF 的纯度，特别是一些微量杂质的含量较高。

2. 糠醛生产四氢呋喃的工艺流程

采用钯催化剂糠醛液相脱羰基，镍-铝催化剂固定床呋喃加氢的典型工艺流程如图 2-16 所示。

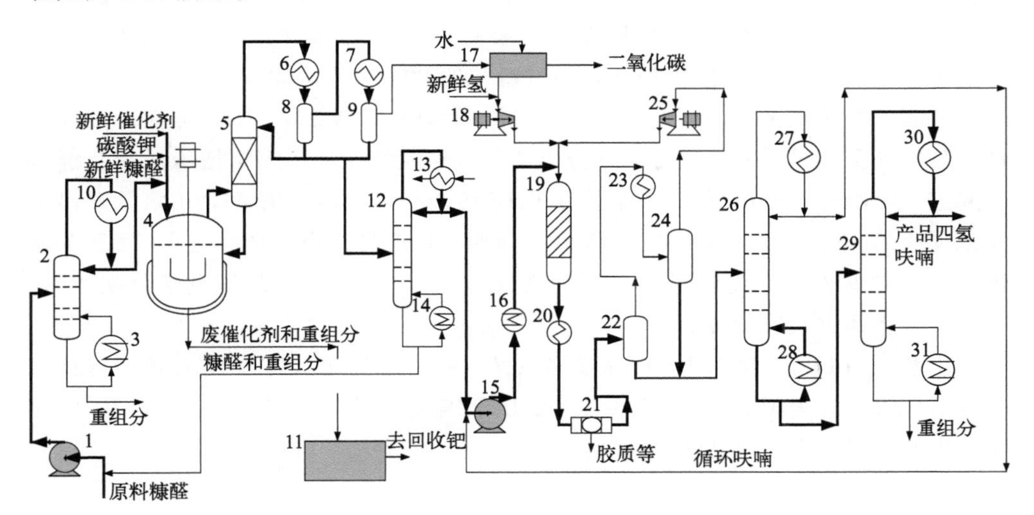

图 2-16 糠醛生产四氢呋喃工艺流程

1—糠醛泵；2—糠醛蒸馏塔；3,14,28,31—重沸器；4—脱羰基反应器；5—蒸出塔；6,20—冷却器；7,23—低温制冷剂冷凝器；8,9—气液分离器；10,13,27,30—塔顶冷凝器；11—催化剂回收装置；12—呋喃蒸馏塔；15—呋喃加压泵；16—加热器；17——氧化碳变换装置；18—氢气压缩机；19—呋喃加氢反应器；21—过滤器；22—高压气液分离器；24—低压气液分离器；25—氢气循环压缩机；26—脱轻塔；29—THF 蒸馏塔

图 2-16 中原料糠醛由糠醛泵 1 打到糠醛蒸馏塔 2，经过蒸馏的新鲜糠醛连续进入脱羰基反应器 4。反应器是带搅拌的淤浆床，反应温度为 110℃，反应压力为 0.3MPa。细颗粒的钯-炭催化剂和碳酸钾批量加入，保持糠醛稳定的转化率和

选择性。生成的呋喃和一氧化碳呈气相，由反应器上部引出，进入蒸出塔5，分出未反应的糠醛，流回反应器。定期由反应器排出带有催化剂的重组分，到催化剂回收装置11，经过一系列处理回收金属钯。脱羰基反应器通过定量排出部分重组分和活性降低的催化剂，定量补充新鲜催化剂和碳酸钾，既可以保持反应器内糠醛脱羰基反应稳定、连续进行，又能排出因糠醛缩合等副反应生成的重组分，使反应体系组成稳定，达到装置连续稳定。

由蒸出塔5上部出来的呋喃和一氧化碳，首先经冷却器6冷却，再经低温制冷剂冷凝器7进一步冷却，低温制冷剂要求为0～5℃的循环冷却介质，低温是回收呋喃需要。呋喃被冷凝成液体，进入呋喃蒸馏塔12，由塔顶蒸出呋喃，塔釜的少量带出的糠醛经过糠醛泵1返回糠醛蒸馏塔2，分出胶质和重组分后返回糠醛蒸馏塔2。经过两级冷却冷凝分出的一氧化碳进入一氧化碳变换装置17，在此与水进行催化转化反应，生成二氧化碳和氢气，经提纯，氢气作为呋喃加氢用的部分氢气源。

精制的呋喃经呋喃加压泵15加压及加热器16加热后由上部进入呋喃加氢反应器19，新鲜氢经氢气压缩机18、循环氢经氢气循环压缩机25加压后也从上部进入呋喃加氢反应器19。加氢反应器内装有镍-氧化铝催化剂，为气-液-固三相固定床。呋喃经加氢转化成THF，经过冷却器20冷却，过滤器21滤出胶质等，再经过高、低压气液分离器22、24，低温制冷剂冷凝器23，THF等被冷凝成液体，与加氢反应过量的氢气分离，分出的氢气经氢气循环压缩机增压后与新鲜氢一起进入呋喃加氢反应器19。分出的THF等液相进入脱轻塔26，由塔顶蒸出少量未反应的呋喃，经呋喃加压泵15循环回加氢反应器。塔釜产品进入THF蒸馏塔29，由塔顶蒸出纯度达到99.9%的THF产品，塔釜为丁醇等重组分副产品，可以进一步回收或去焚烧。

生产1t THF消耗1.6～1.7t糠醛及7～8m^3的氢气。2000年后我国吉林前郭炼油厂曾引进美国PENN公司一套2万吨/年糠醛生产THF装置，产品THF用于生产PTMEG，现已停产。

五、生物质发酵生产四氢呋喃技术

由生物质制造THF的技术是与生物质制造BDO一起的成套技术（详见本书第一章第五节），主要有以下几种途径。

1. 由糖发酵产生1,4-丁二醇生产THF的直接途径

直接采用改良的大肠杆菌（*E. coli*）菌株发酵葡萄糖得到BDO，采用BDO脱水环化生产THF。该方法被基因组公司（Genomatica Inc.）使用，该公司将

进一步开发利用生物质中的纤维素糖和废物作为原料的技术。

2. 由糖发酵经琥珀酸生产 THF 的间接途径

1,4-丁二酸又名琥珀酸，如前所述，BioAmbers 等公司通过糖发酵生产琥珀酸，琥珀酸在催化剂的存在下加氢生产 BDO 和 THF。该公司的技术路线是从相应的琥珀酸酯或盐组成的发酵液中生产羧酸酯，避免了分离和提纯羧酸的步骤，并利用二氧化碳为催化剂，从而减少了二氧化碳的排放。其发酵原料为自然界植物中最丰富的糖，葡萄糖、果糖、阿拉伯糖和木糖都可以采用。采用葡萄糖为原料时最大的琥珀酸产率为每摩尔葡萄糖可产生 1.71mol 的琥珀酸，化学反应式如下：

$$7C_6H_{12}O_6+6CO_2\longrightarrow 12C_4H_6O_4+6H_2O$$

3. 使用木质纤维素原料生产 THF 的途径

采用木质纤维素为原料经过两个步骤：第一步预处理，通过一系列处理能够降解纤维素、半纤维素和木质素宏观结构，使微生物的作用更容易；第二步生物转化，使用诸如酵母和细菌等生物催化剂，将糖转化为生物燃料和/或增值的化学品。第二步有两种转化途径：其一通过糖发酵直接生成 BDO，这是一种属于基因组的技术；其二糖发酵产生琥珀酸，然后加氢生成 BDO 和/或 THF。这两种情况都可以与糠醛/呋喃的化学转化相结合。许多研究结果都证明通过以上途径，可以实现以植物纤维为原料，通过发酵得到葡萄糖，或者琥珀酸以及糠醛、呋喃，进一步化学转化为 BDO、GBL、THF。

六、生物质生产四氢呋喃技术的展望

糠醛法制 THF 采用可再生的玉米芯等农业废弃物为原料，通过酸水解葡萄糖生产 THF，曾是工业生产 THF 的唯一方法，但是首先生产 1t THF，需要 1.7t 以上的糠醛，而生产 1t 糠醛要消耗 10t 以上的玉米芯。以亩产玉米 1000kg，可得到 200kg 玉米芯计，生产 1t 糠醛就要 50 亩的玉米芯，一个 1 万吨/年的 THF 装置，就需要 75 万亩的玉米地提供玉米芯原料。因此每年 17 万吨玉米芯的收集、运输和储存将抵消原料价廉的优势。其次，生产 1t 糠醛就要消耗 10t 水，同样要产生 10t 的废水，对环境、水资源有危害，并不是完全可再生的。再者，由糠醛生产 THF 的过程中由于糠醛和一些副产品的聚合、缩聚以及催化剂颗粒的夹带，需要在管道等部位设置过滤装置，以保证生产过程的连续和产品的质量。但是这些过滤器需要定时清洗更换，这些都要人手工进行，不但给操作带来不便，加大了装置投资，也增加了操作人员的工作量，对环境也有一定的影响。此外，尽管糠醛法所得 THF 产品纯度很高，但由于微量呋喃和醛基化物的存在，制成的 PTMEG 用于生产一般聚氨酯是合格的，若要作为生产氨纶用 PTMEG 原料，尚有不足之处。因此尽管糠醛法有诸多优点，但是要和石油化工路线生产 THF 比较，经济、环保、可再生资源等诸多方面的优势并不突出，因而逐渐被石化原料法所淘汰。

对于其他生物质生产 THF 技术尽管进行了许多研究工作，甚至进行了一定规模的试生产，但产业化尚需继续进行研究开发工作，克服许多技术挑战：首先要从基因工程上改进大肠杆菌菌株，在发酵中能同时高效使用 C_5 和 C_6 糖；使木质纤维素生物质生成的水解物对大肠杆菌无毒；开发更高效的耐水解大肠杆菌菌株，增加目标产物 BDO、THF、GBL 的收率，减少副产物的生成；简化从发酵液中回收分离过程及成本。

第五节 全球四氢呋喃的产能、用途、市场和供应

一、全球四氢呋喃生产企业及产能、产量和消费[67-71]

由于大部分 THF 产能都是生产 BDO 装置联产 THF，甚至 PTMEG、Spendex 纤维、聚氨酯等，难以准确统计。按一半的 BDO 产能转化为 THF 计，全球 THF 的产能应在 150 万吨/年以上，产量和消费约 100 万吨/年。THF 主要产地为北美、西欧和亚洲，主要生产和消费的国家有美国、德国、日本、韩国和中国等。2023 年产能和产量增长约 2%。其中北美和西欧的产能、产量和消费增长很少，甚至萎缩。产能、产量和消费量增长最多的地区是亚洲，特别是中国。包括中国在内的亚洲地区 THF 的产能、产量和消费量占世界产能、产量和消费量的一半以上。

全球最大的 THF 生产商是 BASF 公司和中国台湾的 Chang Chun（长春）石化集团公司，这两家公司 THF 产能约占全球产能的一半。

四氢呋喃具有两种主要工业用途：其一是作为单体生产 PTMEG，PTMEG 是铸造和热塑性聚氨酯弹性体、聚氨酯弹性纤维和高性能共聚聚酯-聚醚弹性体（COPE）的重要原料；其二是用作 PVC 的胶黏剂、药品和涂料的溶剂、精密磁带涂层、反应的溶剂等（详见第一章图 1-21）。

1. 北美地区 THF 的产能、产量和消费

北美地区主要的 THF 生产国家为美国，美国的 THF 生产公司及产能见表 2-4。

表 2-4 美国 THF 产能

公司	地址	生产能力/(万吨/年)		原料和产品	备注
		2019	2023		
BASF 化学中间体公司	Geismar,LA	3.2	3.2	Reppe 法 BDO	主要为 PTMEG 原料,少量商品
莱卡公司(The LYCRA Company)	La Porte,TX	5.6	5.6	Reppe 法 BDO	自用生产 PTMEG
LyondellBasell 公司	Channelview,TX	1.4	1.4	PO/AL	商品
Monument 化学	Pasadene,TX	1.5	1.5	BDO/THF	自用
总计		11.7	11.7		

注：2023 年产能为预计产能。

美国在 1969 年以前，全部 THF 生产都是以糠醛为原料，之后全部停产。现在美国有 4 家 THF 生产商，总产能为 11.7 万吨/年。莱卡公司（原英威达）得克萨斯州的 La Porte 工厂产能是最大的，占美国总供应能力的近 50%。尽管莱卡公司的 THF 产能较大，但产出的大部分用于自己需求。BASF 公司和莱卡公司均将部分 BDO 产能转产为 THF 和 PTMEG。较小的生产商，如 LyondellBasell 和 Monument 化学（前身为 Nova Molecular Technologies）也生产 THF，主要用于商品市场。此外，少量消费不足部分依赖进口，主要进口国为德国，占进口量的 50%～70%，其他进口地区还有中国、沙特阿拉伯。

美国 THF 主要用于生产 PTMEG，PTMEG 主要用于 Spendex 弹性纤维的生产。THF 溶剂市场的消费约 70%用于 PVC 管道的连接、PVC 面漆、PVC 反应器清洗、PVC 薄膜铸造、玻璃纸涂料、热塑性聚氨酯涂料和塑料印刷油墨。THF 作为一种反应溶剂，占反应溶剂市场的 25%～30%。THF 也用于药物（如甾体激素）的生产，用于格氏反应，用于凝胶渗透色谱的色谱溶剂，以及其他用途。预计未来美国用于 Spendex 纤维的 PTMEG 的消费将下降，THF 用作溶剂在工作场所受限，因此，未来美国 THF 消费增长缓慢。

北美另一国家加拿大没有 THF 生产，2015 年 BioAmber 公司在安大略省萨尼亚的生物琥珀酸工厂开始商业化运营，该工厂年产 3 万吨生物琥珀酸。BioAmber 公司策划了北美第二家生物基化工厂，拥有生物琥珀酸、BDO（7 万吨/年）和 THF（3 万吨/年）的生产能力，于 2018 年投产。然而，BioAmber 公司于 2018 年 5 月申请破产，在试图拯救工厂失败后，最终该工厂于 2018 年 8 月关闭。2018 年 10 月，作为清算的一部分，该工厂被出售给其他生物化工公司，未见投产信息。

加拿大 THF 主要用作 PVC 的溶剂及制药原料，所用 THF 主要从德国和美国进口。

2. 西欧 THF 的产能、产量和消费

西欧有两家公司生产 THF，其一为德国的 BASF，位于德国的路德维希港，产能为 12.5 万吨/年。采用 Reppe 法生产 BDO，经脱水生产 THF。THF 部分作为制药的高纯度溶剂商品，其余被用作生产 PTMEG 的原料。2015 年，该公司宣布能够提供生物质-PTMEG 1000t，用于生产聚氨酯、共聚酯等软段弹性体的分子链段。所需的 THF 基于生物质-BDO，利用 BioAmber 公司的专利一步发酵工艺生产。

另一家德国公司为 ISP Mart GmbH（GHC），该公司归美国肯塔基州的阿什兰公司所有，产能为 3.6 万吨/年 BDO。工厂建于 1975 年，采用 Reppe 技术生产 BDO，THF 的生产开始于 1980 年，2009 年该公司建立了一个新的 1.6 万吨/年的制药级 THF 工厂，将产能提高到 5.2 万吨/年。

2004 年下半年，由于市场产能过剩，DuPont 关闭了位于西班牙 Avilés 的工厂。2005 年 BASF 关闭了比利时和日本的工厂，对德国路德维希港的工厂进行了扩建。2018 年，意大利 Novamont SpA 宣布，对位于意大利 Patrica 的 Origo-Bi 生物聚酯工厂进行改造，该工厂由其子公司 Mater-Biopolymer 运营，聚酯产能从每年 12 万吨增加到 15 万吨。此外，新的废水净化工艺将能够回收在聚合过程中产生的可再生来源的 THF，可用于制药行业。

2009 年后，西欧 THF 的总产能为 16.1 万吨/年，年产量约为 8 万吨，年消费量约为 7 万吨，每年都有一定的进、出口量，但出口量多于进口量。西欧 THF 主要出口国为韩国、印度和美国，西欧进口 THF 的国家主要是比利时、荷兰和德国。西欧 THF 主要用于生产 PTMEG，PTMEG 用于生产 Spendex 纤维，少量 THF 用作溶剂和制造四氢噻吩的原料，四氢噻吩被用作添加于天然气中的气味剂。

预计西欧用于溶剂的 THF 量将会增加，用于 PTMEG 的 THF 用量将会下降，THF 产能和产量基本保持在 16 万吨/年和 8 万吨/年左右。

3. 中欧、东欧 THF 的产能和消费

中东欧国家没有 THF 生产，年需要量为 1000～1500t。主要消费国是匈牙利和斯洛文尼亚，主要用作溶剂。西欧国家是其 THF 的主要进口国。

4. 中东和非洲 THF 的产能和消费

国际二醇公司（IDC）是沙特国际石化公司（Sisichem）的子公司，是该地区唯一的 THF 生产商，装置规模为 1 万吨/年，采用 Reppe 法生产 BDO，再转化为 THF。中东地区没有 PTMEG 生产，是 THF 的净出口地区，主要出口印度

和韩国。非洲国家没有 THF 生产，埃及、南非、肯尼亚等国的少量消费，依靠从中国、西欧进口。

5. 亚洲（中国大陆除外）THF 的产能和消费

亚洲（中国大陆除外）主要 THF 生产国家和地区有日本、韩国、中国台湾、马来西亚、越南等，是全球 THF 生产和贸易的主要地区。主要生产公司、产能、产量见表 2-5。

表 2-5 亚洲（中国大陆除外）主要四氢呋喃生产国产能

国家和公司	地址	产能/(万吨/年)		原料和工艺	备注
		2019 年	2023 年		
日本					
HodogayaChemical Co.,Ltd	Nanyo,Yamaguchi	0.7	0.7	BDO,BDO	生产 PTMEG 的原料商品，生产 PTMEG 原料
Mitsubishi Chemical Corporation	Yokkaich,Mie	4.8	4.8	Mitsubishi 法	
马来西亚					
BASF Petronas chemical Sdn,Bhd.	Kuantha,Pahang	3.0	3.0	BDO,Davy-MacKee 技术	生产 BDO 供出口
韩国					
BASF 有限公司	韩国蔚山	3.0	3.0	BDO/THF，丁二烯/醋酸	生产 PTMEG 原料
PTG 有限公司	韩国蔚山	3.0	3.0	BDO,Davy-MacKee 技术	生产 PTMEG 原料
中国台湾					
Dairein 化学公司	麦寮.云林	12.0	12.0	烯丙醇自有技术	生产 PTMEG 原料
	Taliao Hsien	20.0	20.0	烯丙醇自有技术	生产 PTMEG 原料
南亚塑胶公司	麦寮.云林	8.0	8.0	BDO/THF，Mitchubisi 技术	BDO/THF
台湾繁荣化学(原 TCC)	Hsien	2.7	2.7	BDO,Davy-MacKee 技术	BDO
越南 Hyosung Vietnam	NhonTrach	8.0	8.0		生产 PTMEG 原料
合计		65.2	65.2		

注：2023 年产能是预计的产能。

日本 THF 的产能有 5.5 万吨/年，产量和消费 4 万～5 万吨/年，进出口贸易基本平衡，70%～80%的 THF 用于生产 PTMEG，而 60%～65%的 PTMEG 用于国内的 Spendex 纤维生产。随着 Spendex 纤维生产转移到韩国、中国台湾，特别是中国大陆，BASF 在上海的 BDO-THF-PTMEG 一体化装置投产，关闭了日本生产 THF/PTMEG 的工厂。

预计未来日本国内的 THF/PTMEG 生产和需求不会有大的增长。但日本 THF 还用于工业溶剂应用，如制药、农业化学品、液晶、合成树脂和胶黏剂的生产，以及用作格氏试剂、光刻胶和液晶等电子材料的应用正在增加，这一领域的年消费量为 1.1 万～1.2 万吨。因此，预计日本的 THF 产能及需求仍将保持现有水平。

印度没有 THF 生产，国内溶剂、医药、农药、印刷油墨等用 THF 约 1.8 万吨/年，全部依赖进口，主要进口地是中国台湾、马来西亚、日本等。

马来西亚的 BASF 石油化工公司是 BASF 股份公司（60%）和马来西亚石油公司（40%）的合资企业，生产 BDO、THF、GBL，总产能为 10 万吨/年，其中 THF 3 万吨/年，主要用于出口。

韩国有 BASF 和 PTG 两家企业生产 THF。BASF 和 PTG（原 Shinwha Petrochemical）公司于 1999 年在蔚山采用 Mitsubishi 化学工艺建设 BDO/THF 工厂，2000 年 4 月开始运作。BDO/THF 的总生产能力为 5 万吨/年，THF 产品主要用于 PTMEG 生产，以及商业销售。由于原材料价格上涨，工厂于 2008 年停产，并于 2009 年初永久关闭。但是，BASF 仍然使用购买的 BDO 运营着蔚山的 THF 工厂，并在 2012 年将蔚山 PTMEG 的产能从 4 万吨/年扩大到 6 万吨/年。

1992 年 PTG 有限公司利用（Davy-MacKee）技术生产 THF 和 BDO，THF 产能为 3 万吨/年，主要用作制药等溶剂。开始生产 PTMEG 后，THF 的产量和消费增长很快，主要用于 Spendex 纤维生产。随着中国和越南 PTMEG 和 Spendex 纤维产能产量的扩大，韩国的生产和消费受到竞争和挑战。韩国是 THF 的净进口国，主要进口国是中国、美国和西欧，进口量 1 万～3 万吨/年。

中国台湾的 Dairien 化学公司是台湾南亚树脂有限公司和台湾 Chang Chun 石化集团公司的合资企业，采用自有的烯丙醇技术生产 BDO 和 THF，几经扩产，现有 BDO 产能 41 万吨/年，THF 产能 32 万吨/年。

1999 年之前中国台湾没有 PTMEG 生产，因此 THF 主要用作溶剂。1999 年，台塑与旭化成化学（原旭化成工业）合资成立了台塑旭化成 Spendex，年产 Spendex 纤维 5000 吨，公司开始生产 PTMEG，产能为 2.1 万吨/年。随着台塑旭化成 Spendex 纤维的启动和 Dairien 化学 PTMEG 的生产，台湾 THF 的产量和消费量迅速增加。2018 年，台湾 THF 产量估计约为 13.7 万吨，其中 2.8 万吨用于出口。2018 年台湾 THF 的表观消费量约为 11 万吨，约 77%的 THF 产量用于台湾生产 PTMEG，而 PTMEG 主要出口到中国大陆，用作氨纶原料。台湾一直是 THF 的出口地区，主要出口国为美国、加拿大、拉丁美洲、中国大陆和韩国，年出口量为 3 万～4 万吨。

2008 年韩国晓星公司在越南的 Nhon Trach 建立了年产 1.62 万吨 Spendex

工厂。此后，该公司多次扩大产能，在2015年达到9.11万吨/年，以进口BDO原料生产THF。2016年开始在国内生产PTMEG，主要使用从中国台湾和荷兰进口的BDO。2018年越南进口了约8.99万吨BDO，相当于在PTMEG生产中生产和消耗了约6.8万吨的THF原料。

二、全球四氢呋喃生产和消费的展望

全球2018年及2023年THF的产能、产量、贸易和消费状况见表2-6。

表2-6 2018年和2023年全球（除中国以外）THF产能、产量和消费

单位：万吨/年

国家和地区	产能		2018年产量	2018贸易		消费		2018～2023年年均增长/%
	2018年	2023年		进口	出口	2018年	2023年	
北美	11.7	11.7	10.6	0.4	1.23	9.77	11.08	2.6
拉丁美洲	0	0	0	0.4	0	0.4	0.44	1.9
西欧	16.1	16.1	7.6	1.2	0.9	7.9	8.06	0.5
中、东欧	0	0	0	0.14	0.01	0.13	0.15	2.4
中东和非洲	1.0	1.0	0.87	0.16	0.8	0.23	0.25	2.5
日本	5.5	5.5	3.8	0.54	0.23	4.11	4.0	−0.3
亚洲其他国家（中国除外）	59.7	59.7	25.0	5.47	4.40	26.01	28.8	2.0
总计	94.0	94.0	47.87	8.31	7.57	48.55	52.78	1.65

预计今后北美和西欧THF的产能变化不大，投产的新装置也很少，在技术上基本是采用BDO脱水法生产，部分采用其他技术。预计全球THF需求年均增长率为3%，现有装置增加开工率完全可以满足需求。

亚洲，特别是中国的大陆和台湾地区，THF的产能和需求增长比较快，2007～2015年年均需求增长率在6%左右，除亚洲自身调节需求外，一部分需求要由北美和西欧进口。因此亚洲不但是全球THF生产、需求最多，增长最快的地区，也是全球THF贸易最活跃的地区。

从发展来看，亚洲地区BDO生产的新装置建设和产能增长较快，这无疑为迎合THF需求的增长势头提供了发展空间。但由于近几年产能的急剧增长，今后一段时间需要消化新增的产能，基本上也处于饱和状态。中东国家丁烷法BDO装置的建设，无疑会使竞争更加激烈。因此亚洲地区新建的THF装置，甚至BDO装置将通过开工率的浮动迎接市场的激烈竞争，等待新的市场需求的开发。

三、四氢呋喃的主要用途[63-67]

首先，四氢呋喃最主要的用途是开环聚合生产不同分子量的PTMEG，PTMEG是生产聚氨酯弹性体，特别是生产聚氨酯弹性纤维的重要原料（详见第七章和第八章内容）。其次，THF是一种高档溶剂，具有优良的溶解性能，低毒、低沸点、流动性好，广泛用于合成树脂和天然树脂的加工生产中。THF能溶解许多高分子化合物，特别对PVC和丁苯橡胶有良好的溶解作用，在这方面的应用有PVC管材加工、磁带涂层、PVC屋顶涂料、PVC生产设备聚合釜等清洗、PVC薄膜印刷涂料、塑料印刷油墨以及热塑性聚氨酯涂层等。在一些生产中广泛用作反应性溶剂，如在格氏试剂、烷基碱金属化合物和芳基碱金属化物、氢化铝和硼化氢、甾族化合物及大分子有机聚合物、凝胶渗透色谱等的制备和使用中，作为反应溶剂，一些芳香烃和脂肪烃的卤化物很容易在THF溶液中氯化生成。PVC普遍地用于制造防腐涂料、油墨、萃取剂、人造革的表面处理剂，也用作电镀铝液，可任意控制铝层厚度，且光亮度较好。

四氢呋喃作为生产精细化工产品的中间体，可以衍生合成多种重要的精细化工产品，如四氢噻吩、四氢硫酚、1,4-二氯丁烷、2,3-二氯四氢呋喃、戊内酯、吡咯烷酮等。在医药方面，THF可用作合成咳必清、利福霉素、黄体酮和一些激素药的原料。也可以用作进一步合成己二酸、己二腈、己二胺等合成聚酰胺66的原料。

北美和西欧80%以上的THF用于生产PTMEG，进一步生产Spandex纤维和聚氨酯弹性体、胶黏剂等，其余主要用作溶剂和其他。亚洲用于生产PTMEG的THF产能占一半多，用于溶剂的约占1/6，用于中间体原料的约占1/3。

第六节 中国四氢呋喃的生产、需求和发展

一、中国四氢呋喃的产能和发展[67-70]

中国THF生产经历了从无到有，是近二十年发展的结果，真正实现工业生产还是20世纪90年代末。1998年，齐齐哈尔前进化工厂采用国内技术，用BDO脱水生产THF，建成3000吨/年生产装置，后又扩建成7000吨/年。同年河北石家庄新宇三阳实业公司建成1000吨/年规模生产装置，从此开始了我国THF的工业生产，所用原料BDO完全依赖进口。与此同时，山东胜利油田化工总厂引进以丁烷为原料，以BP流化床技术生产MA，以Davy-Mackee的MA酯化加氢技术生产

BDO，规模为1万吨/年 BDO，可以副产1000吨/年 THF。由此开启了中国采用现代化技术生产 THF 的先河，促进了 THF 生产技术在中国的发展。

推动中国 THF 生产发展的真正因素有两个，一是我国的聚氨酯工业，特别是聚氨酯弹性纤维 Spandex（我国称为氨纶）生产技术的国产化。随着我国纺织、服装、制鞋等行业的发展，对氨纶和聚氨酯制品的需求迅速扩大，对其原料之一 PTMEG 的需求量成倍增长，促使全球有限的 BDO、THF、PTMEG、氨纶、PU 产业链，因中国需求旺盛而急剧膨胀，迅速发展，导致进行全球产能的转移。二是全球握有这一产业链的跨国公司纷纷来华建厂生产，或出让技术，首先建成 BDO 的大型生产装置，为 THF 的生产和发展奠定了基础，又促进中国这一产业链的发展。21世纪初山西三维在成功引进美国 GAF 公司 Reppe 法2万吨/年 BDO 技术的基础上，同时中国丰富而廉价的电石产能资源为 Reppe 法 BDO 发展奠定了基础，中国科研和设计人员迅速掌握 Reppe 法核心技术，形成自有的专利技术，满足了 BDO 在中国大发展的需要，为 THF 的产能扩大提供了原料。其后，中国台湾 Dairen 化学以及 BASF 等企业也纷纷在中国大陆投资建厂，历经十多年的发展，全球 BDO-THF 产业重心已从欧美转移到中国，中国 BDO、THF 的产能和产量已占全球一半以上。中国2021年 THF 的生产企业及产能如表2-7所示。

表2-7　中国2021年 THF 主要生产企业及产能

生产企业	地址	产能/(万吨/年)	用途
1. BASF 化学公司	上海漕泾	11.0	用于 PTMEG 原料
2. 美克化工(新疆)有限公司	新疆库尔勒	5.0	用于 PTMEG 原料
3. 新疆蓝岭屯河能源有限公司	新疆七台县	4.6	用于 PTMEG 原料
4. 新疆国泰新华矿业有限责任公司	新疆七台县	6.3	用于 PTMEG 原料
5. 重庆剑锋实业集团有限公司 重庆驰源化工有限公司	重庆	4.6	用于 PTMEG 原料
6. 台湾 Chang Chun 集团			
长春化工(盘锦)有限公司	辽宁盘锦	6.0	用于 PTMEG 原料
Dairen 化工(江苏)有限公司	江苏仪征	4.0	用于 PTMEG 原料
7. 杭州三龙新材料有限公司	浙江萧山	2.0	用于 PTMEG 原料
8. 河南煤化学精细化工公司	河南鹤壁	6.0	用于 PTMEG 原料
9. 晓星化工(嘉兴)有限公司	浙江嘉兴	6.0	商品 PTMEG 自用
10. 山西三维集团股份有限公司	山西临汾 山西临汾	1.5 3.0	商品 PTMEG 自用
11. 陕西陕化煤化工集团有限公司	陕西渭南	4.6	用于 PTMEG 原料
12. 四川天华富邦有限公司	四川泸州	4.6	用于 PTMEG 原料
13. 中国石化长城能源化工有限公司	宁夏银川	9.2	用于 PTMEG 原料
14. PBT 和 PBAT 装置副产		4.37	
合计		82.77	

中国 2021 年 THF 的生产能力已达 83 万吨/年，约占全球 THF 总产能的一半。中国 BDO 产能最大的技术是 Reppe 法，因此无论是现在或今后 THF 生产技术将仍以 BDO 脱水技术为主，中国大多生产 BDO 的企业都是“BDO—THF—PTMEG”一体化联产。

由于我国 BDO 的产能仍在进一步扩大（详见第一章），2021 年后计划有数百万吨，甚至千万吨产能的 BDO 装置建成投产，必将带来又一批 THF 联产和生产装置的建设。一些老企业仍计划进一步扩大 THF 的生产，这将会导致 THF 产能、产量的进一步增加，2021 年后 THF 的总产能有望超过 100 万吨/年，产能可能过剩。

尽管我国具有 15 万～20 万吨/年的糠醛生产能力，生产糠醛的原料广泛而丰富，并有可再生资源的价值，但是由于生产规模小、效率低、具有污染、难以形成规模化生产等现实问题的存在，由糠醛生产 THF 不会成为我国 THF 的主要来源。其他生物质生产 THF 技术，产业化尚需时间。

二、中国四氢呋喃的产量、用途和市场消费[67-70]

中国 THF 在短短的时间内生产和消费从无到数十万吨/年，年均增长速度都在两位数以上。中国 THF 生产主要是 BDO 一体化生产企业联产，大部分生产企业直接将 BDO 脱水转化成 THF，进一步合成 PTMEG 等下游产品出售，只有少量的 THF 产品投放市场。其次是生产 PBT 和 PBAT 装置的副产 THF，则全部投放市场，因此商品 THF 较少。中国 THF 产能一体化企业联产的 THF 占总产能的 90%以上，实际流通市场的 THF 量不足 10%。中国 2000～2023 年 THF 的产能、产量和消费量见图 2-17。中国 2017～2023 年流通市场 THF 的产量及分布见表 2-8。

表 2-8 中国 2017～2023 年流通市场 THF 产量及分布

单位：万吨/年

项目	2017	2018	2019	2020	2021	2022	2023
表观消费	6.6	7.3	8.0	10.2	8.4	8.6	8.9
BDO 装置生产	3.3	3.5	4.5	4.5	4.1		
PBT 副产	2.95	3.5	3.0	3.22	3.45		
PBAT 副产	0.77	0.98	1.02	1.13	1.18		

中国 BDO 一体化企业生产的 THF 大多数都转化为 PTMEG，只有不到 10%的 THF 投放市场。流通市场的 THF 消费比例为溶剂占 75%，PTMEG 占 15%，医药中间体占 4%，精细化工和其他各占 3%。中国 THF 生产和市场的发展呈现出以下发展阶段和特点：

首先，中国 THF 消费始于制药和合成精细化工产品。20 世纪 90 年代以前，THF 的市场和消费规模很小，年需要量在 0.2 万～0.3 万吨，只有小规模生产装置从事生产，原料 BDO 及部分 THF 全部依赖进口。我国虽然已有数百吨规模的氨纶和聚氨酯产能，但需要的 PTMEG 也是全部依赖进口，全部需求不足 0.5 万吨/年。

其次，中国氨纶生产的发展引发了 THF 需求的迅速膨胀。1987 年山东烟台氨纶厂引进日本东洋纺丝技术，1989 年投产，建成我国第一套生产能力为 0.03 万吨/年氨纶生产线。接着江苏连云港杜钟氨纶有限公司也引进该技术，于 1992 年投产同样规模装置氨纶生产线。由于国内很快掌握了此项技术，市场的需要多，利润空间大，几年的时间，我国氨纶的生产能力就翻了数倍，各地纷纷建厂生产。2001～2006 年我国氨纶产能已从 2.51 万吨/年猛增到 23.56 万吨/年。2001 年中国氨纶对 PTMEG 的需求已达到 2 万吨/年，加上其他方面的需求，中国已具有 3 万吨/年的 PTMEG 市场，但是当时中国不仅没有 PTMEG 生产装置，也没有大规模的 THF 生产装置。

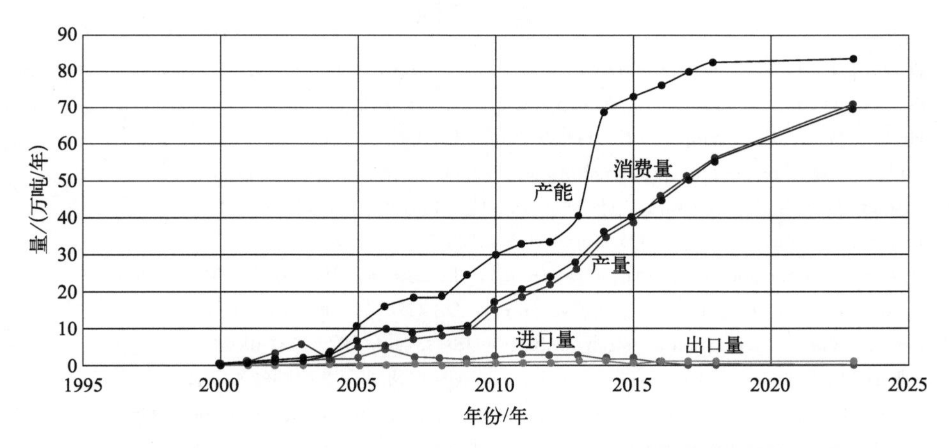

图 2-17　中国 2000～2023 年 THF 产能、产量、进口量和消费量的逐年变化

20 世纪末，山东圣泉集团股份有限公司率先打破这种局面，从俄罗斯引进 5000 吨/年以糠醛为原料生产 THF，1500 吨/年高氯酸法 PTMEG 成套技术，于 2002 年首先建成 PTMEG 装置，第一次在我国生产出氨纶用的 PTMEG 产品。同年山西三维集团股份有限公司在成功引进美国 GAF 乙炔法 BDO 技术的基础上，又引进英国 DTP 1.5 万吨/年 BDO 脱水生产 THF 成套技术和韩国 PTG 2 万吨/年的 PTMEG 技术。市场需求的不断扩大，推动中国开发和引进技术发展的互动局面，促进了中国近 10 年来 THF 需求和市场的蓬勃、兴旺与增长。截至 2008 年，我国氨纶产能已达到 30 万吨/年以上，产量约 21 万吨/年，消耗

PTMEG约15万吨/年。我国用于生产PTMEG的THF占总消费量的75%～80%，也即我国THF的总消费量为18万～20万吨/年，其他消费THF约2万吨/年。我国的产量尚有不足，因此每年都有一定的THF及下游产品（如PTMEG，甚至氨纶）的进口。

从行业整体来看，四氢呋喃市场规模将进一步扩大。在整体市场需求方面，四氢呋喃主要的下游产品氨纶具有普遍认可的良好发展前景。因此，今后拉动我国THF需求增长的仍然是生产氨纶和聚氨酯弹性体需要的PTMEG市场的进一步扩大。氨纶具有改善纺织品弹性和保持形状的良好性能，被广泛应用于高弹性、高性能服装的生产制造之中。近年来服饰行业市场需求复苏，全球服装消费结构调整优化，高氨纶含量服装的市场规模未来将会持续扩大。近年来氨纶在医疗卫生用品、汽车装饰、国防等产业中推广应用，形成市场需求的新增长点。此外，四氢呋喃作为“万能溶剂”和重要的化工原料，在多个领域应用前景广阔，其中表面涂料、防腐涂料、医药中间体等行业，在建筑、防腐、包装、汽车和医药等终端领域稳步发展的背景下，对四氢呋喃的需求也会进一步提升。

参考文献

[1] Dreyfuss P, et al. Tetrahydrofuran Polymers [M]//Herman F M, et al. Encyclopedia of Polymers Science and Engineering. 2nd ed. New York: John Wiley & Sons, 1985.
[2] Herbert M, et al. Preparation of tetrahydrofuran: US 4588827 [P]. 1986-05-13.
[3] Rolf F, et al. Preparation of tetrahydrofuran: US 6316640B1 [P]. 2001-11-13.
[4] Otto H H, et al. Manufacture of cyclic ethers: US 4196130 [P]. 1980-04-01.
[5] John S C. Purification of tetrahydrofuran: US 4257961 [P]. 1981-03-24.
[6] Rogers A. Production of tetrahydrofuran from 1,4-butanediol: US 3467679 [P]: 1969-09-16.
[7] Jenkins Jr Colier. Preparation of tetrahydrofuran: US 4124600 [P]. 1978-11-07.
[8] Coattes John S. Preparation of tetrahydrofuran: US 4257961 [P]. 1981-03-24.
[9] Arbert M Stock, et al. Refining tetrahydrofuran: US 4348262 [P]. 1982-09-07.
[10] Dairen Chem Corp. Process for producing cyclic ethers by liquid phase reaction: US 5917061 [P]. 1999-06-29.
[11] 任亚平，等. 1,4-丁二醇气相环化脱水合成四氢呋喃 [J]. 合成化学，2009，17 (2)：243-245.
[12] 王海京，等. 1,4-丁二醇气相脱水环化制四氢呋喃催化剂和工艺的研究 [J]. 化工进展，2002 (12)：934-936.
[13] 张光旭，等. 四氢呋喃-水恒沸物萃取精馏过程的三塔优化计算 [J]. 武汉化工学院学报，2004，26 (4)：27.
[14] 刘保柱. 四氢呋喃双效精馏提纯工艺及其模拟 [J]. 浙江工业大学学报，2005，33 (5)：560.
[15] 王海京，等. 1,4-丁二醇液相脱水环化制四氢呋喃 [J]. 化工进展，2002 (11)：836-838.
[16] 刘庆林，等. 反应精馏制四氢呋喃 [J]. 化学工程，2002 (2)：75-78.
[17] 赵永杰，等. 二氧化钛柱撑膨润土合成四催化氢呋喃 [J]. 化工进展，2006 (6)：933-937.
[18] 李海霞，等. 负载型硅钨酸催化1,4-丁二醇环化脱水制备四氢呋喃 [J]. 精细石油化工，2005 (2)：5-8.
[19] 齐润红，等. 工业级四氢呋喃的精制 [J]. 石油化工，1994 (7)：461-467.

[20] 王丽红，杨强. 1,4-丁二醇气相环化脱水合成四氢呋喃 [J]. 工程技术，2017 (6)：38.

[21] 白文玉. 糠醛法四氢呋喃均聚醚生产方案 [J]. 精细石油化工，2002 (5)：64.

[22] 张瑞和. 以生物质为原料的聚四亚甲基醚二醇生产技术及市场分析 [J]. 精细与专用化学品，2007，15 (9)：28.

[23] 李平，等. Raney-Ni 催化呋喃加氢制备四氢呋喃的研究 [J]. 应用科技，2008 (7)：65-68.

[24] 李志松，等. 玉米芯制备糠醛的研究 [J]. 精细化工中间体，2010，40 (4)：53.

[25] 高礼芬，等. 玉米芯水解生产糠醛清洁工艺 [J]. 环境科学研究，2010，23 (7)：924.

[26] 毛燎原，等. 清洁生产过程控制工艺在糠醛生产中的应用 [J]. 现代化工，2010 (5)：30.

[27] 殷艳飞，等. 生物质转化制糠醛及其应用 [J]. 生物质化学工程，2011，45 (1)：53.

[28] Mcketta J J. Encyclopedia of Chemical Processing and Design：Vol 24 Furfural and other furan compounds [M]. New York：Marcel Dekker，1986：40.

[29] Gerld M W，et al. Method of preparing furan：US 2374149 [P]. 1945-04-17.

[30] Harry B C，et al. Decarbonylation of furfural：US 3007941 [P]. 1961-11-07.

[31] Ludwig W，et al. Preparation of furan by decarbonylation of furfural：US 4780552 [P]. 1988-10-25.

[32] Rofh F，et al. Water-type dispersion composition：US 5905109 [P]. 1999-05-18.

[33] Бейсеков Т Б. Catalyst for decarbonylation of furfurol into furan：SU 1710125A [P]. 1992.

[34] Мачалаба Н Н. Гидролизная и лесохимическая пром. 1988 (5)：19；1989 (8)：22；1988 (7)：21；1993 (1)：25.

[35] Coca J，et al. Catalytic decarbonylation of furfural in a fixed-bed reactor [J]. J Chem Tech Biotechnol，1982，32：904.

[36] Lejemble P，et al. An improved method to prepare catalysts for the selective decarbonylation of furan-2 carboxaldehyde into furan [J]. Chemistry Letters，1983，12 (9)：1403.

[37] Srivastava R D，et al. Kinetics and mechanism of deactivation of Pd-Al_2O_3 catalyst in the gaseous phase decarbonylation of furfural [J]. Journal of Cayalysis，1985，91：254.

[38] Jung K J，et al. Furfural decarbonylation catalyzed by charcoal supported palladium：Part I Kinetics [J]. Biomass，1988，16：63.

[39] Jung K J，et al. vapor phase decarbonylation of furfural to furan over nickel supported on SBA-15 silica catalysts [J]. Biomass，1988 (16)：89.

[40] Singh H，et al. Metal support interactions in the palladium-catalysed decomposition of furfural to furan [J]. J Chem Tech Biotechnol，1980 (30)：293.

[41] 丁春黎. 糠醛法生产四氢呋喃中催化剂制备 [J] 吉林工学院学报：自然科学版，2000 (1)：11-13.

[42] Mlinda A M，et al. Process for making tetrahydrofuran and 1,4-butanediol using Pd/Re hydrogenation catalyst：US 4550185 [P]. 1985-10-29.

[43] Bonnie W G，et al. Removal of arsenic，vanadium and/or nickel compounds from spent catecholated polymer：US 4659686A1 [P]. 1987-04-21.

[44] Velliyur N M Rao，et al. Apparatus for artificial fishing lures having variable characteristics：US 4787167A [P]. 1988-11-29.

[45] John R B，et al. Process for preparing polyalkyl-2-alkoxy-7-hydroxychroman derivatives：US 5072007 [P]. 1991-12-10.

[46] Daniel C，et al. Platinum-Rhenium-Tin catalyst for foreing patent documents erenat：US 6670490B1 [P]. 2003-12-30.

[47] Edward E R，et al. Hydrogenation catalyst and method for preparing tetrahydrofuran：WO 92/02298

[P]. 1992-02-20.

[48] Schwartz Jo-Ann T. Ru，Re/carbon catalyst for hydrogenation in aqueous solution：US 5478952A [P]. 1995-12-26.

[49] Melinda A M，et al. Pd/Re hydrogenation catalyst for making tetrahydrofuran and 1,4-butanediol：US 4609636A [P]. 1986-09-02.

[50] 马布里 W 普里查德，等. 用钯/铼氢化催化剂制造四氢呋喃和1,4-丁二醇的方法：CN 1039243A [P]. 1990-01-31.

[51] Danil C，et al. Ruthenium-molybdenum catalyst for hydrogenation in aqueous solution：US 20040122242A1 [P]. 2004-06-24.

[52] Chaudhari R V，et al. Kinetics of hydrogenation of maleic acid in a batch slurry reactor using a bimetallic Ru-Re/C catalyst [J]. Chem Eng Science，2003 (58)：627.

[53] 张书笈，等. 顺酐加氢制四氢呋喃及γ-丁内酯铜系负载型催化剂的研究 [J]. 精细石油化工，1996 (1)：10-13.

[54] 童立山. 正丁烷氧化、氢化制备1,4-丁二醇、γ-丁内酯和四氢呋喃 [J]. 精细石油化工，1995 (4)：45-49.

[55] Franz J B，et al. Manufacture of butanediol and/or tetrahydrofuran from maleic and/or succinic anhydride via gamma-butyrolactone：US 4048196 [P]. 1977-09-13.

[56] Charistof P，et al. Purification of tetrahydrofuran by distillation：US 4912236A [P]. 1990-03-27.

[57] Stabel U，et al. Isolation of tetrahydrofuran from mixtures which contain tetrahydrofuran，1,4-butanediol，gamma-butyro-lactone and succinic acid esters：US 5128490 [P]. 1992-01-07.

[58] Horst Z，et al. Preparation of tetrahydrofuran and gamma-butyrolactone：US 5319111 [P]. 1994-06-07.

[59] Michael W M T，et al. Process for preparing gamma-butyrolactone，butane-1,4-diol and tetrahydrofuran：US 6077964 [P]. 2000-06-20.

[60] Michael W M T，et al. Process for the preparation of butanediol，butyrolactone and tetrahydrofuran：US 6274743 [P]. 2001-08-14.

[61] Schubert M，et al. Supported catalyst containing rhenium and method for hydrogenation of hydrogenation of carbonyl compounds in liquid phase by means of said catalyst：US 20060052239 [P]. 2006-09-03.

[62] Michael H，et al. Two-stage method for producing butanediol with intermediated separation of succinic anhydride：US 7271299 [P]. 2007-09-18.

[63] G・温德克尔，等. 制备四氢呋喃的方法：CN 101868449B [P]. 2014-10-01.

[64] Fischer R，et al. Two-stage method for producing butanediol with intermediated separation of succinic anhydride：US 6433192B1 [P]. 2002-08-13.

[65] Fischer R，et al. Method for the production of tetrahydrofuran：US 6730800 [P]. 2004-05-04.

[66] Bertola A. Process for the production of tetrahydrofuran and gammabutyrolactone：WO 9935136 (A1) [P]. 1999-01-05.

[67] 张希功. 四氢呋喃技术进展与生产现状 [J]. 化工生产与技术，2002，9 (2)：18.

[68] 钱伯章. 四氢呋喃和聚四氢呋喃产能与需求市场 [J]. 化工中间体，2004 (3)：30.

[69] 赵立群，余黎明. 四氢呋喃市场现状及发展前景 [J]. 化学工业，2008，26 (8)：34-40.

[70] 崔小明. 聚四氢呋喃的生产技术及国内外市场分析（上）[J]. 上海化工，2006 (11)：43-45.

第三章
γ-丁内酯

第一节
γ-丁内酯的物理化学性质

一、γ-丁内酯的物理性质[1-2]

γ-丁内酯（γ-butyrolactone），简称 γ-BL 或 GBL，别名 4-羟基丁酸内酯，分子式为 $C_4H_6O_2$。常温下是一种无色，具有类似丙酮气味的油状液体。具有比较高的沸点和溶解能力，因此是一种优良的高沸点溶剂。能与水混溶，能与醇、酯、酮、醚和芳烃等互溶，微溶于直链烷烃和环烷烃，是许多有机物和聚合物的优良溶剂。其主要物理性质见表 3-1。

表 3-1 γ-丁内酯的主要物理性质

性质	数值	性质	数值
沸点/℃		黏度/mPa·s	
0.133kPa	35	20℃	1.9
1.330kPa	77	25℃	1.75
13.300kPa	134	比热容/[J/(kg·K)]	
101.300kPa	206	(液体)20℃	1600
熔点/℃	−43.53	25℃	1680
相对密度		100℃	1850
0℃	1.150	200℃	2200
20℃	1.129	(气体)100℃	1275
25℃	1.125	200℃	1575
40℃	1.110	300℃	1820
蒸气压/kPa		蒸发潜热(206℃)/(kJ/kg)	535
20℃	0.15	燃烧热/(kJ/g)	234
60℃	1.07	在水中的溶解热/(J/mol)	2500
100℃	5.25	燃点/℃	455
140℃	19.05	闪点(开杯)/℃	98
180℃	55.30	热导率(25～65℃)/[W/(m·K)]	0.276
206℃	101.30	介电常数(25℃)	39.1
折射率		表面张力/(mN/m)	44.6
20℃	1.4362	临界温度/℃	436
25℃	1.4348	临界压力/MPa	3.43

二、γ-丁内酯的化学性质[1-2]

γ-丁内酯分子具有良好的反应性能，特别是开环反应，或不开环，环上的氧原子和氢原子被其他杂原子取代的反应。其主要化学反应分述如下。

1. 水解反应

在室温及中性条件下 GBL 是稳定的，但在升高温度和酸性条件下，GBL 水解反应就会明显加快。GBL 水解生成 γ-羟基丁酸，这是一可逆反应。如果在碱性条件下，由于酸碱中和生成盐，GBL 水解反应会加快，并成为不可逆反应。碱性条件下的水解产物在 200～250℃下再经酸化处理可生成 4,4′-氧代二丁酸。

$$\text{GBL} + H_2O \rightleftharpoons HOCH_2CH_2CH_2COOH$$

$$\text{GBL} + NaOH \longrightarrow HOCH_2CH_2CH_2COONa$$

2. 酯化反应

室温下，在酸性催化剂存在下，GBL 分子的内酯结构与醇发生快速酯化反应，生成 γ-羟基丁酸酯。这是一可逆反应，当反应系统中有水存在时，不利于反应的进行。只有在高真空下快速闪蒸，才能得到相应的 γ-羟基丁酸酯。

$$\text{GBL} + ROH \rightleftharpoons HOCH_2CH_2CH_2COOR$$

同样在酸催化剂存在时，高温下 GBL 与醇一起进行长时间的加热则生成烷氧基丁酸酯，与苯酚反应生成苯氧基丁酸，与醇钠或酚钠反应分别生成 γ-烷氧基丁酸钠盐和 γ-苯氧基丁酸钠。

$$\text{GBL} + 2ROH \longrightarrow ROCH_2CH_2CH_2COOR$$

$$\text{GBL} + C_6H_5OH \longrightarrow C_6H_5O{-}CH_2CH_2CH_2COOH$$

$$\text{GBL} + NaOR \longrightarrow ROCH_2CH_2CH_2COONa$$

3. 与硫化物反应

以氧化铝为催化剂，GBL 与硫化氢发生环上氧原子的置换反应，生成 2-噻吩烷酮；与三氧化硫反应生成 α-磺酸基丁内酯。

$$\text{(γ-丁内酯)} + H_2S \longrightarrow \text{(γ-硫代丁内酯)} + H_2O$$

$$\text{(γ-丁内酯)} + SO_3 \longrightarrow \text{(α-磺基-γ-丁内酯, } SO_3H\text{)}$$

γ-丁内酯与硫化钠、硫氰化钠、二硫化钠、亚硫酸盐、硫醇盐反应时，γ-丁内酯开环生成硫代的丁酸或二丁酸盐类。

4. 与卤素及卤化物反应

γ-丁内酯在110～130℃下与氯发生环上α-位氢原子取代反应，生成α-氯代丁内酯；在190～200℃的高温下则生成α,α-二氯丁内酯。

$$\text{(γ-丁内酯)} + Cl_2 \longrightarrow \text{(α-氯代丁内酯, Cl)} + HCl$$

$$\text{(α-氯代丁内酯)} \xrightarrow{+Cl_2} \text{(α,α-二氯丁内酯, Cl, Cl)} + HCl$$

γ-丁内酯在160～170℃下与溴发生取代反应，生成α-溴代丁内酯；如果在三溴化磷催化剂存在下，则开环生成2,4-二溴代丁酸。后者加热蒸馏脱去一个溴化氢分子，又环化成α-溴代丁内酯。

γ-丁内酯与无水的卤化氢反应，可开环生成卤代丁酸；在酸性催化剂存在下，与光气或亚硫酰氯反应则生成4-氯代丁酰氯；也可在氯化锌等催化剂作用下与氯化亚砜反应生成4-氯代丁酰氯，后续继续反应可获得环丙胺等产品。

5. 与氨及胺反应

γ-丁内酯与氨及胺发生可逆反应，低温下开环生成4-羟基丁酰胺化合物，受热又分解成γ-丁内酯和氨或胺。但在高温和高压下4-羟基丁酰胺则脱水环化生成吡咯烷酮一类的化合物。例如和氨反应则生成α-吡咯烷酮，与甲胺反应则生成*N*-甲基吡咯烷酮，与一乙胺反应则生成*N*-乙基吡咯烷酮。α-吡咯烷酮进一步与乙炔反应则生成*N*-乙烯基吡咯烷酮，*N*-乙烯基吡咯烷酮是γ-丁内酯最重要的工业衍生物。

$$\text{(γ-丁内酯)} + RNH_2 \rightleftharpoons HOCH_2CH_2CH_2-\overset{O}{\overset{\|}{C}}-NHR$$

$$\text{(γ-丁内酯)} + NH_3 \longrightarrow \text{(α-吡咯烷酮, NH)} + H_2O$$

$$\text{(α-吡咯烷酮)} + HC\equiv CH \longrightarrow \text{(N-乙烯基吡咯烷酮, } N-HC=CH_2\text{)}$$

$$\text{(GBL)} + CH_3NH_2 \longrightarrow \text{N-}CH_3 \text{(=O)} + H_2O$$

γ-丁内酯与羟胺反应生成异羟肟酸，与肼反应生成酰肼。

6. 缩合反应

γ-丁内酯的亚甲基可以和不同类型的含羰基化合物进行缩合反应，生成亚甲基上氢原子被取代的丁内酯。例如在醇钠催化剂存在下，两个 GBL 分子缩合成 α-二丁内酯；在金属钠催化作用下，可与乙酸乙酯缩合反应生成 α-乙酰基-γ-丁内酯（2-acetyl-γ-butyrolactone，缩写为 ABL），也可与苯甲醛缩合反应生成 α-苯亚甲基丁内酯等。

$$2\,\text{(GBL)} \longrightarrow \text{(product, =O)} + H_2O$$

$$\text{(GBL)} + CH_3COOC_2H_5 \longrightarrow \text{(GBL)-C(=O)-}CH_3 + C_2H_5OH$$

$$\text{(GBL)} + C_6H_5CHO \longrightarrow \text{(GBL)=CH-}C_6H_5 + H_2O$$

7. 氢甲酰化反应

在镍或钴均相催化剂存在下，GBL 可以进行氢甲酰化反应，开环生成戊二酸。

$$\text{(GBL)} + CO + H_2O \longrightarrow HOOCCH_2CH_2CH_2COOH$$

8. 氧化还原反应

γ-丁内酯经氧化反应开环生成丁二酸，经加氢还原反应开环成 4-羟基丁醛及 BDO。

$$\text{(GBL)} + O_2 \longrightarrow HOOCCH_2CH_2COOH$$

$$\text{(GBL)} + H_2 \longrightarrow HOCH_2CH_2CH_2CHO \xrightarrow{+H_2} HOCH_2CH_2CH_2CH_2OH$$

因为 GBL 化学性质活泼，能与多种化合物进行反应，因此构成了 GBL 广泛的用途，特别是在精细化工产品的合成中应用比较广泛。

第二节 γ-丁内酯的生产技术

早在 1940 年，德国的 W. Reppe 在发明 Reppe 法生产 BDO 的同时，就提出 BDO 脱氢可以制造 GBL 的工业方法。至今，该法几经改进，仍是工业生产 GBL 的主要方法。随着以丁烷为原料，氧化生成 MA，MA 直接或经酯化加氢生产 BDO 的产业化，GBL 作为中间产品或副产品，也可以通过石油化工原料生产，为 GBL 扩大工业应用创造了条件。

一、1,4-丁二醇脱氢生产 γ-丁内酯[1-13]

这是工业生产 GBL 历史最长、最成熟，也是当前最主要的生产方法。该法首先由德国 BASF 公司在 1946 年产业化，1956 年美国 GAF 公司也采用此技术开始生产 GBL，至今仍是全世界生产 GBL 的主要方法。BDO 脱氢反应一般采用铜系催化剂，助催化剂有锌、锰、铬等，载体为氧化铝、氧化锆或硅胶。催化剂的铜含量较高，一般采用共沉淀法或者浸渍法制备。

以常用的铜-锌-铝催化剂为例，典型的组成为 $CuO:ZnO:Al_2O_3:ZrO_2=(2\sim3):2:1$。配制好一定比例组分的硝酸盐溶液，采用氨水或者碳酸钠沉淀出金属的碳酸盐或者氢氧化物沉淀，洗涤、干燥、400～500℃分解灼烧，再在氢气和氮气混合气流下 220～240℃还原成活性金属催化剂。脱氢催化剂供应单位有北京恒瑞新霖科技有限公司、安徽迅能科技有限公司、德国 BASF 公司等，不同的催化剂组成会有所差别，主要体现在载体和助剂等方面，性能差异主要为活性、选择性和稳定性。

脱氢反应可在气相和液相中进行，虽然液相法能耗更低，但受限于催化剂开发和反应器设计水平，当前工业生产装置基本采用气相法。反应温度为 180～250℃，微正压操作，在 10～18 倍（以物质的量计）的氢气稀释下进行，有利于提高产品的选择性。一般认为反应过程为：BDO 首先脱氢生成 γ-羟基丁醛，后者脱水环化成 α-羟基四氢呋喃，再脱氢生成 GBL。主要副反应生成 THF、丁醇、丁酸和水等，反应的转化率和 GBL 的选择性均在 99%以上。BDO 脱氢反应为吸热反应，较高的反应温度有利于加快脱氢环化反应的进行，但同时也加快了脱水等副反应的进行，因此采用活性、选择性高的催化剂有利于 GBL 产率的提高。典型的工艺流程见图 3-1。

如图 3-1 所示，新鲜 BDO 原料经 BDO 泵 1 输送到预热器 2 加热，然后和循环氢气合并进入汽化器 3，随后在过热器 4 中过热。脱氢反应产生的氢气经过氢

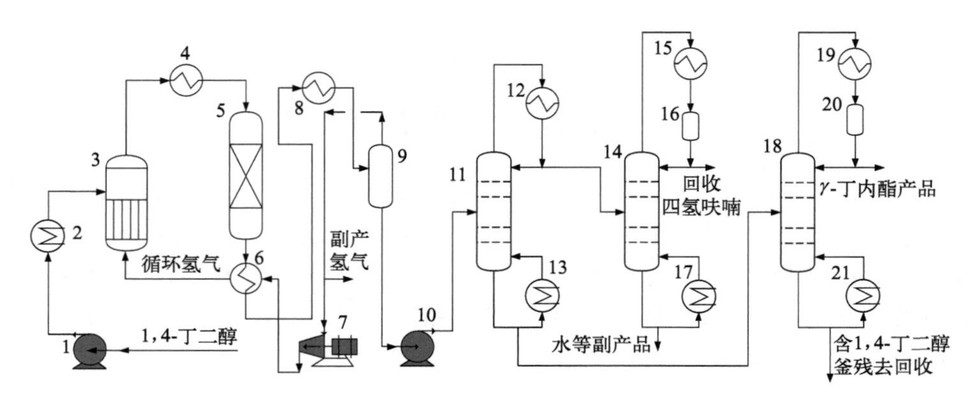

图 3-1　1,4-丁二醇脱氢生产 γ-丁内酯工艺流程

1—BDO 泵；2—预热器；3—汽化器；4—过热器；5—脱氢反应器；6—热交换器；7—氢气压缩机；8—冷凝器；9,16,20—气液分离器；10—产品加压泵；11—脱轻塔；12,15,19—塔顶冷凝器；13,17,21—再沸器；14—THF 回收塔；18—丁内酯成品塔

气压缩机 7 加压，再经过与反应产品在热交换器 6 中换热后，再与预热后的 BDO 混合，经过过热器 4 过热至高于反应温度，由脱氢反应器 5 的上部进入。反应器为列管式固定床，一般采用导热油供热。反应产品穿过催化剂层由底部排出，在热交换器 6 中与氢气换热后，再经过冷凝器 8，进入气液分离器 9，分出氢气，部分去提纯后作为其他装置的氢源，大部分再经氢气压缩机 7 循环回脱氢反应器。

由气液分离器分出的液体经产品加压泵 10 输送至脱轻塔 11，由塔顶蒸出比 γ-丁内酯轻的副产品，主要是 THF、丁醇、水、丁酸等，进入 THF 回收塔 14。由塔顶回收 THF 与水的共沸物，塔釜排出其他副产品，视其量的多少和经济性，或进一步回收提纯，或去焚烧。脱轻塔 11 的塔釜主要是 GBL 和未反应的 BDO，送至丁内酯成品塔 18，减压下由塔顶蒸出 GBL 产品，塔釜的釜残液，包括有 GBL、BDO 和高沸点物质，一般经过累积后间歇精馏后与新鲜 BDO 混合，循环回脱氢反应器。

在 2010～2020 年，我国的技术人员引领了 BDO 脱氢生产 GBL 的技术革新，比如氢气压缩机由早期的往复式压缩机，存在压缩腔体内积液和维修频次高等缺陷，在迈奇化学股份有限公司、北京石油化工学院和章丘鼓风机股份有限公司共同攻关下，替换为罗茨压缩机，解决了行业共性难题；比如反应器由最初的 1 万吨/年扩大至 5 万吨/年；改进精馏工艺和填料形式选择，产品纯度由 99.7%逐步提升至 99.9%，在 2022 年有厂家可稳定达到 99.95%以上。

2016 年发布的《工业用 γ-丁内酯》（HG/T 4989—2016）也依据 GBL 的市场需求和技术发展水平进行了实时调整，具体指标如表 3-2 所示。它对于电子级 GBL 中的离子含量也提出了相应的要求，其中阴离子中氯、硝酸根和硫酸根等离子分别要求低于0.3mg/kg、1.0mg/kg和1.0mg/kg，对于阳离子中铁、铜、锌、铅、钠、钾等离子均要求低于0.05mg/kg。

表3-2 工业用γ-丁内酯（HG/T 4989—2016）

项目		指标	
		电子级	优等品
GBL(质量分数)/%	≥	99.9	99.5
色度，Hazen单位(铂-钴号)	≤	10	10
1,4-丁二醇(质量分数)/%	≤	0.05	0.10
四氢呋喃(质量分数)/%	≤	0.05	
水分(质量分数)/%	≤	0.03	0.05
乙缩醛(质量分数)/%	≤	0.005	
酸值(以丁酸计)(质量分数)/%	≤	0.03	0.05

1,4-丁二醇脱氢生产GBL副产大量高纯度氢气（体积分数>99.5%），是较高品质的副产氢气，其提纯利用已得到一些发展。在部分用途中，特有杂质需要定向脱除，比如将脱氢尾气循环至2-丁炔-1,4-二醇（BYD）加氢单元，需要脱除其中的CO和CO_2。北京石油化工学院和内蒙古东景生物科技有限公司联合开发的甲烷化-干燥流程制得的氢气纯度满足BYD加氢要求；还有企业采用洗涤-甲烷化-脱氧-干燥流程，可将氢气纯度提高至99.8%～99.9%（体积分数），主要杂质为甲烷，可满足二甲苯歧化等高标准氢气要求。

1,4-丁二醇脱氢制GBL技术指标为（每吨产品）：BDO单耗1.06～1.09t，电力20～30kW·h，蒸汽0.9～1.2t，天然气40～50m^3。

未来的BDO脱氢生产GBL技术趋势将会包括：①由气相脱氢工艺转向低能耗液相脱氢工艺；②副产氢气的高值化利用；③进一步提高GBL纯度等指标，扩大其在电解液和超级电容等领域的应用。

二、顺酐加氢生产γ-丁内酯[14-36]

正如前述，GBL作为一种副产品，在前两章中的各种以MA为原料生产BDO、THF的技术中已详述，以下叙述仅限于以GBL为主要产品的MA直接加氢技术。MA加氢制GBL技术因所用催化剂和工艺不同，有液相法、气相法和均相法三种不同技术。

1. 液相法工艺

(1) 液相加氢法原理

对于MA液相加氢过程进行过许多研究，Uwe Herrmann曾用多种工业用催化剂，以MA、琥珀酸酐、GBL作为起始原料，采用带搅拌的淤浆床反应器，间歇、连续地进行了不同条件下的加氢试验。Uwe Herrmann在前人研究的基础上，认为MA液相加氢经历了以下几步反应：

$$\text{MA} \xrightarrow{H_2} \text{琥珀酸酐} \xrightarrow[-H_2O]{2H_2} \text{GBL} \underset{}{\overset{2H_2}{\rightleftharpoons}} HOCH_2CH_2CH_2CH_2OH \xrightarrow{-H_2O} \text{THF}$$

分别以MA、琥珀酸酐、GBL为起始原料，采用Süd-Chemie、BASF、Dgussa、Heraeus GmbH等公司生产的各种工业用催化剂，所涉及的催化剂牌号及组成见表3-3。

表3-3 试验用催化剂牌号及组成

催化剂牌号	催化剂组成		载体及结构	比表面积/(m^2/g)	生产商
	质量分数/%	原子分数/%			
G66	26Cu、53Zn	33Cu、67Zn	无载体	30.8	Süd-Chemie
R3-12	32Cu、32Zn	50Cu、50Zn	Al_2O_3	118.7	BASF
G13	40Cu、26Cr	61Cu、39Cr	尖晶型	46.7	Süd-Chemie
G22	33Cu、27Cr、11Ba	46Cu、38Cr、16Ba	尖晶型	43.3	Süd-Chemie
G99	36Cu、32Cr、2Ba、2.5Mn	50Cu、44Cr、3Ba、3Mn	尖晶型	41.7	Süd-Chemie
R3-11	30Cu	100Cu	Mg_2SiO_4	211.6	BASF
T4489	40Cu、15Al、7Mn	65Cu、24Al、11Mn	无载体	49.5	Süd-Chemie
PdRe/C	1Pd、4Re	20Pd、80Re	活性炭	1088.0	Degussa
PdReCuZn/C	1Pd、4Re、15Cu、15Zn	3Pd、11Re、43Cu、43Zn	活性炭		自制
Pd/C	1.5Pd	100Pd	活性炭	806.8	Heraeus GmbH
Re/C	1.5Re	100Re	活性炭	1220.9	Heraeus GmbH

在不同条件下，采用不同的催化剂，以间歇和连续操作进行了液相加氢试验。通过分步间歇试验的结果，证实如下结论。

（2）顺酐加氢生成琥珀酸反应

该反应为一双键加氢的快速反应，在比较缓和的条件下就能得到较好的转化率。试验采用1,4-二氧环己烷作为惰性溶剂，顺酐浓度为1.0mol/L，反应温度190℃，压力5.0MPa，催化剂负荷12kg/m^3，催化剂粒径80～150μm。试验结果表明贵金属催化剂的活性最高，其次具有尖晶石型结构的Cu-Cr类催化剂的活性也高，在试验过程的5h内，都能分别达到顺酐100%的转化率，其他Cu、Cu-Zn系列催化剂活性则比较低。在这种缓和的条件下加氢，主要生成琥珀酸酐，生成γ-丁内酯的量是比较少的。Cu系催化剂小于5%；贵金属催化剂分别为PdRe/C催化剂<5%，Ru/C催化剂13.5%，Pd/C催化剂54%。

(3) 琥珀酸酐加氢生成γ-丁内酯的反应

琥珀酸酐加氢是在稍高的反应温度和压力下进行的，即γ-丁内酯浓度为0.56mol/L，温度240℃，压力7.5MPa，催化剂负荷1.2kg/m³。在该反应条件下不同催化剂反应5h的结果如图3-2所示。

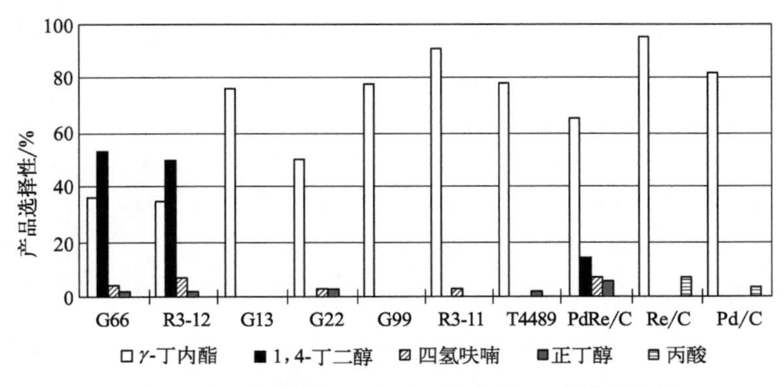

图 3-2　琥珀酸酐加氢反应 5h 后不同催化剂的选择性

由图3-2可以看出：只有G66和R3-12这类Cu-Zn催化剂生成了较多的1,4-丁二醇，琥珀酸酐加氢生成的γ-丁内酯进一步加氢成1,4-丁二醇，甚至生成四氢呋喃和丁醇。其他催化剂的加氢反应基本停留在生成γ-丁内酯阶段，有利于以γ-丁内酯为主要产品的工艺技术。

(4) γ-丁内酯加氢反应

在与琥珀酸酐加氢相同的反应条件下，进行γ-丁内酯液相加氢，不同催化剂间歇反应5h的反应结果见表3-4。

表 3-4　γ-丁内酯加氢试验结果

产品	产品选择性/%									
	G66	R3-12	G13	G22	G99	R3-11	T4489	PdRe/C	Re/C	Pd/C
1,4-丁二醇	95.0	77.8	76.3	87.9	81.4	58.6	71.2	20.7	0	0
四氢呋喃	4.1	16.5	14.5	4.0	6.2	22.5	14.5	20.5	16.7	4.8
1-丁醇	2.0	4.5	2.1	8.8	4.4	4.2	5.6	31.6	0	0
丙酸	0	0	0	0	0	0	0	0	0	0

由表3-4中数据可以看出，Cu-Zn、Cu-Cr系列催化剂有利于生成BDO及THF的反应，贵金属催化剂的活性最低。

(5) 顺酐加氢反应

在顺酐浓度为0.56mol/L，反应温度240℃，压力7.5MPa，催化剂负荷

1. 2kg/m³ 的反应条件下，不同催化剂连续液相加氢的试验结果如表 3-5 和图 3-3 所示。

表 3-5 不同催化剂的连续试验结果

项目	转化率和选择性/%							
	G66	R3-12	G99	R3-11	T4489	PdRe/C	Re/C	Re/C+R3-12
顺酐转化率	96. 6	100	99. 5	93. 5	89. 8	100	100	100
琥珀酸酐	0	0	68. 6	66. 5	92. 7	18. 3	52. 2	54. 0
γ-丁内酯	61. 1	64. 5	27. 5	25. 3	7. 3	73. 3	24. 2	22. 0
1,4-丁二醇	16. 9	26. 0	0	0	0	0	0	0
四氢呋喃	6. 0	4. 9	0. 2	0. 6	0	0	0	2. 7
1-丁醇	0	0. 8	0	0	0	0. 7	0	0. 9
丙酸	0	0	0	0	0	0	15. 6	0

由表 3-5 中数据可以看出：当采用 Cu-Zn 催化剂时生成了以 GBL 为主，含 BDO 和 THF 的混合产物。当采用贵金属催化剂时，加氢反应基本停留在 GBL 一步，但 Re/C 催化剂则深度加氢生成了较多的丙酸；采用 Re/C+R3-12 混合催化剂时，这一趋势得到改善。因此采用液相法在比较缓和的条件下进行 MA 加氢，以生产 GBL 为目的产品，可以采用两段床反应器。一段反应器采用 PdRe/C 或 Pd/C 一类贵金属催化剂，或 Cu-Cr 催化剂，在较为缓和的条件下将 MA 加氢为琥珀酸酐；二段反应器采用 Cu 或 Re/C 催化剂，在较高温度和压力下高选择性地将琥珀酸酐加氢为 GBL。也可以采用一段床反应器，采用 Cu-Zn 催化剂，得到以 GBL 为主的混合产品，然后提纯。

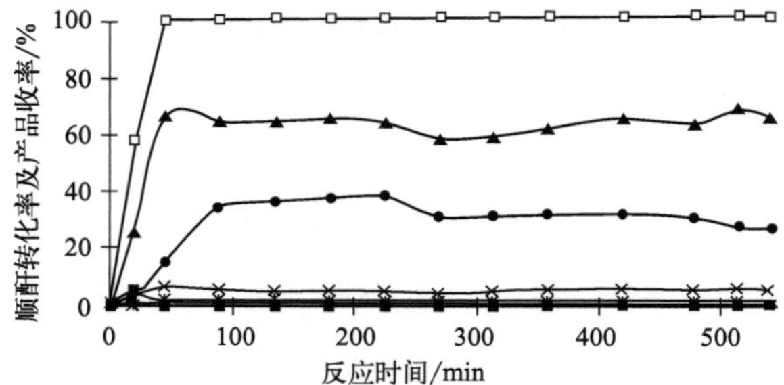

图 3-3 采用 R3-12Cu-Zn 催化剂顺酐加氢连续试验结果

—□— X（顺酐） —■— Y（丁二酸酐） —▲— Y（γ-丁内酯）
—●— Y（1,4-丁二醇） —×— Y（四氢呋喃） —✳— Y（正丁醇）

（6）UCB 公司液相加氢法工艺流程

1971 年，日本三菱化学首先建成千吨级的 MA 液相加氢生产 GBL 的生产装置，加氢反应采用由镍及其他金属组成的催化剂，反应温度为 200℃，压力 6～

10MPa，反应产物经冷却，气液分离，三塔蒸馏得到工业 GBL 产品。比利时的 UCB 公司，采用载于硅胶上的镍、钯催化剂，以 THF 为循环溶剂，反应温度 235℃，反应压力 9.5MPa，采用多个反应釜串联的悬浮床反应器，MA 的转化率和 GBL 的选择性均达到 95%。日本北海道公司、英国 ICI 公司等也采用类似的液相法生产 GBL。

典型 UCB 公司的 MA 液相加氢法制 GBL 工艺流程见图 3-4。

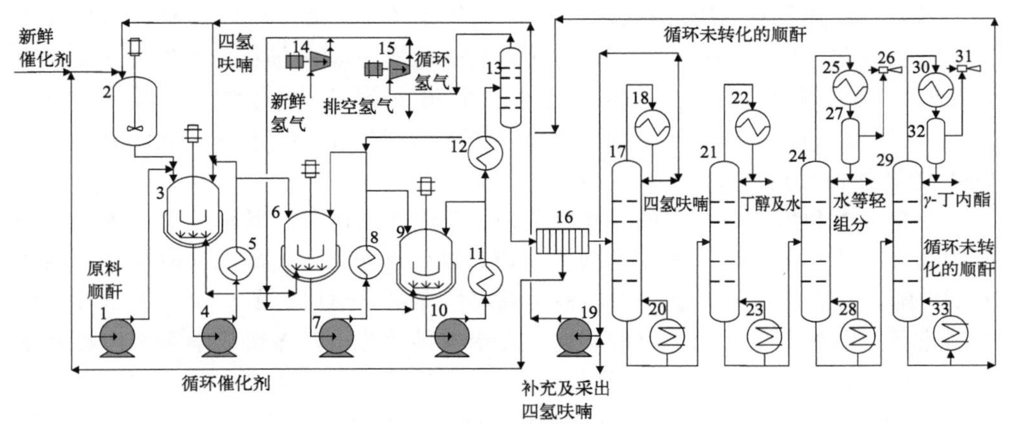

图 3-4　UCB 顺酐液相加氢法生产 γ-丁内酯工艺流程

1—MA 泵；2—催化剂配制罐；3—第一加氢反应器；4,7,10—循环出料泵；5,8,11—中间冷却器；6—第二加氢反应器；9—第三加氢反应器；12—冷却器；13—氢气闪蒸罐；14—氢气压缩机；15—氢气循环压缩机；16—过滤器；17—四氢呋喃蒸出塔；18,22,25,30—塔顶冷凝器；19—THF 循环泵；20,23,28,33—重沸器；21—丁醇塔；24—蒸水塔；26,31—蒸汽喷射泵；27,32—气液分离器；29—丁内酯塔

如图 3-4 所示，加氢反应是在几台串联的悬浮或淤浆床反应釜中进行的，采用 THF 为反应溶剂，加热到 60℃熔融的 MA 原料经 MA 泵 1，溶剂 THF 经 THF 循环泵 19，分别加入第一加氢反应器 3 和催化剂配制罐 2，配制好的新鲜和循环催化剂的 THF 浆液也连续加入第一加氢反应器 3。循环氢气经氢气循环压缩机 15，新鲜氢气经氢气压缩机 14，两股氢气汇合，连续由加氢反应器的底部通入，鼓泡穿过反应浆液层，进行加氢反应。第一加氢反应器的物料通过循环出料泵 4 由底部连续抽出，经中间冷却器 5 冷却，移出反应放热，部分返回第一加氢反应器 3，部分连续加入第二加氢反应器 6，如此直至第三加氢反应器 9 完成加氢反应。加氢反应产物经循环出料泵 10，部分返回第三加氢反应器，部分经冷却器 12 冷却，减压进入氢气闪蒸罐 13，闪蒸出的氢气经氢气循环压缩机 15 加压后，与新鲜氢一起返回加氢反应器。液体产品首先经过滤器 16，滤出加氢催化剂，返回催化剂配制罐 2，与新鲜催化剂一起重新配制成浆液循环使用。过滤后的液体产品进入四氢呋喃蒸出塔 17，由塔顶蒸出四氢呋喃，经 THF 循环泵 19 再返回第一加氢反应器循环使用，多余的可作为粗产品采出去进一步精制。

塔釜产品进入丁醇塔 21，由塔顶蒸出正丁醇和水的混合物，去焚烧或进一步提纯为丁醇产品。塔釜产品进入蒸水塔 24，在真空下进一步由塔顶脱出水分和比 GBL 轻的组分，塔釜的馏分进入 GBL 塔 29，在真空下由塔顶蒸出合格的 GBL 产品，塔釜未反应的 MA 和 BDO 等重组分返回第二加氢反应器再进行加氢。

2. 气相法工艺

顺酐气相加氢制 GBL 的技术，反应压力可下降至微正压，一般采用列管式固定床反应器。美国 Standard Oil 公司首先开发成功 MA 气相加氢工艺，原料为 MA 的丁醇或其他有机溶剂的溶液，采用铜-锌-铝等催化剂，在温度 260～290℃，压力 0.3～0.8MPa 下进行加氢反应。原料 MA 的单程转化率约 90%，GBL 的选择性可达 89%以上，GBL 的总收率接近 90%。

在第一章和第二章介绍的一些直接采用顺酐在高倍氢气稀释的条件下气相加氢制造 1,4-丁二醇和四氢呋喃的技术，通过改变操作条件，也能同时得到或副产 γ-丁内酯。我国的复旦大学、中国科学院山西煤炭化学研究所、常州大学等单位先后进行过顺酐直接气相加氢的研究，在中国科学院山西煤炭化学研究所技术基础上，中科合成油技术股份有限公司经多年工程研究，于 2007 年、2010 年和 2021 年逐步放大先后建成投产 1000t/a、5000t/a 和 10000t/a 的 γ-丁内酯生产装置。该技术采用铜及其他金属组成的催化剂，在温度 260～290℃、压力 0.15～0.3MPa 下进行加氢反应，原料顺酐的单程转化率约 100%，γ-丁内酯的选择性可达 91%以上，γ-丁内酯的总收率接近 90%。反应产物经高低温换热、冷却，气液分离，三塔精馏得到工业 γ-丁内酯产品，顺酐单耗为 1.30t/t 产品，氢气消耗约 $1010m^3/t$。

3. 均相法工艺

日本三菱化学开发了 MA 均相加氢技术，其工艺分为两步：第一步 MA 在负载钯催化剂的存在下，于 0.5MPa 压力下首先加氢成丁酸酐；第二步以阳离子 Ru 的络合物为催化剂均相加氢为 GBL，其反应温度为 200℃，氢分压为 1MPa，原料转化率在 90%以上，GBL 的选择性高达 97%。1997 年日本三菱化学采用该技术建成 1 万吨/年 GBL 生产装置。该技术反应条件比较温和，GBL 的选择性高，但是催化剂均为贵金属，分离和回收比较困难，对生产成本有一定的影响。

三、其他生产 γ-丁内酯的技术[30-32]

1. 耦合法制 γ-丁内酯技术

此法是将两种不同原料的加氢和脱氢、放热和吸热两个反应耦合在一起制造

GBL 的节能技术。已开发出两种技术：其一是 MA 加氢放热反应（热效应为 −211kJ/mol）和 BDO 脱氢吸热反应（热效应为 61.6kJ/mol）的耦合；其二是 BDO 脱氢反应和糠醛加氢反应的耦合。采用铜-锌催化剂，在 220℃，0.1MPa，液相空速为 $0.25h^{-1}$ 的条件下，MA 和 BDO 的转化率为 100%，GBL 的选择性为 98%。糠醛加氢生成 2-甲基呋喃，与 BDO 脱氢过程耦合，也采用铜-锌催化剂。反应在一台反应器中进行，BDO 脱除的活泼氢原子供给 MA 和糠醛加氢，与此同时，加氢反应释放出的反应热又供给脱氢反应需热，简化了流程，降低了生产成本。这种耦合工艺技术已用于我国江苏七洲绿色化工公司的生产装置，生产中暴露出的问题是在糠醛脱羰转化为 CO 和呋喃过程中，氢气大量循环造成 CO 累积，从而副产的 CO 与 GBL 发生甲基化反应而生成 5-甲基-γ-丁内酯杂质，它与 GBL 沸点差异太小，因此导致 GBL 产品质量只能达到 97%～99%。后续增加一台反应器和一台缓冲罐，将直接耦合改为间接耦合，可使这一技术生产出合格的两种产品。

2. 糠醛法制 γ-丁内酯技术

1922 年，美国 Quaker Oats 公司建成 0.9 万吨/年 GBL 装置，原料采用由燕麦壳等生产的糠醛。首先糠醛在铬酸镁、铬酸锌催化剂的作用下脱羰基生成呋喃，呋喃加氢生成 THF，THF 在铜催化剂存在下，于 120℃氧化生成 GBL。在诸多生产 THF 和 GBL 的石油化工原料技术开发投产后，这种技术已不再采用。

3. 顺酐在超临界二氧化碳流体中加氢制 γ-丁内酯技术

2002 年，Pillar 等人提出在二氧化碳的超临界流体介质中进行 MA 加氢制 GBL 的过程，采用含 1%Pt 的 Al_2O_3 催化剂，在 12MPa、273℃的二氧化碳超临界状态下，MA 全部转化，GBL 的选择性大于 80%，其余为丁二酸酐，此法尚未见工业化报道。

第三节 γ-丁内酯的产能、市场和用途

一、全球 γ-丁内酯的产能[4-6,37-39]

在精细化工领域，GBL 属于一种中等规模的产品，2003 年全球总产能已超过 28 万吨，产量约 23 万吨；2005 年产能达到 30 万吨，产量达到 28 万吨，年均增长率分别约为 5%和 10%。随后从 2005～2016 年增长相对减缓，2010 年产能

约 38 万吨，产量约 30 万吨；2016 年产能约 47 万吨，产量约 35 万吨。但是进入 2017 年后，随着下游的 N-甲基吡咯烷酮高速发展，GBL 进入高速发展快车道，2020 年产量跃升超过 45 万吨，2022 年产能更是扩展至超过 77 万吨，产量也超过 55 万吨。由于 GBL 是生产有机产品的中间体，许多生产企业直接就将其转化为诸如吡咯烷酮等产品，未统计在内，因此实际产能要大得多。

2005 年前全球已建有数套年产能在万吨以上的装置，主要集中在美国、英国、日本和比利时，其中美国的 Leandell、ISP，德国的 BASF，英国的 ICI，比利时的 UCB，日本的三菱化学、北海道有机化工、出光石化、日本四氢呋喃公司等都生产 GBL。2006 年 BASF 公司扩产德国卢德维希港 GBL 生产装置的能力，完成后将拥有 8.5 万吨/年的产能，成为全球 GBL 产能最多的公司。2022 年中国内蒙古东景生物科技有限公司投产 10 万吨/年的 GBL 装置，并维持满负荷生产，超过 BASF 成为全球最大 GBL 产能公司，同时也是单套最大产能装置。

中国 GBL 生产的起步较晚，在 20 世纪 80 年代才有了较大的发展。2005 年我国 GBL 的产能约 5 万吨，生产企业约 20 家，产量约 3.3 万吨，主要是自用生产下游产品，生产方法均是 BDO 脱氢法。中国 GBL 产业发展主要在 2005 年以后，山西三维集团股份有限公司 2004 年建成 1.5 万吨/年全国最大 GBL 生产装置，2007 年前后迈奇化学股份有限公司和浙江联盛化学股份有限公司各自自主建设 2 万吨/年装置，成为当时全国最大的 GBL 生产企业之一。至 2010 年 GBL 产能和产量较 2005 年几乎翻了一倍，进入 2015 年后，随着下游需求强力拉动，涌现出山东长信化学科技股份有限公司、滨州裕能化工有限公司等新兴企业，产能逐步扩张，一些产能较小、技术相对落后的企业退出。中国的单个公司产能、单套装置规模、产品质量均超过国外传统 γ-丁内酯生产企业，中国已成为全球 GBL 产能和产量最多的国家。中国 GBL 主要生产企业及产能见表 3-6。

表 3-6 中国 γ-丁内酯主要生产企业及产能变化 单位：万吨/年

生产企业	2005 年		2010 年		2022 年
	产能	产量	产能	产量	产能
浙江联盛化学股份有限公司	1.2	1.0	2.4	2.0	2.0
陕西晶瑞派尔森有限公司	—	—	—	—	2.5
神木国融精细化工有限公司	—	—	—	—	2.0
四川天华股份有限公司	1.0	0.8	1.0	0.2	1.0
迈奇化学股份有限公司	1.5	1.0	2.5	2.0	5.2
濮阳光明化工有限公司	—	—	1.8	1.0	7.8
重庆中润新材料股份有限公司	—	—	—	—	4.0
赣州中能实业有限公司	—	—	—	—	1.0
内蒙古东景生物科技有限公司	—	—	—	—	10.0

续表

生产企业	2005年		2010年		2022年
	产能	产量	产能	产量	产能
山东长信化学科技股份有限公司	—	—	—	—	5.0
滨州裕能化工有限公司	—	—	—	—	6.0
垦利县更新化工有限公司	—	—	—	—	3.0
滨州市沾化区瑞安化工有限公司	—	—	—	—	2.0
中科合成油内蒙古技术研究院有限公司	—	—	—	—	1.0
山东鑫脉石化科技有限公司	—	—	2.0	—	停产
山西三维化工集团股份有限公司	1.5	0.6	1.5	1.0	停产
中国石化南京金龙化工有限公司	0.5	0.45	1.2	0.8	停产
山东胜利油田东胜星润化工有限责任公司	0.4	0.35	1.0	0.3	停产
安徽海丰精细化工有限公司	0.6	0.05	0.6	0.3	停产
内蒙古乌审旗新型化工有限公司	—	—	0.4	0.1	停产
合计	6.7	4.25	14.4	7.7	52.5

二、γ-丁内酯的市场和需求[4-6,37-39]

1. γ-丁内酯的主要用途和下游产品

γ-丁内酯的化学性质活泼，通过开环或环上的氧原子被其他杂原子取代，可以生成多种重要而用途广泛的精细化工产品，其重要应用领域和下游产品如下。

（1）合成2-吡咯烷酮

GBL和氨反应得到2-吡咯烷酮，2-吡咯烷酮是尼龙4的单体，80%以上的2-吡咯烷酮用于合成乙烯基吡咯烷酮，后者聚合得到聚乙烯基吡咯烷酮（简称PVP）。PVP主要用于医药、食品、日化、涂料、造纸、感光材料等领域，是一种多用途、附加值高、具有较大发展前途的精细化工产品。2022年我国2-吡咯烷酮有效产能约3.0万吨/年，实际产量约2.7万吨，行业景气度较高，处于高开工率状态。

（2）合成*N*-甲基吡咯烷酮（简称NMP）

GBL与甲胺加压缩合得到*N*-甲基吡咯烷酮，它是一种化学性质稳定，对芳烃、炔烃、双烯烃等溶解性、选择性高的优良溶剂，广泛用于芳烃、炔烃、二烯烃的分离过程。也可作为聚合反应溶剂，用于聚酰亚胺、聚酰胺、聚苯醚等高性能聚合物的生产制造。还可作为环保型无毒溶剂，用于乙烯基涂料制造和锂电池的电解液等。此外，NMP还可以用于医药、颜料、香料及清洗剂等精细化学品的合成。*N*-甲基吡咯烷酮作为锂电池制造过程涂布工序的溶剂，随着全球锂电池产量由2015年100GW·h高速增加至2022年1100GW·h，γ-丁内酯新增产能基本用于满足 NMP 的需求增长。

（3）合成环丙胺（简称 CPA）

CPA 是含有三元环的重要脂肪胺，主要用于医药、农药等精细化学品的合成。在医药方面是合成环丙沙星、斯帕沙星、环丙依诺沙星等喹诺酮类抗菌药的原料。2022 年我国环丙胺消耗的 GBL 约 1.5 万吨，该行业集中度较高，基本集中在山东国邦药业股份有限公司和浙江沙星科技有限公司。

（4）合成 α-乙酰基-γ-丁内酯（简称 ABL）

ABL 的主要用途是用于合成维生素 B1 和农药。2022 年我国 ABL 合成装置产能约 4 万吨，产量约 2.4 万吨，主要生产厂家有浙江联盛化学、山东方明制药、南通顺毅、陕西金信宜、江苏兄弟维生素和江西天新药业等。

（5）合成丁二酸、γ-羟基丁酸

GBL 氧化可得到丁二酸，水解可以制得 γ-羟基丁酸，二者都是能生产医药等精细化工产品的中间体。

（6）合成聚 γ-丁内酯

GBL 由于环张力小，一般认为是不可聚合的化合物。2016 年美国科罗拉多州大学 Chen 和洪谬首次成功实现了 GBL 在常压下的开环聚合，高效地合成了相对高分子量的 GBL，试验证明聚合温度为－40℃，单体起始浓度为 10mol/L 时，采用复合催化剂可以通过配位-插入机理高效地催化聚合，转化率最高可达 90%，聚合物的 Mn 最高可达 30.0kg/mol。获得的聚 γ-丁内酯（PGBL）在 200～300℃加热后即可全部解聚为单体，从而实现真正的全可回收性。PGBL 还有诸多技术性挑战，如开发更高活性的开环可控催化剂体系，解决当前分子量分布较宽和聚合物性能低缺陷。但是，由于 PGBL 原料来源广泛、可全回收性高、降解速度快等特征，其具有较大前瞻性商业化价值。

（7）其他

GBL 是合成戊二酸、2-溴（氯）代丁内酯等多种精细化工产品的原料。

2. γ-丁内酯国内外市场供需情况

国外近十年 GBL 新生产装置的建设较少，产能和产量变化不大，主要生产方法是 BDO 脱氢或联产产品，主要生产和消费地区是美国和西欧。2005～2016 年，美国用于生产 GBL 的 BDO 量从 8.8 万吨/年增加到 11 万吨/年（2010 年），到 2016 年又降低至 9.8 万吨/年。因此估计美国 2005～2010 年 GBL 的消费年均增长率约 4.6%，而 2010～2016 年反而出现下降，主要是其下游消费未有增加。同期，西欧用于生产 GBL 的 BDO 量由 2005 年的 3.5 万吨/年增加到 2010 年的 4.4 万吨/年，年均增长率约 5%，再到 2016 年增加至 8.4 万吨/年，有较明显的增长。

在 2010 年全球 γ-丁内酯市场消费比例为：*N*-甲基吡咯烷酮占 56%，2-吡咯烷酮、乙烯基吡咯烷酮和聚乙烯基吡咯烷酮占30%，其他占14%。美国的消费结构以上三项分别占56%、25%～30%和14%～19%，西欧则分别占43%、45%和12%。日本40%～45%的GBL用作电解质溶液，38%用于合成NMP，其余用作溶剂。2022年，由于NMP的高速发展，GBL市场消费比例增长至71%，其他的产品消费量年均增长率为6%左右，因此2010～2022年基本新增的GBL产能大部分转化为NMP以满足锂电池发展需要。

我国2005年GBL的产量约3.3万吨，需求约为4万吨，市场分配为环丙胺占36.7%，NMP占25.3%，α-乙酰基-γ-丁内酯占16.5%，乙烯基吡咯烷酮和聚乙烯基吡咯烷酮占11.8%，2-吡咯烷酮占5.5%，其他占4.2%。2022年GBL的产量和消费量约22万吨，市场分配为NMP占68.1%，2-吡咯烷酮、乙烯基吡咯烷酮和聚乙烯基吡咯烷酮占12.2%，α-乙酰基-γ-丁内酯占11.6%，环丙胺占6.8%，其他占1.8%。从绝对量看，NMP增加了接近15倍，α-乙酰基-γ-丁内酯和2-吡咯烷酮及其衍生物增加了接近4倍，说明我国锂电池、医药与食品材料等行业发展显著。

γ-丁内酯近10年新增新产品主要是*N*-乙基吡咯烷酮等吡咯烷酮产品，其他领域尚未开发出新应用，且开始高度集中于NMP。其未来市场发展将主要取决于：NMP的市场发展和GBL在电解液等新兴领域的接受程度。当前我国GBL已有产能近50万吨，在建产能超过28万吨，近5年可完全满足下游发展需要，因此需要高度防范出现的产能过剩风险。

参考文献

[1] 黄凤兴. 丁二醇类，丁内酯 [M] //中国化工百科全书：第3卷. 北京：化学工业出版社，1993：555，591.
[2] 童立山. 有机化工原料大全：中卷 [M]. 2版. 北京：化学工业出版社，1999：987.
[3] 杨骏，郑洪岩，张渊明，等. γ-丁内酯合成研究的新进展 [J]. 现代化工，2004，24（3）：4.
[4] 钱伯章，朱建芳. γ-丁内酯的生产技术与市场分析 [J]. 化工中间体，2006（9）：5.
[5] 何春，唐亚文，李刚，等. γ-丁内酯需求及合成技术进展 [J]. 甘肃科技，2007，23（11）：3.
[6] 文杰. γ-丁内酯应拓展下游消费市场 [J]. 精细化工原料及中间体，2007（2）：3.
[7] 马宁，崔炳春，崔卫星，等. 合成γ-丁内酯工艺对比研究 [J]. 河南化工，2007，24（8）：3.
[8] 邱娅男. γ-丁内酯的生产方法及其应用综述 [J]. 科技情报开发与经济，2008，18（34）：83-84.
[9] 白尔铮. 甲胺生产技术及市场 [J]. 石油化工快报，2008（10）：8.
[10] 尹永植，李诚浩，吴承勋，等. 由1,4-丁二醇制备γ-丁内酯的方法：CN101920206A [P]. 2010-12-22.
[11] 童立山. RF催化剂在γ-丁内酯生产中的应用 [J]. 精细石油化工，1996（5）：3.
[12] 林衍华，等. 1,4-丁二醇脱氢环化制γ-丁内酯的动力学研究 [J]. 精细石油化工，1995（4）：40-44.
[13] 内蒙古新型化工公司采用山西煤炭化学研究所技术建成4kt/a γ-丁内酯装置 [J]. 石油化工，2009（9）：956-956.
[14] 赵钢炜，等. 顺酐气相加氢制备γ-丁内酯的动力学研究 [J]. 高校化学工程学报，2006（5）：740-744.
[15] 黄龙，詹辰琪，易玉峰，等. 一种用于催化醇类脱氢的催化剂及其制备方法和应用：CN 115106094B

[P]. 2022-08-26.

[16] Tong Lishan, et al. Process for the preparation of gamma-butyrolactone: US 5637735 [P]. 1995-08-09.

[17] Uwe, Herrmann, Gerhard, et al. Liquid phase hydrogenation of maleic anhydride and intermediates on copper-based and noble metal catalysts [J]. Industrial & Engineering Chemistry Research, 1997 (36): 2885.

[18] 项一非，郭伯麟，沈伟，等. 顺酐常压气相加氢合成 γ-丁内酯：CN 1058400A [P]. 1992-02-05.

[19] Paul D Taylor. Activated catalyst for the vapor phase hydrogenation of maleic anhydride to gamma-butyrolactone in high conversion and high selectivity: US 5122495 [P]. 1992-07-16.

[20] Akzo Nobel Nv. Process for producing gamma-butyrolactone: EP 0638565A1 [P]. 1994-01-12.

[21] Standard Oil Co. Vapor-phase hydrogenation of maleic anhydride to tetrahydrofuran and gamma-butyrolactone: EP 0322140A1 [P]. 1989-04-25.

[22] 易国斌，王乐夫，吴超，等. 顺酐加氢制备 γ-丁内酯的催化体系研究进展 [J]. 化工进展，2001 (02): 37-39.

[23] Zhu Y L, Xiang H W, Wu G S, et al. A novel route for synthesis of g-butyrolactone through the coupling of hydrogenation and dehydrogenation [J]. Chem Comm, 2002 (3): 254-255.

[24] Zhu Y L, Xiang W H, Li W Y, et al. A new strategy for the efficient synthesis of 2-methylfuran and γ-butyrolactone [J]. New J Chem, 2003, 27 (2): 208-210.

[25] Pillai U R, Endalkachew S D. Selective hydrogenation of maleic anhydride to g-butyrolactone over Pd/Al_2O_3 catalyst usingsupercritical CO_2 as solvent [J]. Chem Comm, 2002 (5): 422-423.

[26] Pillai U R, Endalkachew S D. Maleic anhydride hydrogenation over Pd/Al_2O_3 catalyst under supercritical CO_2 medium [J]. Applied Catalysis B Environmental, 2003, 43 (2): 131-138.

[27] Hong M, Chen E Y X. Completely recyclable biopolymers with linear and cyclic topologies via ring-opening polymerization of gamma-butyrolactone [J]. Nat Chem, 2016, 8 (1): 42-49.

[28] 张慧，陈晨，陈细涛，等. 催化顺酐加氢制 γ-丁内酯的高分散铜锌钛催化剂及其制备方法：CN 101940927A [P]. 2011-01-12.

[29] 刘建武，等. 丁二酸二甲酯加氢制备 γ-丁内酯 [J]. 精细石油化工，2010 (2): 12-15.

[30] 吴永忠，等. 顺酐加氢和 1,4-丁二醇脱氢耦合法制备 γ-丁内酯的催化剂 [J]. 石油化工，2011 (5): 554-558.

[31] 杨骏，等. 1,4-丁二醇脱氢和糠醛加氢耦合一体化 Cu-Zn-Al 催化剂的研究 [J]. 现代化工，2004 (9): 33-36.

[32] 吴红升，等. γ-丁内酯制备进展及其沸点特征 [J]. 盐城工学院学报（自然科学版），2016 (3): 63-67.

[33] 陈德义，王一，杨东，等. N-甲基吡咯烷酮与 γ-丁内酯的提纯方法：CN 102190611A [P]. 2011-04-01.

[34] 张星芒. 天华. γ-丁内酯系列产品项目出一流产品 [J]. 四川化工，2009, 12 (4): 51-52.

[35] 高松，等. γ-丁内酯的催化合成技术进展 [J]. 化工生产与技术，2015 (1): 36-40.

[36] 陈亿新，陈国术，陈新滋，等. 一种顺酐气相加氢制备 γ-丁内酯的催化剂：CN102188978A [P]. 2011-09-21.

[37] 钱梦洋. γ-丁内酯 (GBL) 下游产品需求预测 [J]. 医药化工，2007 (2): 43-44.

[38] 袁鹏俊，洪缪. "非张力环" γ-丁内酯及其衍生物开环聚合的研究进展 [J]. 高分子学报，2019, 50 (4): 327-333.

[39] 佚名. γ-丁内酯有供过于求之忧 [J]. 医药化工，2006 (9): 33-33.

第四章
吡咯烷酮

第一节
2-吡咯烷酮

一、2-吡咯烷酮的物理性质[1-4]

2-吡咯烷酮（2-pyrrolidinone），也称 α-吡咯烷酮，是一种五元杂环结构的内酰胺化合物，又名 γ-丁内酰胺（γ-butyrolactam）。分子式 C_4H_7NO，分子量为 85.12，结构式如下：

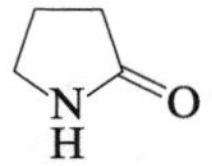

N
H
O

2-吡咯烷酮在熔点以上是一种无色、空气中放置易吸湿的透明液体，与水、低级醇、醚、乙酸乙酯、氯仿及苯等有机物可以互溶，但不溶于脂肪烃和环烷烃。其主要物理性质见表 4-1。

表 4-1　2-吡咯烷酮的主要物理性质

物理性质	数值	物理性质	数值
熔点/℃	25.6	折射率(30℃)	1.4840
沸点/℃		黏度(25℃)/mPa·s	13.3
0.133kPa	103	偶极矩(30℃)/D	3.8
1.33kPa	122	介电常数(35℃)	27.1
13.2kPa	181	熔化热焓/(kJ/kg)	135
101.3kPa	245	蒸发潜热(40)/(kJ/kg)	666
密度(液体)/(g/cm^3)		闪点/℃	138
25℃	1.107	着火温度/℃	390
50℃	1.1087		

二、2-吡咯烷酮的化学性质[1-8]

2-吡咯烷酮具有典型的内酰胺的化学性质，它与氯化氢和溴化氢以及碱都能形成盐，因此具有酸、碱两性。

1. 开环聚合反应

2-吡咯烷酮在碱及羧酸、氯化物等催化下可以通过阴离子聚合生成聚吡咯烷酮，这是一种高分子量的链状聚合物，又名尼龙 4，在纺织纤维、成膜材料及模塑料等方面具有潜在用途。

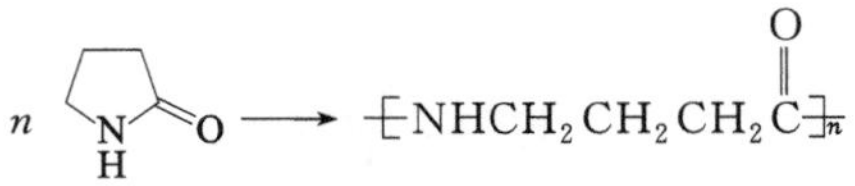

$$n\ \text{(2-吡咯烷酮)} \longrightarrow \left[NHCH_2CH_2CH_2\overset{O}{\overset{\|}{C}} \right]_n$$

2. 水解反应

2-吡咯烷酮在强酸和强碱的水溶液中易水解生成 4-氨基丁酸：

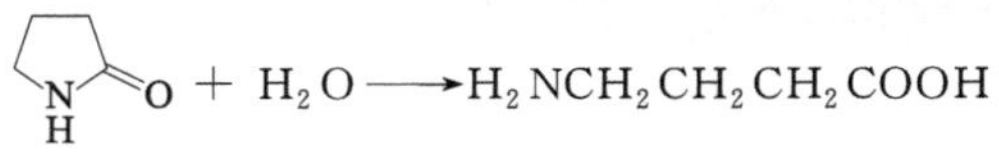

$$\text{(2-吡咯烷酮)} + H_2O \longrightarrow H_2NCH_2CH_2CH_2COOH$$

3. 氮原子上的氢原子取代和加成反应

这是 2-吡咯烷酮生成一系列重要衍生物的主要途径。

烷基化反应：在碱存在下，2-吡咯烷酮与卤代烷烃或硫酸二烷基酯反应，其氮原子上的氢被烷基置换，生成 *N*-烷基吡咯烷酮。

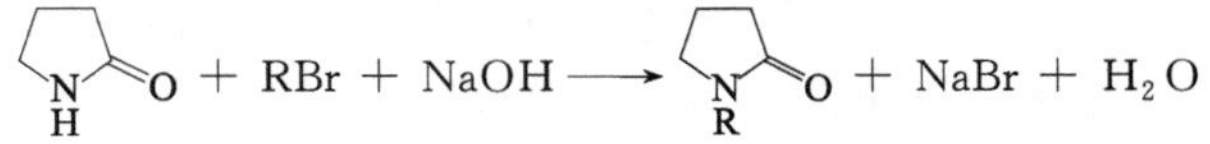

$$\text{(2-吡咯烷酮)} + RBr + NaOH \longrightarrow \text{(N-R-2-吡咯烷酮)} + NaBr + H_2O$$

同样，在 Al_2O_3 催化剂的作用下，2-吡咯烷酮气相与醇反应，也可以生成 *N*-烷基吡咯烷酮。采用铬酸铜催化剂，通过与羧酸酐或氯化物反应很容易生成 *N*-酰基吡咯烷酮。

2-吡咯烷酮氮原子上的氢原子非常活泼，易与双键等进行加成反应。例如与苯乙烯的乙烯基加成生成一种 *N*-取代基化合物；如进一步反应，则在 2-位氢原子上继续进行加成反应。反应方程如下：

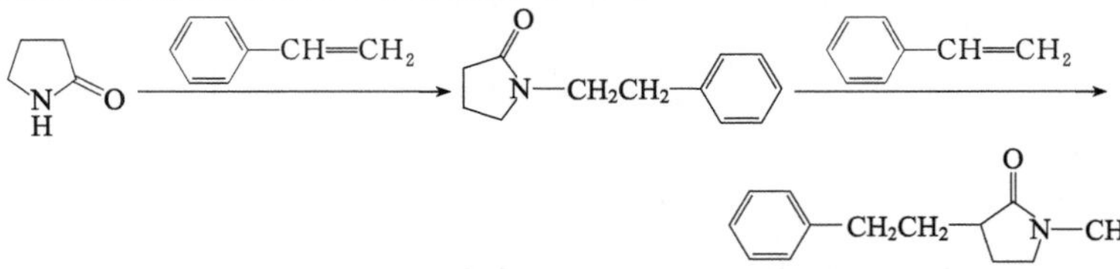

$$\text{(2-吡咯烷酮)} \xrightarrow{C_6H_5-CH{=}CH_2} \text{(N-}CH_2CH_2-C_6H_5\text{-2-吡咯烷酮)} \xrightarrow{C_6H_5-CH{=}CH_2}$$

$$C_6H_5-CH_2CH_2-\text{(吡咯烷酮-3-位)}-N-CH_2CH_2-C_6H_5$$

与醛的羰基加成生成 *N*-羟烷基取代吡咯烷酮，例如与甲醛反应生成 *N*-羟甲基吡咯烷酮，与乙醛反应生成羟乙基吡咯烷酮。

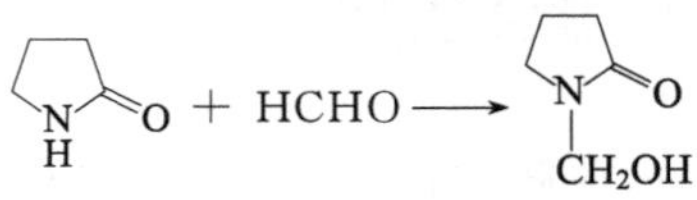

$$\text{(2-吡咯烷酮)} + HCHO \longrightarrow \text{(N-}CH_2OH\text{-2-吡咯烷酮)}$$

当有仲胺或醇存在时，羟烷基的羟基被氨基或烷氧基取代，生成一种新的*N*-取代基吡咯烷酮。

4. 羰基的缩合反应

在适当的反应条件下，羰基能和伯胺和仲胺进行缩合反应，两分子的2-吡咯烷酮也可进行缩合反应生成1-(2-吡咯啉基)-2-吡咯烷酮。

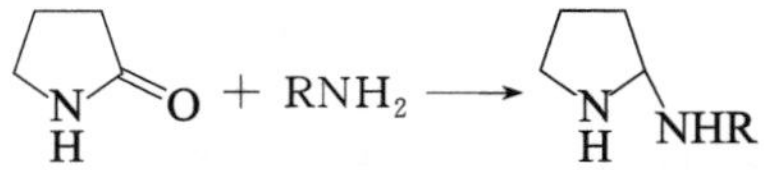

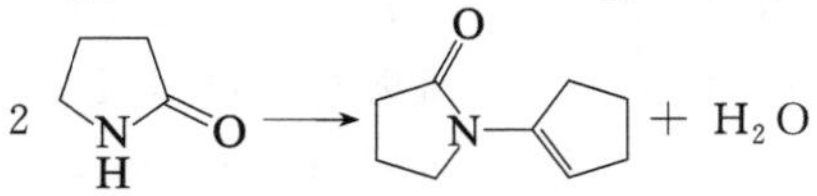

5. 加氢还原反应

高温并在铜或者钴催化剂存在下，2-吡咯烷酮的羰基被加氢还原生成吡咯烷（又称四氢吡咯）。

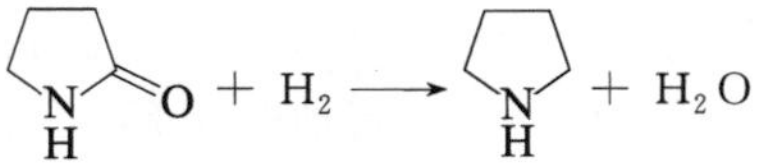

三、2-吡咯烷酮的生产方法[1,9-18]

工业级2-吡咯烷酮要求纯度在99.5%以上，含水量小于0.1%。工业上有几种生产2-吡咯烷酮的方法，例如四氢呋喃氨化法、γ-丁内酯氨化法、DMS法以及顺酐或丁二酸加氢氨化法等，但主要采用γ-丁内酯氨化法及顺酐或丁二酸加氢氨化法生产。

1. 四氢呋喃氨化法

四氢呋喃氨化法是美国DuPont公司早期采用的生产2-吡咯烷酮的方法，反应是在气相中进行，氨与THF的摩尔比为20∶1，反应温度为250℃，压力为1MPa。采用二氧化硅为催化剂，THF的转化率为99%，生成2-吡咯烷酮的选择性在96%以上。

2. γ-丁内酯氨化法

BASF公司和我国当前生产企业均采用此工艺生产2-吡咯烷酮。在无催化剂，于270～300℃及5.0～7.0MPa压力下；或者在硅酸铜或硅酸镁催化剂存在下，于250～290℃及0.4～1.4MPa压力下，GBL与过量氨或氨水两步反应制得。

$$\text{GBL} + NH_3 \longrightarrow HOCH_2CH_2CH_2-\overset{O}{\overset{\|}{C}}-NH_2 \xrightarrow{-H_2O} \text{2-吡咯烷酮}$$

抑制生成4-（*N*-吡咯烷酮基）丁胺的副反应，可以获得基于GBL高达99%转化率的2-吡咯烷酮产品。

3. DMS法

也称氢氰酸法，该法由DMS公司开发，主要是针对丙烯腈生产装置副产氢氰酸的回收利用开发。反应分为三步，氢氰酸与丙烯腈反应生成1,4-丁二腈，1,4-丁二腈部分加氢生成氨基丁腈，然后水解环化得到2-吡咯烷酮。其反应式如下：

$$HCN + CH_2{=}CH-CN \longrightarrow NCCH_2CH_2CN$$

$$NCCH_2CH_2CN + 2H_2 \longrightarrow NCCH_2CH_2CH_2NH_2$$

$$NCCH_2CH_2CH_2NH_2 + H_2O \longrightarrow \text{2-吡咯烷酮} + NH_3$$

丙烯腈和氢氰酸的反应是在常压、约70℃、三乙胺为催化剂下进行的，1,4-丁二腈的产率可以高达97%。1,4-丁二腈加氢采用Raney-Ni或Raney-Co，以及载贵金属钯、铂等催化剂，反应是在液相水溶液中进行的，反应压力1.4MPa，温度250～300℃，在带搅拌的釜式反应器中进行。1,4-丁二腈完全转化，氨基丁腈的选择性在85%左右。最后的水解反应是在2MPa压力和210℃下，在一活塞流反应器中进行的，得到的产品经脱氨、脱水、蒸馏，可以得到纯度99.8%的2-吡咯烷酮产品。

4. 顺酐或丁二酸加氢氨化法

由于以MA为原料生产BDO、THF、GBL技术的开发成功，在此基础上衍生出直接以MA为原料生产2-吡咯烷酮的技术。以MA的氨水溶液为原料，实际上是丁烯二酸或丁二酸、丁二酸酐的加氢氨化技术。加氢反应一般采用载于碳载体上的贵金属铑、钌、钯等催化剂，贵金属载量一般为5%左右。也可采用加氢活性稍低的Raney-Ni、Raney-Co等催化剂。一般物料配比为氨与酸的摩尔比为2～5，反应温度为200～300℃，压力为5～15MPa，反应时间3～5h，可以得到高转化率和高选择性的2-吡咯烷酮产品。反应方程如下：

$$\text{MA} + NH_3 + 3H_2 \longrightarrow \text{2-吡咯烷酮} + 2H_2O$$

典型的生产工艺流程见图4-1。

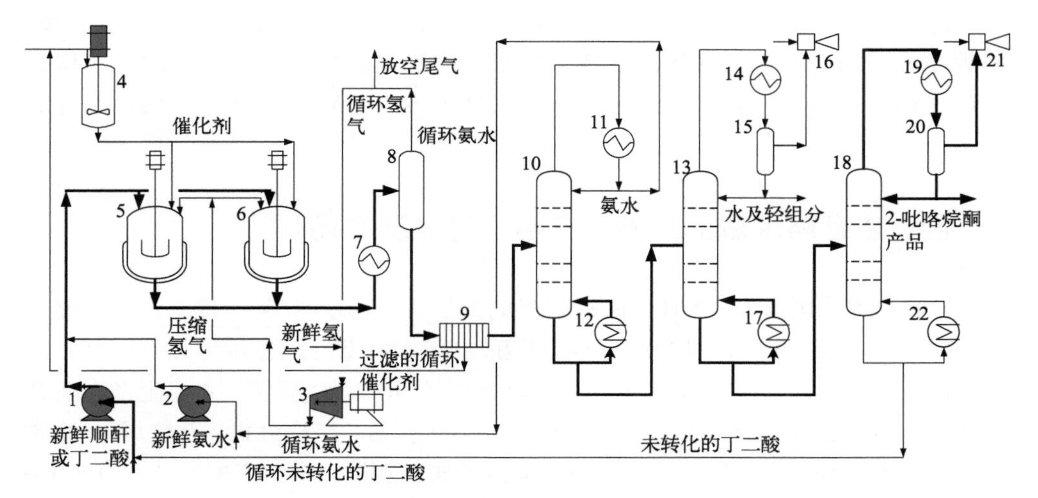

图 4-1 顺酐或丁二酸加氢氨化法生产 2-吡咯烷酮工艺流程

1—MA 泵；2—氨水泵；3—氢气压缩机；4—催化剂配制罐；5，6—加氢氨化反应器；7—换热器；8—气液分离器；9—过滤器；10—脱氨塔；11,14,19—塔顶冷凝器；12,17,22—重沸器；13—脱水塔；15,20—气液分离器；16,21—蒸汽喷射泵；18—2-吡咯烷酮蒸出塔

图 4-1 是以 MA 或丁二酸为原料的半连续化生产 2-吡咯烷酮的工艺流程，熔融的和循环的未转化的 MA 或丁二酸原料由 MA 泵 1，新鲜和循环的氨水经氨水泵 2 一起打入加氢氨化反应器 5 或 6 之一，循环和新鲜的铑催化剂在催化剂配制罐 4 中与水配制成浆液，按酸量的 5%加入反应器，反应器内的物料配比为氨与酸的摩尔比为 1.5∶1，酸的浓度约 25%的反应液，在搅拌下逐渐充氢压至 12～15MPa，并升温。如果以 MA 为原料，在 100℃，稍作停留，以便顺酐转化为丁二酸。当温度升至 275℃时，通过夹套冷却和恒温 3～4h，反应即可结束。MA 或丁二酸的转化率、2-吡咯烷酮的收率均在 90%以上，反应完成，由反应器底部连续排出反应产物。由反应器底部排出的反应液首先经换热器 7 冷却，减压进入气液分离器 8，分出反应过量的氢气，氢气经由氢气压缩机 3 补充新鲜氢气后为另一台反应器充压。液体产物经过滤器 9 滤出催化剂，催化剂再返回催化剂配制罐 4，配入一定的水分及新鲜催化剂后，呈浆状再加入另一台反应器。滤出的液体含有 2-吡咯烷酮产品、水、反应过量的氨、未转化的丁二酸以及少量副产品等，首先进入脱氨塔 10，由塔顶蒸出氨及部分水，经氨水泵 2 压入另一台反应器配料。塔釜物料进入真空脱水塔 13，由塔顶在减压下蒸出剩余的水及少量比 2-吡咯烷酮沸点低的轻组分副产品，塔釜物料进入 2-吡咯烷酮蒸出塔 18，由塔顶蒸出 2-吡咯烷酮产品，塔釜为未转化的丁二酸，经 MA 泵 1 加入另一台反应器。调整另一台反应器的配料比，达到要求后，开始升温、升压操作，两台加氢氨化反应器交替反应达到半连续化生产 2-吡咯烷酮。

近期合成技术进展为以谷氨酸为原料采用谷氨酸脱羧酶转化为4-氨基丁酸，随后在118～148℃和真空条件下将4-氨基丁酸脱水转化为2-吡咯烷酮。总体收率可达到98%以上，且产品纯度高于99.5%，该工艺路线未来具有较强的竞争优势。

四、2-吡咯烷酮的产能、产量、用途及市场[1-8]

全球（除中国以外）2-吡咯烷酮的产能为5万～6万吨/年。其中美国产能为2.5万～3.0万吨/年，产量为2万～2.5万吨/年，主要生产公司为BASF和ISP；西欧产能为0.8万～1.0万吨/年，产量为0.6万～0.8万吨/年，主要生产企业为BASF和UCB公司；日本产能为0.2万～0.3万吨/年，产量约0.2万吨/年，主要生产企业为日本三菱化学株式会社和日本触媒株式会社。中国产能为4.0万～5.0万吨/年，实际产量为2.5万～3.5万吨/年。其他国家产能为0.8万～1.0万吨/年，产量为0.6万～0.8万吨/年。全球2-吡咯烷酮的需求量2005～2010年的增长量为3%～5%。

2-吡咯烷酮的主要应用和市场有以下几方面。

（1）溶剂

2-吡咯烷酮是一种高沸点的极性溶剂，能与水、醇、醚、酯、酮、氯仿、四氯化碳、二硫化碳等多种有机溶剂互溶，可用于合成树脂、农药、多元醇、油墨等生产用溶剂，也可用于芳烃分离的萃取溶剂、丙烯酸-苯乙烯类树脂的溶剂、合成维生素B_1和白消安等的溶剂。

（2）化学合成的中间体

由于2-吡咯烷酮化学性能活泼，可以用作合成医药、农药等精细化工产品的中间体，例如2-吡咯烷酮与乙酸酐反应生成*N*-乙酰基吡咯烷酮（俗称脑复康）。2-吡咯烷酮在强酸和强碱存在下水解生成4-氨基丁酸，也是一种用于大脑和神经系统的营养药与食品的补充剂。2-吡咯烷酮与甲醇钠反应，再与氯乙酸乙酯缩合、氨化，得到吡咯烷酮乙酰胺，有促进和增强大脑记忆的功能，也是一种神经系统的营养药。

2-吡咯烷酮在碱性条件下缩聚成聚吡咯烷酮，俗称尼龙4，具有较高的热稳定性和亲水性，常用于纺织品，也可制成人造革和合成纸。

（3）合成*N*-乙烯基吡咯烷酮（简称NVP）和聚乙烯基吡咯烷酮（简称PVP）

2-吡咯烷酮氮原子上的氢被乙烯基取代生成NVP，NVP与氨在催化剂及双氧水作用下聚合为PVP。PVP可用作尼龙纤维的洗涤剂、造纸工业中的分散剂、染色助剂、油漆助剂、黏合剂等，全球95%以上的2-吡咯烷酮用于生产PVP。PVP是一种不同聚合度、多种规格和用途的系列产品，具有生物适配性、低毒、易形成膜剂、高黏性等特点，其结构与蛋白质相似，因而与人的皮肤有很好的亲和性，因此在日用化学品、化妆品、制药、食品等产品中有广泛的用途。PVP需求的增长，促进了2-吡咯烷酮产能的增长。

美国的2-吡咯烷酮主要用于NVP和PVP的生产，西欧多用于医药消费，日本则主要用于墨水溶剂、电解液组成和医药产品的生产。我国20世纪90年代初，2-吡咯烷酮的需求主要依赖进口，1993年后依靠国内研究单位开发的技术很快实现了产业化，有多家企业建成数百吨级的生产装置，产能成倍增长。其中有山东新泰化工总厂、上海元吉化工有限公司、河南卫辉豫北化工厂、台州联盛化工有限公司（1万吨NMP和PVP）、东北制药集团公司、南京瑞泽精细化工有限公司（NMP 0.5万吨/年）、南京金陵石化公司金龙化工厂（0.4万吨NMP和PVP）、山东胜利油田东胜星奥化工有限公司（1.2万吨/年NMP）等进行过生产。截至2021年，中国主要的2-吡咯烷酮新增生产厂家有博爱新开源制药有限公司（约1万吨/年）、四川天华股份有限公司（0.6万吨/年）、中盐安徽红四方股份有限公司（0.6万吨/年）、焦作中维特品药业股份有限公司（0.6万吨/年）、安徽华福材料科技有限公司（0.7万吨/年）、乌兰察布市珂玛新材料有限公司（0.3万吨/年）、衢州建华南杭药业有限公司（0.3万吨/年）等。我国的2-吡咯烷酮也主要是供本厂用于NVP和PVP生产，最终用于合成医药、日化产品等精细化工产品。

第二节 *N*-甲基-2-吡咯烷酮

一、*N*-甲基-2-吡咯烷酮的物理化学性质[1,3-4]

N-甲基-2-吡咯烷酮（*N*-methyl-2-pyrrolidinone）又名*N*-甲基吡咯烷酮、甲基吡咯烷酮，简称NMP。分子式为C_5H_9NO，分子量99.13，是GBL的重要衍生物。常温下NMP是一种无色、透明、有轻微氨味的液体，是一种高极性、化学和热稳定性的高沸点溶剂，与水、低级醇、醚、酮、乙酸乙酯、氯仿、苯可以完全互溶，炔烃、二烯烃、烯烃等不饱和烃在NMP中的溶解度高于饱和烃。此外，NMP还能溶解多种高分子聚合物，因此NMP是一种高性能的极性有机溶剂和萃取分离溶剂。NMP主要物理性质见表4-2，一些树脂在NMP中的溶解度见表4-3。

表 4-2　*N*-甲基-2-吡咯烷酮的主要物理性质

物理性质	数值	物理性质	数值
分子量	99.13	密度(液体)(25℃)/(g/cm^3)	1.028
凝固点/℃	−24.4	黏度(25℃)/mPa·s	1.65
沸点/℃		折射率(25℃)	1.4690
0.133kPa	41	闪点(开杯法)/℃	95
0.459kPa	60	着火温度/℃	91
1.33kPa	79	溶度参数	11
3.37kPa	100	偶极矩/D	4.09
13.3kPa	136	表面张力(25℃)/(mN/m)	40.7
21.9kPa	150	介电常数(25℃)	32.2
101.3kPa	202	热导率(20℃)/[W/(m·K)]	1.8
比热容(液体)/[kJ/(kg·K)]		空气中爆炸限(体积分数)/%	
0℃	1.70	上限	1.3
25℃	1.78	下限	9.5
50℃	1.86		
100℃	2.03		

表 4-3　一些树脂在 NMP 中的溶解度

树脂	溶解度/%	树脂	溶解度/%
丙烯腈/氯乙烯共聚物	>10	尼龙	>10
聚氨酯橡胶	10	聚丙烯腈	24
乙基纤维素 N-100	25	聚甲基丙烯酸甲酯	>10
聚氯乙烯	>10	聚苯乙烯	25
聚碳酸酯	10	PVP	>10
聚酯薄膜	>10	尼龙注模树脂	25

NMP 显示弱碱性，其 10%水溶液的 pH 值为 7.7～8.0。NMP 是一种化学性能非常稳定的非反应性溶剂，但是在一些特定的条件下仍会进行内酰胺环的开环反应，羰基以及羰基相邻的 *α*-碳原子上也能发生一系列化学反应。在中性、低温的条件下，NMP 对水是稳定的；在强酸或强碱的参与下，例如在浓盐酸存在下，NMP 会水解生成 4-甲氨基丁酸。

$$\text{NMP} + H_2O \xrightarrow{\text{浓 HCl}} CH_3NHCH_2CH_2CH_2COOH$$

NMP 与诸如 $COCl_2$、$SOCl_2$、$POCl_3$ 等氯化剂反应形成一种氨化物，可进一步与不同的取代基反应，生成多种吡咯烷环的取代化合物。由于利用 NMP 的化学反应来制取衍生物并不多见，因此其参与的化学反应仅用于实验室的研究。

N-甲基吡咯烷酮与空气接触能被缓慢氧化，在经历各种中间反应后，生成 *N*-甲基丁胺。

二、*N*-甲基-2-吡咯烷酮的生产技术[19-35]

合成 NMP 的方法比较多，例如琥珀腈法、4-氧化丁酸甲酯法、BDO 法等，但工业上唯一的生产方法是 GBL 与甲胺的缩合法。由于 GBL 的制造方法不同，以及甲胺的纯度不同，而衍生出几种不同的生产工艺。

1. γ-丁内酯与甲胺缩合法

这是经典的 NMP 生产技术，早在 1936 年由德国 BASF 公司开发，已沿用多年。GBL、甲胺和水在无催化剂存在下，在 250℃，6～8MPa 压力，液相反应，停留时间约 2h 反应条件下，高转化率和高选择性地得到 NMP，经蒸馏脱水精制得到高纯度的 NMP 产品。反应可以采用釜式反应器，间歇进行，也可在活塞流的管式反应器中进行。反应方程如下：

$$\text{(GBL)} + CH_3NH_2 \rightleftharpoons HOCH_2CH_2CH_2-\overset{\overset{\large O}{\|}}{C}-NHCH_3 \longrightarrow \text{(NMP, N-}CH_3\text{)} + H_2O$$

反应的第一步生成 *N*-甲基-γ-羟基丁酰胺（NMH）的反应是可逆反应，常温和低压下就可进行。为了加快反应的进行，NMH 脱水环化反应需要在高温、高压下进行。因此反应过程也可以分步控制，连续进行，一般流程如图 4-2 所示。

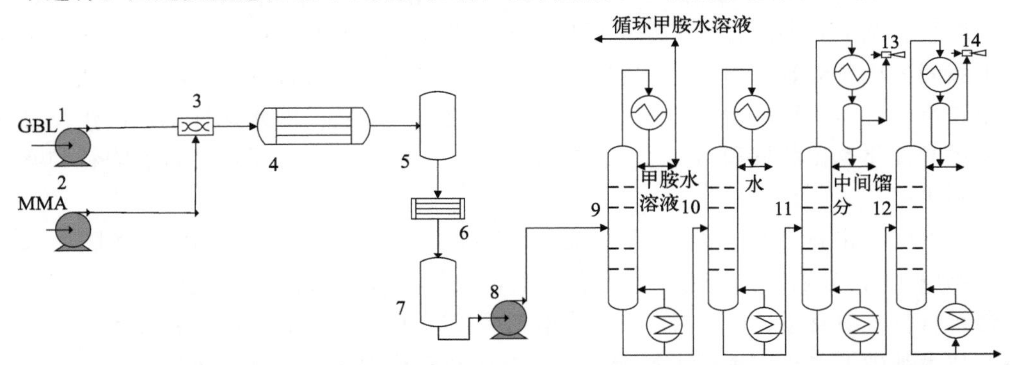

图 4-2 γ-丁内酯（GBL）和甲胺（MMA）生产 *N*-甲基吡咯烷酮（NMP）工艺流程

1—GBL 泵；2—MMA 泵；3—混合器；4—胺化反应器；5—高压缓存罐；6—换热器；7—缓存罐；8—进料泵；9—脱胺塔；10—脱水塔；11—中间馏分塔；12—成品塔；13,14—真空泵

甲胺过量有利于提高 GBL 的转化率及产品的分离。NMP 的沸点与原料 GBL 相近，一般蒸馏的方法很难分开，因此，使甲胺过量，控制甲胺与 GBL 的摩尔比为 1.05～1.3，使 γ-丁内酯基本转化完全，从而简化了产品分离过程。虽然缩合反应生成水，但反应采用甲胺的水溶液，且要求反应中水与 GBL 的摩尔比在 3～4，这样可防止中间产品 NMH 分解成甲胺和 γ-丁内酯，生成 NMP 的选

择性可由94%提高到99%以上。提高反应温度可以加快反应速率，但不利于生成NMP的选择性，因此反应温度控制在275～285℃，压力6～7MPa，以保持反应稳定在液相条件下进行，停留时间为1～2h，可以得到99%以上的转化率和选择性。ISP等公司有采用不配制水的纯甲胺合成NMP的工艺，但为保障NMP的选择性，一般要求脱水过程反应温度控制在310～330℃，压力9～13MPa，反应系统设计要求较为苛刻，但是降低了后续分离脱水的能耗。胺化反应器早期主要采用套管式反应器，后续随着生产规模发展，套管式反应器长度达到数千米，压力降大且密封泄漏点增加，因此后续陆续出现套管＋平流式、蛇管式、强制扰流列管式等多种形式的反应器。

如图4-2所示，反应产物首先经过脱胺塔9，由塔顶蒸出反应过量的甲胺的水溶液或者采用水吸收甲胺（行业称为二次甲胺），循环回胺化反应器4。随后塔釜物料进入脱水塔10，由塔顶蒸出全部剩余的水，塔釜液进入中间馏分塔11，进一步脱除可能残留的水和部分中间馏分。随后进入成品塔12，由塔顶蒸出高纯度的NMP产品，以GBL计摩尔收率为98%～99%。

随着NMP在高性能材料、电子和锂电池等高端领域应用日趋广泛，其金属离子、游离胺、固体颗粒物等原传统石油化工中不检测或者要求不高的检测指标逐步被提出，因此人们开发了吸附、多效精馏、过滤等二次提纯工艺以满足下游需求。

在2000年BASF公布了用混合甲胺生产NMP的技术。混合甲胺是一甲胺、二甲胺、三甲胺的混合物，是由甲醇与氨经催化氨化反应制得的。由于生成三个甲胺间的比例受热力学平衡控制，当一甲胺与GBL反应后，剩余的二甲胺、三甲胺可以再返回反应器，与氨进一步反应转化为一甲胺。因此这种工艺的优点是将甲醇催化氨化装置和NMP生产装置耦合，简化了工艺过程，提高了物料的有效利用率。

中国石化石油化工科学研究院和北京化工研究院均拥有GBL、甲胺合成NMP技术，分别转让给南京金龙化工有限公司和濮阳市运丰化工厂（现濮阳新迈奇材料股份有限公司）并于1997年先后投产1000吨/年装置。后续各厂在原有技术基础上，独立进行了扩能改造，单体规模最大达到5万吨/年。

2. 美国GAF公司的BDO生产NMP技术

美国GAF公司将BDO脱氢生产GBL过程与GBL制造NMP过程进行了组合。一段是BDO在铜催化剂的作用下脱氢生成GBL的过程，得到的产品粗分出脱氢反应副产品THF等轻组分以及未反应的丁二醇后，直接与纯甲胺进行二段胺化反应制造NMP。也可以直接与氨进行反应制造2-吡咯烷酮，因此一套装置可以生产两种产品。对于我国以Reppe法生产BDO的企业，这是一条生产丁二醇下游产品优选的经济方法。

3. Akzo Nobel N. V. 公司的顺酐法生产 NMP 技术

20 世纪 90 年代，荷兰的 Akzo Nobel N. V. 公司推出了一种以顺酐为原料直接生产 NMP 的技术，其实质是 MA 催化加氢生成 GBL 和 GBL 胺化反应生成 NMP 的组合。技术的关键是由 MA 加氢得到高转化率和高选择性的 GBL，可以不经提纯，直接与甲胺进行胺化反应得到 NMP 产品。MA 加氢反应采用铜-铝催化剂，气相反应。催化剂组成为氧化铜含量为 83.5%～85.5%，氧化铝含量为 9%～11%，其余为石墨。催化剂制造方法是，采用一定配比的铜和铝的硝酸盐溶液，用碳酸钠共沉淀的方法制得，经过滤、干燥、粉化，与一定量的石墨混合均匀，压片成型。催化剂的活化是在控制混合氮气流中氢气含量的条件下，首先升温到 150℃，逐渐增加氢气浓度到 80%～100%，温度达到 280℃，恒温 2h，催化剂还原活化结束。

MA 加氢反应是在气相，反应温度为 265℃，压力为 0.6MPa，氢与 MA 的摩尔比为 100∶1 的条件下进行的，MA 的转化率接近 100%，GBL 的选择性大于 98%。反应产物不经分离，直接与过量的甲胺水溶液在 290℃，7～8MPa 压力下液相反应，再经过分离制得 NMP 纯品，可以得到以 γ-丁内酯计 99%以上摩尔收率的 NMP。需要指出的是如果将甲胺换作氨，同样可以生产 2-吡咯烷酮，两种产品生产的工艺流程类似于图 4-1。

工业用 NMP 的纯度要求 99.5%以上，甲胺含量小于 0.02%，水含量小于 0.1%，色泽 APNH 应低于 50。由于近十年 NMP 的主要用途切换为供给锂电池涂布溶剂等新兴用途，对产品质量要求越来越高，其杂质含量对产品有较大影响，因此当前动力电池要求的 NMP 纯度需达到 99.92%以上，游离胺 10^{-5} 以下。

三、*N*-甲基-2-吡咯烷酮的产能、产量、市场和用途[18-22]

近年来由于新兴用途的扩大，全球尤其是中国的 NMP 产能得到较快的发展，2010 年全球产能为 15 万～18 万吨/年，产量为 13 万～15 万吨/年，主要生产国家和地区是美国、中国、日本和西欧，主要生产商为美国的 GAF 公司、德国的 BASF 公司、日本的三菱化学株式会社和北海道有机化工株式会社、中国的浙江联盛化学工业有限公司等。其中美国的产量为 8 万～10 万吨/年，一半自用，一半供出口。其中发展最快的是中国，1994 年中国 NMP 的产能尚不足 0.2 万吨，2005 年就猛增到 2.5 万吨，2010 年的产能已突破 5 万吨。随着下游锂电池需求的增加，2022 年合成 NMP 的产能攀升至约 45 万吨，产量约 24 万吨。主要生产企业有濮阳新迈奇材料股份有限公司（5.2 万吨/年）、山东长信化学科技股份有限公司（5万吨/年）、滨州裕能化工有限公司（6万吨/年）、濮阳光明化工有限公司（4万吨/年）、浙江联盛化学工业有限公司（2万吨/年），此外还有陕西晶瑞-派尔森、重庆中润、赣州中能、江西盛源、安徽晟捷、陕西国融化工等多家企业。预计近期投产的还有河南中汇电子（7万吨/年）、迈奇化学二期（5万吨/年）、万华化学（四川）有限公司（8万吨/年）、四川玖源化工（集团）有限公司（10万吨/年）。

NMP的主要用途之一是作为锂电池生产中的涂布溶剂，具体而言是利用NMP良好的溶解性，将正极材料、黏结剂（PVDF）、导电剂等打浆涂布在铜箔上，随后将NMP蒸发。NMP蒸气经过冷凝、水吸收后成为NMP水溶液，再去回收工厂回收NMP（行业称为“回收NMP”）。2021年中国通过回收锂电池副产NMP水溶液而产出的NMP量至少达到45万吨，超过合成工艺获得NMP的产能和产量。在中国，锂电池用途已超过NMP产量的90%。因此锂电池发展和工艺变化对产业影响巨大，在新兴溶剂或者涂布加工工艺变更后可能会对行业造成革命性的替代，使得行业风险实质较大。

NMP的主要用途之二是作为溶剂和萃取剂，例如润滑油精制用溶剂，乙炔分离用溶剂，丁二烯、异戊二烯、芳烃分离用萃取剂。

NMP的主要用途之三是用作聚砜、聚酰亚胺、聚酰胺-聚酰亚胺工程塑料、耐热树脂及纤维用溶剂。NMP还在电缆涂料、农药、纺织及药物合成等精细化工领域用作溶剂。其他用途还有硅晶片等工业用和民用的清洁剂，例如内燃机积炭和油污的清洗。

2010年前中国NMP发展主要依赖大型石油化工生产装置的建立，润滑油、丁二烯、芳烃等生产装置的建设对NMP的需要量增长较快。2011年后NMP发展由于锂电池的发展而进入快车道，从小众精细化学品转化为较大宗化学品，预期随着电动车进一步渗透和风光储能发展，NMP的需求量将很快超过100万吨级，市场前景广阔。但是目前NMP项目建设已出现过热，在建项目产能明显超过未来几年发展，而且NMP行业应用高度集中于锂电池，受其波动影响巨大。此外，锂电池正极可能发展出固态熔融等技术方式，可能会使得NMP主要市场被颠覆，因此存在一定的风险。

第三节
N-乙烯基吡咯烷酮

一、*N*-乙烯基吡咯烷酮的物理性质[2,36-43]

N-乙烯基吡咯烷酮（*N*-vinylpirrolidinone，简称NVP），分子式为

C_6H_9NO，分子量 114.14。常温下为黏稠的固状物，可与水、醇、醚、酯、氯代烃、芳烃等互溶，与脂肪烃仅能部分溶解。无腐蚀性，挥发性比较低。新蒸出的 NVP 是无色的黏稠液体，具有特征气味。其物理性质见表 4-4。

表 4-4 *N*-乙烯基吡咯烷酮的物理性质

物理性质	数值	物理性质	数值
熔点/℃	13.5	黏度(25℃)/mPa·s	2.07
沸点(54.2kPa)/℃	193	闪点(闭杯)/℃	93
密度(20℃)/(g/cm^3)	0.980	空气中爆炸限(体积分数)/%	
蒸气压(20℃)/kPa	0.012	上限	10
折射率(20℃)	1.5120	下限	1.4

二、*N*-乙烯基吡咯烷酮的化学性质[2,43]

1. 水解反应

N-乙烯基吡咯烷酮的双键具有化学反应活性，在室温下对碱是稳定的，在 0℃以上，可以被水溶性的无机酸分解成乙醛和 2-吡咯烷酮。

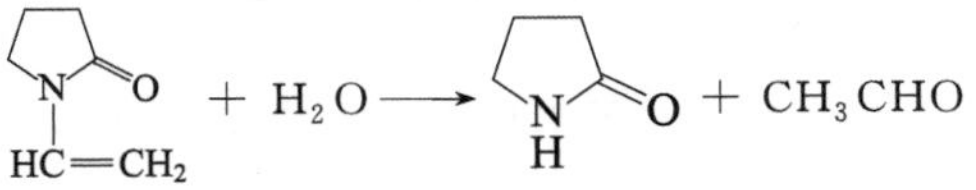

$$\text{NVP}\ (\text{N}-HC=CH_2) + H_2O \longrightarrow \text{2-吡咯烷酮}\ (\text{NH}) + CH_3CHO$$

2. 二聚反应

用干燥的氯化氢接触 NVP 时，发生低聚反应，生成其二聚体。采用氟乙酸为催化剂，在 85～90℃可以得到产率 90%以上的二聚体。

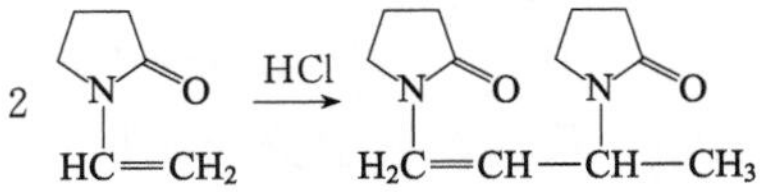

$$2\ \text{NVP}\ (\text{N}-HC=CH_2) \xrightarrow{HCl} H_2C=CH-CH-CH_3\ \text{(两个 N-吡咯烷酮基分别连于第一、第三个碳上)}$$

3. 双键加成反应

NVP 与胺、硫醇、醇、酚一类质子化物，按照 Markovnikov 规则与双键进行加成反应，例如与苯酚反应生成 *N*-(1-苯氧乙基)-2-吡咯烷酮。

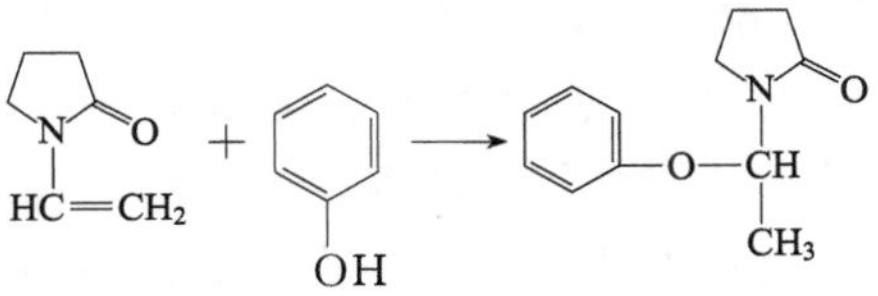

$$\text{NVP}\ (\text{N}-HC=CH_2) + C_6H_5OH \longrightarrow C_6H_5-O-CH(CH_3)-\text{N(吡咯烷酮)}$$

在加氢催化剂存在下，NVP 加氢成 *N*-乙基吡咯烷酮；在铑催化剂存在下，进行氢甲酰化反应，主要生成 *N*-(2-吡咯烷酮基)丙醇。

4. 聚合反应

NVP 长期在空气中放置，特别是在潮湿的气氛中放置，会生成过氧化物，过氧化物可以成为其聚合反应的引发剂，进一步使 NVP 发生聚合反应，生成聚乙烯基吡咯烷酮（PVP）。乙烯基的双键不但自身可聚合，而且可与许多其他单体在自由基引发下，进行溶液、悬浮液或乳液聚合，生成各种性能优良、用途广泛的聚合物，应用在医疗卫生、化妆品、食品、饮料、酿造、纺织印染、造纸等领域。

$$n\ \text{NVP (N, O; HC}{=}\text{CH}_2) \longrightarrow [\text{—CHCH}_2\text{—}]_n$$

三、*N*-乙烯基吡咯烷酮的工业生产技术[2,40]

工业上 NVP 有以下几种合成方法。

1. 2-吡咯烷酮和乙炔加成法

这是最初工业化的生产方法，以氢氧化钾为催化剂，反应方程式如下：

$$\text{2-吡咯烷酮 (N–H)} + \text{KOH} \longrightarrow \text{吡咯烷酮钾盐 (N–K)} + \text{H}_2\text{O}$$

$$\text{吡咯烷酮钾盐 (N–K)} + \text{CH}{\equiv}\text{CH} \longrightarrow \text{N–CH}{=}\text{CHK}$$

$$\text{N–CH}{=}\text{CHK} + \text{2-吡咯烷酮 (N–H)} \longrightarrow \text{N–CH}{=}\text{CH}_2 + \text{吡咯烷酮钾盐 (N–K)}$$

由以上反应方程可以看出，反应实际上分为两步。第一步是 2-吡咯烷酮和氢氧化钾反应生成吡咯烷酮的钾盐，它是后续乙炔化反应的催化剂。第一步反应中生成水，水的存在会使 2-吡咯烷酮开环生成副产物 4-氨基丁酸钾，常采用真空下氮气鼓泡的方法，在低温下迅速脱除反应生成的水。有的专利介绍添加冠醚、聚醚二元醇类作为助催化剂。从吡咯烷酮钾盐的分子结构中可以看出，K^+ 与带负电荷的 N 原子之间的距离越远，N 原子的裸露程度就越大，空间位阻就越小，结果 N 原子与乙炔进行加成反应就越容易。美国 ISP 公司在使用吡咯烷酮钾作为催化剂的同时，加入适量的冠醚作为助催化剂，由于冠醚分子结构的环中有四个氧原子，而氧原子本身的负电性较氮原子强，因此可以把 K^+ 吸引过来，形成一类似于“分子笼”的结构，使 K^+ 几乎完全脱离吡咯烷酮环，使环上的 N 原子裸露出来，从而大大地加速了与乙炔的加成反应，提高了原料的转化率。但这些助剂不仅昂贵，而且加入后增加了产品分离的困难。为了克服采用氢氧化钾与2-吡咯烷酮反应生成水的问题，可采用金属钾或碱金属的醇化物（例如甲醇钠、乙醇钠、异丙醇钠等）代替氢氧化钾，不但避免了第一步反应水的生成，而且可使过程连续化。第二步为取代反应，以吡咯烷酮钾盐为催化剂，反应需要在1MPa以上的压力，150～200℃温度下进行。由于乙炔在加压下有爆炸危险，常采用氮气稀释的混合气体，该法2-吡咯烷酮的单程转化率接近70%，选择性在90%以上。因此反应生成物中既含有产物*N*-乙烯基吡咯烷酮、未转化的2-吡咯烷酮，还含有不挥发的吡咯烷酮钾盐以及少量的副产物，这些组成沸点相近，且较高，对高温热敏，给制造聚合级纯度的NVP带来困难。图4-3给出半连续乙炔法生产NVP的工艺流程。

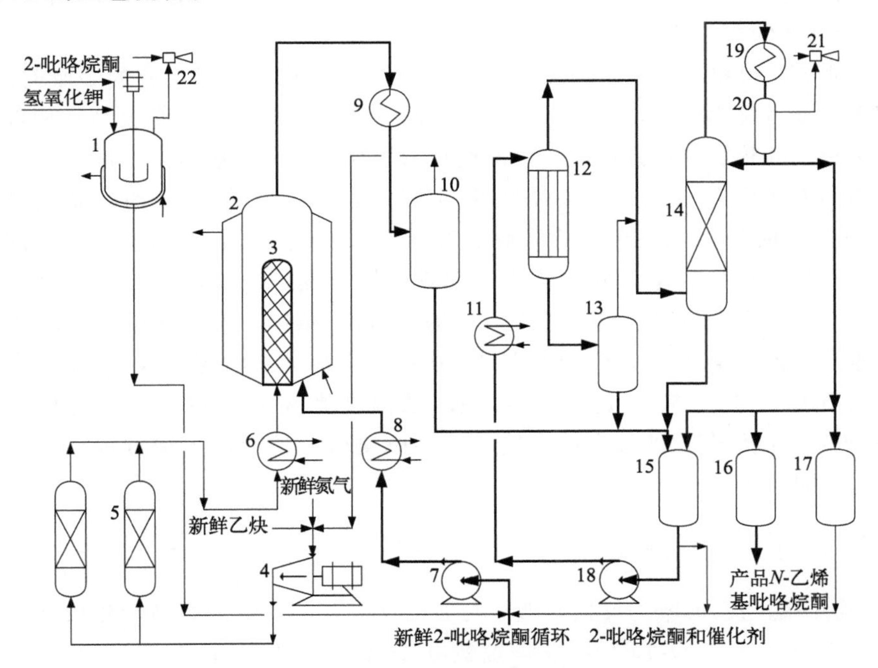

图4-3 半连续乙炔法生产NVP的工艺流程

1—催化剂制造罐；2—乙炔加成反应器；3—多孔管；4—乙炔压缩机；5—干燥器；6—乙炔加热器；7—吡咯烷酮泵；8—吡咯烷酮加热器；9—冷却器；10,13,20—气液分离器；11—加热器；12—降膜蒸发器；14—蒸馏塔；15,16,17—馏分接收罐；18—循环泵；19—塔顶冷凝器；21,22—蒸汽喷射泵

如图4-3所示，首先在催化剂制造罐1内过量的2-吡咯烷酮和氢氧化钾反应，真空下蒸出反应生成的水，制成吡咯烷酮钾盐的2-吡咯烷酮溶液，按一定比例连续或间断通过，与新鲜的原料2-吡咯烷酮、回收的未反应的2-吡咯烷酮配成吡咯烷酮钾含量为1%～3%的反应液，连续或间断地通过吡咯烷酮泵7，经吡咯烷酮加热器8由下部打入乙炔加成反应器2。反应器的构造是根据生产能力的需

要，内部设置一根或多根均匀布置的多孔管 3，多孔管 3 由烧结的不锈钢制成，孔的直径 1～10μm。按氮气和乙炔体积比为 1.5∶1 配制成混合气体，经过乙炔压缩机 4 增压，干燥器 5 干燥脱水，乙炔加热器 6 加热，压入多孔管，管外充满反应液体。混合气体通过管的微孔均匀地分散穿过管外的 2-吡咯烷酮液膜，在吡咯烷酮钾的催化作用下，与 2-吡咯烷酮发生加成反应，生成 NVP。随着混合气体的连续不断通入，液膜的不断更新，加成反应连续进行。反应产品由反应器的上部采出，经冷却器 9 冷却，减压进入气液分离器 10，分出稀释氮气和剩余的乙炔，再配入新鲜乙炔及氮气，调成一定比例后，循环回反应器。液体产品加入馏分接收罐 15 待分离。当反应条件为温度 180～200℃，压力 1.2～1.5MPa，气液比约 $1m^3$ 气/1L 液，停留时间 3～4h，2-吡咯烷酮的单程转化率为 50%～60%，NVP 的选择性在 95%以上。

2-吡咯烷酮和乙炔的加成反应产品中含有产品 NVP、未反应的 2-吡咯烷酮、不挥发的吡咯烷酮钾盐，以及少量的副产品，这些组分都是沸点较高且相近，高温下不稳定的热敏性化合物。其分离过程采用高真空下降膜蒸发、间歇精馏、馏分切割的方式分离出 99.9%高纯度的 NVP。馏分接收罐 15 中的产品经循环泵 18 定量经加热器 11 加热后进入降膜蒸发器 12，降膜蒸发器内设液体分配器，确保液体沿其列管均匀呈薄膜状流下。列管间用导热油或蒸汽加热，部分液体汽化，气体由反应器顶部引出，进入蒸馏塔 14 进行蒸馏；不汽化吡咯烷酮钾和部分 2-吡咯烷酮的液体经气液分离器 13 分离进入馏分接收罐 15，再循环回反应器。蒸馏塔 14 在 933Pa 真空下，收集塔顶温度为 65℃的馏分，即为高纯度的 NVP 产品，继续蒸出的较高沸点馏分即 2-吡咯烷酮馏分。蒸馏过程产品纯度在 99.9%，回收率可在 95%以上。

2. γ-丁内酯氨解法

γ-丁内酯与乙醇胺的反应类似于与氨的反应，即含氧的杂环转化成含氮的杂环，反应的产物是 N-羟乙基吡咯烷酮（NHP）。经阳离子交换的 Y 型分子筛（如 MgY、KY、CaY 等）对该反应有催化作用。反应方程式如下：

$$\gamma\text{-丁内酯} + H_2NCH_2CH_2OH \longrightarrow \text{N-}(CH_2CH_2OH)\text{-2-吡咯烷酮} + H_2O$$

试验证明在没有催化剂存在下加热氨解反应也可以进行，主要影响因素是原料配比、反应温度和反应时间。当反应温度为 185℃，GBL 和乙醇胺的摩尔比为 1∶1.18，反应时间为 20h，γ-丁内酯转化率和生成 NHP 的选择性都在 90%以上，因此 NHP 的单程收率可在 80%以上。

N-羟乙基吡咯烷酮脱水生成 NVP，脱水反应可以采用两种工艺。其一是间接法，首先使 NHP 与一酸性化合物反应生成酯中间化物，再转化成 NVP。例如与卤化剂反应生成 *N*-卤乙基吡咯烷酮，再脱除卤化氢，得到 NVP。可以采用氯化亚砜、氯化氢、醇钠等作卤化剂，反应是在无催化剂存在，室温下，异丙醇等溶剂中进行的，反应方程式如下：

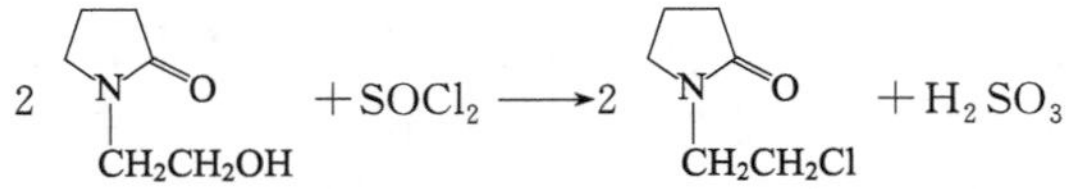

$$2\ \text{(N-}CH_2CH_2OH\text{-吡咯烷酮)} + SOCl_2 \longrightarrow 2\ \text{(N-}CH_2CH_2Cl\text{-吡咯烷酮)} + H_2SO_3$$

N-氯乙基吡咯烷酮脱氯化氢的反应需要在催化剂存在下进行，可用的催化剂有 γ-Al_2O_3、KOH、$NaOCH_3$、$NaNH_2$ 等，在接近室温下进行反应，NVP 的单程收率在 50%左右。但不能用 NaOH 作催化剂，如果用 NaOH 粉末作催化剂，只能得到 NHP。

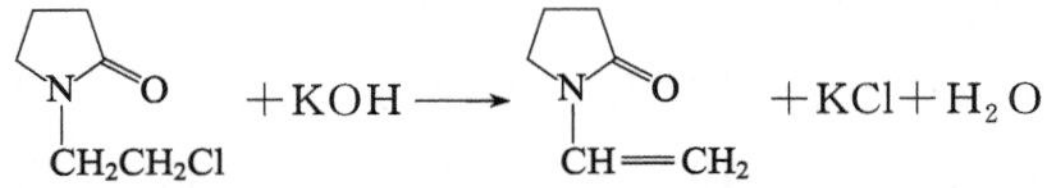

$$\text{(N-}CH_2CH_2Cl\text{-吡咯烷酮)} + KOH \longrightarrow \text{(N-}CH{=}CH_2\text{-吡咯烷酮)} + KCl + H_2O$$

N-羟乙基吡咯烷酮也可以与乙酸酐反应生成醋酸吡咯烷酮乙酯，然后再在约 460℃下脱去一分子的醋酸，得到 NVP，反应方程式如下：

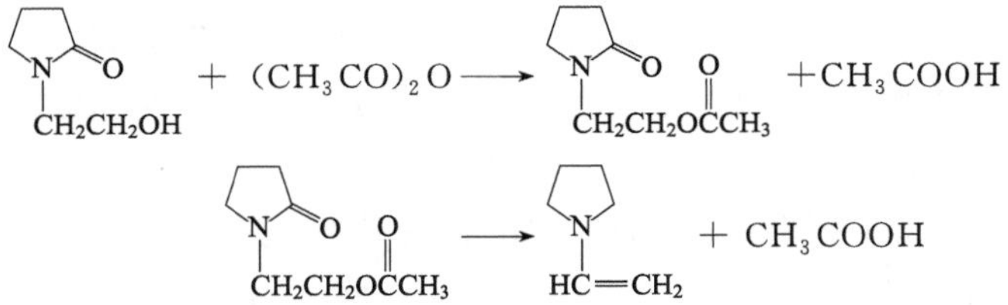

$$\text{(N-}CH_2CH_2OH\text{-吡咯烷酮)} + (CH_3CO)_2O \longrightarrow \text{(N-}CH_2CH_2OCOCH_3\text{-吡咯烷酮)} + CH_3COOH$$

$$\text{(N-}CH_2CH_2OCOCH_3\text{-吡咯烷酮)} \longrightarrow \text{(N-}HC{=}CH_2\text{-吡咯烷)} + CH_3COOH$$

NHP 直接脱水法的关键是制备高活性、高选择性的催化剂，氧化铝、氧化锆、氧化锡、氧化硅等金属氧化物，可以单一形式或多组分的形式作为脱水催化剂，其中氧化锆和氧化锡的复合催化剂具有较高的活性和选择性。在 13.3MPa 加压或常压下，300～340℃，NHP 单程转化率在 70%以上，生成 NVP 的选择性在 90%以上。

经过不同工艺得到的反应产物要比乙炔法复杂，因此产品的分离过程首先需要通过一般的真空蒸馏浓缩产品，然后再采用馏分切割的方法分离，也可以通过结晶法进行分离。通过蒸馏及两步结晶的联合过程，可以制得纯度 99.6%的 NVP。

3. 酯交换和醚交换法

在 *N*,*N*-二甲基甲酰胺（DMF）溶剂中，在 $PdCl_2$-LiCl 复合催化剂存在下，2-吡咯烷酮与丁基乙烯基醚进行交换反应生成 NVP 和丁醇。反应在常压、100℃温度下进行，NVP 的产率在 88%以上。同样的反应条件下，2-吡咯烷酮与醋酸乙烯进行反应，也可以得到 NVP，但是这两种方法的产品提纯比较困难。

N-羟乙基吡咯烷酮的主要质量指标是纯度≥99%，2-吡咯烷酮含量≤0.2%，

含水量≤0.1%，色泽（熔融态）APHA≤40。一般要在分离过程及产品中加入10μg/mL的*N*,*N′*-二(1-甲基丙基)-1,4-苯二胺或0.1%的NaOH作稳定剂。

以上三种工业生产NVP的方法以乙炔法的生产成本最低，但是反应条件比较苛刻，需要高温高压，特别是乙炔加压虽然经氮气稀释，但仍存在安全隐患。酯交换和醚交换法反应条件温和，但有大量副产品，产品的分离较困难，影响了其工业应用。GBL氨解法，以催化脱水法得到的产品分离容易、副产品少、原料来源广泛、安全性好，是综合性能比较好的工艺。

四、*N*-乙烯基吡咯烷酮的产能、应用和市场[21-26]

全球NVP的产能已接近10万吨/年，产量约6万吨/年，主要生产国家有美国、德国和中国，主要生产公司有ISP、BASF、Hichson、Thatcher。最大的生产者是德国的BASF公司和美国的ISP公司，几乎占总产能的2/3。2007年，中国产能为1万～1.5万吨/年，产量不足1万吨/年，一半以上供出口，出口量已达0.45万吨以上。欧盟、印度和北美是中国主要出口市场。2021年中国NVP产能扩展至约4万吨，其中大部分用于自用生产下游PVP产品。

NVP的主要市场是北美、西欧和日本，用途是生产PVP及共聚物单体，二者具有广泛的应用领域。10%～15%的NVP用于制药工业，用于生产碘的络合物，用作消毒剂。还可用作化妆品、啤酒的澄清剂、紫外线吸收剂的稀释剂、纺织助剂、反应溶剂等。

我国由于NVP聚合物和共聚物的需求较少，NVP的工业生产起步较晚，但发展较快，基本上已形成多种系列下游产品生产企业，聚合和共聚产品大量出口，成为全球少数几个生产国家之一。主要生产企业有河南博爱新开源制药股份有限公司、杭州南杭化工有限公司、焦作中维特品药业股份有限公司、中盐安徽红四方股份有限公司和四川天华股份有限公司等，都具有5000t级的生产规模和系列产品配套生产。

第四节 聚乙烯基吡咯烷酮

一、聚乙烯基吡咯烷酮的物理性质[2,42]

聚乙烯基吡咯烷酮［poly(*N*-vinyl-2-pyrrolidinone)，简称PVP］，分子式为$(C_6H_9NO)_x$，是一类具有不同分子量和组成、不同的优良性质和用途非常广泛的系列化合物。PVP是一种白色或具有微黄色的粉末，无味，低毒，具有优良的生理惰性和生物相容性，对皮肤和眼睛无刺激作用。

1. 分子量和黏度

依据NVP聚合条件的不同，可以制成不同分子量的PVP。以过氧化氢和氨为引发剂的工艺可以得到分子量2500～(1.1×10^6) 范围的PVP。其分子量一般用Fikentscher法的K值来表示，K值是基于运动黏度测定和依据Fikentscher方程计算得到的。

$$\frac{\lg\eta_{rel}}{c}=\frac{75K_0^2}{1+1.75K_0c}+K_0$$

式中 c——浓度，g/100mL；

η_{rel}——溶液相对于溶剂的黏度。

$K=1000K_0$，上式经过整理后得到：

$$K=\frac{[300c\lg z+(c+1.5c\lg z)^2]^{1/2}+1.5c\lg z-c}{0.15c+0.003c^2}$$

式中 z——PVP在浓度为c时相对于水的黏度。

PVP水溶液的相对黏度与K值的关系，在低浓度时近似成正比的关系，这种近似的正比关系不随K值的增大（也即分子量的增大）而改变，但是随着PVP浓度的增大，偏离近似正比的关系。这是由于水是一种典型的极性溶剂，PVP分子的结构单元也是极性的，两种分子之间存在相互作用，这种作用在浓度增大时表现明显，改变了其近似正比的关系。在实际工作中，通过沉降、渗透压、光散射等方法来测定其水溶液的相对黏度，以便确定Mark-Houwink经验方程中的常数。该方程给出了特性黏度（η）与重均分子量（M_w）的关系，因此由K值就可以按以下方程直接计算出其重均分子量（M_w）、数均分子量（M_n）、黏均分子量（M_v），特别是分子量在10^5～10^6之间的PVP。

$$M_w=15K^{2.3}$$

$$M_n=24K^2$$

$$M_v=22.22\ (K+0.0075K^2)^{1.65}$$

市售PVP按分子量的大小分成若干等级，通常用Fikentscher方程的K值表示，不同K值的PVP平均分子量对照见表4-5。

表4-5 不同K值的聚乙烯基吡咯烷酮的平均分子量

牌号	黏均分子量M_v	重均分子量M_w	数均分子量M_n	M_w/M_n
K-12	35000	2500	1300	1.9
K-17	10000	9500	2500	3.8
K-30	40000	49000	10000	4.9
K-90	700000	1100000	360000	3.1

2. 分子量分布

PVP 分子量的分布遵循 Schulyz-Flory 分布曲线，但是其分布曲线一般比较宽，特别是分子量较大的分布曲线。这是由于自由基聚合过程中的链转移反应，在制造高分子量的 PVP 时，随着链的增长，就会在长链的某些部位因为接枝而形成侧链，由于侧链的形成，链转移反应更加频繁，接枝程度越高，则分子量分布就越宽。不同重均分子量的分布，PVP 相对黏度与 *K* 值的关系，以及特性黏度与分子量的关系，见图 4-4～图 4-7。

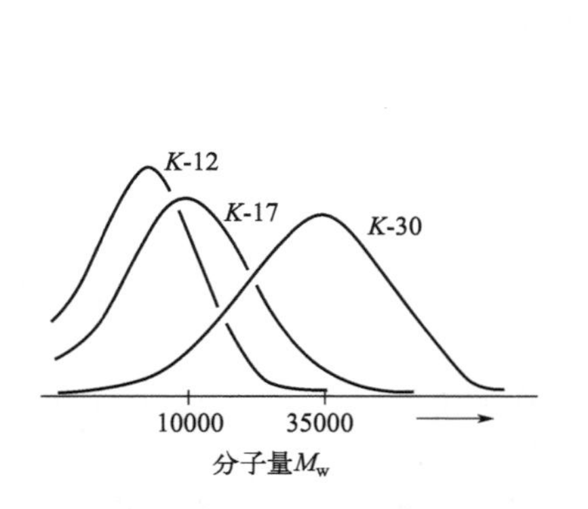

图 4-4　PVP 的重均分子量分布

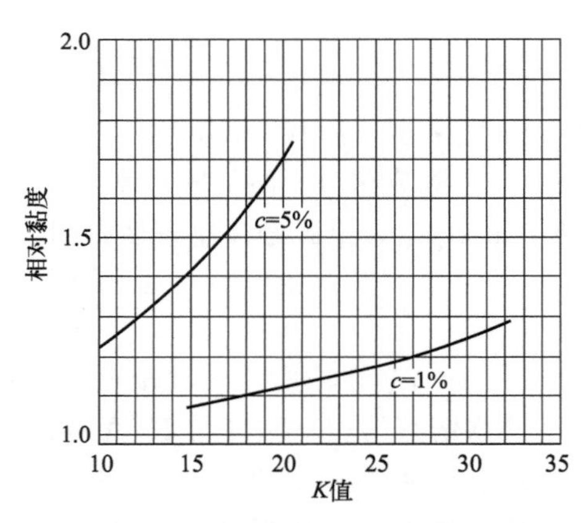

图 4-5　低分子量 PVP 相对黏度与 *K* 值的关系

c 为 1L 溶液中 PVP 的含量

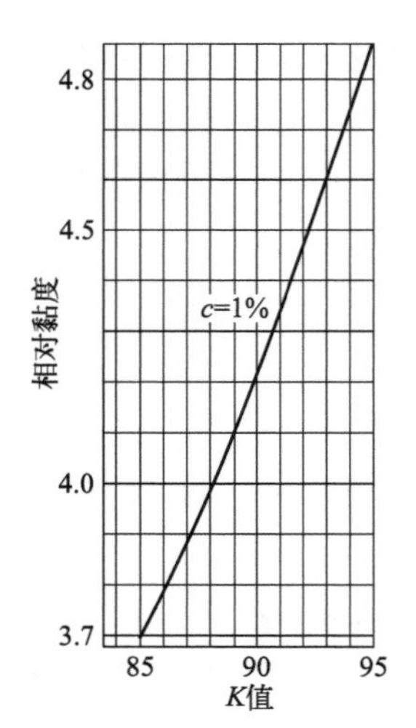

图 4-6　高分子量 PVP 相对黏度与 *K* 值的关系

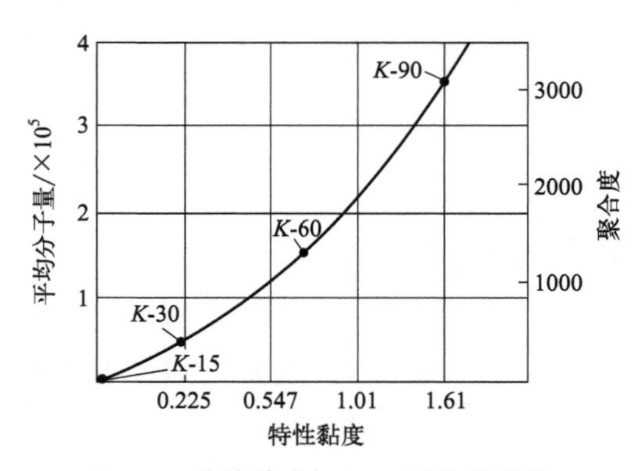

图 4-7　特性黏度与 PVP 平均分子量及聚合度的关系

3. 玻璃化温度

PVP 的玻璃化温度 T_g 随分子量的增加而增大，可通过下列方程计算。一些 PVP 工业产品的玻璃化温度值在表 4-6 给出。计算值与 DSC 的实测值之间有约 1.1℃的偏差，这是由不同的分子量分布造成的。

$$T_g（℃）=175-\frac{9685}{K^2}$$

表 4-6 一些 PVP 工业品的玻璃化温度

工业样品的牌号	测定的 K 值	T_g/℃
Plasdone-K-15	14.0	126
PVP-K-15	14.9	130
Plasdone-K-25	22.5	160
PVP-K-30	27.5	163
Plasdone-K-29/32	28.7	164
PVP-K-60	55.5	170
PVP-K-90	89.6	174

4. 溶解性和增溶性

PVP 的分子中有疏水的亚甲基和强烈亲水的酰亚氨基，必然是亲水和疏水平衡，因此它既能溶于水，也能溶于各种有机溶剂，溶解热是−4.81kJ/mol。室温下能溶解 10%以上 PVP 的有机化合物有各种醇、醚、氯代烃、胺类、酯等，微溶的有各种烷烃、酮等。其规律是易溶解于极性的有机物，而难溶解于弱极性或非极性的有机物。溶液的黏度主要与其分子量、溶剂的种类、溶液的浓度有关。在极性较强的有机溶剂中，其溶解度随分子量的增大而明显降低。在某些有机溶剂中，例如甘油、壬基酚等，PVP 溶液的黏度远远高于相同浓度的其他溶剂的溶液。其原因之一是这些强极性的溶剂偶极矩较大，与 PVP 分子内酰胺基团的偶极矩间强烈地相互作用；其二是 PVP 与这些溶剂产生凝胶，分散于溶液中，从而大大增大了溶液的黏度。PVP 在非极性有机溶剂中，由于溶解度较小，随着其分子量的增加，无明显变化。

PVP 的增溶性是其溶液的一种重要的特性，当某种物质在某一溶剂中的溶解度很低时，向溶液中加入一定量的 PVP，该物质的溶解度会明显增大。它可以增加许多物质在水溶液中的溶解度。例如 I_2 在水中的溶解度为 0.16%，而在加入 PVP 的水溶液中，溶解度会增大为 0.58%。PVP 的这种增溶性能在印染、医药等工业中得到广泛的应用。

5. 吸水性、水溶性和相容性

PVP 的吸湿量几乎和分子量无关，和环境的相对湿度有关，平衡吸水量约为相对湿度的1/3。一个PVP结构单元的链节可以缔合0.5mol的水，这类似于蛋白质的水合水。由于PVP的这一特性，其储运要求在干燥和密封的环境中，以避免因吸湿而降低产品质量。

PVP在高速搅拌下能迅速溶于水，升高温度可加快其溶解速度。分子量在10^6以上的PVP能溶解于冷水中，分子量约40000的聚合物可以制成60%的溶液，高浓度的溶解性受限于其溶液的黏度。PVP对其溶液的黏度有一定的增黏能力，其水溶液的黏度随聚合物分子量和浓度的增加而增加，随温度的升高而下降，但速率不大。PVP的玻璃化温度随其含水量的增加而急剧下降。由于PVP是一种侧链基体积大的刚性非离子型树脂，因此，其水溶液对pH值和无机盐的敏感性很小。PVP水溶液的黏度在pH值为0.1～10的范围内保持不变，但加入浓盐酸，黏度则显著升高。PVP水溶液与无机盐有很好的相容性，能耐受高浓度的盐酸、硫酸、硅酸、磺酸的钠盐、盐酸和硫酸的钾盐，以及盐酸的钙、钡、镁、铁盐等。

6. 表面活性

无论是单体或聚合物的分子结构中，都含有偶极矩为40C•m的极性较大的内酰胺基，与极性分子和极性基团有强的亲和力。单体分子环及聚合物长链节中非极性的亚甲基基团使其具有亲油性。具有偶极矩的酰胺基团两端的氧原子一端是裸露的，而氮原子一端则处于甲基和亚甲基的包围之中，PVP的这种分子结构使其具有表面活性，成为高分子表面活性剂的品种之一，具有调节分散体或溶液流变特性的能力。

7. 成膜性

PVP溶于某些溶剂中，例如水、甲醇、乙醇等，配成溶液，浇注或涂布成膜。其膜是无色、透明、坚硬而光亮的，如果需要，可以加入色素配制成不同的颜色。其薄膜可根据涂布物任意成型，溶液对膜的形成没有影响，用PVP-*K*-30制成的干膜的密度为1.25g/m^3，折射率为1.53。PVP膜既有吸湿性，也有保水性，当空气中的相对湿度大于70%时，薄膜吸水达到一定程度就会具有一定的黏度。在实际应用中，PVP膜的保湿性比吸湿性更为重要。例如在高级化妆品中，特别是用于摩丝中可赋予其良好的保湿性，从而使使用了摩丝的头发显得柔软而亮泽。

二、聚乙烯基吡咯烷酮的化学性质[2,42]

1. 化学稳定性

PVP固体在通常的条件下是很稳定的，在100℃下，空气中加热16h，未发现有变化，加热至150℃时，与过硫酸铵等引发剂混合并在90℃加热30min，则发生交联反应，转变为不能溶解的交联的固体。在有偶氮类化合物存在时，用光照PVP则生成稳定的凝胶。长时间研磨PVP固体，会导致其降解，平均分子量下降。

PVP水溶液通常条件下也是很稳定的，如果其中不含有其他杂质，加热到100℃也无明显变化。温度继续升高，溶液的颜色会变成微黄。随着PVP在水溶液中浓度的增加、温度的升高和加热时间的延长，会产生沉淀，这是由于高温和长时间加热导致PVP发生自交联反应，生成高分子量和交联度高、在水中溶解能力差的聚合物。此外，在其水溶液中加入某些含多价阴离子的盐类，例如偏硅酸钠、三聚磷酸钠等，也会产生沉淀。

2. 络合性

PVP的分子结构中，单元结构链上具有强极性的酰胺基团，能与氢键结合，这使它能与极性小分子络合，特别是含有羟基、羰基、羧基、氨基等的化合物，以及其他分子中有活性氢原子的化合物，络合能力较强，生成固态的络合物。与PVP形成络合物后小分子化合物的热力学活性下降，稳定性提高，例如碘、β-胡萝卜素、利血平及多种磺胺类药物。PVP这一特性在医药和医疗领域得到广泛的应用，许多不溶性的药物与其络合后成为水溶性药物，使药物的吸收变得容易。例如PVP与碘形成的络合物是非常稳定的，使碘由难溶于水变成易溶于水。室温下碘容易升华，而且易溶于氯仿，但是在PVP与碘络合物的水溶液上测不出碘的蒸气压，用氯仿也不能由其水溶液中萃取出碘。

PVP分子内的氧原子、氮原子是典型的配位原子，具有与某些金属生成固体络合物的能力。其中研究较多的是与过渡金属和贵金属，例如与Fe、Mn、Co、Ni等过渡金属都能形成络合物。这些络合物是由PVP与金属的羰基化物反应制得的，PVP分子链上的羰基取代了金属羰基化物中的羰基而成。

PVP与苯酚一类化合物能形成完全不溶于水的络合物，例如间苯三酚、间苯二酚等可以从水溶液中将PVP沉淀出来，但是当再加入大量的水时，沉淀再度溶解。PVP在水溶液中和多元酸，例如聚丙烯酸、聚甲基丙烯酸、单宁酸等，可以形成络合物，这些络合物是不溶于水和醇的，但是采用碱中和后又逆反，这表明两者之间是通过氢键结合的。利用PVP的这一性质，可以分离或纯化这些物质。PVP分子结构中内酰胺基团与染料分子中的基团，例如羟基、氨基、羧基等具有较强的亲和力，特别是直接染料、酸性染料、硫化染料，因此它在印染工业中有广泛的应用，可用于合成纤维的改性、染色助剂等。

3. 交联性

线型的PVP分子链可以通过物理的方法以及化学的方法进行交联，生成交联的聚乙烯基吡咯烷酮，这种聚合物称为聚乙烯聚吡咯烷酮（polyvinylpolypyrrolidone，简称 PVPP）。采用的交联方法不同，所得产品的交联度和某些性能也不相同。利用聚乙烯基吡咯烷酮的这一特性，对其某些性能进行改进，例如水溶性等，扩大了其应用的领域。例如用过硫酸盐、肼、过氧化氢等处理，或用 γ 射线辐照 PVP，都会生成轻微交联的产品。也可以在 100℃以上，并在碱金属氢氧化物及少量水存在下，或者在具有双官能团的单体存在下，加热 PVP，使其进行增殖聚合，得到稠密交联的结构，这种交联聚合物不溶于水，或者仅能膨胀。

4. 生理惰性

PVP 对皮肤、眼睛无刺激或过敏作用，可以通过腹下、皮下及静脉进入人体，未发现有致癌作用。药理研究证明，PVP 对中枢神经系统、呼吸系统、血液循环系统都无影响。PVP 不被肠胃道吸收，低分子量的 PVP 很容易从肾排出，高分子量的则排出较慢。用小鼠经口 PVP-*K*-30 进行试验，未见异常反应，LD_{50}＞10g/kg，按经口毒性分级标准，属于无毒级。同样进行累积毒性试验，按剂量递增法经口染毒，小鼠试验期间进食正常，无异常反应，连续 20d 的累积染毒试验，染毒总剂量已达一次 LD_{50} 的 5.3 倍，即蓄积系数已大于 5。因此按蓄积系数评价标准，PVP 属于弱蓄积毒性化学品。

三、聚乙烯基吡咯烷酮的生产技术[2,40-58]

可由 NVP 单体经均聚、共聚和交联聚合过程，通过控制不同的聚合反应条件，制成具有不同分子量、不同化学结构、不同性能和用途的 PVP 产品。需要指出的是无论采用哪种聚合过程，一定纯度的单体在进行聚合反应前都需要经过预减压蒸馏处理，其一是进一步提纯，其二是除去为避免单体在储运过程中聚合而加入的阻聚剂。聚合反应也要在氮气保护下进行，才能得到高质量的聚合产品。由于 PVP 的生产技术专用性强，一般的生产规模都比较小，主要以间歇、批次的方式生产，往往是一套设备，通过原料配比及控制反应条件和处理方式的不同，生产多个系列品种。

1. *N*-乙烯基吡咯烷酮的均聚过程

均聚过程是只包含 NVP 一种单体的聚合过程，生成的聚合物是具有不同 *K* 值的 PVP，简称为 PVP-*K*-××，依据 *K* 值不同从而具有不同的分子量和黏性。

均聚过程可以采用本体聚合、溶液聚合和悬浮聚合三种方式进行。

(1) 本体聚合过程

本体聚合只需在加入引发剂下，加热单体 NVP 就可以发生本体聚合反应。反应为放热反应，由于反应体系黏度大，容易局部过热。随着分子量的增加，黏度增加很快，导致反应热不容易导出，反应温度急剧升高。最后得到熔融状态的PVP，冷却、粉碎即得到粉末状产品。由于聚合反应不易控制，产品颜色发黄，吸湿性强，K值低，产品中残余的单体量比较多，产品质量较差，不能满足市场的要求，工业生产中实际上并不采用这种聚合方式，因此，本体聚合过程没有实用意义。

(2) 溶液聚合过程

影响溶液聚合过程和产品性能的主要因素，包括溶剂和引发剂的种类、反应体系的pH值、聚合反应温度和聚合反应时间等。

虽然NVP能溶解于多种溶剂中，特别是极性溶剂，但可用于制造PVP的溶剂只有少数几种，包括水、甲醇、乙醇、异丙醇、苯、乙酸乙酯等。其中水是最廉价、安全的，因此工业上一般多采用水溶液的聚合。溶剂种类和溶剂用量对聚合过程的影响，主要表现为对PVP分子量的影响。这是由于采用不同的溶剂时，NVP的聚合反应机理不同，因而导致自由基的链转移和链终止反应的活化能和速率是不相同的，所以得到的聚合物分子量不同。在溶液聚合中，单体NVP的浓度越高（也即溶剂用量少），显然越有利于聚合过程的链增长反应，得到的PVP的分子量也就越高。但反应体系的黏度增长过快，导致反应热不易扩散和导出的恶性结果，类似于本体聚合。因此一般溶液聚合采用的单体浓度以30%～60%为宜。

NVP的聚合反应需采用引发剂引发，可用的引发剂有化学引发剂、光引发剂、辐射引发剂等。工业上一般多采用化学引发剂，选择引发剂的品种主要依据引发剂的分解温度、半衰期、安全性、经济性等。低温自由基引发剂有过氧化氢、偶氮化物等。不同引发剂和用量得到的PVP的K值是不同的，当在相同的反应条件下采用同一引发剂，随着其用量的增加，PVP产品的分子量减小。这是由于当引发剂用量增加时，产生的自由基就增多，导致链的传递反应不易进行，链的终止反应反而易于进行，PVP的分子链未增长到一定的长度时，即由于链的终止反应而停止，不再增长，使得产品的K值小。在工业生产中若引发剂用量大于0.3%时，聚合反应比较容易进行，但得到的PVP的分子量偏小。若要制得K值大于50的产品，就要进一步降低引发剂的用量，并采取其他措施，增加聚合物的分子量。为了提高引发剂的活性，缩短反应时间，有时需要向反应体系中同时加入引发剂的活化剂，不同的引发剂采用不同的活化剂例如过氧化氢引发剂的活化剂是浓氨水、有机胺一类碱性物质。活化剂的加入有时会改变反应体系的pH值，影响自由基聚合反应的诱导期、反应速率和PVP的分子量，不同的活化剂得到的结果是不一样的。例如，采用水为溶剂，过氧化氢为引发剂，浓氨水为引发剂的活化剂，NVP溶液聚合的反应历程如下：

① 链的引发：

$$H_2O_2 \longrightarrow HO\cdot + \cdot OH$$

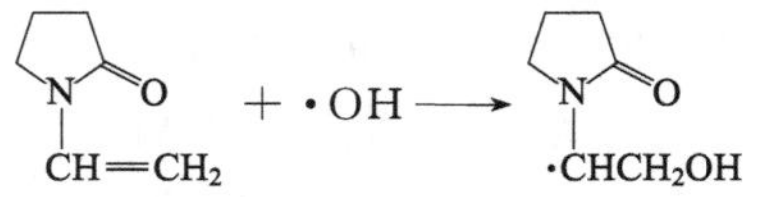

N O + ·OH ⟶ N O
CH═CH₂　　　·CHCH₂OH

② 链的增长：

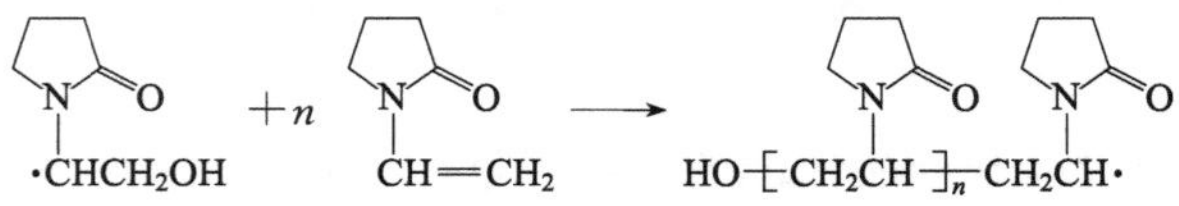

N O　+n　N O　⟶　N O　N O
·CHCH₂OH　CH═CH₂　HO─[CH₂CH]ₙ─CH₂CH·

③ 链的终止：

N O　N O + ·OH ⟶ N O　N O
HO─[CH₂CH]ₙ─CH₂─CH·　HO─[CH₂CH]ₙ─CH₂─CHOH

⟶ N O + N O
HO─[CH₂CH]ₙ─CH₂CHO　H

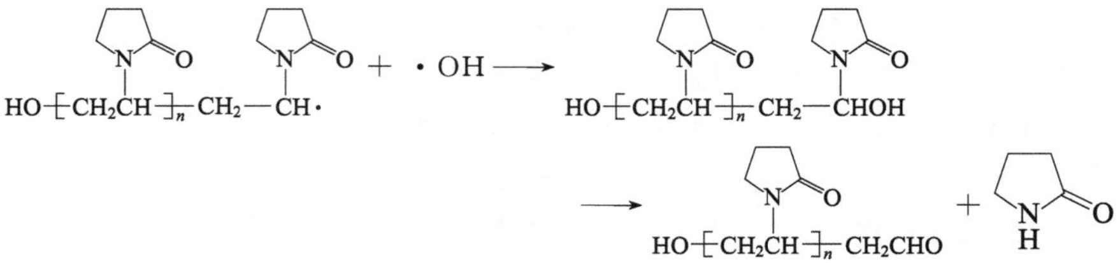

由以上反应方程式可以看出，以过氧化氢为引发剂时，过氧化氢受热分解出羟基自由基，引发 NVP 进行聚合反应。链的终止反应是聚合物的链和反应介质中的羟基自由基结合，由聚合链上断下一个吡咯烷酮环，使聚合物的另一个端羟基被氧化成醛基，因此，在产物中会有少量的吡咯烷酮存在。

同样采用水为溶剂，以偶氮二异丁腈为引发剂，生成异丁氰基封端的聚合物，聚合物的结构式如下：

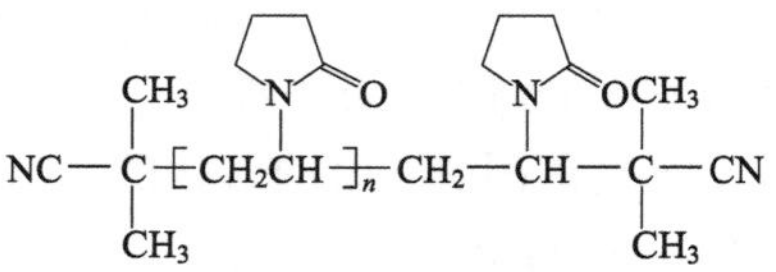

CH₃　N O　N O CH₃
NC─C─[CH₂CH]ₙ─CH₂─CH─C─CN
CH₃　CH₃

对于纯的 NVP 原料，偶氮二异丁腈在室温下就可以引发聚合反应，而且聚合反应速率很快，甚至反应速率是 NVP 纯度的函数。当转化率在 20%以下时，反应时间和转化率呈直线关系；当转化率大于 20%时，反应速率随转化率而增加。反应速率和温度的关系符合 Arrhennius 方程。

由于 NVP 在水溶液中用酸催化易发生水解，所以，在采用水为聚合溶剂时，要特别控制反应体系的 pH 值。聚合体系的 pH 值还会影响聚合速率，当体系的 pH 值达到 13 时，聚合反应几乎停止。

当采用醇类溶剂时，反应机理比较复杂，例如以乙醇为聚合溶剂，乙醇还能生成自由基参与反应，甚至生成乙基封端的聚合物。

聚合温度和聚合时间也是重要的参数，聚合温度主要影响聚合反应速率和 PVP 的分子量。当引发剂确定后，聚合温度直接影响引发剂的热分解速率，链的引发、链的增长和链的终止速率，从而导致产品分子量的不同。聚合时间和聚合反应的完成程度有关，对于 NVP 的聚合反应，都是采取间隙反应，一次完成聚合，为了保证聚合产品中单体的残余量尽量低，必须控制足够的聚合时间。

一个典型的工业过程的配方及聚合过程如下：经过预蒸馏处理的 NVP 单体 400kg，无离子水 1600kg，加入 2500L 的带有夹套的聚合釜中，进行氮气置换吹扫，搅拌下慢慢升温至 70℃。第一次将相当于单体质量 0.1%（400g）的 2,2-偶氮双(2-甲基丁腈）配制成 10%的异丙醇溶液加入反应体系，聚合反应开始，1h 后，因反应放热体系温度上升到 90℃，通过在夹套中的温水冷却控制反应温度在 90～99℃。再过 1h 后（从聚合反应开始计 2h）第二次将相当于单体质量 0.1%（400g）的 2,2-偶氮双（2-甲基丁腈）配制成 10%的异丙醇溶液加入反应体系，确认聚合率为 99.81%后，按单体质量的 0.2%（800g）添加 90%浓度的乳酸，使反应液的 pH 值为 4.2，保持 2h 加热。然后再加入相当于单体质量 0.15%（600g）的碳酸胍，和 0.3%（1200g）的三乙胺。反应产物经过过滤、洗涤、干燥、粉碎等处理，得到 *N*-乙烯基吡咯烷酮单体残余量为 3μg/g，*K* 值为 90，10%的水溶液的色度（APHA）为 10 的 PVP 产品。

这是一个典型的 NVP 单体溶液聚合的工业实例，采用异丙醇和水的混合溶剂，引发剂为 2,2-偶氮双(2-甲基丁腈)，有机乳酸的加入是调节反应体系的 pH 值为酸性，水解残余的单体，碳酸胍和三乙胺的加入是为了中和反应液。调节配方和反应条件，可以制造 *K* 值为 60～130，残余单体量小于 100μg/g 的 PVP，性能稳定，可长期保存，色相不变化，适用于化妆品一类对色相要求严格的领域。

（3）悬浮聚合过程

NVP 采用悬浮聚合方法的报道和实例较少，GAF 公司曾揭示了一种悬浮聚合技术，采用庚烷为连续相，以一种 GentexV-516 的表面活性剂为分散剂，引发剂采用偶氮二异丁腈，NVP 悬浮在连续相中进行聚合，可以制备出很高分子量的 PVP 产品。

2. *N*-乙烯基吡咯烷酮的共聚过程

聚乙烯基吡咯烷酮分子结构中的乙烯基结构，很容易与其他含有乙烯基结构的不饱和单体发生共聚反应，生成同时含有 PVP 结构单元以及共聚单体结构单元的、性能优异、应用于新领域的高分子化合物。一般，高分子共聚物的性能总是介于共聚单体与均聚物的性能之间，因此，利用 NVP 与其他单体的共聚合反应对其进行改性，进一步拓宽应用领域，是当前活跃的研发课题。例如 NVP/醋酸乙烯酯共聚物、NVP/甲基丙烯酸-β-羟乙酯共聚物等，前者在护发、护肤等化妆品中有广泛应用，后者则是重要的软性接触透镜材料。

能与 NVP 发生共聚反应的单体种类非常之多，主要有如下几类。

① 有机酸和酯：丙烯酸、甲基丙烯酸、顺丁烯二酸及其酸酐、乙酸乙烯酯、

甲基丙烯酸-β-羟乙酯、二乙酸丙烯酯、二甲基氨基乙基甲基丙烯酯、二碳酸乙烯酯、甲基丙烯酸甲酯、乙烯基丙烯酸酯、丙烯酸异辛酯、衣糠酸、乳酸、酒石酸等。

② 酰胺类：丙烯酰胺及其衍生物、乙烯基苯亚酰胺、乙烯基己内酰胺等。

③ 醇醚类：丙烯醇、乙烯基苯醚、聚乙烯醇、乙烯基异丙基醚等。

④ 不饱和烃类：乙烯、苯乙烯、十六碳烯等。

⑤ 其他：丙烯腈、乙烯基三甲基硅烷、乙烯基咪唑等。

N-乙烯基吡咯烷酮是一弱电子给予体，易和电子接收体以及强电子给予体发生共聚合反应。共聚合反应可以在溶液、乳液及悬浮液中进行，用于 NVP 均聚反应的自由基引发剂也同样能用于其共聚合反应。NVP 的共聚物有数千种之多，NVP 可以和一种不饱和单体共聚制成二元共聚物，也可以和两种不饱和化合物共聚生成三元共聚物，同样可以制成嵌段共聚物及接枝共聚物，但是工业上能大量生产的只是少数几种。

在共聚反应中，共聚单体的比例不同，得到的共聚物的组成、性能、用途也不同。所以制造共聚物的关键是要确保制成的共聚物组成和结构恒定，克服因聚合反应条件的差异带来共聚产品的不均匀性。为此要选取合适的共聚单体摩尔配比，依据共聚单体间竞聚率的差异，匹配相适宜的共聚反应条件，才能制得完美的产品。接枝共聚过程一般采用预先辐射处理待接枝的聚合物，再用 NVP 单体处理的方法，也可以采用在偶氮类或过氧化物类引发剂存在下直接接枝的方法。一些常用共聚单体的竞聚率见表 4-7。

表 4-7　一些共聚单体对 *N*-乙烯基吡咯烷酮（M_1）的共聚参数

共聚单体(M_2)	r_1	r_2
丙烯腈	0.06±0.07	0.18±0.07
烯丙醇	1.0	0.0
醋酸烯丙酯	1.6	0.17
乙烯	2.1	0.16
顺丁烯二酸酐	0.16	0.08
甲基丙烯酸甲酯	0.02±0.02	5.0
苯乙烯	0.045±0.05	15.7±0.5
醋酸乙烯酯	3.3±0.15	0.20±0.015
碳酸乙烯酯	0.4	0.7
氯乙烯	0.38	0.53
乙烯基环己烯醚	3.84	0.00
丁烯酸	0.85±0.05	0.02±0.02

注：r_1、r_2 分别代表共聚单体 M_1 和 M_2 的竞聚率。

N-乙烯基吡咯烷酮和醋酸乙烯的共聚物，简称为 VAP 树脂，是一种产量大、用途比较广泛的共聚物。其分子结构单元中既含有 NVP 的结构单元，又含有醋酸乙烯的结构单元，同时兼有两种单体聚合物的一些性能特点，是一种无色

透明的固体，微溶于水，能溶于多种普通有机溶剂。在工业生产中，可以通过改变 NVP 和醋酸乙烯的比例，制造出具有不同组成和性能、用途的 VAP 树脂。

VAP 树脂保留了 PVP 的功能高分子性能，与多种低分子化合物，例如多元酚、偶氮染料、多种金属阳离子、各种高分子、生物大分子等有很强的络合能力，又比 PVP 便宜，且其主要性能，例如溶解性、黏性等可以通过调节两个共聚单体间的比例进行调整和改善，因此用途更加广泛。例如将 VAP 树脂的溶液喷洒在物体上，能形成光亮透明、无气味和无毒性、耐久的薄膜。VAP 树脂这些特性使其在食品、化妆品、医药、造纸、印刷等领域有着广泛应用，而且随着研究和开发的深入，正在日益扩大，甚至在有些领域有取代 PVP 的趋势。

工业生产 VAP 树脂时需将共聚单体 NVP 和醋酸乙烯分别进行减压蒸馏精制提纯，除去各自的阻聚剂等杂质。一般采用无水乙醇为溶剂，偶氮二异丁腈为引发剂，为了得到组成分布范围比较窄的共聚物，必须采取控制一定的转化率或分批加入 NVP 单体的方法。

3. NVP 的交联聚合过程

NVP 的交联聚合过程通过两种方式来进行：其一是在 NVP 自由基溶液聚合时加入化学交联剂，例如 *N*,*N*-亚甲基双丙烯酰胺、二乙烯苯、二甲基丙烯酸乙烯酯、戊二醛等具有双官能团的化合物，实现交联，称为化学交联；其二是通过辐射或光照的方法实现 PVP 的链间，或 PVP 与其他链间的互穿网络结构，称为物理交联。从当前发展来看，物理交联应用更为广泛，可以采用 γ 射线、紫外线直接照射 NVP 的均聚物或其溶液。交联聚合反应可以是 NVP 分子间的自交联，也可以是 PVP 分子间的自交联，或者是交联剂与 NVP 的交联共聚合。无论以哪种方法得到的 NVP 交联聚合物都简称为 PVPP。

NVP 单体的自交联聚合又称增殖聚合，或称爆米花聚合反应，可以得到高交联度的聚合物。在碱金属氢氧化物及少量水的存在下，将 NVP 加热到 100℃以上，首先使其分子间相互反应，生成少量双官能团的化合物，这些双官能团的化合物起到交联剂的作用，与其他 NVP 分子进行交联共聚，得到自交联度高的聚合物，其水溶性和吸水性都比较差。

通过交联聚合可以使 NVP 均聚物和共聚物的性能得到改善，例如 NVP 与多不饱和基化合物交联共聚生成的 PVPP 是一种超强吸水性树脂，其吸水量可以达到自身质量的数倍，甚至数十倍，并且其所吸的水在加压下也不会流出。反之，高交联度的 PVPP 不溶于水，吸水能力也差，适合在要求溶液中不能有残留的场合使用。

一种用于去除啤酒等饮料中多元酚的 PVPP 是通过如下自交联增殖聚合制成的：将 90 份的 PVP 干粉，400 份去离子水，16 份浓度为 30%的过氧化氢水溶液加在一起，充分搅拌，直到粉末全部湿润，继续再搅拌 2h。将反应液进行过滤，得到的滤饼用去离子水洗涤，直到滤液呈中性（pH=5～8），将湿的滤饼进行干燥，达到其湿含量小于 5%，粉碎，待用。

新鲜啤酒中含有的多元酚物质能与其中的蛋白质通过氢键相连，构成大分子的蛋白质-单宁复合物。这种复合物在储存过程中能够进一步氧化和聚合，生成更高分子量的胶体，导致啤酒浑浊。将上述制得的交联 PVPP 干粉配制成 8%～12%的浆液，按每百升啤酒加 5～50g PVPP 的比例加入啤酒中，过滤，PVPP 被滤出，啤酒得以澄清。其优点是无毒、不溶、不会在啤酒中残留，也不会影响啤酒的风味和质量，可长期储存，品质稳定。

四、聚乙烯基吡咯烷酮的用途[2,42-59]

PVP 的用途特点是品种多、性能优越、用途非常广泛，但用量都不是很大，而且其用途和品种仍在不断扩大之中，归纳如下。

1. 医药工业

PVP 具有优良的亲水性、水溶性、生物相容性、化学稳定性等特性，因此在医药工业中常用作片剂、颗粒剂的相溶剂、缓释剂、胶囊剂、填充剂、崩解剂、赋形剂，眼药中的添加剂，难溶药物的共沉淀剂，消毒剂，以及脱盐膜和肾透析隔膜、人工玻璃体和角膜等。在一些发达国家，PVP 在医药卫生方面的应用占其消费总量的 40%～55%。一些在医药工业中主要应用的 PVP 牌号及用途见表 4-8。

表 4-8 PVP 在医药领域的主要应用

剂型	PVP 的成分	PVP 含量/%	主要作用
片剂	PVP-K-30	0.5～5	黏合、增溶、赋形
颗粒	PVP-K-30	0.5～5	黏合、增溶、赋形
包灰剂	PVP-K-90	0.5～2	药片(丸)外衣、成膜剂
胶囊	PVP-K-30	1～2	造粒、保护剂、崩解剂
共沉淀剂	PVP-K-15	—	提高溶出速度
注射剂	PVP-K-15	5～15	助溶、分散
口服剂	PVP-K-15 或 PVP-K-40	—	分散、增稠
服用片剂	PVP-K-3 或 PVP-K-90	2～10	增加药效、减少刺激
杀菌消毒剂	PVP-1		杀菌、消毒、减少毒性及刺激性
含片	PVP-K-3 或 PVP-K-90		赋形、缓释

2. 食品加工工业

PVP 对人体无毒，有良好的食物安全性，在食品加工工业中主要用作啤酒、果汁、葡萄酒等的澄清剂和稳定剂。用 PVP 处理过的这些饮料，在不影响风味和品质的情况下，能延长储存期，防止发生浑浊、沉淀、色泽变化。此外 PVP 还可用于非营养型甜味剂的浓缩与稳定，以及对维生素和矿物质成分的浓缩和提取，食品包装材料等。

3. 日用化学品工业

PVP 对人体皮肤、眼睛无刺激性。其结构和蛋白质相似，因而对皮肤、毛发有很好的亲和性，能形成透明的薄膜，具有闭塞性和湿润性的作用，光亮而挺括。它又容易通过水洗去除，无刺激，不过敏，对皮肤和毛发有良好的保护作用，并且能大大改善皮肤用化妆品的感觉和功效。因此，PVP 的聚合物广泛用作发胶、摩丝、发乳、护发素、雪花膏、剃须膏、防晒膏、染发剂、牙膏等的添加剂。发达国家的消费结构中，用于化妆品的聚乙烯基吡咯烷酮占其总消费量的 30%～50%。PVP 在化妆品中的应用详见表 4-9。

表 4-9 PVP 在化妆品中的应用

化妆品名	成分	质量分数/%	主要作用
喷发胶	PVP,PVP 季铵盐	1～8	定型
摩丝	PVP,PVP/VA PVP 季铵盐	0.5～5	定型护发
护发素	PVP,季铵盐 PVP 苯乙烯/PVP	0.5～3	护发
香波	PVP,PVP 季铵盐	0.1～2	护发、泡沫稳定剂
染发剂	PVP,PVP 季铵盐	—	分散剂、柔和剂
雪花膏	NVP 的共聚物季铵盐	1	湿润剂、润滑剂
防晒霜	PVP	0.1～1	湿润剂、润滑剂
脱毛剂	NVP 的共聚物季铵盐	0.1～1	湿润剂、润滑剂
牙膏	PVP	1	防污、防齿石
防臭剂	PVP	0.1～1	香料固定剂、镇痛
睫毛膏	PVP	0.1～1	黏结剂
指甲油	PVP	0.1～1	黏结剂、可塑剂
剃须膏	NVP 的共聚物季铵盐	0.1～1	泡沫稳定剂、润滑剂
面膜	PVP	—	成膜剂

PVP 具有抗污垢再沉淀性能，可用于透明液体或重污垢洗涤剂的配制，也可与硼砂复配作为含酚消毒清洁剂中的有效成分，与过氧化氢复配的固体洗涤剂具有漂白、杀菌作用，在肥皂中与杀菌剂复配有提高肥皂黏结强度、降低对皮肤刺激、有效去除污垢、杀菌和消毒的作用。

4. 纺织印染工业

PVP 分子中的内酰胺结构能与染料分子中的羟基、氨基、羧基等有机官能团结合，特别是对还原、硫化、直接、酸性等染料有很强的结合能力，因此PVP可用于许多疏水性合成纤维的改性。可以通过接枝共聚、表面接枝、与其他合成树脂混合抽丝、湿纺纤维浸渍、涂敷等方法，将PVP或其共聚物引入合成纤维中，提高其染色能力和亲水性，使合成纤维可以均匀地染色，提高染色的深度。PVP也可以用作多种纤维的均染剂、防染剂、防沾色剂，织物的后处理剂，使纺织品色泽均匀、鲜亮、牢固，柔软，手感好，穿着舒适。

5. 造纸工业

PVP在废纸脱墨、纸张打浆和着色过程中用作助剂，可以改进纸张的湿强度，提高纸张的光泽及可印刷性和抗油脂性。特别是在喷印用纸表面涂有含PVP的透明涂层，会使喷印的油墨在纸张上快速干燥，其透明层具有良好的吸墨性，不溶于水，快速凝固，大大改进了喷墨印刷的效果。

6. 涂料和颜料工业

PVP有很好的成膜性，溶于水形成的膜透明而不影响本色，但能提高颜料的光泽和分散性，常用作有机颜料的表面包覆剂。PVP的包覆功能可用于防护性或装饰性的涂料，如真漆、清漆、油漆、水溶性分散体系乳胶、印刷墨水、塑料上色等。

7. 高分子聚合工业

PVP在高分子乳液聚合、悬浮聚合反应过程中，常用作增稠剂、分散稳定剂、粒径调节剂等。例如在苯乙烯的均聚或共聚，氯乙烯、甲基丙烯酸酯、聚氨酯的悬浮聚合，丙烯酸酯、羧酸乙烯酯的乳液聚合等过程中，加入PVP均能起到分散稳定、粒径控制、黏度调节、改善树脂性能的作用。

8. 光伏组件工业

在光伏行业，PVP作为分散剂可用于生产高质量的正极银浆用球形银粉、负极银浆用片状银粉以及纳米银颗粒等，在近五年该应用逐步得到各个光伏组件工厂认可，具有巨大市场潜力。PVP可用作锂电池电极的分散剂和导电材料加工助剂，在新能源电池领域PVP的用量为1GW·h约用15t，主要采用工业级的PVP-*K*-30。据预测，2025年全球动力电池出货量将达1550GW·h，储能电池出货量达476GW·h。基于新型消费电子市场高增速，传统3C消费电子单位容量增加，假设全球消费电子锂电池出货量年平均复合增速为10%，2025年出货量将达183.2GW·h。根据以上分析，假设锂电池领域PVP的用量为1GW·h约用15t，则2025年锂电池用PVP年需求量将达3.31万吨。

9. 其他应用

PVP及其一些共聚物是制造特殊用途的热熔胶的主要成分之一，也是玻璃、玻璃纤维、金属和塑料等的特种黏结剂，在压敏胶中有较高的初始强度、黏度和硬度。也可以用于重氮和卤化银乳液、蚀刻涂层印刷底板。在感光材料中，其共聚物可代替明胶制造感光乳剂，底片显影和定影液中用作银的保护性胶体。在农牧业中，PVP在选种、培育、水产养殖、饲料添加剂等方面有许多独特的应用和作用。

PVP独特和优良的各种性能，使其应用非常广泛，诸如光固树脂、光固涂料、光导纤维、激光视盘、减阻涂料、膜分离材料等高科技领域的应用，广受重视，日益扩展。它能改善多种产品的性能，提高产品质量，应用前景十分宽广。

各类用途的占比为医药和日用化工各占35%～38%，食品占7%～8%，胶黏剂和印染纺织共占约10%，其他约占10%。

五、聚乙烯基吡咯烷酮的产能和消费[38-39,42-43,58-62]

PVP最早在1930年由德国的BASF公司开发并从事生产，1956年美国的ISP（原GAF）公司也开始生产，最早的生产技术均是建立在以炔醛法生产BDO基础之上，最初的聚合工艺是采用自由基引发的本体聚合，由于聚合温度不易控制，产品容易变色，后逐渐为溶液聚合等其他方法所取代。

中国近年来PVP产能增长较快，据Tran Tech公司（2005年）和国信证券经济研究所（2015年）统计，2021年全球主要生产商和产能见表4-10。

表4-10 2021年全球PVP主要生产商和产能 单位：万吨/年

地区/国家生产商	产能	地区/国家生产商	产能
美国		中国	
BASF公司	1.1	河南博爱新开源制药股份有限公司	1.3
ISP公司	2.1	杭州南杭化工有限责任公司	0.5
		河南焦作美达精细化工有限责任公司	0.1
西欧		焦作中维特品药业股份有限公司	0.2
BASF公司	1.0	中盐安徽红四方股份有限公司	0.5
罗迪亚公司	0.1	四川天华股份有限公司	0.6
日本		重庆斯泰克瑞登梅尔材料技术有限公司	0.5
BASF公司	0.11	黄山邦森新材料有限公司	0.3
第一工业制药公司	0.15	漳州华福化工有限公司	0.3
日本催化合成公司	0.45	张家口珂玛新材料科技有限公司	0.25
昭和电工株式会社	0.10	乌兰察布市珂玛新材料	0.15
三菱Mitsubish	0.05	BASF上海公司	0.5
合计	5.16	合计	5.2

此外，印度、俄罗斯、巴西等国也有一些小规模装置生产。2005年全球PVP

生产能力为 6 万～7 万吨，消费量为 5 万～6 万吨。美国产能和消费量几乎占全球的 40%，其次是西欧。2005～2010 年全球需求的年均增长率为 4%～5%。2010 年全球 PVP 的产能为 8 万～9 万吨，消费量为 7 万～8 万吨，主要消费在化妆品等日用化工和医药工业；2021 年全球产能为 10 万～11 万吨，其中中国占比产能超过 50%，全球消费量超过 8 万吨/年，需求量达到 10 万吨以上，处于紧平衡状态。

商品 PVP 一般具有两种规格，其一是一般技术级，其二是药用级，两种规格见表 4-11 和表 4-12。

表 4-11　技术级聚乙烯基吡咯烷酮规格

牌号	形态	K 值范围	最大含水量/%
PVP-K-15	粉末	12～18	5
PVP-K-30	粉末	26～35	5
PVP-K-60	水溶液	50～62	55
PVP-K-90	水溶液	80～100	80
PVP-K-90	粉末	80～100	5
Polyclar AT	粉末	交联	5

表 4-12　药用级 PVP 规格

参数	数值	参数	数值
K 值		醛含量②(最大)/%	0.02
10～15	规定值的 85%～115%	NVP 含量(最大)/%	0.2
16～90	规定值的 90%～107%	铅含量(最大)/(μg/g)	10
湿含量(最大)/%	5	砷含量(最大)/(μg/g)	1
pH 值①	3.0～7.0	氮含量/%	11.5～12.8
残余引发剂的量(最大)/%	0.02	肼含量/(μg/g)	<1

① 5%蒸馏水溶液。

② 以乙醛计。

不同公司的产品，往往以不同的商品名出售，BASF 和 ISP 两家公司 PVP 产品的通用名和商品名见表 4-13。

表 4-13　BASF 和 ISP 公司聚乙烯基吡咯烷酮的品名

产品等级		通用名	商品名	
			BASF 公司	ISP 公司
PVP	工业级 药用级	povidone	luviskol kollidon	PVP plasdone
特殊交联品	药用级 食品级	crospovidone	kllidone CL divergan	polyplasdone XL polyclar

我国 PVP 的生产起步比较晚，但产品的开发和应用研究活跃，发展较快，现在已成为全球少数几个生产国之一，并且已成为 PVP 产品的出口国，出口量以年均 10%的速度增长。2005 年出口量为 0.2649 万吨，2007 年增加至 0.4189 万吨，2008 年受国际金融危机影响，出口量仍有 0.4510 万吨，同比增长 7.1%，

2010年的出口量在0.5万吨以上。预计随着国内外经济形势的好转，我国BDO和吡咯烷酮产能和技术水平增长明显，为PVP生产提供了丰富的原料基础，PVP产能与出口量仍会有进一步的增长。

欧盟是我国PVP出口的主要市场，2008年出口了0.1248万吨，占总出口量的27%以上。其次是北美和印度。主要出口企业是河南博爱新开源制药股份有限公司、杭州南杭化工有限责任公司。

我国PVP的产能在1万吨/年以上，除表4-10中五家大的生产厂家外，其余均是数百吨的小装置，总产量不足1万吨/年，一半出口，一半供国内使用。主要市场是日用化学品、医药及啤酒饮料市场。

我国PVP在医药中的应用已有近20年的历史，河南博爱新开源制药股份有限公司生产的药用PVP产品，在质量上已达到国外同类产品和美国USP26版药典的标准。上海施贵宝制药有限公司、无锡华瑞制药有限公司、西安杨森制药有限公司、天津力生制药股份有限公司等都已将各种药用等级的PVP用于药品的生产中。其次，PVP和碘的络合物——聚维酮碘（PVP-1、PVP-12），在我国已广泛用于医院的外科手术、各种消炎治疗等。

我国化妆品和日用化工产品的市场空间巨大，早在20世纪90年代初，我国就开发出含有PVP及其共聚物的发胶、摩丝、洗发、美容等产品，例如上海的庄臣有限公司、霞飞日化有限公司，北京的日化公司等众多日化厂的产品畅销全国。而且含有特殊功效PVP的高档化妆品也相继投放市场，充分显示出PVP在该领域的应用潜力。不溶性交联的PVP作为澄清剂和稳定剂，在啤酒、葡萄酒、饮料等方面的应用在我国已非常普遍，市场需求比较大。

据业内人士估计，2021年全球PVP实际需求量达10.2万吨。具体来看，工业级与化妆品级PVP产品的下游市场主要包括颜料及涂料工业、纺织印染工业、造纸工业、日用化工工业；食品级PVP产品的下游市场主要为酿酒及饮料工业；医药级PVP产品的下游市场主要是制药行业。PVP产品下游市场中日用化工占比最大，占比为38.24%；其次是医药领域，占比为36.46%；食品饮料领域占比为7.45%；胶黏剂等其他领域占比较少。其中主要新增领域为光伏行业导电银浆、锂电池电极的分散剂，实际消费量均超过1000t。

尽管我国存在聚乙烯基吡咯烷酮的巨大市场，出口量也比较大，产能占全球产能的1/2，但相比之下，我国的大多生产装置规模都比较小，产品品种，特别是一些高性能、高附加值的产品尚依赖进口。产品在高科技领域的应用具有潜力，有待开发。随着我国BDO装置的建设和投产，乙炔资源丰富，且光伏和锂电等行业在中国聚集度较高，为聚乙烯基吡咯烷酮产能增长、新品种研发、应用领域扩大等提供了很好的空间，预计这一品种在我国将得到进一步的发展，成为应用的重要领域。

参考文献

[1] Albecht Ludwig Harreus. 2-Pyrrolidone [M]//ULLMANN. Encyclopedia of Industrial Chemistry：6th ed，Vol30. Weinheim：Viley-VCH，2003：5275.

[2] Barabas E S. *N*-vinyl Amide Polymers Herman [M]//Mark F，et al. Encyclopedia of Polymers Science and engineering. 2nd ed. Vol 17. New York：John Wiley & Sons，1989：198-257.

[3] 杨楚耀. 吡咯及其衍生物 [M]//化工百科全书：第 1 卷. 北京：化学工业出版社，1993：606-610.

[4] 张焕全. 吡咯及其衍生物 [M]//有机化工原料大全. 2 版，下卷. 北京：化学工业出版社，1999：927.

[5] 张明森. 精细有机化工中间体全书 [M]. 北京：化学工业出版社，2008：1628-1629.

[6] 石联. 科技与开发 α-吡咯烷酮的应用与开发进展 [J]. 化工中间体，2003 (5)：19-21.

[7] 周邦荣. 由氢氰酸与丙烯腈生产 2-吡咯烷酮 [J]. 金山油化纤，1998，17 (4)：27-29.

[8] 朴东喆，康基权，朴贤贞，等. 用生物物质的 2-吡咯烷酮的制备方法：CN 103189520A [P]. 2013-07-03.

[9] Rudloff M，Stops P，Henkes E，et al. Method for the production of 2-pyrrolido：WO 2003022811 [P]. 2003-03-20.

[10] 王凤云. 连续法生产吡咯烷酮在我厂的应用 [J]. 山东化工，1999 (2)：25-26.

[11] Sun Oil Company. Preparation of 2-pyrrolidinone：US 3681387 [P]. 1972-08-01.

[12] Sun Research and Development. Preparation of 2-pyrrolidinone：US 3782198 [P]. 1973-12-25.

[13] Frohn L. Process for preparing 2-pyrrolidones：US 5912358 [P]. 1999-06-15.

[14] Rohm & Haas Company. Preparation of pyrrolidinone：GB 856822 [S]. 1960-12-21.

[15] Liao Hsiang P. Preparation of 2-pyrrolidone from succinic anhydride，ammonia and hydrogen in the presence of raney cobalt：US 3080377 [P]. 1963-03-05.

[16] Walter Himmele，et al. Preparation of *N*-substituted pyrrolidones ：US 3198808 [P]. 1965-08-03.

[17] Matson，Michael. Preparation of 2-pyrrolidone：US 4904804 [P]. 1990-02-27.

[18] 欧玉静，王晓梅，李春雷，等. *N*-甲基吡咯烷酮的应用进展 [J]. 化工新型材料，2017，45 (08)：270-272.

[19] 欧玉静，王晓梅，李春雷，等. 水对 *N*-甲基吡咯烷酮水解的影响 [J]. 兰州理工大学学报，2018，44 (02)：70-74.

[20] 付浩，徐德锋. 电子级 *N*-甲基吡咯烷酮制备及检测研究进展 [J]. 化学试剂，2017，39 (02)：157-160.

[21] 宋国全，刘俊广. *N*-甲基吡咯烷酮生产工艺影响因素分析 [J]. 河南化工，2006，23 (9)：24-25.

[22] 李仲县，等. *N*-甲基吡咯烷酮 (NMP) 最新生产技术和市场研究 [J]. 甘肃科技，2007，23 (1)：140-142.

[23] Bergfeld Manfred J. Process for manufacturing 2-pyrrolidone or *N*-alkylpyrrolidones：US 6008375 [P]. 1999-12-28.

[24] 齐乐丹. 锂电池废液中 *N*-甲基吡咯烷酮回收工艺研究 [D]. 北京：北京化工大学，2022.

[25] 宋国全，等. *N*-甲基吡咯烷酮生产中一甲胺净化回收工艺开发与工业化生产 [J]. 现代化工，2020，40(09)：222-226.

[26] 郝萍，李春华. HR-ICP-MS 测定电子级 *N*-甲基吡咯烷酮中痕量金属杂质 [J]. 上海计量测试，2020，47 (02)：2-5.

[27] 魏新宇，李现忠，宋阳. *N*-甲基吡咯烷酮中微量 Na、Al、K 含量分析——有机加氧 ICP-MS 直接进样法 [J]. 石化技术，2020，27 (06)：11-12.

[28] Young-Seek Yoon. Ring conversion of γ-butyrolactone into *N*-methyl-2-pyrrolidone over modified zeolites [J]. Catalysis Communications，2002，3 (8)：349-355.
[29] Zhou Feng. Facile preparation of *N*-alkyl-2-pyrrolidones in a continuous-flow microreactor [J]. Organic Process Research and Development，2018，22 (4)：504-511.
[30] 吴仁喆. *N*-甲基吡咯烷酮的制备方法：CN 101903344A [P]. 2010-12-01.
[31] 俞快. 一种 *N*-甲基吡咯烷酮的提纯方法：CN 114181130A [P]. 2022-03-15.
[32] 宋国全，黄龙，杨理. 一种 *N*-甲基吡咯烷酮产品的精制系统：CN 206814666U [P]. 2017-12-29.
[33] 奈村勇輝，本真也，内田博. 丁内酯的制造方法及 *N*-甲基吡咯烷酮的制造方法：JP 2019162951 [P]. 2019-09-26.
[34] 黄龙，肖强. 一种吡咯烷酮类产品的生产方法：CN 105237456B [P]. 2016-01-13.
[35] 董建平. 一种便于安装的生产 *N*-甲基吡咯烷酮的反应器：CN 210994340U [P]. 2020-07-14.
[36] 翟林峰，等. *N*-乙烯基吡咯烷酮的合成工艺研究 [J]. 化工中间体，2006 (6)：16-19.
[37] 胡庆华，等. *N*-乙烯基吡咯烷酮的合成 [J]. 化工科技市场，2004，27 (5)：16-18
[38] 薄长宇，等. 聚乙烯基吡咯烷酮市场现状及生产工艺 [J]. 化工科技市场，2005，28 (4)：24-25.
[39] 钟思青，储博钊. 聚乙烯吡咯烷酮单体的合成工艺进展及其应用 [J]. 化学世界，2020，61 (02)：77-82.
[40] 易国斌. γ-丁内酯催化合成 PVP 单体及其动力学研究 [D]. 广州：华南理工大学，2006.
[41] 黎四方. *N*-乙烯基吡咯烷酮的制备方法：CN101391974A [P]. 2009-03-25.
[42] 汪立德. 聚乙烯吡咯烷酮及其应用的进展 [J]. 现代化工，1995，15 (9)：21-25.
[43] 成国祥，等. 大分子印迹交联聚乙烯基吡咯烷酮微球及低温悬浮聚合制备方法：CN 2007100578581 [P]. 2007-12-05.
[44] 崔英德，等. 聚乙烯基吡咯烷酮的合成与应用 [M]. 北京：科学出版社，2001：7-35.
[45] Tilstam U，et al. Methods of making onapristone intermediates：EP 3353148 (A4) [P]. 2019-04-24.
[46] Parthasarathy R，et al. Vinykation reaction：US 4410726 [P]. 1983-10-18.
[47] 伊长青，等. PVP(K-30) 的合成工艺 [J]. 化学工业与工程，2008，25 (6)：527-529.
[48] 万鹏. 聚乙烯基吡咯烷酮研究进展 [J]. 精细与专用化学品，2004，12 (8)：8-10
[49] 崔英德，等. Catalysts for synthests of *N*-vinylpyrrolidone [J]. 化工学报，2000 (4)：443-445.
[50] 梁诚. 聚乙烯基吡咯烷酮的生产与应用 [J]. 化工中间体，2002 (3)：3-7.
[51] 韩建文. 聚乙烯基吡咯烷酮的生产与应用 [J]. 化学工程师，2002 (3)：49-50.
[52] 林琳. 聚乙烯吡咯烷酮的合成和应用 [J]. 医药化工，2005 (5)：6-8.
[53] 陈俊民，等. PVP 研究及其生产工艺进展 [J]. 广东化工，2003，30 (004)：21-23.
[54] Cohen Jffrey M. Improved poly *N*-vinyl pyrrolidone：WO 2008063733 (A1) [P]. 2008-05-29.
[55] 藤濑圭一，等. 乙烯基吡咯烷酮聚合物的制造方法：CN 101077899A [P]. 2007-11-28.
[56] 今井大资，等. 乙烯基吡咯烷酮-乙酸乙烯酯共聚物、其制造方法及其用途：CN 101048433 [P]. 2007-10-03.
[57] 李伟勇. 聚乙烯吡咯烷酮及其在印染加工中的应用 [J]. 国外丝绸，2004 (4)：15-17.
[58] 张家泽，兰冬. 国内外聚乙烯吡咯烷酮供需现状分析 [J]. 化学工业，2006，24 (4)：28-32.
[59] 史铁军，等. 交联聚乙烯基吡咯烷酮的合成及其性能研究 [J]. 功能高分子学报，2002 (4)：400-404.
[60] 薄长宇，等. 聚乙烯基吡咯烷酮市场现状及生产工艺 [J]. 化工科技市场，2006 (3)：24-26.
[61] 孙旭东，王冬艳. 聚乙烯吡咯烷酮降解的研究进展 [J]. 化工技术与开发，2022，51 (11)：47-53.
[62] 詹世平，刘思啸，王景，等. 聚乙烯吡咯烷酮用于药物递送载体材料的研究进展 [J]. 功能材料，2021，52 (01)：1033-1038.

第五章
丁二醇酯类生物降解塑料

第一节 聚丁二酸丁二醇酯

一、丁二酸的物理和化学性质[1-2]

1,4-丁二酸（1,4-butanedioic acid，butane diacid）又名琥珀酸（succinic acid，SA），简称丁二酸。其分子式为 $C_4H_6O_4$，结构式如下：

$$HOOCCH_2CH_2COOH$$

丁二酸除存在于琥珀中外，还广泛存在于多种植物及人和动物的组织中，例如未成熟的葡萄、甜菜和大黄，人的血液和肌肉，牛的脑、脾、甲状腺等。SA 是糖类在人和动物体内新陈代谢的中间体。众多植物（如水藻、苔藓、大黄、番茄等）和矿物质（如琥珀、褐煤等）都含有 SA 及其酯。

丁二酸常温下为无色的固体结晶，存在 α-型（三斜晶型）和 β-型（单斜棱晶型）两种晶型。单斜棱晶体摩擦发光，在 137℃以下稳定；而三斜晶体在空气中不易吸潮，在 137℃以上仍然稳定。两种晶体都能溶于水、醇、乙醚、丙酮等。SA 及丁二酸酐的主要物理性质见表 5-1。

表 5-1　丁二酸及丁二酸酐的主要物理性质

物理性质	丁二酸	丁二酸酐
熔点/℃	188	119.6
沸点/℃	熔点下脱水	261
升华点(266Pa)/℃	156～157	90
相对密度	1.552～1.577	1.572
溶解度/(g/100g 溶剂)		
水 0℃	2.88	
50℃	24.42	
100℃	121.0	
96%乙醇(15℃)	9.99	

续表

物理性质	丁二酸	丁二酸酐
乙醚(15℃)	1.25	
二氯甲烷(沸点)	不溶	6.66
氯仿(沸点)	不溶	3.7
介电常数(3～97℃,5kHz)	2.29～2.9	
解离常数(25℃)		
$K_1/\times10^{-5}$	6.52～6.65	
$K_2/\times10^{-6}$	2.2～2.7	
比热容(298.15℃)/[J/(mol·K)]	152.9	
燃烧热/(J/mol)	14911.18±0.54	1554.4±7.7
溶解热(在60份水中)/(J/mol)	27.313	
生成热(298.15K)/(J/mol)	940.35±0.54	
偶极矩(20℃)/静电单位$\times10^{-18}$		4.2
磁化率/静电单位	−57.47	−43.85

丁二酸在水中可解离成质子和丁二酸根阴离子，但是在不同的pH值下存在不同的解离型。SA和大多数二元羧酸一样，分子内含有活泼的亚甲基，因此具有大多二元羧酸的典型反应性能。

丁二酸在134.8℃下两个羧基脱水生成稳定的丁二酸酐，继续加热，则生成4-酮庚二酸。

$$2HOOCCH_2CH_2COOH \longrightarrow 2\ (\text{丁二酸酐}) + 2H_2O$$

$$\longrightarrow HOOCCH_2CH_2\overset{\overset{\displaystyle O}{\|}}{C}CH_2CH_2COOH + CO_2 + H_2O$$

在碱金属离子存在下蒸馏熔融的丁二酸酐时，会发生剧烈反应，甚至会引起爆炸。因此，在进行SA蒸馏等处理时，一定要事先清洗设备，严格检验，确保碱金属离子在设备器壁、管道、管件、阀门等与SA物料接触部位没有残留。

丁二酸可以进行多种反应，主要反应如下：

① 酯化反应　SA和丁二酸酐易和醇发生酯化反应，生成一系列单酯和双酯产品。例如SA在氧化铝的催化作用下，与甲醇发生酯化反应，生成丁二酸一甲酯和丁二酸二甲酯的混合物；与BDO酯化后缩聚，得到聚丁二酸丁二醇酯（简称PBS)，具有生物可降解性。

② 氧化反应　SA可以被氧化剂氧化，例如可以被双氧水氧化，依据反应条件的不同，可生成过氧化丁二酸、2,2-二羟基丁二酸、丙二酸或乙醛、顺丁烯二酸的混合物。可被高锰酸钾氧化成草酸等混合物。

③ 还原反应　SA或丁二酸酐可以被催化加氢还原为1,4-丁二醇、γ-丁内酯、四氢呋喃、或其混合物。在BDO溶液中，则被加氢还原为γ-羟基丁酸。

④ 卤化反应　SA与溴在密闭的容器内加热至100℃，生成内消旋的2,3-二溴丁二酸。丁二酸酐与等摩尔溴加热生成一溴代衍生物，与2mol溴反应生成2,3-二溴丁二酸。SA与等摩尔的三氯化磷或五氯化磷反应，生成丁二酰氯。

⑤ 与氨基化合物反应　SA或丁二酸酐与氨、尿素或某些异氰酸酯等一起加热，生成以丁二酰亚胺为主的多种化合物。当丁二酸酐与芳胺一起加热时，丁二酸酐则被胺化。

⑥ Friedel-Crafts反应　在该反应条件下丁二酸酐与苊反应，生成4-氧代-(4,5-二氢化苊基)丁酸，应用该反应可合成血小板凝聚抑制剂。

⑦ 磺化反应　SA与三氧化硫反应生成2,3-二磺酸基丁二酸。

二、丁二酸的生产方法[3-22]

丁二酸有多种生产方法，按起始原料的不同，可分为以下几种。

1. 以顺酐为原料的生产方法

顺酐加氢是SA最为普遍的工业生产方法，正如在第一章和第二章中所述，以顺酐（MA）为原料加氢生产BDO和THF的工艺中，无论采用哪种工艺和催化剂，反应的第一步都是首先生成丁二酸酐或SA。如果反应是在有机相中进行，则多采用以铜、镍等为主要活性组分的催化剂，反应过程是MA的加氢，生成的产物主要是丁二酸酐。如果反应是在水溶液中进行，一般采用载于活性炭载体上的贵金属钯、铼等活性组分催化，反应实际上是顺丁烯二酸的加氢，产品自然是SA。但是，为了得到高选择性的SA或丁二酸酐，反应条件要缓和得多，一般是在中等压力，低于150℃的低温下，液相进行，可以采用几台带搅拌的淤浆床反应器连续进行。SA及丁二酸酐的分离提纯，可以采用减压蒸馏，甚至结晶的方法，其工业产品纯度均要求为99%以上的无色透明晶体。

2. 电解法

值得提出的是以顺丁烯二酸为原料电解合成SA的清洁生产法。这是一种经过多年研究，逐渐成熟，可以实现工业生产的技术。其电解收率、电流效率和转化率较高，能直接得到高纯度的SA产品，同时通过母液循环及套用技术，可以达到废水零排放。目前已开发出隔膜法、无隔膜法和成对电合成等多种电解合成SA的技术。其原理及电极反应如下。

阳极反应：

$$H_2O \longrightarrow 2H^+ + 1/2O_2 + 2e^-$$

阴极反应：

$$HOOCCH{=}CHCOOH + 2H^{+} + 2e^{-} \longrightarrow HOOCCH_2CH_2COOH$$

总反应：

$$HOOCCH{=}CHCOOH + H_2O \longrightarrow HOOCCH_2CH_2COOH + 1/2O_2$$

经过国内外学者多年研究，在电极材料、电解装置的形式等方面都取得了长足进步。我国浙江大学是国内最早开展SA无隔膜电解合成技术开发的单位，经过小试、模试，并在安徽三元化工厂先后建成100t/a、500t/a的中试装置，研制成功四元铅合金电极，使整个生产过程无废水排放，无废气排出。在此基础上2006年建成3000t/a无隔膜、连续化、绿色电化学合成SA的生产装置，实现了工业电化学技术合成SA的国内外首创。

3. 生物发酵法

即利用微生物菌种，以淀粉、糖类或其他生物质为原料，采用细菌发酵的方法制造SA及BDO的生物技术。在第一章第五节生物质BDO技术开发中已有详述，取得了突破性的进展，无论是直接法或间接法生物质发酵制BDO技术，其中间产物均是SA。

(1) 生物发酵法生产丁二酸的菌种

丁二酸是一些厌氧和兼性厌氧微生物代谢途径中的共同中介物，许多菌种都可以分泌SA，例如丙酸盐生产菌、典型的胃肠细菌以及瘤胃细菌等。但天然菌株产SA的能力非常低，发酵产物复杂，对糖或SA的耐受性比较差，基本不具备使用价值。因此就需要采用生物工程的技术对现有的菌种进行改造，近几年在这方面的研究也取得了显著的进展。其中产琥珀酸厌氧螺菌(*Anaerobiospirillum succiniciproducens*)、产琥珀酸放线杆菌(*Actinobacillus succinogenes*)、产琥珀酸大肠杆菌(*Mannheimia succiniciproducens*)和基因工程菌大肠杆菌(*Escherichia. coli*)都取得了SA产量在10～110g/L的好成果。一些有产业化前途的菌株的发酵条件和SA产率见表5-2。

表5-2 不同菌株的发酵结果比较

菌株	原料	环境	产品	产量/(g/L)	丁二酸产率/%
Anaerobiospirillum succiniciproducens (ATCC 29305)	葡萄糖	厌氧	丁二酸、乙酸	35.6	0.65
Actinobacillus succinogenes (ATCC 55618)	葡萄糖	兼性厌氧	丁二酸、乙酸、甲酸、乙醇	80～110	0.97
Mannheimia succiniciproducens (AFP 111)	葡萄糖	厌氧	丁二酸、乙酸、乙醇	45	0.99
Escherichia coli	葡萄糖	兼性厌氧	丁二酸、醋酸、乳酸酯、甲酸、乙醇	58.3	0.62

产琥珀酸厌氧螺菌（ATCC 29305）是从小猎犬的口腔中分离得到的一种革兰氏阴性厌氧菌，以葡萄糖、乳糖为发酵原料，主要产物是SA和乙酸，同时还生成少量的甲酸、乙醇和乳酸。在发酵过程中，认为产SA的厌氧螺菌代谢路径最主要的控制酶为磷酸烯醇式丙酮酸（PEP）羧化激酶、苹果酸脱氢酶、富马酸酶和富马酸脱氢酶。CO_2的浓度控制PEP的流向，当CO_2的浓度较低时（0.1mol CO_2/mol葡萄糖），以乳酸作为还原的产物；在较高的CO_2浓度时（1mol CO_2/mol葡萄糖），SA是主要产物。在最优的条件下（pH值为6.5，高浓度的CO_2），仅有微量的乳酸生成，SA的产量可以达到35g/L，有65%的葡萄糖被用于SA生产。产SA厌氧螺菌具有以下发酵特性：①可以采用通常的碳水化合物为底物，例如葡萄糖、乳糖、甘油等；②厌氧发酵过程中，通入CO_2对SA的代谢有关键的作用，通入一定量氢气，有利于SA的产生，最优比例为CO_2∶H_2为95∶5，最优发酵底物葡萄糖的浓度一般在20～80g/L之间，一般不能耐受高渗透压，也不能耐受高浓度的SA盐，因此对分离过程的操作要求严格；③发酵过程最优的pH值在5.8～6.6，一般为混合酸发酵，乙酸为主要副产物。

产琥珀酸放线杆菌（ATCC 55618）是从牛瘤胃中分离得到的一种革兰氏阴性新菌株，属于巴斯德菌科，放线杆菌属。它是一种兼性厌氧菌，能够利用多种碳源，能耐受高浓度的SA盐，生长不受影响。以葡萄糖为底物时，发酵产生SA、乙酸及少量的甲酸和乙醇。同样，CO_2对SA的产量有很大影响，采用还原性的底物有利于SA和乙醇的产生。一般条件下，SA的最后发酵含量可达到50g/L，能够利用氢气作为电子供体，当采用100%的氢气时，SA的产量可达110g/L。此菌株是耐高糖和耐高盐的菌种，已初步具备工业化生产的能力。

大肠杆菌在氧气缺乏的条件下，能将糖及其衍生物发酵生成甲酸、乙酸、乳酸、SA、乙醇等。通常情况下，SA的产量很低，一般为0.12mol/mol葡萄糖。通过对大肠杆菌的深入研究发现，可以利用各种生物学技术将其改造成产SA的大肠杆菌。例如将大肠杆菌突变株NZN 111在含有卡那霉素的琼脂平板上培养，然后筛选出能够重新发酵葡萄糖的自发突变株AFP 111。AFP 111能够发酵葡萄糖产生SA、乙酸和乙醇，并且能够利用外氢源为还原剂。当采用100%的CO_2时，SA的产量可以增加到45g/L，生产能力可以达到1.6g/(L·h)，产率可达到99%。

(2) 发酵过程

利用微生物进行生物质发酵工业生产SA的关键所在，是如何利用来源广泛、廉价、容易得到的生物质原料和营养成分，获得高浓度、高产量、容易分离和提纯的发酵产品，使这种技术的实施在经济上可行。利用农产品玉米、木薯，甚至秸秆等废弃物为原料，发酵制造SA的过程是典型的厌氧发酵，CO_2在SA

产生菌的代谢过程中起着非常重要的作用。因此对发酵技术的研究也就主要集中在如何让 SA 产生菌在代谢过程中最大限度地利用 CO_2。最直接的方式，就是在发酵过程中连续不断地通入 CO_2，以保证 SA 产生菌对 CO_2 的固定，这是发酵法生产 SA 过程不同于其他有机酸生产的关键。

制造 SA 的发酵过程要在中性的 pH 值下进行，酸的生成降低了发酵液的 pH 值，不利于微生物的生长，因此，必须通过加碱来调节发酵液的 pH 值，使生成的 SA 变成丁二酸盐。例如加入氢氧化钙调节 pH 值，使发酵过程结晶出丁二酸钙。美国的 Applied Carbochemicals 公司等加入氨来调节 pH 值，控制发酵过程在 pH≥6 的条件下进行。若在培养液中加入少量的营养物质及金属盐，可以提高 SA 的生产速率和产率。在厌氧条件下，SA 产生菌的代谢途径如图 5-1 所示。

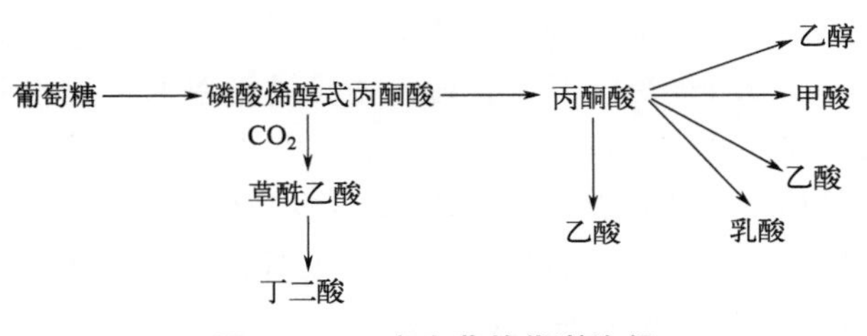

图 5-1　SA 产生菌的代谢途径

由图 5-1 的代谢途径可以看出，磷酸烯醇式丙酮酸是葡萄糖发酵生成 SA 的一个非常重要的中间体，在厌氧条件下，它可被磷酸烯醇式丙酮酸羧化激酶和丙酮酸激酶催化。这是两种完全不同的酶，磷酸烯醇式丙酮酸羧化激酶是一种二氧化碳固定酶，在有二氧化碳存在的条件下，它可以将磷酸烯醇式丙酮酸转化为草酰乙胺，进而被后续的苹果酸脱氢酶、延胡素酸酶和延胡素酸脱氢酶转化而生成 SA。而丙酮酸激酶不能固定二氧化碳，它可将磷酸烯醇式丙酮酸转化为丙酮酸，进而生成乙酰辅酶 A，由此进入典型的混合酸发酵，生成乳酸、甲酸、乙酸和乙醇等。磷酸烯醇式丙酮酸羧化激酶是生成 SA 的关键酶，也是主要生化反应速率的控制酶，受到多种因素的影响和调控。其中最为突出的是二氧化碳和生物质的影响，二氧化碳水平的高低，可以调节磷酸烯醇式丙酮酸羧化激酶的活性。在低的二氧化碳水平下（例如二氧化碳和葡萄糖的摩尔比为 1∶10），葡萄糖经产琥珀酸厌氧螺菌（*Anaerobiospirillum succiniciproducens*）发酵，以乳酸为主要产物；经产琥珀酸放线杆菌（*Actinobacillus succinogenes*）发酵，则以乙醇为主要产物。而在高的二氧化碳水平下（例如二氧化碳与葡萄糖的摩尔比为 1∶1），葡萄糖经两种细菌发酵，主要产物都是 SA。此外，在培养基中添加 400μg/L 的生物质，有利于提高 SA 的产率，还可以最大限度地减少乳酸副产物的生成。生物质是许多羧化酶辅基，对提高磷酸烯醇式丙酮酸羧化激酶的活性有重要作用，也可部分地抑制丙酮酸激酶的活性。

（3）由发酵液分离和提取琥珀酸

发酵液的组成复杂，而 SA 产品要求其具有较高的纯度，两者的差异增加了由发酵液分离和提取 SA 的困难。主要研究的技术有钙盐法、铵盐法、溶剂萃取法、离子交换法、膜分离法等。

发酵过程中需要加入碱来调节发酵液的 pH 值，因此发酵产物是有机酸的盐。此外，在发酵产物中的不溶解物质，如死细胞、蛋白等，需要从产品中去除。因此由发酵液提取和净化 SA 的过程，包括细胞、蛋白一类不溶杂质的去除，将丁二酸盐转化成游离的 SA，再净化、提浓游离的 SA，达到产品要求的纯度等过程。

① 钙盐法　也称为石灰-硫酸法，是一种传统的从发酵液中提取有机酸的方法。该法利用丁二酸钙水溶解度小的特点，在发酵过程中通过加氢氧化钙来调节发酵液的 pH 值，使 SA 转变成丁二酸钙。先通过简单的过滤得到菌体、蛋白等不溶物和丁二酸钙的混合沉淀，然后通过不断洗涤，除去沉淀中的菌体和蛋白质，将洗涤后的晶体沉淀用硫酸酸化，生成不溶的硫酸钙，游离出 SA。后者通过过滤、活性炭脱色、离子交换树脂净化、蒸发提浓、结晶等过程，得到 SA 的晶体产品。钙盐法生产 SA 的过程见图 5-2。

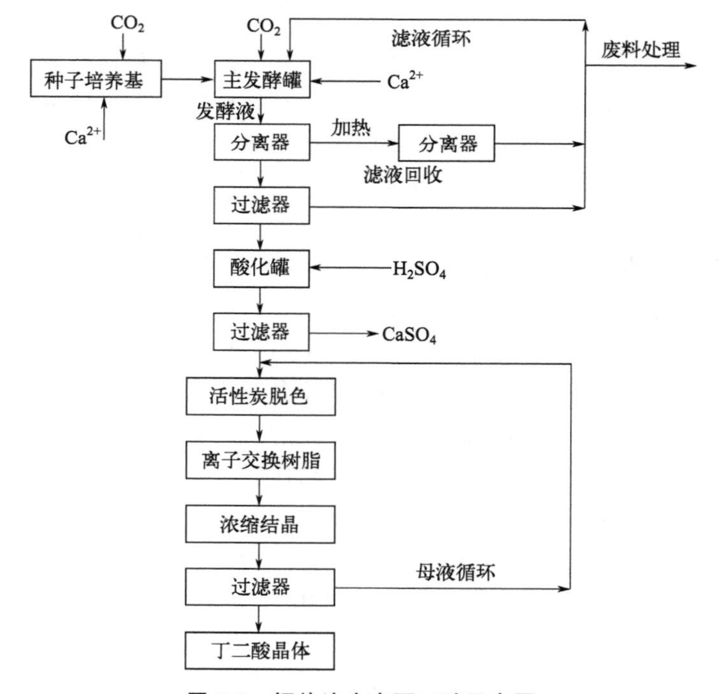

图 5-2　钙盐法生产丁二酸示意图

② 铵盐法　用氢氧化钠调节发酵液的 pH 值在 6 以上，通过过滤除去发酵液中的蛋白质等不溶物，得到约含 10%丁二酸二钠的发酵液，通过多效蒸发，浓缩至 50%。然后通入 CO_2 和氨气，将丁二酸二钠转化成丁二酸二铵和碳酸氢钠，丁二酸二铵晶体析出，经过滤滤出的碳酸氢钠溶液返回发酵罐，用于调节发酵罐的 pH 值。滤出的丁二酸二铵加入 SA 结晶器中，在该结晶器中加入硫酸氢铵或硫酸，与丁二酸铵反应，生成 SA 和硫酸铵。将溶液的 pH 值调节为 1.5～1.8，在此 pH 值下 SA 的溶解度最小，因此 SA 晶体析出。通过过滤、洗涤、甲醇纯化，将 SA 从硫酸盐中分离出。再通过甲醇蒸发，便可以得到纯的 SA 晶体。过滤 SA 晶体得到的硫酸铵滤液，通过蒸发浓缩、结晶、过滤得到的硫酸铵，在 300℃进行热解，分解出氨，再返回丁二酸铵结晶器。铵盐法生产 SA 过程如图 5-3 所示。铵盐法虽能有效地利用氨在过程中进行循环，但是生产步骤多，能耗高，多次结晶，不利于得到 SA 的高回收率。

此外，正在开发的发酵液分离方法还有离子交换树脂法、膜分离法、溶剂萃取法等，所有这些方法都有待于进一步通过大规模和连续化生产装置的应用和检验。

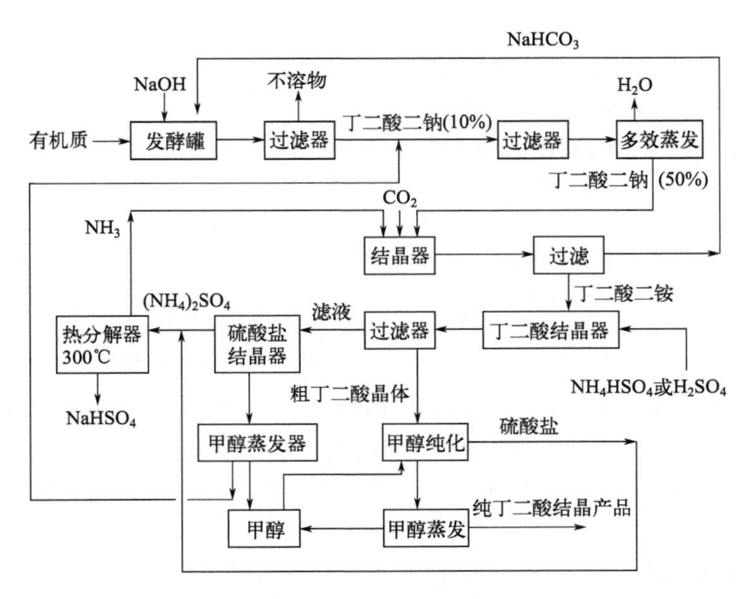

图 5-3　铵盐法生产丁二酸示意图

三、丁二酸的产能、用途及市场潜力[10-11,17,20-21]

全球生产丁二酸的国家主要有中国、加拿大、意大利、西班牙和日本。其中中国的产能最大，2021 年全球产能约 11.5 万吨，中国产能 5.5 万吨，约占总产能的一半。欧美大多采用生物质发酵法生产，中国主要采用电解法生产。在生物可降解塑料聚丁二酸丁二醇酯等需求快速增长的带动下，丁二酸的产能增长加快，特别是在中国。

中国有多家企业生产 SA，2022 年其产能及生产工艺见表 5-3。

表 5-3 中国 2022 年丁二酸的生产企业及产能

序号	国内生产厂家	产能/(万吨/年)	生产工艺
1	山东兰典生物科技股份有限公司	6.0	生物发酵
2	扬子石化有限公司	0.10	生物发酵
3	安庆和兴化工有限公司	1.00	电化学还原
4	安徽三信化工有限公司	0.50	电化学还原
5	河北省保定味群食品科技股份公司	0.40	电化学还原
6	上海申人有限公司	0.20	电化学还原
7	常州曙光化工厂	0.20	电化学还原
8	建德市大洋化工公司	0.20	电化学还原
9	安徽大宇化工厂	0.10	电化学还原
10	江苏昆山味群食品工业有限公司	0.10	电化学还原
11	山东振兴化工有限公司	0.10	电化学还原
12	山东潍坊三希公司	0.09	电化学还原
13	浙江黄岩先灵化工厂	0.05	电化学还原
14	江苏阜阳化工公司	0.05	电化学还原
15	江苏仙桥涂料有限公司	0.10	电化学还原
16	陕西宝鸡宝玉公司	0.25	釜式加氢
17	陕西惠丰化工公司	0.05	釜式加氢
合计		9.49	

丁二酸是制造 PBS 类生物可降解材料的主要原料。2004 年 8 月美国能源部发布的报告中将 SA 列为 12 种最有潜力的大宗生物基化学品的第一位。SA 在中国的生产始于 20 世纪 60 年代末期，起步较晚，但是生产发展较快，2022 年中国总产能约 10 万吨。

中国对发酵法生产 SA 的研究已进入实质性阶段，展现出较大的工业化利用潜力，并为今后的发展提供了新思路。目前生物质-SA 生产上下游协同方面，扬子石化有限公司与南京工业大学合作以玉米淀粉为原料千吨级装置已经打通流程，产出合格产品。另外，采用中国科学院（天津微生物研究所）技术，山东兰典科技股份有限公司已建成 6 万吨/年微生物发酵法生产 SA 工业化生产线，规划生物法 SA 总产能 50 万吨/年，首条 6 万吨/年 SA 生产线于 2017 年 9 月份竣工投产。因此，从长远来看，生物发酵法有利于降低 SA 的生产成本，提高产品竞争力。国外生物发酵制备 SA 技术正在逐步走向产业化，产能不断扩大（见表 5-4），经过经济分析和预测，有望实现 SA 成本的大幅下降。美国 BioAmber 公司在加拿大 Sarnia 地区和泰国建成生物质-SA 生产装置，产能分别为 3.4 万吨/年和 6.5 万吨/年；帝斯曼、巴斯夫、麦里安科技均已兴建多个生物法制 SA 工厂。SA 未来发展空间巨大，产能将不断增加，可满足市场需求。

表 5-4 2022 年国外生物质-丁二酸生产企业及产能

序号	公司	产能/(万吨/年)	厂址
1	巴斯夫/Purac 合资公司	2.5	巴塞罗那(西班牙)
2	BioAmber-ARD	0.3	Pomacle(法国)
3	BioAmber/Mitsui 合资公司	6.5	美国或巴西
4	BioAmber/Mitsui 合资公司	3.4	萨尼亚市(加拿大)
5	BioAmber/Mitsui 合资公司	6.5	泰国
6	Myriant	1.36	普罗维登斯湖(美国路易斯安州)
7	Myriant	7.7	普罗维登斯湖(美国路易斯安州)
8	Myriant-Uhde(ownerandoperator)	0.05	Infraleunasite(德国)
9	Reverdia(DSM-Roquette)	1.0	萨诺斯皮诺拉(意大利)
合计		29.31	

丁二酸是一种多用途精细化工产品，作为有机合成原料及中间体或专用化学品，广泛用于食品、医药、农药、日用化学品、染料、香料、油漆、塑料等工业。SA 当前最大的市场是表面活性剂、清洁剂、添加剂和起泡剂。其次是用作离子螯合剂，在电镀行业用于防止金属的溶蚀和点蚀。在食品工业中是一种理想的酸味剂、pH 值改良剂和抗菌剂，SA 的钠盐可改善酱油、豆酱、液体调味剂等的质量。在抗菌药物（如诺氟沙星、氯霉素、红霉素等），抗癌药物紫杉醇、7β-羟基胆固醇，激素类药物氢化可的松、地塞米松，心脑血管药物灯盏乙素、环维黄杨星 D，甚至抗艾滋病药物齐多夫定等的合成中，都会用到 SA 或 SA 的衍生物。SA 或丁二酸酐制造的醇酸树脂具有良好的挠曲性、弹性和抗水性。丁二酸二乙酯或丁二酸酐与氨基蒽醌反应生成蒽醌染料，广泛用于尼龙或醋酸纤维的着色。SA 也是一种植物生长激素，使用 SA 的农作物一般能增产 1～2 倍。

尽管 SA 用途广泛，但由于这些产品的规模和市场有限，都不会对 SA 的产能增长产生很大的影响。SA 潜在的、最大的、能影响其进一步发展的产品是聚丁二醇酯类 PBS、PBSA、PBAT 等的生产。

以生物质为原料通过生物转化法制造 SA 及其衍生物的技术，之所以吸引众多关注，是因为这一技术和产业化的突破，可以减少人们对不可再生的石油等化石资源的依赖，实现可再生资源的利用，以及绿色、减排、环保、可持续发展的循环经济的运行模式。SA 的前景虽然非常诱人，但需要解决的问题也是多方面的。首先是要利用包括现代基因工程在内的系统生物学的方法，以及计算机辅助的菌株设计等手段，对发酵菌株进行全面的性能改造，培养出 SA 产率高、选择性好、对发酵环境适应能力强、能应用于大规模工业生产的新菌株；其次是简化 SA 的分离提纯工艺，简化步骤，降低能耗，提高产品纯度，实现发酵过程用水的循环；然后是采用低质生物质原料代替当前的玉米淀粉和充分利用发酵过程产生的副产品，提高过程的经济性。聚丁二醇酯的推广应用，市场前景喜人，但关于其各种性能的改善，使其在经济上更具竞争优势，市场潜力的进一步开发，还有许多工作要做。

四、聚丁二酸丁二醇酯的性质[23-34]

1. 聚丁二酸丁二醇酯的综合性能

聚丁二酸丁二醇酯又名聚琥珀酸丁二醇酯[poly(1,4-butylene succinate)，简称 PBS]，是一类通过 SA 和 BDO 酯化、缩聚反应生成的脂肪族聚酯。PBS 具有优异的生物降解性能，在自然条件下可 100%地分解为水和二氧化碳，是国际公认的可完全生物降解的高分子聚合物。PBS 的分子式如下：

$$H\text{+}O\text{+}CH_2\text{)}_4O-\overset{O}{\overset{\|}{C}}\text{+}CH_2\text{)}_2\overset{O}{\overset{\|}{C}}\text{]}_n OH$$

聚丁二酸丁二醇酯为白色结晶型聚合物，结晶度 30%～60%，结晶温度 75℃。PBS 的性能介于聚丙烯和聚乙烯之间，其加工性能类似聚乙烯，具有热塑性；溶解性能类似聚对苯二甲酸乙二醇酯，不溶于水和一般的有机溶剂（仅能溶于氯代烃）；燃烧热为聚乙烯的 1/2。典型的产品如日本昭和高分子株式会社的 Bionolle 即是一类可生物降解 PBS 产品，其产品性能见表 5-5。新疆蓝山屯河科技股份有限公司和 PTT MCC Bichem 公司的 PBS 产品性能见表 5-6。

表 5-5 日本昭和高分子株式会社 PBS 产品的性能

性能	1000 号			3000 号	
	聚丁二酸丁二醇酯			聚丁二酸己二酸丁二醇酯	
数均分子量(M_n)	$(5\sim39)\times10^4$				
分子量分布(M_w/M_n)	1.2～2.4				
结晶度/%	35～45				
熔体流动速率/(g/10min)	1.4	6	20	3	20
熔点/℃	114	114	114	96	96

续表

性能	1000号			3000号	
	聚丁二酸丁二醇酯			聚丁二酸己二酸丁二醇酯	
密度/(g/cm^3)	1.26	1.26	1.26	1.23	1.23
屈服强度/MPa	33.6	34.6	35.0	19.0	20.9
弯曲模量/MPa	650	700	720	350	380
Izod冲击强度/(J/cm)					
20℃	3.0	1.2	0.8	3.5	4.0
−20℃	0.24	0.24	0.2	0.3	2.0
溶解性					
水	不溶	不溶	不溶	不溶	不溶
有机溶剂	不溶	不溶	不溶	不溶	不溶
燃烧热/(kJ/g)	23.85	23.85	23.85	24.27	24.27
吸水率(质量分数)/%	0.4	0.4	0.4	0.4	0.4
成型前的干燥条件					
温度/℃	80	80	80	80	80
时间/h	2	2	2	2	2
成型温度/℃	170～220	170～220	170～220	170～220	170～220
生物降解速度①					
在加热堆肥中	中	中	中	快	快
湿土中	中	中	中	快	快
活性污泥中	差	差	差	中	中
海水中	中	中	中	快	快

① 按ASTM D5338—92的试验法：45d，二氧化碳变化率>50%为快；>20%为中；<20%为差。

表5-6 新疆蓝山屯河科技股份有限公司和PTT MCC Bichem公司的PBS产品性能

性能	蓝山屯河				PTT MCC Bichem	
	TH803S				F271(常规)	F291(常规)
熔点/℃	110～116				115	115
熔体流动速率/(g/10min)	≤10	10～20	20～25	25～30		
拉伸强度/MPa	≥25.0				30	36
断裂拉伸强度/MPa	≥20	≥200	≥150	≥150	170	250
弯曲强度/MPa	≥30.0				40	40
悬臂梁缺口冲击强度/(kJ/m^2)	≥50				7	10
负荷变形温度/℃	≥80				95	95
主要应用厂家	吸管制品厂、餐具制品厂等				餐具制品厂	

作为一种高分子材料，PBS具有良好的综合性能，主要表现如下：

① 良好的耐水性。可以满足通用塑料的使用要求。在正常储存和使用条件下，性能比较稳定。

② 综合力学性能和加工性能好。可以在通用加工设备上进行各种成型加工，可以进行吹塑、吹膜、注塑、流延、纺丝等加工。

③ 耐热性能良好。PBS系列塑料具有很好的耐热性能，热变形温度接近100℃，经改性可超过100℃。这在目前已知的可完全生物降解塑料中，耐热性是最好的，可以满足日常生活用品的耐热要求，可以制备用于冷热食品包装的材料。

④ 可通过分子结构、聚集状态调节，实现可控降解。通过共聚改性和共混改性，可以形成不同性能和用途的系列产品。例如通过改变共聚物的种类和组成，可以在很宽的范围内调节其降解速率。

2. 聚丁二酸丁二醇酯的生物降解性能

高分子聚合物的降解是其单体聚合或缩聚过程的逆过程，是指大分子化合物的分子量变小的过程。高分子材料降解过程的化学本质是其化学键的断裂，既包括主链中化学键的断裂，又包括支链中化学键的断裂，但主链结构中化学键的断裂对聚合物的降解起着决定性的作用。聚合物的生物降解是指聚合物在微生物的作用下化学键的断裂过程，其实质是由微生物分泌的酶作用的结果。酶是蛋白质，大多数酶能溶于水、稀盐酸和稀乙醇溶液。当聚合物发生生物降解时，首先是微生物分泌的酶附着于聚合物的表面，对其表面进行侵蚀；然后由于酶的反应，顺序切断构成聚合物长链中的某些化学键，从而发生断链，分子链变短，高分子化合物变成小分子化合物。酶的继续作用使小分子化合物进一步分解成有机酸、葡萄糖或氨基酸，并经微生物体内的各种代谢过程，最终分解成二氧化碳和水。

影响聚合物生物降解性能的因素，主要有聚合物的分子结构、聚合物中的添加组分、微生物或酶的种类以及环境条件。对聚合物生物降解性能的评价方法和标准也有不同，各国不完全相同，如ISO、美国的ASTM、德国的DIN等。归纳起来有以下四种方法，即土壤试验、环境微生物试管试验、培养特定的微生物以及酶解试验。对生物降解结果的评价标准虽有差异，但对结果的判断却有相似的地方。即依据降解前后试样的质量、力学性能、结构的变化，以及聚合物分解产物来加以判别和评定。这些依据可以相互印证和补充，例如，质量的变化虽不能说明其化学结构的改变，但可以印证氧气的消耗和二氧化碳的排放。通过现代分析手段，例如红外光谱、核磁共振、X射线衍射、光电子能谱等检测手段对样品试验前后进行检验，不但能判断聚合物化学结构的变化，而且可以跟踪试样生物降解过程的中间产物、代谢产物和机理。

根据试验，PBS 的生物降解过程如图 5-4 所示。

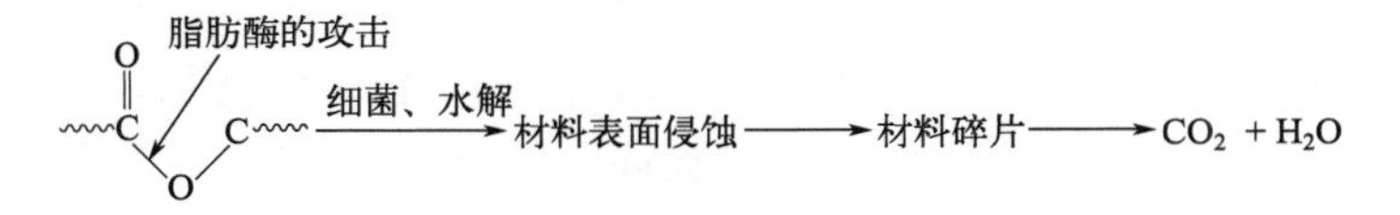

图 5-4 PBS 的生物降解过程

微生物分泌的酶催化水解 PBS 的机理为：酶起醇的作用，故可以看作是 PBS 的醇解，产物为酰基酶和 PBS 链的一部分，酰基酶被水解，产物为 PBS 链的其余部分和再生的酶，因此该酶可被循环利用。PBS 生物酶降解机理见图 5-5。

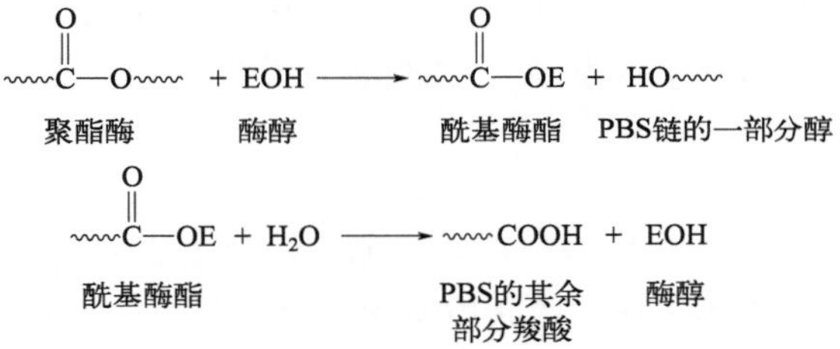

$$\sim\sim \overset{O}{\overset{\|}{C}}-O\sim\sim + EOH \longrightarrow \sim\sim \overset{O}{\overset{\|}{C}}-OE + HO\sim\sim$$

聚酯酶　　酶醇　　酰基酶酯　　PBS链的一部分醇

$$\sim\sim \overset{O}{\overset{\|}{C}}-OE + H_2O \longrightarrow \sim\sim COOH + EOH$$

酰基酶酯　　PBS的其余部分羧酸　　酶醇

图 5-5 PBS 生物酶降解机理

聚丁二酸丁二醇酯的生物降解性随其分子量、共聚组分及分子结构的不同，有较大的差别。研究发现，数均分子量为 48000 的 PBS 在杂色曲菌酶作用下，降解 30d，其降解率为 21%。Mal Nam Kim 采用污泥降解法研究发现，数均分子量约为 70000 的 PBS，降解 30d，降解率仅为 3%。说明 PBS 的分子量越高，端基的数量就越少，而由微生物参与的生物降解过程主要是由端基开始的，所以高分子量的 PBS 降解速率相对较低。

研究表明，具有侧链的 PBS 难生物降解，具有直的且柔软链的 PBS 要比交联 PBS 易于生物降解，有规则的晶态结构能阻碍生物降解，因此分子中非晶态的结构部分首先开始生物降解。脂肪族共聚物要比芳香族共聚物易于生物降解，分子结构中的酯键、肽键易于生物降解，而酰胺键、分子间的氢键就不易生物降解，熔点低的聚合物要比熔点高的聚合物容易生物降解。PBS 的形态不同，生物降解速率也表现出较大的差异，一般 PBS 粉末的生物降解速率＞PBS 片＞PBS 颗粒。这是由于 PBS 的粉末具有较大的比表面积，单位面积上酶与其分子链接触的点就多，因此生物降解的速率就快。

对聚丁二酸丁二醇酯和聚丁二酸-己二酸丁二醇酯（PBSA）薄膜采用可控堆肥法降解，两者都表现出良好的生物可降解性，但 PBSA 薄膜 90 天的降解率为 92.1%，而 PBS 薄膜只降解了 60.7%。这是由于 PBSA 的熔点及结晶度均低于

PBS，分子间的作用力较小，微生物容易攻击和切断其分子链，表现出易于生物降解的性质。通过在 PBS 的分子中引入共聚的第三单体 BDO，得到具有枝状结构的聚丁二酸-丁二醇丁二醇酯（PBSB），随着 BDO 含量的增加，枝状共聚酯的熔点和结晶度下降，生物降解性能明显提高。同样，在 PBS 的分子结构中引入芳香族二元酸共聚酯单元（例如对苯二甲酸），发现其含量对 PBS 的生物降解性能有一定的影响。结果表明 PBS 的芳香族共聚酯要比脂肪族共聚酯难降解。对 PBS 和芳香族共聚酯来说，在芳香族二元酸含量较低时，结晶度起主要作用，随着芳香族二元酸含量的增加，其结晶度降低，生物降解性有所提高，当芳香族二元酸含量继续增加到一定程度时，芳香族二元酸起了主导作用，生物降解性将下降。

影响 PBS 生物降解性能的因素很多，掌握其规律，在制造 PBS 生物降解材料时，可以采用共聚、扩链等多种手段，例如在 PBS 的分子结构链中引入脂肪族二元酸共聚酯，以期降低结晶度，增加链的柔软性等，提高 PBS 的生物降解性能。

（1）聚丁二酸丁二醇酯的生物堆肥降解

大量堆肥法处理 PBS 生物降解研究表明，PBS 有良好的可堆肥性能。初期，PBS 会生成水溶性的酸性产物，使介质酸化并对微生物的生长产生抑制作用。但随着微生物生长速率的加快，微生物对水溶性产物不断同化吸收，pH 值不断升高，这一过程被克服。用不同土壤对 PBS 薄膜进行土埋法降解试验，通过失重率和表面形态观察，降解率由大到小的顺序为堆肥土＞污泥土＞垃圾土＞花园土。进一步地观察会发现土壤中的微生物是通过侵蚀 PBS 薄膜边角进行降解的，不同形态的 PBS 降解率顺序是粉末＞薄膜＞颗粒。比表面积大的 PBS 降解速率快。不同 PBS 端基试验表明端基为羧基的结构，亲水性大，极性强，容易降解。研究发现堆肥土壤中筛选到的能降解 PBS 的菌株有细菌、真菌和放线菌等主要微生物种类。其中降解性能最好的是真菌，最有效的微生物是 *Aspergillu uersicolor*。

（2）聚丁二酸丁二醇酯的微生物降解

国内外学者通过不同渠道收集到各种菌株，对 PBS 的微生物降解进行了试验，其结果如表 5-7 所示。

表 5-7　不同菌株对 PBS 的降解试验结果

菌株名称	菌株来源	筛选者	试验条件	PBS 降解率
Bionectria ochroleuca BFM-X1	蔬菜地微环境空气中	梅雪丽等	PBS 薄膜，25～30℃，pH 4.0,16 天	97.9%
Rhodcoccus sp. HX01	活性污泥	余莎莎等	PBS 颗粒，30℃，pH 8.0，14 天	13.75%，颗粒表面色泽有明显变化

续表

菌株名称	菌株来源	筛选者	试验条件	PBS降解率
A. Fumigatus NKCM 1706	堆肥	Ishii N, et al	PBS薄膜在土壤环境30℃条件下堆肥30天	80%
F. Solani	农田土壤	Abe M, et al	土壤环境14天	2.8%
Alternaria sp. HJ10	土壤，通过紫外线诱变 *Alternaria* sp. HJ03 菌株获得一株降解能力较强的突变株HJ10	董赛等	降解PBS最适宜温度25～30℃，pH 5.0，HJ10菌株对PBS薄膜的降解率比HJ03提高了14.4%，且HJ10菌株连续继代培养7代降解能力仍然稳定	86.3%
B. Pumilus－A	土壤	Hayase N, et al	30℃，pH 7.0	90.2%

(3) 聚丁二酸丁二醇酯的酶降解

脂肪酶和角质酶是最常见的可催化PBS一类聚酯水解的酶。PBS的酶降解过程也受到多种因素的影响，如PBS的化学组成、分子结构、结晶和表面形貌、亲疏水平衡等。酶水解过程通过表面侵蚀作用发生，与简单的水解作用不同的是，在酶水解过程中分子量相对较低的已溶解在水介质中，降解前后PBS的分子量几乎不会发生变化。通过深入研究，可以进一步了解PBS的生物降解机理。一系列研究表明对于PBS一类聚酯，角质酶要比脂肪酶具有较高的生物降解性，降解需要时间短而降解率高。

聚丁二酸丁二醇酯作为一种可生物降解的高分子材料，具有良好的综合性能，应用市场前景看好，是减少环境污染的有效途径之一。但是，PBS一类聚酯在自然环境下的生物可降解性比较差，对其降解行为和降解机理还欠深入研究。今后的研究工作一方面是研究筛选更高效的堆肥、微生物和降解酶；另一方面根据聚酯降解过程机理对PBS结构性能进行设计改造，在不降低其各种良好综合性能的同时，提高其可生物降解性。

五、聚丁二酸丁二醇酯的制造技术和进展[35-49]

1. 聚丁二酸丁二醇酯的制造技术

聚丁二酸丁二醇酯可以采用多种方法制造，有直接酯化法、酯交换法和扩链法。

(1) 直接酯化法

PBS采用直接酯化制造过程中，SA和BDO直接进行酯化反应生成丁二酸丁二醇酯，再进一步缩聚成 PBS，两个反应同时在同一反应器中完成。将等当量的 SA 和 BDO，以及一定量的催化剂加在一起，在高温、高真空的条件下，脱除酯化反应生成的水，生成具有一定分子量的 PBS。由于采用工艺条件的不同，可分为溶液聚合法和熔融缩聚法。

① 溶液聚合法　在一定的温度下，使 SA 和 BDO 在催化剂存在下反应一段时间，完成酯化反应。采用不同的溶剂带走酯化反应生成的水，然后再在较高的温度下进行缩聚反应，得到具有一定分子量的 PBS。

溶液聚合法一般是在常压及较低的温度下进行反应，及时脱除反应过程生成的水，是控制酯化和缩聚反应进行的关键。溶液聚合法可以获得分子量分布较窄的 PBS，但是聚合反应时间比较长，一般需要几十小时，得到的 PBS 分子量较低。在反应过程中溶剂实际上起到脱水剂的作用，常用的溶剂有二甲苯、十氢化萘等。例如用苯磺酸作催化剂，能合成数均分子量为 16000，分子量分布系数为 1.6～1.9 的 PBS，反应时间长达 20h。

② 熔融缩聚法　熔融缩聚过程一般分为两步，首先在一定温度下使熔融的 SA 和 BDO 进行酯化反应，然后加入缩聚催化剂，在高温和高真空下进行缩聚反应，生成 PBS。熔融缩聚法技术，催化剂的选择对最终 PBS 的分子量大小有重要的影响。例如 A. Takasu 等在 35℃、31.99kPa 下采用三氟甲烷磺酸钪 [$Sc(OTf)_3$] 或双三氟甲基磺酰亚胺钪 [$Sc(NTf_2)_3$] 为催化剂，使 SA 和 BDO 进行缩聚反应，得到了 $M_n=10000$ 的 PBS。Hyoung-joon Jin 等采用钛酸丁酯为催化剂，在氮气的保护下，首先在 180℃恒温 3h；完成酯化反应；然后用 90min 升温至 210℃、减压至 6.65Pa，恒温 4h，完成缩聚反应，得到的 PBS $M_n=38000$。张敏等用四异丙氧基钛和磷酸双催化剂，在氮气保护下，加热至 230℃，脱水 1h，完成酯化反应；然后再在 66.5Pa 真空下进行缩聚反应，2h 后，得到 $M_n=65000$，$M_w/M_n=2.2$ 的 PBS。采用十氢萘为溶剂，$SnCl_2$ 为催化剂，首先在 150～160℃温度下反应 1～2h，酯化反应完全后，再升温至 190～200℃，进行熔融缩聚反应，经过 10～12h 后得到分子量为 78912 的 PBS。熔融缩聚法的优点是高温高真空下缩短了反应时间，得到的 PBS 分子量相对较高，但是容易发生副反应，且催化剂不能脱除。

也有采用熔融和溶液相结合的方法合成 PBS，例如在酯化反应过程中加入脱水溶剂，加快脱除酯化反应过程生成的水，然后再在高温及高真空下进行缩聚反应，可以提高产品的分子量。但反应时间仍较长，操作也比较复杂。

(2) 酯交换法

酯交换法主要是采用丁二酸二甲酯与 BDO 进行酯交换反应，脱除酯交换反应置换出的甲醇，然后再进行缩聚反应。

酯交换法的优点是利用甲醇与 SA 易于进行酯化反应生成丁二酸二甲酯，而

BDO又容易与其进行酯交换反应，置换出甲醇，从而缩短了酯化反应时间。在实际操作中，酯交换和缩聚反应是同时进行的。例如用钛酸丁酯为催化剂，在氮气保护下首先在180℃下进行酯交换反应3h，蒸出甲醇，然后再在220℃及133Pa压力下反应1h，240℃下反应1h，得到了M_n=85000的PBS。但是酯交换法的缺点也很明显，酯交换生成的甲醇（沸点64.7℃），与丁二醇副反应环化生成的四氢呋喃沸点（66℃）非常接近，难以分离提纯，增加了整个工艺过程的成本，这条路线的经济性差。

(3) *扩链法*

利用扩链剂的双官能团与PBS分子链的末端基团反应，加快聚合反应，增加PBS的分子量。扩链剂一般都是分子量较低，含有双官能团的化合物，例如环氧化物和二元酸酐、二异氰酸酯等。20世纪90年代日本昭和高分子株式会社采用异氰酸酯为扩链剂，与采用传统方法得到的分子量较低的PBS进行扩链反应，得到分子量高达20万的PBS。经过扩链的PBS在分子量增大的同时，其力学性能也得到很好的改善。但是在PBS制品需要与食品接触的使用过程中，扩链剂的选择需要慎重。

2. 聚丁二酸丁二醇酯的改性

PBS虽然具有很好的生物降解性，但制造出的PBS产品在分子量、黏度、一些力学性能上要逊于通用塑料，特别是价格昂贵［一般PBS的价格要比聚乙烯（PE）价格高许多］，限制了其推广应用。PBS也像其他塑料一样，可以通过各种改性手段对其进行改性，例如将聚对苯二甲酸乙二醇酯（PET）、聚乳酸（PLA）、淀粉等与PBS共混，在保留PBS可生物降解性能的基础上，不但可以提高其力学性能，而且还可以降低其生产成本。例如与PLA共混，PLA也是具有生物降解性能的聚合物，但其加工热稳定性差，结晶速率慢。将PBS与PLA共混，综合了两者的优良性能，使共混料膜的透气性和因结晶而导致的变脆现象得到了改善。

PBS的改性方法很多，一般用于通用塑料的改性方法都可用于PBS的改性。例如利用共聚反应改变主链上的化学结构来对PBS进行改性，是常用的一种有效手段。若在PBS的主链上引入带有侧链的共聚单元，则可以减少主链的对称性，改变均聚物的结晶性。引入芳香族共聚组分（例如间苯二甲酸、邻苯二甲酸等）可以改善PBS的力学性能，提高其熔点和刚性。反之，引入脂肪族共聚组分（如己二酸、乙二醇、聚乙二醇等），可以改善PBS的脆性，还能提高生物降解性。因为随着PBS结晶性能的减弱，结晶度降低，柔韧性能增加。也可以通过共混法改性。可以与PBS共混的物质有合成高分子化合物、自然高分子化合物和无机填充物。通过这些共混物的加入可以改善PBS的各种性能，增加强度，降低结晶度，提高生物可降解性，降低成本等。

此外，近年来一些新的聚合物改性手段，例如辐射交联、纤维改性、成核剂改性也用于PBS的改性研究，并取得了很好的结果。例如采用天然植物纤维作为改性纤维，使改性后PBS的力学性能得到改善和提高。所有这些改性手段的研究和产业化，无疑对扩大PBS的市场和应用起了推动作用。

3. 聚丁二酸丁二醇酯制造用催化剂

由于丁二酸丁二醇酯缩聚反应的速率很慢，制造出高分子量的PBS需要的反应时间很长，因此需要研究出一种高效的催化剂，以加快缩聚反应速率。对催化剂的要求是能经受缩聚反应的高温和高真空环境，价格适中，易于去除并能回收利用，不影响PBS的各项性能。根据PBS产品主要的应用领域——食品行业对包装的要求，要求催化剂无毒，对环境无危害。早期PBS合成所用的催化剂有氯化氢、浓硫酸、对甲基苯磺酸、聚苯乙烯磺酸型离子交换树脂等，但这些催化剂的使用不能得到分子量较高的PBS产品。之后的研究采用了多种催化剂，其中大多数为有机金属化合物和盐，例如钛酸、铌酸、锆酸、钽酸酯类、乙酸锌、乙酸镁、氯化亚锡、辛酸亚锡等。值得提出的是我国中国科学院理化技术研究所工程塑料国家研究中心开发出特种纳米微孔载体材料负载钛-锡的复合高效催化剂体系，大大改善了催化剂活性，采用预缩聚和真空缩聚两步反应得到了分子量为20万的PBS。PBS高效缩聚催化剂的开发，是其实现产业化的关键，各国都在进行广泛的研究和开发，期望得到工业应用的活性更高的缩聚催化剂。

六、聚丁二酸丁二醇酯的用途[45-50]

聚丁二酸丁二醇酯的用途和市场是多方面的，而且随着其性能的改善、产能的增加、生产成本的下降，其用途会不断扩大。与其他可生物降解塑料［例如聚乳酸（PCL）、聚羟基烷酸酯（PHA）等］相比，PBS在正常存储、加工和使用过程中稳定，只有在堆肥和水体等接触特定微生物的条件下才发生生物降解。PBS的力学性能优异，接近聚丙烯和丙烯腈-丁二烯-苯乙烯共聚物（ABS）树脂；耐热性能良好，热变形温度接近100℃；经改性后可超过100℃；加工性能好，可在现有通用塑料加工设备上进行各类成型加工；共混性能较好，可以通过与碳酸钙、淀粉等填充物共混改性，降低生产成本。由于PBS的这些优良性能，它可以代替当前使用的通用塑料，用途非常广泛，可用于包装、餐具、日用化妆品瓶及药品瓶、一次性医疗用具、农用薄膜、农药及化肥缓释材料、生物医用高分子材料等。特别是当前面对包装材料和农膜通用塑料带来的白色污染问题，亟待由能生物降解的塑料来替代。

七、聚丁二酸丁二醇酯的生产及发展前景[50-54]

聚丁二酸丁二醇酯产业化的有利条件：一是原料 SA 和 BDO 既可以采用石油化工原料来生产，也可以采用各种生物质发酵法生产；二是 PBS 的生产设备和工艺条件类似于工业上成熟的、规模大的聚对苯二甲酸乙二醇酯（PET）等生产装置，省去许多工业装置放大等困难；三是其优异的性能和全生物降解的特性。1993 年，日本昭和高分子株式会社采用异氰酸酯为扩链剂，对采用传统缩聚技术合成的低分子量的 PBS 进行扩链改性，制成了分子量可达 200000 的 PBS，建成 5000 吨/年生产装置，产品商品名为“Bionolle”，并进一步在筹建 20000 吨/年的生产装置，从而扩展了 PBS 材料的应用范围，加快了其产业化的进程。此外美国伊士曼公司也建成 15000 吨/年 PBS 生产装置，产品牌号为“Eastar Bio”。

我国科研机构和高等院校对 PBS 的生产、性能、改性和应用做了广泛的研究，其中中国科学院理化技术研究所针对传统缩聚反应所得的 PBS 分子量偏低的问题，开发出纳米微孔载体材料负载 Ti-Sn 的复合高效催化体系，通过预缩聚和真空缩聚两步聚合的新工艺制成分子量超过 200000 的 PBS。与扩链法比较，简化了生产步骤，不含扩链剂，应用领域广泛，有利于食品包装和医疗产品的应用。与此同时，还开展了在线釜内改性、合金化、有机/无机填充改性等研究，开发了系列 PBS 降解塑料品种，研究了该系列塑料的注塑、挤出、吸缩、吹膜等加工工艺。我国扬州市邗江佳美高分子材料有限公司在 2005 年底与中国科学院理化技术研究所工程塑料国家工程研究中心签署合作协议，组建扬州邗江格雷丝高分子材料有限公司，投资 5000 万元，建设全球最大的年产 2 万吨 PBS 装置。此外在 2007 年杭州鑫富药业股份有限公司同样采用该所的技术建成 0.3 万吨/年的 PBS 生产线，安徽安庆和兴化工有限责任公司采用清华大学的技术建设万吨级 PBS 的生产线。这些 PBS 生产装置的建成和投产，无疑会将我国 PBS 以及生物可降解塑料的生产和应用推向全球先进水平。表 5-8 给出了 2022 年全球 PBS 主要生产公司及产能、品种统计。

表 5-8　2022 年全球 PBS 主要生产公司产能和品种

生产公司	生产能力/(万吨/年)	品种
泰国 PTTMCC Biochem 公司	2.0	Bio-PBS
日本三菱树脂株式会社	3.0	PBS,PBSA
日本昭和电工株式会社	0.5	PBS
韩国 SKChemical 公司	2.0	PBS
韩国 IreChemical 公司	1.0	PBS
中国新疆蓝山屯河化工股份有限公司	9.0	PBS,PBAT

续表

生产公司	生产能力/(万吨/年)	品种
中国金辉兆隆高新科技股份有限公司	3.0	PBS,PBAT
中国杭州鑫富药业股份有限公司	1.0	PBS,PBAT
中国安庆和兴化工有限责任公司	1.0	PBS
中国甘肃莫高聚和环保新材料科技有限公司	2.0	PBS,PBAT
中国营口康辉石化有限公司	3.3	PBS,PBAT 等
中国重庆鸿庆达产业有限公司	3.0	PBS,PBAT
中国山东兰典生物科技股份有限公司	10	PBS
中国江苏邗江高分子材料有限公司	2.0	PBS
中国中景石化公司	20.0	PBS
中国广西桂林华丹全降解塑料公司	10.0	PBS
合计	72.8(其中中国产能 64.3)	

全球以石油为原料生产的各种塑料的产能已超过亿吨/年，这些塑料广泛用于各种产业部门和人们的生活，促进了各行各业的发展和人民生活水平的提高，而且需求仍在以每年 3%～5%的速度增长。这些塑料都是基于不可再生、地球的储量日益减少的化石资源，在自然的条件下不能降解，对人类生存的环境造成“白色污染”“微塑料”等各种污染。要改变这种局面，只有以可再生并可循环的资源为原料，生产出性能与石油基塑料相当，可以进行代替和置换，并且能在自然的条件下微生物降解的塑料。从目前研究开发的结果看，PBS 是符合以上要求的少数品种之一。其他品种的可降解材料（不限于塑料）还有淀粉混合物可降解材料、聚乳酸，两者要占据市场的 64%。其次聚对苯二甲酸-己二酸丁二醇酯（PBAT）约占 23%，PBS 和 PHA 仅占 7%和 3%。全球总产能只有数十万吨，主要产能在中国。从市场需求来看欧美各占 25%，中国占 20%，除中国外的其他亚洲国家和地区占 16%，拉美和其他国家各占 9%和 5%。从全球可降解材料应用领域分布来看，软、硬包装分别占 26%和 21%，消费品占 12%，纺织服装占 11%，农林园艺占 8%，汽车运输占 6%，涂料、胶黏剂占 4%，建筑施工占 4%，电子电器占 3%，其他市场占 5%。

可生物降解塑料的产能和市场与上亿吨的普通塑料比较，相差甚远。广泛、完全使用生物降解塑料并大规模生产还有一些问题需要克服，完全依靠可循环再生的农业产品制造也有一些问题待解决。就 PBS 本身的性能和生产技术来说，各国科学家和产业界的人士当前和今后的研究热点主要集中在以下方面：

① 研究开发新的高效缩聚催化剂，改进和创新制造工艺，以期获得高分子量的 PBS 产品。

② 对 PBS 进行各种改性及与其他材料复合，在保留其生物可降解性的基础上，以期制成综合性能优良的复合材料，能替代现有的石油基塑料。

③ 进一步降低生产成本，能接近现有石油基塑料的水平。

④ 以淀粉发酵生产 SA 已实现产业化，但 BDO 的生产仍依赖石化原料，应努力研发利用廉价丰富的植物纤维技术，以及二氧化碳全人工合成淀粉技术，将这一产业链融入自然界二氧化碳的大循环之中。

全球可生物降解塑料的产能只有几十万吨，占塑料产能的比例很少。人们预计生物可降解塑料的年需求量今后将以 20% 的速度增长，预计在 2025 年消费量将突破 300 万吨，与巨大的塑料市场比较，仍是微不足道。PBS 的发展前景是喜人的，市场潜力巨大，克服本身生产、经济和性能上与石油基塑料竞争力的不足，达到高速发展也是非常艰巨的。

第二节 聚对苯二甲酸-己二酸丁二醇酯

一、己二酸的基本物理化学性质[43-96]

己二酸（adipic acid，简称 AA，又称肥酸，也称 1,4-丁二甲酸、1,6-己二酸）是一种白色晶体固体，由 C_4 直链碳氢化合物和末端碳原子上的两个羧酸自由基组成，是一种重要的有机二元酸，结构式为 $HOOC(CH_2)_4COOH$。AA 是脂肪族二元酸，天然存在于酸败的甜菜中，呈白色结晶或结晶性粉末，无臭，味酸，酸味柔和。能升华，不吸湿，相当稳定。己二酸的主要物理性质见表 5-9。

表 5-9 己二酸的主要物理性质

性质	指标
CAS 号	124-04-9
分子式	$C_6H_{10}O_4$
分子量	146.14
熔点/℃	151.5～154
沸点/℃	338
闪点/℃	196
燃点/℃	420
密度(固体,25℃)/(g/cm³)	1.36
密度(液体,165℃)/(g/cm³)	1.085
蒸气密度(空气=1)	5.04
自燃温度/℃	422

续表

性质	指标
水溶性/(g/100mL 水)	
15℃	1.44
25℃	2.3
100℃	160
折射率	1.4283
蒸气压(25℃)/mmHg	1.81×10^{-5}
解离常数(25℃)	
$K_1/\times10^{-5}$	3.9
$K_2/\times10^{-6}$	5.29
pH 值(23g/L,25℃)	2.7
pH 值(0.1%水溶液)	3.2
性状	室温和环境压力下为白色结晶体,有骨头烧焦的气味
溶解性	略溶于水,极易溶于沸水,易溶于甲醇、乙醇,溶于丙酮、环己烷,微溶于乙醚,不溶于苯

注：1mmHg=133.322Pa。

己二酸的官能团是羧基，因此具有羧基的性质，如成盐反应、酯化反应、酰胺化反应等。同时作为二元羧酸，它还能与二元胺或二元醇缩聚成高分子聚合物等。AA是工业上具有重要意义的二元羧酸，在化工生产、有机合成工业、医药、润滑剂制造等方面都有重要作用，产量居所有二元羧酸中的第二位。

己二酸具有二元酸的一般通性，可以酯化形成单酯或二酯；在加压及催化剂存在下，可以还原为己二醇；与氨或胺反应，可以氨解生成己二酰胺，在脱水剂存在下，己二酰胺脱水可生成己二腈；加热至210℃时，可以脱水，形成不稳定的己二酸酐，但冷却至100℃时又恢复为线型聚酐；加热至300℃以上时，AA脱羧，生成环戊酮；与亚硫酰氯作用，可生成己二酸酰氯；与己二胺反应，可以生成尼龙66盐（己二酰己二酸盐）；与二元醇反应可生成聚酯，进一步与双异氰酸酯反应可制造橡胶；AA的二乙酯与草酸二乙酯在醇钠的存在下反应，可以生成2,3-二氧环己烷-1,4-二羧二乙酯。

己二酸可以进行多种反应，主要反应如下。

① 成盐反应　己二酸是典型的酸，它的 pK 在4.41～5.41之间，可以和一般的碱性物质发生成盐反应，显示酸性。

② 酯化反应　己二酸可以和醇在170℃和硫酸存在的条件下发生酯化反应。例如：

$$HOOC(CH_2)_4COOH+2CH_3OH \longrightarrow CH_3OOC(CH_2)_4COOCH_3+2H_2O$$

③ 酰胺化反应　己二酸中的羧基还可以与氨基发生酰胺化反应。

④ 缩聚反应　作为二元羧酸，它能与二元胺或二元醇缩聚成高分子聚合物。例如：

$$nHOOC(CH_2)_4COOH + nHOCH_2CH_2CH_2CH_2OH \longrightarrow$$
$$-\!\!\![OC\!-\!(CH_2)_4\!-\!COOCH_2CH_2\!-\!O]_n\!\!- + 2nH_2O$$

二、己二酸的生产技术

1902 年首次由 1,4-二溴丁烷人工合成 AA，1937 年美国杜邦公司采用从煤焦油中提取出的苯酚为原料开始 AA 的工业化生产，但产量低、成本高，生产发展受到限制。随着石油化工的兴起，出现了环己烷氧化制环己醇、环己酮的技术，AA 的生产原料开始转向以石油化工为基础的新时期。由于采用石油路线原料价格便宜，AA 产量得到很大发展，据估计，2017 年全球 AA 年产量已达到 300 万吨。AA 是一种非常重要的商业化学品，是生产尼龙 66 的关键单体，尼龙 66 在塑料和纺织行业有着广泛的应用，从鞋底和泡沫的生产到袜子、服装、工程塑料制品、轮胎、传送带和地毯。例如，在汽车工业中尼龙 66 是用于制造安全气囊的材料，因为其具有高抗拉强度、良好的老化、优异的能量吸收和耐热性。AA 和己二胺的加工技术一直受到少数专利商的严格控制，包括 Invista 公司。早在 20 世纪 70 年代初，中国就在辽阳石化总厂采用罗恩-普伦克工艺引进了己二酸技术，目的是生产尼龙 66。2019 年底，全球 AA 总产能接近 480 万吨/年，成为二元酸中产量最大的产品。

传统 AA 的主要国外生产商为英威达公司（Invista）、奥升德公司（Ascend）、英国的 ICI 公司、日本的旭化成公司、德国的 BASF 公司、罗地亚公司（法国的 Radici），我国传统的 AA 生产厂家主要有中国石油辽阳石化公司、山东华鲁恒升集团有限公司、重庆华峰化工有限公司、鲁西化工集团股份有限公司、山东海力化工股份有限公司、中国平煤神马控股集团有限公司等厂家。目前，工业上生产 AA 的方法有苯酚法、丁二烯法、环己烷法（或称 KA 油法）、环己烯法等，见图 5-6。KA 油路线和环己烯路线是两种主流工艺，代表了当今世界 AA 生产的先进水平。

1. KA 油路线

KA 油方法的优点是生产技术比较成熟，转化率高，目前全球总产量的 90% 以上都是使用这种方法进行生产的。拥有生产 KA 油专利技术的几家公司如表 5-10 所示。从环己烷（或从苯制环己烷）生产 KA 油的过程，Invista 和 Fibrant 两家公司拥有专利。此外，Fibrant 公司拥有 Hydrane® 技术专利，以苯酚加氢生产 KA 油为 Solutia 的专利。Radici 还开发了一项专有技术，通过将苯部分氢化为环己烯，然后将环己烯水合为环己醇来制造纯环己醇的方法，已由日本旭化成商业化。其中，第二步硝酸氧化为杜邦公司的专利。

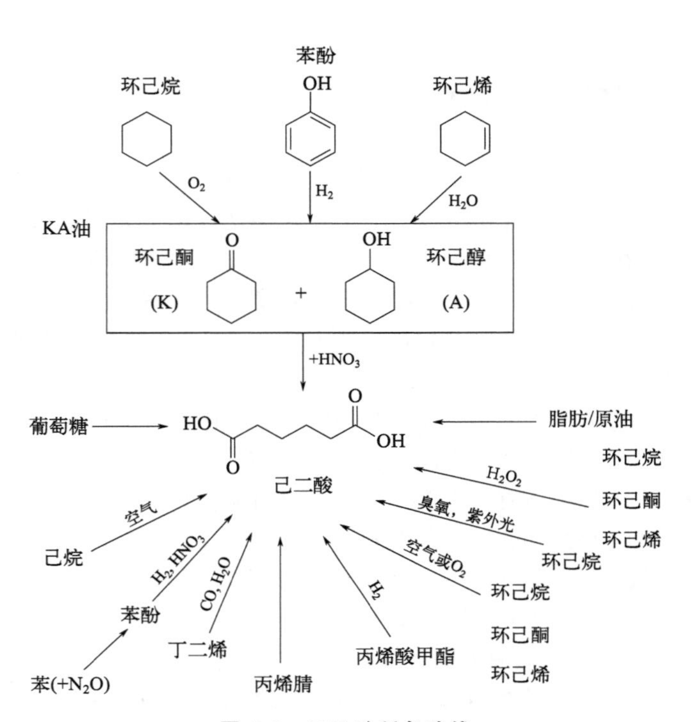

图 5-6 己二酸制备路线

表 5-10 KA 油技术持有者和许可者

技术持有者	工艺	说明
英威达(INVISTA)	环己烷制 KA 油	可用于许可
孚逸特(Fibrant)	环己烷制 KA 油	其 Oxanone®技术通过环己基过氧化氢(CHHP)的分解生产 KA 油，Hydranone®技术通过苯酚加氢生产 KA 油。可用于许可
伊士曼(Eastman)	苯酚制 KA 油	该公司在 2012 年收购 Solutia 后，并未获得该技术的许可
兰蒂奇(Radici)	苯酚制 KA 油	不许可该技术
旭化成(Asahi Kasei)	环己烯水合制 KA 油	不许可该技术

环己烷空气氧化制 KA 油是杜邦在 20 世纪 40 年代开发的，使用钴催化剂的原始工艺已得到改进，一些生产商仍在使用。该工艺包括含有可溶性钴盐催化剂（例如环烷酸钴或辛酸钴）的环己烷液相空气氧化，通常钴盐的浓度为 1×10^{-6}～5×10^{-6}。氧化反应在一系列搅拌反应器中进行，或在多级柱中进行，操作温度为 140～180℃，压力为 8～10bar（0.8～1MPa），液体停留时间为 10～40min。

催化剂通常通过注入进料流进行预混合，将催化剂流分成许多股单独添加到每个反应器中也并不少见。初始产物为环己基过氧化氢（也称为 CHHP)。

环己烷制备 KA 油最后制备 AA 工艺，作为主要的制备工艺，包括以下步骤：第一步用空气氧化环己烷，环己烷在钴催化剂作用下生成“KA 油”，即环己酮（K）和环己醇（A）的混合物，反应条件为 150～160℃，810～1013kPa；第二步在浓硝酸中将 KA 油氧化为 AA，反应条件为 60～80℃，100～400kPa；粗品经重结晶精制得到成品，使用奥斯陆结晶器和推式离心机，通过第三步的悬浮结晶（第一步的粗结晶，第二、三步的水结晶）完成对纤维规格 AA 的纯化。

(1) KA 油的制备

可于 1.0～2.5MPa 和 145～180℃下用空气直接氧化环己烷制备 KA 油，收率达 70%～75%。也可用偏硼酸作催化剂，于 1.0～2.0MPa 和 165℃下进行空气氧化，收率可达 90%，醇酮比为 10∶1。反应物用热水处理，可使酯水解、分层，水层回收硼酸，经脱水成偏硼酸循环使用；有机层用苛性钠皂化有机酯，并除去酸，蒸馏回收环己烷后得醇酮混合物。

KA 油采用的三种常见制备方法为：

① 环己烷空气氧化法，可采用以下三种催化方式：

a. 硼酸促进；

b. 钴催化剂；

c. 高过氧化物。

② 苯酚加氢制环己酮。

③ 环己烯水合制环己醇（Asahi 工艺，来自苯）。

在一系列使用压缩空气的恒定组成的罐式液体反应器（CSTR）中，用空气将来自加热储存（防止冻结）的环己烷氧化为 KA 油。该催化剂是用硼酸增强的均相环烷酸钴。为了最大限度地提高 KA 油的选择性，每级转化率保持在 12% 的较低水平。首先用新鲜的环己烷原料洗涤富含空气的废气以回收碳氢化合物，然后用烧碱洗涤以去除残留的酸性污染物。通过用冷却水盘管包裹高压釜反应器来去除反应放热。很大一部分环己烷转化为中间产物环己基过氧化氢，在专用反应器中使用氧化铬催化剂将其氧化为 KA 油。由于每次反应的转化率较低，因此对反应器产品液体进行蒸馏，以回收和再循环未转化的环己烷。环己烷氧化制 KA 油的工艺流程见图 5-7。

(2) 硝酸氧化 KA 油制己二酸粗品

以过量 50%～60% 的硝酸在两级串联的反应器中，于 60～80℃和 0.1～0.4MPa 下氧化 KA 油。催化剂为铜-钒系（铜 0.1%～0.5%，钒 0.1%～0.2%)，收率为理论值的 92%～96%。硝酸氧化 KA 油制己二酸的工艺流程见图 5-8。

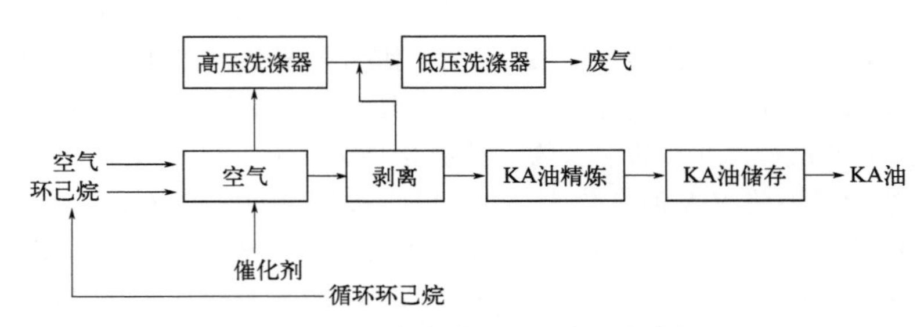

图 5-7 环己烷氧化制 KA 油工艺流程

使用均相铜钒催化剂的两级串联硝酸反应器，可将 KA 油进一步氧化为粗 AA。第一个反应器设计为充满催化剂的固定床管式反应器，串联的第二个 CSTR 反应器作为组合反应器。反应过程中的放热通过生成的饱和蒸汽在反应器壳侧移除。

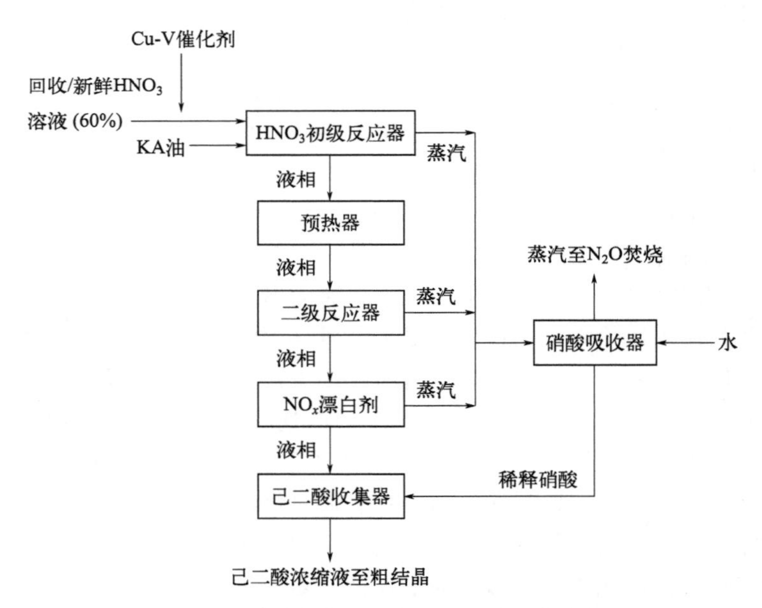

图 5-8 硝酸氧化 KA 油制己二酸工艺流程

(3) 己二酸精制

反应产物蒸出硝酸后，经三次结晶精制可得高纯度 AA。

溶解在硝酸母液中的粗 AA 产品通过三个连续的悬浮结晶阶段回收。由于 AA 和副产品戊二酸的产率很高，因此提供了一个单独的专用结晶装置，以回收 AA、SA 和戊二酸作为商业产品。通过与甲醇反应生成相应的甲酯，然后通过常规分馏回收和纯化甲酯，还可以回收各种单羧酸和二羧酸作为商业产品。

第三个工艺装置用于转化回收具有巨大温室气体潜力的 N_2O。有几种商用技术可用于将 N_2O 还原回分子氮，或将 N_2O 氧化回收为稀硝酸以再循环到该过程中，如 Invista 公司提供的硝酸再生技术。

2. 环己烯路线

在原料成本方面，环己烯路线生产的己二酸相比环己烷路线生产具有一定的优势，该技术也是在以苯为原料的基础上发展起来的新合成技术，目前已经部分进入了工业化生产。这是一种绿色生产技术，是将原来的氧化剂硝酸更换为双氧水、臭氧等氧化剂，甚至是直接利用空气作为氧化剂就可以完成氧化。按照氧化剂的不同可以分为过氧化氢氧化法、臭氧氧化法和空气氧化法。

该技术的主要优点是利用氧化剂与环己烯反应，生成的物质是 AA 和水，避免了使用硝酸作为氧化剂时产生的氮氧化物气体对大气造成的污染，因此是一种绿色生产技术。该技术的研究重点在于如何提高氧化剂的利用效率，提高 AA 的收率，降低企业的生产成本。

3. 生物发酵路线

通过葡萄糖发酵制备 AA 的工艺路线也是一条非常有潜力的生产工艺路线。首先它来自可再生的生物质资源，是一条可持续发展的资源路线。其次，它可以从根本上解决传统 AA 生产中的氮氧化物排放问题，更环保且更有利于抵抗产品的市场价格波动。生物发酵生产 AA 技术的发展仍处于非常早期的阶段，现有的唯一生物发酵生产 AA 设施处于商业化前规模。Verdezyne 公司拥有一家中试工厂，该工厂使用从皂液流中提取的脂肪酸进行发酵。另外两位开发者 Genomatica 和 BioAmber 公司仍处于实验室开发阶段。开发生物发酵生产 AA 的主要驱动力是减少碳以及氮氧化物（NO_x）的排放。因此，第二代生物化学品和生物燃料的大多数开发活动集中在非食品生物源原料，如农业废弃的秸秆以及林业草、藻类和麻风树等非食用快速生长物种。

首先，需要了解使用转基因酶和葡萄糖基质的 Verdezyne 发酵过程。Verdezyne 还利用其他原料平台开发 AA 技术，包括己烷和植物油。

生物发酵路线第一步是使用空气作为氧化剂，用金/铂/钯/钨纳米分散催化剂将葡萄糖水溶液氧化为葡萄糖酸。这种化学反应将 C_6 末端碳原子（一个饱和，一个醛）转化为羧酸基团，而不影响内部碳原子。第二步是用高压氢使 4 个含有葡萄糖酸羟基（—OH）的内部碳原子氢化（在用溴化氢促进的乙酸溶剂中），使其饱和，形成 AA。氢化步骤在分散于氧化硅载体上的铂/铑催化剂上进行。

三、己二酸的应用、市场、产能和发展

己二酸是脂肪族二元酸中最有应用价值的二元酸，它作为多种化工产品的基本组成单元，是迄今为止工业生产中最重要的脂肪族二元羧酸，可用作化学试剂，也可用于塑料及有机合成。AA 主要用作尼龙 66 纤维和工程塑料的原料，全球每年约有 300 万吨 AA 用于合成尼龙 66 的单体。另外 AA 也是合成聚酯、聚氨酯弹性体、润滑剂、增塑剂、己二腈的原料。同时，AA 也是医药、酵母提纯、杀虫剂、胶黏剂、合成革、合成染料和香料的原料。

己二酸酸味柔和且持久，可作为各种食品和饮料的酸化剂，其作用有时胜过柠檬酸和酒石酸。AA 在较大的浓度范围内 pH 值变化较小，是较好的 pH 值调节剂。GB 2760—2014 规定，己二酸用于固体饮料，其最大使用量是 0.01g/kg；也可用于果冻和果冻粉，用于果冻的最大使用量为 0.01g/kg，用于果冻粉时可按冲调倍数增加使用量。

己二酸是用于制造尼龙 66 的两种成分之一，另一种成分是己二胺（HMDA），尼龙 66 是 AA 最大的终端市场。全球近三分之二的 AA 用于纺织纤维和工程料的尼龙 66 生产。AA 的其他最终用途，如用于硬质和柔性泡沫聚氨酯产品（鞋类、床上用品、隔热材料、家具、汽车座椅）的聚酯多元醇的制造，己二酸二酯作为增塑剂成分生产用于电线和电缆绝缘的柔性聚氯乙烯（PVC），以及用于汽车内饰。此外还可用于生产高级润滑油和食品添加剂（食品饮料的酸味剂）。同时 AA 也是生物可降解塑料的重要原料，以 AA 为单体制备的聚对苯二甲酸己二酸丁二醇酯（简称 PBAT）以及聚丁二酸己二酸丁二醇酯（简称 PBSA），具有优异的生物降解性能和力学性能，是生物降解塑料家族中最重要也是最有希望作为传统塑料替代产品的，必将在人们的生产生活中发挥重要作用。

生产己二酸的原料主要是苯、氢气和硝酸，而硝酸实际也来自氢气，由于苯是非常大宗的化工品，运费也较低，所以己二酸企业原料配套的核心差异就在于氢气。国内按照氢气来源，主要可以分为 3 类：重庆华峰化工有限公司和新疆天利石化股份有限公司使用天然气制氢，洪业化工集团股份有限公司使用焦炉气制氢，其他企业都使用煤制氢。煤制氢过程会产生巨大的碳排放，在“双碳”目标背景下极难获得扩产的机会。中国 2021 年己二酸产能约为 275.5 万吨，详见表 5-11。

表 5-11　2021 年国内己二酸产能统计

序号	生产企业	产能/(万吨/年)	氢气来源
1	重庆华峰化工有限公司	75	天然气
2	新疆天利石化股份有限公司	7.5	天然气

续表

序号	生产企业	产能/(万吨/年)	氢气来源
3	内蒙古神马建元化工有限公司	47.5	煤化工
4	江苏海力化工有限公司	52.5	煤化工
5	山东华鲁恒升化工股份有限公司	36	煤化工
6	唐山中浩化工有限公司	15	煤化工
7	阳煤集团太原化工新材料有限公司	14	煤化工
8	辽阳石化公司	14	炼厂气
9	洪业化工集团股份有限公司	14	焦炉气
合计		275.5	

四、聚对苯二甲酸-己二酸丁二醇酯的性质

以1,6-己二酸（AA）、对苯二甲酸（PTA）、1,4-丁二醇（BDO）为单体，通过熔融缩聚制备的共聚酯，即聚对苯二甲酸己二酸丁二醇酯（简称PBAT）。其反应方程式如下：

$$HO(CH_2)_4OH + HO-\overset{O}{\overset{\|}{C}}-C_6H_4-\overset{O}{\overset{\|}{C}}-OH + HOOC(CH_2)_4COOH$$

$$\longrightarrow \left[O-\overset{O}{\overset{\|}{C}}-C_6H_4-\overset{O}{\overset{\|}{C}}-O-(CH_2)_4\right]_x\left[O-\overset{O}{\overset{\|}{C}}-(CH_2)_2-\overset{O}{\overset{\|}{C}}-O-(CH_2)_4\right]_y$$

Witt等人的试验证明，当PTA含量（摩尔分数）在35%～55%（相对二元酸的总含量）时，共聚酯PBAT生物降解性、力学和物理性能综合效果最佳。共聚酯PBAT中的脂肪芳香族的组分比例可以用核磁共振（NMR）方法进行表征计算，同时还可以计算聚合物链段的平均序列长度和共聚酯的无规度。试验结果证明，当芳香族二元酸序列长度为$x=1\sim2$时，脂肪芳香共聚酯降解很快，在堆肥条件下4周内即可完全降解；当芳香族低聚物序列长度$x\geqslant3$时，降解速度迅速下降，经过数月几乎都不降解。因此要了解脂肪芳香共聚酯的生物降解行为，需要从分子水平上去控制单体组分，基于以下结构数据：

① 共聚物中脂肪芳香族单体的精确组分比；

② 共聚物内的嵌段长度分布。

当PTA摩尔含量占二元酸含量的45%～50%时，PBAT具有与低密度聚乙烯（LDPE）相近似的物理力学性能，可以直接作为薄膜制品应用。以BASF公司的Ecoflex®商品为代表，当前商品化的PBAT产品基本都是在这个组分比范围内，其基本性能参考Ecoflex®商品。

1. Ecoflex®的基本特性

Ecoflex®具有良好的加工性能，可制成各种薄膜、餐盒。Ecoflex®薄膜的性能类似 LDPE，并有弹性，可在加工 LDPE 的设备上加工，可用于涂覆发泡淀粉餐盒，使淀粉餐盒的撕裂强度提高，并可防油、防水。Ecoflex®的印刷性能也很好。Ecoflex®有如下特点：

① 在加工前不用干燥。

② 在低于 230℃时加工熔体稳定性好。

③ 好的拉伸性能：能够制得厚度为 10μm 的薄膜。

④ 对氧气和水蒸气有良好的阻透性能。

⑤ 与加工 LDPE 的设备相同。

⑥ 优良的价格性能比。

Ecoflex®虽然是一种共聚酯，但加工前不需要干燥，从而具有节省能量的优点。另外，通常 Ecoflex®的加工温度仅为 150～160℃，而且可以用加工 LDPE 的设备加工 Ecoflex®。

Ecoflex®的基本性质见表 5-12，和其他聚酯一样，Ecoflex®的密度比 LDPE 大。

表 5-12 Ecoflex®与 LDPE 的基本性能对比

性质	测试方法	Ecoflex®	LDPE(Lupolen2420F)
密度/(g/cm^3)	ISO 1183	1.25～1.27	0.922～0.925
熔体流动速率			
MVR(190℃,2.16kg)/(mL/10min)	ISO 1183	3～8	—
MFR(190℃,2.16kg)/(g/10min)		—	0.6～0.9
熔点/℃	DSC	110～115	111
玻璃化转变温度/℃	DSC	−30	
邵氏 D 硬度	ISO 868	32	48
维卡转变温度 VST A/50℃	ISO 306	8	96

注：DSC—差示扫描量热法；MVR—熔体体积流动速率；MFR—熔体质量流动速率。

2. Ecoflex®的生物降解性能

按照标准《受控堆肥化条件下塑料材料生物分解能力和崩解的测定——采用测定释放的二氧化碳的方法》（BS ISO 14855：1999）测试 Ecoflex®的生物降解性能，结果如图 5-9 所示。Ecoflex®具有很好的生物降解性能，但是，生物降解速率与纤维素相比稍慢。

标准 DIN V 54900（EN 13432）和日本分解塑料研究会（BPS）都要求材料能在 180d 内有 60%发生生物降解，才能被认定为生物降解材料。Ecoflex®完全符合这些要求。

图 5-9 是一个显示 Ecoflex®降解速率的验证试验降解曲线图。将一种内置式

直接测量呼吸系统（DMR）与 CO_2 红外气体分析仪连接，定时检测 CO_2 的释放量，从而作为堆肥的生物降解性测定，该方法已经被很多国家作为判断材料是否为全生物降解材料的一个标准。通常以 180 天内 60%高分子有机碳转化为 CO_2 作为判断依据。

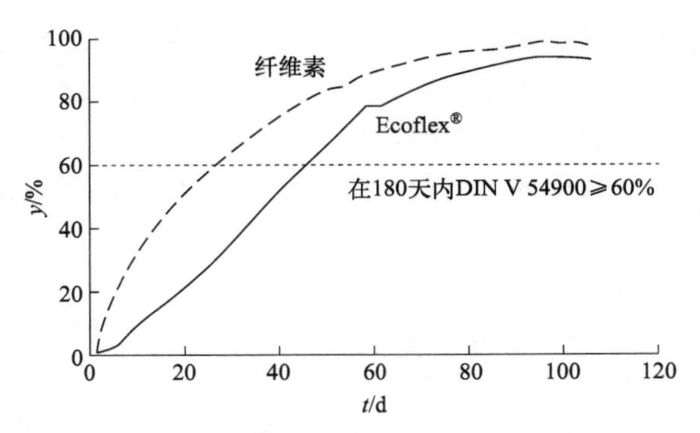

图 5-9　Ecoflex® 依据 DIN V 54900 的生物降解能力（纵坐标为 CO_2 释放量）

PBAT 的分解过程见图 5-10。可以发现，细菌消化脂肪族单体明显比芳香族单体快得多（见表 5-13）。Witt 及其合作者发现，PBAT 在堆肥环境下具有很高的生物降解能力，经过 124 天后，大约 95%的 PBAT 中的碳被代谢为二氧化碳。

表 5-13　PBAT 的结构组分被 KCM1712 菌株消化吸收的能力

碳源	干细胞质量/mg	分解率/%
BDO	3.3±0.2	98.1
AA	3.1±0.2	97.6
PTA	2.4±0.3	52.2

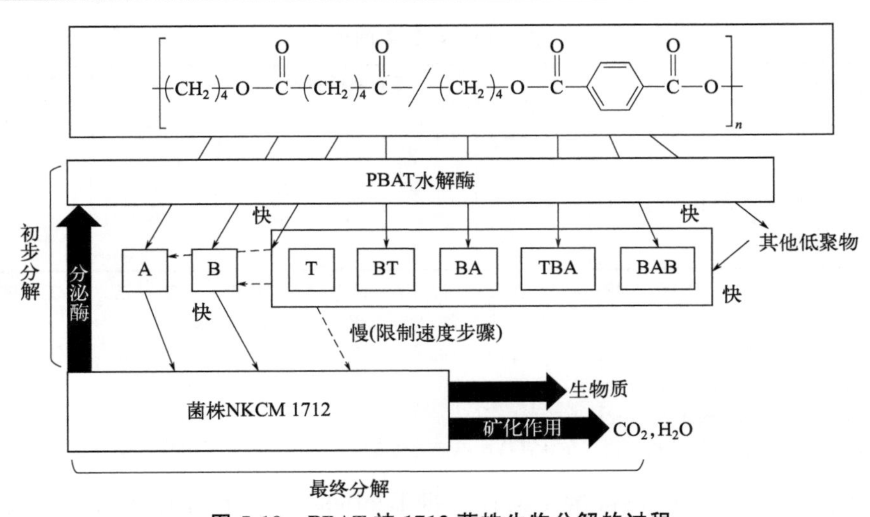

图 5-10　PBAT 被 1712 菌株生物分解的过程

A—己二酸；B—丁二醇；T—对苯二甲酸；BT—对苯二甲酸丁二醇酯；BA—己二酸丁二醇酯；TBA—对苯二甲酸-丁二醇-己二酸中间体；BAB—丁二醇-己二酸-丁二醇中间体

进一步的毒性测试证明，PBAT 的降解产物对环境和土壤没有明显毒性，可以通过非常安全的方式生物降解。采用变形梯度凝胶电泳分析方法（PCR-DGGE）来测定土壤中埋入 PBAT 后，土壤中微生物的变化。从降解产物的生态毒理学影响来看，不仅因 PBAT 降解而形成微生物群落，而且 PBAT 的降解产物对大多数植物生长均没有明显的负面影响。综上所述，这表明含有 PBAT 的农业材料适合作物栽培。

在欧洲曾选择几处不同的土壤进行 Ecoflex® 薄膜的生物可降解试验，在汉诺威附近 Herrenhausen 做了土壤降解试验，半年后，Ecoflex® 膜几乎完全消失，过程见图 5-11。

在欧洲 Champagne 的土壤降解试验结果表明，随着土壤的不同，降解速率也发生变化，但都在正常范围内。

图 5-11 Herrenhausen 进行降解试验的结果

3. 安全和卫生试验

表 5-14 所示为 Ecoflex® 降解中间体的分析。

表 5-14 降解中间体

试验	单体			脂肪族低聚物		芳香族低聚物	
	B	A	T	BA	ABA	BT	BTB
1	X	X	X	X	X	X	X
2	X	X	X	X	X	—	—
3	X	X	X	—	—	—	—
4	—	—	—	—	—	—	—

注：1. A—己二酸；B—丁二醇；T—对苯二甲酸；BA—己二酸丁二醇酯；ABA—己二酸-丁二醇-己二酸中间体；BT—对苯二甲酸丁二醇酯；BTB—丁二醇-对苯二甲酸-丁二醇中间体。

2. 试验 1：1750mg Ecoflex®，21d。通过 pH 值的改变使酶失活。

3. 试验 2：350mg Ecoflex®，7d。

4. 试验 3：350mg Ecoflex®，21d。

5. 试验 4：试验 2＋堆肥提取物（在具有热性单孢子菌 50℃、80mL 的介质中）。

为了研究 Ecoflex® 的降解中间体，将 Ecoflex® 粉末同含有从堆肥中提取的酶（热性单孢子菌），在 50℃、80mL 的介质中保温培养。

在试验 1 中，检测到所有可能的单体和低聚物。其原因为保温培养时 Ecoflex® 的用量较大，降解产生的己二酸和对苯二甲酸使酶失活。

在第 2 个试验和第 3 个试验中 Ecoflex® 的用量较小。所以低聚物也发生降解，仅检测到单体。

当试验 2 中加入堆肥提取物时，所有的单体和低聚物都消失了［气相色谱-质谱联用（GC-MS）测定。试验 4：14d，50℃］。

4. 食品卫生性能

Ecoflex®的食品卫生性能符合欧洲与日本食品卫生法的规定 EC 90/128。

毒理学试验无不良影响（夏季收获的大麦，蚯蚓），这些为 DIN 与 BPS 的标志。

毒理学试验：植物生长试验（夏季收获的大麦）、蚯蚓强毒性试验（OECD 207）、水蚤试验（DIN 38412/30）、荧光细菌试验（DIN 38412/34）、口服毒性（OECD 423）、皮肤毒性（OECD 404）、皮肤敏感性（OECD 406），进行这些病毒试验没有得到异常的结论。

蚯蚓试验（OECD-guidline Nr. 207；试验时间：14 天；检验生物：*Eisenial foetida*），在堆肥和 Ecoflex®混合土壤中，蚯蚓的体重增加，没有不良影响。蚯蚓体重的增加可能是由混合土壤湿度较大造成的。

5. 加工性能

Ecoflex®是吹塑柔性膜的优良生物降解塑料，并且可用作其他生物降解塑料的改性剂，对天然生物降解塑料，例如淀粉、PLA 进行改性，尤其适合。

Ecoflex®可用于吹塑薄膜，这也是它的主要应用。为了防止吹膜过程中粘连，应加入防粘连剂母料和润滑剂母料。吹塑薄膜的工艺条件和步骤如下：机筒温度 140～160℃；吹胀比 2～3.5；加入 2%～5%的防粘连剂母料（AB1）和 0.5%～1%的润滑剂母料（SL1）；膜冷却后判定其润滑性。Ecoflex®和 LDPE 吹塑薄膜的性能如表 5-15 所示。

表 5-15　Ecoflex®和 LDPE 吹塑薄膜的性能

性能	Ecoflex® 20μm	Ecoflex® 50μm	LDPE 50μm
极限强度/(N/mm²)			
纵向	32	35	26
横向	40	34	20
极限伸长率/%			
纵向	470	650	300
横向	640	800	600
断裂能量(动态试验)/(J/mm)	20	14	5.5

表 5-16　一些生物降解塑料的低温冲击强度（−60℃）

性能	Ecoflex®	聚己内酯(PCL)	PBSA	PBS	PLA
冲击强度/(kJ/m²)	2271	2000	596	295	215

条件：250μm 厚的模压片材，在−60℃下冷却，放在室温下 15s 后测定拉伸冲击强度。

表 5-16 是几种生物降解塑料冲击强度的数据比较。显而易见，Ecoflex®即

使在非常低的温度下也是强度最好的生物降解塑料。

五、聚对苯二甲酸-己二酸丁二醇酯的制造技术

以 1,6-己二酸（AA）、对苯二甲酸（PTA）、1,4-丁二醇（BDO）为单体，按照一定比例合成的聚对苯二甲酸己二酸丁二醇酯，工艺过程中重点在于严格控制反应的酯化方式、酯化时间、缩聚温度、加入稳定剂等。这些关键因素能够直接影响合成过程，最终影响产品的性能。

PBAT 的制备有三种酯化方式：共酯化、分酯化和串联酯化。制备流程图及主要工艺参数如图 5-12～图 5-14 所示。

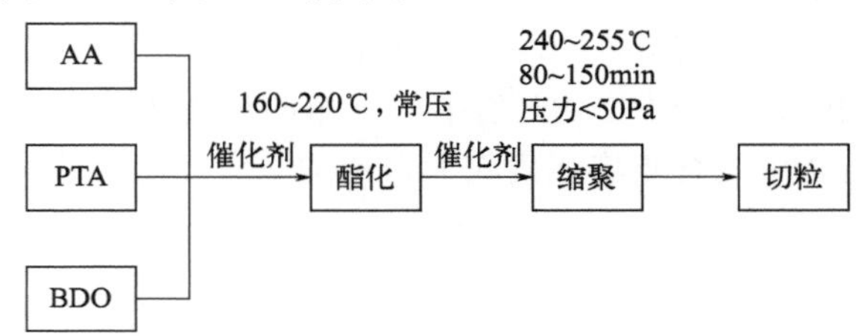

图 5-12 共酯化工艺流程

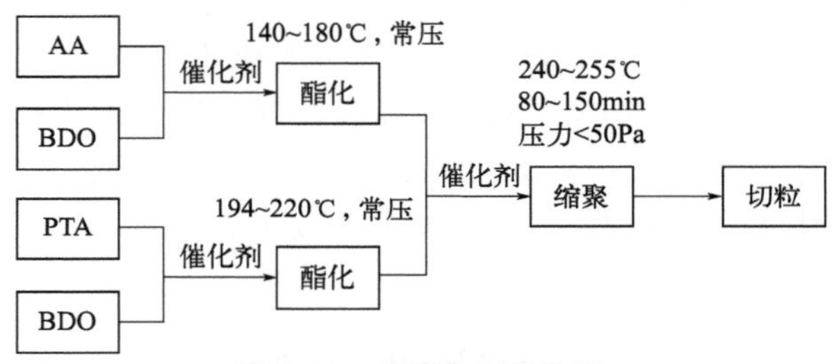

图 5-13 分酯化工艺流程

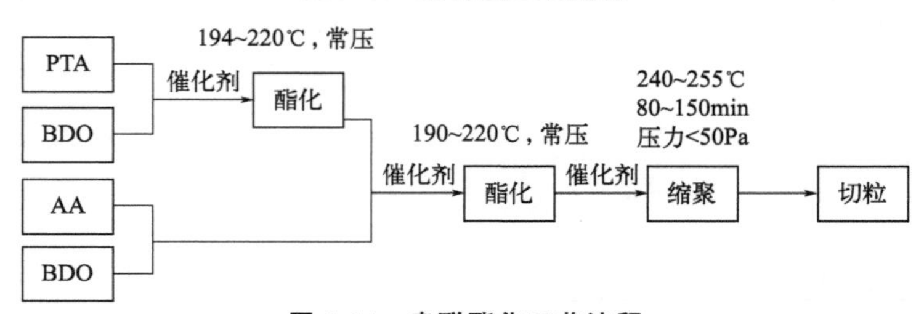

图 5-14 串联酯化工艺流程

六、聚对苯二甲酸-己二酸丁二醇酯的用途

Ecoflex® 具有应用前景的领域：

① 包装袋、垃圾袋、购物袋；

② 柔性膜（堆废膜、阻透膜、保鲜膜）；

③ 与其他生物降解高分子（聚乳酸、淀粉等）共混；

④ 纸基涂覆；

⑤ 卫生用品；

⑥ 发泡产品；

⑦ 农用地膜。

地膜是 Ecoflex®的一个重要应用领域。在日本，作物收割后使用过的地膜禁止在农田就地燃烧。因此，农民必须收集起这些使用过的地膜，并将其运到集中地，然后被当作工业垃圾在巨大的焚烧炉或水泥窑中处理掉。为此，在每千克地膜上的花费多达 50 日元。而采用生物降解塑料地膜，在耕地时可以与农作物秸秆等一起埋入地下，化为有机肥料。这样既可以节省许多开支和劳动，又有利于土壤改良。

（1）包装薄膜

Ecoflex®可以用作购物的方便袋、庭院垃圾（草、落叶）袋，也可以用作保鲜膜和托盘用包装薄膜（如图 5-15）。

（2）冰激凌和饮料杯

Ecoflex®可用作热饮料和冷饮料的饮料杯，也可用作冰激凌盒和冷冻食品的外包装。

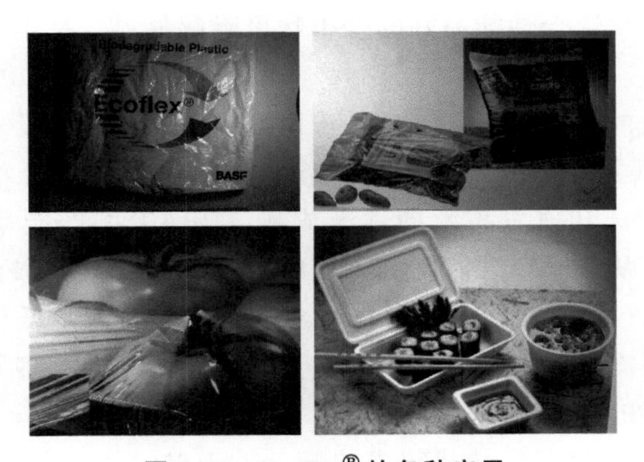

图 5-15 Ecoflex®的各种应用

（3）扁丝

Ecoflex®可以像 LDPE 一样拉伸生产扁丝。拉伸倍率可达 6 倍的扁丝可以用于水果包装编织袋。

（4）纸的涂覆层

Ecoflex®具有良好的拉伸性能、黏结性能、抗油溶性能和热合性能，适用于纸的涂覆层，应用前景十分诱人。

（5）改性材料

Ecoflex®是其他生物可降解塑料（例如聚乳酸）很好的改性物质，如是PLA很好的柔性和抗冲击改性剂。100% Ecoflex®是非常柔软的，而100%PLA非常硬，两者混塑杨氏模量随Ecoflex®共混比增加呈线性改变，断裂伸长率也随之改变。纯PLA的冲击强度很弱，将Ecoflex®与PLA共混，当共混物中组分Ecoflex®为40%时，冲击强度显著提高。Basf公司的Ecovio®产品即为PBAT/PLA共混产物。

在很多情况下，单一种生物降解塑料很难满足材料使用性能的需要，因此需要一些生物降解塑料混合在一起进行改性后使用。

由于天然生物降解塑料的生物降解过程二氧化碳释放少且可再生，其重要性日益提高。与之不同，Ecoflex®为合成生物降解塑料。Ecoflex®将在天然生物降解塑料改性的过程中扮演重要角色，并且它可能逐渐演变成由生物质单体来合成。

七、聚对苯二甲酸-己二酸丁二醇酯的生产及发展前景

"禁塑令"为PBAT提供了巨大的产业市场。PBAT既有较好的延展性和断裂伸长率，也有较好的耐热性和冲击性能，其成膜性能良好、易于吹膜，适用于各种膜袋类产品，包括购物袋、快递袋、保鲜膜等，可实现完全降解，已成为目前世界公认的产业化综合性能最好的全生物可降解材料，是生物降解塑料用途最广泛的品种。

当前数量庞大的废弃塑料，尤其是难以回收或不可回收及不可降解的废弃塑料，为PBAT提供了巨大的产业市场。近两年，随着全球禁塑政策的颁布及生物降解塑料工艺生产和研发技术的逐渐成熟，PBAT的产能呈现出急剧增长态势，尤其是我国，从2020年的大约20万吨/年产能，达到了超过百万吨/年（见表5-17）。随着生产能力的不断扩大，市场对产品高性能和低价格的需求也在不断提升，因此迫切需要针对现有的生产装置，开发出高性能多牌号的生物降解塑料产品，满足更多的应用领域需求。

2025年国内可降解塑料替代需求将超300万吨，国内外PBAT市场实际需求将出现跨越式增长，未来PBAT的发展前景将更加广阔。

表5-17 国内外现有PBAT生产装置及产能（截至2023年4月10日装置动态）

PBAT聚合厂家	现有产能/(万吨/年)	截至2023年4月10日装置动态
珠海金发生物材料有限公司	2.5	停车
	3.5	停车
	6	稳定
	6	停车

续表

PBAT 聚合厂家	现有产能/(万吨/年)	截至 2023 年 4 月 10 日装置动态
新疆蓝山屯河化工股份有限公司	6	满负荷
	6	2022 年 5 月起转产 PBT
	0.8	稳定
睿安生物科技有限公司	3	停车
	3	停车
康辉新材料科技有限公司	3.3	装置检修
金晖兆隆高新科技股份有限公司	2	2023 年元旦起停车
浙江华峰合成树脂有限公司	3	2023 年 3 月 15 日装置重启
中化学东华天业新材料有限公司	10	停车
宁波长鸿高分子科技股份有限公司	6	停车
湖北宜化化工股份有限公司	6	稳定
万华化学集团股份有限公司	6	试产
大连华阳新材料科技股份有限公司	6	稳定
湖南宇新能源科技股份有限公司	6	试产
山东道恩高分子材料股份有限公司	6	稳定
济源市恒通高新材料有限公司	3	试产
安徽昊源化工集团有限公司	6	稳定
彤程新材料集团股份有限公司	6	停车
山东昊图新材料有限公司	6	停车
甘肃莫高实业发展股份有限公司	2	稳定
中国石化仪征化纤有限责任公司	1	停车
美瑞新材料股份有限公司	2	停车
杭州鑫富科技有限公司	1	停车
意大利 Novamont	10	停车
德国 BASF	7.4	稳定
合计	135.5	

第三节
聚对苯二甲酸-丁二酸丁二醇酯

一、聚对苯二甲酸-丁二酸丁二醇酯的性质[17-18]

以 1,4-丁二酸（SA）、1,4-丁二醇（BDO）和对苯二甲酸（PTA）为原料，通过 SA 与 BDO、PTA 与 BDO 分别酯化，将其两步酯化产物混合到一起后，经过预缩聚—终缩聚，最终生成所需分子量的共聚酯产物，即聚对苯二甲酸丁二酸丁二醇酯（简称 PBST）。

聚对苯二甲酸丁二酸丁二醇酯是丁二酸丁二醇酯（BS）与对苯二甲酸丁二醇酯(BT)的无规共聚酯，其序列结构可以通过^{1}H NMR进行表征，随着BT含量（摩尔分数）的不同，共聚产物产生了很大的性能变化，详见表5-18。

从表5-19和图5-16可看出：当x（BT）>30%时，随BS链段含量的增加，PBST共聚酯的熔点逐渐降低，且熔融焓也逐步减小；当x（BT）=30%时，基本检测不到PBST共聚酯的熔点，PBST共聚酯的分子结构接近于无定形聚合物；当x（BT）<30%时，PBST共聚酯的熔点随BS链段含量的增加而升高，且熔融焓也呈递增的趋势。从图5-16和表5-18还可看出PBST共聚酯的玻璃化转变温度随BS链段含量的增加而逐步降低，这主要是由于BS链段的引入使PBT分子链中无规镶嵌了软链段BS，产生了“内增塑”的作用，既增大了分子内的活动性，又增大了分子间的活动性。

表5-18　不同BT含量（摩尔分数）的PBST共聚酯的性能

样品	$M_w/\times10^4$	M_w/M_n	T_g/℃	T_m/℃	ΔH/(J/g)	拉伸断裂强度/MPa	断裂伸长率/%
PBT	1.6	1.72	42.6	224.0	65.0	49.3	10
PBST-80	11.5	1.66	17.5	195.2	30.0	38.5	88
PBST-70	9.8	1.72	3.9	179.7	23.1	34.8	516
PBST-60	10.0	1.58	−5.4	160.6	19.7	25.3	556
PBST-50	9.4	1.64	−12.4	130.7	14.5	23.2	732
PBST-40	12.4	1.95	−15.3	102.8	10.2	23.2	752
PBST-30	9.7	1.63	−21.8	—	—	29.4	724
PBST-20	7.1	1.62	−25.6	89.6	35.5	36.6	704
PBST-10	12.1	1.92	−24.5	99.7	44.1	42.5	608
PBS	12.0	1.70	—	114.2	57.8	31.9	252

注：M_w—重均分子量；M_w/M_n—分子量分布；T_g—玻璃化转变温度；T_m—熔点；ΔH—熔融焓；PBST-10～PBST-80为BT含量（摩尔分数）10%～80%的PBST产品。

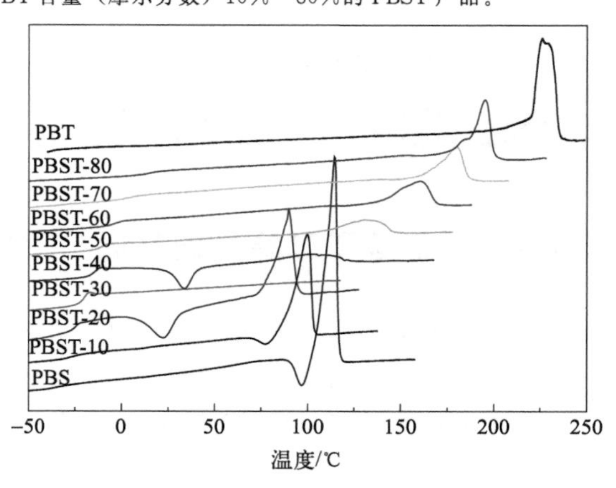

图5-16　不同BT含量的PBST共聚酯的DSC曲线

随着共聚酯中第二组分的增加，PBST 性能从刚性高结晶性的 PBT 和 PBS 结晶聚合物向柔韧性强、结晶度低的共聚物形式转变，两种晶体的结晶速度均产生了明显的变化并受到了相互制约。Zhang Jie 等通过对不同 BT 含量的 PBST 的非等温结晶动力学的研究，证明共聚酯中因为 BT 和 BS 结晶单元的相互影响和相互制约，共聚酯的结晶度和结晶能力都有所降低，相比较 PBST-10（BT 含量为 10%）和 PBST-70（BT 含量为 70%），PBST-50（BT 含量为 50%）的结晶能力最弱。

PBST 共聚物较 PBT 和 PBS 均聚酯具有更强的抵抗外力破坏的能力（见图 5-17），极大地拓宽了 PBST 的应用领域，更容易作为薄膜制品使用。可以通过调整共聚酯中不同软硬段长度调整共聚酯性能，结合结构本身的特性，PBST 可以制备出比 PBAT 力学性能更加强韧，耐热性更好的结构材料。同时，Qin 等论证了组分含量相近的 PBST 与 PBAT 的气体阻隔性和水蒸气透过率的差别，为 PBST 的应用提供了理论指导。

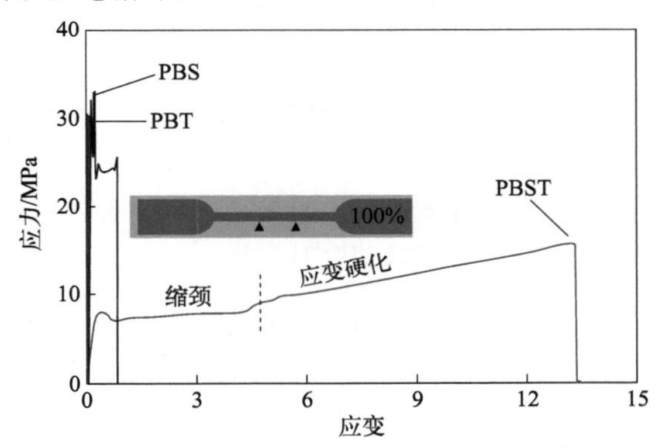

图 5-17 PBST 以及纯 PBT 和纯 PBS 的应力应变曲线

作为生物可降解塑料使用，PBST 的降解性能随 BS 含量的增加而显著增强，因此含有适当量 BS 的 PBST 共聚酯具有显著的生物降解性能。见图 5-18。

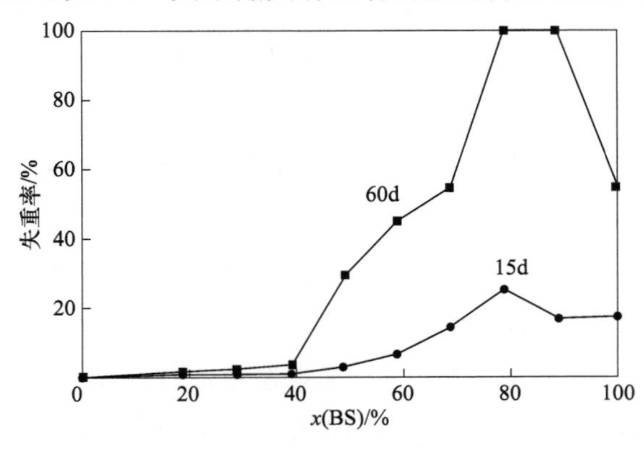

图 5-18 不同 BS 含量的 PBST 共聚酯堆肥埋片 15 天和 60 天的降解失重率曲线

二、聚对苯二甲酸-丁二酸丁二醇酯的制造技术

早期PBST多采用对苯二甲酸二甲酯（DMT）和BDO酯交换，然后BDO和丁二酸酯化后，共缩聚制备。但是DMT工艺因为生成甲醇，对环境不友好，在聚酯工业属于被淘汰的工艺路线，所以逐渐被更加环保的对苯二甲酸（PTA）直接酯化工艺取代。

PBST共聚酯合成反应包括两步酯化反应和一步共缩聚反应，反应机理如下。

① 酯化反应：在一定温度、压力、停留时间下，BDO分别与PTA和SA进行酯化反应生成聚酯单体（简称BHBT和BHBS）。

PTA与BDO的酯化反应方程式：

$$\underset{\text{PTA}}{HOOC-C_6H_4-COOH} + \underset{\text{BDO}}{2HOCH_2CH_2CH_2CH_2OH} \rightleftharpoons \underset{\text{BHBT}}{HO(CH_2)_4OOC-C_6H_4-COO(CH_2)_4OH} + 2H_2O$$

SA与BDO的酯化反应方程式：

$$\underset{\text{SA}}{HOOCCH_2CH_2COOH} + \underset{\text{BDO}}{2HOCH_2CH_2CH_2CH_2OH} \rightleftharpoons \underset{\text{BHBS}}{HO(CH_2)_4OOCCH_2CH_2COO(CH_2)_4OH} + 2H_2O$$

② 共缩聚反应：由酯化反应生成的BHBT和BHBS，在一定条件下，两种中间产物彼此发生缩合反应，最终制成高分子量的PBST共聚酯。

$$\underset{\text{BHBT}}{n HO(CH_2)_4OOC-C_6H_4-COO(CH_2)_4OH} + \underset{\text{BHBS}}{m HO(CH_2)_4OOCCH_2CH_2COO(CH_2)_4OH} \rightleftharpoons$$

$$\underset{\text{PBST}}{\left[O(CH_2)_4OOC-C_6H_4-CO\right]_n\left[O(CH_2)_4OOCCH_2CH_2CO\right]_m} + \underset{\text{BDO}}{(n+m-2)HO(CH_2)_4OH}$$

其间，不可避免地会伴随着丁二醇的副反应，即BDO的环化，生成四氢呋喃（THF）和水（H_2O）：

$$\underset{\text{BDO}}{HO(CH_2)_4OH} \rightleftharpoons \underset{\text{THF}}{C_4H_8O} + \underset{H_2O}{H-O-H}$$

与PBAT合成工艺相似，PBST的工业制备也可以分为并联酯化（又称分酯化）、串联酯化（又称顺序酯化）和共酯化（简称一锅煮）三种工艺路线。其工艺流程分别如图5-19～图5-21所示。

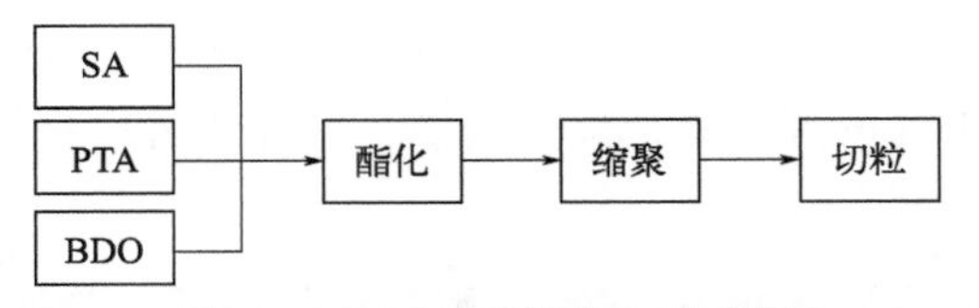

图 5-19　PBST 共酯化工艺流程

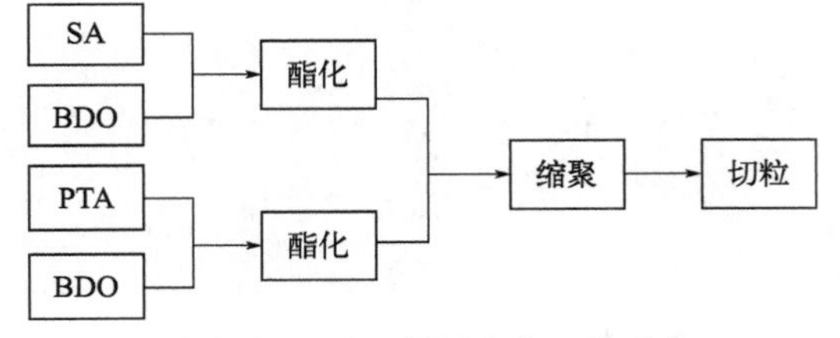

图 5-20　PBST 并联酯化工艺流程

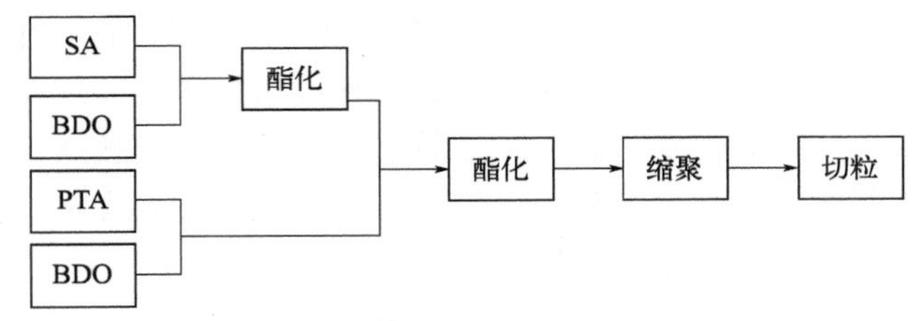

图 5-21　PBST 串联酯化工艺流程

早期 BASF 公司制备 PBAT 的工艺路线即为共酯化工艺路线，该工艺路线将所有原料单体投入一个酯化釜中进行酯化或酯交换，然后进行缩聚。然而因为 SA 和 BDO 的酯化温度与 PTA 和 BDO 的酯化温度存在较大的差异，在同一个反应釜中实现共酯化很难兼顾两个酯化反应的充分进行。经过不断改进，现在生产工艺更倾向于并联酯化或串联酯化的分别酯化工艺路线，以利于制备更高品质的聚合产品，更大限度地减少副产物生成，同时减少生产过程中的管路堵塞和原料单体的过度消耗现象等。

三、中国开发的聚对苯二甲酸-丁二酸丁二醇酯成套生产技术[97-108]

当前，随着全球限塑令的颁布，作为生物降解材料最适用的应用场景，就是难回收的一次性材料，其中视觉污染效果最显著的就是各种膜袋类材料、缓冲发泡类材料等。尤其是膜袋类材料，如地膜、购物袋、垃圾袋等，回收成本太高，也很难收集，是最适宜使用生物降解塑料的场景。

中石化北京化工研究院自 2004 年开始致力于 PBST 的聚合和应用研究，形成了 PBST 连续聚合成套专利技术，目前该技术已经落地海南炼化，正在开展

6 万吨/年聚合装置建设。同时，北京化工研究院以自主知识产权开发的 PBST 产品实现了不超过 10 μm 厚度超薄膜连续制备，并作为生物降解地膜在各地进行试验推广（见图 5-22）。

图 5-22 PBST 地膜与 PE 地膜对花生生长情况影响对比

PBST 也具有很好的纤维可纺性，与 PBT 纤维相比，PBST 纤维具有很好的弹性。Li F X 等研究了 70%BT 含量的 PBST 纤维的力学性能变化，并探讨了其晶体结构由 α 型向 β 型的转变，对 PBST 晶核生成及球晶生长情况进行了深入分析和探讨。在不同的纺丝成型过程中，可以依据不同的 BT 含量，选取适宜的成型温度，制备性能优异的可生物降解纤维。

四、聚对苯二甲酸-丁二酸丁二醇酯的发展前景

与其他高分子材料相比，生物可降解材料的结构还有待于深入研究，尤其是 PBST。不同的结构可以开发出性能差别很大的材料，经过前期探索，笔者和团队人员发现，PBST 具有很好的形状记忆功能，可以作为医疗卫生用骨折固定材料使用。PBST 纤维具有很好的回弹性，也可以作为弹性纤维，应用到一些特殊领域。

PBST 的聚合工艺以及所用设备，也有待于依据具体酯化和聚合工艺进行有针对性的开发，在生产能力和生产品质上实现大规模突破。

未来 PBST 产品将不只作为生物降解材料应用于易消耗的一次性膜袋制品，还将依据其特殊的功能性，在医疗卫生等更多应用领域发挥重要作用。

第四节
聚丁二酸-己二酸丁二醇酯

一、聚丁二酸-己二酸丁二醇酯的性质[109-119]

以 1,4-丁二酸（SA）、1,6-己二酸（AA）和 1,4-丁二醇（BDO）为原料单

体，制备的共聚酯为脂肪族聚丁二酸己二酸丁二醇酯，简称 PBSA。其反应式如下：

$$(x+y-z)HO(CH_2)_4OH+xHOOC(CH_2)_2COOH+yHOOC(CH_2)_4COOH \longrightarrow$$

$$\left[O \leftarrow CH_2 \rightarrow_4 O - \overset{O}{\overset{\|}{C}} \leftarrow CH_2 \rightarrow_2 \overset{O}{\overset{\|}{C}} \right]_x \left[O \leftarrow CH_2 \rightarrow_4 O - \overset{O}{\overset{\|}{C}} \leftarrow CH_2 \rightarrow_4 \overset{O}{\overset{\|}{C}} \right]_y + 2(x+y-z)H_2O$$

日本昭和高分子株式会社于 20 世纪 90 年代以商品名“Bionolle”开发了基于聚丁二酸丁二醇酯(PBS)和 PBSA 的不同牌号产品，于 1993 年建成 3000 吨/年半商业化生产装置。表 5-19 为“Bionolle”商品的基本性能。

表 5-19　“Bionolle”商品的基本性能

性能	测试方法	Bionolle				参比		
		PBSU#1000		PBSU#2000	PBSU#3000	LDPE	HDPE	PP
MFR/(g/10min)	JIS-K72103	1.5	26	4.0	28	0.8	11	3.0
密度/(g/cm³)	JIS-K7112	1.26	1.26	1.25	1.23	0.92	0.95	0.90
T_m/℃	DSC	114	114	104	96	110	129	163
T_g/℃	DSC	−32	−32	−39	−45	−120	−120	−5
屈服强度/(kg/cm²)	JIS-K7113	336	364	270	192	100	285	330
断裂伸长率/%	JIS-K7113	560	323	710	807	700	300	415
硬度/(kg/cm²)	JIS-K7203	5.6	6.6	4.2	3.3	1.8	12.0	13.5
缺口冲击强度/(kg·cm/cm)	JIS-K9203 20℃	30	4.2	36	＞40	＞40	4	2
	−20℃	2.4	2.4	9.7	20			

注：1. 熔体流动速率（MFR）在 230℃下测量。

2. PBSU#1000 为 PBS 产品，PBSU#2000 和 PBSU#3000 为不同己二酸含量的 PBSA 产品。

日本昭和高分子株式会社制备的 PBSA 薄膜产品与 PBS 和 LDPE 的力学性能对照表见表 5-20。

表 5-20　厚度为 30μm 的 Bionolle 吹塑薄膜与 PBS 和 LDPE 的力学性能

项目	方向	单位	测试方法	PBSA(#1001)	PBS(#3001)	L-LDPE
拉伸强度						
屈服	MD	kg/cm²	ASTM D638	317	183	130
	TD	kg/cm²		312	183	110
断裂	MD	kg/cm²	ASTM D638	635	407	440
	TD	kg/cm²		605	456	220
断裂伸长率	MD	%	ASTM D638	660	780	370
	TD			710	970	420

续表

项目	方向	单位	测试方法	PBSA(#1001)	PBS(#3001)	L-LDPE
杨氏模量	MD	kg/cm^2	ASTM D882	4800	3300	3400
	TD	kg/cm^2		5500	3500	3800
撕裂强度	MD	kg/cm^2	ASTM D1922	3.7	6.7	10
	TD	kg/cm^2		11	23	200
冲击强度		kg·cm/mm	ASTM D781	240	300	200
雾度		%	JIS K7105	42	20	7

注：MD—纵向（机械方向）；TD—横向（垂直于机械方向）。

相比于 PBS，PBSA 产品性能更加柔软，冲击性能更加优异，更适宜作为薄膜制品加工和使用。PBSA 在热堆肥中的生物降解性能见图 5-23。夏季 PBSA 拉伸吹塑瓶在潮湿土壤中的生物降解试验结果见图 5-24。

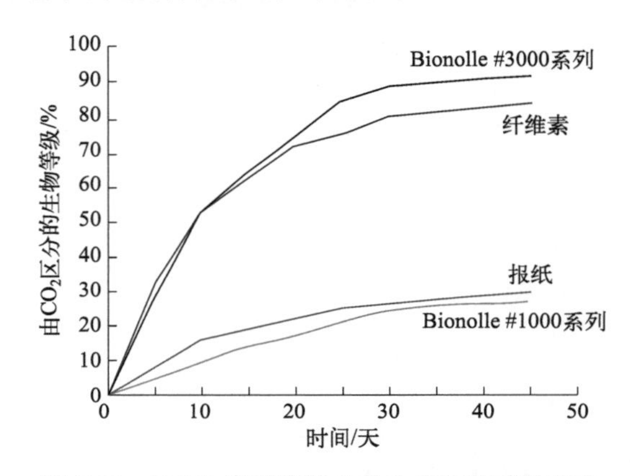

图 5-23 PBSA 在热堆肥中的生物降解试验结果

试验方法为 ASTM D5338，标准堆肥温度为 35～58℃，试验地点为比利时有机废物系统

图 5-24 夏季 PBSA 拉伸吹塑瓶在潮湿土壤中的生物降解试验结果（高崎市）

左侧：Bionolle#3000 的原装瓶装，含有填料 10%（质量分数）；中间：3 个月后重量减少 33%；右侧：4 个月后重量减少 40%

PBSA 生物降解速度也因为己二酸的加入明显加快，可以在堆肥、湿泥、海水等条件下实现降解。

中石化北京化工研究院采用自主开发的催化剂体系，也开发了一系列 PBS、PBSA 和 PBA（聚己二酸丁二醇酯）产品，并针对不同己二酸含量的 PBSA 系列产品性能进行了表征和分析，见表 5-21。

表 5-21　不同己二酸含量的 PBSA 与 PBS 和 PBA 的性能

聚合物	分子量		T_m/℃	力学性能				悬臂梁缺口冲击/(kJ/m^2)(室温)
	M_n /×10^4	M_w/M_n		应力/MPa		应变/%		
				屈服	断裂	标称	断裂拉伸	
PBS	—	—	114	—	34.7	35	54	2.70
PBSA-12	—	—	101	23.3	26.6	262	465	2.74
PBSA-20	—	—	92	18.7	23.8	272	489	2.86
PBSA-30	8.4	1.7	81	13.1	21.0	408	698	3.41
PBSA-40	5.2	2.0	69	9.6	13.7	303	559	10.9
PBSA-50	7.3	1.8	49	5.0	23.3	987	1339	未冲断
PBSA-60	7.1	1.8	24	—	16.8	955	1244	未冲断
PBSA-70	7.2	1.8	41	5.6	21.0	780	1132	未冲断
PBSA-80	7.3	1.7	43	8.8	25.8	708	1028	59.5
PBSA-90	7.2	1.6	53	12.1	27.2	528	836	50.4
PBA	7.4	1.7	59	15.4	15.7	130	403	—

注：PBSA-12～PBSA-90 的数字为己二酸在 PBSA 中的含量（摩尔分数）。分子量测定以四氢呋喃作为溶剂，40℃下的 GPC 测试数据，PBS、PBSA-12、PBSA-20 不溶于四氢呋喃体系。

二、聚丁二酸-己二酸丁二醇酯的制造技术

相比于 PBST 和 PBAT，PBSA 的制备技术和工艺要简单得多，因为 PBS 和 PBA 的酯化和聚合工艺条件都比较接近，制备无规共聚的 PBSA 完全可以在 PBS 的反应釜内通过共酯化的工艺进行生产，只需要在投料阶段控制己二酸和丁二酸的加入比例，基本就可以得到需要的目标产物。当然，如果对产品结构要求比较精确，想要得到更加精确控制的链段长度共聚酯 PBSA，也可以采用分步酯化工艺进行。

三、聚丁二酸-己二酸丁二醇酯的用途

PBSA 具有优异的可加工性，因此可以在纺织领域加工成熔喷、复丝、单丝、非织造布、平股和分股纱，也可以在塑料领域加工成注塑制品、薄膜、纸层

压板、片材和胶带等。

PBSA 具有熔点低、结晶快、流动性高的特点，这使得它非常适合用于生产 3D 打印线材，因为这些材料需要具有良好的流动性和适宜的熔点以适应 3D 打印过程中的高温要求。此外，PBSA 还可以用于生产热黏合纤维，这种纤维具有良好的热黏合性，适用于多种应用场景。

在医用材料领域，PBSA 因其生物降解性而被视为一种理想的医用材料，可用于制造可生物降解的缝合线、创可贴等医疗用品。

PBSA 制成的膜袋类产品可以在使用后自然降解，这类产品适用于包装、农业覆盖材料等领域，有助于保护环境。

四、聚丁二酸-己二酸丁二醇酯的生产发展前景

表 5-22 显示了 PBSA 的发展前景。然而，有些技术问题需要克服，特别是，对于个别最终用途，必须提高树脂性能。例如，在用作饮料瓶的情况下，必须提高二氧化碳、水和酒精渗透性和气体阻隔性；对于园艺、农业和建筑领域的应用，必须提高土壤中的生物降解性；对于老年人尿布的应用，需要开发具有超强吸水性和弹性的生物降解材料。

表 5-22 PBSA 的发展前景

序号	加工方法	应用领域
1	注射成型	餐具、刷子、容器
2	熔喷	无纺布、织物、过滤器
3	复丝	复合纤维(芯层和皮层)、无节网、拉舍尔编织网、非织造布(种植、尿布、一次性医用品、卫生巾)
4	单丝	钓鱼线、渔网、绳索
5	纱线(扁平和分体式)	布和网、种植胶带
6	薄膜(流延、T 型模)	纸张层压，多层
7	薄膜(管状)	堆肥袋、购物袋
8	薄膜(拉伸)	收缩膜
9	柔性包装	软垫
10	板材挤压	食品托盘、卡片
11	发泡	软包装、杯子、容器
12	吹塑(直接)	洗发水瓶、药瓶
13	吹塑(注射)	化妆品瓶
14	吹塑(拉伸)	饮料瓶

新一级 PBSA 的设计将突破新的大分子结构概念，适用于各种应用，如压敏胶黏剂、水性乳液、油墨、颜料和涂料。一旦上述技术问题得到解决，全球对生物降解聚合物的潜在需求将非常大。

参考文献

[1] 王常有，施金昌. 中国化工百科全书：第 3 卷 [M]. 北京：化学工业出版社，1993：1043.

[2] Datta R，et al. Fermentation and purification process for succinic acid：US 5168055 [P]. 1992-12-01.

[3] 王大为，等. 从水溶液中提取琥珀酸 [J]. 高校化学化工学报，1994，8（2）：143-148.

[4] 杨惠娣. 中国化工百科全书：第 15 卷 [M]. 北京：化学工业出版社，1997：272.

[5] 李云华. 有机化工原料大全：中卷 [M]. 2 版. 北京：化学工业出版社，1999：519.

[6] Berglund K A，et al. Succinic acid production and purification：US 5958744 [P]. 1999-09-28.

[7] 管国锋，等. 丁二酸稀溶液的络合萃取 [J]. 南京化工大学学报，2001（4）：33-37.

[8] Yedur S，et al. Succinic acid production and purification：US 6265190 [P]. 2001-07-24.

[9] Mal-NamKim，et al. Biodegradability of ethyl and *n*-octyl branched poly（ethylene adipate）and poly（butylene succinate）[J]. European Polymer Journal，2001，37（9）：1843-1847.

[10] 詹晓北，等. 琥珀酸发酵生产工艺及其产品市场 [J]. 食品科技，2003（2）：44-49.

[11] 王庆昭，等. 生物转化法制取琥珀酸及其衍生物的前景分析 [J]. 化工进展，2004，23（7）：794-798.

[12] 姜岷，等. 一种产丁二酸的菌株及其筛选方法和应用：CN 200610085415.9 [P]. 2006-06-14.

[13] 姚忠，等. 一种从厌氧发酵液中分离提取丁二酸的方法：CN 200610086003 [P]. 2006-07-18.

[14] 杜昱光，等. 一种生物转化生产琥珀酸的方法：CN 200710010447.7 [P]. 2007-02-15.

[15] 王庆昭，等. 琥珀酸发酵菌种研究进展 [J]. 生物工程学报，2007，23（4）：570-576.

[16] 赵晓静，等. 1，4-丁二醇脱氢与顺酐加氢耦合催化剂 [J]. 化学工业与工程，2008，25（5）：382-385.

[17] 武敏敏，等. 发酵法生产丁二酸研究进展及其应用前景 [J]. 现代化工，2008，28（11）：33-37.

[18] 薛峰. 丁二酸合成研究进展 [J]. 安徽化工，2009，35（5）：10-13.

[19] 沈海平，等. 电解合成丁二酸的研究进展 [J]. 化工进展，2009，28（1）：86-92.

[20] 张方，等. 丁二酸的合成研究现状及发展 [J]. 聚酯工业，2016，29（1）：3-6.

[21] 万屹东，等. 生物法制备丁二酸的研究及产业化进展 [J]. 生物加工过程，2020，18（5）：583-591.

[22] 李国辉，等. 微生物合成中链二元羧酸的代谢工程研究进展 [J]. 食品与发酵工业，2021（20）：297-302.

[23] 赵剑豪，等. 聚丁二酸丁二醇酯在堆肥条件下的生物降解性能研究 [J]. 功能高分子学报，2004，17（4）：666-670.

[24] 赵剑豪，等. 聚丁二酸丁二醇酯及聚丁二酸/己二酸-丁二醇酯在微生物作用下的降解行为 [J]. 高分子材料科学与工程，2006，22（2）：137-140.

[25] 张敏，等. 对提高可生物降解聚酯 PBS 分子量影响因素的研究 [J]. 陕西科技大学学报：自然科学版，2006，24（4）：8-11.

[26] 王军，等. 聚丁二酸丁二醇酯的研究进展 [J]. 化工新型材料，2007，35（10）：25-27.

[27] 肖峰，等. PBS 基共聚酯降解性能的研究概述 [J]. 中国塑料，2009，23（09）：12-15.

[28] 张昌辉，等. PBS 及其共聚酯生物降解性能的研究进展塑料 [J]. 2009，38（1）：38-40.

[29] 刘俊玲，等. PBS 降解性能与环境影响评价的研究 [J]. 应用化工，2009，38（10）：1437-1440.

[30] 孟小华，等. PBS的降解及其机理研究 [J]. 化工新型材料，2010，38（3）：98-99，111.

[31] 胡雪岩，等. 聚丁二酸丁二醇酯（PBS）生物降解的研究进展 [J]. 微生物学杂志，2016，36（4）：84-89.

[32] 白桢慧，等. 聚丁二酸丁二醇酯基脂肪族聚酯生物降解研究进展 [J]. 中国塑料，2018，32（12）：10-15.

[33] 苏婷婷，等. 聚丁二酸丁二醇酯基脂肪族聚酯生物降解研究进展 [J]. 2018（12）：8-18.

[34] 王刚，等. 聚丁二酸丁二醇酯的改性研究及产业化现状 [J]，广东化工，2021（15）：96-97.

[35] 张昌辉，等. PBS基聚酯合成工艺的研究进展 [J]. 塑料，2008，37（3）：8-10.

[36] 张昌辉，等. 聚丁二酸丁二醇（PBS）合成工艺的研究 [J]. 塑料，2008，37（5）：11-13.

[37] 张昌辉，等. 聚丁二酸丁二醇酯合成研究 [J]. 聚酯工业，2008，21（2）：8-11

[38] Jin Hyoung-joon，et al. Thermal and mechanical properties of mandelic acid-copolymerized poly (butylene succinate) and poly (ethylene adipate) [J]. J Polym Sci Part B：Polymer Physics，2000 (38)：1504-1511.

[39] Takasu A，et al. Environmentally benign polyester synthesis by room temperature direct polycondensation of dicarboxylic acid and diol [J]. Macromolecules，2005 (38)：10048-10050.

[40] 钱伯章. 新型生物降解塑料的开发和应用 [J]. 橡塑技术与装备，2007，33（1）：36-42.

[41] 钱伯章. 可生物降解塑料发展动向 [J]. 化工新型材料，2008，36（7）：26-27.

[42] 廖才智. 生物降解性塑料PBS的研究进展 [J]. 塑料科技，2010，38（7）：94-98.

[43] 陈庆，刘宏. 三大生物降解塑料未来5年市场需求预测 [J]. 塑料工业，2010，38（2）：1-3.

[44] 孙海龙. 聚丁二酸丁二醇酯的研究进展 [J]. 现代塑料加工应用，2013，25（4）：50-52.

[45] 李长存，等. 聚丁二酸丁二醇酯产业现状及技术进展 [J]. 合成纤维工业，2014，37（2）：61-63.

[46] 于建荣，等. 生物基丁二酸产业化发展及态势分析 [J]. 生物产业技术，2014（01）：42-46.

[47] 周邓飞，等. 聚丁二酸丁二醇酯的合成及性能研究 [J]. 合成纤维工业，2016（3）：30-33.

[48] 董博文. 聚丁二酸丁二醇酯的研究进展分析 [J]. 化工中间体，2021（15）：170-171.

[49] 杜树清，等. 聚丁二酸丁二醇酯（PBS）的合成工艺及其产业现状浅析 [J]. 聚酯工业，2023，36（2）：1-4.

[50] 佚名. 10万吨生物降解塑料项目落户桂林 [J]. 塑料包装，2007，17（4）：62.

[51] 佚名. 生物全降解塑料PBS项目落户江苏 [J]. 工程塑料应用，2007（5）：47.

[52] 佚名. 恒力60万吨/年PBS项目正式签约 [J]. 化工时代，2021，35（1）：44.

[53] 中景石化90万吨BDO、20万吨PBS、30万吨PBAT一期项目公示. 中国合成树脂网，2022-05-13.

[54] 陈强. 聚丁二酸丁二醇酯 [M]//中国石油和化学工业联合会化工新材料文员会中国化工新材料专委会. 中国化工新材料产业发展报告（2022）. 北京：化学工业出版社，2023：382-389.

[55] 倪吉. 己二酸：有望开启长期景气周期 [J]. 中国石油和化工，2022（4）：38-41.

[56] Okada M. Chemical synthesis of biodegradable polymers [J]. Prog Polym Sci，2002 (27)：87-133.

[57] Lee S H，Lim S W，Lee K H. Properties of potentially biodegradable copolyesters of (succinic acid 1,4-butanediol)/(dimethyl terephthalate1,4-butanediol) [J]. Polym Int，1999 (48)：861-867.

[58] Atfani M，Brisse F. Syntheses，characterizations，and structures of a new series of aliphatic-aromatic polyesters. 1. The poly (tetramethylene terephthalate dicarboxylates) [J]. Macromolecules，1999 (32)：7741-7752.

[59] Rantze E，Kleeberg I，Witt U，et al. Aromatic components in copolyesters：Model structures help to understand biodegradability [J]. Macromol Symp，1998 (130)：319-326.

[60] Ki H C，et al. Synthesis，characterization and biodegradability of the biodegradable aliphatic-aromatic

random copolyesters [J]. Polymer, 2001 (42): 1849-1861.

[61] Du J, Zheng Y, Xu L. Biodegradable liquid crystalline aromatic/aliphatic copolyesters. Part I: Synthesis, characterization, and hydrolytic degradation of poly (butylene succinateco-butylene terephthaloyldioxy dibenzoates) [J]. Polymer Degradation and Stability, 2006 (91): 3281-3288.

[62] Pisula W, et al. Preparation and characterization of copolyesters of poly (tetramethylene succinate) and poly (butylene terephthalate) [J]. Polimery, 2006, 51 (5): 341-350.

[63] Olewnik E, Czerwinski W. Synthesis, structural study and hydrolytic degradation of copolymer based on glycolic acid and bis-2-hydroxyethyl terephthalate [J]. Polymer Degradation and Stability, 2009 (94): 221-226.

[64] Hermanova S, Smejkalova P, Merna J, et al. Biodegradation of waste PET based copolyesters in thermophilic anaerobic sludge [J]. Polymer Degradation and Stability, 2015 (111): 176-184.

[65] Baldissera A F, et al. Synthesis and NMR characterization of aliphatic-aromatic copolyesters by reaction of poly (ethylene terephthalate) post-consumer and poly (ethylene adipate) [J]. Quim Nova, 2005, 28 (2): 188-191.

[66] Zhu X J, Chen Y W, et al. Synthesis of aliphatic-aromatic copolyesters by a melting bulk reaction between poly(butylene terephthalate) and DL-Oligo (lactic acid) [J]. High Performance Polymers, 2008 (20): 166-184.

[67] Prokopová I , Vlčková E, Šašek V, et al. Aromatic-aliphatic copolyesters based on waste poly (ethylene terephthalate) and their biodegradability [J]. e-Polymers, 2008 (52): 1-9.

[68] Witt U, Miiller R, Deckwer W D. Studies on sequence distribution of aliphatidaromatic copolyesters by high-resolution ^{13}C nuclear magnetic resonance spectroscopy for evaluation of biodegradability [J]. Macrornol Chem Phys, 1996 (197): 1525-1535.

[69] 祝桂香，张伟，韩翎，等. 基于生物基单体的生物可降解脂肪-芳香共聚酯的研究与应用 [J]. 现代化工，2009，29 (2): 72-74.

[70] Jacquel N, Freyermouth F, et al. Synthesis and properties of poly(butylene succinate): Efficiency of different transesterification catalysts [J]. J Polym Sci Part A: Polym Chem, 2011 (49): 5301-5312.

[71] Takasu A, Oishi Y, Iio Y, et al. Synthesis of aliphatic polyesters by direct polyesterification of dicarboxylic acids with diols under mild conditions catalyzed by reusable rare-earth triflate [J]. Macromolecules, 2003 (36): 1772-1774.

[72] Yamamoto M M, et al. Biodegradable aliphatic-aromatic polyesters: "Ecoflex®" [J]. Biopolymers, 2002 (4): 299-313.

[73] Sriromreun P, et al. Standard methods for characterizations of structure and hydrolytic degradation of aliphatic/aromatic copolyesters [J]. Polymer Degradation and Stability, 2013 (98): 169-176.

[74] Wang B, et al. Biodegradable aliphatic/aromatic copoly(ester-ether)s: the effect of poly (ethylene glycol) on physical properties and degradation behavior [J]. J Polym Res, 2011 (18): 187-196.

[75] Wang B, et al. Biodegradable aliphatic/aromaticcopolyesters based on terephthalic acid and poly (L-lactic Acid): synthesis, characterization and hydrolytic degradation [J]. Chinese Journal of Polymer Science, 2010, 28 (3): 405-415.

[76] Sousa A F, et al. New copolyesters derived from terephthalic and 2,5-furandicarboxylic acids: A step forward in the development of biobased polyesters [J]. Polymer, 2013 (54): 513-519.

[77] Zhou W, et al. Synthesis, physical properties and enzymatic degradation of bio-based poly(butylene adipate-co-butylene furandicarboxylate) copolyesters [J]. Polymer Degradation and Stability, 2013

(98)：2177-2183.

[78] Wang G Q，et al. Biobased copolyesters：Synthesis，sequence distribution，crystal structure，thermal and mechanical properties of poly (butylene sebacate-co-butylene furandicarboxylate) [J]. Polymer Degradation and Stability，2017 (143)：1-8.

[79] Jacquel N，et al. Bio-based alternatives in the synthesis of aliphaticearomatic polyesters dedicated to biodegradable film applications [J]. Polymer，2015 (59)：234-242.

[80] Witt U，et al. Biodegradable polymeric materials：Not the origin but the chemical structure determines biodegradability [J]. Angew Chem Int Ed，1999，38 (10)：1438-1442.

[81] Wang H，et al. Soil burial biodegradation of antimicrobial biodegradable PBAT films [J]. Polymer Degradation and Stability，2015，116：14-22.

[82] Witt U，et al. Biodegradation behavior and material properties of aliphatic/aromatic polyesters of commercial importance [J]. Journal of Environmental Polymer Degradation，1997，5 (2)：81-89.

[83] Eubeler J P，et al. Environmental biodegradation of synthetic polymers I. Test methodologies and procedures [J]. Trends in Analytical Chemistry，2009，28 (9)：1057-1072.

[84] Kijchavengkul T，et al. Biodegradation and hydrolysis rate of aliphatic aromatic polyester [J]. Polymer Degradation and Stability，2010 (95)：2641-2647.

[85] Witt U，et al. Biodegradation of aliphatic-aromatic copolyester：Evaluation of the final biodegradability and ecotoxicological impact of degradation intermediates [J]. Chemosphere，2001，44 (2)：289-299.

[86] Muroi F，et al. Influences of poly(butylene adipate-co-terephthalate) on soil microbiota and plant growth [J]. Polymer Degradation and Stability，2016，129：338-346.

[87] Dutkiewicz S，et al. Method to produce biodegradable aliphatic-aromatic co-polyesters with improved colour [J]. Fibres & Textiles in Eastern Europe，2012，20 (6B)：84-88.

[88] Fukushima K，et al. PBAT based nanocomposites for medical and industrial applications [J]. Materials Science and Engineering C，2012 (32)：1331-1351.

[89] Wang H，et al. Biodegradable aliphatic-aromatic polyester with antibacterial property [J]. Polymer Engineering and Science-2016，56 (10)：1146-1152.

[90] Wei D，et al. Non-leaching antimicrobial biodegradable PBAT films through a facile and novel approach [J]. Materials Science and Engineering C，2016 (58)：986-991.

[91] Wu C S. Utilization of peanut husks as a filler in aliphaticearomatic polyesters：Preparation，characterization，and biodegradability [J]. Polymer Degradation and Stability，2012 (97)：2388-2395.

[92] Ma P，et al. In-situ compatibilization of poly (lactic acid) and poly (butylene adipate-co-terephthalate) blends by using dicumyl peroxide as a free-radical initiator [J]. Polymer Degradation and Stability，2014 (102)：145-151.

[93] Krystyna T S，et al. Biodegradability of non-wovens made of aliphatic-aromatic polyester [J]. Fibres & Textiles in Eastern Europe January，2005，13 (1)：71-74.

[94] Younes B. A statistical investigation of the influence of the multi-stage hot-drawing process on the mechanical properties of biodegradable linear aliphatic-aromatic co-polyester fibers [J]. Advances in Materials Science and Applications，2014，3 (4)：186-202.

[95] Younes B，et al. A Statistical analysis of the influence of multi-stage hot-drawing on the overall orientation of biodegradable aliphatic-aromatic Co-polyester fibers [J]. Journal of Engineered Fibers and Fabrics，2013，8 (1)：6-16.

[96] Shi X Q，et al. Structural development and properties of melt spun poly (butylene succinate) and poly

(butylene terephthalate-co-succinate-co-adipate) biodegradable fibers [J]. Intern Polymer Processing, 2006, 21 (1): 64-69.

[97] Luo S L, et al. Synthesis of poly (butylene succinate-co-butyleneterephthalate) (PBST) copolyesters with high molecular weights via direct esterification and polycondensation [J]. J Appl Polym Sci, 2010, 115: 2203-2211.

[98] Hu L X, et al. Kinetics and modeling of melt polycondensation for synthesis of poly[(butylene succinate)-co-(butylene terephthalate)], 1-esterification [J]. Macromol React Eng, 2010, 4: 621-632.

[99] 朱孝恒，等. 稀土-钛催化剂上制备的聚（对苯二甲酸丁二醇酯-*co*-丁二酸丁二醇酯）的结构与性能 [J]. 石油化工，2007，36（3）：293-297.

[100] Li F X, et al. Effects of comonomer sequential structure on thermal and crystallization behaviors of biodegr adable poly (butylene succinate-co-butylene terephthalate)s [J]. J Polym Sci: PartB Polym Phys, 2006, 44: 1635-1644.

[101] Shi Y, et al. A heat initiated 3D shape recovery and biodegradable thermoplastic tolerating a strain of 5 [J]. Reactive and Functional Polymers, 2020 (154): 104680. 1-104680. 7.

[102] Zheng C, et al. Crystallization, structures and properties of biodegradable poly (butylene succinate-co-butylene terephthalate) with a symmetric composition [J]. Materials Chemistry and Physics, 2021 (260): 124183.

[103] Zhang J, et al. Non-isothermal crystalization behavior of biodegrable poly (butylene succinate-co-terephalate) (PBST) copolyesters [J]. Thermal Science, 2012, 16 (5): 1480-1483.

[104] Luo S L, et al. The thermal, mechanical and viscoelastic properties of poly (butylene succinate-co-terephthalate) (PBST) copolyesters with high content of BT units [J]. J Polym Res, 2011 (18): 393-400.

[105] Qin P K, et al. Superior gas barrier properties of biodegradable PBST vs. PBAT copolyesters: A comparative study [J]. Polymers, 2021 (13): 3449.

[106] Zhang J, et al. Mechanical properties and crystal structure transition of biodegradable poly (butylene succinate-co-terephthalate) (PBST) fibers [J]. Fibers and Polymers, 2012, 13 (10): 1233-1238.

[107] Li F X, et al. Mechanical, thermal properties and isothermal crystallization kinetics of biodegradable poly (butylene succinate-co-terephthalate) (PBST) fibers [J]. J Polym Res, 2010 (17): 279-287.

[108] Takashi F. Processability and properties of aliphatic polyesters, 'BIONOLLE', synthesized by polycondensation reaction [J]. Polymer Degradation and Stability, 1998 (59): 209-214.

[109] Weraporn P A, et al. Preparation of polymer blends between poly (L-lactic acid), poly (butylene succinate-co-adipate) and poly (butylene adipate-co-terephthalate) for blow film industrial application [J]. Energy Procedia, 2011 (9): 581-588.

[110] Sommai P A, et al. Effect of additive on crystallization and mechanical properties of polymer blends of poly(lactic acid) and poly[(butylene succinate)-co-adipate][J]. Energy Procedia, 2013 (34): 563- 571.

[111] Xu J, Guo B H. Poly (butylene succinate) and its copolymers: Research, development and industrialization [J]. Biotechnol J, 2010 (5): 1149-1163.

[112] Jose A S. Thermal properties and crystallinity of PCL/PBSA/cellulose nanocrystals grafted with PCL chains [J]. J Appl Polym Sci, 2017, 134 (8): 44493.

[113] Palai B, et al. A comparison on biodegradation behaviour of polylactic acid (PLA) based blown films

by incorporating thermoplasticized starch (TPS) and poly (butylene succinate-co-adipate) (PBSA) biopolymer in soil [J]. Journal of Polymers and the Environment, 2021, 29: 2772-2788.

[114] Jiang G, et al. Improving crystallization properties of PBSA by blending PBS as a polymeric nucleating agent to prepare high-performance PPC/PBSA/AX8900 blown films [J]. Polym Eng Sci, 2022 (62): 1166-1177.

[115] Chen G X, et al. Nanocomposites of poly[(butylenesuccinate)-co-(butylene adipate)](PBSA) and twice-functionalized organoclay [J]. Polym Int 2005 (54): 939-945.

[116] Pradeep S A, et al. Investigation of thermal and thermomechanical properties of biodegradable PLA/PBSA composites processed via supercritical fluid-assisted foam injection molding [J]. Polymers, 2017 (9): 22.

[117] Puchalski M. Molecular and supramolecular changes in polybutylene succinate (PBS) and polybutylene succinate adipate (PBSA) copolymer during degradation in various environmental conditions [J]. polymers, 2018 (10): 251.

[118] Chien H L, et al. Biodegradation of PBSA films by elite aspergillus isolates and farmland soil [J]. Polymers, 2022 (14): 1320.

[119] Yamamoto-Tamura K, et al. Contribution of soil esterase to biodegradation of aliphatic polyester agricultural mulch film in cultivated soils [J]. AMB Express, 2015 (5): 10.

第六章

聚对苯二甲酸丁二醇酯

第一节
聚对苯二甲酸丁二醇酯的性能

一、聚对苯二甲酸丁二醇酯的物理性能[1-2]

聚对苯二甲酸丁二醇酯（polybutylene terephthalate）简称 PBT，又名聚四亚甲基对苯二甲酸酯（polytetramethylene terephthalate），是最重要的热塑性聚酯，是五大通用工程塑料之一。由于其优良的性能，在汽车、机械设备、精密仪器部件、电子电气、纺织等领域得到广泛的使用，近年来产能、产量和需求发展迅速，特别是在中国。

聚对苯二甲酸丁二醇酯树脂是一种半结晶的聚合物，工业生产可通过 PTA 和 BDO 缩聚反应制成，再通过对熔融体树脂加工，造粒成固体颗粒。因球晶的存在，这些产物都是白色不透明的颗粒。如果需要粉末，可以通过研磨加工。其化学结构式如下：

$$HO\overset{O}{\overset{\|}{C}}-C_6H_4-\overset{O}{\overset{\|}{C}}O\left[(CH_2)_4O\overset{O}{\overset{\|}{C}}-C_6H_4-\overset{O}{\overset{\|}{C}}O\right]_n(CH_2)_4OH$$

聚对苯二甲酸丁二醇酯的分子结构中含有端羟基和端羧基，有时也往往含有微量剩余的具有活性的缩聚反应催化剂（通常为钛系催化剂）。因此 PBT 是反应型的树脂，在这些树脂加工成型时，还可以进一步进行缩合反应，减少其反应活性端基的含量，增大树脂聚合物的分子量。

未填充的聚对苯二甲酸丁二醇酯主要物理性能如下。

1. 结晶性能

聚对苯二甲酸丁二醇酯是半结晶性的聚合物，具有快速结晶的能力。快速结晶可以使注射成型的循环时间缩短，模坯的产率增加。模塑过程完全结晶使得模塑制品具有更好的稳定性。但快速结晶总会使其变得不透明，其结晶程度很少能减弱到形成透明体所需的程度，甚至薄型的膜也是半透明的。一般，PBT 的结晶区约占整体的 35%，这些晶体赋予其高的机械强度和抗溶解性能。无定形区具有一定的玻璃化温度。当其结晶完全熔融时，结晶树脂将经受黏度的剧烈变化，此时的熔体基本为无定形态。低黏度的熔融聚合物在冷却前容易进行模塑。达到结晶温度（T_c）时，再次形成结晶。随着聚合物的进一步冷却，链段的活动性变小，结晶过程停止，固化的制品足以从模具中脱出。因此，在这些条件下，PBT 制品呈现出完全再现的晶体结构。PBT 和一些其他工程塑料的基本物性比较见表 6-1。

表 6-1　PBT 和一些其他工程塑料基本物性的比较

基本物性	PET	PTT	PBT	尼龙 6	尼龙 66
熔点/℃	260	228	224	220	265
玻璃化温度/℃	70～80	45～55	20～40	40～80	50～90
密度(无定形)/(g/cm^3)	1.335	1.277	1.286	1.110	1.090
密度(结晶)/(g/cm^3)	1.455	1.387	1.390	1.230	1.240
结晶速度指数	1	10	15	5	12

注：1. PET—聚对苯二甲酸乙二醇酯；PTT—聚对苯二甲酸丙二醇酯。
2. 结晶速度指数是冷却结晶温度起始点到最高峰时间的倒数。

2. 热性能

饱和聚酯的玻璃化温度（T_g）与聚合物的纯度、结晶度以及测试方法有关，由于 PBT 结晶速度太快，因此完全非晶态无定形 PBT 的 T_g 只能用外推法来估计。PBT 具有较高的热变形温度（HDT）。例如，在低负荷时有高度的耐热性，在 0.455MPa 下热变形温度为 154℃。在 1.8MPa 的高载荷下，其热畸变的温度是 54℃。

聚对苯二甲酸丁二醇酯的熔点是 224℃，在较长时间持续受热的环境下，仍能表现出优良的热稳定性和耐氧化性。高的结晶度使其具有窄的熔融范围，可以在较短的时间内加热而无应力模塑，不会降解和变形。PBT 在受热环境下着色稳定，因此可以应用于制造光照或照明设备的材料，典型模塑温度为 65～95℃。

需要强调的是，在 PBT 加工成型前，如果其吸收了少量水分，有水存在将会发生水解，分子量和黏度都将降低，最终会由于大量聚合链的断开而丧失部分力学性能。如果在加工成型前，对其进行不适当的干燥，也会造成上述结果。

3. 力学性能

由于 PBT 是半结晶性树脂，其固相是一种有序的球晶与无定形非晶区的混合体。与诸如丙烯腈-丁二烯-苯乙烯共聚物（ABS）、聚苯乙烯等无定形树脂比较，这种两相的特性使其既具有较高的强度和硬度，又具有高的表面硬度和刚性。无定形区具有的玻璃化温度，又赋予它更大的延伸性。但聚合程度对其力学性能的影响较大，高分子量的 PBT 具有较大的抗冲击强度和弹性，但流动性下降，拉伸强度和刚性也下降。低分子量和中等分子量的 PBT 在加工温度下具有很好的流动性，一定的强度，但是倾向于较大的脆性，特别是在低温下。因此，未改性的 PBT 在大多热塑性塑料领域的应用很少。

4. 电学性能

聚对苯二甲酸丁二醇酯具有优异的介电性等电学性能，而且这些电性能在较宽的温度和湿度范围内保持稳定。结合其具有较宽的耐热范围，以及注塑件外形尺寸稳定的特性，PBT 成为精密注塑电子和电气元件的首选材料。

5. 注塑件外形尺寸的稳定性

聚对苯二甲酸丁二醇酯受环境的影响很小，可以经受干燥、潮湿，甚至可在高温气候条件下储存和加工。因此，PBT 注塑件在受热和潮湿的外界条件下，外形尺寸是稳定的。

6. 摩擦性能

聚对苯二甲酸丁二醇酯注塑件具有较高的表面硬度，以及低的摩擦系数，适宜制作滑动的部件，耐用且磨损较少。

二、聚对苯二甲酸丁二醇酯的主要化学性能

1. 耐化学品性能

聚对苯二甲酸丁二醇酯具有很好的耐化学品性能。由于结晶性，PBT 溶解很困难，能耐多种有机溶剂和油料，包括汽车和电子工业中常使用的一些化学品，只被强碱、浓硫酸、浓硝酸所降解，氯代烃能使其溶胀。能溶解 PBT 的单一溶剂很少，仅有三氟乙酸和六氟异丙醇。52℃以上的水和蒸汽能使 PBT 通过水解的方式降解。一些常用热塑性工程塑料的耐化学品性能比较见表 6-2。

表 6-2 热塑性工程塑料的耐化学品性能比较

塑料	弱酸	强酸	弱碱	强碱	有机溶剂	醇	烃	燃料	γ射线	紫外线
尼龙6	G	P	E	F	E	G	G	G	F	F
尼龙66	G	P	E	F	E	G	G	G	F	F
PBT	G	P	P	P	E	G	P	G	G	F
PET	G	P	P	P	E	G	P	G	G	F
POM	P	P	F	P	E	F	G	G	P	P
PTT	G	P	P	P	E	G	P	G	G	F
LCP	E	E	E	E	E	E	E	G	G	G

注：1. PBT—聚对苯二甲酸丁二醇酯；PET—聚对苯二甲酸乙二醇酯；POM—聚甲醛；PTT—聚对苯二甲酸丙二醇酯；LCP—液晶聚合物。

2. E—优秀；G—好；F—中等；P—不好。

2. 可燃性

当PBT暴露在非常高的温度下时，也会逐渐分解；点燃后，会分解出可燃的气体，连续燃烧。PBT烧焦和燃烧的主要分解产物是二氧化碳和水，以及少量一氧化碳、四氢呋喃、对苯二甲酸、乙醛和油烟。

3. 吸水性和水解性

聚对苯二甲酸丁二醇酯的吸水率很低，24h仅有0.08%，因此，有限的水分短期内不会对其力学性能造成影响。然而，若长时间受水的影响，在一些条件下，水分子就会进攻其主链，使其主链断裂，分子量降低。当分子量降低到一定程度时，就会失去其力学性能，并且变脆。PBT主链的断裂程度受水作用条件的影响较大，温度、酸碱性、接触时间长短等因素都很重要。在低于其玻璃化温度T_g、中性的冷水中，几乎无反应发生。然而在250℃或更高的聚合物熔体中，水将与PBT快速反应，从而使其分子量迅速降低。因此在加工未经干燥处理的PBT时，在熔融和模塑时就会经历分子量和熔体黏度的急剧下降，使最终制品的一些性能下降，甚至变坏。

聚对苯二甲酸丁二醇酯制品在温水作用下，将出现不同程度的水解。由于酸碱都能对水解起催化作用，因此无论是与酸性或碱性的水接触都会使其水解速率加快。PBT水解反应产物之一本身就是酸，能起到自催化的作用。

第二节
原料对苯二甲酸的生产

一、对苯二甲酸的基本物理化学性质[3-4]

聚对苯二甲酸丁二醇酯的生产涉及两种原料，一种为BDO，另一种是对苯二甲酸。对苯二甲酸（terephthalic acid）是一种产能最多的芳香族二元羧酸，纤维级纯度为精对苯二甲酸（pure terephthalic acid，简称PTA）。常温下是一种白色结晶粉末，略带酸性气味。能溶于碱溶液，微溶于水，稍溶于乙醇，不溶于乙醚、冰醋酸和氯仿。

对苯二甲酸具有芳香族二元酸的基本化学性质，但是由于其熔点高，溶解度较低，因此其化学反应速率较慢或较难进行。主要反应有酯化反应，例如与甲醇在强酸或硅胶催化剂存在下，在高温及常压下可连续进行酯化反应；也可在不加催化剂、加压下进行，生成对苯二甲酸二甲酯。对苯二甲酸二甲酯主要用于与乙二醇、BDO等进行酯交换反应，再经缩聚生产聚酯。对苯二甲酸在胺类或烷基季铵盐类催化剂存在下，于90～130℃，2～3MPa压力下，与环氧乙烷可直接进行加成反应，生成对苯二甲酸双羟乙酯，反应式如下：

$$HOOC-C_6H_4-COOH + 2\,H_2C\overset{O}{—}CH_2 \longrightarrow HOCH_2CH_2OOC-C_6H_4-COOCH_2CH_2OH$$

对苯二甲酸与1,4-二羟甲基环己烷反应，生成的酯经缩聚可以得到一种聚酯纤维，由Eastman公司开发，商品名为“Kodel”。

$$n\,HOOC-C_6H_4-COOH + n\,HOCH_2-C_6H_{10}-CH_2OH \longrightarrow \left[OC-C_6H_4-COOCH_2-C_6H_{10}-CH_2O \right]_n + 2n\,H_2O$$

二、对苯二甲酸的生产技术[3-14]

对苯二甲酸工业生产的主要方法是对二甲苯催化氧化法，由于采用催化剂及氧化反应条件的区别，工艺有所不同，工业上已开发出多种工艺技术。

1. 对苯二甲酸的生产原理

对苯二甲酸的生产原料为对二甲苯，已工业化的生产技术均分为两步。第一步是对二甲苯氧化为粗对苯二甲酸，氧化反应历程是非常复杂的，可以简化为如下：

$$CH_3\text{-}C_6H_4\text{-}CH_3 \xrightarrow{O_2} CH_3\text{-}C_6H_4\text{-}CHO \xrightarrow{O_2} CH_3\text{-}C_6H_4\text{-}COOH \xrightarrow{O_2} CHO\text{-}C_6H_4\text{-}COOH \xrightarrow{O_2} COOH\text{-}C_6H_4\text{-}COOH$$

$$CH_3\text{-}C_6H_4\text{-}CHO \xrightarrow{O_2} CHO\text{-}C_6H_4\text{-}CHO \xrightarrow{O_2} CHO\text{-}C_6H_4\text{-}COOH$$

对二甲苯的氧化反应采用钴-锰催化剂，以溴化物为促进剂。如果只有钴-锰作催化剂，对二甲苯的第二个甲基难以氧化，加入溴化物后，可以产生溴自由基，溴自由基能夺取甲基中的氢，促成连锁反应的进行。氧化反应是在醋酸溶剂中进行的，醋酸有利于高活性催化剂复合体的生成，可以加速氢化氧化物的生成及分解。

在氧化反应的副产物中，有对甲基苯甲醛、对羧基苯甲醛、对甲基苯甲酸、对苯二甲醛等存在，说明氧化反应可能经历上述反应历程。对羧基苯甲醛（简称4-CBA）氧化为对苯二甲酸的反应速率最慢，因此，在氧化反应生成的粗对苯二甲酸产品中，对羧基苯甲醛含量可达数千微克每克。对羧基苯甲醛的存在对对苯二甲酸质量影响最大，不但影响其熔点，而且还会使产品颜色变黄，因此必须通过第二步加氢精制过程减少至25μg/g以下。

由粗对苯二甲酸经加氢精制制造PTA的技术比较成熟，不同专利技术间的区别不大，主要区别在对二甲苯氧化工艺的不同。对二甲苯的氧化过程是PTA生产的核心，氧化过程直接决定了技术的水平和各种消耗指标，因此也是不同专利竞争的焦点。依据氧化反应温度的不同，可将目前国际上存在的不同技术分为高温氧化技术和低温氧化技术。按产品对苯二甲酸中含4-CBA的多少可分为高纯度（PTA）工艺和中纯度（MPA）工艺。

2. 高温氧化技术

高温氧化技术采用的反应温度为190～205℃，以BP-Amoco工艺和Invista工艺为代表，这是全球PTA生产采用最多的技术。其特点除采用较高的氧化反应温度外，还有以空气氧为氧化剂，醋酸为溶剂，钴和锰的醋酸盐为催化剂，溴为促进剂。BP-Amoco 工艺源自 20 世纪中期的 MC 技术，经过不断的改进，1965 年 Amoco 公司开发成功粗对苯二甲酸的精制技术，非常有效地去除了有害的 4-CBA 杂质，首先实现了大规模对苯二甲酸的工业化生产。1999 年 Amoco 公司被英国 BP 公司收购，因此该工艺也称为 BP-Amoco 技术。其对苯二甲酸的收率在 90%～95%，醋酸消耗约 60kg/t。

20 世纪末 BP-Amoco 技术得到大力应用，全球几乎 80%以上的 PTA 产能都采用该法。1989 年中国扬子石油化工有限公司引进的两套 22.5 万吨/年的 PTA 装置，1995 年中国石化仪征化纤有限责任公司引进的 25 万吨/年 PTA 装置均采用 BP-Amoco 技术。BP-Amoco 技术的工艺流程如图 6-1 所示。

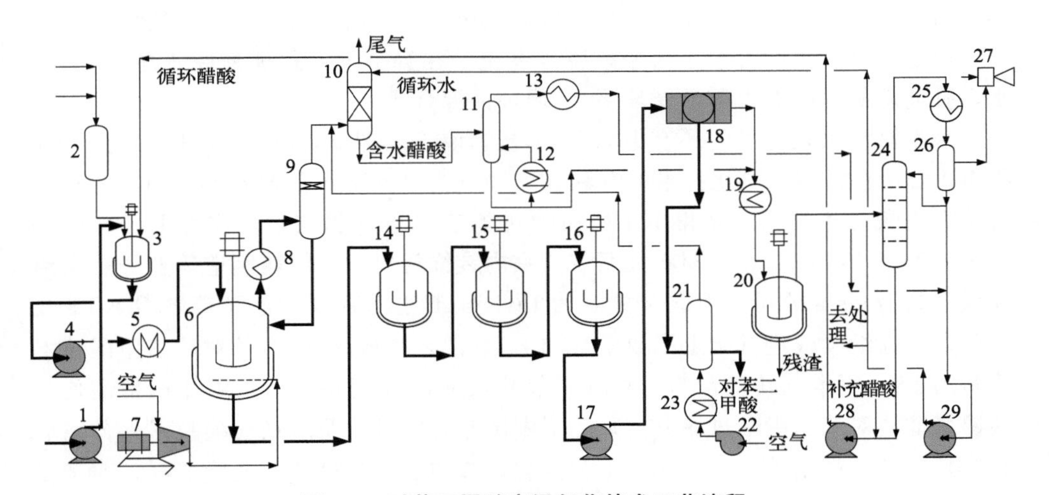

图 6-1 对苯二甲酸高温氧化技术工艺流程

1—对二甲苯加料泵；2—配料罐；3—混合罐；4—加压泵；5—预热器；6—氧化反应器；7—空气压缩机；8—冷却器；9—气液分离罐；10—尾气水洗塔；11—蒸发器；12—重沸器；13—冷凝器；14,15,16—结晶器；17—晶液输送泵；18—过滤器；19—母液加热器；20—母液蒸发器；21—气流干燥器；22—鼓风机；23—空气加热器；24—醋酸脱水塔；25—塔顶冷凝器；26—气液分离器；27—蒸汽喷射泵；28—醋酸循环泵；29—水循环泵

如图 6-1 所示，原料对二甲苯由对二甲苯加料泵 1，循环溶剂醋酸由醋酸循环泵 28，和在配料罐 2 中配制好的催化剂和促进剂，一起按比例加入混合罐 3。一般对二甲苯与溶剂醋酸的比例为 1∶4，配制好的氧化反应液经加压泵 4 加压至约 2.5MPa，经预热器 5 预热后连续进入氧化反应器 6。空气经空气压缩机 7 加压后由氧化反应器底部鼓泡通过反应液。氧化反应器结构为带有双层搅拌的筒体，可以使气体均匀分散在反应液中，产物对苯二甲酸保持悬浮状态。对二甲苯氧化是强放热反应，反应热由醋酸汽化带出，汽化的醋酸与过量的空气一起通过冷却器 8 及气液分离罐 9，冷凝的液体返回氧化反应器 6，不凝气体进入尾气水

洗塔10，由塔顶喷淋水吸收不凝气体中的醋酸后，尾气排空。含醋酸的吸收水通过蒸发器11提浓醋酸，送至母液蒸发器20进一步脱水后回收循环。蒸出的水分再和醋酸脱水塔脱出的水一起循环回尾气水洗塔。

氧化反应器保持反应温度为224℃，反应压力2.5MPa，停留时间约1h。控制空气的通入量，使尾气中的氧含量低于8%，以确保氧化反应安全地进行。氧化反应液由反应器底部排出，进入三台串联的结晶器14、15和16，采用分步降温降压的方式，使对苯二甲酸晶体由母液析出。三台结晶器的温度分别为200℃、160℃、108℃，压力分别为1.1MPa、0.45MPa、0.1MPa，停留时间分别为30min、32min、38min。由第三台结晶器16流出的浆液经晶液输送泵17打入过滤器18，滤出粗对苯二甲酸晶体，送至气流干燥器21，采用热空气进行干燥后得到粗对苯二甲酸成品，尾气同样排入尾气水洗塔进行水洗回收醋酸。

由过滤器滤出的母液送入醋酸脱水系统，在真空下通过醋酸脱水塔24脱除水，补充新鲜醋酸后由醋酸循环泵28循环回混合罐。

采用高温氧化技术的还有Invista工艺，该工艺即原DuPont-ICI工艺。1980年ICI公司获得高温氧化技术的专利权，1998年DuPont公司收购了ICI公司的对苯二甲酸业务部门，获得ICI公司的对苯二甲酸专利技术，称为DuPont-ICI工艺。2003年DuPont公司将其服装、室内装饰材料、中间体制造等业务剥离给新成立的Invista公司，因此又更名为Invista工艺。后该工艺又销售给KTS技术公司，在继续改进基础上形成了新的KTS工艺，最新KTS的对苯二甲酸技术更新为P8+版本。其特点为：降低了氧化反应的温度和压力，用加压精馏代替共沸精馏；对苯二甲酸过滤分离采用了中国专有的过滤及溶剂交换技术，分离后直接打浆送至精制单元，简化了工艺流程，节约了设备投资及能量消耗；对苯二甲酸过滤采用压滤机一步分离过滤技术；高压尾气采用专有的高压催化氧化（HPCCU）技术，做功后洗涤排放；包含独有的R2R残渣回收技术，降低催化剂消耗，同时副产高纯度苯甲酸，消除了主装置的连续固体废物。由于该工艺操作稳定、能耗和物耗较低，单套装置的生产能力更大，与其他工艺竞争更具优势。2000～2012年我国新投产的15套对苯二甲酸装置，其中7套是采用Invista工艺，采用BP-Amoco工艺的仅3套。2022年福建福海创石油化工有限公司为提高竞争力，采纳KTS技术改造BP技术为300万吨/年装置。高温氧化技术生产的对苯二甲酸每克中含有数千微克的4-CBA，以及对甲基苯甲酸，必须通过加氢精制和重结晶的方法去除。加氢过程采用钯碳催化剂，反应温度约280℃，压力为6～7MPa，在粗对苯二甲酸的水溶液中进行，通过加氢将4-CBA转化成对苯二甲酸。采用多段结晶分离，得到含4-CBA≤25μg/g的PTA产品，而对甲基苯甲酸则留在水中。

高温氧化法生产1t PTA消耗约0.705t对二甲苯、0.105t醋酸、0.45kg醋酸钴、1.35kg 醋酸锰、1.7kg 四溴乙烷及 0.09kg 钯催化剂。

3. 中纯度及中温对苯二甲酸生产技术

中纯度是指每克对苯二甲酸仅含数百微克 4-CBA 的产品，也可以用于生产符合质量要求的聚酯切片和聚酯纤维。该工艺因为省去了高温高压的加氢精制过程，简化了工艺流程，节省了投资，降低了生产成本而受到重视。该工艺由日本丸善石油和钟纺公司共同开发，20 世纪 70 年代实现工业化，又称为精密氧化技术。其缺点是溶剂单耗高，为此进行了各种改进，具有代表性的技术是由日本三菱化学开发的精密氧化技术，大大降低了醋酸溶剂的消耗。其原理是在反应温度为 190～210℃，压力 1.3～2.1MPa 的温和的氧化条件下进行氧化反应，以减少因高温氧化溶剂的损失；然后再在 235～290℃高温及较长的停留时间、较低反应物浓度的条件下进行进一步的氧化反应，使 4-CBA 等中间产品充分氧化成对苯二甲酸。氧化过程采用钴、锰、溴化物为催化剂，在醋酸溶剂中进行。反应器为带有强力搅拌的釜式反应器，使对二甲苯及氧化反应的中间产物和空气进行充分分散和接触，有效减少聚己二酸丁二醇酯（PBA）固体粒子的沉淀和聚集。氧化浆液经连续多段快速结晶，再经醋酸洗涤，可以得到含 4-CBA 200～300μg/g 的精对苯二甲酸产品。溶剂醋酸经脱水和脱杂质后循环使用。

中温氧化工艺以日本三井油化（MPC）的专利技术为代表，该技术是在 Amoco 技术的基础上开发的。其特点是采用反应—脱水两段釜式反应器，反应温度约为 185℃，采用共沸蒸馏脱水回收溶剂，反应热回收用于发生低压蒸汽，驱动透平空气压缩机。1995 年我国新疆乌鲁木齐石化总厂引进的 7.5 万吨/年 PTA 装置以及 2000 年天津石化引进的 25 万吨/年对苯二甲酸装置均采用三井工艺，三井工艺产品需要进一步加氢精制才可获得高纯度 PTA。

另一种中温氧化工艺为 Eastman 的对苯二甲酸技术。1969 年美国 Eastman 公司开发成功对二甲苯中温氧化技术，其特点为采用鼓泡塔式氧化反应器代替搅拌釜式反应器，采用钴-溴催化剂体系，氧化反应在 155～165℃，0.56MPa 下进行。氧化反应后的物料经过一系列处理后进入三台串联的后氧化反应器（或称为熟化器），在较高的温度下使其深度氧化和结晶，将剩余对二甲苯和 4-CBA 等杂质氧化成对苯二甲酸，由最后一级结晶器出来的浆料经过滤、干燥后得到含 4-CBA 40～270μg/g 的中等纯度对苯二甲酸产品。Eastman 中温氧化工艺省去了粗对苯二甲酸产品的加氢精制过程，代之以熟化过程。1990 年韩国鲜京工业公司采用该项技术，建成一套 16 万吨/年对苯二甲酸装置。2000 年 Lurgi 公司买断 Eastman 公司的专利技术，并加以不断完善和推广，称为 Eastman-Lurgi 技术。2005 年 2 月投产的我国浙江华联三鑫一期 60 万吨/年对苯二甲酸装置就是引进 Eastman-Lurgi 的工艺技术。

中国昆仑工程有限公司开发了中温氧化工艺，其工艺特点为采用底搅拌炮塔反应器，在氧化第一副产蒸汽换热器后增加醋酸回收塔，以精制母液作为回流液。氧化单元各种尾气根据压力不同分别进入高压、中压与低压吸收塔，以充分回收尾气中的有机物。溶剂脱水采用具有特色的共沸精馏技术，溶剂脱水量仅为传统工艺的 40%，大幅降低低压蒸汽消耗。氧化和精制单元分离均采用一步压力过滤，洗涤采用醋酸回收塔塔顶冷凝并经醋酸甲酯汽提塔汽提过的高温水，取消氧化干燥机、粗对苯二甲酸（CTA）料仓及风送系统。中国昆仑工程有限公司的成套技术先后在汉邦（江阴）石化有限公司、恒力石化股份有限公司、重庆市蓬威石化有限责任公司、中泰集团等应用，最大规模达到 220 万吨/年，成为国内唯一的成套技术供应商。

4. 低温氧化技术

低温氧化法仍以醋酸为溶剂，空气或氧气为氧化剂，催化剂则只有醋酸钴，反应温度低于 150℃，一般在 100～130℃，氧化反应促进剂则为乙醛、三聚乙醛、甲乙酮。这些化合物都能与氧生成过氧化物，而这些过氧化物又能将二价的钴氧化成三价的钴，三价钴能使对二甲苯苯环上的甲基脱去氢原子，生成活泼的自由基，从而促成连锁反应的进行，缩短了诱导期，加快了氧化反应的进行。这些促进剂最终都生成醋酸，因此低温氧化过程溶剂醋酸是增加的。

低温氧化工艺中催化剂醋酸钴的浓度对对苯二甲酸的产率影响很大，当钴的用量为钴和对二甲苯的摩尔比为 0.4%～0.5%时，对苯二甲酸出现最大的产率，再增加用量，则产率下降。由于采用的促进剂及工艺不同，低温氧化技术有 Mobile 工艺、Eastman 工艺、东丽工艺、帝人工艺等。Mobile 工艺采用甲乙酮为促进剂，其用量为醋酸的 3%～10%，采用纯氧或富氧空气为氧化剂，反应温度为 130℃，压力为 3MPa，对苯二甲酸产率为 94%。Eastman 工艺采用乙醛为促进剂，氧化反应温度为 110～130℃，压力 1.5MPa，对苯二甲酸产率为 97%。东丽工艺采用三聚乙醛为促进剂，采用塔式氧化反应器，空气为氧化剂，对苯二甲酸结晶悬浮于反应液中，经三次倾析，再经醋酸洗涤、干燥得到粗对苯二甲酸产品。帝人工艺不用任何促进剂，加大醋酸钴催化剂用量，使其与对二甲苯摩尔比达到 0.2～0.5，反应温度 100～130℃，PTA 的收率可达 95%。需要指出的是，低温工艺的对苯二甲酸产品中 4-CBA 的含量均在 3000～5000μg/g，都需要再经加氢精制和重结晶过程，才能制得纤维级纯度的 PTA 产品。

除以上几种对苯二甲酸生产技术外，还有日本东芝的 Toshiba 技术，我国台湾泽阳国际工程公司的泽阳技术、陶氏化学的 Dow-Inca 技术等，都各有特点和专利。

近年来，对苯二甲酸的生产技术得到进一步的发展，就规模来说，单套装置的生产能力已达到百万吨/年。BP 公司和三星公司近几年开发了新的对苯二甲酸生产技术，该技术采用大量二氧化碳来加速对二甲苯氧化成对苯二甲酸的反应速率，加快的程度达到 26%，这不仅简化了流程，而且节约了投资和生产成本。此外英国的诺丁汉大学与美国 DuPont 公司联合开发了对二甲苯在超临界水中连续氧化制造对苯二甲酸的技术，采用溴化锰为催化剂，由于超临界流体的极性低于液体水的极性，催化剂溴化锰不易失活，因此提高了效能，减少了废物，氧化反应的选择性超过 90%。这些新技术的工业应用将进一步提高对苯二甲酸的生产水平。

三、对苯二甲酸的产能、应用、市场和发展[9-16]

全球 90%以上的 PTA 用于生产聚对苯二甲酸乙二醇酯（简称聚酯或 PET）和 PBT。PBT 生产仅占 PTA 消费量的少部分，但用量和比例在缓慢增加。

全球 2005 年 PTA 的生产能力为 3442 万吨，2015 年增至 7752 万吨，2005～2015 年的复合增长率为 8.5%。2021 年产能达到 9868 万吨，16 年 PTA 的产能几乎增长了 3 倍。其中亚洲是最主要的生产地，亚洲 2021 年产能为 8683 万吨，占全球产能的 88%。其中中国的产能占全球的 67%，为 6600 多万吨，产量 5268 万吨，表观消费量 5018 万吨。多余部分供出口，主要出口国为印度、土耳其、俄罗斯等国。

BP 公司是全球 PTA 产能最大的生产商，其次是中国石化、中国恒逸石化、中国荣盛石化，生产能力均有数百万吨。2021 年中国生产 PTA 的企业已有 26 家，生产装置平均生产能力约 60 万吨/年。我国从 20 世纪 70 年代在成套引进技术的基础上开始大规模建设和生产 PTA，经过 30 多年的努力，我国现在已成为 PTA 全球第一生产和消费国。随着我国聚酯工业的迅速发展，对 PTA 市场需求的增长，我国已全面掌握了 PTA 的生产技术。20 世纪 80 年代中期，中国上海石油化工股份有限公司首先在引进的 22.5 万吨/年装置的基础上，进行了二次开发，先后完成 30 万吨/年、40 万吨/年的技术创新改造，从而形成了产能 80 万吨/年我国自主开发的成套 PTA 技术。中国石化仪征化纤有限责任公司的 100 万吨/年和重庆蓬威石化有限责任公司的 60 万吨/年 PTA 生产装置就是采用我国自主开发的技术建设的。

对苯二甲酸作为一种化工原料，主要用于生产聚酯，而聚酯则广泛用于生产纤维、薄膜、瓶料、工程塑料等领域。中国 2001～2021 年 PTA 的生产和消费见表 6-3。

表 6-3 中国 2001～2021 年对苯二甲酸的产量与消费

年份	产量/(万吨/年)	表观消费量/(万吨/年)	自给率/%
2001	222.5	534.2	41.7
2005	548.0	1198.8	45.7
2010	1413.5	2077.7	68.0
2017	3571.0	3573.0	99.95
2018	4068.0	4062.0	100
2019	4478.0	4513.0	100
2020	4946.0	5008.0	98.8
2021	5268.0	5018.0	100

近年来全球 PTA 的产能增长较快，尤其是亚洲，主要是中国，其动力是聚酯需求的迅速增长，近 10 年年均增速超过 15%。在中国聚酯主要用于生产聚酯纤维，约占总消费量的 75%，瓶用聚酯约占 20%，薄膜用量占 5%。

展望未来，我国的 PTA 需求仍取决于聚酯的发展。2009 年我国聚酯的消费量为 2600 万吨/年，2015 年后超过了 3000 万吨/年，相应配套的 PTA 的产能应在 2500 万吨/年以上。2017 年我国 PTA 产能完全实现自给。因此中国 PTA 生产尚有较大的发展空间。对于 PBT 的产能和需求扩大和发展，可以提供充分的原料基础。

第三节 聚对苯二甲酸丁二醇酯的生产技术

一、聚对苯二甲酸丁二醇酯的生产原理[1-2]

1. 主要过程及反应

聚对苯二甲酸丁二醇酯的工业生产基于两种方法，即酯交换法和直接酯化法。酯交换法分为两步，第一步是对苯二甲酸二甲酯（简称 DMT）和 BDO 进行酯交换反应，生成对苯二甲酸丁二醇酯（BT），然后通过缩聚生成 PBT。酯交换反应一般是在常压和氮气保护下进行，酯交换反应是一平衡反应，反应生成的副产物为甲醇，当将大量生成的甲醇蒸出后，反应向生成对苯二甲酸丁二醇酯的方向进行。采用 DMT 为原料的优点在于，DMT 的熔点为 145℃，它能溶于过量的 BDO 中形成一均相溶液，有利于酯交换反应的进行。酯交换反应采用 BDO 过量的物料配比进行，DMT 与 BDO 的摩尔比为 1∶(1.3～1.7)。BDO 过量的优点有三：一是有利于酯交换反应平衡向生成 BT 的方向移动；二是可以减少只有一个甲酰氧基被交换，减少低分子量中间产物的量，这对提高第二步缩聚反应的速率是有利的，因为缩聚过程中端甲酰氧基的反应速率要远低于端羟丁酯基的反应速率；三是弥补了BDO因高温脱水生成THF副反应的损失。根据反应条件和原料浓度，酯交换过程中还能生成以下结构的低聚物（BHBT）：

$$HO\text{-}\!\!\left(CH_2\right)_4\!\!\text{-}O\text{-}\overset{\overset{O}{\|}}{C}\left[\text{-}C_6H_4\text{-}\overset{\overset{O}{\|}}{C}O\text{-}\!\!\left(CH_2\right)_4\!\!\text{-}\overset{\overset{O}{\|}}{C}\right]_n\text{-}C_6H_4\text{-}\overset{\overset{O}{\|}}{C}O\text{-}\!\!\left(CH_2\right)_4\!\!\text{-}OH$$

式中，n为链段的重复次数。反应的第二步为BT的缩聚反应，伴随有BDO的分离。反应方程如下：

① 酯交换反应

$$n\ CH_3OOC\text{-}C_6H_4\text{-}COOCH_3 + 2n\ HO\text{—}(CH_2)_4\text{—}OH \longrightarrow n\ HO(CH_2)_4OOC\text{-}C_6H_4\text{-}COO(CH_2)_4OH + 2n\ CH_3OH$$

② 缩聚反应

$$n\ HO(CH_2)_4OOC\text{-}C_6H_4\text{-}COO(CH_2)_4OH \longrightarrow HO\left[\!\!\left(CH_2\right)_4OOC\text{-}C_6H_4\text{-}COO\right]_n\!\!\left(CH_2\right)_4OH + (n-1)\ HO\text{-}\!\!\left(CH_2\right)_4\!\!\text{-}OH$$

直接酯化法生产PBT过程也分为两步，第一步是PTA与BDO发生酯化反应，生成的副产物是水。同样连续排出水，有利于酯化反应平衡向生成酯的方向移动。反应方程如下：

$$HOOC\text{-}C_6H_4\text{-}COOH + HOCH_2CH_2CH_2CH_2OH \rightleftharpoons HOCH_2CH_2CH_2CH_2OOC\text{-}C_6H_4\text{-}COOH + H_2O$$

$$HOCH_2CH_2CH_2CH_2OOC\text{-}C_6H_4\text{-}COOH + HOCH_2CH_2CH_2CH_2OH \rightleftharpoons HOCH_2CH_2CH_2CH_2OOC\text{-}C_6H_4\text{-}COOCH_2CH_2CH_2CH_2OH + H_2O$$

第二步反应与酯交换法相同，是缩聚反应。

两种生产方法均可采用间歇工艺生产或连续工艺生产，一些制造商也采用固相缩聚工艺来提高分子量。早期工业生产采用的酯交换法多为间歇生产，现在大规模装置多采用连续直接酯化法生产。间歇生产一般采用多台带搅拌的反应器，其中至少一台反应器为酯交换反应器，常压下蒸出甲醇；一台为缩聚反应器，在高真空下操作，通过蒸出多余的 BDO 及挥发性的副产物 THF 和水等，使聚合物的分子量上升。反应开始约 150℃，连续将温度升高到 200℃。酯交换反应一般进行 1h，缩聚反应依据要求产物的聚合度，一般控制在 1～2h。

连续酯交换生产技术采用一系列带搅拌的釜式反应器，用于逐级蒸出挥发性的副产品甲醇、水、THF、BDO。随着反应物料向另一台反应器的输送，操作压力逐渐减小。在最后的反应器中增大聚合物料的表面积，有助于 BDO 和其他挥发物的排出。在缩聚过程中，随着熔融聚合物分子量的增加，其黏度也不断上升，达到反应终点时，也即产品具备所要求的分子量时，聚合物分子量最高，黏度最大。因此，缩聚反应器和搅拌的形式，甚至整套反应系统，都需要特殊设计和加工。这也就是不同专利商专有技术的核心。

固相缩聚也可以是间歇或连续工艺，可在氮气保护及真空下进行。固相缩聚过程是在接近但低于熔点的温度下，加热低分子量的 PBT 颗粒或切片，进一步缩聚脱除 BDO，从而增加聚合物的分子量。采用固相缩聚可以制造出分子量范围为 17000～40000，甚至更高分子量的 PBT 产品。

在缩聚过程中有水的存在会使缩聚反应复杂化，即使严格限制原料中的水含量，缩聚过程中也会因生成 THF 的副反应而同时生成少量的水。在以 DMT 为原料时，水的存在可导致酯水解，生成少量端羧基。当以 PTA 为原料进行直接酯化时，起始的酯化反应会生成大量的水，同时 PTA 本身对 BDO 脱水生成 THF 反应具有催化作用，会使更多的 BDO 生成 THF 同时副产大量的水，其生成量大约为酯交换法的两倍，需快速脱除。水的存在会使钛酸酯催化剂发生不可逆的水解，降低催化活性。

缩聚过程的另一个副反应是端羟丁基的分解，分解反应也生成 THF，酸同样具有催化作用，这一逆反应常被称为“破坏反应”，反应方程式如下：

$$\text{C}_6\text{H}_4(\text{COOCH}_2\text{CH}_2\text{CH}_2\text{CH}_2\text{OH})_2 \longrightarrow \text{HOOC-C}_6\text{H}_4\text{-COOCH}_2\text{CH}_2\text{CH}_2\text{CH}_2\text{OH} + \text{THF}$$

“破坏反应”在整个缩聚过程中都会发生，就是在对 PTA 的后加工过程中（挤出成型等）也会发生，产生 THF。尽管如此，从整个结果来看，这是一个稳定而自平衡的过程。使用过量的 BDO 有助于反应的进行，还可以在缩聚和加工过程中，与“破坏反应”生成的端羧基反应生成端羟丁基。只是由于 THF 的产生，BDO 的单耗增加，但通过回收 THF 可以得到部分的弥补。通常，“破坏反应”生成端羧基的量依据不同的聚合物分子量和加工条件，为 10～80mmol/kg。

2. 催化剂

钛酸四烷基酯是酯交换过程和缩聚过程常用的催化剂，其种类包括钛酸四异丙基酯、钛酸四丁基酯、钛酸四(2-乙基)己酯等。烷氧基锆和烷氧基锡化物及其他金属醇盐等也可用作催化剂。催化剂的加入可以加快反应速率，同时能限制生成 THF 的量。对于 PBT 生产来说，两个过程可以采用同一催化剂，加入量要保持钛金属在 DMT 或 PTA 中浓度为 50～300μg/mL。增加催化剂的加入量，无疑会加速反应的进行，但同样会导致产品的质量下降，颜色发黄。在某些情况下，将磷酸或其他含磷的化合物随钛酸酯催化剂一起加入，或在缩聚反应后加入，络合剩余的钛酸酯催化剂，但会降低催化剂的活性，因此，必须谨慎选择。一般催化剂在缩聚过程完成时并未失效，在其后加工时还会发挥作用。

在 PTA 和 BDO 的酯化反应过程及缩聚反应过程中，催化剂的选择和匹配非常重要，不仅影响反应进行的快慢，更重要的是影响聚合物的质量和性能。在采用有机钛化物为催化剂时，在聚合物产品中钛催化剂的残存，有助于聚合物端羧基的增加，使聚合物在高温下耐水解性能变差，水的催化作用以及高温下聚合物的热降解作用使其分子量降低，力学性能也随之变差。据专利报道，在使用有机钛催化剂时，加入元素周期表中第二族的金属化物，例如醋酸镁，可以有效地阻止聚合物中端羧基的生成，可明显地改善产品的耐水解性。当采用烷基钛酸酯为催化剂时，有水存在时，钛酸酯易于发生水解反应，生成不溶解的固体颗粒。而在 PTA 和 BDO 进行酯化反应时，以及 BDO 生成 THF 的反应都有水生成，都会造成钛酸酯催化剂的水解，造成聚合物产品中混有不溶的固体颗粒，使其质量和性能变差，特别是纤维用聚合物，由此使纤维断裂，使用寿命缩短。Zimmer 公司开发出一种新型催化剂体系，可以大大减少固体颗粒的形成。这种催化剂体系的组成为含 0.05%～10%（质量分数）的烷基钛酸酯、85%～99%的 BDO、50～50000μg/mL 的双官能团羧酸，和/或单官能团羟基羧酸，水含量要求小于 0.5%。

聚对苯二甲酸丁二醇酯是一种功能性的高分子材料，市场对其性能的要求是多方面的，随着其生产工艺的不断改进和进步，需要开发更有效的催化剂体系，以适应市场的需求。

3. 原料规格

要获得合格的最终 PBT 产品，起始单体的纯度是非常重要的，否则即使有先进的工艺与措施，也不能得到满意的产品质量。对生产 PBT 的三种单体原料的性能要求见表 6-4～表 6-6。

表 6-4　对苯二甲酸二甲酯（DMT）性能

性能	指标
纯度(气相色谱)/%	99.9
固化温度(最小)/℃	140.63
皂化值/(mgKOH/g)	577.8
酸值(最大)/(mgKOH/g)	0.03
在 175℃放置 4h 后酸值(最大)/(mgKOH/g)	0.06
在 170℃ 24h 后熔体颜色(最大)/Hazen	10
在硫酸中的色泽(最大)/APHA	10
Fe 含量(X 射线荧光分析)(最大)/(μg/g)	1
不存在硝基和亚硝基基团	

表 6-5　对苯二甲酸性能

性能	指标
酸值/(mgKOH/g)	657.2
酸含量(最大)/(μg/g)	15
金属含量(原子吸收光谱法)(最大)/(μg/g)	10
其中 Fe(最大)/(μg/g)	2
Co,Mo,Ni,Ti,Mg(最大)/(μg/g)	1
Ca,Al,Na,K(最大)/(μg/g)	2
4-羧基苯甲醛(极谱)(最大)/(μg/g)	25
水含量(卡尔·费休法)(最大)/%	0.5
在二甲基甲酰胺中 5%浓度的色泽(最大)/APHA	10

表 6-6　1,4-丁二醇性能

性能	指标	性能	指标
纯度(气相色谱)(最低)/%	99.30	色泽(最大)/APHA	10
水含量(最大)/%	0.05	灰分/%	0
固化温度(最小)/℃	19.5		

二、聚对苯二甲酸丁二醇酯生产的主要工艺技术[1,2,17-46]

PBT 的工业生产技术，主要是在借鉴聚对苯二甲酸乙二醇酯（PET）的生产技术及经验的基础上发展起来的，工业生产之初，大多采用酯交换法间歇装置批量生产。随着市场需求的增加，生产规模的扩大，以 PTA 代替 DMT 的直接酯化法开发成功，连续法已基本取代了间歇法，成为 PBT 工业装置采用的生产技术。其中 Lurgi Zimmer 公司是最早拥有该项专利技术的公司。连续法的优点在于：取消了甲醇的回收循环和甲酯化过程，简化了流程，节省了投资。由于所用设备及工艺的区别，相继又开发出几种不同工艺。

1. 酯交换法生产 PBT 技术

（1）间歇酯交换法

如图 6-2 所示，间歇批量酯交换法生产 PBT 的过程如下：新鲜的和循环的 BDO 经 BDO 泵 1 打到 BDO 预热计量罐 5，批量计量，预热到 65℃，加入酯交换反应釜 8 中。少量 BDO 加入催化剂配制罐 7，与催化剂混合后，也加入酯交换反应釜 8。固体 DMT 由提升机 3 批量加入 DMT 计量槽 4，计量后加入 DMT 熔融罐 6，罐 6 是带有搅拌和蒸汽加热夹套的罐，加热到 150℃使 DMT 熔融，然后加入酯交换反应釜 8，批次料加完，开始酯交换反应。

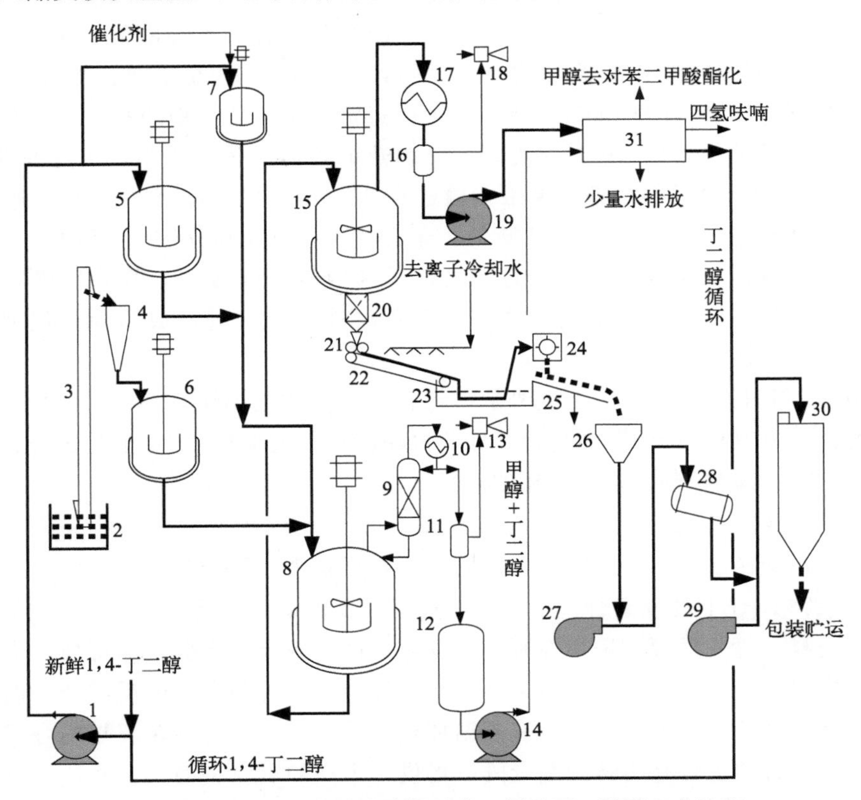

图 6-2 间歇酯交换法生产聚对苯二甲酸丁二醇酯工艺流程

1—BDO 泵；2—DMT 加料槽；3—提升机；4—DMT 计量槽；5—BDO 预热计量罐；6—DMT 熔融罐；7—催化剂配制罐；8—酯交换反应釜；9—蒸馏塔；10—塔顶冷凝器；11,16—气液分离器；12—甲醇、THF 贮罐；13,18—蒸汽喷射泵；14—甲醇泵；15—缩聚反应釜；17—冷凝器；19—输送泵；20—过滤器；21—挤出机；22—输送机；23—冷水槽；24—切片机；25—筛分机；26—收集槽；27,29—鼓风机；28—旋转干燥器；30—产品贮料斗；31—甲醇、THF 分离系统

酯交换反应釜 8 是由 316 不锈钢制成的，内有加热盘管和搅拌，外有加热夹套的釜，采用高温导热油加热介质加热。当批次物料加完后，升温到约 200℃，

酯交换反应开始进行，由反应釜上部引出生成的甲醇、THF、水等到蒸馏塔9，经过粗分，BDO再流回酯交换反应釜，甲醇等经塔顶冷凝器10冷凝，进入甲醇、THF贮罐12。通过甲醇蒸出量来判断酯交换反应接近终点时，改为真空下操作，蒸出过量的BDO，同样收集在甲醇、THF贮罐12。贮罐12的物料由甲醇泵14打入甲醇、THF分离系统31。

酯交换反应结束，将生成的低聚物BHBT及对苯二甲酸二丁二醇酯转移至缩聚反应釜15。缩聚反应釜同样是由316不锈钢制成的，内有加热盘管和搅拌，外有加热夹套的釜，采用高温导热油加热介质加热。缩聚反应釜的内表面设备、管道均要求精加工，以减少阻力和结垢。缩聚反应开始升温到250～260℃，减压到0.1～1mmHg（13.33～133.32Pa），BDO及THF、水等由釜上部蒸出，经冷凝器17冷凝及气液分离器16分离后，再经输送泵19送至甲醇、THF分离系统31进行分离，回收的BDO循环使用。通过测定釜内聚合物的黏度来控制生成聚合物的分子量。当达到设计黏度时，釜内热的熔体由釜底排出，经过滤器20，挤出机21，聚合物被挤成条，经带式输送机22，冷水槽23，用去离子水喷淋冷却固化，直接进入切片机24切成颗粒。聚合物颗粒再经筛分机25筛分，合格的聚合物颗粒落到收集槽26，再经过风力输送到旋转干燥器28，聚合物颗粒被干燥到水分含量合格后，再用风力输送至产品贮料斗30，进行成品计量包装，完成批次PBT的生产。

甲醇、THF分离系统31主要是进行含有少量水的BDO、甲醇、THF的分离，类似于BDO生产的分离过程。回收的甲醇循环回PTA的甲酯化部分，回收的BDO进一步经精制合格后循环使用。

（2）连续酯交换法

连续酯交换法类似于间歇法，不同之处在于整个过程分为三步，即酯交换过程、低聚物BHBT的预聚合过程、缩聚过程。BDO、熔融的DMT和催化剂均采用连续进料，每一过程均采用控制不同反应条件的两台反应器。酯交换反应器和缩聚反应器都采用带有搅拌及高温导热介质加热的盘管和夹套的反应器，而缩聚反应由于物料的高黏度，采用带有高温加热介质加热夹套的旋转圆盘的卧式反应器，这种设备的优点是旋转的圆盘既能提供一个高的反应表面，又能使具有高黏度的产品有较大的通量。三个反应过程的设备均采用316不锈钢制成，内表面经精加工处理。第一酯交换反应器在常压、185℃下操作，酯交换反应产生的甲醇被蒸出、冷凝回收。含有较多BDO的酯交换物料由第一酯交换反应器连续送到第二酯交换反应器，第二酯交换反应器在205℃、200mmHg真空下操作，蒸出并回收剩余的甲醇、THF、水及THF。酯交换反应产生的PBT及其低聚物连续进入预聚釜，第一预聚釜在240℃、10mmHg下操作，第二预聚釜在255℃、1mmHg（26.66kPa）下操作，蒸出并回收THF、水和BDO。需要指出的是在这一反应过程中要加入热稳定剂，以防止产品在高温下降解，将热稳定剂溶于BDO，呈泥浆状连续加入。预聚合物料连续进入两台卧式缩聚反应器，缩聚反应温度为260℃，真空度为0.1mmHg（13.33Pa）。三步反应的控制与间歇过程一样，通过蒸出的甲醇、BDO的量和聚合物的黏度，判断是否达到预期的产品分子量。挤出、固化、切粒、筛分、干燥、输送、贮存、计量、包装等过程也同于间歇过程。

2. Lurgi Zimmer的连续直接酯化缩聚生产PBT技术[17-39]

Lurgi Zimmer GmbH是一家德国公司，拥有聚合物生产和循环利用的先进技术。Lurgi Zimmer首先开发了以PTA和BDO为原料，连续直接酯化生产PBT的技术，第一套生产装置于1997年建成。2002年又在我国台湾建成全球规模最大、单条生产线产能为6.6万吨/年的生产装置，我国已建成的PBT生产装置几乎全部采用Lurgi Zimmer技术。

Lurgi Zimmer连续直接酯化技术采用三台聚合反应器，即酯化、预缩聚和缩聚反应器。最新的技术单条生产线的产能可达到360吨/天（约12万吨/年），采用两台独立的反应器完成，即酯化反应和预缩聚反应可在一台叫作“Combi反应器”中进行，最终缩聚反应在一台反应器中完成，生产出规定分子量的聚合物。新技术扩大了生产规模，减少了设备，降低了投资和生产费用。Lurgi Zimmer技术副产的THF纯度可以达到99.5%，直接可用于高附加值PTMEG的生产，使装置的整体经济效益提高。

Lurgi Zimmer技术采用的最终缩聚反应器是在高温、高真空下操作，高分子量的PBT黏度非常高，因此缩聚反应器是经特殊设计的具有不同搅拌频率的高黏度双驱动圆盘反应器（DDR）。在这种特殊设计的反应器内有多个圆盘组成的搅拌器，多个转动的圆盘可以提供大的和不断更新的聚合物表面，有利于传热和质量传递，使缩聚反应生成的BDO等轻组分迅速蒸发，加快缩聚反应的进行。熔体在反应器内的流动几乎是没有返混的柱塞流，仅利用搅拌对高黏度熔体的剪切而加热，因此反应器壁的温度会低于聚合物熔体的温度，这样可以避免反应器壁过热。双驱动的圆盘搅拌设计，可以在两个不同搅拌速度下同步操作。较高的搅拌速度，可用于针对低黏度的第一反应区熔体，低的搅拌速度用于高黏度熔体的第二反应区。这种反应器内的停留时间分布很窄，缩聚反应的平均速率很高，需要的最终聚合物的黏度和分子量，可以通过调整反应器内的真空度、温度和熔体液面控制平均停留时间来控制。一般在反应器的熔体排出口安装一台黏度计，通过测定聚合物的实际黏度，来对各个控制点的参数进行调节控制，实现产品质量均一稳定。Lurgi Zimmer连续直接酯化法生产工艺流程如图6-3所示，最终缩聚反应器结构示意如图6-4所示。

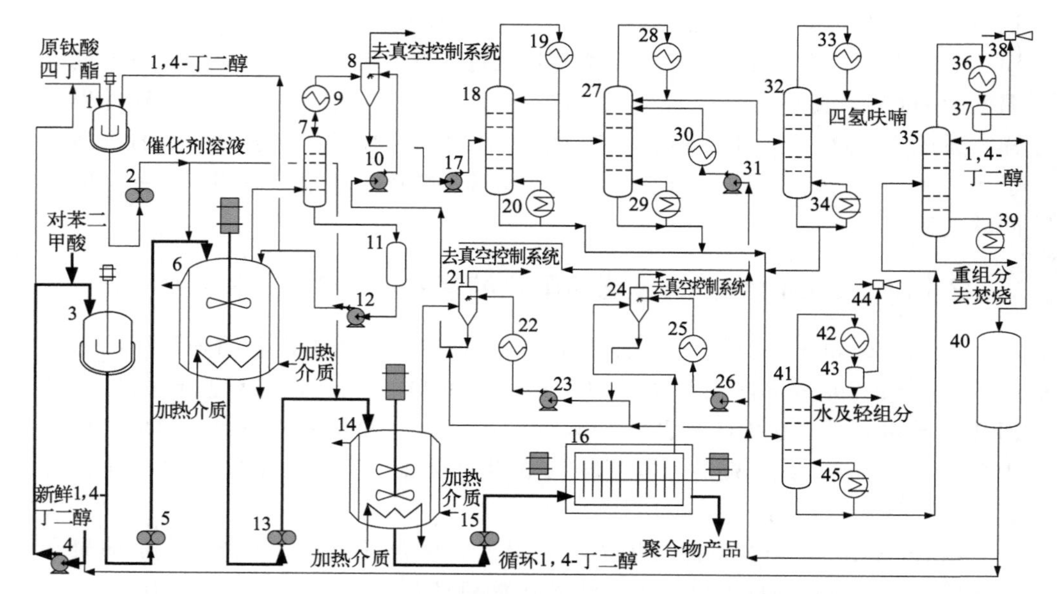

图 6-3　Lurgi Zimmer 连续酯化缩聚生产 PBT 工艺流程

1—催化剂溶液配制罐；2,5,13,15—齿轮泵；3—PTA 和 BDO 浆液配制罐；4—BDO 进料泵；6—酯化反应釜；7—回流塔；8,21,24—BDO 喷射真空系统；9,19,28,33,36,42—塔顶冷凝器；10,17,23,26,31—BDO 泵；11—回流液贮罐；12—回流泵；14—预缩聚釜；16—最后缩聚釜；18—共沸塔；20,29,34,39,45—重沸器；22,25—BDO 冷却器；27—萃取精馏塔；30—预热器；32—THF 蒸馏塔；35—BDO 精制塔；37,43—气液分离器；38,44—蒸汽喷射泵；40—BDO 贮罐；41—脱轻塔

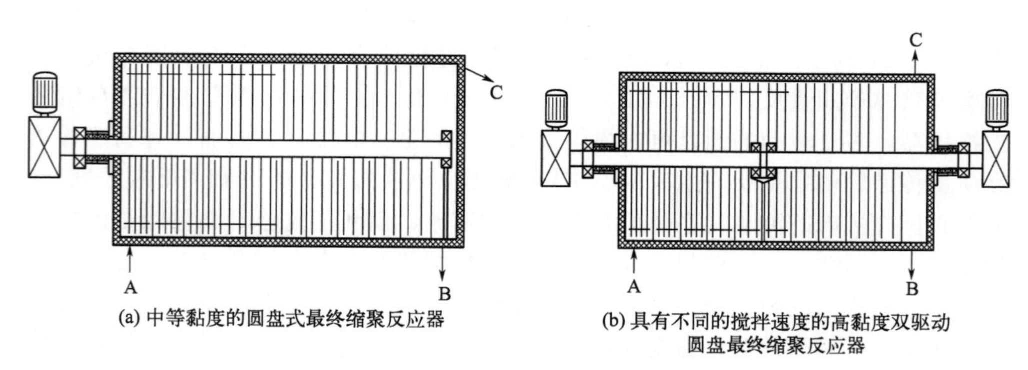

(a) 中等黏度的圆盘式最终缩聚反应器

(b) 具有不同的搅拌速度的高黏度双驱动圆盘最终缩聚反应器

图 6-4　Lurgi Zimmer 技术中的盘式缩聚反应器

A—聚合物入口；B—聚合物出口；C—挥发物出口

如图 6-3 所示，以 BDO、PTA 为起始原料，采用连续直接酯化法生产 PBT 的 Lurgi Zimmer 技术，首先在催化剂溶液配制罐 1 配制催化剂溶液，该催化剂可用于直接酯化反应，也可以用于缩聚反应。在氮封密闭下将计量的 BDO 经 BDO 进料泵 4 加入催化剂溶液配制罐 1，再加入 BDO 量 0.05％的 PTA，在搅拌

下加热至 40℃，保持 30min，再加入 BDO 量 2.1%的原钛酸四丁酯，加热至 80℃，搅拌 1h。该溶液为配制好的催化剂溶液，应是清澈透明，没有沉淀，其正常浊度单位（normal turbidity unit，NTU）值小于 1。该溶液在 25℃、密闭下能储存 14d，组成和 NTU 值不会改变。如果连续生产，可直接由酯化反应器的回收 BDO 配制，采用两台催化剂配制罐切换使用。

按 PTA 与 BDO 的摩尔比为 1∶1.5 的量，连续向 PTA 和 BDO 浆液配制罐 3 加入 PTA 晶体，由 BDO 进料泵 4 连续加入 BDO。PTA 和 BDO 配制罐 3 是带有搅拌和加热夹套的釜，在连续搅拌下，PTA 和 BDO 均匀混合成糊状物，由齿轮泵 5 按酯化反应停留时间要求，连续将糊状液加入酯化反应釜 6。按钛酸四丁酯催化剂在聚合物中含量为 120μg/g 的量，连续由齿轮泵 2 将配制好的催化剂溶液加入糊状液进料管中。酯化反应釜 6 是带有夹套、内有搅拌和加热盘管的釜，控制酯化反应温度 245℃，压力 400mbar（40kPa），停留时间约 80min。酯化反应生成的水和副反应生成的 THF、部分 BDO 由反应器上部进入回流塔 7，经回流塔塔顶冷凝器 9 将夹带出的 BDO 冷凝，经回流塔 7 的分离，沸点较高的 BDO 由塔的底部排出，收集在回流液贮罐 11 中，经回流泵 12 循环回酯化反应釜。沸点低的 THF 和水，以及少量 BDO 在 BDO 喷射真空系统被喷入的冷 BDO 吸收冷凝，使酯化反应釜内呈真空状态，通过喷入的 BDO 的温度和量调节酯化反应釜的真空度。

当正常生产稳定后，采用回流塔底部分出的 BDO 配制催化剂溶液，其含水量应在 0.5%以下，还含有 0.03%～0.05%的 PTA 和微量羟丁基对苯二甲酸等，经回流泵加入催化剂溶液配制罐进行如上述比例配制。

酯化反应产物由酯化反应釜底部连续排出，经齿轮泵 13 连续加入预缩聚釜 14。预缩聚釜 14 是带有夹套、内有搅拌和加热盘管的釜，控制缩聚反应温度 250℃，压力 50mbar（5kPa），停留时间约 30min。其真空度同样采用喷射冷 BDO，吸收缩聚反应产生的 BDO、水和 THF 的方式控制调节。预缩聚产物由预缩聚釜底部连续排出，经齿轮泵 15 连续加入最后缩聚釜 16，继续进行缩聚反应，直到聚合物的分子量达到要求。最后缩聚釜 16 是卧式双驱动圆盘式反应器（DDR），反应器外采用高温导热介质加热，多片圆盘可以提供大的表面，高黏度的聚合物附着在垂直的圆盘上，使其具有的厚度较薄，随着聚合物在反应器中的流动和圆盘的转动，表面连续不断地更新，大大有利于传质和传热，使缩聚反应在温度均匀、梯度小的条件下进行。缩聚反应生成的 BDO，副反应生成的 THF、水等轻组分，快速脱离聚合物，从而能生产高分子量和高黏度的 PBT。同样，最后缩聚釜 16 的真空度由喷射冷 BDO，吸收缩聚反应产生的 BDO、水和 THF 的方式控制调节。最后缩聚釜 16 生成的聚合物通过齿轮泵连续排出，去挤出、冷却、切粒、干燥处理。

由酯化、预缩聚和缩聚三台反应器蒸出的BDO、水、THF等组分，被真空系统的冷BDO吸收，一起被BDO泵17送至共沸塔18，由塔顶蒸出THF和水的共沸物，部分回流，部分进入萃取精馏塔27，通过无水BDO的萃取蒸馏。塔顶得到不含水的THF，再通过THF蒸馏塔32，由塔釜除去少量重组分，由塔顶得到99.5%高纯度的THF副产品，其产率约为聚合物产量的0.6%。共沸塔18和萃取精馏塔27的塔釜馏分为含有水分和少量轻组分的BDO，一起到脱轻塔41，真空下由塔顶将水和少量轻组分蒸出，去焚烧。含有少量重组分的BDO釜液送至BDO精制塔35，真空下由塔顶蒸出高纯度BDO，塔釜少量的重组分去焚烧。高纯度BDO循环作为酯化反应的原料，以及真空喷射泵用料，去系统进行循环。

采用Lurgi Zimmer技术的生产装置见表6-7。

表6-7 采用Lurgi Zimmer技术的PBT生产装置

公司名称	产能/(万吨/年)	开工时间
中国石化仪征化纤股份有限公司	2.0	1998年
长春化学有限公司(中国台湾)	6.6	2002年
长春化学有限公司(中国大陆)	6.6	2007年
蓝星化工新材料股份有限公司	6.6	2007年
新疆蓝山屯河化工股份有限公司	未公开	工程设计

3. Hitachi连续直接酯化缩聚生产PBT技术[21, 29-35]

Hitachi是一家日本公司，2002年在其PET技术的基础上，建成第一套PBT生产装置，规模为6万吨/年。据称，Hitachi公司可以提供50～600t/d不同规模和种类的PBT树脂连续生产技术。

Hitachi的PBT技术（简称HPT)，具有两种类型的反应系统，即三台反应器系统和四台反应器系统。三台反应器系统具有较低的费用，一度只能生产一种质量的产品；四台反应器系统能同时生产具有较高黏度和中等黏度的高质量PBT，因为它具有在较低反应温度下操作的优点，可以根据需要的产品质量和生产规模，对这两种不同的技术进行优化选择。

Hitachi技术的主要特点是其聚合过程采用不同结构的四种反应器。第一反应器是立式圆筒形容器，容器主体的下部分别设有聚合溶液的进出料口，上部设有挥发物的出口。在其内部纵向方向安装有接近容器内侧壁的排管式热交换器，反应时热交换器整体浸于反应溶液中。由容器下部进料口进入的反应液通过热交换器排管，加热到预定温度。利用反应生成的易挥发组分与反应溶液的密度差，易挥发组分向上穿过反应溶液，在容器内自然对流，进行均匀搅拌，混合，从而省去外加动力的搅拌。缩聚反应的第二反应器也是一垂直的圆桶形反应器，但内部是由多个被分隔开的同心圆的反应室组成，每个反应室内都有搅拌桨和加热器，反应溶液由一个反应室流到另一反应室时借助溢流或自然流，而非借助管路或传输设备，反应溶液中挥发性的组分可由其上部排出。这种流动和缩聚反应方式，便于传质和传热，可把反应溶液的短路，以及热分解反应限制到最小。Hitachi 技术的第二缩聚反应器结构见图 6-5。

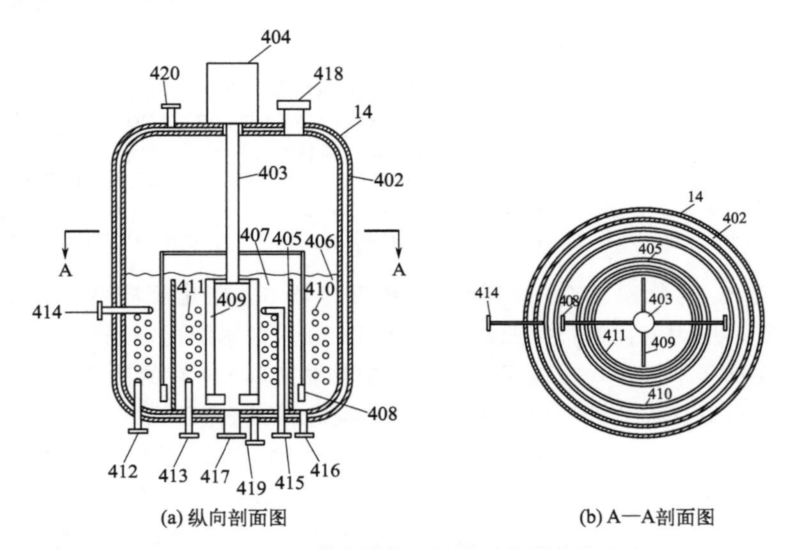

(a) 纵向剖面图　　(b) A—A剖面图

图 6-5　Hitachi 技术的第二缩聚反应器结构示意

14—立式圆筒形外壳；402—外加热介质夹套；403—旋转轴；404—位于立式圆筒 14 上部中心位置的驱动装置；405—分割圆筒，406,407—被 405 分割开的第一环形反应室和第二圆柱形反应室；408,409—反应室 406 和 407 的搅拌桨；410,411—加热盘管；412,413—加热盘管 410、411 的加热介质入口；414,415—加热介质的出口；416—缩聚物料进口；417—缩聚反应产品出口；418—挥发物出口；419,420—缩聚反应器外加热夹套加热介质进出口

专利披露：Hitachi 技术的第三缩聚反应器和第四缩聚反应器均为横向卧式、外形近似圆筒形的容器，在该容器的主体纵向方向一端下部设有聚合物料的进口，另一端设有聚合物出口，在主体的上部设有挥发物的出口。在其主体内部的纵向方向具有接近内侧而旋转的无轴搅拌叶轮，轮上具有搅拌叶。第三缩聚反应器只有一个旋转叶轮，而第四缩聚反应器则设有两个旋转的叶轮。Hitachi 技术的工艺流程如图 6-6 所示。

如图 6-6 所示，Hitachi 连续生产高分子量 PBT 过程，首先将摩尔比为 BDO∶PTA＝(1.7∶1)～(3.0∶1)的原料连续定量加入原料配制釜 1，原料配制釜带有搅拌和外加热夹套。在加热下将物料搅拌均匀呈浆状，通过物料连接管道 2 连续以一定量由底部加入酯化反应器 3。配制好的有机钛等催化剂和稳定剂磷化物，以聚合物中钛金属浓度 20～100μg/g，磷等浓度 0～600μg/g 的量，连续加入物

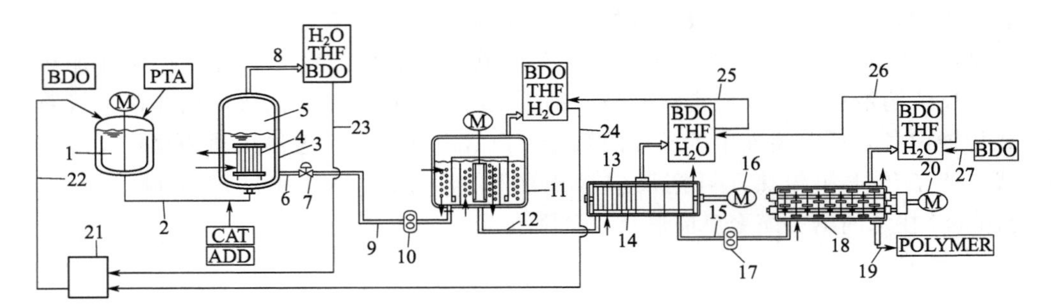

图 6-6 具有四台反应器的 Hitachi 技术工艺流程

PTA—对苯二甲酸；BDO—1,4-丁二醇；THF—四氢呋喃；CAT—催化剂；ADD—助剂；M—驱动电机
1—原料配制釜；2,6,9,12,15,19，22～27—物料连接管道；3—酯化反应器；
4—酯化反应器中排管是加热器；5—酯化反应器中气相产物；7—阀门；8—催化剂和稳定剂等加入口；
10—低聚物齿轮泵；11—第二缩聚反应器；13—第三缩聚反应器；14—第三缩聚反应器加热夹套；
16,20—电机；17—高聚物齿轮泵；18—第四缩聚反应器；21—THF 和 BDO 精制提纯装置

料连接管道 2，与物料混合一起加入酯化反应器 3。酯化反应器 3 控制温度为 220～250℃，压力的控制根据原料 PBA 和 BDO 的摩尔配比，当 BDO∶PTA≥2 时，即使在加压下操作，也能保持酯化反应液中 BDO 应有的浓度，在规定的停留时间内，可以保证达到酯化反应转化率；反之，当 BDO∶PTA<2 时，将反应压力降至大气压以下，通过减压来增加水及副产物 THF，以及 BDO 的挥发度，加快正反应速率，使酯化反应器内自然循环增强，改善反应条件，缩短反应停留时间，减少副反应产物 THF 的生成量，克服因反应温度降低带来的反应速率下降的不利影响。当反应压力为 50～80kPa 时，停留时间可控制在 1.5～2.4h，反应温度则降为 225～230℃，而 THF 的生成量为起始 PTA 的（摩尔分数）15%～25%时，通过酯化反应得到平均聚合度为 2.2～5 的低聚物。由酯化反应器上部排出的水、THF 及 BDO，经一分离塔（图中未画出），由塔顶分出水和 THF，塔釜的 BDO 再回流入酯化反应器。但需要真空操作时，可以采用与 Lurgi Zimmer 相同的冷 BDO 喷射吸收溶解气态的水及 THF 的减压方式。以下第二、第三和第四反应器的真空状态都可采用这种方式，根据需要彼此可以串联，也可以并联。由真空系统排出的 BDO 和水、THF 等挥发组分组成的混合液，集中到 THF 和 BDO 精制提纯装置 21，采用类似 Lurgi Zimmer 法脱除水分等杂质，得到 THF 副产品及符合纯度要求的 BDO，可循环进一步作为酯化反应原料及真空系统喷射吸收剂。

由酯化反应器 3 得到的低聚物经低聚物齿轮泵 10 连续送至第二缩聚反应器 11，预聚合反应温度控制在 230～255℃，压力 0.133～100kPa，停留时间 1.0～1.5h。经过预聚合反应，物料的聚合度提高到 25～40，预聚合反应产生的水、THF 和 BDO 由反应器上部排出，聚合物由底部经物粒连接管道 12 进入第三缩聚反应器。该反应器内的无轴搅拌桨叶不断更新聚合物的表面，使缩聚反应产生

的水、BDO 等轻组分快速脱离聚合物，加快缩聚反应的进行。第三缩聚反应器反应温度为 230～255℃、压力 0.067～0.665kPa，控制由酯化反应器到第三缩聚反应器的总停留时间为 4～7.5h，经过第三反应器的缩聚反应物料的平均聚合度达到 20～130。

第四缩聚反应器是为了制造更高分子量的产品，其反应温度和压力与第三缩聚反应器相同，控制由第一到第四反应器的总停留时间为 6～8.5h，可以将产品的平均聚合度提高到 150～200。表 6-8 中给出在 Hitachi 技术的中试装置上得到的实际操作结果。

表 6-8 Hitachi 技术的实际控制条件和产品性能

BDO/PTA(摩尔比)	装置产能/(kg/h)	Ti 含量/(g/10^4g)	直接酯化反应			预缩聚反应			最终缩聚反应				产品特性黏度/(dl/g)
			温度/℃	压力/kPa	时间/h	温度/℃	压力/kPa	时间/h	温度/℃	压力/kPa	时间/h	转数/(r/min)	
1.8	50	100	230	78.5	2	255	3.33	2	250	0.2	1.4	1.5	0.85
1.8	300t/d	100	228～230	78.5	2	255	3.3	2	245	0.13	2	1.5	0.85

Hitachi 技术装置生产 1t PBT 的单耗为 PTA 0.756t，BDO 0.490t，生成的 THF 为 0.0632t。采用 Hitachi 技术的生产装置见表 6-9。

表 6-9 采用 Hitachi 技术的生产装置

公司名称	所在地	规模/(万吨/年)	投产时间
Mitsubichi Chemical Corp	日本	6.0	2002 年
BASF/Toray	马来西亚	6.0	2006 年
OSOS Petrochemical	沙特	7.2	工程设计

4. UhdeInyenta-Fischer 连续直接酯化缩聚生产 PBT 技术[30-43]

Uhde Inyenta-Fischer 是一家德国公司，是 Uhde GmbH 公司的子公司。该公司从 20 世纪 60 年代就开始从事聚酯工业生产技术的开发和改进，现在采用 Uhde Inyenta-Fischer 技术的 PBT 生产装置的规模已达到 300t/d。

Uhde Inyenta-Fischer 公司开发的 PBT 技术叫作“2R 工艺”，主要由 ESPREE 塔式反应器和最后的 DISCAGE 反应器组成。PTA 和 BDO 的酯化反应、低聚反应都在一台 ESPREE 反应器中进行，与传统技术不同的是几步反应平行进行。ESPREE 塔式缩聚反应器的结构见图 6-7。

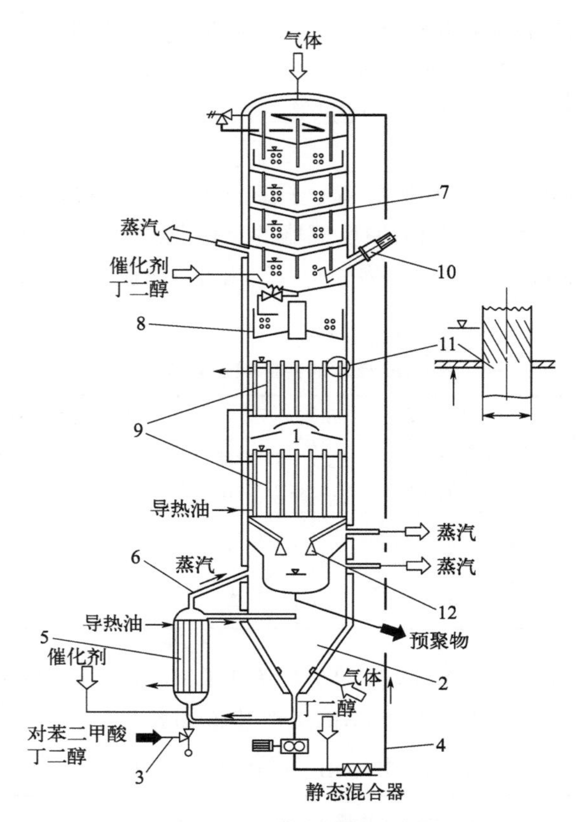

图 6-7 ESPREE 塔式缩聚反应器结构

1—塔式缩聚反应器；2—水力旋流器；3—进料连接管；4—压力管；5—热交换器；6—排气管；7—串联的反应塔盘；8—收集分配盘；9—降膜缩聚反应器；10—倾斜搅拌器；11—分配管；12—阻流板

ESPREE 塔式缩聚反应器是 PTA 和 BDO 的酯化反应器，预缩聚反应器和缩聚反应器组合在一台反应器中连续平行进行。由于三台反应器组装在一起，结构紧凑，便于维修，降低了造价和维修费用。物料的输送借助位差、热虹吸、自然循环，减少了不同反应器间物料的输送设备。物料在塔内经多次分散、集中达到混合均匀，质量稳定，减少了搅拌设备。反应器内物料的流动呈旋流、沿塔盘周边溢流、管内降膜等方式，反应生成的气相和反应液同向流动等，有利于反应物料温度均匀，有利于气液分离，从而加快了酯化和缩聚反应速率，缩短了停留时间，减少了副反应的进行。据称，同样生产规模的装置，采用 ESPREE 塔式缩聚反应器，固定投资可降低约 10%，维修费用可降低约 32%，能耗下降约 20%。

ESPREE 塔式缩聚反应器的生产过程如下：由 PTA 和 BDO 按 0.8～1.8 摩尔比配成的糊状物料，在 20～90℃，或者是温度为 145～165℃的熔融物料，用泵经进料连接管3加入热交换器5，与加入的部分缩聚催化剂，以及由水力旋流器2循环回的部分反应物料，在热交换器5的列管中强烈混合，在170～270℃，压力0.3～3bar（30～300kPa）的条件下进行酯化和预缩聚反应。酯化反应生成的水，BDO脱水反应生成的THF和水，以及部分过量的BDO在热交换器中汽化，经顶部的空间进行气液分离，气相由排气管6进入水力旋流器上部，进一步进行气液分离，气相在此被排出。液体反应物料经与水力旋流器呈切线方向连接的管路进入水力旋流器，沿其内壁及锥形底呈薄膜状旋转流下，为促进反应液在旋流过程充分气液分离，沿其锥面向薄膜通入惰性气体。脱除气体的反应液体汇集在水力旋流器的底部，经管道流出，部分通过热虹吸循环回热交换器5，部分经容积泵压入压力管4，压力管4外有夹套加热。按1mol PTA加0.03～0.3mol的量向压力管4补充新的BDO，并经静态混合器与反应物料混合。保持2～6bar（0.2～0.6MPa）压力，230～250℃，停留时间1～5min，输送至塔式缩聚反应器的顶部。压力降至0.1～2bar（0.01～0.2MPa），温度230～280℃，分出气体，液体自然流经由四块串联的反应塔盘7组成的缩聚反应段。塔盘呈圆锥面，上面布置有降液管，液体和缩聚等反应产生的气体同向经每个降液管流到塔盘下面的锥形收集分配盘。收集分配盘上布置有加热管，继续对反应液体进行加热和气液分离。反应塔盘上降液管长度在收集分配盘的液面以下，同向流动的气体在收集分配盘上经液体鼓泡释出到气相，反应液则沿收集分配盘的圆周呈薄膜溢流至下一反应塔盘。塔盘缩聚反应段维持温度240～280℃，压力0.01～0.1bar（1～10kPa），由上至下压力递减，温度递增。每块反应塔盘压力下降20～60mbar（2～6kPa），温度增加5～20℃，停留时间5～15min。经过塔盘反应段后，PTA的转化率达到97%～99.5%，PBT的聚合度达到5～20（指聚合物链段的重复次数）。为了促进气液分离效率，由塔顶通入干燥的惰性气体，与反应生成的气体混合在一起由最后一块反应塔盘的下面排出去分离精制。

塔盘反应段的第四块反应塔盘上设置一台倾斜搅拌器10，并在该反应塔盘上按1mol PTA补加0.02～0.2mol的BDO和缩聚反应催化剂，搅拌混合均匀后，流至收集分配盘8，经加热和气液分离，液体溢流到最后的降膜缩聚反应器9。降膜缩聚反应器9分两段，段间有再分布器。每根降膜管的上端都设有高出液面的锯齿形分布段，确保反应液沿内管壁呈膜状均匀流下。降膜反应段保持反应温度245～270℃，压力0.01～0.05bar（1～5kPa），停留时间8～16min。经过降膜反应段后，PBT的聚合度达到20～35，PTA转化率达到99.8%。反应液由降膜管最下端流下，经阻流板12，流到聚合物的收集部分，为了均匀产品的分子量分布，产品可在系统中再停留2～10min。

由塔式缩聚反应器生产的PBT可以去固化，切粒，进一步加热，进行固相聚合，以期得到聚合度90～200的产品。也可以转移至处理高黏度物料的

DISCAGE 缩聚反应器，生产聚合度 80～150 的 PBT 产品。

Uhde Inyenta-Fischer 公司的处理高黏度物料的 DISCAGE 缩聚反应器结构如图 6-8 所示。

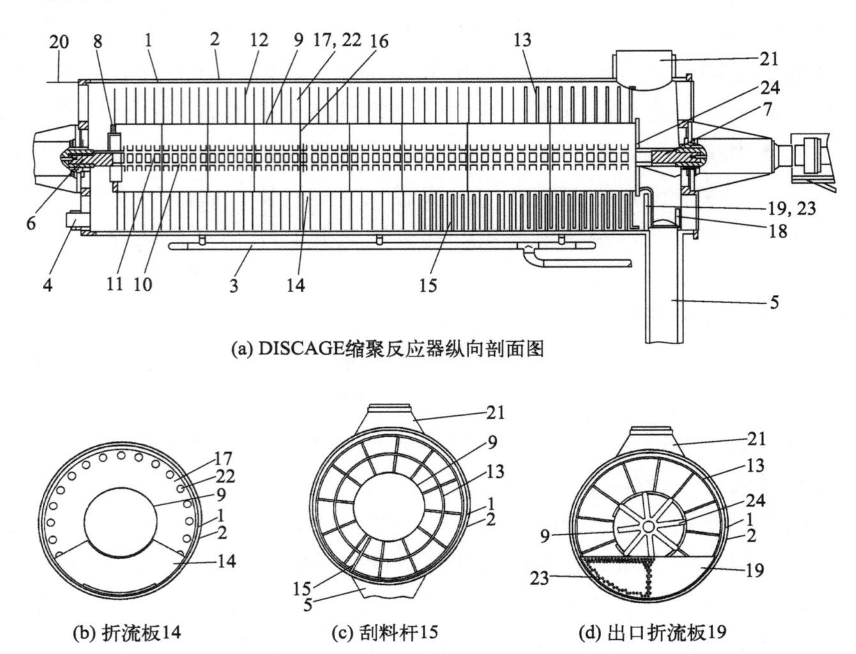

(a) DISCAGE缩聚反应器纵向剖面图

(b) 折流板14　(c) 刮料杆15　(d) 出口折流板19

图 6-8　Uhde Inyenta-Fischer 公司处理高黏度物料的缩聚反应器结构

1—反应器外壳；2—加热夹套；3—热载体总管；4—聚合物入口；5—聚合物出口；
6,7—反应器两端的短轴；8—转子；9—空心圆筒转笼；10—圆筒转笼上的矩形开孔；11—圆筒上的网格；
12—开孔的环形圆盘；13—轮辐；14—折流板；15—刮料杆；16—环形圆盘；17—折流板；18—刮板；
19—出口折流板；20—热载体出口；21—气体出口；22—折流板上的圆孔；
23—折流板上的细孔；24—由条形板构成的星状连接器

DISCAGE 缩聚反应器呈卧式笼式结构，中心无轴，笼上分布有带孔的圆盘，具有快速扩散的高表面活性，聚合物在反应器内由进口到出口呈活塞流动状态。无轴的设计可以避免熔融的高黏度聚合物黏结在中间轴上，刮料杆的设计可减少圆盘上聚合物的黏结，避免少部分物料在反应器中超时地停留。笼上转动的开孔的圆盘增加了接触表面。反应器内产品聚合物的最终黏度是通过调整适宜的反应温度、真空度、圆筒转笼旋转的速度、物料在反应器内的停留时间确定。过量的 BDO 和缩聚反应产生的 THF 等呈气相由气体出口排出，通过 BDO 喷射真空系统冷凝，回收并精制 THF 和 BDO，BDO 进行再循环。

再缩聚产品出口装有在线黏度计，连续测量产品的黏度。达到要求黏度的熔融聚合物由缩聚反应器流出，经齿轮泵到挤出机挤出，软水冷却，切粒，分水，干燥，筛分，储料，称重，包装。Uhde Inyenta-Fischer 工艺主要单耗（每吨

PBT）为：PTA 754kg、BDO 483kg，并副产 THF 55kg。采用“2R 工艺”的 PBT 生产装置见表 6-10。

表 6-10　采用“2R 工艺”的生产装置

公司	装置所在地	规模/(万吨/年)	投产时间
Shinkong Synthetic Fibers Corp.	中国台湾	5.4	2003 年
DuBay Polymers	德国	10.0	2003 年
DSM Engineering Plastics(JV with Ticona)	荷兰	5.0	2005 年

5. 聚对苯二甲酸丁二醇酯的固相缩聚技术[2,25-32]

上述的各种缩聚过程和设备均是在原料和产品的熔融状态下进行的，常被称作熔融缩聚过程。在熔融状态下高黏度树脂的缩聚反应受到限制，随着缩聚反应的进行，树脂的黏度增加，使得物料流动和可挥发性副产品的排出更加困难。与此同时，热降解副反应的进行阻碍了聚合链的增长，使缩聚反应速率下降。如果热降解反应成为主导反应，反而会使聚合物的聚合度降低，黏度下降。因此，一般熔融缩聚过程和设备适用于制造聚合度在 100 左右的 PBT 产品，这对于常规纤维纺织和薄膜制品是可以满足的。对于一些工程塑料用途，就需要制造聚合度 150～200 的 PBT 产品。只有采用另一项技术，即固相缩聚过程（solid state polycondensation，简称 SSP），才能达到要求。

固相缩聚过程是 20 世纪 50 年代开发出的一种技术，已成功地应用于 PET 的缩聚过程，生产瓶用、工程塑料等用聚合度在 100 以上、特性黏度值在 0.8dl/g 以上的 PET，同样也适用于高分子量 PBT 的生产。在熔融缩聚技术得到的 PBT 产品的基础上，在其玻璃化温度以上，熔点温度以下，聚合物仍处于固体状态，而大分子的整链被固定，端基官能团却获得了足够活性，通过扩散可互相靠近到足够发生碰撞，在聚合物的切粒内继续进行缩聚反应，借助真空或惰性气体流移出小分子产物，使反应平衡不断右移，以期获得更高分子量的 PBT 产品。其优点在于，在固相缩聚中解决了对黏稠聚合物熔体的搅拌问题，固相缩聚无须熔融缩聚过程要求的高温和高真空，对同等生产规模的装置，无论固定投资和操作费用都相对较低。由于固相缩聚过程在熔点以下较温和的条件下进行缩聚反应，PBT 的降解等副反应速率降低，副产物减少，有利于 PBT 质量的提高，可得到所期望的高分子量和高黏度、高质量的聚合物。固相缩聚技术还能够成功地用于对热敏感的共聚酯的生产和 PBT 废料的回收。

PBT 固相缩聚过程同时受化学反应和物理扩散两种因素的控制。首先，PBT 的固相缩聚过程主要经历以下六个反应，即：

① $\sim\!\!\{M\}_n O \!+\! CH_2 \!+\!_4 OH + HO \!+\! CH_2 \!+\!_4 O \!\{M\}_o\!\sim \rightleftharpoons$

$$\sim[M]_n O(CH_2)_4 O\sim[M]_o + HO(CH_2)_4 OH$$

② $\sim[M]_n O(CH_2)_4 OH + HO[M]_o\sim \rightleftharpoons \sim[M]_n O(CH_2)_4 O[M]_o\sim + H_2O$

③ $\sim[M]_n O(CH_2)_4 O-\overset{\overset{O}{\|}}{C}(C_6H_4)\overset{\overset{O}{\|}}{C}-OH + HO[M]_o\sim \rightleftharpoons$

$$\sim[M]_n O(CH_2)_4 O[M]_o\sim$$

④ $\sim[M]_n O(CH_2)_4 OH + \sim[M]_o O(CH_2)_4 O[M]_p\sim + HO-\overset{\overset{O}{\|}}{C}(C_6H_4)\overset{\overset{O}{\|}}{C}-OH$

$\rightleftharpoons \sim[M]_o O(CH_2)_4 OH + \sim[M]_n O(CH_2)_4 O[M]_p\sim$

⑤ $\sim[M]_n O(CH_2)_4 O[M]_o\sim$

$$\longrightarrow \sim[M]_n OH + HO[M]_o\sim + CH_2{=}CHCH{=}CH_2$$

⑥ $\sim[M]_n O(CH_2)_4 OH \longrightarrow \sim[M]_n OH +$ （四氢呋喃环）

反应式中[M]代表 PBT 的分子链段$[O(CH_2)_4OOC(C_6H_4)CO]_n$；下角 n、o、p 代表重复链段的不同数量，在不同的反应式中其数值是不相同的。

固相缩聚过程化学反应是比较复杂的，既有分子内的反应，也有不同分子间的反应。既有链增长反应，也有断链反应。其结果是聚合物平均分子量增加，但同时也形成一些易挥发的小分子组分。研究表明，化学反应都发生在聚合物的非结晶区域。固相缩聚一般经历四个阶段，即活性官能团的迁移靠近；聚合物粒子内的可逆化学反应；缩聚反应生成的小分子副产物从粒子内部向粒子表面扩散；物料借助真空或惰性气体流扩散离开粒子表面。因此定量地描述每个单独的反应是困难的，因为即便是同一化学反应，进行反应的链段的聚合度也是不同的，生成产品的分子量也有区别。衡量固相缩聚反应的结果，首先是聚合物的平均分子量，平均分子量增加，聚合物特性黏度必然上升；其次是端基数量和种类的变化，聚合物平均分子量增加，由于端基之间的相互反应，端羧基和端羟基总数将减少，两种端基的增减，直接代表了不同类反应的强弱。

以上反应①～④是可以在分子内及分子间进行的两种反应。如果反应①～④发生在不同的分子间，反应将伴随易挥发的组分水、BDO、PTA、低分子量 PBT 的生成，通过扩散过程被移出，聚合物的数均分子量增加，端基总数量会减少。如果在分子内反应，则生成大环分子和易挥发的组分，其结果是端基数量减少，但并不伴随聚合物数均分子量的增加。这些大环分子进一步和邻近聚合物分子链的端基进行进一步反应，分子量增加，端基数量并未减少。这是由于大环大分子的浓度会很快达到平衡，因此，上述反应如果发生在分子内，对分子量和端基的数量都不会有大的影响。如果生成的环状产品是易挥发的组分，连续从系统中排出，也仅仅会使分子量稍有增加，而端基数量不会有大的变化。

综上所述，影响固相缩聚反应结果的首先是进行固相缩聚反应的预聚物的聚合度、粒度大小和分布、两种端基的数量；其次是固相缩聚反应条件，温度、停留时间和移出易挥发副产物的方式。衡量固相缩聚反应结果的是缩聚产品的黏度、数均分子量、端基数量和种类。采用 DMT 和 BDO 为原料，在 0.01%钛酸酯催化剂存在下，酯交换熔融缩聚得到的 PBT，切成 2mm×2mm×4mm 的圆柱作为试验样品，采用“Büchi”蒸发器，在不同条件下的固相缩聚试验结果如图 6-9～图 6-11 所示。

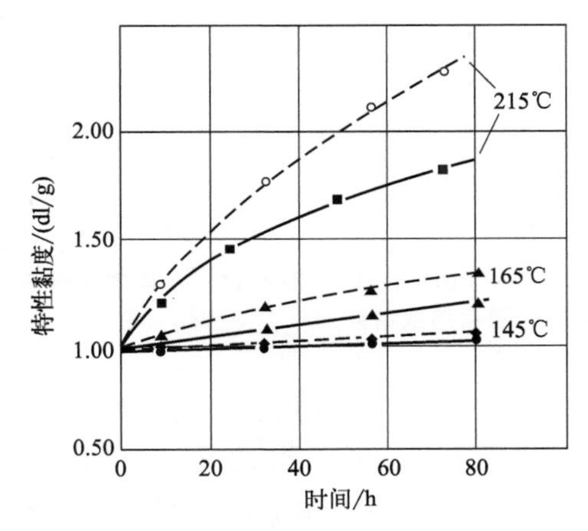

图 6-9　不同反应温度下不同 PBT 颗粒大小的试验结果［真空度 0.1mbar(10Pa)］

虚线为 2mm×2mm×4mm 颗粒数据；实线为 4mm×4mm×4mm 颗粒数据

由图 6-9 不同反应温度下不同 PBT 颗粒大小固相缩聚试验结果可以看出，反应速率强烈依赖于反应温度和试验样品颗粒的大小。在 145℃仅存在微弱的缩聚反应，且大颗粒 PBT 的缩聚反应速率要比小颗粒慢。这种规律可以解释为：当反应温度低时，小颗粒样品生成的易挥发的副产品少，缩聚过程是由化学反应速率控制，聚合物分子量的增加和反应时间基本上呈线性关系，大小颗粒的差别较小；随着反应温度的升高，生成的易挥发组分增多，颗粒的增大使易挥发组分由颗粒内向外扩散并脱离聚合物的速率减慢，因此缩聚过程转而由扩散过程控制，其表现为随着反应温度的上升，分子量的增加和反应时间变为抛物线的关系，小颗粒和大颗粒样品的反应速率差别加大。

固相缩聚反应一般在半结晶聚合物的无定形区或无定形聚合物的分子内部进行，所以预聚体结晶度的大小对固相缩聚反应速率有显著影响，一般是通过影响无定形区中副产品的易挥发组分的扩散系数和聚合物链的末端基浓度而影响反应速率。由图 6-10 可以看出：固相缩聚产物的特性黏度随预聚体分子量的增加而增加，特性黏度增加说明产物的分子量也是增加的而且缩聚反应速率也随初始预聚体分子量的增加而增大。

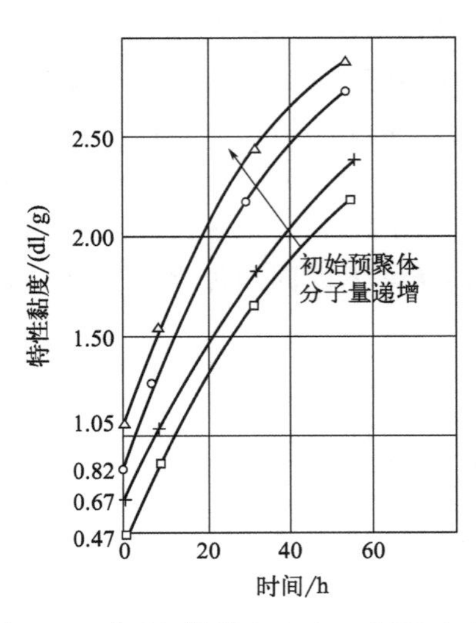

图 6-10 在 215℃及 0.1mbar（10Pa）压力下不同分子量预缩聚体的固相缩聚结果

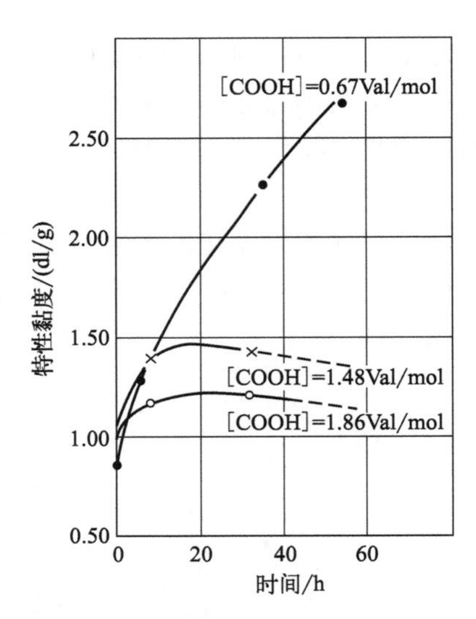

图 6-11 不同端羧基浓度的 PBT 的固相缩聚结果

Val/mol 表示每摩尔 PET 中羰基的数值

PBT 大分子链的端基主要是羟基和羧基。通过 DMT 和 BDO 酯交换反应制造 PBT，主要是端羟基之间发生反应；通过 PTA 和 BDO 酯化反应制造 PBT，主要是端羟基和端羧基之间进行反应。在固相缩聚中分子链的增长，也主要是通过这两个反应。反应生成 THF 和水，由于水的扩散系数高，由反应系统移出比较容易。固相缩聚过程要求预聚体中的端羟基的浓度高一些，最好是(2～3)∶1，有利于固相缩聚反应。因此预聚体端基中含有的种类和数量，主要决定了固相缩聚过程的反应速率和反应类型。如图 6-11 所示，对于端羧基含量过高的预聚体，反而使固相缩聚反应速率下降，甚至阻止了反应的进行。

PBT 预聚体的端羧基的量不应超过 40mmol/kg，否则，会因四氢呋喃的生成抑制缩聚反应，因为四氢呋喃的生成将羟基转变为了羧基。这和图 6-11 的试验结果是一致的。

一般，熔融缩聚过程可以制得数均分子量为 20000～35000 的 PBT，可用于纤维及一般工程塑料。对于某些铸膜和挤出应用，需要 PBT 的数均分子量在 40000 以上，也可以通过固相缩聚技术来实现。

在实际工业生产中，聚酯类产品的固相缩聚过程包括四个主要工艺过程，即预结晶、退火、反应和冷却。不同工艺技术的区别主要是在受热期间对切粒进行搅拌以防止其结块的方式不同。PBT 与 PET 的固相缩聚过程非常相似，差别在于 PET 的结晶速率非常快，其原料树脂是不透明的，已经结晶，因此就不需要进行预结晶步骤；但是 PBT 的熔点较低（225℃），因此需要将预结晶过程移至退火过程，并在反应温度之上进行，以降低切粒在反应器中进行固相缩聚之前发生熔结的可能。由于 PBT 的熔点低，其固相缩聚温度也较低，通常在 180～200℃。由于二元醇的反应活性和形态结构的不同，固相缩聚中 PBT 的反应速率比 PET 快，特性黏度在 12h 内就可从 0.8dl/g 升高到 1.2dl/g。

PET 固相缩聚所采用的设备也可以改变操作条件，用于 PBT 的固相缩聚过程。间歇法工艺一般采用对顶真空转鼓反应器，转鼓采用热载体循环或电感应的方法加热，几步操作基本上在一个设备中完成，也可以另装一个中间料仓，来冷却最终的切粒，以减少切粒在反应器内的停留时间。其优点是投资省，适合于小规模生产，反应器的体积一般为 20～44m^3。

连续缩聚装置由于固相缩聚的反应停留时间比较长，反应器内物料的持有量比较大，利用重力使物料通过设备，因此设备都比较高，一套处理能力 300t/d 的装置，高度在 50m 上下。采用塔式反应器的固相缩聚工艺流程如图 6-12 所示。

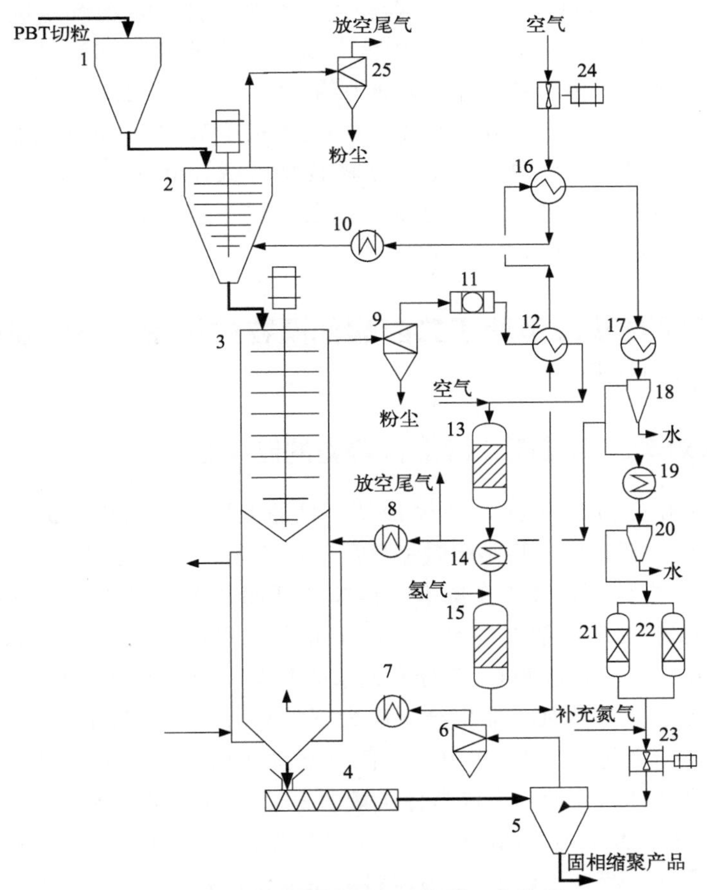

图 6-12 塔式固相缩聚反应器工艺流程

1—PBT 切粒料斗；2—干燥器；3—塔式固相缩聚反应器；4—螺旋出料器；5—冷却罐；6,9,25—粉尘分离器；7,8,10—导热油加热器；11—粉尘过滤器；12,16—换热器；13—氧化反应器；14—冷却器；15—加氢脱氧反应器；17—水冷却器；18,20—分水器；19—冷冻水冷却器；21,22—干燥器；23,24—鼓风机

如图 6-12 所示，采用塔式反应器，将一定粒度的 PBT 切粒利用气流输送到 PBT 切粒料斗 1，借助重力下流到干燥器 2，干燥器内有搅拌，热空气逆流通过下流的切粒，带出切粒表面的水分。干燥后的切粒继续下流进入塔式固相缩聚反应器 3，反应器上段带有搅拌，打碎可能黏结的切粒，并使切粒沿径向均匀分布，呈平推流落下。加热的两股氮气流与切粒呈逆流，向上流经切粒。一股经过深度干燥的冷氮气首先进入冷却罐 5，由固相缩聚反应器 3 底部流出的温度约为 180℃的固相缩聚切粒，经螺旋出料器 4 输出至冷却罐 5 内，冷却至 60℃，再经粉尘分离器 6 分离，导热油加热器 7 加热，由底部进入塔式固相缩聚反应器 3。另一股氮气经加热后由反应器中部加入，两股氮气汇集由反应器上部排出，首先经粉尘分离器 9，粉尘过滤器 11，除去夹带的粉尘；然后经换热器 12，氧化反应器 13，使夹带的有机低分子挥发组分氧化成水及二氧化碳；再经加氢脱氧反应器 15，除去氧化反应剩余的氧气；再经过一系列换热、水冷和冷冻水冷，水分分离后进入分子筛干燥器 22，进行深度干燥至露点降到－40℃以下，构成一氮气循环系统。这种固相缩聚装置处理能力约 300t/d，也可以采用真空系统，但对系统的气密性要求会更高。著名的技术有 DuPont 公司的 NG3 固相缩聚工艺，生产能力可以达到 600t/d，处理 PET 可将其特性黏度由 0.6～0.64dl/g 增加到 0.78～0.82dl/g。更先进的技术有 M&G 公司的 Easy up 技术，采用窑式反应器，生产能力可以达到 1500t/d。

三、环状对苯二甲酸丁二醇酯低聚物的制造、性能及聚合技术[2, 43-47]

1. 环状对苯二甲酸丁二醇酯低聚物的制造技术

人们发现在商品 PBT 中存在少量其环状的低聚物（简称 CBT），CBT 含量为 0.5%～3%，环状低聚物是熔融缩聚反应的平衡产物。通过一定的分离技术，可将其由 PBT 中分出，其具有像水一样非常低的黏度。研究发现可通过一些合成方法，或通过 PBT 的解聚技术，经过环-链间的平衡反应，大规模地将 PBT 转化成环状低聚物。随着这些 CBT 合成技术的开发成功，通过 CBT 的开环聚合制造高分子量的 PBT，实现工业生产已成为一种有潜力的新技术。在由 CBT 开环聚合制造高分子量的 PBT 过程中，其低分子量的前驱体（分子量约等于 1000）可以很快的速度（几分钟）生成高分子量的 PBT（分子量可大于 100000），并且无任何副产物生成，不会因低分子副产品的扩散而受到抑制，可以在较短的时间内得到高分子量的产品。以 PBT 为原料，在催化剂存在下，在溶液中将 PBT 解聚（即通过所谓环-链平衡反应）成短链的低聚物，再闭环成环状低聚物 CBT。其化学反应式如下：

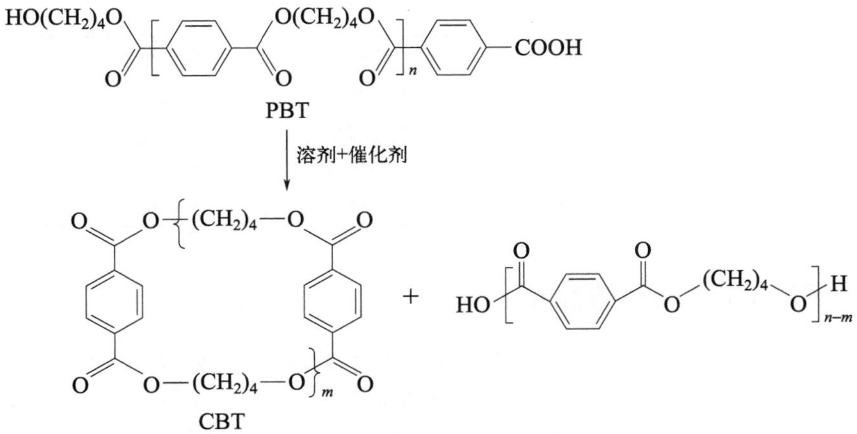

PBT

溶剂+催化剂

CBT

虽然有关聚酯环-链平衡反应的报道有很多，但真正实现工业生产的只有Cyclic Corporation。该公司成立于1999年，从General Electric Com购买了生产环状聚酯的专利技术，并于2005年在德国Shwarzeheide建成2500t/a环状聚酯生产装置。该公司还与爱尔兰的Clarehill Plastics公司，DOW、Rohm and Haas、Alcan等公司达成协议，确定了首家利用CBT树脂合作伙伴关系，合作将CBT树脂推广应用于滚塑制品、汽车、卡车、家用电器、涂料等领域，2009年生产规模已扩大到10000t/a。据专利报道，原GE技术采用的PBT原料的重均分子量M_w约为100000（相对于标准的苯乙烯的重均分子量），其线型分子中重复链节数为100～200，以二价有机锡化物为催化剂，以邻二氯苯为溶剂。催化剂用量最好为2%～3%（摩尔分数），PBT浓度为0.1mol/L，反应温度190～215℃，反应时间在0.5～2h内达到平衡。采用氮气预先吹扫溶剂，系统绝氧、绝水，有利于提高反应温度和缩短反应时间。反应器可以采用带有搅拌和加热设备的反应釜，将溶剂、PBT切粒、催化剂加入釜内，加热反应，在邻二氯苯回流温度下，线型的PBT溶解、解聚、环化，达到环-链平衡。将反应溶液冷却至60～80℃，线型结构的聚酯由溶液中析出，过滤移出。将溶液减压蒸出，造粒、就可得到纯度大于95%，线型聚酯含量小于0.5%的固体CBT产品。Cyclics Corporation公司采用两个级别的PBT线型原料生产CBT树脂，不同PBT浓度和环状聚酯产率见表6-11。

表6-11 不同PBT浓度的环状聚酯产率

PBT浓度/(mol/L)	原料PBT M_w	溶剂	催化剂	CBT产率/%
0.05	100000	邻二氯苯	有机锡	96
0.075	100000	邻二氯苯	有机锡	90
0.10	100000	邻二氯苯	有机锡	82
0.15	100000	邻二氯苯	有机锡	75

续表

PBT 浓度/(mol/L)	原料 PBT M_w	溶剂	催化剂	CBT 产率/%
0.20	100000	邻二氯苯	有机锡	66
0.30	100000	邻二氯苯	有机锡	42
0.10	85000	邻二甲苯	有机锡	62
0.075	85000	邻二甲苯	有机锡	50

2. 不同 CBT 产品的性能

由 PBT 加工的 CBT 具有像水一样极低的黏度，在约 140℃开始熔融，在 160～190℃即完全熔融，由其所生成的结晶体是一种不溶性的聚合物，因此，CBT 本体开环熔融聚合，对其进行反应性加工应用是最具实用性的。Cyclics Corporation 公司不同 CBT 基础树脂的性能见表 6-12。

表 6-12　CBT 树脂的主要性能

主要性能	CBT100	CBT160	CBT500	CBTXL101
外形	白色切片或粉末		白色切片	
熔融范围/℃	120～200	120～200	120～200	120～200
熔融热/(J/g)	64	64	64	40～50
熔体黏度(200℃)/mPa·s	20	无意义	20	无意义
固体密度(20℃)/(g/cm³)	1.3	1.3	1.3	1.3
液态密度(200℃)/(g/cm³)	1.14	无意义	1.14	无意义
堆密度(切片)/(g/cm³)	0.7	0.7	0.7	无意义
水含量(指标)/(μg/g) (实际)/(μg/g)	<2000 <1000	<2000 <1000	<2000 <1000	<1000 <50(干燥袋装)
比热容(固体)/[J/(g·℃)] (液体)/[J/(g·℃)]	1.25 1.96	1.25 1.96	1.25 1.96	无意义 无意义
典型加工温度/℃	无意义	180～250	180～210	无意义
最高加工温度/℃	340	260	260	260
分解温度(空气中)/℃ (氮气中)/℃	290 370	290 370	290 370	290 370
聚合分子量/(g/mol)	无意义	>100000	>100000	>100000

注：1. 200℃黏度预聚合。
2. 聚合分子量采用凝胶色谱测定，相对于聚苯乙烯标准。

CBT100 是非聚合型，与 PBT、PET、PC（聚碳酸酯）、PCT（聚对苯二甲酸-1,4-环己烷二甲醇酯）等聚酯树脂，PA（聚酰胺）、PPO（聚苯醚）、PMMA（聚甲基丙烯酸甲酯）、ABS、TPU（热塑性聚氨酯弹性体）、SAN（苯乙烯-丙烯腈共聚物）、PEI（聚间苯二甲酸乙二醇酯），以及塑料合金 PC/ABS、PC/PET、PC/PBT、PC/PEI 等的相容性很好，加入 0.5%～5%，可以大幅度地提高其流动性，几乎不影响其力学性能，对透明体塑料不影响其透明性。CBT100 与各种矿物质填料、玻璃纤维、碳纤维、稳定剂、阻燃剂以及颜料等的相容性很好，润湿能力强，因此 CBT100 是一种很好的共混改性剂，并适合于制造各种复合材料用的高填充、易分散的母料。

CBT160 是聚合型，已加入锡类或钛酸酯类聚合催化剂，用作共混料，在 190℃以上聚合成高分子量的 PBT 热塑性材料。

CBT500 是用于浇注和共混料的树脂。它能与玻璃纤维、碳纤维及玄武岩纤维相容，能给复合材料提供优异的浸湿性、高纤维填充、低孔隙率、较好力学性能和抗疲劳性能。

CBTXL101 含有聚酯改良剂、聚合催化剂和加工稳定剂，可用于增进抗燃料渗透性的旋转模塑。

3. 环状低聚物的聚合

环状低聚物的本体开环聚合过程采用四(2-乙基己基)钛酸酯和环状锡氧烷化合物为催化剂，在 190℃温和条件下，由 0.2%～0.3%钛酸酯引发，聚合 6min 就可使产物的重均分子量达到 95000～115000。催化剂首先引发 CBT 开环形成一个链段，然后通过链增长反应，继续聚合反应，直到 CBT 被耗尽，而催化剂则连接入聚合物中。通过凝胶渗透色谱分析表明，产品仅含 1%～3%的 CBT 残余物。反应方程式如下：

$$\underset{\mathrm{A}}{\mathrm{cyclo}\left[\mathrm{OC{-}C_6H_4{-}CO{-}O{-}(CH_2)_4{-}O}\right]_{m}} \xrightarrow{\mathrm{Ti(OR)_4}} \underset{\mathrm{B}}{\mathrm{RO}\left[\mathrm{\overset{O}{\overset{\|}{C}}{-}C_6H_4{-}\overset{O}{\overset{\|}{C}}{-}O{-}(CH_2)_4{-}O}\right]_{m+1}\mathrm{Ti(OR)_3}}$$

$$\mathrm{A+B} \xrightarrow{\text{链增长}} \mathrm{RO}\left[\mathrm{\overset{O}{\overset{\|}{C}}{-}C_6H_4{-}\overset{O}{\overset{\|}{C}}{-}O{-}(CH_2)_4{-}O}\right]_{2(m+1)}\mathrm{Ti(OR)_3}$$

第四节
聚对苯二甲酸丁二醇酯的改性和功能化

一、复合聚对苯二甲酸丁二醇酯[1-2,47-57]

聚对苯二甲酸丁二醇酯是一种结晶性的线型饱和聚酯，由于其优良的力学性能、电性能、耐热性能、加工性能等综合性能，其作为工程塑料在电子电气、汽车等运输工具、机械、仪器仪表等行业的应用非常广泛。但由于其在诸如缺口冲击强度等物理力学性能方面存在不足，单独的树脂的用途很少，通常要对 PBT 通过混合与均质化添加剂、填充剂增强改性。通过 PBT 树脂与这些添加剂、填充剂等混合、熔融处理、造粒，制成不同性能和用途的复合 PBT 热塑性工程塑料。此外，在这些商品中还要添加抗氧剂等以改善热老化性能，防止制品变黄。加入受阻酚类和亚磷酸芳基酯等一类热稳定剂，对于注射成型加工过程非常重要。为改善抗辐射的稳定性，还加入苯并三唑一类的紫外线稳定剂等。因此，这些加入的添加剂、填充剂的量和性能，对最终的 PBT 的性能、加工和用途是非常重要的。PBT 树脂典型的添加剂和填充剂品种见表 6-13。

表 6-13 聚对苯二甲酸丁二醇酯树脂的添加剂和填充剂

添加剂及填充剂	添加量（质量分数）/%	效果
玻璃纤维（短纤维）	20～50	受热时有较高的机械强度和尺寸稳定性
填充料（滑石、白垩、玻璃珠等）	20～50	有较大的表面硬度和热稳定性，价格比较便宜
阻燃剂（含卤、氮、磷、锑化物）	依据其性能	具有低的易着火性，有自熄性
颜料（不溶和惰性的有机及无机颜料）	1～2（纯颜料） 2～4（纯颜料）	着色和装饰作用
炭黑	0.3～0.5	着色，紫外线稳定作用
加工助剂、滑动助剂（主要为硬脂酸酯）	0.3～0.5	改善加工性能，容易脱模
硫化钼或石墨	1～4	降低摩擦力或摩擦系数，改善加工性能
抗氧剂和热稳定剂	依据其化学性能	防止热和氧的破坏作用，减少降解和脱色
紫外线稳定剂	0.1～0.5	防止紫外线的破坏作用，减少降解和脱色
聚四亚甲基醚二醇	1～60	增加弹性功能

主要填充物及对 PBT 性能影响如下所述。

（1）扩链剂

在 PBT 树脂中添加化学扩链剂进行扩链，可以得到较高分子量的树脂。同时能够降低 PBT 因水解引起分子量下降的趋势，改变其流变性，提高熔体黏度和强度。常用的扩链剂是一些具有能够与 PBT 的端羟基或端羧基反应，或能同时与两者反应的官能团的化合物。例如二酸酐、二噁唑啉、双环氧衍生物等。按扩链反应类型分，PBT 扩链剂有缩合型和加成型两种。缩合型扩链剂如双苯基碳酸酯等二酯类，扩链结果产生小分子化合物产品，难以去除，因此很少采用。加成型有羧基加成型、羟基加成型、羧基羟基同时加成型。加成型扩链剂多是一些杂环化合物，如双(2-噁唑啉)、双(2-咪唑啉)、双(2-噻唑啉) 等，其中最有效的是羧基加成型和羧基、羟基同时加成型。扩链剂的加入量很少，一般在千分之几或百分之几，扩链剂的加入主要发生两种反应，即在分子链段的端部将两个

PBT 分子链段连接起来。即便加入过量的扩链剂，也不会使对一个 PBT 链段的封端反应占优势，因为链段间的连接反应要比封端反应快，因此对于扩链剂的加入提高分子量是主要反应。扩链剂能以统计的方式把两个同等链段的末端基耦合，类似于缩聚反应。但这种扩链反应是在几分钟的短时间内完成的，而不是像固相缩聚过程，需要数小时。选择合适的扩链剂可以得到指定特性黏度的树脂，无须采用固相缩聚过程。因此采用扩链剂的优点是能加快反应，灵活、实用性强、无须额外投资，可以在缩聚釜、熔体纺丝、螺杆挤出和注射成型等过程中实施，经济性好。

(2) 玻璃纤维填充

玻璃纤维是 PBT 最常用的增强剂，其添加量为 5%～50%。玻璃纤维增强的 PBT 树脂，拉伸、弯曲、压缩强度及模量都增加了 2～3 倍，悬臂梁式抗冲击性也略微加强。在给定温度下，材料负载承受的热容有所提高。与尼龙 6 及尼龙 66 比较，玻璃纤维增强的 PBT 在热空气中展现了良好的抗氧化性，这种增强树脂非常适合于电器及运输工具方面的应用。不同玻璃纤维含量增强的 PBT 树脂的各种性能比较见表 6-14。

表 6-14　不同玻璃纤维量增强的聚对苯二甲酸丁二醇酯树脂性能比较

性能	玻璃纤维含量/%		
	0	15	30
物理性能			
相对密度 d_4^{20}	1.31	1.41	1.53
24h 吸水率/%	0.08	0.07	0.06
电学性能			
介电常数①	3.3		3.8
损耗因子①	0.002		0.002
体积电阻率/Ω·cm	4×10^{16}		2.5×10^{16}
介电强度②/(kV/mm)	17		23
耐弧性③/s	190		150
加工性能			
模塑收缩率④/$\times10^{-3}$	15～23	7～9	6～7
模塑收缩率⑤/$\times10^{-3}$	16～24	9～11	8～10
力学性能			
拉伸屈服强度/MPa	51.71	93.08	119.28
断裂伸长率/%	300	5	3
弯曲强度/MPa	82.74	44.80	189.61
弯曲模量/GPa	2.34	4.83	7.58
Izod 缺口冲击强度/(J/m)	0.53	0.53	0.85

续表

性能	玻璃纤维含量/%		
	0	15	30
热性能[6]			
HDT(0.46MPa)/℃	154	210	216
HDT(1.82MPa)/℃	54	191	207
CTE×10^5/(mm/mm)			
－40～60℃	8.1	2.2	2.5
60～138℃	13.9	2.2	2.5
熔点/℃	220	220	220

① 测定条件 50Hz。
② 短时法 3.2mm。
③ 白金电极。
④ 沿流动方向测定的收缩率。
⑤ 沿垂直于流动方向测定的收缩率。
⑥ HDT 为热变形温度，CTE 为热胀系数。

不同玻璃纤维含量对 PBT 性能的改善是不同的，一般高含量改善其整体性能的能力强于低含量。只有当玻璃纤维的量达到 5%～7%（质量分数）时，才能看到明显的性能增强；当含量大于 35%时，由于出现了玻璃纤维混合和破裂，增加含量的优势开始减弱。用于 PBT 增强的玻璃纤维直径为 6～7μm，纤维较细，其性能微有改善，纤维的长度分布和含量影响要远大于直径的影响。纤维长度对 PBT 取得最佳性能也很重要，在模塑制品中，纤维的长度分布主要和纤维与树脂如何结合、模塑制品成型条件有关。一般，玻璃纤维要经过剪切及与树脂混合，这种过程越强烈，纤维的破裂程度就越严重。填充较短的纤维获得的力学性能低于较长的纤维。当玻璃纤维的长度为 PBT 树脂切粒的长度（约 0.5in，12.7mm）时，特殊设计成型条件和制品，减少成型过程纤维的混合和破裂，制品性能将有相当大的变化，较长纤维填充的 PBT 注塑制品具有最强的力学性能。

几乎所有用于 PBT 增强的玻璃纤维都是由硼硅酸盐“E”玻璃制成的，玻璃纤维生产需要各种表面处理。表面包覆一般小于纤维质量的 1%，包覆的主要目的是促进纤维和树脂的结合，这是获得优良复合材料最佳强度的关键。除玻璃纤维外，碳纤维也用来增强 PBT。使用碳纤维增强的 PBT 重要特性在于，如果最终制品中有足够量的纤维连通，则能使 PBT 具有导电性。此外，金属纤维和金属涂覆的碳纤维也用于 PBT 增强，不但力学性能得到改善，而且使模塑制品保护元件不受电测量和无线电频率干扰的能力增强。

添加玻璃纤维对 PBT 的不利之处是其密度增加，制品质量增加；流动性下降，整体收缩性减小；流动方向和垂直于流动方向收缩的差异，会造成某些部位各向异性，玻璃纤维的取向以及树脂和玻璃纤维间的收缩差异导致热形变，这是填充玻璃纤维 PBT 制品的最大潜在缺陷。

(3) *矿物质填充*

填充 PBT 的矿物质有黏土、云母、硅石、重晶石、玻璃球、碎玻璃和玻璃薄片等。填充矿物质是为了降低 PBT 的收缩性，降低其热胀系数，改善其结构的稳定性。这些矿物质填充物一般都比较便宜，填充物的关键是其粒径分布，填充物的加入使 PBT 的延展性损失，大于 10μm 的大颗粒填充物对延展性的损害要大于小颗粒。填充物均匀分散在树脂中，有益于性能的改善。使用功能性硅烷对填充物颗粒表面进行处理，可以增加树脂和填充物的结合力，赋予复合体更高和更好的抗冲击性。填充物也可以提高 PBT 的模量和强度，但远不及增强纤维能够达到的程度。因此，在使用矿物质改善 PBT 的尺寸稳定性时，对其用量要进行精细的调配。

云母本身具有亲油性，是一种适用的填充剂，同时云母还是像 PBT 一类的半结晶树脂的有效成核剂，有助于熔体聚合物晶体的开始形成。重晶石硫酸钡密度比较大，适用于制造密度大、X 射线无法透过的 PBT 复合物。近年来用金属铜或钨的粉末作为 PBT 的金属填充剂，制成密度更高的复合 PBT。一些无机矿物颜料，例如二氧化钛，填充 PBT 用于染色，当其用量大时，也可作为填充剂，但也要考虑其粒径大小和分布，以及表面处理对染色 PBT 性能的影响。

(4) 阻燃剂的添加

PBT 易燃，相连接的四个碳成为易燃之源。不燃烧的玻璃纤维、矿物质等填充的 PBT 虽然降低了其燃烧性能，但达不到阻燃 PBT（FR-PBT）的等级要求，因此就需要将“火焰抑制剂”或者是在燃烧时能产生“火焰抑制剂”的物质添加其中制备 FR-PBT。在燃烧过程中，这些添加剂能产生阻止燃烧的活性物质，从而减少因燃烧而释放出的热量。已知一些有机卤化物、磷化物、重金属氧化物等具有这种性能。对于商品 FR-PBT，“阻燃”的真正含义是指其能抵抗点燃——不受火焰的影响。通用的阻燃塑料 UL94 测试方法分为 HB、V-2、V-1 和 V-0 四级，V-0 为最高级，为“无熔滴自熄材料”（no dripping self-extinguishing materials）级。有三种途径可使 PBT 达到该级的标准。其一是将有机卤化物（典型的是有机溴化物，如十溴联苯醚、溴代邻苯二甲酰胺等）和重金属氧化物（即三氧化二锑）添加到 PBT 树脂中，有机卤化物的添加量为 4%～5%（质量分数）。高含量的阻燃剂将对其加工性、密度和力学性能产生影响，例如使其抗冲击强度下降。采用有机溴化物和三氧化二锑阻燃，两者可以产生协同作用，产生自熄型共混物，可以认为在燃烧过程中，火焰抑制剂实际上是三溴化二锑，它是有机溴化物高温分解形成的。

其二是将含溴的聚合物和重金属氧化物作为阻燃剂添加到 PBT 树脂中。因为含溴聚合物的分子量很高，在加工中也随 PBT 树脂一起熔融，能固着在 PBT

的基体中。这些含溴聚合物有溴代环氧树脂、溴代芳基丙烯酸酯树脂、四溴双酚A聚碳酸酯、溴代聚苯乙烯等。近年来，有关卤素阻燃剂对环境的危害、无卤阻燃剂的使用和性能的研究引起关注。磷酸酯常被用作无定形树脂的阻燃剂，磷的加入在气相中具有火焰抑制剂的作用，固相中它为烧焦的样板，但是大部分磷酸盐阻燃剂有效组分磷含量都偏低，有机磷化物也同样如此。因此作为FR-PBT第三种无卤途径，必须加入大量的阻燃剂，才能达到V-0的额定值。这将导致共混物性能遭到破坏，甚至在熔体共混、模塑及向模具浇铸时也会出现问题。红磷已被PBT用作阻燃剂，含磷活性组分高，但在熔融共混时，在不适合的熔体加工条件下会产生有毒的磷化氢气体和酸性分解物。采用包覆的红磷阻燃剂可以使这些潜在问题部分得以解决，但在PBT加工件的色彩性能上会受到一定的限制。

二、聚对苯二甲酸丁二醇酯的共混物[1-2,27-49]

聚对苯二甲酸丁二醇酯的许多工业应用的制品都是和其他树脂（例如PET、ABS、PC等）的熔融共混物，通过将PBT与其他共混树脂以及填充剂混合、熔融挤出制成。这种与其他树脂共混合金化使PBT树脂高性能化，是拓展其应用领域的重要手段，也是近年来材料科学研究的重要课题，未来PBT树脂正朝着多元化、功能化、高性能化的方向发展。主要有以下几种。

1. 聚对苯二甲酸丁二醇酯-聚对苯二甲酸乙二醇酯体系

聚对苯二甲酸丁二醇酯（PBT）和聚对苯二甲酸乙二醇酯（PET）的化学结构相似，熔点只相差30℃，因此不存在温度范围的问题。PET添加到玻璃纤维增强的PBT中，可以弥补PBT因填充玻璃纤维而失去的光滑表面，使其制品有很好的手感。但是在某些混合比时，共混物会存在两个明显的熔融峰，有的研究认为这是共结晶的存在，也有的认为这是由于这两种半结晶树脂的非晶相是相容的，晶相是分离的结果。两种树脂的相容性极大地影响到合金体系的微观结构和宏观性能。因此两种树脂无论以何种比例混合挤出，都存在热变形温度低、收缩率大、对缺口敏感等不足。为此，研究采用增容剂和相容技术来提高PET-PBT合金的相容性，例如在其合金中加入0.5%的滑石粉作为成核剂，来提高其结晶度，降低了制品的收缩率，改善了耐热和抗冲击性。在加工条件下，PET和PBT之间不会反应，只有在非常严格的反应条件下，两者才能形成共聚物，共聚物含量多会降低其结晶度和结晶速度，这对于注塑应用是不利的。PET-PBT合金可以制成复合纤维，综合了两者的优点，宜染色、弹性好、手感柔软，一些公司已推出多种产品上市，广泛用于制作弹性服装。

2. 抗冲击改性的 PBT 体系

在 PBT 中混入弹性体是为了改进其韧性，提高抗冲击强度。各种无官能团作用的弹性体与 PBT 间没有任何亲和力，共混会产生相分离，表现出弱的力学性能。而含有可与 PBT 基体发生化学反应官能团的弹性体则能获得良好的改性结果。如低含量的聚乙烯可以混入 PBT 中，含量增加则会分层，性能也不好。但乙烯与众多极性单体的共聚物混入 PBT 中，其与 PBT 间的黏合力及力学性能都得到改善，例如乙烯-醋酸乙烯、乙烯-丙烯酸酯、乙烯-甲基丙烯酸酯等共聚物已作为 PBT 的改性剂在使用。弹性体的接枝物，如环氧化三元乙丙橡胶、乙烯-甲基丙烯酸缩水甘油酯共聚物等，可以通过环氧官能团与 PBT 化学键合，聚合物间的共价键使其能很好地黏合，并赋予其优良的抗冲击能力。嵌段共聚物，如苯乙烯-丁二烯-苯乙烯共聚物（SBS）及其氢化物（SEBS）、SBS 和 SEBS 的共聚物、聚酯-聚醚共聚物，尤其是它们功能化的接枝衍生物，与 PBT 间有很好的亲和力，也可用于 PBT 抗冲击性的改性。

3. 聚对苯二甲酸丁二醇酯-ABS 体系

苯乙烯-丙烯腈共聚物（SAN）与 PBT 有强的固有亲和力，使其共混物具有良好的力学性能。SAN 和丁二烯的共聚物（丙烯腈-苯乙烯-丁二烯共聚物，ABS）是三元共聚物，它不仅具有韧、硬、刚性均匀的力学性能，而且还具有较好的尺寸稳定性、表面光滑性、耐低温性、着色和加工流动性。PBT 和 ABS 共混物充分利用了 ABS 的非结晶性和 PBT 的结晶性，具有优良的加工性、尺寸稳定性和耐化学品性。但 PBT 和 ABS 共混物不是相容体系，将两者直接共混容易出现分层、起皮。这是由于 ABS 具有两相结构，即分散相 PB（聚丁二烯）和连续相的 SAN（苯乙烯-丙烯腈共聚物）。PBT 和 PB 的相容性很差，当 ABS 中的 PB 含量较低时，ABS 和 PBT 的相容性较好，反之就较差。因此，PBT 和 ABS 共混需要添加合适的相容剂。ABS 能降低熔体的流动性，使这类材料模塑更为困难。当温度升高到可注塑制品时，这些改性剂常常会降解，破坏其抗冲击强度，流动性也下降。因此需要同时加入整套抗氧化剂，以改善共混物熔体的稳定性。ABS 以结构适合的量与 PBT 共混，使其中 PB 橡胶的含量充足时，可制成 −40℃ 温度下仍有延展性的 PBT-ABS 共混物。典型 PBT-ABS 共混物的性质见表 6-15。

4. 聚对苯二甲酸丁二醇酯-聚碳酸酯体系

聚碳酸酯（PC）的综合性能优异，尤其是抗冲击强度高，耐蠕变性好，其玻璃化温度高达 145℃，而 PBT 不足 30℃。通过 PBT 与 PC 共混，可以提高

PBT 的热变形温度。PC 和 PBT 之间存在固有的亲和力，共混时具有强的相黏合性。这种结合可以获得好的共混力学性能，PBT 相提供熔融流动性、抗溶解性和共混物最终的热性能，PC 相提供较低的收缩性、较好的尺寸稳定性及冲击强度。共混物中的 PBT 晶体构成分离的聚酯相，常规熔点为 220℃，少量的 PC 相容于无定形的 PBT 相中。PC 相中含有少量溶解的无定形 PBT，其玻璃化温度 T_g 为 130～145℃，低于 PC 的玻璃化温度（145℃），共混物的玻璃化温度随两者共混比例和树脂分子量而改变。多数共混物的连续相为 PBT，它是由 PBT 的晶体和无定形 PBT 与少量 PC 的混合物组成；分散相的主体为 PC，其中含有少量溶解的无定形 PBT。由于 PBT 中残留有制造过程中加入的钛催化剂，其分子端基为羧基和羟基，PC 分子端基为羟基，它们之间在共混加工过程中还会发生醇解和酸解等副反应，需要加入磷酸二氢钠、亚磷酸三苯酯等酯交换反应的抑制剂。

PBT 单独与 PC 共混并不能明显提高 PBT 的缺口抗冲击强度，只有在加入一定量的聚丁二烯接枝共聚物或丙烯酸橡胶、乙烯-醋酸乙烯共聚物（EVA）、功能化的甲基丙烯酸甲酯-丁二烯-苯乙烯共聚物（MBS）、PU 弹性体等，进行三元共混才能获得好的抗冲击改性效果。表 6-15 给出典型抗冲击改性 PBT 共混物的性能。

表 6-15　典型抗冲击改性 PBT 共混物的性能

性能	PBT-PC-MBS 共混物	PBT-ABS 共混物
相对密度 d_4^{20}	1.21	1.22
24h 吸水率/%	0.12	0.10
模塑收缩率(沿流动方向)/$\times10^{-3}$	8～10	24～27
模塑收缩率(沿垂直于流动方向)/$\times10^{-3}$	8～10	24～27
拉伸屈服强度/MPa	53.09	39.30
断裂伸长率/%	120	100
弯曲模量/GPa	2.07	1.79
弯曲强度/MPa	64.81	56.54
Izod 缺口冲击强度/(J/m)	7.90	8.70
HDT(0.46MPa)/℃	106	99
HDT(1.82MPa)/℃	99	47
熔点/℃	220	220

注：HDT 为热变形温度。PBT-PC-MBS 的近似配比为 45∶45∶10；PBT-ABS 的近似配比为 80∶20。

三、聚对苯二甲酸丁二醇酯产品的分类及性能

市售 PBT 产品基本上是已添加了各种增强剂的复合物，以及各种共混合金，

不同生产公司生产的产品性能和牌号、应用的领域是不同的。表 6-16 和表 6-17 给出了全球产能较大、品种较多的 BASF 公司生产的 PBT 产品类别和典型产品的性能指标。

表 6-16 BASF 公司各种 PBT 产品类别

<table>
<tr><td colspan="4">未加强型</td></tr>
<tr><td colspan="2">注塑型</td><td colspan="2">挤出型</td></tr>
<tr><td>牌号</td><td>特性</td><td>牌号</td><td>特性</td></tr>
<tr><td>B 2550</td><td>易流动型</td><td>B 2550</td><td>低黏度型</td></tr>
<tr><td>B 4500</td><td>经过 FDA(美国食品及药物管理局)认证</td><td>B 4500
B 6550</td><td>中等黏度挤出型
高黏度挤出型</td></tr>
<tr><td>B 4520</td><td>标准型,易模塑</td><td>B 6550
LB 6550 LN</td><td>高黏度挤出型</td></tr>
<tr><td colspan="4">玻璃纤维增强型</td></tr>
<tr><td>牌号</td><td colspan="3">特　　性</td></tr>
<tr><td>标准型(PBT-GF)</td><td colspan="3"></td></tr>
<tr><td>B 4300 G2～G10</td><td colspan="3">(玻璃纤维含量 10%～50%)刚性和韧性平衡,易于加工</td></tr>
<tr><td colspan="4">低翘曲型[PBT＋ASA(丙烯腈-苯乙烯-丙烯酸酯共聚物)＋玻璃纤维]</td></tr>
<tr><td>S 4090 G2～G9
(含玻璃纤维 10%～30%)</td><td colspan="3" rowspan="2">PBT 和 ASA 的掺混料,具有非常低的翘曲、非常好的流动性及低密度性能</td></tr>
<tr><td>GX～G6X
(含玻璃纤维 14%～30%)</td></tr>
<tr><td colspan="4">非常低表面粗糙度型(PBT＋PET＋玻璃纤维)</td></tr>
<tr><td>B 4040 G4～G10
(含玻璃纤维 20%～50%)</td><td colspan="3">PBT 和 PET 的掺混料,具有好的表面外观</td></tr>
<tr><td colspan="4">阻燃型(PBT＋玻璃纤维＋阻燃剂)</td></tr>
<tr><td>B 4406 G4/G6 Q113
(含玻璃纤维 20%～30%)</td><td colspan="3">标准卤化物阻燃型(阻燃等级 UL94 V-0,样品厚 0.75mm),低翘曲</td></tr>
<tr><td>B 4400
(含玻璃纤维 25%)</td><td colspan="3">具有非常高 CTR(抗漏电)的阻燃型(阻燃等级为 UL94 V-0,样品厚 1.5mm),无卤、无锑化物或元素磷阻燃剂</td></tr>
<tr><td colspan="4">特殊型</td></tr>
<tr><td colspan="4">冲击模塑产品</td></tr>
<tr><td>KR 4071</td><td colspan="3">甚至在低温下都具有高冲击强度的未增强的注射-模塑型</td></tr>
<tr><td>B 4030 G6(含玻璃纤维 30%)</td><td colspan="3">玻璃纤维增强的注射-模塑型,具有高的冲击强度及增强的抗水解性</td></tr>
<tr><td colspan="4">矿物质增强型</td></tr>
<tr><td>KR 4001(含矿物质 25%)</td><td colspan="3">具有低翘曲的矿物质增强型,有低的表面粗糙度</td></tr>
<tr><td>KR 4011
(含玻璃纤维 20%,矿物质 10%)</td><td colspan="3">具有低翘曲的玻璃纤维和矿物质增强型,有低的表面粗糙度</td></tr>
<tr><td>B 4600(含矿物质 10%)</td><td colspan="3">甚至在低温下都具有低翘曲和高冲击强度的矿物质增强型</td></tr>
</table>

表 6-17　BASF 的 PBT-B 4500 产品的性能指标

注塑型		外观颜色：自然色(n)、已着色(c)、黑色(bk)、特殊色(sp)		
主要用途		用于挤出薄膜、医用包装、薄壁型材和管材，经 FDA 认证		
主要性能		试验条件	测试方法	测试数据
吸水率/%		在 23℃水中	ISO 62	0.5
熔体体积流动速率/(cm^3/10min)		MVR，250℃，2.16kg	ISO 1133	19
密度/(g/cm^3)			ISO 1183	1.3
吸湿率/%		在标准环境下，23℃，50%相对湿度	ISO 62	0.25
黏度/(mL/g)		0.05g/mL 苯酚-1，2-二氯苯	ISO 1268	1.3
力学性能	模具(塑)收缩率/%	纵向/横向，试验片		1.5/1.5
	卡毕冲击强度/(kJ/m^2)	23℃	ISO 179/leU	290
	弯曲强度/MPa		ISO 178	85
	弹性模量/MPa		ISO 572-2	2500
	蠕变模量/MPa	1000h，伸长率≤0.5%，23℃	ISO 899-1	1200
	拉伸应力/MPa	屈服，断裂	ISO 572-2	60
	伸长率/%	屈服，断裂	ISO 572-2	3.7/>50
	球压迹硬度/MPa	H358/30，H961/30	ISO 2039-1	130
	卡毕缺口冲击强度/(kJ/m^2)		ISO 179/leA	6
	冲击破坏能量/J	W50 模塑料	ISO 6603-1	>140
电气性能	相对电弧径指数/m	试验溶液 A/试验溶液 B	IEC 60112	CTI550/CTI450
	介电强度/(kV/mm)	K20/P50	IEC 60243-1	140
	表面电阻/Ω		IEC 60093	10^{13}
	体积电阻率/Ω·cm		IEC 60093	10^{16}
	介电常数	100HMHz/1MHz	IEC 60250	3.3/3.3
	损耗因素	100HMHz/1MHz	IEC 60250	0.002/0.02
加工性能	熔体温度范围/℃	注塑成型/挤出成型		230～260
	熔点/℃	DSC 模塑料	ISO 3146	220～225
	线胀系数/($\times10^{-5}$/K)	纵向/横向(23～80℃)	DIN 53752	13～16
	最高使用温度/℃	短周期操作，注塑件		200
	热变形温度/℃	1.8MPa 负荷(HDTA) 0.45MP 负荷(HDTB)	ISO 75.2	65 165
热性能	比热容/[J/(g·K)]	模塑料		1.5
	燃烧率/等级	UL94 标准 1.6mm，0.8mm		94HB
	热导率/[W/(m·K)]		DIN 52612	0.27
	热指数/℃	在 2000h/5000h 后拉伸强度下降 50%时	IEC 216-1	120/140

四、聚对苯二甲酸丁二醇酯热塑性聚酯醚弹性体[58-74]

热塑性聚酯醚弹性体（thermoplastic polyether ester elastomer，简称TPEE），也称为共聚酯醚弹性体（copolyester-ether elastomers，简称COPEs），是一类由高熔点、高硬度结晶性的聚酯（主要是PBT）硬链段，和非结晶性的聚醚（例如聚乙二醇醚、聚丙二醇醚、聚丁二醇醚等）或聚酯（聚己内酯等脂肪族聚酯）的软链段组成的嵌段共聚物。TPEE是一种高性能的工程级弹性体，它既具有橡胶的柔软性、弹性，又具有热塑性塑料的刚性和易加工性。其机械强度高、弹性好、抗冲击、耐蠕变、耐弯曲、耐疲劳、耐油、耐化学品侵蚀性好，与其他热塑性弹性体比较，使用温度范围宽（−70～200℃），耐寒耐热性好，可采用注塑、挤出、吹塑以及旋转模塑成型加工。其缺点是比一般橡胶的硬度高，手感比较差，耐热水和耐酸性也较差。近年来经过不断改性研究，这些缺点得到明显的改善，使其综合性能得到提高。

根据TPEE软链段组成的不同，分为聚醚型和聚酯型两类。聚醚型TPEE硬链段是PBT，软链段是聚四氢呋喃（PTMEG），典型的商品是DuPont公司的Hytrel；聚酯型TPEE硬链段是PBT，而软链段是聚己内酯，典型的商品是由荷兰AKZO化学公司开发的TPEE-Arnitel。它们的结构式如下：

① 聚醚型TPEE

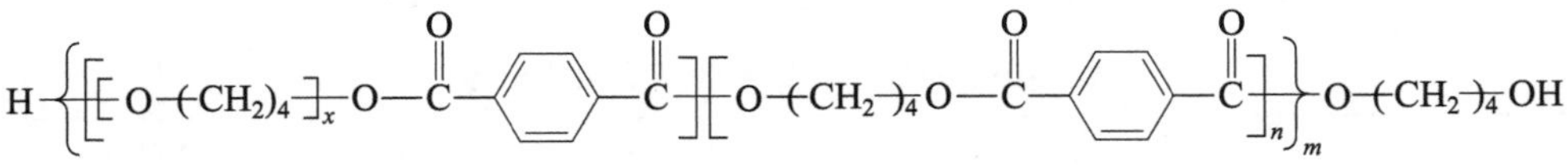

$$\mathrm{H}\left\{\left[\left[\mathrm{O}+\mathrm{CH_2}\right)_4\right]_x\mathrm{O}-\overset{\overset{\displaystyle O}{\|}}{\mathrm{C}}-\mathrm{C_6H_4}-\overset{\overset{\displaystyle O}{\|}}{\mathrm{C}}\right]\left[\mathrm{O}+\mathrm{CH_2}\right)_4\mathrm{O}-\overset{\overset{\displaystyle O}{\|}}{\mathrm{C}}-\mathrm{C_6H_4}-\overset{\overset{\displaystyle O}{\|}}{\mathrm{C}}\right]_n\right\}_m\mathrm{O}+\mathrm{CH_2})_4\mathrm{OH}$$

软链段　　　　硬链段

② 聚酯型TPEE

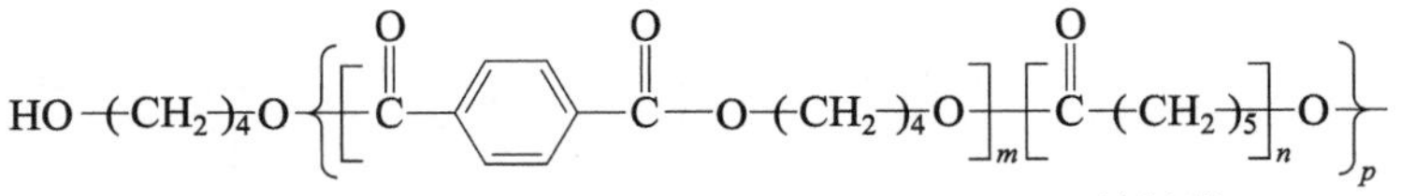

$$\mathrm{HO}+\mathrm{CH_2})_4\mathrm{O}\left\{\left[\overset{\overset{\displaystyle O}{\|}}{\mathrm{C}}-\mathrm{C_6H_4}-\overset{\overset{\displaystyle O}{\|}}{\mathrm{C}}-\mathrm{O}+\mathrm{CH_2})_4\mathrm{O}\right]_m\left[\overset{\overset{\displaystyle O}{\|}}{\mathrm{C}}+\mathrm{CH_2})_5\right]_n\mathrm{O}\right\}_p$$

硬链段　　　　软链段

TPEE的制造方法主要是由PBT的预聚体与PTMEG或聚己内酯在催化剂存在下，熔融缩聚制成。DuPont公司的TPEE-Hytrel系列产品的主要性能见表6-18。

表6-18 TPEE-Hytrel系列产品的主要性能

性能	Hytrel牌号		
	4057	4767	5557
密度/(g/cm³)	1.15	1.15	1.19

续表

性能	Hytrel 牌号		
	4057	4767	5557
熔点/℃	163	199	208
邵氏硬度 D/度	40	47	55
拉伸强度/MPa	23	22	32
伸长率/%	600	550	390
弯曲弹性模量/MPa	61	110	214
悬臂梁缺口冲击强度(23℃)/(J/m)	不断	不断	不断
撕裂强度/(kN/m)	99	108	230
回弹率/%	65	60	50
Taber 磨耗(cs-17mg)/千次	14	15	18
热变形温度/℃	60	60	109
脆化温度/℃	<−60	<−60	<−60

我国也对 TPEE 系列产品进行了开发，并形成系列产品。由晨光化工研究院开发的 TPEE 产品硬链段均为 PBT，软链段分三个系列：H 系列，采用聚四氢呋喃（又称聚醚二元醇）；T 系列，采用环氧丙烷聚醚；C 系列，采用脂肪族聚酯和聚醚酯，共 20 多个牌号产品。其主要性能指标见表 6-19。

表 6-19 我国 TPEE 系列产品性能指标

性能	高性能 H 级					吹塑级	
	H300	H450	H550	H650	H750	H30B	H45B
密度/(g/cm³)	1.10	1.15	1.18	1.20	1.22	1.11	1.17
熔点/℃	162	194	203	213	217	162	—
邵氏硬度 D/度	33	43	50	54	60	37	45
拉伸强度/MPa	12	22	27	30	32	14	15
最大伸长率/%	520	550	450	400	400	154	171
拉伸模量/MPa	39	88	144	228	270	44	89
弯曲模量/MPa	39	91	119	261	365	28	89
撕裂强度/(kN/m)	93	111	143	143	162	105	80
维卡软化点/℃	—	140	162	184	190	—	138
热变形温度(1.82MPa)/℃	—	25	33	39	42	—	41
脆化温度/℃	<−76	<−76	<−76	<−75	<−58	<−70	<−63

续表

性能	通用T级			共混改性C级	
	T50	T65	T75	<50/25	<60/30
密度/(g/cm³)	1.18	1.20	1.21	1.15	1.18
熔点/℃	172	—	—	163	182
邵氏硬度D/度	42	53	60	42	48
拉伸强度/MPa	16	24	30	14	17
最大伸长率/%	230	340	360	330	320
拉伸模量/MPa	82	210	600	91	—
弯曲模量/MPa	77	245	424	94	159
撕裂强度/(kN/m)	70	99	144	62	95
维卡软化点/℃	—	173	—	—	133
热变形温度(1.82MPa)/℃	—	50	60	37	65
脆化温度/℃	—	<−32	<−30	<−47	<−33

第五节 聚对苯二甲酸丁二醇酯的产能、用途及市场

一、全球聚对苯二甲酸丁二醇酯的产能[52-61]

2003年全球PBT的产能约58万吨/年，2005年增加到73万吨/年，2009年突破100万吨/年，2010年的产能达到120多万吨/年，七年产能翻了一倍。2020年PBT产能突破200万吨/年，亚洲是产能和消费最多的地区。中国是PBT产能和消费最多的国家，2019年中国产能和消费分别占全球产能和消费的51.9%和44%，除中国以外的亚洲国家产能和消费分别占全球产能和消费的21.6%和14.4%。不同地区产能和消费逐年变化如表6-20所示。

表6-20 不同地区聚对苯二甲酸丁二醇酯的产能和消费

地区	2015年	2019年	2020年	2021年	2022年	2023年
产能/(万吨/年)						
全球	169.7	187.8	217.3	230.3	238.3	238.3
北美	16.9	16.9	16.9	16.9	16.9	16.9

续表

地区	2015年	2019年	2020年	2021年	2022年	2023年
产能/(万吨/年)						
西欧	26.5	26.5	26.5	26.5	26.5	26.5
中国	81.0	97.5	127.0	140.0	148.0	148.0
亚洲(中国除外)	40.6	40.6	40.6	40.6	40.6	40.6
其他地区	4.7	6.3	6.3	6.3	6.3	6.3
需求/(万吨/年)						
全球	115.0	140.7	146.3	152.0	158.0	164.3
北美	17.3	19.3	14.5	19.3	19.6	20.3
西欧	13.8	15.3	11.5	15.3	15.6	16.0
中国	48.1	61.9	46.4	61.9	64.6	67.4
亚洲(除中国外)	16.3	20.2	15.2	20.2	21.1	22.1
其他地区	19.5	24.0	58.7	35.3	37.1	38.5

注：1. 2020～2023年数据是依据年均增长率推算的。
2. 其他地区主要包括中欧、中东和非洲等地区。
3. 除中国以外的亚洲国家和地区有日本、韩国、越南、印度和马来西亚等。

全球有多家生产PBT的公司，其中三大生产公司分别为沙特在美国的SABIC Innovative Plastics公司（原美国GE塑料公司，2007年被沙特SABIC公司收购）、DuPont公司和德国的BASF公司。2022年世界PBT的主要生产公司和产能见表6-21。

表6-21 2022年世界PBT的主要生产公司及产能

地区及国家	位置	产能/(万吨/年)
北美		
SABIC Innovative Plastics(前身为GE塑料公司)	Mount Vernon,美国	12.0
Ticona	Shelby,美国	3.0
DuPont	Cooper River,美国	4.0
Intercontinental Polymer	Lowland,美国	0.9
合计		19.9
西欧		
BASF	Schwarzheide,德国	10.0
DuBay Polymers	Hamm-Uentrop,德国	8.0
DuPont de Nemours	Uentrop,德国	3.0
Evonik Degussa	Marl,德国	2.5
DSM Enguneering Plastics	Emmen,荷兰	3.0
合计		26.5

续表

地区及国家	位置	产能/(万吨/年)
亚洲(除中国大陆以外国家和地区)		
Ester Industries	印度	1.4
Mitsubishi Enginering Plastic	日本	7.0
Mitsubishi Ryon	日本	0.5
Wintech Polymer(Polyplastic)	日本	2.2
Toray Industries	日本	2.3
Witechi Polymer	日本	0.5
Toyobo(fomerly DIC Corp)	日本	0.4
Toray BASF PBT	马来西亚	6.0
LG Chemical	韩国	0.8
Chang Chun Co. Ltd	中国台湾	6.0
Shinkong Sinthetic Fiber Corp	中国台湾	6.0
Nanya Plastics(part of Formosa)	中国台湾	3.0
合计		36.1

PBT 是通用工程塑料中工业生产比较晚的品种，直到 20 世纪 70 年代才投入工业生产。PBT 优良的综合性能和市场需求的日益增长，刺激全球的 PBT 生产者迅速扩大其产能。2004 年杜邦、帝斯曼、帝人、拜耳等公司新增产能 25.5 万吨/年。为巩固在工程塑料领域的领先地位，拜耳和杜邦联手投资 5000 万欧元成立合资企业 DuBay 公司，采用最新环保和安全标准在德国的 Hamm-Uentrop 地区建造世界级的 PBT 装置，初期建成 8 万吨/年 PBT 装置，已于 2004 年初投产。赛拉尼斯的子公司 Ticona 公司与 DSM 公司合作组建成资本各占一半的合资企业，在荷兰 Emmen 建设 6 万吨/年 PBT 装置，2005 年建成投产。Ticona 与日本帝人、Daicel 公司的合资公司 Win Tech 公司在日本松山拥有 1 万吨/年 PBT 装置，将再建 5 万吨/年的装置。BASF 和东丽公司组建的合资企业在马来西亚的关丹现有的石化联合企业内，建设 6 万吨/年 PBT 装置，2006 年建成投产，并可根据市场需要扩建成 10 万吨/年。沙特阿拉伯的 SABIC 公司 2007 年 5 月底宣布以 116 亿美元收购了 GE Plastics 公司，成立 SABIC Innovative Plastics 公司，一举取代了 GE 公司，成了全球 PBT 产能最多的公司。与此同时，中国的 PBT 生产装置也进行了大规模的建设，从而使全球 PBT 的产能增长了一倍。预计未来的 10 年，全球 PBT 的产能增长将放慢，扩大 PBT 的市场，消化新增的产能将是全球 PBT 生产者面临的局面。

2011 年伊始，全球最大 PBT 生产者之一 BASF，宣布该公司在中国上海浦东基地的工程塑料改性装置产能将在现有的 4.5 万吨/年的基础上新增 6.5 万吨/年，也即 BASF 在中国的聚酰胺和 PBT 工程塑料的产能将在 2015 年达到 11 万吨/年，这就是 BASF 公司为了消化其马来西亚 BASF/Toray 的 PBT 产能，扩大 PBT 市场的重要举措之一。

二、聚对苯二甲酸丁二醇酯的用途、市场和需求[52-57]

1. PBT 的用途及市场

PBT 大部分都是加工成配混料进入市场，PBT 经过添加剂改性，与其他树脂共混可以获得良好的耐热、阻燃、电绝缘性及良好的加工性等优良综合性能，使其在电子电气、汽车、飞机制造、通信、家电等工业中得到广泛的应用。PBT 中加入一定比例的玻璃纤维和改性剂后，可以用于制造要求长期在较高温度工况下，要求高的尺寸稳定性的电子电气零部件。PBT 的击穿电压高，适用于制作耐高电压的零部件，又因其熔融状态的流动性好，而适合于注射加工结构复杂的电气零件，如集成电路的插座、印刷线路板、角形连接器、接线柱、电动机罩盖、计算机的风扇和键盘、电器开关、熔断器、温控开关和保护器、装饰灯座等。

在汽车制造方面，PBT 广泛用作生产保险杠、化油器组件、扰流板、火花塞端子板、供油系统零部件、仪表盘、点火器、传感器盒、加速器及离合器踏板等零部件。例如由 GE 公司生产的聚对苯二甲酸丁二醇酯-聚碳酸酯（PBT-PC）塑料合金具有优良的耐热、耐磨、耐化学腐蚀、耐应力开裂性，低温抗冲击强度高，易加工和表面涂饰性好，已广泛用于生产高档轿车保险杠、车底板、面板等。

在通信领域，PBT 主要用于程控电话的集成模块、接线板、电容器壳体、天线护罩等。在家用电器制造中用于节能灯头、电器开关、电子镇流器外壳、电吹风、电饭煲、电磁炉底盘、微波炉、电动工具等的零部件。

PBT 经混纺可制成纤维，PBT 纤维同样具有极高的力学、耐热、耐化学品等性能。用 PBT 纤维可制备耐热性防护薄板、高强度薄板、高强度绳索、空气清新过滤布、光纤电缆隔离物、高级钓鱼线、安全网、复合缝纫线等。将多层 PBT 等织物与高聚物基体层压在一起，可制备人体防弹衣，这种防弹衣比一般的防弹衣质量轻，穿着舒适。此外 PBT 纤维还可用于制造高性能防切割、耐高温和耐火焰的防护手套等。

2. PBT 今后应用和市场发展趋势的预测

从发展趋势来看，PBT 今后的应用范围会更加广泛，对其各种性能的要求会更多以便用于功能材料的制作。其热点将表现在以下方面。

（1）合金化的改性技术将得到进一步发展

具有各种特殊性能要求的 PBT 合金，诸如 PBT/ABS（丙烯腈-苯乙烯-丁二烯共聚物）、PBT/PET（聚对苯二甲酸乙二醇酯）、PBT/PB（聚丁烯）、PBT/

SMA（苯乙烯-马来酸酐共聚物）、PBT/EPDM（三元乙丙橡胶）等塑料合金已广泛用于电子电气、汽车等工业。例如PBT/ABS合金用于汽车内装饰、家用电器的外壳，PBT/PET合金用于汽车方向盘的连接件、电器接插件等，PBT/PB合金用作汽车保险杠，PBT/EPDM合金用于汽车减震套管、散热管支撑系统、电动活塞、减震轴承等。其用途和市场会进一步扩大，而且还会有更多性能优异的由PBT组成的合金问世。

(2) 新型多功能高档PBT材料的开发

为适应国际上对阻燃、电绝缘等安全性要求的提高，要采用无卤阻燃体系，采用特殊的改性剂，研究开发PBT高档新产品，使其具有阻燃、耐高电压、耐电弧、耐湿热老化等特性，被广泛用于高温、高热等电子电气行业。可以替代陶瓷、玻璃、金属铝等建材的高密度PBT的发展前景也很好。Celanes公司的Ticona工程聚合物公司推出的无卤阻燃型PBT Celanex XFR系列产品采用无机磷化物作阻燃剂，其密度低、相对漏电起痕指数（CTI）值高、耐紫外线（UV）稳定性好，五种玻璃纤维含量在30%以上的品级可用于电子电器的连接器、开关、外壳等。此外纳米PBT新产品的开发也崭露头角，纳米PBT除了保留PBT的优良性能外，还具有其独特的性能，因此可以代替普通PBT用于高档领域。纳米PBT具有更好的加工稳定性、优良的耐湿热老化性，特别适用于制造光纤护套。对PBT树脂进行后缩聚增黏处理，可制成黏度较高的光缆光纤级PBT树脂，作为光纤套管材料。随着信息工业的发展，高档PBT市场需求将进一步扩大。

(3) 低收缩率低翘曲增强型PBT的市场前景看好

低收缩率低翘曲增强型PBT制品尺寸稳定，特别是对于制造精密部件。BASF和DuPont公司采用聚合共混等技术开发的玻璃纤维增强PBT/ASA（丙烯腈-苯乙烯-丙烯酸酯共聚物）合金制品，显示出极低的翘曲，市场极具潜力。

(4) 高流动性环状PBT低聚物（CBT）树脂的用途将更加广泛

Cyclics公司已与多家合作伙伴达成了共同发展CBT树脂应用的协议。与DOW汽车公司在轿车、卡车、巴士及轨道列车等应用领域合作，开发CBT注塑成型、传递模塑成型（RTM）和片状模压成型（SMC）制品在车身底盘、车厢、承重板及保险杠等部件上的应用。与Alcan复合材料公司合作开发CBT在建筑、装饰市场，以及桥梁碳纤维增强包带等一般工业结构方面的应用。与爱尔兰的Gaoth公司、日本的三菱重工公司合作开发复合材料缠绕管螺旋片，这种螺旋片是由CBT预浸泡材料在上层，与环氧树脂预浸泡材料层压共挤而制成。与芬兰的Ahlstrom Glassfibre Oy of Helsinki公司合作，利用其增强材料开发CBT在缠绕管以及船舶产品中的应用。与意大利的Ferrara公司结成战略合作伙伴，合力开发CBT旋转模塑成型产品的欧洲市场。罗姆·哈斯公司的Morton粉末涂料分部与 Cyclics 公司组建研发联合体，开发低黏度且具有先进功能特征的粉末涂料配方，采用 PBT 树脂生产薄层热塑性涂料，并将 CBT 推向粉末涂料市场。与此同时，Cyclics 将现有装置扩大到 2.5 万～5 万吨/年规模。预计 CBT 的应用领域及市场在未来将进一步扩大。

（5）热塑性聚酯醚弹性体发展将提速

20 世纪 70 年代美国 DuPont 公司和日本的 Toyobo 公司率先开发出热塑性聚酯醚弹性体（TPEE），并推向市场，商品名分别为 Hytrel 和 Pelprene，随后如 Celanese、GE、AKZO、LG 化学等十多家公司也相继推出各自的产品品牌。由于 TPEE 产品的性能优越，应用领域很快扩大，产能增加。到 2004 年全球生产能力已超过 10 万吨/年，产量和需求达到 7 万吨/年以上。其中北美消费 4.1 万吨/年，占总消费量的 53%；西欧消费 2.3 万吨/年，占 29.8%；日本消费 0.83 万吨/年，占 10.7%。2010 年的消费量达到 10 万吨/年，年均增长速度在 6%～8%。2010 年以后随着全球 PBT 生产能力的增长，TPEE 的市场和消费量仍存在增长和上升的空间。

TPEE 突出的特点是弹性、强度、耐油、耐化学品及耐热性能优良，可采用注塑、挤出、吹塑及旋转模塑工艺加工，可以填充、增强及合金化改性。其应用领域广泛，当前已代替硫化橡胶等其他材料应用于汽车工业、电子电气、仪表设备、工业制品、文化体育用品、制鞋、生物制品等产业部门，如汽车中的安全气囊、减震器、输油管、转向器、挡泥板、汽车线缆等，工业制品中用作液压软管、密封件、军用拖车挂钩、轻型轮胎和油箱等，文体用品中如滑雪板固定器、鞋底等。PBT-PEG（聚乙二醇）的嵌段共聚物性能优良可调，生物相容性好，不易引起受体组织的炎症反应，在承重与非承重骨置换、人工骨膜、伤口修复、人工皮肤、药物缓释载体等医药生物方面的应用前景喜人。此外 TPEE 作为特种橡胶可作为高分子材料的改性剂，用于提高 POM（聚甲醛）、PBT、PET、PS（聚苯乙烯）等的低温性能、抗冲击性能，改善 PC（聚碳酸酯）的耐油和耐压力开裂性能，改进 PVC（聚氯乙烯）的低温柔软性、耐寒性，降低 PP（聚丙烯）的纺丝温度、改进染色性能和手感。

国内 TPEE 的研究和发展虽然起步较晚，但在 20 世纪已完成工业生产和产品的系列化开发。在中国科学院、中蓝晨光化工研究设计院有限公司、辽宁科隆化工实业有限公司等单位的努力下，2010 年国内生产能力已有 1 万吨，但产量和品种尚不能满足国内发展的需要，每年的进口量较大。预计今后国内需求将以 10%的速度增长，随着我国 PBT 产能的扩大，TPEE 产能和市场的发展将提速。

3. PBT 的消费市场分配和需求

2003 年全球 PBT 的消费量达到 45 万吨，2005 年增长到 66.3 万吨，年均增长率在20%以上。2010年全球PBT消费量达到90万吨以上，七年全球消费量翻了一番，2006～2010年全球PBT的需求年均增长速度约7%。在2009年85万吨的PBT消费量中，中国消费24.2万吨，占28.5%；西欧消费21.3万吨，占25.1%；美国消费21.3万吨，占25.1%；日本消费16.3万吨，占19.2%；其他国家和地区消费约2万吨，占2.4%。中国消费量为全球之首。

全球PBT消费主要集中在电子电气，占总消费量的40%～50%；其次为汽车制造业，占25%～30%；器具消费约占15%；其他消费约占15%。美国电子电气消费所占比例最大，西欧和日本PBT的最大消费领域则是汽车制造，中国电子电气、汽车制造是主要消费领域。

三、中国聚对苯二甲酸丁二醇酯的生产和需求[52-74]

1. 中国PBT产能增长迅速

在20世纪80年代中期北京市化工研究院开发成功间歇酯交换法（DMT法）制造PBT，并进行小规模生产。之后，蓝星南通星辰合成材料有限公司张家港分公司采用国内技术建成直接酯化法1万吨/年PBT生产装置，填补了国内空白，1997年中国石化仪征化纤有限责任公司的工程塑料厂引进德国吉玛公司PBT技术，建成2万吨/年生产装置，开启了我国大规模生产PBT的先河。进入21世纪，由于国内电子电气和汽车工业的迅速发展，对各种性能和用途的PBT产品的需求急剧增长，与此同时，PBT生产所需的主要原料BDO中国实现了从无到有，正处于快速扩产阶段，为PBT的发展奠定了基础。借助引进技术、合资、独资等多种形式使中国PBT生产得到很大发展。2004年中国PBT树脂的产能只有4.5万吨，到2009年中国PBT树脂产能突增为26万吨，随着中石化仪征化纤有限责任公司6万吨/年新装置，江苏江阴的和利时新材料股份有限公司扩建2万吨/年等新建和改扩建PBT装置计划的落实，2010年底或2011年中我国PBT产能会突破30万吨/年，跃居全球第一。2019年PBT产能接近100万吨/年，表6-22列出中国PBT生产企业及产能变化。

表6-22 中国PBT的主要生产公司及产能

公司	位置	产能/(万吨/年)							
		2015	2019	2020	2021	2022	2023	2024	2025
长春封塑料(常熟)有限公司	江苏常熟	18	18	18	18	18	18	18	18
江阴丰华合成纤维有限公司	江苏江阴	3	3	3	3	3	3	3	3
江苏和时利新材料股份有限公司	江苏江阴	2	2	2	2	2	2	2	2

续表

公司	位置	产能/(万吨/年)							
		2015	2019	2020	2021	2022	2023	2024	2025
江苏和时利新材料股份有限公司	江苏江阴	4	4	4	4	4	4	4	4
无锡市兴盛新材料科技有限公司	江苏无锡	4	8	8	8	8	8	8	8
无锡市兴盛新材料科技有限公司	江苏无锡			4	10	10	10	10	10
浙江美源新材料股份有限公司	浙江宁波			9	10	10	10	10	10
江苏鑫博高分子材料有限公司	江苏宿迁		3	3	3	3	3	3	3
江苏科奕莱新材料科技有限公司	江苏泰兴				4	12	12	12	12
蓝星南通星辰合成材料有限公司	江苏南通	6	6	6	6	6	6	6	6
中国石化仪征化纤有限责任公司	江苏仪征	2	2	2	2	2	2	2	2
中国石化仪征化纤有限责任公司	江苏仪征	6	6	6	6	6	6	6	6
中国石化仪征化纤有限责任公司	江苏仪征		3	6	6	6	6	6	6
新疆蓝山屯河聚酯有限公司	新疆	6	6	6	6	6	6	6	6
新疆蓝山屯河聚酯有限公司	新疆			4	6	6	6	6	6
营口康辉石化有限公司	辽宁营口	8	8	8	8	8	8	8	8
营口康辉石化有限公司	辽宁营口		4	8	8	8	8	8	8
营口康辉石化有限公司	辽宁营口		2.5	8	8	8	8	8	8
河南开祥精细化工有限公司	河南义马	10	10	10	10	10	10	10	10
福建福华新材料集团有限公司	福建漳州	6	6	6	6	6	6	6	6
山东魏桥创业集团有限公司	山东滨州	6	6	6	6	6	6	6	6
合计		81	97.5	127	140	148	148	148	148

注：2020～2025年数据是依据年均增长率推算的。

2. 中国PBT消费需求发展强劲

2004年中国PBT树脂的产量只有2.5万吨，当年的消费量为6.2万吨，60%依赖进口。2009年产量达到16.7万吨，当年消费量为24.2万吨，进口量为12.7万吨，出口量5.2万吨。2010年PBT产量超过20万吨，消费量接近27万吨，对外的依存度进一步降低，出口量将进一步增加。2011～2015年消费量仍以年均8%～10%增长率增长，到2015年，消费量已接近50万吨，国内产能产量已完全可以自给有余，中国已成为PBT树脂的净出口大国。主要出口的是美国和中东国家。表6-23给出中国PBT历年产能和消费变化预测。

表 6-23 中国 PBT 历年产能和消费变化预测 单位：万吨/年

项目	2015	2016	2017	2018	2019	2020	2021	2022	2023	2024	年均增长率/%	
											2015～2019	2019～2025
产能	81	86	88	88	97.5	127	140	148	148	148	4.7	8.1
产量	51	55	59	61.6	67.3	50.8	78.4	82.9	85.8	88.8	7.2	5.4
净出口	2.9	3.8	4.4	3.5	5.4	4.4	16.5	18.3	18.4	18.4		
消费	48.1	51.2	54.5	58.1	61.9	46.4	61.9	64.6	67.4	70.4	6.5	2.9

在制造业快速增长的推动下，中国对工程塑料的需求也持续增长。与其他地区（如西欧、北美和亚洲其他地区）相比，中国的 PBT 需求增长将大幅提高。预计 2019～2025 年，中国 PBT 消费年均增长率为 2.9%。中国 PBT 的主要用途是在电气和电子行业，占 PBT 树脂总需求的一半以上；汽车行业约占总需求的 25%；其余消耗在器械、器具、家用电器、仪表等其他应用方面。

虽然中国 PBT 的产能增长较快，但是生产技术都是由国外大公司引进，经局部改进，缺少成套专有技术，对一些高性能的改性产品仍依赖进口。国内从事生产 PBT 改性材料的企业已有多家，例如蓝星南通星辰合成材料有限公司、江阴丰华合成纤维有限公司和江苏和时利新材料股份有限公司等，尚处于发展阶段，品种和市场占有率较低，竞争力不强，是影响我国 PBT 生产进一步发展的不利因素。

2009 年我国 PBT 的消费比例为电子电气占 64.5%，汽车占 21.5%，其他占 14%。随着我国汽车工业的发展，汽车消费 PBT 的比例在未来将有所上升。

3. 中国 PBT 仍具有发展空间，要谨防过热过剩

纵观我国 PBT 的发展，无论产能还是产量，在 2008～2010 年间是一个突变的过程。这种突变当然首先是由于市场需求的增长，国内丁二醇产能产量的增长起了推波助澜的作用，两者相互促进，形成当前都面临产能过剩的局面。但是是否真的过剩？仔细分析，并不过剩，因为近几年表观消费量均大于产量，每年都需要进口一部分，以弥补国内产能的不足。究其原因，其一是我国无论 PBT 还是丁二醇，生产技术全部由国外引进，建成多套新装置，这些装置的正常生产、技术的掌握、管理水平的提高，需要有一个过程；其二，我国下游产品，具有高附加值、高性能、功能化的 PBT 改性产品、TPEE 等仍依赖国外进口；其三，我国的市场需求量还未全部释放出来，在内需进一步扩大的同时，仍存在发展和上升的空间，特别是在交通运输工具、通信行业、电子行业等。随着进口量的减少、国产率的上升，发展空间会逐渐减少，发展和提升的速度会逐年下降，直至产能和需求基本一致，因此在建和扩产 PBT 装置要更加谨慎。

参考文献

[1] 何嘉松. 聚酯. 饱和聚酯 [M] //中国化工百科全书：第 9 卷. 北京：化学工业出版社，1995：562.

[2] Scheirs J，Long T E. 现代聚酯 [M]. 赵国樑，等译. 北京：化学工业出版社，2007：219.

[3] 包文滁，等. 苯二甲酸及其它苯多羧酸 [M] //中国化工百科全书：第 1 卷. 北京：化学工业出版社，1990：369.

[4] 戴伟. 对苯二甲酸 [M] //有机化工原料大全：下卷. 2 版. 北京：化学工业出版社，1999：561.

[5] 赵标，等. PTA 生产最新进展 [J]. 聚酯工业，2008，21 (4)：5.

[6] 姚新星，等. PTA 生产工艺简介 [J]. 广东化工，2009，36 (12)：2.

[7] 王海滨. 国内对苯二甲酸（PTA）产业发展方向研究 [J]. 合成纤维，2010，39 (3)：4.

[8] 郭琛. 我国对苯二甲酸工业“十二五”展望和发展思路 [J]. 化学工业，2010 (6)：3.

[9] 李晓莲. 对苯二甲酸生产工艺技术及行业发展现状 [J]. 化工管理，2022 (11)：59-62.

[10] 吴昊，邹少瑜. 对苯二甲酸生产工艺国内专利技术综述 [J]. 河南科技，2020 (12)：147-149.

[11] 李西春，李媛. 浅析国内精对苯二甲酸技术和生产现状 [J]. 合成纤维，2021，50 (9)：4.

[12] 周念来. 对苯二甲酸生产工艺进展 [J]. 科技风，2020，405 (01)：146.

[13] 张成延，任伟豪. 对苯二甲酸生产工艺中产品品质影响因素的研究 [J]. 聚酯工业，2018，31 (6)：4.

[14] 雷玲，钱枝茂. BP-Amoco 精对苯二甲酸生产工艺技术分析 [J]. 合成纤维工业，2014，37 (05)：65-68.

[15] 蔡志远. 聚对苯二甲酸丁二醇酯（PBT）生产工艺控制的探讨 [J]. 聚酯工业，2016，29 (4)：3.

[16] 黄鑫. 惠生全球单系列产能最大 PTA 装置顺利投产 [J]. 上海化工，2020，45 (6)：1.

[17] Eckhard S，et al. Method for the production of polybutylene terephthalate ：US 2004236067A1 [P]. 2004-11-25.

[18] Eckhard S，et al. Method for the production of polybutylene terephthalate：US 6967235B2 [P]. 2005-11-22.

[19] Fritz Wilheim，et al. Method for the esterification of terephtalic acid with butanediol，method for the manufacture of polybutylene terephtalate and device therefor：US 0221768A1 [P]. 2009-09-03.

[20] Van Beek，et al. Polybutylene terephthalate and mixtures comprising the said polybutylene terephthalate and aromatic polycarbonate，as well as articles manufactured from the said materials：EP 0639601A2 [P]. 1995-02-22.

[21] Hamano Masanorl，et al. Polyolybutylene terephhalete：EP 1731546A1 [P]. 2006-12-13.

[22] Ohme Hiroyuk，et al. Method for producing polybutylene terephthalate：EP 0869141A1 [P]. 1998-10-07.

[23] Steven W，et al. Macrocyclic polyester oligomers and processes for polymerizing the same：US 20040011992A1 [P]. 2004-01-22.

[24] Toshiyuki Hamano，et al. Polybutylene terephthalate resin composition：US 20090264611A1 [P]. 2009-10-22.

[25] Kouichi S，et al. Lighting device and apparatus with multiple applications for processing a common sensed condition：US 0266857 [P]. 2010-10-21.

[26] Thomas H，et al. Nmethod for the continuous prodcution of polybutyleneterephthalate from terephthalic acid and butanediol：US 6812321B1 [P]. 2004-11-02.

[27] Eckhard S，et al. Method for the continuous production of polybutylene terephthalate from terephthal

acid and butane diole：US 6657040B1 [P]. 2003-12-02.
[28] Endert eike S V，et al. Method for continuous production of high-molecular weight polyesters and device for implementation of the method：US 2007066790A1 [P]. 2007-03-22.
[29] Yamaguchi Shuji，et al. ポリプチレンテレフタレートの制造方法及び装置：JP 2006-348313 [P]. 2006-12-28.
[30] Yamaguchi Shuji，et al. Production process and production apparatus for polybutylene terephthalate：US 2004166039A1 [P]. 2004.
[31] 中元英和，等. 聚对苯二甲酸丁二醇酯的连续制造方法及其连续制造装置：CN 1550511A [P]. 2004-12-01.
[32] 野田健二，等. 聚对苯二甲酸丁二醇酯及其制造方法：CN 101253217A [P]. 2008-08-27.
[33] 吴健，等. 一种聚对苯二甲酸丁二醇酯的制造方法：CN 101575409A [P]. 2009-11-11.
[34] 李旭，等. 聚对苯二甲酸丁二醇酯制品：CN 101328258A [P]. 2008-12-24.
[35] 邓元，王雪芹. 聚对苯二甲酸丁二酯的固相缩聚研究 [J]. 高分子材料科学与工程，1994，10（1）：6.
[36] 邓德纯，王燕萍. 聚对苯二甲酸丁二醇酯的固相缩聚 [J]. 化工新型材料，2000，28（6）：3.
[37] 邓德纯，颜志勇. PBT 的固相缩聚 [J]. 合成技术及应用，2000，15（2）：4.
[38] 蒋爱云，等. 固相缩聚的研究进展 [J]. 高分子材料科学与工程，2006，22（5）：4.
[39] 金离尘. PET 固相缩聚生产技术的新进展 [J]. 聚酯工业，2009，22（1）：6.
[40] Buxbaum L H . Solid-state polycondensation of poly（butylene terephthalate）[J]. Journal of Applied Polymer Science：Applied Polymer Symposium，1979（35）：59-66.
[41] Fortunato B，Pilati F，Manaresi P. Solid state polycondensation of poly（butylene terephthalate）[J]. Polymer，1981，22（5）：655-657.
[42] Gostoli C，Sarti G C. Diffusion and localized swelling resistances in glassy polymers [J]. Polymer Engineering & Science，1982，22（16）：1018-1026.
[43] Brunelle D J，et al. Process for preparing macrocyclic polyester oligomers：US 5407984A [P]. 1995-04-18.
[44] Brunelle D J，et al. Process for depolymerizingpolyesters：US 5668186A [P]. 1997-09-16.
[45] 钱伯章. 开祥化工 PBT 装置产出纺丝级合格产品 [J]. 合成纤维工业，2022，45（6）：1.
[46] 裴聪辉. 2019 年 PBT 市场供需现状及未来展望分析 [J]. 现代营销：经营版，2019（11）：2.
[47] 李英. PBT 低熔点共聚酯的制备与性能研究 [D]. 沈阳：沈阳工业大学，2023.
[48] 周吉. 环氧官能化聚乙烯的制备及其在 PBT 中的性能研究 [D]. 沈阳：辽宁大学，2021.
[49] 张景春. 基于母粒共混改性制备超柔 PBT 纤维及其性能研究 [D]. 上海：东华大学，2019.
[50] 中蓝晨光化工研究设计院有限公司《塑料工业》编辑部. 2014～2015 年世界塑料工业进展 [J]. 塑料工业，2016（3）：1-46.
[51] 白桢慧，苏婷婷，李萍，等. 聚对苯二甲酸丁二醇酯改性研究进展 [J]. 工程塑料应用 2022（10）：7-23.
[52] 王英，陈明清. PBT 生产与改性技术研究进展及市场情况 [J]. 合成树脂及塑料，2022，39（03）：69-72，79.
[53] 卜和安，刘世军，吴文洋，等. PBT 工程塑料改性的研究现状及应用进展 [J]. 塑料科技，2023，51（2）：5.
[54] 张乃斌. 浅议环状聚酯 CBT 树脂 [J]. 塑料制造，2006（8）：5.
[55] 张乃斌. "像水一样流动" 的功能聚合物 CBT [J]. 塑料工业，2006，34（B05）：3.
[56] 何晓东. 改性 PBT 中扩链剂的选用 [J]. 当代化工研究，2010（10）：40-42.

[57] 李辉，等. PBT 非等温热分解动力学的研究 [J]. 合成树脂及塑料，2010 (2)：4.
[58] 田冶，等. PBT/ABS 合金增容体系的研究 [J]. 中国塑料，2010 (1)：5.
[59] 吴承旭，等. PBT/PC 合金塑料的性能与微观结构 [J]. 化工学报，2010 (6)：6.
[60] 李国林，等. 聚对苯二甲酸丁二醇酯的改性及功能化研究 [J]. 化工新型材料，2010 (8)：4.
[61] 钱伯章. PBT 树脂市场分析 [J]. 化工新型材料，2006，34 (11)：3.
[62] 王波，等. 反倾销与中国聚对苯二甲酸丁二醇酯市场格局的演变 [J]. 化学工业，2007，25 (2)：4.
[63] 李向涛，等. PBT 树脂仍有上升空间 [J]. 中国化工信息，2010 (24)：1.
[64] 陈建野，等. 高机械性能无卤阻燃 PBT 复合材料的制备 [J]. 塑料工业，2010 (3)：4.
[65] 郑宁来. 我国 PBT 树脂发展 [J]. 合成纤维，2010，39 (9)：1.
[66] 郑宁来. 生物降解塑料在包装材料的应用发展 [J]. 聚酯工业，2010，23 (5)：1.
[67] 张丽，等. M&G 公司计划在北美建 PET 工厂 [J]. 中国化工信息，2007 (28)：1.
[68] 徐京生. 国内外共聚酯醚弹性体的生产工艺及市场分析 [J]. 精细与专用化学品，2009，17 (020)：24-26.
[69] 吴佩华. 聚醚酯热塑性弹性体的发展概况 [J]. 化工科技市场，2010 (8)：3.
[70] 肖勤莎，罗毅. 热塑性聚酯弹性体 [J]. 弹性体，1998，8 (4)：7.
[71] 祝爱兰. 热塑性聚酯弹性体的研究 [J]. 金山油化纤，2004，23 (4)：6.
[72] 徐京生. PTMEG、1,4-丁二醇、PBT 企业应关注共聚酯醚弹性体的发展 [J]. 精细与专用化学品，2009 (20)：3.
[73] 张强，雷濡豪. 聚对苯二甲酸丁二醇酯生产工艺、应用及市场 [J]. 化工中间体，2020 (17)：5-7.
[74] 张志峰，马俊鹏. TPEE 弹性体性能研究 [J]. 聚酯工业，2022，35 (5)：18-20.

第七章
聚四氢呋喃

第一节
聚四氢呋喃的物理化学性质

一、聚四氢呋喃的物理性质[1-2]

聚四氢呋喃（polytetrahydrofuran，简称 PTHF），又名聚四亚甲基醚二醇（polytetramethylene ether glycol，简称 PTMEG），是一种聚醚二元醇，由四氢呋喃开环聚合生成，其分子式如下：

$$HO\leftarrow CH_2CH_2CH_2CH_2O\rightarrow_n H$$

分子式中的 n 为大分子链上所含的重复链段“$\leftarrow H_2CH_2CH_2CCH_2O\rightarrow$”的单元数目，也称为聚合度。聚合度高，大分子化合物的分子量就高。

聚四氢呋喃是一种由不同聚合度或不同分子量的饱和线型均聚物组成的高分子化合物，单一分子量的 PTMEG 几乎不存在，也无实际意义。非常低分子量的低聚物（即由 2～3 个四氢呋喃分子组成的聚醚二元醇）常温下是一种透明的液体，随着聚合度和分子量的增加，其形态从黏稠的无色油状液体到蜡状固体，聚合度为 10 的 PTMEG 已经是油状黏稠液体。中等聚合度的 PTMEG 熔融后是能流动的蜡状物，随着分子量的再增加将变成坚韧的橡胶状固体，难以熔融。PTMEG 在室温下具有缓慢结晶的趋势，非晶态的 PTMEG 具有很好的胶黏性和加工强度，在室温下随着慢慢地向结晶态转变，这些良好的性能也将部分丧失。当分子量达到百万，便成为一种坚韧的结晶固体。工业生产的 PTMEG 是由不同分子量的聚四氢呋喃组成的混合物，平均分子量分别为 1000、1800 和 2000 的 PTMEG 产品占主导地位。PTMEG 的主要产品是聚氨酯弹性纤维（我国叫作氨纶）、聚氨酯弹性体、共聚酯-醚弹性体和其他聚氨酯等产品。

微观研究的数据表明 PTMEG 分子具有一平面锯齿形构型，主链骨架是重复由四个亚甲基连接一个氧原子的醚分子结构，这种结构大大增加了其在极性溶剂中的溶解性。但其溶解性随分子量的大小而不同。能溶解全部分子量 PTMEG 的溶剂，例如苯、甲苯、氯苯、硝基苯、二氯甲烷、氯仿、四氯化碳、二氯乙烷、四氢呋喃等。而乙醇、乙醚、丙酮和水等只能溶解低分子量的PTMEG，在冰水的浆状物中PTMEG能形成结晶沉淀析出。戊烷、己烷、石油醚等一类脂肪烃则几乎不能溶解各种分子量的PTMEG。

聚四氢呋喃分子中结晶部分的含量与制造方法和分子量、温度等有关，含量一般为24%～80%。较低分子量的PTMEG一般结晶部分含量较高，较高的结晶温度能得到完美的晶体，熔点较高的PTMEG结晶部分含量低。

由于PTMEG是由不同分子量的聚合物组成的混合物，因此常常通过数均和重均两种平均分子量和分子量分布来表述其不同分子组成。PTMEG的平均分子量及分子量分布可用标准方法测定，具有窄分子量分布的PTMEG必须是在严格控制的反应条件下制造的。具有一般分子量分布的PTMEG，需要经高真空或分子蒸馏才能得到窄分子量分布的PTMEG。典型PTMEG的物理性质见表7-1。

表 7-1 典型 PTMEG 的物理性质

物理性质	数据
熔点(T_m)/℃	43
	58～60①
玻璃化转变温度(T_g)/℃	−86
密度(25℃)/(g/cm^3)	
无定形	0.975
晶体	1.07～1.08
300%模数/MPa	
由低到高分子量PTMEG	1.6～14.3②
固化可塑的高分子量PTMEG	13.7～19.0③
拉伸强度/MPa	
高分子量PTMEG	29.0
由低到高分子量PTMEG	27.6～41.4②
固化的PTMEG	16.8～38.3④
固化可塑的高分子量PTMEG	13.7～19.0③
延伸率/%	
高分子量PTMEG	820
由低到高分子量PTMEG	300～600②
固化的PTMEG	400～740④
固化可塑的高分子量PTMEG	450～735③
弹性模量/MPa	97
邵氏硬度	95
热胀系数 $\alpha=(1/V)(\delta V/\delta T)_p/K^{-1}$	$(4\sim7)\times10^{-4}$
压缩系数 $\beta=(1/V)(\delta V/\delta p)_T/kPa^{-1}$	$(4\sim10)\times10^{-7}$
内压(p_i)/MPa	281

续表

物理性质	数据
在 T_g 下的 ΔC_p/[J/(mol·K)]	
急速冷却	19.4
退火	15.8
膨胀系数(dV_s/dT)/[cm^3/(g·K)]	7.3×10^{-4}
折射率(20℃)	1.48
介电常数(κ_c,25℃)	5.0
溶度参数 δ_p/(J/cm^3)$^{1/2}$	17.3～17.6
单晶(定向的)单斜晶	$C_{2/C}$-C_{2n}^6
a/nm	0.548～0.561
b/nm	0.873～0.892
c/nm	1.297～1.225
β/(°)	134.2～134.5

① 大多报道的 PTMEG 的熔点为 43℃，对于较高熔点的数据是针对一些特殊性能的产品。

② 随分子量改变。

③ 与共聚单体和共聚单体含量有关。

④ 随固化系统而改变。

二、聚四氢呋喃的化学性质[1-2]

根据 PTMEG 分子的化学结构，它可进行两类化学反应，即主链上的化学反应和端羟基的化学反应。

1. 主链上的化学反应

PTMEG 分子主链骨架是由重复的脂肪醚分子片段“$\text{+}H_2CH_2CH_2CCH_2O\text{+}$”组成的，这些醚片段就像脂肪醚一样容易被氧化生成过氧化物，过氧化物受热而分解。因此无论是 PTMEG 产品或其溶液，在制造、加工和贮运过程中都要绝氧或氮封，并加入抗氧剂保护。有机胺、邻苯二酚等，可以阻止其氧化反应，大大改善 PTMEG 在工业应用中的稳定性。在没有酸性杂质存在，真空下当温度超过 200℃时 PTMEG 完全降解，无论是其主链的断裂或链的横向连接，都要释放出氢气及微量其他气体。PTMEG 对碱的作用是稳定的，但在强酸的作用下就会降解。有水存在，可水解成四氢呋喃，这种性质可用来将不合格的 PTMEG 产品通过酸催化剂水解回收 THF。PTMEG 的合成常常采用强酸作引发剂，因此在其贮存前必须除去所含的微量酸和水，这对保持 PTMEG 产品不变质是极其重要的。

PTMEG 的分子链在聚合过程中也会遭到进攻并参与反应，这些反应首先是在聚合物增长链的活泼终端及主链上的氧原子开始，当氧原子由 THF 单体转为聚醚的氧原子时，其亲核性能增强，但仍保持反应性能。这些聚合物的氧原子与THF的正氧离子反应，可生成带侧链的聚合物：

$$\sim CH_2\overset{+}{O}\text{(环)}\ X^- + O(CH_2CH_2\sim)_2 \rightleftharpoons \sim CH_2O(CH_2)_3CH_2\overset{+}{O}(CH_2CH_2\sim)_2\ X^-$$

正氧离子的三个 α-碳原子都能与 THF 进一步发生反应，形成大环状聚合物，其结果将导致 PTMEG 分子量分布不规则。不同环状聚合物生成的比例和数量与引发剂种类及聚合反应条件有关。在 25℃下聚合，大环聚合物的浓度一般低于生成聚合物总量的 3%。

2. 端羟基的化学反应

PTMEG 分子的两端都具有羟基终端基，其最典型的反应是与酸生成酯的反应、羟基与羟基继续进行缩合的反应。在酸性催化剂存在下 THF 开环聚合生成 PTMEG，根据引发剂及终端剂选择的不同 PTMEG 的端基可在比较宽的范围内变化，终端基的性质就决定了存在的进一步反应。在强质子酸引发剂作用下反应的终端基形成并立即参与反应。羟基终端基是在质子酸引发下形成的，且在生长的聚合物链的两端成对，进一步反应导致生成非常高分子量及宽分子量分布的聚合物。为了得到一定分子量的 PTMEG，在一定反应条件下，需要加入封端剂或调聚剂，最常用的封端剂是醋酸酐，它与 PTMEG 的端羟基反应生成 PTMEG 的二醋酸酯（PTMEA），然后再水解或与低分子量的脂肪伯醇进行酯交换反应成羟基。在其最主要的应用中，通过两端的羟基与异氰酸酯反应来制造聚氨酯弹性体。

第二节 四氢呋喃聚合反应的基本原理

一、四氢呋喃聚合反应热力学[1-4]

四氢呋喃五元环上的氧原子带有两个非共用电子对，因此 THF 是亲核的单体，是潜在的电子受体。室温下聚合自由能约－4.2kJ/mol（－1kcal/mol），聚合反应速率适中，聚合反应热也不会引起意外。但是原料 THF 的纯度、设备的干燥程度、引发剂的选择、反应压力、单体浓度和溶剂的种类都会影响其聚合反应过程。

阳离子开环聚合是 THF 唯一可行的聚合反应，反应历程的特点是叔氧鎓离子与带负电的平衡离子相互缔合以达到电中性。在引发剂存在下，THF 的聚合反应是一个平衡聚合过程，因此，每一个温度都对应一个单体浓度 M_e，这由聚合热力学来决定。当达到极限温度 T_c 时，单体 THF 不再聚合。THF 本体聚合过程的 T_c 为 83℃ ± 2℃。Dainton 和 Ivin 导出聚合反应平衡时 THF 的浓度 $[M]_e$ 和热力学温度 T 的关系如下：

$$\ln\ [M]_e=\frac{\Delta H_p}{RT}-\frac{\Delta S_p^{\ominus}}{R}=\frac{\Delta G_p}{RT}$$

式中，R 为气体常数；ΔH_p 为聚合焓；$\Delta S_p^{\ominus}$ 为 $[M]=1$mol/L 的熵变化；ΔG_p 为温度 T 和常压下的聚合自由能。要得到较高的聚合物转化率，选择适宜的聚合温度和限制溶剂的量非常重要。在低于 T_c 的温度下存在一个平衡单体浓度，低于这个浓度就不能进行聚合。在 THF 本体聚合过程中，聚合温度对聚合反应平衡时 THF 的最高转化率的影响见图 7-1，THF 平衡浓度和温度的关系见图 7-2。

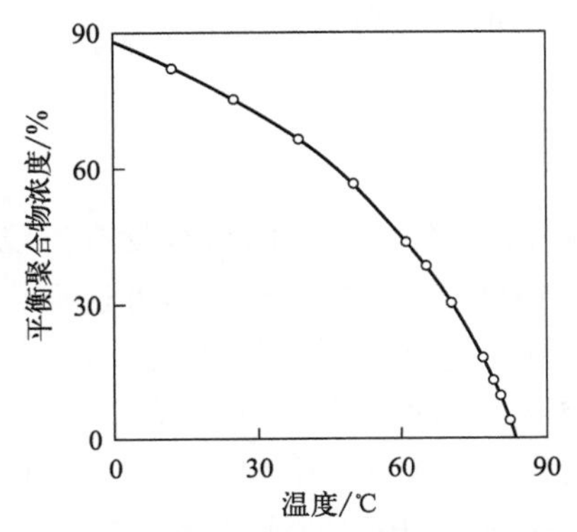

图 7-1　四氢呋喃本体聚合过程平衡聚合物浓度和聚合温度的关系

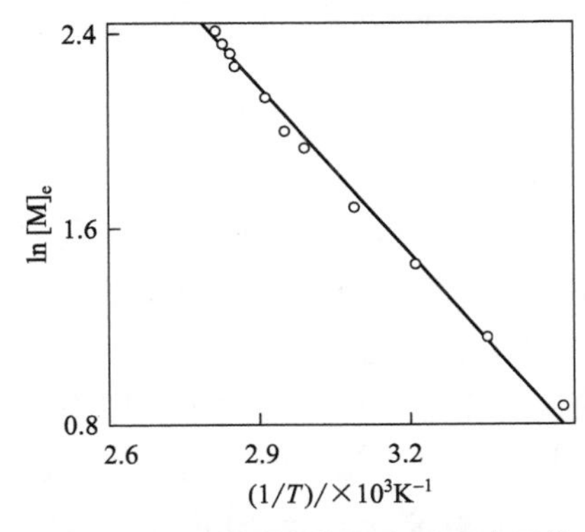

图 7-2　四氢呋喃本体聚合过程中平衡 THF 浓度 $[M]_e$ 和温度的关系

如上式，对于 THF 的聚合反应，在一给定聚合反应温度下 PTMEG 的转化率由热力学控制，与单体的浓度有关，与聚合物的浓度无关。采用溶剂的非本体聚合，T_c 要比本体聚合低。例如在 30℃的温度下，本体聚合达到的平衡转化率是 72%；而采用二氯甲烷为溶剂，当 THF 和二氯乙烷的体积比为 5∶3 时，平衡转化率只有 27%，因此工业生产装置多采用 THF 本体聚合。由图 7-1 可以看出，THF 在进行本体聚合时，高温反应速率快，但平衡转化率低，当温度≥83℃时，实际只存在聚合物的解聚反应；在低温下聚合，有利于达到较高的平衡转化率，例如 30℃时本体聚合的平衡转化率为 72%。但低温聚合反应速率慢，当温度低于−20℃时，聚合反应实际上已慢到几乎不进行。因此这就需要选用低温高活性催化剂来提高反应速率，使聚合反应能在较短时间内达到平衡转化率。

二、四氢呋喃聚合反应机理[1-4]

四氢呋喃的分子结构为一个含氧的五元环，通过聚合反应生成线型高分子聚合物，首先要打开五元环，形成“$\leftarrow CH_2CH_2CH_2CH_2O \rightarrow$”直链段，再利用离子聚合反应将其聚合成高分子化合物。许多阳离子化合物既可以催化 THF 开环，又可以催化引发单体的聚合反应。例如质子酸、酸性氧化物等能提供 H^+ 阳离子，都可以用作 THF 的开环聚合催化剂，因此 THF 的聚合反应被称作阳离子开环聚合反应。整个聚合反应过程可分为链的引发和五元环的打开、链的增长、链的终止和链的转移几步反应。

1. 平衡离子和引发剂

在四氢呋喃阳离子开环聚合过程中，聚合物分子链的传播和增长是借助于叔氧鎓离子，系统中必须存在与其共存的带负电荷的平衡离子，如下式：

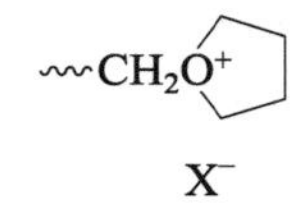

负离子可以源于超强酸，在这种状态下氧鎓离子-负离子的络合物有可能消失生成酯。如果链增长的速率快于氧鎓离子与其匹配的阴离子的不可逆反应速率，THF 的聚合过程连续进行。平衡离子必须适当地稳定，像 Cl^- 这样的强亲核阴离子不适合作平衡离子，因为形成的阳离子和阴离子的络合物对于 THF 和氯代烃来说是不稳定的。为了能控制并连续聚合，必须有一个相对低亲核性的阴离子为平衡离子，像 SbF_6^-、AsF_6^-、PF_6^-、$SbCl_6^-$、BF_4^-，或其他阴离子，像 $CF_3SO_3^-$、FSO_3^- 和 ClO_4^- 能与其生成共价酯。因此由这些负离子形成的酸就构成了 THF 聚合反应的引发剂，或者为聚合反应催化剂。

可以根据这些元素在元素周期表中的位置来考虑平衡阴离子，对于 THF 的聚合反应来说，能构成稳定平衡阴离子的元素仅仅是元素周期表中ⅤA、ⅥA 及ⅦA 中的非金属元素。这些元素包括最高负电性的 F 元素，都是电子受体。在络合物中结合最牢固的元素离子趋向更稳定，更适合做 THF 聚合反应的平衡离子，副反应更少。因此含有 F 元素的平衡离子要比含有 Cl 及 Br 元素的平衡离子更稳定。由其他族元素构成中心原子的络合阴离子也能引发 THF 的聚合。例如 BF_4^- 是由ⅢA 中的 B 元素构成，$FeCl_4^-$ 是由Ⅷ中的 Fe 元素构成。含金属组分的阴离子随着金属元素在周期表中的位置左移，会使 THF 聚合过程的副反应增多。因此，虽然能够引发 THF 聚合反应的化合物非常多，但真正能用于工业生产装置，得到分子量分布窄的直链聚合物的引发剂有限。

2. 四氢呋喃的聚合反应过程

（1）链引发

能够引发 THF 的聚合反应的化合物，首先必须能通过某种机理形成 THF 的叔氧鎓离子，以及有与之匹配的平衡离子存在，聚合反应才能连续进行。THF 的叔氧鎓离子可通过加入引发剂等各种方法形成。其中，由适合的或所希望的阴离子衍生的质子酸是比较理想的引发剂，特别是工业生产所希望最终产品是 PTMEG 的过程：

$$\underset{\text{质子酸}}{HX} + O\bigcirc \longrightarrow \underset{X^-}{HO^+\bigcirc} \xrightarrow{THF} HO\text{-}\!(CH_2)_4\text{-}\underset{X^-}{O^+\bigcirc}$$

这种链引发过程的缺点是，质子化的 THF 分子中的仲氧鎓离子与链传播中的叔氧鎓离子比较，活性较低，这将导致链引发过程速率较慢。常用的质子酸引发剂，如 CF_3SO_3H、FSO_3H、$HClO_4$、H_2SO_4 等。终端的羟基是有反应功能的基团，它与扩展的叔正氧离子相互作用可导致聚合物链的偶联及其分子量的快速增长。这样，会使得通过改变质子酸引发剂用量得到低分子量的聚合物变得困难。

（2）链增长和停止

在引发剂存在下，THF 开环聚合，在不同的温度下达到单体和聚合物间的平衡。一般，聚合链的传播过程是叔氧鎓离子通过与 THF 单体的双分子碰撞的结果，而且只有 THF 环上氧鎓离子的 α-碳原子上的碰撞才可导致链的增长。由于氧鎓离子环上的 α-碳原子受到聚合链上倒数第二个氧原子的分子内亲核攻击，随后脱掉一个单体分子而导致链增长的停止。其反应式如下：

$$\sim\!O\text{-}\!(CH_2)_4\text{-}O^+\bigcirc\ (X^-,\ O\bigcirc) \underset{\text{链增长停止}}{\overset{\text{链增长}}{\rightleftharpoons}} \sim\!O\text{-}\!(CH_2)_4\text{-}O\bigcirc CH_2\text{-}O^+\bigcirc\ (X^-)$$

（3）链终止

THF 的聚合过程可以被各种亲核剂，诸如最普通的水和空气终止，所以 THF 的聚合过程必须小心避免外部杂质进入。在聚合过程中聚合物的首端基团一般可通过引发剂来确定，终端基团的类型与所选终止剂有关。工业上通过某些亲核剂来终止聚合反应，就可以得到一定分子量的 PTMEG 产品。

任一强的亲核剂都能用作链的终止剂。氧鎓离子端基能与水、醇、胺、羧酸等反应，得到包括羟基、酯基、醚基、氨基等在内的终端基。反应方程如下：

$$
\sim\sim O^{+}\text{(环)}\ X^{-}
\begin{cases}
+HOH \longrightarrow \sim\sim O(CH_2)_4OH + HX \\
+ROH \longrightarrow \sim\sim O(CH_2)_4OR + HX \\
+NH_3 \longrightarrow \sim\sim O(CH_2)_4NH_2 + HX \\
+RNH_2 \longrightarrow \sim\sim O(CH_2)_4NHR + HX \\
+RCOOH \longrightarrow \sim\sim O(CH_2)_4OOCR + HX
\end{cases}
$$

一些平衡离子，像卤化物，其亲核强度足以能阻止 THF 的聚合反应。因此，可用来在所希望的时间内加入来终止 THF 的聚合反应。另一些平衡离子，像 BF_4^- 或 $SbCl_6^-$ 是弱亲核剂，采用它可使聚合过程慢慢终止。特别是在室温或室温以上时，可以通过某些亲核剂来终止聚合反应，用于测定链终止时活性位的数量。例如采用酚钠终止聚合链，然后再用红外分析酚的终端基的数量。

（4）链的转移

当采用一合适而稳定的平衡离子快速而有效地引发 THF 聚合后，其数均分子量与 THF 转化率呈正比例增加，生长中心的浓度等于或近似于起始引发剂的浓度，生成的聚合物是不同分子量的直链聚合物。由以下副反应发生导致的链转移反应，生成带支链的聚合物，以及大环的 THF 低聚物。在聚合物分子链中能沿主链将其整齐地分割开的氧原子，能与 THF 分子中的氧鎓离子反应，生成带支链的聚合物，其反应式如下：

$$
\sim\sim O^{+}\text{(环)}\ X^{-} + \sim\sim CH_2\text{—}O(\text{—}CH_2\sim\sim) \longrightarrow \sim\sim O\text{—}CH_2\text{—}CH_2\text{—}CH_2\text{—}CH_2\text{—}O(\text{—}CH_2\sim\sim)(\text{—}CH_2\sim\sim)
$$

如上述，由于氧鎓离子环上的 α-碳原子受到聚合链上倒数第二个氧原子的分子内亲核攻击，随后脱掉一个单体分子而导致链增长反应停止。假如分子内反应发生在只有几个少数单体链节的氧原子上，反应方程如下式，带“*”的碳原子进一步与单体 THF 反应，而与主链断开，生成大环聚合物：

$$
\sim\sim CH_2\text{—}O^{+}\text{(环)}\ X^{-} \cdots O(CH_2\sim)(CH_2\sim\sim) \longrightarrow \text{大环：}O\text{—}CH_2\text{—}CH_2\text{—}CH_2\text{—}CH_2\text{—}O(\text{—}CH_2\sim)(\text{—}CH_2^{*}\sim\sim)\ X^{-}
$$

经过色谱、质谱等现代化的测试手段证实，在 THF 的聚合物中确实存在二、三、四至八个 THF 分子组成的大环聚醚化合物。其含量和引发剂的种类与反应条件有关，在 25℃聚合，其生成量小于 3%，这些副产品的生成导致聚合物的分子量分布变宽。

三、四氢呋喃聚合反应动力学[1-4]

研究表明，在 THF 的聚合过程中大离子是链传播主要的形式。在正常聚合反应条件下，有像 PF_6^-、SbF_6^- 及 AsF_6^- 一类“稳定”络合阴离子存在，聚合反应是活跃的。THF 聚合过程的反应方程式如下：

$$\text{引发剂} + \text{O}^+ \underset{}{\overset{k_i}{\rightleftharpoons}} \text{R—O}^+ \; X^-$$

$$\text{R—O}^+ \; X^- + \text{O} \underset{k_d}{\overset{k_p}{\rightleftharpoons}} \text{R}\text{+}(CH_2\text{)}_4\text{O}^+ \; X^-$$

式中，k_i、k_p、k_d 分别是 THF 聚合过程自由基链引发、链生长和链终止反应的反应速率常数。一般的反应条件下，链终止反应不重要故而忽略。因此没有链终止反应的 THF 平衡聚合反应的动力学方程式如下：

$$-\frac{d[M]}{dt}=k_i[I]_t([M]_t-[M]_e)+k_p([I]_0-[I]_t)([M]_t-[M]_e)$$

式中，M 代表单体；I 代表引发剂；$[M]_t$、$[M]_e$ 分别代表时间 t 及平衡时单体的浓度；$[I]_0$ 和 $[I]_t$ 分别代表 $t=0$ 和 t 时引发剂的浓度。只要引发反应是快速的，引发速率和 $[I]_0$ 成正比，$[I]_t$ 非常小，上式就可简化为：

$$-\frac{d[M]}{dt}=k_p[I]_0([M]_t-[M]_e)$$

积分后得到以下聚合反应动力学方程：

$$k_p t=\left[\frac{1}{[I_0]}\right]\left[\ln\frac{[M]_0-[M]_e}{[M]_t-[M]_e}\right]$$

用于 THF 本体聚合过程，上述方程还可以进一步进行简化。

第三节　强质子酸引发的四氢呋喃聚合技术

一、液体强质子酸引发的四氢呋喃均相聚合技术[5-16]

能够引发 THF 聚合的引发剂的种类很多，但能够在工业上应用，并能得到数均分子量在 650～3000，聚合物两端都是羟基，分子量分布较窄，聚合链呈线型结构，用途广泛的 PTMEG 的引发剂并不多。以液体强质子酸为引发剂，可快速引发 THF 开环聚合反应，聚合过程分子量可控，引发剂易于通过中和、洗涤等方式从聚合物中除去，因此液体强质子酸引发技术最早实现了 PTMEG 工业生产。曾研究过的质子酸包括 HSO_3CF_3、HSO_3F、HSO_3Cl、$HClO_4$、H_2SO_4 等，像 HSO_3CF_3 一类非水解酸作引发剂，将导致生成高分子量的 PTMEG；而像 HSO_3F、$HClO_4$ 等一类水解性酸作引发剂，则能生成较低分子量的 PTMEG。工业上真正有用的是数均分子量在 650～3000 的 PTMEG。已商业化的以液体强质子酸为引发剂的工艺主要有高氯酸工艺和氟磺酸工艺。美国的 DuPont 公司、Quaker Oats 公司、Peen 公司，日本保土谷化学工业公司等，都曾经采用或现在仍在采用氟磺酸等引发剂工艺生产 PTMEG，已形成不同的专有技术。采用高氯酸催化剂工艺的有俄罗斯和日本的三菱化学公司、保土谷化学工业公司等。

二、高氯酸引发的四氢呋喃聚合技术[1-2,5-19]

1. 高氯酸技术的基本原理

以浓度为 70%（质量分数）的高氯酸为引发剂，以醋酸酐为链终止剂（或称分子量调节剂）的工艺。首先是高氯酸与醋酸酐反应生成引发 THF 聚合的氧鎓离子，然后氧鎓离子与 THF 分子反应生成阳碳离子，称为聚合链增长的引发剂，其再与新的 THF 反应，直至生成所需分子量的 PTMEG 聚合物。醋酸与增长的聚合物分子反应，生成两端带有酰氧基的聚四氢呋喃二醋酸酯（PTMEA）。PTMEA 在酸性催化剂存在下与甲醇进行酯交换反应，得到具有一定分子量的 PTMEG 产品。高氯酸技术的反应历程如下。

① 高氯酸与醋酐反应生成氧鎓离子：

$$HClO_4 + (CH_3CO)_2O \longrightarrow [CH_3CO]^+[ClO_4]^- + CH_3COOH$$

② 在氧鎓离子的作用下，THF 开环生成碳鎓离子：

$$\text{THF} + [CH_3CO]^+[ClO_4]^- \longrightarrow \left[\text{THF}^+\!-\!O\!-\!\overset{O}{\overset{\|}{C}}\!-\!CH_3\right]^+ ClO_4^- \longrightarrow \left[\!-\!(CH_2)_4\!-\!O\!-\!\overset{O}{\overset{\|}{C}}\!-\!CH_3\right]^+ ClO_4^-$$

③ 生成的碳鎓离子引发其他 THF 分子的开环连接，实现聚合链增长：

$$\text{THF} + \left[-\!\!\left(CH_2\right)_4 O-\overset{\overset{O}{\|}}{C}-CH_3 \right]^+ ClO_4^- \longrightarrow \underset{ClO_4^-}{\overset{+}{O}}\text{(ring)}-\left(CH_2\right)_4 O-\overset{\overset{O}{\|}}{C}-CH_3$$

$$\longrightarrow \left[-\!\!\left(CH_2\right)_4 O -\!\!\left(CH_2\right)_4 O-\overset{\overset{O}{\|}}{C}-CH_3 \right]^+ ClO_4^-$$

$$\xrightarrow{n\ \text{THF}} \left[-\!\!\left(CH_2\right)_4 O-\overset{\overset{O}{\|}}{C}-CH_3 \right]_m^+ ClO_4^-$$

式中，m（$m=n+2$）和 n 都代表大分子链上所含“$\left(CH_2CH_2CH_2CH_2O\right)$”直链段的重复次数。

④ 达到一定分子量后，另一端被醋酸终止，生成 PTMEA：

$$\left[-\!\!\left(CH_2\right)_4 O-\overset{\overset{O}{\|}}{C}-CH_3 \right]_m^+ ClO_4^- + CH_3COOH \longrightarrow$$

$$CH_3-\overset{\overset{O}{\|}}{C}-O\left[\left(CH_2\right)_4 O \right]_m \overset{\overset{O}{\|}}{C}-CH_3 + HClO_4$$

⑤ 通过酯交换反应，得到端羟基的 PTMEG：

$$CH_3-\overset{\overset{O}{\|}}{C}-O\left[\left(CH_2\right)_4 O \right]_m \overset{\overset{O}{\|}}{C}-CH_3 + 2CH_3OH \longrightarrow HO\left[\left(CH_2\right)_4 O \right]_m H + 2\,CH_3COOCH_3$$

影响 PTMEG 分子量的因素如下：

在本体聚合反应中，为了得到较高的 PTMEG 收率，聚合反应温度控制在 25℃或 25℃以下，可以得到 75%以上的平衡转化率。引发剂高氯酸的用量及其与醋酸酐的配比是影响 PTMEG 分子量的重要因素。随着高氯酸和醋酸酐用量的增加，生成的 PTMEG 分子量会降低。醋酸酐的用量不变，随着高氯酸用量的增加，生成的 PTMEG 分子量降低；反之，当高氯酸用量不变，随着醋酸酐用量的增加，生成的 PTMEG 分子量也会降低。因此，高氯酸用量及其与醋酸酐的比例是调节 PTMEG 分子量的重要手段。制造三种不同分子量 PTMEG 产品的高氯酸和醋酸酐的参考用量及比例见表 7-2。

表 7-2　制造不同分子量聚四氢呋喃醚二醇的物料质量配比

四氢呋喃	高氯酸	醋酸酐	高氯酸/醋酸酐	产品分子量
100	3.4	25	0.136	1000
100	2.1	20	0.105	1500
100	1.4	15	0.093	2000

当接近聚合反应平衡时，PTMEG 生成速率与解聚速率相同，随着反应时间

的延长，PTMEG 的产率并不增加，但其分子量的分布将会变宽。

为了获得所需平均分子量的 PTMEG，最好使用最低限量的醋酸酐。相对醋酸酐而言，若增大高氯酸用量就会引起反应物料的树脂化，产品色度增加。这是由于在氧鎓离子不足的情况下，游离的高氯酸对 THF 进行了直接氧化。高氯酸相对于醋酸酐的极限值一般是凭试验确定的，它应高于必需的化学计量值，但醋酸酐过量会导致 PTMEG 产率的下降。

四氢呋喃和聚四氢呋喃都是带有醚键的化合物，当有氧存在时能生成过氧化物，过氧化物分解可生成酸、醛、醇等化合物，导致聚合反应及产品质量变坏，特别是使产品颜色加深。因此在聚合反应过程中，所有接触物料的设备应该绝氧和有惰性气体保护。

原料中若含有其他含不饱和键的杂质，如呋喃、糠醇、甲基呋喃、醛等，在聚合反应过程中会被高氯酸氧化，导致副反应产品的产生，从而使产品质量下降，颜色加深。

水分含量对聚合过程有很大影响。水随高氯酸进入系统，若采用高氯酸浓度低于 70%时，带入的水与醋酸酐反应生成醋酸，使聚合反应减慢或不进行；若以其他方式将水带入反应系统（例如随 THF 带入），其后果一样。其次是金属离子如 Fe^{3+}、Fe^{2+}、Cr^{3+}、Na^{+} 等，一种可能是随溶在原料中的酸带入，另一种可能是设备被腐蚀或清洗不干净所致。这些金属离子进入产品会加深产品的色泽，特别是铁离子还会加快氧化反应的速率，导致产品不稳定，在贮存过程中变质。

氧、水、金属离子、醛等杂质对其他 PTMEG 的制造技术同样具有影响，同样需要限制其存在量。

当反应达到平衡后，用 20%的氢氧化钠溶液中和高氯酸终止聚合反应。与此同时剩余的醋酸及醋酸酐也生成了醋酸钠。中和反应是在 5～30℃温度下进行 1～2h，使高氯酸中和完全，因为有一点高氯酸的残余存在，都会促使反应产物在进行后加工时继续反应进而使产品树脂化，因此氢氧化钠的用量要超出化学计量量，过剩系数约为 1.1。

2. 高氯酸法生产聚四氢呋喃的工艺流程

高氯酸法生产 PTMEG 的工艺一般为小规模、间歇批量生产，工艺流程如图 7-3 所示。

首先 THF 通过 THF 进料泵 1，醋酸酐通过醋酸酐进料泵 3，将一定比例的 THF 和醋酸酐加入带有冷却夹套和冷却盘管的聚合釜 4 中，将物料冷却至 25℃以下，在强烈搅拌下迅速将定量的高氯酸加入反应液中，保持反应液温度在 15～25℃。直到反应物料温度平稳，不再有明显的温升为止，标志着 THF 聚合

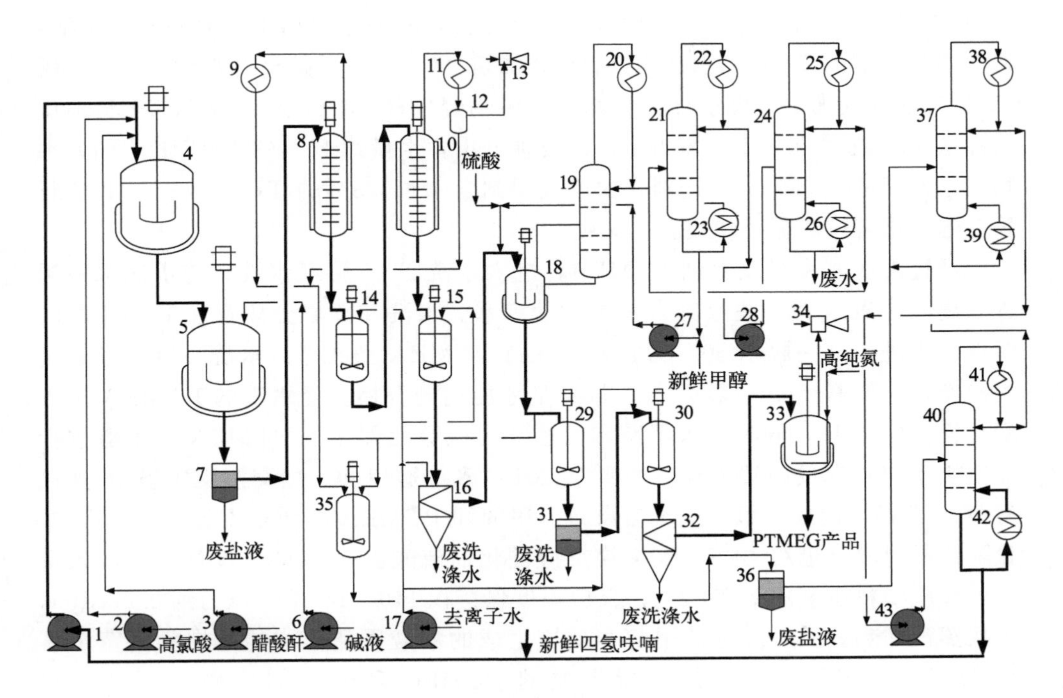

图 7-3 高氯酸法 PTMEG 工艺流程

1—THF 进料泵；2—高氯酸进料泵；3—醋酸酐进料泵；4—聚合釜；5—中和釜；6—碱液泵；7,31,36—分层器；8,10—薄膜蒸发器；9,11—冷凝器；12—分离器；13,34—蒸汽喷射泵；14,15—水洗釜；16,32—离心分离器；17—去离子水泵；18—酯交换反应釜；19—蒸出塔；20,22,25,38,41—塔顶冷凝器；21—甲醇-甲酯共沸塔；23,26,39,42—重沸器；24—加压甲醇-甲酯共沸塔；27—甲醇循环泵；28—甲醇-甲酯加压泵；29—粗 PTMEG 中和釜；30—粗 PTMEG 洗涤釜；33—真空干燥釜；35—THF 中和釜；37—THF 共沸塔；40—THF 加压共沸塔；43—THF 加压泵

反应接近或达到平衡。一般需要 3～4h，THF 的单程转化率为 70%～75%。反应结束后物料进入中和釜 5，在搅拌下通过碱液泵 6 加入 20%的碱溶液，控制加入的碱液量，中和引发剂高氯酸，聚合反应被终止。将中和液放入分层器 7，静置分层，脱除下层含高氯酸钠盐水层。上层粗 PTMEA 送至常压薄膜蒸发器 8，蒸出大部分未反应的 THF、水和醋酸，经冷凝器 9 冷凝后送至 THF 中和釜 35。经过常压蒸发得到粗 PTMEA，进入水洗釜 14，经去离子水泵 17 加入去离子水，一并进入减压薄膜蒸发器 10，进一步蒸出剩余的 THF、醋酸和水。控制进入减压薄膜蒸发器的物料含 THF 在 2%～2.5%，在进行减压蒸发时要配入 4%～8%的去离子水，有利于将剩余 THF 和醋酸完全蒸出，减压蒸发过程是在 220mmHg（29.33kPa）压力下进行。两次蒸发的最高温度不要超过 200℃，以确保 PTMEA 不发生解聚反应，不因高温而使产品颜色加深。减压蒸发出的 THF、水和醋酸经冷凝器 11 冷凝，经分离器 12 分离与常压蒸出物料合并进入

THF中和釜35，用碱液中和醋酸，送至分层器36静置分出下层醋酸钠水溶液，将上层未反应的THF和水送至THF共沸塔37，由塔顶蒸出含水约6%的常压THF和水的共沸物，塔釜分出纯水。共沸物经THF加压泵43送入THF加压共沸塔40，在约0.8MPa压力下，由塔顶分出含水量约10%的THF和水的共沸物，返回THF共沸塔37进料，由塔釜得到含水<0.3%的THF，经THF进料泵1返回聚合过程循环使用。

经过两次薄膜蒸发得到PTMEA，进入水洗釜15再经水洗，与水洗水一起进入离心分离器32，脱除聚合物中的盐和水。水洗和离心分离都在PTMEA的熔点以上进行，一般以50℃为宜，以保持PTMEA呈液态。水洗—离心分离过程操作，一般需经3～4次反复，盐含量才能达到合格。经水洗的PTMEA进入酯交换反应釜18，同时加入甲醇和硫酸，在硫酸的催化下PTMEA与甲醇进行酯交换反应，生成两端为羟基的粗PTMEG和醋酸甲酯。酯交换反应釜18连接有蒸出塔19，构成一组反应蒸馏设备。甲醇和PTMEA的质量配比约1∶1，质量配比需甲醇过量约10%。酯交换反应催化剂硫酸以50%的浓度加入，加入量约为反应物料质量的1%～2%。反应温度保持在140～145℃，压力约0.03MPa，直接蒸汽加热。反应过量的甲醇和反应生成的醋酸甲酯形成的共沸物由蒸出塔19的塔顶蒸出。经酯交换反应生成的PTMEG和催化剂硫酸一并进入粗PTMEG中和釜29，用20%的碱液中和，在分层器31静置分层，脱除下层硫酸盐溶液得到粗PTMEG。粗PTMEG含有大量的水和盐，以及剩余的微量酸，再经粗PTMEG洗涤釜30、离心分离器32反复洗涤—离心3～4次，水洗温度在50℃左右。由于PTMEG的密度和水相差很小，水洗过程PTMEG会呈大的液珠状悬浮于水洗水中，甚至乳化，难以分层。为了减少或破坏水洗过程的乳化现象发生，向水洗水中加入正丁醇，增加水与PTMEG间的密度差，易于快速分层。经过水洗的PTMEG脱除了盐分和剩余的酸，仅含有3%～5%的水和少量的正丁醇，在真空干燥釜33中，于0.003MPa真空及低于120℃温度下加热进一步脱水。为防止过热和有利黏稠产品脱水，可适当通入经过干燥的高纯氮气鼓泡，以加速脱水和得到符合质量要求的PTMEG产品。

由酯交换过程蒸出塔19塔顶蒸出的甲醇、醋酸甲酯等混合物，首先经常压甲醇-甲酯共沸塔21，由塔顶蒸出含甲醇约18%和醋酸甲酯82%的共沸物，塔釜得到甲醇返回酯交换反应釜，循环使用。常压的共沸物再经过加压甲醇-甲酯共沸蒸馏塔24，在约1MPa压力下，温度约164℃由塔釜得到纯的醋酸甲酯，塔顶130～135℃得到含甲醇约37%，醋酸甲酯约63%的共沸物，再返回常压甲醇-甲酯共沸塔21，醋酸甲酯则作为副产品出售。

通过三步中和操作分出三种盐的浓水溶液，分别为高氯酸钠、醋酸钠和硫酸钠。可以通过蒸发和重结晶等手段回收盐类副产品，以增加经济效益。不合格的产品或水洗等过程回收的乳化物，可以在氧化铝等酸性催化剂存在下进行解聚，回收 THF。

3. 高氯酸工艺的工业应用

高氯酸 PTMEG 技术为早年 PTMEG 小规模工业生产技术，日本、俄罗斯等国曾有数百吨、千吨级规模的生产装置。由于各项消耗指标较高，未见更大规模生产装置的报道。我国山东济南圣泉集团股份有限公司曾于 20 世纪 90 年代末，由俄罗斯引进一套 0.3 万吨/年规模的高氯酸工艺装置，投产不久即停产。

三、氟磺酸引发的四氢呋喃聚合技术[1, 5-24]

1. 氟磺酸技术的基本原理

采用氟磺酸为引发剂的 PTMEG 制造技术，也是早期广泛采用的生产技术。氟磺酸是由氢氟酸与三氧化硫按一定比例混合制成的，THF 在氟磺酸存在下，进行开环聚合，首先生成氟磺酸酯，再经水解得到 PTMEG。通过调节 THF 和氟磺酸的摩尔比，控制产品的分子量。其反应式如下：

① 链的引发

$$HSO_3F + \text{THF} \rightleftharpoons HO^+(\text{THF})\,SO_3F^- \xrightleftharpoons{\text{THF}} HO{+}CH_2{+}_4O^+(\text{THF})\,SO_3F^-$$

② 链的增长

$$HO{+}CH_2{+}_4O^+(\text{THF})\,SO_3F^- + n\,\text{THF} \rightleftharpoons HO\sim O^+(\text{THF})\,SO_3F^-$$

③ 链的终止

$$HO\sim O^+(\text{THF})\,SO_3F^- + HSO_3F \longrightarrow HF + HOSO_2O\sim O^+(\text{THF})\,SO_3F^-$$

$$HOS_2O\sim O^+(\text{THF})\,SO_3F^- + 2H_2O \longrightarrow HO{+}{+}CH_2{+}_4\sim{+}_nOH + 2H_2SO_4 + HF$$

式中，n 代表大分子链上所含“$\leftarrow H_2CH_2CH_2CCH_2O \rightarrow$”直链段的重复次数。

为了得到较高的聚合反应速率和 THF 转化率，选择聚合反应在 50℃以下进行，反应时间约 4h，可以达到 50%～60%的平衡转化率。由于聚合反应放热，反应温度较高，故低于高氯酸法的转化率。

水为链终止剂，采用水迅速急冷的方式，一方面终止了聚合反应，同时生成了两端为羟基的 PTMEG。不同聚合温度对应的聚合反应时间见表 7-3。

表 7-3 氟磺酸法 PTMEG 技术不同聚合温度对应的反应时间

聚合温度/℃	平衡转化率/%	反应时间/min
50	50～55	240
55	45～50	200
60	40～45	150
65	35～40	90
70	30～35	45
75	25～20	10
80	5～10	1

聚合过程引发剂氟磺酸和单体 THF 的摩尔比有助于确定产品 PTMEG 的数均分子量的大小，试验确定的制造 5000 以下数均分子量的 PTMEG 的最佳氟磺酸和 THF 摩尔比控制在 0.01～0.25 的范围内。例如制造 500、1000、2500 数均分子量的 PTMEG，氟磺酸和 THF 的摩尔比分别约为 0.23、0.12、0.05。随着要求聚合物分子量的增加，氟磺酸和 THF 摩尔比减小。聚合反应温度的选择非常重要，如果选取在 0～5℃进行，会得到较高的平衡转化率，但反应速率非常慢，在工业上很难实施。在一给定反应温度和引发剂比例下进行聚合反应，聚合物的分子量首先快速升到最高，随着时间的延长，然后再慢慢回落到规定的分子量。因此引发剂和 THF 的摩尔比、聚合温度和聚合反应时间是决定 PTMEG 分子量和产率的最主要因素。在相同氟磺酸和 THF 摩尔配比下，不同聚合反应温度和停留时间的聚合反应结果见图 7-4。

图 7-4 中曲线 A、B、C 为三组不同反应温度和不同反应时间的试验结果，THF 和氟磺酸的配比完全相同，即 505 份 THF 加 89.4 份氟磺酸（氟磺酸与 THF 摩尔比为 0.15）。区别在于聚合反应的引发温度和聚合时间不同。曲线 A 代表 THF 和氟磺酸混合后保持聚合反应引发温度为（35±2)℃，在用水终止聚合反应前，不同停留时间得到的聚合物产率。从曲线可以看出，当聚合反应时间在 2～3h 可以达到近 60%的聚合物产率，随着聚合时间的延长产率下降，在 8h 后产率不再变化，保持在 54%上下。聚合物的数均分子量则从聚合反应初始的 1800 降至最终的约 600。

曲线 B 组试验 THF 的聚合反应引发温度为（6±3)℃，不同反应时间的聚合物产率在 20h 内均呈上升趋势。一直到 20h 转化率约 70%，远未达到该温度下约 80%的平衡转化率（见图 7-1），显然不能满足工业生产的需要。在此过程得到的不同聚合时间聚合物的数均分子量由 1h 的约 5000，下降到 20h 的约 1000。曲线 C 组试验是在聚合反应引发温度为（35±2)℃，反应 2h，迅速将反

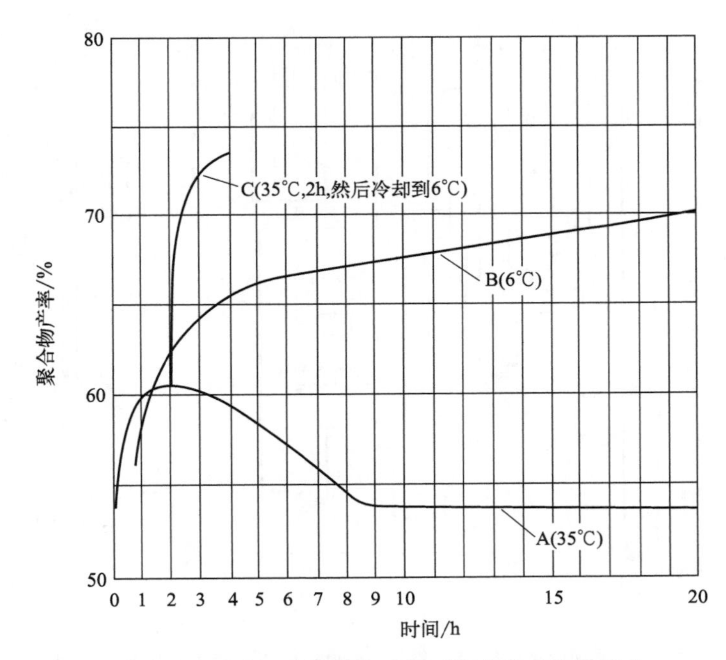

图 7-4　氟磺酸法聚合反应温度和时间对聚合物产率的影响

应物料温度降低到（6±3)℃，在 6℃保持不同时间，从 15min 到 2h 的反应结果。其聚合物收率由 15min 的约 68%，增加到 2h 的 73%，接近平衡转化率，聚合物的分子量稳定在 900～1000。

由以上例证可以说明，以诸如氟磺酸一类强质子酸为引发剂的 THF 聚合工艺中，调节聚合物产率、平均分子量以及分子量分布的有效途径是质子酸和 THF 的摩尔比、聚合反应温度、聚合反应时间。采用较高的聚合反应引发温度，然后降低混合物料温度，在较低的温度下保持稍长的聚合时间，有利于得到较高产率、分子量稳定、分子量分布较窄的 PTMEG。

由氟磺酸引发的 THF 聚合技术一般采用水作为链终止剂，得到两端为羟基的 PTMEG。也可以采用 BDO、甲醇、氨、胺，甚至酯等作为终止剂，但除水和 BDO 外，都不能获得两端为羟基的 PTMEG。

采用氟磺酸为引发剂的工艺，经过水解得到含有强酸的混合物，需要经脱水、脱酸和精制等一系列操作，最终得到 PTMEG 产品。由于在脱酸、脱水等过程存在不同的方法而形成不同的专有工艺技术。

2. 氟磺酸法生产聚四氢呋喃的工艺流程

以氟磺酸为引发剂的典型工艺流程如图 7-5 所示。

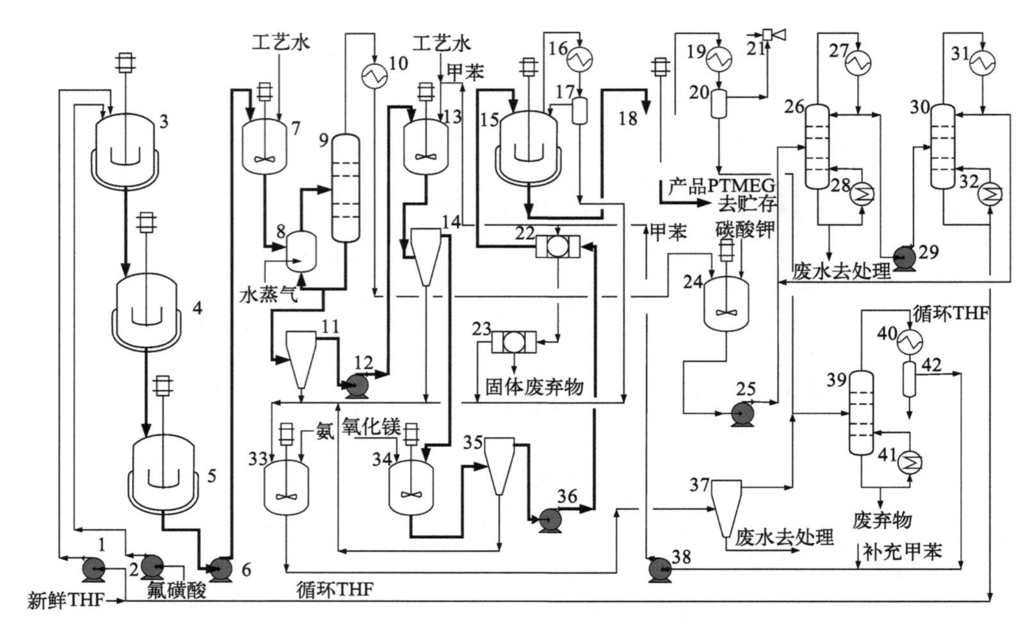

图 7-5　氟磺酸法生产 PTMEG 工艺流程

1—THF 泵；2—氟磺酸泵；3—第一聚合反应器；4—第二聚合反应器；5—第三聚合反应器；
6—聚合出料泵；7—水终止釜；8—水蒸气蒸出釜；9—脱 THF 塔；10,16,19,27,31,40—塔顶冷凝器；
11,14,35,37—分层分离器；12,36—粗 PTMEG 泵；13—水洗萃取釜；15—甲苯脱水釜；
17,20,42—分离罐；18—甲苯蒸出釜；21—蒸汽喷射泵；22,23—过滤器；24—THF 中和釜；
25,29—含水 THF 泵；26—THF 常压共沸塔；28,32,41—重沸器；30—THF 加压共沸塔；
33—含酸废水中和釜；34—pH 调节釜；38—甲苯泵；39—甲苯蒸馏塔

由基本原理和图 7-5 可知，以氟磺酸为引发剂的工艺反应时间比较长，为了实现连续化操作，采用三台带搅拌的立式反应釜串联，以实现反应物料连续并呈平推流的效果。反应原料 THF 经 THF 泵 1，氟磺酸经氟磺酸泵 2，按一定比例连续加入第一聚合反应器 3，再流经第二和第三聚合反应器 4 和 5。三台反应器体积相同均装有内外冷却设备，移出聚合反应放热，保持反应温度一定。可在第一聚合反应器保持 35～50℃，快速引发聚合反应，在第二和第三聚合反应器保持 6℃较低的反应温度，尽量达到低温下较高的聚合反应平衡转化率。以生产 2000 分子量的 PTMEG 为例，聚合反应停留时间约 4h，反应物料中氟磺酸的浓度控制在 6%，可以得到 65%以上的平衡转化率和数均分子量为 2000 的 PTMEG。聚合反应物料迅速经聚合出料泵 6 打到水终止釜 7，通过加入工艺水终止聚合反应。聚合产物 PTMEG 的氟磺酸酯也同时被水解成 PTMEG 和氢氟酸、硫酸。水解反应一般是在 80～100℃下进行，加水量为反应物料量的 50%。水解后反应产物进入水蒸气蒸出釜 8，由直接蒸汽将未反应的 THF 蒸出。采用直接蒸汽一方面为蒸出 THF 提供了热量，同时也充分洗涤了 PTMEG 产品的酸性。蒸出的 THF 经脱 THF 塔 9，由塔顶蒸出含有少量酸和水的未反应 THF，送至 THF 中和釜 24，用碳酸钾中和后经含水 THF 泵 25，将含水 THF 送至精制系统，经过 THF 常压和加压两个共沸塔 26 和 30，脱除水分并精制。精制的 THF 由 THF 加压共沸塔 30 塔釜排出，经 THF 泵 1 返回聚合反应器，进一步进行聚合反应。

由水蒸气蒸出釜 8 出来的含酸的粗 PTMEG，首先经过分层分离器 11，分出底层的酸水，粗 PTMEG 经粗 PTMEG 泵 12 打入带有搅拌的水洗萃取釜 13，同时加入水和甲苯。PTMEG 溶于甲苯而不溶于水，因此可充分去除粗 PTMEG 中的酸和水，再通过分层分离器 14 分出下层酸水层。上层 PTMEG 的甲苯溶液进入 pH 调节釜 34，加入氧化镁固体粉末，进一步中和 PTMEG 甲苯溶液中的残余酸性，并经分层分离器 35 再一次分出水层，由粗 PTMEG 泵 36 打至精密过滤器 22，去除因 pH 值调节而生成的镁盐和过量的氧化镁固体颗粒后，将 PTMEG 的甲苯溶液送至甲苯脱水釜 15。通过连续蒸出甲苯与水的共沸物，经塔顶冷凝器 16 冷却，分出下层水层，上层甲苯再回流入甲苯脱水釜 15，脱除至水含量合格的 PTMEG。再送至甲苯蒸出釜 18，在减压下蒸出甲苯，即得到 PTMEG 产品，加入叔丁基甲苯酚一类抗氧剂，即可包装出厂。

定期用甲苯冲洗精密过滤器 22，滤液再经过滤器 23 滤出固体残渣，滤液和所有分出的含酸废水集中排入含酸废水中和釜 33，再用氨水中和，分层分离器 37 分出少量甲苯后去污水处理。

含水的甲苯通过甲苯蒸馏塔 39，由塔顶蒸出含水的甲苯分层，上层为回收循环的纯甲苯，下层为水，排放去处理，塔釜重组分去焚烧处理。

3. 氟磺酸技术的工业应用

美国 DuPont、Quaker Oats、Peen、日本保土谷化学工业株式会社(Hodogaya Chemical)、中国台湾 Darean 化学公司等曾经采用或现在仍在采用这种氟磺酸引发剂技术生产 PTMEG，图 7-5 的工艺流程基本上是 Quaker Oats 和 Peen 公司现在采用的生产 PTMEG 技术示意流程图。Peen 公司一套 2 万吨/年 PTMEG 装置曾采用由糠醛生产的 THF 为原料，20 世纪 90 年代已改用 BDO 脱水生产的 THF。该工艺的特点是为了克服因中和氟磺酸及随后的逆流水洗脱除聚合产品中残留酸而带来的系统乳化、分离困难、影响产品质量和聚合物损失等问题，在用水终止聚合反应后，首先蒸出未反应的 THF，分出废酸水层后，加入能溶解 PTMEG 而不与水互溶的甲苯作溶剂，使 PTMEG 的分离和净化过程变得容易进行。采用该工艺生产 1t 2000 数均分子量的 PTMEG 消耗 THF 1.1t，氟磺酸 0.133t，电 330kW·h，冷却水 343m^3，工艺水 15m^3，蒸汽 6.2t，氮气 13m^3，冷水 83m^3，排放含酸废水 3.77m^3，固体废弃物 8.5kg。

PTMEG 的氟磺酸工艺也存在其他的不同技术，即在聚合反应完成后迅速用水急冷，终止聚合反应。经汽提蒸出未反应的 THF，汽提塔釜的粗 PTMEG 再经逆流水洗萃取，除去大部分酸，通常采用水与 PTMEG 比为 1～7。同样由于 PTMEG 易与水生成乳化状态，或密度差别太小，为了破乳和增大密度的差别，在水洗水中加入正丁醇，这将导致最终产品中含有少量的正丁醇，但对后续加工不会产生影响。分出水洗水后可以得到约含 7%水的酸性 PTMEG，再用氢氧化钙浆液在 80℃下中和，滤液经过过滤，两次蒸发脱水，即先经过常压蒸发脱水，然后再在 20mmHg（2.67kPa）140℃下脱水。由于 PTMEG 黏度较大，需要采用薄膜蒸发器一类设备进行。如果产品色泽较深，可采用活性炭进一步脱色，再滤去炭，得到合格产品。

保土谷化学工业株式会社的专利揭示当采用羧酸酐，例如醋酐，与氟磺酸的摩尔比为 0.2～2.5 时，可以得到产品分子量分布改善的 PTMEG 产品，且可以显著地降低氟磺酸的用量。氟磺酸用量根据产品分子量要求，一般为 THF 的 2%～10%。DuPont 公司的专利认为如果氟磺酸中含有铝，得到的 PTMEG 的色度可以大大降低。铝化合物可以加入氟磺酸中，例如硫酸铝，铝离子的浓度以 200μg/mL 为宜，当采用含有 50μg/mL 铝的氟磺酸为催化剂，或者采用经铝容器运输的氟磺酸时，也可以将产品 PTMEG 的色泽降低到 APHA 50 以下。

通常采用氟磺酸为催化剂时，产品 PTMEG 中含有残余的 60～600μg/g 氟化物，在后加工中与酸反应时，例如与对苯二甲酸等反应时，会产生不希望的氢氟酸等。为了克服此问题，DuPont 提出在 200～300℃温度下用碱溶液洗涤，可以将氟化物含量降低到 40μg/g 以下。

第四节 以固体酸为催化剂的聚四氢呋喃生产技术

固体酸是指一类能使碱性指示剂变色，显示酸性的固体氧化物的混合物，常见的固体酸有分子筛、杂多酸、强酸性阳离子交换树脂及酸性黏土等。其表面及微孔道中分布有大量的酸位点，可以参与阳离子催化反应。与液体强酸催化剂相比，对设备的腐蚀性较小，稳定性高，存、贮、运都方便，容易与反应产物分离，可重复使用等。已实现 PTMEG 工业生产应用的固体酸品种如下所述。

一、以含磺酸基的 Nafion 全氟树脂为催化剂的聚四氢呋喃技术[1,25-34]

1. Nafion 全氟树脂催化剂聚四氢呋喃技术的基本原理

为了克服液体强质子酸工艺存在的催化剂不能回收和重复使用，以及因水解、水洗等过程带来的设备腐蚀、分离困难，含酸、含盐废水处理等缺点，又能充分发挥强酸催化剂活性高的优点。1978 年 DuPont 公司在原有氟磺酸工艺的基础上开发出新工艺，采用一种叫作 Nafion 的全新含磺酸基的固体全氟磺酸树脂，用作 THF 聚合催化剂，这种树脂催化剂可以连续重复使用，工艺过程可以完全或部分避水。Nafion 树脂无论在 THF 或 PTMEG 中的溶解度都很低，易于与产品分离。聚合反应器可以采用淤浆床或固定床，间歇或连续操作。

全氟磺酸树脂是具有全氟磺酸骨架结构，同时侧链又有磺酸基团的高分子聚合物。全氟磺酸树脂的分子骨架可以是四氟乙烯或氯氟乙烯和含有磺酸基前驱体的全氟磺酸树脂烷基乙烯基醚的共聚物，最好是四氟乙烯与具有以下结构单体的共聚物。

$$CF_2{=}CF\left[O{-}CF_2{-}CF(CF_3)\right]_{1\sim10}O{-}CF_2CF_2SO_2F$$

这种共聚物的磺酰氟基通过水解变成氟磺酸的形式。共聚物中四氟乙烯与上述结构单体的比例为 1∶1，或者四氟乙烯多于后者。这种共聚物由 DuPont 公司生产，商品名为 Nafion-R 全氟磺酸树脂，具有 1100～1300mol 的磺酸基，反应条件下在反应介质中的溶解度≤1%。当采用这种催化剂时，需要同时加入一种能产生以下结构的酰基阳离子前驱体（acylium ion precursor）醋酸酐和醋酸：

$$CH_3{-}\overset{\oplus}{C}{=}O$$

酰基阳离子前驱体在 THF 聚合过程中能产生酰基氧鎓离子，引发 THF 聚合反应。THF 的聚合反应过程如下：

① 链引发

$$\underset{\text{催化剂}}{NfSO_3H} + \underset{\text{酰基阳离子前驱体}}{(CH_3CO)_2O} + \text{THF} \longrightarrow \underset{\text{酰基氧鎓离子}}{\left[CH_3{-}\overset{O}{\overset{\|}{C}}{-}O^+\!\!\text{(THF环)}\right]NfSO_3^-} + CH_3COOH$$

② 链增长

$$\underset{\text{酰基氧鎓离子}}{\left[CH_3{-}\overset{O}{\overset{\|}{C}}{-}O^+\!\!\text{(THF环)}\right]NfSO_3^-} + n\,\text{THF} \xrightarrow{\text{连续}} \left[CH_3{-}\overset{O}{\overset{\|}{C}}{-}\left[O{-}(CH_2)_4\right]_n O^+\!\!\text{(THF环)}\right]NfSO_3^-$$

③ 链转移

$$\left[CH_3-\overset{\overset{O}{\|}}{C}-O\sim\sim O^{+}\text{(环)}\right]NfSO_3^- + \begin{matrix} CH_3-\overset{\overset{O}{\|}}{C} \\ \quad O \\ CH_3-\underset{\underset{O}{\|}}{C} \end{matrix} \xrightarrow{THF}$$

$$CH_3-\overset{\overset{O}{\|}}{C}-O\sim\sim O \leftarrow\!\!\!\left(CH_2\right)\!\!\!\rightarrow_4 O-\overset{\overset{O}{\|}}{C}-CH_3 + \left[CH_3-\overset{\overset{O}{\|}}{C}-O^{+}\text{(环)}\right]NfSO_3^-$$

酰基氧鎓离子

④ 链再分配

$$CH_3-\overset{\overset{O}{\|}}{C}-O\left[\leftarrow\!\!\!\left(CH_2\right)\!\!\!\rightarrow_4 O\right]_n\overset{\overset{O}{\|}}{C}-CH_3 + \begin{matrix} CH_3-\overset{\overset{O}{\|}}{C} \\ \quad O \\ CH_3-\underset{\underset{O}{\|}}{C} \end{matrix} \xrightarrow[THF]{NfSO_3H}$$

$$CH_3-\overset{\overset{O}{\|}}{C}-O\left[\leftarrow\!\!\!\left(CH_2\right)\!\!\!\rightarrow_4 O\right]_o O-\overset{\overset{O}{\|}}{C}-CH_3 + CH_3-\overset{\overset{O}{\|}}{C}-O\left[\leftarrow\!\!\!\left(CH_2\right)\!\!\!\rightarrow_4 O\right]_p\overset{\overset{O}{\|}}{C}-CH_3$$

式中，n、o、p 都代表大分子链上所含“$\leftarrow\!\!\!\left(H_2CH_2CH_2CCH_2O\right)\!\!\!\rightarrow$”直链段的重复次数，$n=o+p$。

⑤ 链终止

$$\left[CH_3-\overset{\overset{O}{\|}}{C}-O\sim\sim O^{+}\text{(环)}\right]NfSO_3^- + CH_3COOH \longrightarrow$$

$$CH_3-\overset{\overset{O}{\|}}{C}-O\sim\sim O\leftarrow\!\!\!\left(CH_2\right)\!\!\!\rightarrow_4 O-\overset{\overset{O}{\|}}{C}-CH_3 + H^+ + NfSO_3^-$$

⑥ 催化剂再生

$$H^+ + NfSO_3^- \longrightarrow NfSO_3H$$

⑦ 酯交换　两端为醋酸基封端的 PTMEA 与甲醇进行酯交换反应，转化成两端由羟基封端的 PTMEG。

$$CH_3-\overset{\overset{O}{\|}}{C}-O\sim\sim\sim O\leftarrow\!\!\!\left(CH_2\right)\!\!\!\rightarrow_4 O-\overset{\overset{O}{\|}}{C}-CH_3 + 2CH_3OH \longrightarrow HO\sim\sim\sim O\leftarrow\!\!\!\left(CH_2\right)\!\!\!\rightarrow_4 OH + 2CH_3COOCH_3$$

反应式中的 $NfSO_3H$ 代表含磺酸基的全氟磺酸树脂；～～～代表聚合物链段。

Nafion-R 全氟磺酸树脂催化剂和酰基阳离子前驱体醋酐和醋酸聚合体系，可以实现在避水的条件下操作。催化剂在使用前需要在 120℃，高真空下进行脱水处理，原料 THF 要求水含量低于 0.1%，过氧化物含量小于 0.2%。采用淤浆床反应器时，反应介质中，催化剂的浓度低于10%。阳离子前驱体醋酐的浓度为1%～10%，加入醋酸的量一般为醋酐的1%～5%。物料配比、催化剂的浓度和反应条件是调节产品分子量和分子量分布的主要手段，一般，比较低的反应温度、低的催化剂浓度、较短的反应时间有利于得到高分子量的PTMEG，高醋酐-醋酸配比和高催化剂浓度、高反应温度有利生成低分子量的PTMEG。例如当采用间歇式搅拌反应器，催化剂在反应介质中浓度约5%，醋酐浓度约5%，醋酐和醋酸的比为1∶1，反应温度22℃，停留时间为1.5h，THF的转化率为37%，5.5h为60%，PTMEG产品的数均分子量为1500。如果采用水或BDO为链终止剂时，反应起始原料可不加酰基阳离子前驱体醋酐和醋酸。在催化剂浓度为5%，25℃聚合7h，THF的转化率仅有25%，23h后转化率增加到55.6%。加水终止聚合反应，虽然能直接得到PTMEG，但因反应时间较长，生产效率低，不适合工业应用。

PTMEA醇解或酯交换过程，是在钙、镁、钡等金属的氧化物、氢氧化物、烷氧基化物催化剂存在下，甲醇与PTMEA进行酯交换，而得到PTMEG。

DuPont公司1992年的另一专利，采用带有磺酸基的全氟树脂PFIEP-SO_3H和一个含有羧基的氟树脂PFIEP-COOH的混合物作为催化剂，可以采用含水的THF为原料，水作为链终止剂，一步合成PTMEG。两种全氟碳树脂催化剂的结构如下：

$$\underset{\substack{|\\ \text{Rf}}}{\left(\text{CFCF}_2\right)_n}\text{—SO}_2\text{F} \qquad \underset{\substack{|\\ \text{(Z)}}}{\left(\text{CF}\right)_m}\text{—W}$$

PFIEP—SO_3H　　　　PFIEP—COOH

式中，Rf代表—F、—Cl或者是C_1～C_{10}全氟烷基自由基；n可以为1～5；m为1～12；W代表—COOR、—CF_2COOR或—CN；Z代表—F或—CF_3。

四氢呋喃聚合过程采用的催化剂是由70%～95%的含磺酰基树脂和30%～5%的含羧基树脂组成的混合树脂，再经过熔融挤出等方法加工成条状聚合催化剂，通过碱水解及酸化，将磺酰基和酯基转化成磺酸基和羧基。使用前催化剂要经过活化，活化方式是首先将催化剂在约100℃、0.1～100mmHg（0.0133～13.33kPa）下进行干燥8h，然后再与含水50～300μg/mL的THF混合成泥浆，在氮封下加热到85～150℃。因为在该项技术中水是链终止剂，因此在聚合过程中要严格控制催化剂和系统的水含量。水含量高时，制得的聚合物具有较低的分子量，反之，得到较高分子量的产品。采用这种复合树脂虽然能直接得到PTMEG，但是由于催化剂的活性低、用量大，聚合反应温度高、反应时间长，THF的转化率低，产品质量和分子量控制困难，因此未见工业应用报道。

2. Nafion全氟树脂催化剂聚四氢呋喃技术的工艺流程

根据专利报道，采用Nafion全氟树脂催化剂的PTMEG技术的工艺过程由3

步反应构成：即第一步反应为原料 THF 和醋酐的混合物在常压及 54℃，在含树脂催化剂的淤浆床反应器中进行聚合反应，反应时间为 4h，THF 的单程转化率为 50%，得到 PTMEA；第二步反应在氧化钙碱性催化剂存在下 PTMEA 与甲醇进行酯交换反应，得到粗 PTMEG，酯交换反应在 104℃、近于常压下进行，反应时间约 2h，催化剂加入量为 0.1%（质量分数）；第三步粗 PTMEG 在高真空下进行蒸馏，脱除剩余的甲醇和甲酸-甲酯及低分子量低聚物，加入抗氧剂和稳定剂得到 PTMEG 产品。其工艺流程如图 7-6 所示。

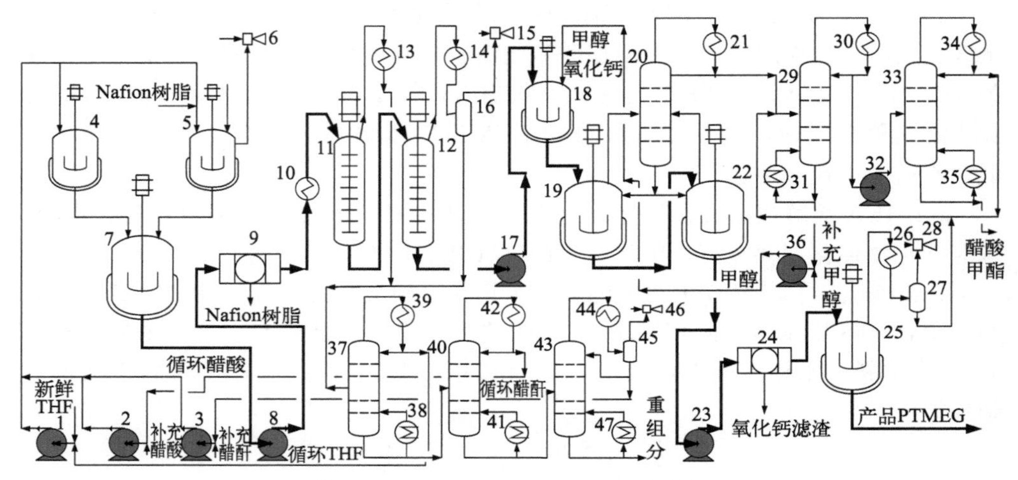

图 7-6 Naftion 树脂 PTMEG 工艺流程

1—THF 加料泵；2—醋酸加料泵；3—醋酐加料泵；4—配料釜；5—催化剂处理釜；6,15,28,46—蒸汽喷射泵；7—聚合釜；8—PTMEA 出料泵；9—催化剂过滤器；10—预热器；11—常压薄膜蒸发器；12—减压薄膜蒸发器；13,14,21,26,30,34,39,42,44—冷凝器；16,27,45—气液分离器；17—PTMEA 泵；18—酯交换配料釜；19—第一酯交换反应釜；20—甲醇-甲酯蒸出塔；22—第二酯交换反应釜；23—酯交换出料泵；24—氧化钙过滤器；25—真空蒸出釜；29—常压甲酯共沸塔；31,35,38,41,47—重沸器；32—甲酯加压泵；33—加压甲酯共沸塔；36—甲醇进料泵；37—THF 蒸馏塔；40—醋酸蒸馏塔；43—醋酐蒸出塔

四氢呋喃通过 THF 加料泵 1，醋酸通过醋酸加料泵 2，醋酐通过醋酐加料泵 3，按比例连续将物料加入配料釜 4。配料釜是一带有搅拌和加热夹套的釜，将 THF 和醋酐、醋酸物料搅拌均匀，并预热到反应温度，按一定流速加入聚合釜 7。细颗粒的 Nafion 催化剂首先加入催化剂处理釜 5，在 120℃、10^{-5}mmHg (0.0133Pa) 压力下干燥处理 16h，再在氮气密封下加入一定量的 THF，配成淤浆，根据聚合釜中催化剂的浓度补加并间歇配制。在一定浓度 Nafion 催化剂存在下，聚合釜保持一定聚合温度，THF 达到预定的转化率和分子量，反应液由釜底经釜内设置的过滤装置流出，经 PTMEA 出料泵 8 定量抽出，再经催化剂过滤器 9 滤出夹带的催化剂后，送至常压和减压两台薄膜蒸发器 11 和 12，经常压及减压降膜蒸发，蒸出未反应的 THF 和醋酸、醋酐。聚合物经 PTMEA 泵 17

送入酯交换配料釜 18。由过滤器 9 滤出的催化剂可以进行再生处理，或直接加入催化剂处理釜 5 循环使用。

在酯交换配料釜 18，经甲醇进料泵 36 连续加入酯交换反应过量的甲醇，搅拌下加入催化剂氧化钙，配制成浆状料，连续进入第一酯交换反应釜 19，在一定条件下进行部分酯交换反应后，排入第二酯交换反应釜 22，使 PTMEA 完全转化为 PTMEG。酯交换反应生成的醋酸甲酯和过量甲醇的共沸物由两台酯交换反应釜上部进入甲醇-甲酯蒸出塔 20，由塔顶粗分出甲醇-醋酸甲酯的共沸物，塔釜分出的重组分再返回两台酯交换反应釜。酯交换完全的 PTMEG 和少量未反应的甲醇、少量醋酸甲酯由第二酯交换反应釜底部经酯交换出料泵 23 和氧化钙过滤器 24，滤出氧化钙后进入真空蒸出釜 25，在高真空下由 PTMEG 中蒸出残留在其中的甲醇和醋酸甲酯。得到需要分子量的 PTMEG 产品，配入一定量的抗氧化剂，送入贮罐贮存或包装出售。

由两台薄膜蒸发器蒸出的 THF、醋酸和醋酐以及微量 THF 低聚物，首先进入 THF 蒸馏塔 37，由塔顶蒸出 THF，塔釜物料进入醋酸蒸馏塔 40，由塔顶蒸出醋酸，塔釜物料进入减压操作的醋酐蒸出塔 43，由塔顶蒸出醋酐。塔釜得到的低聚物重组分可以作为燃料焚烧，也可以通过水解回收 THF。由塔顶得到的 THF、醋酸、醋酐分别经泵 1、2、3 循环。由甲醇-甲酯蒸出塔 20 塔顶分出的粗甲醇-甲酯混合物，与由真空蒸出釜 25 蒸出的甲醇-甲酯混合物一起进入甲醇和醋酸甲酯分离系统。首先经常压甲酯共沸塔 29，由塔顶蒸出含甲醇约 18%和醋酸甲酯 82%的共沸物，塔釜得到甲醇经甲醇进料泵 36 返回酯交换配料釜，循环使用。常压甲醇-甲酯的共沸物再经过甲酯加压泵 32 加压送至加压甲酯共沸塔 33，在约 1MPa 压力下，温度约 164℃由塔釜得到纯的醋酸甲酯，塔顶约 130～135℃得到含甲醇约 37%和醋酸甲酯约 63%的共沸物，再返回常压甲酯共沸塔 29，醋酸甲酯则作为副产品出售。

3. Nafion 全氟树脂技术的工业应用

DuPont 公司已将 Nafion 全氟树脂技术用于氟磺酸工艺装置的改扩建，用于提高装置的生产能力和减少废弃物的排放。

二、以杂多酸为催化剂的工艺[13, 35-56]

1. 杂多酸工艺的基本原理

杂多酸（简称 HPA）是一类酸强度比浓硫酸还高的固体质子酸，它是由 Mo、W、V 等过渡金属元素中至少一种为杂原子的氧化物与 P、Si、As、Ge、Ti、Ce 等其他元素的含氧酸缩合而成的含氧酸的总称，两者原子比为 2.5～12，最好是原子比为 9 或 12，分为六聚酸、九聚酸和十二聚酸。例如 $H_3PW_{12}O_{40}$（磷钨酸）、$H_3PMo_{12}O_{40}$（磷钼酸）、$H_4SiW_{12}O_{40}$（硅钨酸）、$H_4SiMo_{12}O_{40}$（硅钼酸）等。其结构主要分 Keggin 型和 Dawson 型两种。Keggin 型结构热稳定性好，易于合成，酸性较强，腐蚀性低，催化活性高，得到广泛应用。杂多酸分子呈笼状结构，在催化反应过程中单分子可以自由出入其笼状结构而呈假液相状态。杂多酸同时具有质子酸和 Lewis 酸的性质，结构稳定，易溶于水和多种有机溶剂，尤其在有机溶剂中其酸强度更高，而且分离和回收容易，因此可以用作 THF 的聚合反应的催化剂。当采用杂多酸为催化剂时，THF 聚合反应的质子供体为水，可以直接得到两端由羟基封端的 PTMEG，其化学反应式如下：

$$n\ \text{(THF)} + H_2O \xrightarrow{HPA} HO\left[\!\left(CH_2\right)_4 O\right]_n H$$

每个杂多酸分子都含有 20～40 个分子水，以无定形形式存在。如果直接以此杂多酸为催化剂进行 THF 聚合时，虽然它也可以溶于 THF，并生成均一相溶液，但没有催化活性，不能引发 THF 的聚合反应。当将杂多酸在 200～300℃高温下经部分脱水处理，改变其含水分子数，可以发现，随着杂多酸分子中含水分子数的减少，催化 THF 聚合反应活性增加，得到聚合物的数均分子量也随之增加。以 12-磷钨酸（$H_3PW_{12}O_{40}$）为例，杂多酸水含量、THF 聚合转化率和 PTMEG 分子量三者之间的关系如图 7-7 所示。

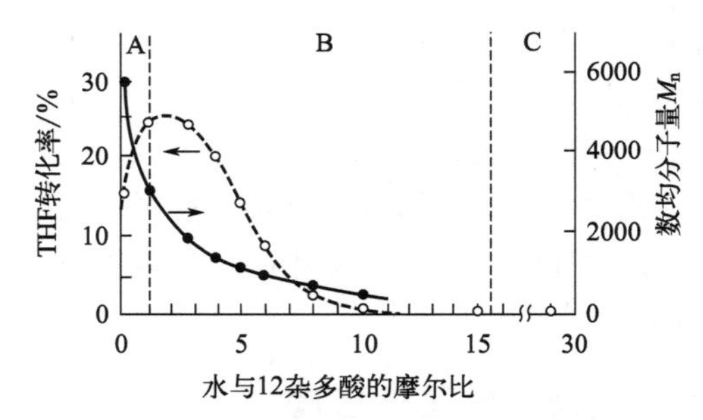

图 7-7 杂多酸含水分子数和四氢呋喃转化率及 PTMEG 产品数均分子量的关系

催化剂为 12-磷钨酸；催化剂/THF 为 1∶2；反应温度为 60℃；反应时间为 4h

A—固液相区；B—两个液相区；C—均一液相区

以 12-磷钨酸为例，由图 7-7 可以看出，杂多酸中含水量和 THF 的转化率及产品 PTMEG 的分子量关系密切，随着杂多酸中水分子含量的增加，得到的 PTMEG 的数均分子量急剧下降，THF 的转化率在经过一最高值时，也急剧下降。当杂多酸分子中有 1～8 个，最好是 2～6 个与之相结合的水分子，可以制得收率较高、数均分子量为 800～3000 的 PTMEG 产品。当杂多酸含水达到 10mol 时，THF 转化率几乎降为零。因此杂多酸催化剂仅适合于制造数均分子量 2000 左右的 PTMEG。

使用杂多酸催化剂可以使生产过程简化，催化剂可以连续使用，对设备的腐蚀性小，可以直接得到PTMEG，优点明显。但是由于存在以下困难，其工业应用迟缓，工艺多样化。这些困难和不同的解决对策主要有：

① 采用杂多酸催化剂，THF聚合反应以水作为质子的供体，直接参加THF的聚合反应。反应体系中水和THF的摩尔比是极低的，水含量细微的变化，是直接影响产品PTMEG分子量和分子量分布的主要因素，而且也是影响杂多酸催化剂活性和THF转化率的重要因素。因此如何连续、稳定、精确地控制反应系统中含水量、进出平衡，是控制产品PTMEG分子量和分子量分布、THF转化率的重要手段。

日本旭化成株式会社的明度隆治提出如何在获得指定分子量的PTMEG的基础上，调控分子量分布的方法。按照图7-7的配方，使聚合过程在图7-7的B区进行，即系统中的水含量要满足形成有机相和催化剂相两个液相的要求。通过条件试验，获得具有指定数均分子量PTMEG的反应条件下的校准曲线，该曲线给出了聚合反应停留时间V/F，以及单位液体体积的搅拌功率P/V（V为反应器中液体的总体积，F为THF加入反应器中的速率，P为搅拌器功率）和分子量分布的关系。如果通过实测，PTMEG的分子量分布比规定值较宽时，将反应停留时间缩短，和/或将搅拌功率降低。改变PTMEG的分子量分布，一般其数均分子量不会发生变化。采用这种调控方法，催化剂用量没有特别限制。但当系统中杂多酸用量较少时，聚合反应速率下降，因此杂多酸优选的用量为THF的0.5～5倍。优选的反应温度为30～80℃，反应时间为0.7～15h。能获得与指定数均分子量误差不超过±50，甚至不超过±30，分子量分布为1.7～1.8的PTMEG产品。

范天民等提出在反应器上安装一套外循环回路，回路上安装专用电导率测定的监控装置，通过有机相电导率的变化，调节反应系统中的水含量，控制THF的转化率，来得到要求分子量和分子量分布的PTMEG。但这就需要预先绘制质子给予体水和电导率之间，电导率与PTMEG分子量、分子量分布之间的关系曲线。采用这种方法，使用含3～5个结晶水的12-磷钨酸催化剂，催化剂用量为THF量的45%～55%，质子给予体水的用量为0.5%～5%，反应温度为50～65℃，聚合反应时间为3～6h，得到分子量为2000±100，分子量分布为1.4～1.5的PTMEG。

张永梅公开了一种采用杂多酸催化剂制造数均分子量在650～3500范围、分子量分布在1.2～1.7范围的PTMEG的方法。发明人发现聚合过程中THF转化率与分子量变化的函数关系。由于转化率可以相对准确地测定，也能满足对过程控制精度的要求，因此可以将PTMEG数均分子量变化控制在±50，分子量分布控制在1.2～1.7范围。首先建立反应液中PTMEG含量与近红外吸收光谱的对应关系模型，通过设在聚合反应器上部出料口上的在线近红外检测仪测量反应液的近红外吸收光谱，再根据所建立的对应关系模型，测定反应液中 PTMEG 的含量，也即 THF 的转化率。据此调节加入聚合反应器中质子供体的用量，精确控制 THF 的转化率，从而得到所需分子量和分子量分布的 PTMEG。该方法采用的杂多酸是含有 6～8 个结晶水的 12-磷钨酸，其用量为 THF 用量的 1.5%～4.5%（摩尔分数），聚合反应时间为 4～15h，当转化率的精度控制在±0.5%时，数均分子量的变化小于±25。专利实施实例：将经过精制的 THF 与去离子水按摩尔比 62.1∶1 配制成均匀的含水 THF，再将精制过的 THF 与催化剂按摩尔比为 42∶1 配制成均匀的催化剂溶液，均精确到千分之一。将两种溶液按含水 THF 和含催化剂溶液质量比 3∶1 的速度加入带搅拌的反应器中，在聚合反应温度 60℃，停留时间 10h，控制转化率为 23%±0.5%时，得到数均分子量为 1800±50 的 PTMEG。当控制转化率为 29%±0.5%时，得到数均分子量为 2000±50 的 PTMEG。

② 杂多酸本身能溶于水和 THF 等溶剂，微溶于 PTMEG。而 PTMEG 也能溶于 THF、苯、甲苯等极性溶剂，微溶于水，但不溶于戊烷、己烷、石油醚等烷烃。THF 可溶于脂肪烃等有机溶剂。聚合反应后形成了两个互不相溶的黏稠液相（见图 7-7 中的 B 区），上层主要是 PTMEG 的 THF 溶液，并含有少量的催化剂杂多酸及水；下层为催化剂杂多酸的 THF 溶液，并含有少量的 PTMEG 及水。这四种组分间相互溶解和分配的关系，上、下两层液体的组成，随 PTMEG 的分子量大小和分子量分布、催化剂量的多少，以及剩余 THF 量的多少而改变，很难找到其定量的关系。不但给彼此分离、催化剂和未反应 THF 的循环带来困难，影响过程的控制和稳定，甚至影响对产品质量和纯度的稳定控制。解决办法是加入另一溶剂进行液-液萃取。要求萃取剂不能和 THF 形成共沸物，沸点要高于 THF 沸点 30～50℃，又明显低于 PTMEG 的热分解起始温度（约 150℃）。可以采用的非极性溶剂有正辛烷、环己烷、石油醚等，极性溶剂主要是甲苯等。利用 PTMEG 在这些溶剂中的溶解性，将溶解在有机相中 1%～2%的杂多酸析出。日本旭化成公司的儿玉保、明渡隆治等提出采用 C_5～C_{10} 饱和烃作为萃取剂，这些饱和烃可以单独或组合使用。专利实施实例：以正辛烷为萃取剂，其过程为经过聚合反应的物料静置分层，分出下层的催化剂层，返回反应器循环使用，上层有机层含 PTMEG 23%～25%，首先蒸馏出部分未反应的 THF，使浓缩物中 THF 与 PTMEG 的质量比在 0.5～1.5。如果该比例低于 0.1，或大于 3，则通过正辛烷萃取的效率降低，残留在 PTMEG 中催化剂量将增多。

正辛烷的用量为浓缩物总量的 50%～70%，萃取后物料也分为两层，上层为正辛烷、THF 和 PTMEG 组成的有机相，下层为催化剂和部分浓缩物组成的催化剂相。分出上层有机相，一般含杂多酸低于 100μg/mL，催化剂相仍循环回反应器。

范天民等采用甲苯作为萃取剂，聚合反应后首先浓缩蒸出95%的THF，对PTMEG含量约85%的浓缩液进行液-液萃取，甲苯加入量为浓缩物的4倍以上，温度为60℃，分出溶解在PTMEG中95%的催化剂，上层甲苯-PTMEG萃取相再经高速离心分离后，仍含有约500μg/mL的催化剂。张永梅采用90～120℃馏分含微量水的石油醚作萃取剂。当采用浓缩物四倍质量的萃取剂时，经50℃液-液萃取后，静置溶液分为三层，上层为石油醚和少量的THF，中层主要为PTMEG，底层为催化剂和少量PTMEG的溶液。三层质量比为60∶11∶1。中层PTMEG中杂多酸含量为0.01%，杂多酸回收率为99.7%。

BASF公司的Herbert Mueller等人提出，采用C_5～C_{12}的脂肪烃或环烷烃为萃取剂。以环己烷为例，萃取剂和THF、水、催化剂一起混合加入聚合反应器，进行聚合反应。萃取剂的加入量为THF量的50%～200%，反应后物料分为两层，上层为萃取剂、PTMEG和未反应的THF，含杂多酸为10～40μg/g。用稀碱液中和，然后蒸出环己烷和THF，滤出析出的固体盐，得到高纯度的PTMEG。

杂多酸催化剂的价格比较昂贵，分离回收、循环，保持催化活性稳定成为实现工业应用的关键。此外杂多酸在最终产品PTMEG中的含量，是影响产品稳定性、色泽和使用性能的关键指标。上述各种溶剂萃取方法都不能完全去除PTMEG产品中残留的杂多酸催化剂，还含有几十到数百μg/g的杂多酸，这些微量杂多酸的去除，需要经过用活性炭、碱性吸附剂等吸附，使杂多酸含量降至1μg/g左右。陈乐等对ZX-200型粉末活性炭吸附PTMEG中微量磷钨酸的性能进行了研究，发现60℃时磷钨酸的吸附扩散速率最快，平衡吸附量约为1.8g/g。日本旭化成公司的儿玉保、明渡隆治等人发现，如果在PTMEG产品中保留特定范围的非常少的杂多酸，由于杂多酸的多个羧基可与多个PTMEG的羟基相互作用，形成交联，可以进一步提高PTMEG的耐热性，其特定范围为10～900μg/kg。单个杂多酸分子能影响具有高迁移性的PTMEG分子的端羟基，一般认为，低分子量的PTMEG分子的端羟基具有高迁移性，容易发生热分解；与杂多酸的多个羧基交联，结果形成了一种具有新的低迁移性支链PTMEG和杂多酸的复合体，从而提高了其耐热性。如果杂多酸含量低于10μg/kg，几乎形成不了复合体。反之，高于900μg/kg，PTMEG会因杂多酸含量多而色泽加深，而且部分杂多酸会以结晶析出，能促进PTMEG的解聚反应。他们还证实如果PTMEG中含有低于1%的THF，3%以下的环状聚四氢呋喃，1%以下的C_5～C_{10}的饱和烃和低于100μg/g的活性炭存在，不会对由PTMEG制成的弹性纤维性能造成影响。

2. 杂多酸为催化剂制造聚四氢呋喃技术的工艺流程

杂多酸工艺是由日本旭化成公司开发的，并建成了 2000 吨/年的生产装置。依据专利报道：杂多酸为催化剂制造 PTMEG 技术的工艺流程如图 7-8 所示。

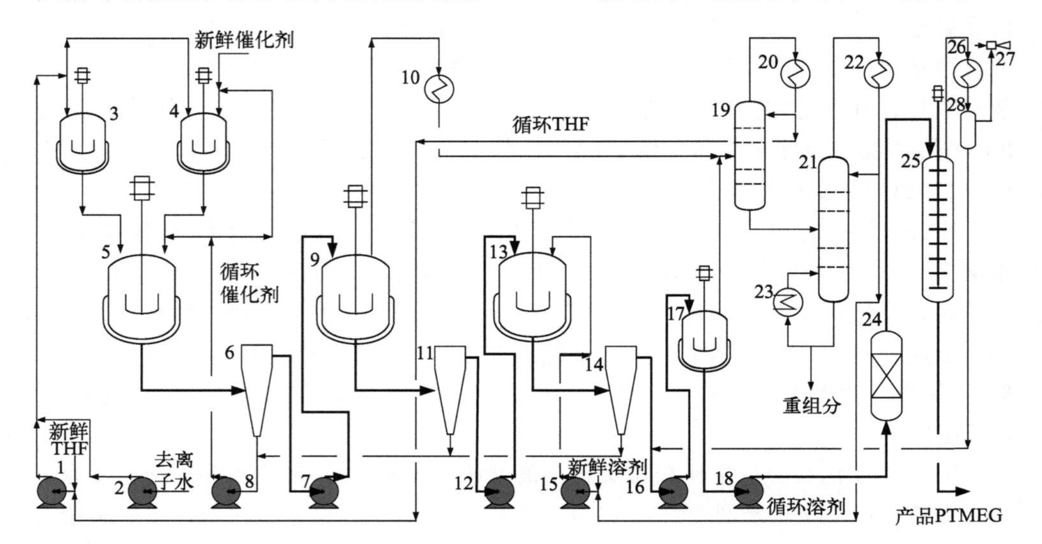

图 7-8 杂多酸为催化剂制造 PTMEG 技术的工艺流程

1—THF 泵；2—去离子水泵；3—THF 配制罐；4—催化剂配制罐；5—聚合反应釜；6,11,14—分层器；7—有机层泵；8—催化剂层循环泵；9—THF 蒸出釜；10,20,22,26—冷凝器；12—浓缩物泵；13—萃取釜；15—溶剂泵；16—萃取相泵；17—溶剂蒸出釜；18—粗 PTMEG 泵；19—THF 蒸馏塔；21—溶剂蒸馏塔；23—重沸器；24—活性炭吸附器；25—薄膜蒸发器；27—蒸汽喷射泵；28—分离罐

四氢呋喃经 THF 泵 1，去离子水经去离子水泵 2，按一定比例和量分别打入 THF 配制罐 3 和催化剂配制罐 4，再向催化剂配制罐 4 中加入一定量已处理好的杂多酸催化剂。依据生产 PTMEG 分子量的要求，连续配制成一定含水量的 THF 和催化剂的 THF 两种溶液。按比例连续分别加入带搅拌的聚合反应釜 5，在 30～60℃温度及强烈搅拌下进行聚合反应，聚合反应时间为 0.5～10h，反应热可以通过物料循环或反应器夹套换热传出。聚合反应物料由反应釜直接放入分层器 6，分为有机和催化剂两相，上层有机相组成为 PTMEG 和未反应的 THF、少量溶解的催化剂及微量萃取溶剂。下层催化剂相主要组成为催化剂、少量 THF 及 PTMEG 的黏稠物，经催化剂层循环泵 8 返回反应釜继续进行聚合反应，以达到催化剂循环使用的目的。上层有机相经有机层泵 7 打入 THF 蒸出釜 9，蒸出部分未反应的 THF，与由溶剂蒸出釜蒸出的 THF 和溶剂的混合物一起进入 THF 蒸馏塔 19，由塔顶蒸出 THF，经 THF 泵 1 返回 THF 配制罐 3，配入一定量的去离子水后继续进行聚合反应。塔釜物料去溶剂蒸馏塔 21，由塔顶蒸出合

格的溶剂，经溶剂泵 15 循环使用。塔釜分出的高沸点组分，主要是 THF 的低分子量低聚物，可以去解聚回收 THF。由 THF 蒸出釜排出的浓缩物经分层器 11 分层，下层的催化剂层同样经催化剂层循环泵 8 返回聚合反应釜。上层浓缩的有机相经浓缩物泵 12 送入萃取釜 13，同时萃取溶剂甲苯经溶剂泵 15 按比例连续打入萃取釜。在搅拌下，PTMEG 转入萃取溶剂中，催化剂析出，萃取物料流入分层器 14，上层为 PTMEG 和甲苯溶剂组成的萃取相，仍含有微量的杂多酸催化剂；下层为由 PTMEG 析出的催化剂、少量 PTMEG 和溶剂，同样经催化剂层循环泵 8 返回聚合反应釜。萃取相经萃取相泵 16 打入溶剂蒸出釜 17，在搅拌下蒸出大部分溶剂甲苯和剩余的 THF，得到的粗 PTMEG 经粗 PTMEG 泵 18，再经活性炭吸附器 24，进一步将 PTMEG 中的杂多酸含量降至 1μg/g 以下。再经薄膜蒸发器 25，在真空下将残留的溶剂和 THF 蒸出，得到合格的 PTMEG 产品，配以抗氧剂后存储或包装出售。由溶剂蒸出釜和薄膜蒸发器蒸出的溶剂和低沸点组分一起经两台蒸出釜，分别回收 THF 和溶剂进行循环。为避免 PTMEG 热分解，溶剂蒸出釜和薄膜蒸发器的温度应低于 200℃。

3. 杂多酸技术的工业应用

以杂多酸为催化剂的 PTMEG 技术的研发始于 20 世纪 80 年代中期，据报道 1987 年日本旭化成公司根据专利建成了 2000 吨/年工业生产装置，但进一步扩大和建设新装置未见报道。我国的学者和科研院所对杂多酸 PTMEG 技术也作了大量的研究和开发工作，并于 2000 年初建成了中试和生产装置。中化国际（太仓）兴国实业有限公司采用中国科学院的技术建成 2 万吨/年 PTMEG 生产装置，该装置采用杂多酸为催化剂，类似于日本旭化成的技术，装置于 2004 年投产。杂多酸工艺虽然研究和专利很多，但建成的工业装置不多。

第五节 以固体氧化物及天然黏土为催化剂的聚四氢呋喃技术

一、沸石、复合氧化物催化剂聚四氢呋喃技术的发展[13, 54-74]

工业上虽然已有多种生产 PTMEG 技术，但传统的方法均存在因催化剂的强酸性带来的设备腐蚀、催化剂不能重复使用、废弃物产生多、工艺难以控制等问题，影响 PTMEG 的生产和发展。多年以来，许多研究者试图开发一种固体催化剂，以固定床反应器实现催化剂可以连续使用，THF 经过固体催化剂可以连续稳定进行聚合反应，产品分子量和分子量分布稳定和易于控制。在这方面研究较多的是日本三菱化学公司等，选用的催化剂主要有沸石和复合氧化物。

沸石是一种结晶型铝硅酸盐，具有均匀的孔结构，它对许多酸催化反应具有较高的催化活性和选择性。三菱化学公司的村井信行等人发明了一种用酸处理过的沸石作催化剂，在醋酸酐调聚剂存在下催化 THF 开环聚合生成 PTMEG 的技术。沸石优选含有 β-骨架的酸性沸石，如 β-沸石、L-沸石、丝光沸石、硅钾铝石等。其结构中的 Al 和 Si 原子被 V、Cr、Mn、Fe、Co、Ni、Cu、Zn、Ga、Ge、Ba、Ce 等原子部分取代后催化活性更好。活化用酸可以是无机酸或有机酸，处理后的沸石经去离子水洗净，干燥后再在 200～600℃下煅烧。将它用作 THF 的聚合催化剂，在温度 30～50℃，压力 0～0.2MPa，醋酸酐含量低于 10%下聚合，可得到高 THF 转化率、窄分子量分布的 PTMEG。也可以将沸石与 10%～30%的黏合剂（如 ZrO_2、Al_2O_3、SiO_2、高岭土等）混炼制成球形、圆柱状颗粒，再经煅烧等处理，同样具有较高的酸度，对 THF 聚合反应有较高的催化活性。Timothy 采用脱铝的 Y 型沸石为催化剂，先将催化剂与醋酸酐混合，再加入 THF 进行聚合，可以得到较高产率的 PTMEG。日本的加幡良雄介绍了一种水蒸气处理分子筛的方法，即在含有质量分数大于 2%的水蒸气的空气中，于 500～1000℃下煅烧数小时，经这样处理的沸石在转化为 H 型的同时，其骨架也发生了变化，4 配位体的 Al 原子数量减少，骨架外六配位体的 Al 原子数量增加。用其催化 THF 聚合，可以得到窄分子量分布的 PTMEG。

复合氧化物是由多种氧化物组成的混合氧化物，其酸性中心的数量取决于二元氧化物的组成，通常存在一个最佳的比例，使得酸性中心数量最大。复合氧化物的种类很多，杂多酸实际上也是一种含水的复合氧化物。日本小早川聪等人采用元素周期表中ⅢB～ⅤA 族金属的化合物载于多孔的载体上，例如活性炭、SiO_2、Al_2O_3 等，经改性、水洗、煅烧等处理，制成复合氧化物催化剂，例如 $SrO_2 \cdot SiO_2$ 催化剂，在醋酸酐存在下，40℃催化 THF 聚合，可以得到 20%以上的 PTMEG。BASF 公司的 C·斯格瓦特等人采用一种含氧载体，例如 TiO_2，承载的 Mo 或 W 的氧化物催化剂，调聚体可以是水、BDO、醋酸酐等，在 40～70℃催化 THF 聚合，可以得到高产率和较高数均分子量的 PTMEG。以上诸多对沸石、复合氧化物催化剂的研究，多为实验室研究，未见工业生产应用。

20 世纪 90 年代初日本三菱化学公司公开了一系列采用固体酸为催化剂、醋酸酐为链调聚剂、甲醇钠为酯交换催化剂的制造 PTMEG 的技术，其聚合用催化剂包括活性白土等黏土类，氧化锆、氧化硅等氧化物，甚至强酸性的离子交换树脂在内的酸性固体催化剂。三菱化学也是日本生产 PTMEG 的制造商，在日本四日市建有一套 1.2 万吨/年 PTMEG 装置，2006 年扩产为 3.2 万吨/年，其工业化催化剂是氧化锆一类复合氧化物，整套工艺过程类似于 DuPont 公司的技术。

2009年，日本三菱化学在中国宁波的菱化高新聚合产品有限公司建成年产2.5万吨/年的PTMEG装置，据报道该装置生产的PTMEG产品主要供应中国化纤行业的高端氨纶生产客户，生产技术采用日本三菱公司的最新技术，该技术优于日本国内三菱公司的专有技术。这套装置采用的技术也是三菱公司最新开发的以氧化物为催化剂的PTMEG技术。

二、氧化锆-醋酐-醋酸催化剂体系的聚四氢呋喃技术[13，62-74]

1. 氧化锆催化剂聚四氢呋喃技术的基本原理

据专利报道，DuPont公司开发出一套THF聚合新工艺，采用的聚合催化剂是酸性氧化锆，调聚剂为醋酸-醋酐。其工艺过程主要分为三步，即：

① 在氧化锆催化剂及醋酐和醋酸存在下，THF开环聚合生成一定分子量和分子量分布的PTMEG的二醋酸酯PTMEA；

② 以甲醇钠为催化剂，PTMEA与甲醇进行酯交换反应，生成粗PTMEG；

③ 粗PTMEG经过脱除酯交换催化剂、水、低分子量低聚物等得到PTMEG产品。

氧化锆是一种酸性氧化物，专利报道催化剂的制造方法如下：原料$ZrOCl \cdot 8H_2O$或$ZrO(NO_3)_2 \cdot 2H_2O$经氨水水解得到$Zr(OH)_4$沉淀，经水洗和干燥，再用浓度0.5mol/L的稀硫酸处理，然后在空气中，温度为400～650℃下煅烧制得粉状的ZrO_2催化剂。实例：将100g $ZrO(NO_3)_2$溶于1000mL的去离子水中，在室温下加入100g NH_4OH溶液，得到的沉淀$Zr(OH)_4$用去离子水洗到中性，再用浓度0.5mol/L的300mL硫酸在室温下处理1h。将混合物过滤，在110℃干燥24h，得到的粉末再经过400～600℃煅烧制成催化剂，该催化剂可以成粉状或一定大小的颗粒应用。聚合反应可以在带搅拌的间隙釜中进行，也可以采用活塞流反应器，催化剂悬浮于反应物料中。反应过程加醋酐-醋酸作为链调聚剂，THF经聚合反应得到PTMEG的二醋酸酯。再在甲醇钠催化剂存在下，通过与甲醇进行酯交换反应得到粗的PTMEG产品。粗PTMEG再与硫酸镁水溶液混合，蒸馏脱水、过滤得到高纯度的、可用作聚氨酯弹性体及纤维原料的PTMEG，采用这种技术可以生产数均分子量650～4000的产品。

用于聚合反应的THF原料含水量应低于0.1%，过氧化物含量低于0.2%，含有叔丁基羟基甲苯一类抗氧剂，可以减少在加工过程中过氧化物生成、产品颜色加深的可能。催化剂用量一般为反应介质质量的2%～20%，如果没有醋酐和醋酸的存在，聚合反应速率非常慢。有醋酐和醋酸混合物的存在，聚合速率可以提高30倍。反应过程可以分批间歇进行，也可以连续进行。催化剂本身不溶于反应介质，反应结束，采用过滤或离心分出反应物，固体催化剂返回反应器，重复使用。反应介质中醋酐和醋酸混合物的质量控制在1%～25%，醋酐和醋酸的质量比例控制在（10∶1）～（0.5∶1）。聚合反应温度控制在20～65℃，停留时间最好控制在2～4h。聚合反应最好控制THF的单程转化率在15%～40%，醋酐和醋酸单程消耗最好在80%～90%。产品PTMEG的分子量可以通过改变原料中醋酐和醋酸质量和两者之间的配比、聚合反应温度、聚合反应时间、催化剂的浓度来调节。一般采用醋酐和醋酸的总量大，反应温度高，催化剂浓度高，反应时间短，有利于得到低分子量的PTMEG。反之，有利于得到高分子量的PTMEG。例如在反应介质中催化剂浓度约9%，醋酐和醋酸总量约9%，醋酐和醋酸的质量比9∶1，聚合温度45℃，聚合反应时间1h，9%的THF转化为数均分子量为1850的PTMEG。聚合反应时间为3h，17%的THF转化为数均分子量为2500的PTMEG。当聚合反应时间为6h，40%的THF转化为数均分子量为1718的PTMEG。未见有关聚合机理的报道，聚合反应生成两端被醋酸根封端的PTMEA。聚合产品首先分出固体ZrO_2催化剂，蒸出未反应的THF、醋酐和醋酸，剩余的PTMEA去进行酯交换反应。PTMEA通过与甲醇进行酯交换反应生成PTMEG，酯交换反应是在甲醇反应当量过量，并有金属钾、钠、钙等的氧化物、氢氧化物、烷氧基化物催化剂存在下进行。典型的酯交换反应液的组成为含PTMEA 20%～60%，甲醇40%～80%，甲醇钠量基于PTMEA量的8%～20%（摩尔分数）。反应温度50～150℃，反应过程保持反应液呈沸腾状态，酯交换反应生成的醋酸甲酯与过量的甲醇呈共沸物被蒸出，通过分析反应液中PTMEA含量，以及蒸出馏分中醋酸甲酯的含量，控制酯交换反应完全，一般需要2～3h。酯交换反应完成，在100～150℃，50mmHg（6.67kPa）减压下蒸出剩余的甲醇、醋酸甲酯、醋酐和醋酸，得到粗PTMEG产品。其典型组成为含甲醇钠600～700μg/g，醋酸钠100～200μg/g（系PTMEA中残余的醋酸与甲醇钠的反应产物）。这些残留碱性催化剂的存在，将严重影响PTMEG的色泽和质量，特别是用于生产聚氨酯、Spandex纤维的应用。

专利报道，采用当量过量硫酸镁或亚硫酸镁的水溶液与含有碱性催化剂残余的PTMEG混合，生成不溶于其中的氢氧化镁和硫酸钠固体，通过过滤可一并除去过量的硫酸镁、氢氧化镁、硫酸钠等不溶固体。得到的PTMEG再经蒸馏脱除水及低分子量的低聚物，使其分子量分布变窄，APHA色泽低于10，碱催化剂含量低于1μg/g，得到PTMEG产品。一般采用的硫酸镁水溶液的浓度为5%～12%，依据PTMEG的碱度，化学当量过量10%～300%，在约70℃ PTMEG熔融状态下混合和压滤。

2. 氧化锆催化剂聚四氢呋喃技术工艺流程

依据对DuPont公司专利分析，其连续生产PTMEG的工艺流程如图7-9所示。

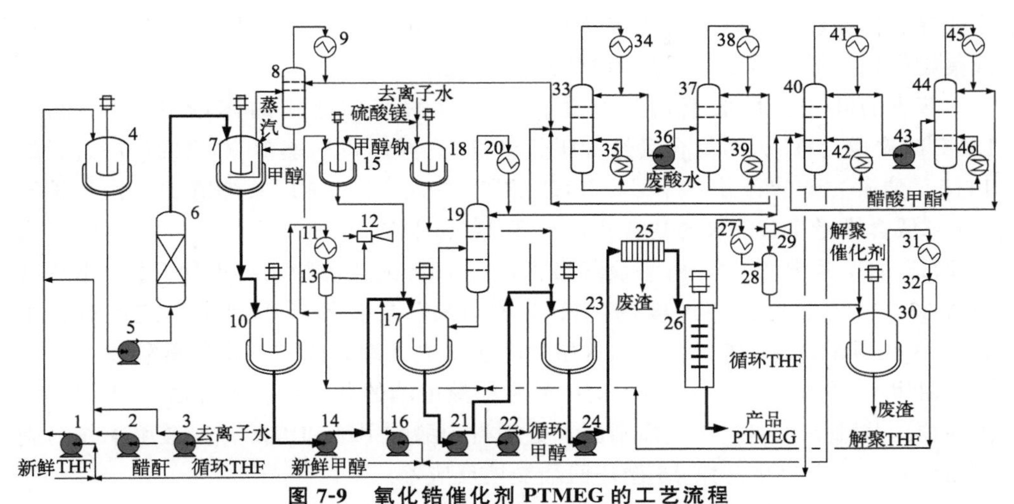

图 7-9　氧化锆催化剂 PTMEG 的工艺流程

1—THF 泵；2—醋酐泵；3—去离子水泵；4—配料罐；5—进料泵；6—聚合反应器；7—常压蒸出釜；8—闪蒸塔；9,11,20,27,31,34,38,41,45—冷凝器；10—减压蒸出釜；12,29—蒸汽喷射泵；13,28,32—气液分离罐；14—PTMEA 泵；15—甲醇钠配料罐；16—甲醇泵；17—酯交换反应釜；18—硫酸镁配制罐；19—甲醇-甲酯蒸出塔；21—粗 PTMEG 泵；22—回收 THF 泵；23—甲醇钠脱除釜；24—PTMEG 加压泵；25—过滤器；26—薄膜蒸发器；30—解聚釜；33—THF 常压共沸塔；35,39,42,46—重沸器；36—四氢呋喃加压泵；37—THF 加压共沸塔；40—甲醇-甲酯常压共沸塔；43—甲醇-甲酯加压泵；44—甲醇-甲酯加压共沸塔

如图 7-9 所示，原料 THF 由 THF 泵 1，醋酐由醋酐泵 2，去离子水由去离子水泵 3 按一定配料比，分别连续将物料打入配料罐 4，配成产品 PTMEG 分子量要求的 THF-醋酐-醋酸的质量比，并预热至 50～60℃聚合反应温度，经进料泵 5 连续由下部进入聚合反应器 6。聚合反应器为悬浮床，内充装一定颗粒的氧化锆催化剂。物料呈活塞流由下向上通过催化剂层，停留时间为 2～4h，约 50% 的 THF 转化为 PTMEA。反应物料流到常压蒸出釜 7，采用直接蒸汽经闪蒸塔 8 蒸出大部分过量的 THF，醋酐水解成醋酸，一并排入减压蒸出釜 10，在真空下继续蒸出剩余的 THF、水、醋酸。得到的 PTMEA 经 PTMEA 泵 14 连续加入酯交换反应釜 17，与此同时由甲醇泵 16 按比例将酯交换反应当量过量的甲醇分别打入甲醇钠配料罐 15 和酯交换反应釜 17。连续将甲醇钠加入配料罐 15，配成甲醇钠的甲醇溶液，按比例连续加入酯交换反应釜。酯交换反应釜 17 是带有搅拌的加热釜，随着酯交换反应的进行，连续由甲醇-甲酯蒸出塔 19 蒸出生成的醋酸甲酯和甲醇的共沸物。酯交换反应生成的 PTMEG 由粗 PTMEG 泵 21 打入甲醇钠脱除釜 23，经硫酸镁配制罐 18 配制成的硫酸镁水溶液，同时按化学反应当量过量比例加入甲醇钠脱除釜 23。甲醇钠脱除釜 23 带有搅拌和夹套加热，在 PTMEG 熔融状态下与硫酸镁水溶液充分混合，硫酸镁和甲醇钠反应生成不溶于 PTMEG 的氢氧化镁等颗粒，经 PTMEG 加压泵 24 加压，经过滤器 25 滤出氢氧

化镁等固体颗粒，再经最后的薄膜蒸发器26，在真空下蒸出水、THF低分子量低聚物等轻组分，得到高质量的PTMEG产品。

蒸出的低分子量低聚物到解聚釜30，在解聚催化剂的作用下，于120～150℃解聚成THF。与聚合后经常压蒸出釜7、减压蒸出釜10蒸出的反应过量的THF、醋酐、醋酸合并，经回收THF泵22打入THF常压共沸塔33，由塔顶蒸出6%低含水量THF-水的共沸物，经THF加压泵36加压到0.8～0.9MPa，进入THF加压共沸塔37，由塔顶蒸出含水约12%的共沸物，再返回THF常压共沸塔33。由塔釜得到高纯度的THF，经THF泵1循环回聚合反应系统。由THF常压共沸塔33塔釜得到的含醋酸的废水去处理，或进一步分离醋酸。

由甲醇-甲酯蒸出塔19蒸出的甲醇和醋酸甲酯的共沸物，再经由甲醇-甲酯常压和加压共沸塔40和44蒸馏精制，分别得到醋酸甲酯和甲醇，醋酸甲酯作为副产品回收，甲醇经甲醇泵16循环回酯交换反应釜。

1t数均分子量2000的PTMEG产品的消耗定额约为：THF 1.0t，醋酐0.14t，甲醇0.062t，冷却水107t，工艺水0.7t，水蒸气2.23t，电102kW·h，副产品有醋酸甲酯0.15t。

3. 氧化锆技术的工业应用

1994年DuPont公司宣布完成了PTMEG生产新工艺的中试开发，称新技术与老技术比较，同样规模投资下降17%，操作费用降低了25%，废水和固体废弃物的量大大减少。还宣布新技术已用于美国得州La Porte新的生产装置和韩国的Ulsan装置，但没有提供详细的技术资料，特别是有关THF聚合采用催化剂的类型。根据对DuPont公司原有氟磺酸系列催化剂PTMEG技术及存在问题的分析，对比DuPont公司一系列新专利的特点，以及全球PTMEG制造技术的研究发展动向，最新的工业生产技术是氧化锆催化剂技术，显然，氧化锆催化剂要优于磺酸基的氟树脂催化剂。

三、天然黏土催化剂的聚四氢呋喃技术[75-101]

1. 天然黏土催化剂聚四氢呋喃技术的基本原理

黏土是一种天然的矿物质，因产地和矿层结构不同而组成有别，从而有许多品种和名称，例如高岭土、白土、蒙脱石、水母石、皂石等。大多数黏土矿物都是层状结构的铝硅酸盐，片层中铝氧八面体中的三价铝离子容易被镁、铁等低价金属离子取代，使结构层产生多余的负电价，为了保持电中性，有些片层间结合较弱的黏土矿物，如蒙脱石，会在结构层间吸附钠、钾、镁等离子，而这些阳离子是可交换的，经酸化处理后产生酸性点，因此可以对THF进行阳离子催化聚合。这是近年来研究廉价高活性 PTMEG 工业生产用催化剂工艺改进的方向，为大多数研究者所努力的方向。

自 20 世纪末，公开发表的大部分有关通过 THF 聚合制造 PTMEG，以及其共聚物合成的新专利都是由 BASF 公司提出的，这些新专利大多集中在由不同黏土制成的固体催化剂的聚合技术。其合成工艺类似于 DuPont 公司的氧化锆催化剂工艺，BASF 技术所采用的催化剂为经过处理的酸性天然黏土一类催化剂。聚合过程基本上分为四步，即：

① 四氢呋喃在改性天然黏土催化剂及醋酐调聚剂存在下进行聚合反应，生成 PTMEA。

② PTMEA 进行催化加氢脱色处理。

③ PTMEA 与甲醇在甲醇钠一类碱性催化剂存在下进行酯交换反应，生成粗 PTMEG。

④ 生成的粗 PTMEG 进行蒸发，去除低分子量的低聚物、催化剂金属离子等杂质，得到所需分子量的 PTMEG 产品。

四氢呋喃、醋酐和催化剂用量及比例是调节产物分子量的主要手段。BASF 的研究大多集中在叫作蒙脱石的天然矿物质，经酸处理活化后具有催化活性，因此称为经酸活化的蒙脱石催化剂（acid-activation montmorillonites），醋酐为调聚剂。专利强调蒙脱石经盐酸活化后制成的催化剂经过 X 射线粉末衍射测定的晶形结构必须在 90%以上。其中蒙脱石含量要尽量高，至少与白云母和高岭土结构含量和的比在 5 以上；碱金属氧化物的含量要尽量少，要低于催化剂总量的 3%。催化剂使用前要经过 200～500℃灼烧，BET 测定的比表面积在 $200m^2/g$ 以上。专利更具体地指出蒙脱石钙（calcium montmorillonite）在 BET 测定的表面积在 $300m^2/g$ 以上，催化剂的酸性至少为 0.02mmol/g，孔径在 3～20nm 之间，其孔容积至少为 $0.4cm^3/g$，才具有很好的活性。如果聚合反应在氢的气氛中进行，而且催化剂中掺混周期表中Ⅶ～Ⅷ族过渡金属，有利于得到低色度的 PTMEG 产品。但专利中未给出过渡金属掺混的方式和剂量。

专利介绍曾以 1.2L 的蒙脱石催化剂进行固定床连续试验，反应器的进、出料量为 60mL/h，进料 THF 中含醋酐 6.9%（质量分数），反应器物料自上向下流动，反应温度维持 50℃，生成物以 8L/h 的速度返回反应器进行循环，13d 后维持循环速度不变，进、出料量增加到 90mL/h，继续运转 33d。然后进、出料量增加至 120mL/h，继续运转。在总计运转的 40d 中，催化剂的活性未有明显的改变。每天测定产品的色度，所得产品采用旋转蒸发仪，在 150℃、1013mbar（101.3kPa）下蒸发 0.5h，再在 150℃、0.2～0.3mbar（0.02～0.03kPa）下蒸发 0.5h，称重，确定 THF 的转化率。40d 后转化率由 57.5%下降到 54%，产品色度基本维持 APHA 90，PTMEG 的分子量约 900。由以上数据可以粗略估算出催化剂的液体负荷为（1∶30）～（1∶10），固定床反应器的固液比约为1∶7，循环物料停留时间约8min，折合物料实际的停留时间为10～20h，循环比为1∶（65～130），THF转化率在50%以上。如果生产数均分子量2000的PTMEG，可以通过减少醋酐的加入量及调整其他反应条件来达到。采用这种技术得到的PTMEA的色泽较高，一般APHA在90上下，需要进行加氢等脱色处理，才能生产出符合低色泽要求的PTMEG产品。

BASF公司的另一项专利报道，以天然白土催化剂催化THF聚合得到PTMEA，再经过酯交换反应制造PTMEG。即以甲醇钠为催化剂，PTMEA与过量的甲醇进行酯交换反应。由于反应液体有泡沫产生，导致流动不畅，甲醇与酯交换生成的甲醇和醋酸甲酯共沸物分离困难，无法连续操作。为此，需要设置预反应器等几台酯交换反应器以及气液分离器等设备的气相分离系统。

黏土一类催化剂活性相对较低，为了加快聚合反应速率，一般聚合反应温度稍高，得到的产品色度较高。如果原料THF中含有微量的醛等杂质，更会加深产品的色度。为了降低产品色度和改善产品质量，一般采用催化加氢的方法。加氢过程可以设在聚合反应后，对PTMEA进行加氢；也可以设在酯交换反应以后，对粗PTMEG进行加氢，其效果相同。加氢采用的催化剂可以是元素周期表第Ⅷ族金属氧化物，特别是镍、钴，以及贵金属钯、铂、钌等。例如Raney-Ni，也可以是载于氧化铝、氧化硅、活性炭等载体上的金属氧化物，使用前在氢气流下还原成金属催化剂。例如钯含量0.1%～0.2%，载于大孔氧化铝或活性炭载体上的催化剂，用于进行高压液相加氢，是一种行之有效的方法。加氢反应压力1.5～5.0MPa，温度20～60℃，可将APHA色度由约100降至5以下。加氢反应过程呈气-液-固三相，可以间隙进行，也可连续进行。可以根据催化剂的要求，采用固定床、淤浆床、悬浮床反应器。为了使物料有较好的流动性，也可以采用诸如THF、甲醇等惰性溶剂稀释进行加氢。

当PTMEA与甲醇的酯交换反应用甲醇钠一类碱性催化剂进行时，得到的粗PTMEG中含有的钠盐及过量的甲醇钠催化剂，采用硫酸镁、磷酸等一类中和剂通过沉淀、过滤脱除的方法，会因生成的固体颗粒过细而脱除不干净，影响后加工产品的质量。采用两台串联的离子交换树脂床层，可将钠离子脱除至1μg/mL以下。所用的离子交换树脂需是高度交联的强酸型，失活后可用5%的硫酸再生，重复使用。

采用黏土一类催化剂的工艺，催化剂负荷较低。实际上催化剂的活性只能用一半，一方面为了保持装置的生产效率，另一方面为了保持产品质量的均一稳定，就需要再生或更换催化剂，这是一件很繁杂的工作。BASF专利报道了一种催化剂置换、再生，或者报废、填埋的方法，即首先用80～250℃蒸汽吹扫催化剂的床层，直至流出物中的TOC（总有机碳量）小于200mg/L。再将催化剂进行灼烧处理，活性可以恢复。也可以进行掩埋，不会污染环境。由于催化剂用量大，附着或吸附有 PTMEG 的催化剂蒸汽吹扫时间会较长，蒸汽等能耗会较高。

韩国 PTG 公司的专利报道其 PTMEG 合成技术，同样采用多水高岭土(halloysite) 等天然硅酸盐为原料，经过酸处理、过滤、水洗、氯化铵溶液处理、水洗、成型、干燥、煅烧等处理，加工成 THF 聚合用催化剂，采用醋酐为调聚剂，首先生成 PTMEA，再经过与甲醇进行酯交换反应生成 PTMEG。实际上，韩国 PTG 公司技术与 BASF 技术没有本质的区别。

PTG 的专利介绍该催化剂为带有骨架结构的晶体硅酸铝，其特点是通过控制有序的处理过程可以调节催化剂活性和酸中心强度及选择性。该催化剂可以采用纯度比较低，含少量二氢呋喃、丁醛的 THF 原料。催化剂可以呈粉状、球状、柱状等形状，反应器可以采用悬浮床或固定床，过程可以连续也可以间歇。如果将新催化剂和含钯 0.5%、载于氧化铝上的钯催化剂混合使用，效果更好，催化剂寿命为 2～3 年。

专利实施例：产于朝鲜的多水高岭土矿，首先用 5%的盐酸处理 30min，过滤，用蒸馏水洗涤滤渣三次，依次再用 10%的氯化铵溶液处理 15min，过滤，滤渣再用蒸馏水洗涤三次。将湿的滤渣制成一定形状，例如直径 4mm 的球或柱，干燥后在 750℃煅烧 10h，在干燥器中自然冷却，即可待用。

实例中反应器具有 5000 份体积，长径比为 5∶1，内充满催化剂。采用含 200μg/g 的 2,3-二氢呋喃和 2,5-二氢呋喃、200μg/g 丁醛的纯度较低的 THF 为原料，进入反应器的 THF 中含醋酐 3.75%(质量分数)，以进料量为 150 份体积/h 的流速与循环物料一起自上而下通过催化剂床层，循环量为 15000 份体积/h，以 150 份体积/h 的相同速度引出聚合物料。由反应器引出的产品中含有 62%的 PTMEA，醋酐已基本反应完。在 5mbar (0.5kPa)、150℃下蒸出未反应的 THF，得到 PTMEA，其皂化值为 66.7mgKOH/g，对应的平均分子量为 1682。PTMEA 与等体积的甲醇混合，在 0.01%甲醇钠催化剂存在下与甲醇进行酯交换反应，在 1mbar (0.1kPa)、200℃下蒸出甲醇、甲酸-甲酯和低聚物，得到的 PTMEG 的羟基值为 70.1mgKOH/g，对应的分子量为 1601，分子量分布为 1.5。

根据以上数据估算出催化剂的液空速约为 1/30，循环比为 1∶100，循环物料停留时间 20min，实际物料停留时间 30h，固液比 1∶3。无论催化剂或工艺基本上类似于 BASF 的工艺。韩国 PTG 公司在韩国的工厂、转让给中国的前郭炼油厂和山西三维集团股份有限公司的 PTMEG 技术基本都是这种技术。

2. 天然黏土催化剂聚四氢呋喃技术的工艺流程

根据 BASF 和 PTG 两家公司专利报道的一些技术信息，采用天然黏土一类矿物为催化剂的工艺流程见图 7-10。

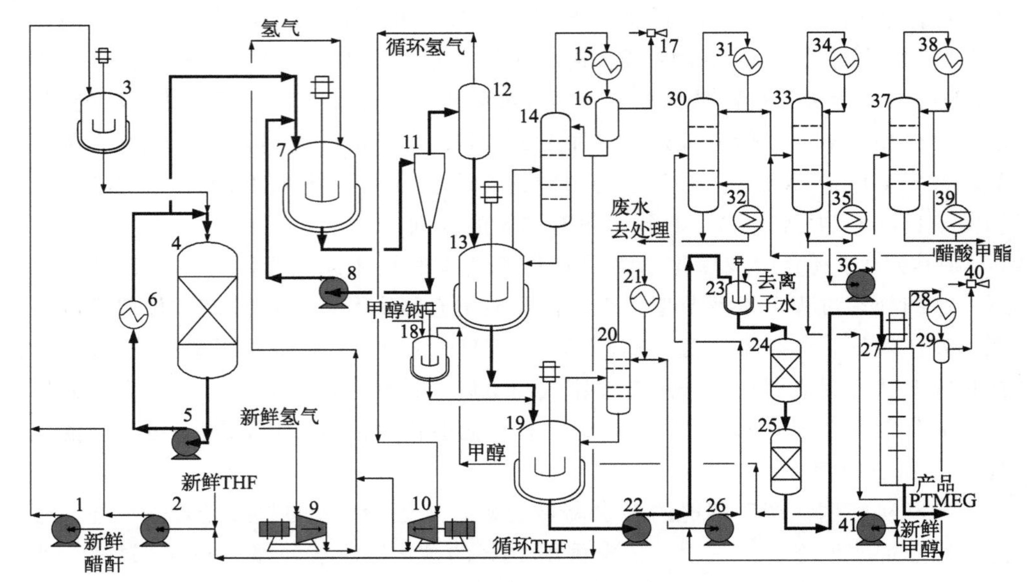

图 7-10 天然黏土催化剂 PTMEG 工艺流程

1—醋酐泵；2—THF 泵；3—配料罐；4—聚合反应器；5—聚合液循环泵；6—中间冷却器；7—加氢反应釜；8—加氢催化剂返回泵；9—氢气压缩机；10—氢气循环压缩机；11—旋风分离器；12,16,29—气液分离器；13—THF 蒸出釜；14—THF 蒸出塔；15,21,28,31,34,38—冷凝器；17,40—蒸汽喷射泵；18—甲醇钠配料罐；19—酯交换反应釜；20—甲酸-甲酯蒸出塔；22—粗 PTMEG 泵；23—配水罐；24,25—离子交换器；26—甲醇-甲酯泵；27—薄膜蒸发器；30—脱水塔；32,35,39—重沸器；33—常压甲醇-甲酯共沸塔；36—甲醇-甲酯加压泵；37—甲醇-甲酯加压共沸塔；41—甲醇泵

原料 THF 通过 THF 泵 2，醋酐经醋酐泵 1，按一定比例的流量连续加入配料罐 3 混合，并加热至聚合反应温度后以一定流速自上而下进入固定床聚合反应器 4。反应器内充满经过酸活化等处理的天然黏土一类催化剂，催化剂颗粒为直径 3～5mm、长 4～6mm 的圆柱体，催化剂床层上下设隔板，以防止催化剂松动或流失。反应物料充满催化剂床层后，流出反应器的反应产物大部分经聚合液循环泵 5，循环回聚合反应器 4，少量作为聚合产品采出。进、出反应器物料的体积维持相等，以保证反应平稳。循环物料经过一中间冷却器 6 与新鲜进料混合返回反应器入口。经过换热引出聚合反应放热，保持催化剂床层温度在 45℃以上及 THF 沸点以下，呈液相。催化剂床层高度与直径比约为 5∶1，催化剂的固液比在 1∶（3～5），催化剂体积负荷为 1∶（20～30），循环比为 1∶（80～100），每一循环，物料在催化剂上的停留时间为 10～20min，新鲜物料停留时间为 15～30h。THF 经过聚合反应后转化率约 50%，产品的分子量控制主要依据 THF 和调聚剂醋酐的比例（醋酐加入量为 THF 的 3%～5%），聚合反应结束，醋酐基本反应完全。由聚合反应器出来的反应产物约含 50%的 PTMEA，进入加氢反应

釜 7，加氢反应器为带搅拌的悬浮床，催化剂为载于活性炭或氧化铝上的细颗粒钯催化剂，钯含量 0.2%～1.0%，反应压力为 2～3MPa，温度为 100～150℃，停留时间 1～5h。加氢的目的是除去反应的副产物大环聚醚、不饱和化合物等，以降低产品的色度。经加氢的产品以一定流速由加氢反应釜 7 引出，经过旋风分离器 11 分出夹带的催化剂颗粒，经加氢催化剂返回泵 8，呈泥浆状返回加氢反应釜 7，循环使用。气液体减压一起进入气液分离器 12，进行气液分离，分出的氢气部分排空，大部分经氢气循环压缩机 10 增压，与由氢气压缩机 9 来的新鲜氢气混合，再进入加氢反应釜 7。由气液分离器 12 分出的液体进入 THF 蒸出釜 13，THF 蒸出釜在真空下操作，在温度低于 150℃下，经 THF 蒸出塔蒸出未反应的四氢呋喃及微量剩余的醋酐，再经 THF 泵 2 与新鲜 THF 一起返回配料罐 3 继续进行聚合反应。塔釜的 PTMEA 物料进入酯交换反应釜 19，相当 PTMEA 量 0.01%的甲醇钠催化剂，酯交换反应当量过量 1.1～1.2 的甲醇加入甲醇钠配料罐 18，与 PTMEA 同时按比例加入酯交换反应釜 19，在约 120℃温度，常压下进行酯交换反应，PTMEA 转化成 PTMEG 和醋酸甲酯。酯交换反应可以根据反应时间的需要，在一台或几台串联带搅拌的反应器组中进行，反应生成的醋酸甲酯与甲醇呈共沸物的方式经甲酸-甲酯蒸出塔 20 蒸出，塔釜的 PTMEG、甲醇等又流回酯交换反应器。由塔顶分出醋酸甲酯和甲醇的混合组分，与由薄膜蒸发器蒸出的甲醇、水等组分混合经甲醇-甲酯泵 26 打入脱水塔 30，由塔釜脱除水分等重组分，塔顶蒸出甲醇和醋酸甲酯的混合物，进入常压甲酸-甲酯共沸塔 33，由塔顶蒸出含甲醇约 18%和醋酸甲酯 82%的共沸物，塔釜得到甲醇经甲醇泵 41 与新鲜的甲醇混合返回甲醇配料罐，循环使用。常压甲醇-甲酯的共沸物再经过甲醇-甲酯加压泵 36 打入甲醇-甲酯加压共沸塔 37，在约 1MPa 压力下，温度约 164℃由塔釜得到纯醋酸甲酯，塔顶 130～135℃得到含甲醇约 37%，醋酸甲酯约 63%的共沸物，再返回常压甲醇-甲酯共沸塔 33，醋酸甲酯则作为副产品出售。

由酯交换反应釜 19 得到的粗 PTMEG 主要含催化剂甲醇钠及少量的甲醇、醋酸甲酯等，经粗 PTMEG 泵 22 打入配水罐 23，配入一定量的去离子水，例如物料量的 1%～2%，在搅拌下，促使甲醇钠分解为甲醇和氢氧化钠。然后通过两台装有强酸性离子交换树脂的离子交换器 24、25，经离子交换使 PTMEG 中的钠离子含量小于 1μg/mL，后进入旋转薄膜蒸发器 27，在约 200℃、1mbar（0.1kPa）下蒸发出少量甲醇和醋酸甲酯及水等低沸点组分，得到产品 PTMEG，加入抗氧剂后贮存或装桶出售。蒸出的甲醇及低分子量的低聚物到脱水塔 30，由塔釜和水一起分出。可以进一步分离出低分子量的 PTMEG 低聚物，作为产品出售，或者经水解成 THF 用作聚合原料（流程图中未给出）。PTG 工艺 2 万吨/年的 PTMEG 装置，低分子量产品的产量为 3%～5%。

采用两台离子交换器以确保产品中的钠等金属离子小于 1μg/mL，失效后首先用甲醇冲洗，以回收 PTMEG，然后进行再生重复使用。

3. 天然黏土催化剂技术的工业应用

BASF 公司在上海建成的 6 万吨/年 PTMEG 装置，系采用 BASF 的天然蒙脱土催化剂 PTMEG 技术。山西三维集团和吉林前郭炼油厂分别建成的 2 万吨/年 PTMEG 装置，都系引进韩国 PTG 公司的以黏土为催化剂的 PTMEG 技术。报价消耗定额为每吨数均分子量 2000 的 PTMEG 消耗：THF 1.023t，醋酐 0.0721t，甲醇 0.0663t，聚合催化剂 4.4kg，脱色剂 0.37kg，甲醇钠 7kg，解聚催化剂 1.97kg，氢气 7.87m^3，中压水蒸气 0.984t，低压水蒸气 7.98t，循环水 420m^3，冷冻水 5.25m^3，电 420kW·h。副产数均分子量 250 的 PTMEG（约为 PTMEG 总产量的 1.7%）及醋酸甲酯等。为便于操作，便于更换、再生催化剂时装置不停止操作，最好采用两台聚合反应器切换。

第六节 不同聚四氢呋喃生产技术的比较和发展

一、主要生产聚四氢呋喃公司的产品规格[1-2, 92]

全球 PTMEG 主要生产公司比较多，由于用途不同，对其要求的分子量不同，用量最多的是生产 Spandex 纤维用的数均分子量为 2000 的产品。不同生产公司的产品品牌和规格见表 7-4～表 7-8。

表 7-4 Invista 公司生产的 PTMEG 规格和典型的性质

指标名称	Terathane 250	Terathane 650	Terathane 1000
数均分子量	230～270	625～675	950～1050
羟基数	487.8～415.6	179.5～166.2	118.1～106.9
水含量(最大)/(μg/g)	150	150	150
色泽(最大)/APHA	40	40	40
碱性/(mgKOH/30kg)	−2.0～1.0	−2.0～1.0	−2.0～1.0
黏度(40℃)/mPa·s	4～70	100～200	260～320
密度(40℃)/(g/mL)	0.97	0.978	0.974
/(lb/gal)	8.1	8.1	8.1
熔点/℃	−5～0	11～19	25～33
折射率 n_D^{25}	1.464	1.464	1.464
闪点(开杯)/℃	>163	>163	>163
过氧化物含量(以 H_2O_2 计)/(μg/g)	<5	<5	<5

续表

指标名称	Terathane 1400	Terathane 1800	Terathane 2000	Terathane 2900
数均分子量	1350～1450	1700～1900	1900～2100	2825～2976
羟基数	83.1～77.4	66.0～59.1	59.1～53.4	39.7～37.7
水含量(最大)/(μg/g)	150	150	150	150
色泽(最大)/APHA	40	40	40	40
碱性/(mgKOH/30kg)	−2.0～1.0	−2.0～1.0	−2.0～1.0	−2.0～1.0
黏度(40℃)/mPa·s	480～700	850～1050	950～1450	3200～4200
密度(40℃)/(g/mL)	0.973	0.972	0.972	0.972
/(lb/gal)	0.81	0.81	0.81	0.81
折射率 n_D^{25}	1.464	1.464	1.464	1.464
闪点(开杯)/℃	>163	>163	>163	>163
过氧化物含量(H_2O_2 计)/(μg/g)	<5	<5	<5	<5

注：稳定剂2,6-二叔丁基-4-羟基甲苯（BHT）加入量为Terathane 250、Terathane 650、Terathane 1000、Terathane 1400、Terathane 2000，200～350μg/g；Terathane 1800，150～350μg/g；Terathane 2900，300～500μg/g。

表7-5　日本保土谷(Hodogaya)化学工业株式会社的PTMEG产品技术规格(商品名称PTG-2000)

指标名称	典型检验结果	指标上限	指标下限
数均分子量	1918	2000	1900
色泽/APHA	10	—	50
羟基值/(mgKOH/g)	58.5	59.0	56.1
酸度	0	30	—
皂化值/(mgKOH/g)	0	1.0	—
碱度	0	1.0	—
pH值	6.9	8.0	7.0
正丁醇含量/%	0.1	0.11	0.09

表7-6　美国Great Lakes公司的PTMEG规格

指标名称	P-1000	P-2000
数均分子量	900～1050	1900～2100
羟基数	107～118	53～59

续表

指标名称	P-1000	P-2000
酸度(最大)/%	0.05	0.05
水含量(最大)/%	0.03	0.03
挥发物(最大)/%	0.1	0.1
色度(最大)/APHA	40	40
阻聚剂/%	0.03～0.06	0.6～0.1

表 7-7 韩国 PTG 公司 PTMEG 产品规格

指标名称	WM 250	WM 2000
数均分子量	225～275	1980～2020
羟基值/(mgKOH/g)	408.0～498.7	55.55～56.67
酸值(最大)/(mgKOH/g)	0.05	0.01
挥发物(最大)/(μg/g)	0.1	
pH 值		6.5
水分/(μg/g)	250(最大)	40～70
色度/APHA	40(最大)	10～20
阻聚剂/(μg/g)	250±50	250～300
铁/(μg/g)	1(最大)	微量
过氧化物(最大)/(μg/g)	2	2
黏度(40℃)/mPa·s	50	1225
熔点/℃	−5	32
n_D^{25}	1.462	1.464
闪点(开杯)/℃	>260	>260

表 7-8 BASF 公司 PTMEG 产品规格

指标名称	POLYTHF* 1800 exAG	
	数值	试验方法
数均分子量	1750～1850	计算
羟基值/(mgKOH/g)	60.6～64.1	DIN 53 240
酸值(最大)/(mgKOH/g)	0.05	DIN EN ISO 2144
色泽(最大)/APHA	40	DIN EN 1557
水含量(最大)/(μg/g)	150	DIN 51 777

二、聚四氢呋喃产品质量和规格的重要性

聚四氢呋喃是一种由不同分子量的大分子聚四亚甲基醚二醇组成的有机化工原料，其产品质量和规格与应用息息相关，主要应用是其经过与异氰酸酯等反应，生成聚氨酯弹性体等工业产品。特别是主要用于合成纤维用的数均分子量为2000的PTMEG产品，由其合成的聚氨酯需要进一步纺丝成非常细的弹性纤维。PTMEG产品中任何杂质的存在，都将会使其与异氰酸酯等反应变差，难以控制，甚至飞温、爆聚等，进一步影响最终产品的质量。例如当PTMEG分子量分布较宽时，则较高或较低分子量产品含量会较多，甚至还会含有较多不能进行反应的THF的低聚大环分子存在，将导致最终产品不均匀、不稳定、带色、有异味等，在加工中容易出现断丝、带色、变质、弹性变差、柔韧性等变差，最终造成产品不合格。如有过氧化物存在，在与异氰酸酯反应时会引起爆聚。

聚四氢呋喃产品中杂质的存在，有的是由生产原料带入的，有的是在制造过程中控制不严生成的，或操作不当残留的，或是设备腐蚀污染的，有的甚至是在包装、运输、转运过程中生成或被污染的，总之影响是多方面的。不同制造商虽均给出自己产品的规格，但是更多的细节并未揭示，对于下游产品的生产者，很可能配方和工艺过程等专利是针对某一种产品规格开发的，使用不当将影响最终产品的质量。例如产品中过氧化物的超标存在就是一个很复杂的问题，在与异氰酸酯反应制造聚氨酯的过程中，会引起飞温、爆聚，产生胶质等不溶解物，使产品质量不均匀，甚至无法控制。但是过氧化物的超标，不但与原料四氢呋喃质量，贮存、运输过程与空气接触，抗氧剂失效等有关，同样在PTMEG生产、贮存、包装、卸料等过程中若未能严格隔绝空气也能生成。过氧化物是非常有害的杂质，但是在有的产品质量指标中却没有标出，应引起注意。

羰基化物、不饱和物等化合物的存在，也容易使产品不稳定、有异味和易于带色。这主要是原料THF带入，特别是当采用糠醛为原料生产THF制成的PTMEG，如果不进行原料预处理，原料THF中会有二氢呋喃、糠醛等杂质存在，不利于纤维质量的稳定。此外还有金属离子等杂质存在，可能是生产过程中催化剂的残留，也可能被包装容器、工艺过程设备腐蚀等污染，也不利于最终产品质量。

有一个重要的指标，在众多产品规格中都未列出，即催化剂的残余量。特别是一些采用避水工艺，采用杂多酸、氧化物或黏土等一类固体催化剂的工艺，以及随后的加氢、酯交换等反应过程用催化剂，由于这些催化剂是呈微细颗粒的状

态或离子状态存在于黏稠的PTMEG产品中，除去比较困难。残留的催化剂在后续加工中可能会继续进行催化作用，使成品因分子量增加，产生凝胶等杂质而变坏，甚至影响进一步加工产品的过程和产品质量。

作为PTMEG生产商和用户，要根据下游产品的生产需要，严格审核供货产品的规格，严格控制每一影响PTMEG质量的过程，确保产品均匀、质量稳定。随着下游特殊专用聚氨酯等产品性能的要求，以及THF聚合技术的进步，对PTMEG分子量和分子量分布会要求更细、更多，一些新的PTMEG品种和规格，以及共聚物的品种会增多。

三、聚四氢呋喃的贮存、运输和包装[1-2]

聚四氢呋喃的贮运和包装过程对于保证其质量稳定、不变质，同样具有重要性。PTMEG对热和空气都比较敏感，具有吸湿性，生产出产品要立即混入抗氧剂2,6-二叔丁基-4-羟基甲苯（BHT），加入量为0.05%～0.1%。以防止在贮存、运输和加工过程中被氧化，产生过氧化物。在隔绝空气的条件下，210～220℃PTMEG开始热分解，生成易燃的THF。如果有酸性杂质存在，分解温度会大大降低。因此在PTMEG贮运和包装过程中一定要避免和酸性物质接触。加热熔融PTMEG的蒸汽必须采用低压蒸汽，确保不会超温。当PTMEG在空气中加热，甚至在低于100℃时，就会发生氧化分解，生成THF、乙醛和丙酮。如果与高表面的材料接触，像管道和设备的保温材料等，会使热分解反应更明显。

贮存、包装、运输PTMEG产品的容器可以是中碳钢镀锌或酚醛树脂衬里的桶或罐，当然最好是不锈钢制成的容器。大型充装容器要进行保温，长期贮存设备需要带有低压加热蒸汽夹套，保持容器内温度在50℃，PTMEG呈熔融状态，便于装卸。无论采用哪种容器，在盛装PTMEG前必须严格清洗、试压、试漏和干燥，要保证容器具有密封性，内表面光洁，无锈蚀。在充装PTMEG前要抽空或用干燥的氮气置换出空气，并充入氮气。特别是对于盛装过PTMEG的回收容器，应将容器内残余的物料排净，再进行清洗等操作。贮存、充装、运输、卸料、倒灌等过程要在严格隔绝空气的条件下操作，避免漏入空气和潮气污染产品。对于间歇、批量生产的装置，要有大的混合贮存装置，以便把多批量的产品混合均匀，品质稳定。图7-11给出PTMEG罐装和运输罐车的装卸装置设备图。当采用桶装输送时，也应采用相应的设备和措施，以保证PTMEG产品不受污染变质。

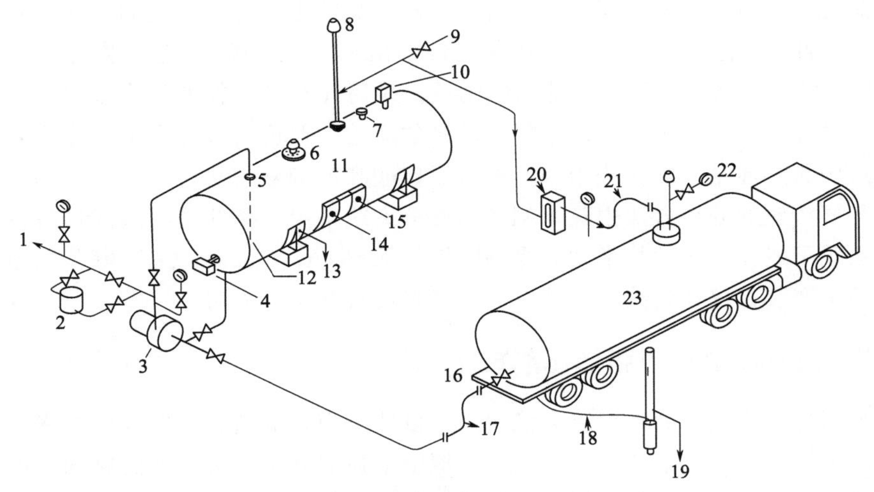

图 7-11　聚四氢呋喃装卸设备

1—与生产和加工装置的接口；2—过滤设备；3—输送泵；4—温度控制器；5,12—插底管；6—安全紧急排气孔；7—高液位报警；8—安全阀；9—干燥氮气接口；10—液位传感器；11—带保温和低压蒸汽夹套的 PTMEG 贮罐；13—接地线；14,15—罐外低压蒸汽加热板；16—连接管；17—连接软管；18—接地连线；19—接地；20—流量计；21—排气口连接管；22—密闭卸料的真空开关；23—带有保温的运输罐车

四、不同聚四氢呋喃生产技术的优势和不足[13, 84-92]

综上所述，自 1937 年德国的 H. Meerwein 实现 THF 开环聚合合成 PTMEG 以来，30 多年后的 20 世纪 60 年代实现了工业生产，至今，半个多世纪以来已开发出多种工业生产技术。这些技术基本上都属于各大公司的专有技术，各具特色，但由于不在同一水平，定量比较是困难的，就其优劣综述如下。

1. 强质子酸引发剂的均相聚合技术

采用强质子酸引发剂制造 PTMEG 的技术，由于强质子酸活性高，聚合反应温度较低，引发和聚合反应速率快，THF 平衡转化率高，产品分子量分布较窄，技术相对成熟，经过多方面改进现仍为工业规模生产采用。特别是以氟磺酸为引发剂的技术，其最大的优点是一步可以生成 PTMEG 产品，聚合反应连续化进行，产品质量稳定，容易控制，自动化程度高。产品的分子量分布窄，色泽较淡。但强酸引发剂不能重复使用。采用水洗、碱中和等操作去除强酸，所有设备、管道管件的材质均需由耐腐蚀的材质制造，强酸盐等副产物较多，特别是高氯酸工艺，副产高氯酸盐、醋酸盐、硫酸盐以及醋酸甲酯，无疑为回收和利用带来困难，使生产成本增加。需多次水洗，而水和 PTMEG 的密度接近，不易分层，需要采用特殊设备。而且大量含酸、碱、盐的废水需要治理和排放，对环境不利，因此给工业应用及装置规模上带来障碍。氟磺酸工艺，采用甲苯萃取 PTMEG 技术，减少了用水和分离的困难。采用几台带搅拌的反应釜串联，使聚合反应过程连续，在工业生产中得到较多的应用。但仍通过加水中和终止聚合反应，系统需要加氨、氧化镁中和，形成了硫酸和氟磺酸的盐，混在产品的细颗粒中，需要特殊的分离方法去除，例如离心分离或采用特殊的精密过滤器等。因此采用强质子酸引发剂的技术发展受到限制，除 Peen、Quaker Oats 等公司原有的小规模生产装置仍在延续生产外，一些新建装置都不再采用。

2. Nafion 全氟树脂催化剂技术

采用含氟磺酸基的氟树脂为催化剂，以醋酐为封端剂的 PTMEG 技术，催化剂可重复使用，减少了废弃物的排放，缓解了强酸催化剂对设备的腐蚀。但首先由于树脂催化剂活性较低，反应时间延长几乎一倍，降低了 THF 的单程转化率，增加了过程的循环量。其次由于提高反应温度，低分子量的低聚物生成较多，不但影响产品质量，还需在高真空、高温下脱除，增设了低聚物解聚回收 THF 过程，使能耗上升。然后，因为 THF，甚至 PTMEG 均为优良的高分子化合物的溶剂，树脂作为催化剂，难免有少量溶解在反应体系中，甚至最后要残留在产品中。且树脂催化剂在长期使用过程中会被溶胀，磺酸基会脱落，即树脂再生活化时仍需要与强酸进行交换，不但增加了催化剂的消耗和过程的复杂性，也需要耐强酸的设备进行。对产品质量的影响可能是这种技术严重的不足，有待进一步改进。因此，这种技术虽然开发得较早，但工业应用不多。

3. 杂多酸催化剂技术

杂多酸催化剂技术的最大优点是催化剂可以循环、重复使用，比强酸催化剂腐蚀性小，没有水洗等操作，减少了废弃物的排放，简化了流程。水作为封端剂参加反应，系统水含量多少是决定生成 PTMEG 分子量大小的关键因素。但首先反应系统有多股物料进出并循环，控制参加反应系统的水含量和平衡难度较大，直接影响产品的分子量大小和分子量分布的控制。其次是单体、聚合物、催化剂部分相互溶解，造成催化剂分离循环困难。虽然通过加入正辛烷或甲苯一类萃取剂，这一困难得到部分克服，但是却增加了过程的复杂性。另外，由于催化剂本身活性低，生产数均分子量 2000 的 PTMEG 单程转化率只有 23%，不足其他技术的一半。催化剂昂贵且用量大，造成大量 THF、催化剂、溶剂循环，降低了过程效率，加大了过程的能耗。加入醋酐作为封端剂可以提高催化剂的活性和转化率，但加入另一种物料也会增加分离困难，并需增加酯交换过程，使流程复杂化。这些问题在该技术的开发初期，认识和估计不足，因此虽然建立了千吨级装置，始终未见大规模装置的建设和采用。我国为开发此项技术做了许多研发工作，虽然建成了 2 万吨/年生产装置，但与其他技术竞争尚需时日。

4. 固体氧化物催化剂技术

氧化物或复合氧化物催化剂技术的优点是催化剂容易制造、重复性好、反应温度适中，利用醋酐和醋酸作为聚合调节剂，克服了杂多酸催化剂 PTMEG 生产技术不易控制的困难。该技术通过直接蒸汽蒸出未反应的 THF 和醋酸，终止聚合反应，洗涤 PTMEA，避免了因温度高，转化率低，产品色度高，因此无须加氢，产品的色泽可以满足需要。但是由于水的加入，增加了处理醋酸带来的对设备的腐蚀性。且催化剂氧化锆等成本较高、活性较低，THF 单程转化率比较低。如何延长使用寿命，仍是改善该技术工艺和经济性的关键。

5. 天然黏土催化剂技术

采用天然黏土一类催化剂的 PTMEG 生产技术是比较先进的技术，首先黏土来源于天然矿物，资源丰富，活化处理相对简单，价格便宜，易于进行连续化操作，过程避水，对设备腐蚀性小。与强酸催化剂比较，黏土类催化剂虽然活性较低，需要较高的反应温度、较长的反应时间，但是通过加大反应器部分物料循环、适当提高反应温度等措施可以得到改善和克服。PTMEA 经加氢处理和产品薄膜蒸发等措施提高了产品质量，降低了产品色度。特别是黏土一类催化剂的采用，大大减少了废水等液体废弃物的排放，符合日益严峻的环保要求，成为 PTMEG 新装置建设首选的技术路线。缺点是催化剂为天然矿物，组成不稳定，活性周期和寿命比较短，再生过程置换清洗不经济；需要加氢精制来降低产品的色度，增加了过程的复杂性。

五、未来聚四氢呋喃生产技术的发展

聚四氢呋喃合成技术的发展来自两方面的压力，首先是市场需求的增加，全球总需求量已达到百万吨以上规模，已成为一种中等规模的大分子化工产品。聚氨酯和 Spandex 纤维仍将是 PTMEG 消费的主要市场，对产品质量，诸如分子量分布更窄、杂质含量更低、产品差别化的需求会增大，市场容量仍存在扩大空间。另一方面是环境的压力，需要减少或根本不排放废弃物，整个生产过程呈现“绿色”。这就需要进一步提高催化剂活性，扩大生产效率和规模，实现生产过程长周期、连续化操作，改善经济性。这也是现有 PTMEG 生产装置发展和淘汰的依据。液体强酸类催化剂，包括 Nafion 全氟树脂类催化剂在内，都将面临难以克服技术问题、难以继续扩大生产和发展的困境。在这种情况下，天然黏土及氧化物催化剂的技术应运而生，并得到发展。这两种技术具有的以下特点，也代表了 PTMEG 技术发展的方向。

① 采用高活性固体催化剂，催化剂来自天然矿物质或人工合成，可以再生和重复使用；

② 聚合反应可以采用固定床、悬浮床或淤浆床反应器，便于实现装置连续化、规模化生产；

③ 聚合过程采用醋酸酐作调聚剂，首先生成PTMEA，使聚合过程和聚合物分子量易于控制，分子量分布较窄；

④ 在碱性化合物催化剂存在下，PTMEA 与甲醇进行酯交换反应，生成 PTMEG；

⑤ 通过对 PTMEA 与甲醇进行酯交换反应生成的 PTMEG 进行催化加氢（也可以首先对 PTMEA 进行加氢，然后再与甲醇进行酯交换），然后再通过薄膜蒸发、离子交换树脂分离、硫酸镁处理等手段进一步精制和脱除微量杂质，得到弹性纤维用的 PTMEG；

⑥ 整个过程或局部实现避水操作，使工艺过程简化，控制和操作容易。

当前，无论黏土或氧化物催化剂共同的缺陷是催化剂活性相对较低，使聚合过程的催化剂用量大，聚合反应温度高、时间长，THF 单程转化率低，催化剂在液体反应物的不断冲刷下强度不够，容易粉化和流失，污染产品等。由于这种催化剂的技术产业化较晚，一些基础性的研究，特别是对 THF 聚合反应催化机理的研究、催化剂改进的研究，还远远不够。对以 BDO 或其他二元醇作为调聚剂或封端剂，从而省去酯交换过程等简化流程、节能降耗的研究也还有深入的余地。因此全球 PTMEG 生产技术的研究发展仍会是关注的热点之一，其重点将放在对天然黏土和氧化物催化剂活性提高、强度增加、延长再生周期和使用寿命，以及相应的基础性研究和工艺的改进、简化等方面。

第七节 全球聚四氢呋喃的产能、用途和需求

一、全球聚四氢呋喃的生产能力和产量[76, 79-80, 82-94]

全球聚氨酯弹性纤维和聚氨酯弹性体需求和生产的增长，促进了近几年全球 PTMEG 产能的增长。2000 年全球 PTMEG 的总生产能力只有 28.1 万吨/年，2007 年增长到 56.1 万吨/年，2011 年产能超过 70 万吨/年，2018 年超过百万吨。2018 年全球 PTMEG 的消费量达到 90.25 万吨，2018～2023 年全球消费量年均

增长率为3.6%。2023年全球PTMEG的消费量超过百万吨，其中，平均分子量分别为1000、1800和2000的PTMEG占主导地位。PTMEG的主要产品是氨纶、聚氨酯弹性体、共聚酯-醚弹性体和其他聚氨酯产品。氨纶的应用约占总消耗量的80%，其次是聚氨酯弹性体应用占15%，其他聚氨酯和共聚酯弹性体，如涂料和黏结剂等约占5%。美国、西欧、日本是PTMEG传统生产国家和地区，产能、产量和消费变化不大，新增产能主要来自亚洲，特别是中国。近十多年中国从无到有已成为全球PTMEG产能、产量和消费最多的国家。2018年，中国PTMEG消费量约占全球总消费量的64%，亚洲（不包括日本和中国）其他国家约占16%，北美7.9%、欧洲为5%，日本和南美分别占2.5%。其中BASF公司的总生产能力已超过35万吨/年（包括在中国上海曹泾工厂的11万吨/年），居全球之首。全球不同国家和地区PTMEG的产能和消费如下所述。

（1）北美地区

美国是北美地区PTMEG主要生产和消费国家，生产商如表7-9所示。

表7-9　美国PTMEG生产商和产能

生产商	产能/(万吨/年)		产品	备注
	2018	2023(预测值)		
巴斯夫公司化学中间体(盖斯马，洛杉矶)	6.0	6.0	PolyTHF	商品和生产氨纶和聚氨酯原料
LYCRA公司(拉波特，得克萨斯州)	4.5	4.5	Trathane	商品和生产氨纶原料

美国主要PTMEG生产商为Lubrizol、BASF、Covestro和Huntsman，均同时生产THF原料，以及聚氨酯等下游产品。PennAKem公司（前身为宾夕法尼亚特种化学品公司）曾经独家为利昂德尔（现在的利昂德尔巴塞尔）生产THF和PTMEG。在2007年PennAKem将其位于田纳西州孟菲斯的2.7万吨PTMEG装置永久关置。利昂德巴塞尔公司目前仍然是BDO和THF的制造商，也是PTMEG的销售商。2015年，BASF首次向选定的合作伙伴提供生物质-PTMEG进行测试。生物质-PTMEG是由BASF公司生产的生物质-BDO制成。

2018年美国PTMEG产能10.5万吨，产量6.9万吨，出口0.8万吨，进口1.0万吨，消费7.1万吨。非纤维用热塑性聚氨酯弹性体(TPU)消费了4.45万吨的PTMEG，占总消费量62.7%。其中铸造和热塑性弹性体分别占43%和52%，其余5%用于胶黏剂、表面涂层等其他生产。聚氨酯弹性纤维消耗PTMEG 1.28万吨，占总消费量的18%。共聚酯消耗了1.4万吨PTMEG，占总消费的19.6%。美国生产1吨热塑性聚氨酯弹性体平均消耗0.45t PTMEG，生产1吨氨纶弹性纤维需要0.75吨的PTMEG。美国TPU终端消费PTMEG在2018～2023年期间以年均2%的增速增加，2023年约2.56万吨/年。

美国基于PTMEG的TPU主要用于液压软管、电缆护套、薄膜、板材和汽车零部件的生产，基于 PTMEG 的可铸弹性体应用于固体轮胎和车轮、工业用辊和辊盖、机械产品和采矿设备零部件。LANXESS（原 CHEMTURA）是美国最大的生产商，2018 年在可铸聚氨酯弹性体的生产中消耗了约 1.9 万吨的 PTMEG，2018～2023 年该用途的 PTMEG 消费增长 1.0%。2023 年消费量约 2 万吨/年，也即非纤维用 PTMEG 消费量 2023 年约 4.56 万吨。

美国 Spandex 弹性纤维唯一生产商为位于弗吉尼亚州的 LYCRA 公司。美国 Spandex 纤维在 20 世纪 60 年代早期被用于连裤袜和贴身服装中，在后期 Spandex 纤维被用于运动服，如滑雪服。20 世纪 70 年代，Spandex 纤维出现在自行车短裤、舞会装、紧身裤和弹力牛仔裤中。在 20 世纪 80 年代，Spandex 纤维在袜子和业余运动服装上表现突出。20 世纪 90 年代，Spandex 纤维时尚在男装和女装的使用中发挥了更广泛的作用。到 21 世纪初，Spandex 纤维已经进入了几乎所有的服装应用，包括袜子、鞋子和婴儿尿布等。随着纺织科学中新技术和新工艺的出现，Spandex 纤维也被引入了汽车和其他新行业。2019 年 1 月中国山东如意资本控股有限公司完成收购 INMSTA 的服装和高级纺织品业务，新公司运营为如意集团的子公司 LYCRA 公司。

（2）拉丁美洲

拉丁美洲没有 PTMEG 生产。中国山东如意资本控股有限公司完成收购 LYCRA 公司后，生产莱卡品牌纤维用于在巴西、墨西哥等地生产氨纶，2018 年消费 PTMEG 2.23 万吨。

（3）西欧

BASF 是西欧唯一的 PTMEG 生产商，生产的很大一部分用于生产聚氨酯弹性体。自 2013 年以来 PTMEG 产能没有变化，由于 Spandex 纤维产量的减少，预计未来也不会有大的变化，产能保持在 7 万吨/年，产量约 6 万吨/年，进口 0.4 万～0.5 万吨/年，出口 1.8 万～2.0 万吨/年，消费约 4.5 万吨/年。其中 Spandex 纤维消费约 1.1 万吨/年，热塑性聚氨酯弹性体 1.3 万～1.4 万吨/年，铸造用聚氨酯弹性体 1.2 万～1.3 万吨/年，聚氨酯胶黏剂约 0.3 万吨/年，其他约 0.4 万吨/年。

（4）中东欧

中东欧诸国没有 PTMEG 生产，消费量在 0.1 万吨/年，由进口提供，主要用于 Spandex 纤维生产。

（5）中东及非洲国家

该地区虽然有国际二醇公司生产 BDO，但没有 PTMEG 生产，土耳其有 Spandex 纤维生产，需要的 PTMEG 全部依靠进口。非洲没有 Spandex 纤维生产，进口 PTMEG 用于南非一家聚氨酯弹性体生产公司生产，进口量为 0.3 万～0.4 万吨/年，主要进口地为西欧。

(6) 日本

日本有三家生产 PTMEG 公司，名称、产能如表 7-10 所示。

表 7-10 日本生产聚四氢呋喃的公司

公司和地址	产能/(万吨/年)		注明
	2018	2023(预测值)	
Asahi Kasel 公司(Moriyama,shiga)	0.7	0.7	生产氨纶原料
Hodogaya 化学有限公司(Shunan,Yamaguchi)	0.7	0.7	商品
Mitsubishi 化学公司(Yokkaichi,Mie)	3.5	3.5	商品
合计	4.9	4.9	

由于 Spandex 纤维生产需要的不断增长，日本 PTMEG 的产能自 20 世纪末至 21 世纪初都是处于扩产阶段，到 2018 年年中产能达到 4.9 万吨/年。BASF 公司曾于 20 世纪 90 年代在日本生产 PTMEG，产能为 1.3 万吨/年，至 2006 年由于在中国上海的 BDO-THF-PTMEG 一体化装置的启动，该公司搁置日本的生产，将亚洲 PTMEG 的生产基地迁至上海。

日本 PTMEG 的产量主要用于出口，随着出口量的下降，产量减少。2018 年产量为 2.96 万吨，出口 0.93 万吨，进口 0.2 万吨，消费 2.22 万吨。主要出口地是中国。随着中国 PTMEG 产能的增加，日本的 Spandex 纤维 PTMEG 的产量和出口量将逐渐萎缩。国内 2018 年 PTMEG 生产消费为 Spandex 纤维 1.4 万吨/年，聚氨酯 0.38 万吨/年，共聚酯醚弹性体 0.29 万吨/年，胶黏剂、涂料等 0.15 万吨/年，分别占全年消费的 63.1%、17.1%、13.1%和 6.7%。由于国内需求增加很少，而且中国等其他亚洲国家 PTMEG 产能迅速增加，2018 年后日本 PTMEG 产能和产量增长缓慢，甚至出现负增长。

(7) 韩国、中国台湾和越南

韩国、中国台湾和越南 PTMEG 的生产公司及产能如表 7-11 所示。

表 7-11 韩国、中国台湾和越南的 PTMEG 生产公司

生产公司	产能/(万吨/年)		备注
	2018	2023(预测值)	
韩国			
BASF 有限公司	6.0	6.0	始建于 1999 年，2000 年投产，2012 年扩大了全球产能
韩国 PTG 有限公司	3.0	3.0	于 1997 年初投产
中国台湾			
Dairen 化学公司(云林)	6.0	6.0	2009 年建成
Dairen 化学公司(高雄)	13.0	13.0	2000 年以每年 1 万吨的产能投产。工厂在 2006 年初扩大到 7 万吨。2014 年，工厂再次扩建了 6 万吨

续表

生产公司	产能/(万吨/年)		备注
	2018	2023(预测值)	
Formosa Asahi 氨纶有限公司(云林)	2.1	2.1	1998年,台塑与朝日开赛公司(前身为朝日化工)成立的合资企业
越南			
Hyosung Vietnsm(Nhon trach)	8.0	8.0	2016年为生产 Spandex 纤维建设 PTMEG 工厂
合计	38.1	38.1	

2018 年除中国大陆、日本以外的亚洲国家和地区 PTMEG 产能为 38.1 万吨/年，产量为 22.8 万吨/年，净出口 8.4 万吨，消费 14.4 万吨。其中 Spandex 纤维生产消费 12.56 万吨，占总消费的 87.2%，聚氨酯及其他消费 1.9 万吨。

印度还没有 PTMEG 生产，但有一个生产 Spandex 纤维工厂，产能 0.5 万吨/年。2018 年，该公司将其 Spandex 纤维产能扩大至 1 万吨/年，在 2022 年后进一步扩大至 3 万吨/年。印度的 PTMEG 主要从韩国和中国台湾进口，每年进口 0.3 万～0.4 万吨。未来印度可能会开始自己生产 PTMEG，因为 Spandex 纤维氨的产量预计在不久的将来会迅速增长。

新加坡也没有 PTMEG 生产，但有一个生产 Spandex 纤维“LYCRA”的工厂，年产能为 1.5 万吨。每年需要 0.8 万～1.2 万吨的 PTMEG，全部依靠进口，新加坡对 PTMEG 的需求预计将保持不变。

韩国 1996 年以前没有 PTMEG 生产商，消费的 PTMEG 都是进口的。1997 年，韩国 PTG（原新华石化）公司开始使用自己的工艺运营其每年 1.5 万吨的 PTMEG 工厂，随后将其产能提高到 3 万吨。BASF 于 1998 年在韩国开始生产 PTMEG，产能为 2 万吨/年。1999 年，BASF 又建设一个新的工厂，并于 2000 年投产，使其年产能增加到 3 万吨/年。2003 年又增加到 4 万吨/年。2012 年 BASF 扩大了全球 PTMEG 的产能，包括将其韩国蔚山工厂产能扩大了 50%，至 6 万吨/年。2018 年其总产能达到 9 万吨/年。

韩国的 PTMEG 产量在 2003 年后大幅增长，这主要是因为国内对 Spandex 纤维需求的快速增长和 PTMEG 对中国的出口。近年来，随着中国的 PTMEG 和 Spandex 纤维产量的增加，韩国的 PTMEG 产量已经趋于稳定。2018 年，韩国 PTMEG 的产量估计为 5.5 万吨。其中净出口 1.6 万吨，Spandex 纤维消费 3.4 万吨，占总消费量 61.8%。少量用于热塑性聚氨酯弹性体和共聚酯-醚弹性体生产。由于中国的 PTMEG 和氨纶的生产能力已经大幅扩大，预计亚洲的 PTMEG 市场将变得更具竞争力。韩国 PTMEG 的生产和消费预计在未来五年内不会增加。

中国台湾 1998 年以前没有 PTMEG 生产商，所需 PTMEG 依赖进口。1999

年，台塑和朝日开赛公司（原日本朝日化工）的合资公司台湾朝日开始生产Spandex纤维，年生产能力为0.5万吨。该公司还开始生产PTMEG，年产能为0.4万吨；经过扩建，PTMEG的产能达到21.1万吨/年。

中国台湾Dairen化学公司是台湾南宝树脂化学有限公司和Chang Chun集团的合资企业，于2000年在台湾开始生产PTMEG，产能为1万吨/年。在2000年，该公司产能扩大到6万吨/年，并在中国大陆建成产能4万吨/年PTMEG生产装置。2009年，引进了一个新的PTMEG工厂，年产能为6万吨。2014年，该公司在台湾麦寮建立了一个新的BDO-THF-PTMEG装置，产能为6万吨/年PTMEG。因此，该公司在台湾的PTMEG总产能增加到19万吨/年，台湾PTMEG的总产能为21.1万吨/年。该公司于1999年与日本化学公司签订了商业协议，生产BDO及其下游产品，包括PTMEG。中国台湾2018年的PTMEG产量约为10.5万吨，但大部分出口到中国大陆和巴西，约8.3万吨，岛内消费量仅为2.2万吨。一半的PTMEG用于氨纶纤维生产，而大部分生产的氨纶都用于出口。由于纺织和服装厂从台湾转移到中国大陆，台湾的氨纶需求一直停滞不前，台湾的一些氨纶生产商已经退出了这个市场，加强对中国大陆的出口。PTMEG也用于聚氨酯弹性体的生产，2018年聚氨酯弹性体和其他行业的PTMEG消费量为1.1万吨/年，主要应用包括制鞋的应用。中国台湾的PTMEG消费预计在未来五年内将基本保持不变或略有增长。

泰国没有PTMEG生产。Asahi Kasel Spandex纤维有限公司于2004年在泰国开设了一家Spandex纤维工厂，产能为0.25万吨/年，2009年扩大到0.6万吨/年。PTMEG需要来自中国台湾。随着泰国Spandex纤维产能进一步扩大，泰国的PTMEG消费量预计将会增长。

2008年，韩国Hyosung公司在越南建造了一家Spandex纤维工厂，产能为1.62万吨/年，2014年产能扩大到2.5万吨/年，2015年扩大到9.11万吨/年。该公司进口所需的PTMEG主要来自中国，该公司在浙江省的嘉兴也建有生产PTMEG的装置。越南公司在2016年开始生产PTMEG，使用主要从中国台湾和荷兰进口的BDO。越南在2015年进口了约2.5万吨PTMEG，但在2018年进口了约8.99万吨BDO用来生产PTMEG。随着Spandex纤维产量继续增长，越南的PTMEG需求预计将会继续增长。

二、聚四氢呋喃的用途及应用领域[95-109]

聚四氢呋喃主要用途是生产聚氨酯弹性体和弹性纤维。PTMEG在聚氨酯弹性体分子结构中作为软段，与硬段（二异氰酸酯和二胺）构成高性能的高分子材料。其突出的优点是柔韧性好，耐磨，机械强度高，耐老化、耐化学品、耐腐蚀性好，抗水解性能优越。根据用途不同，PTMEG 有 650、1000、2000 等不同数均分子量的产品。其终端应用产业链如图 7-12 所示。

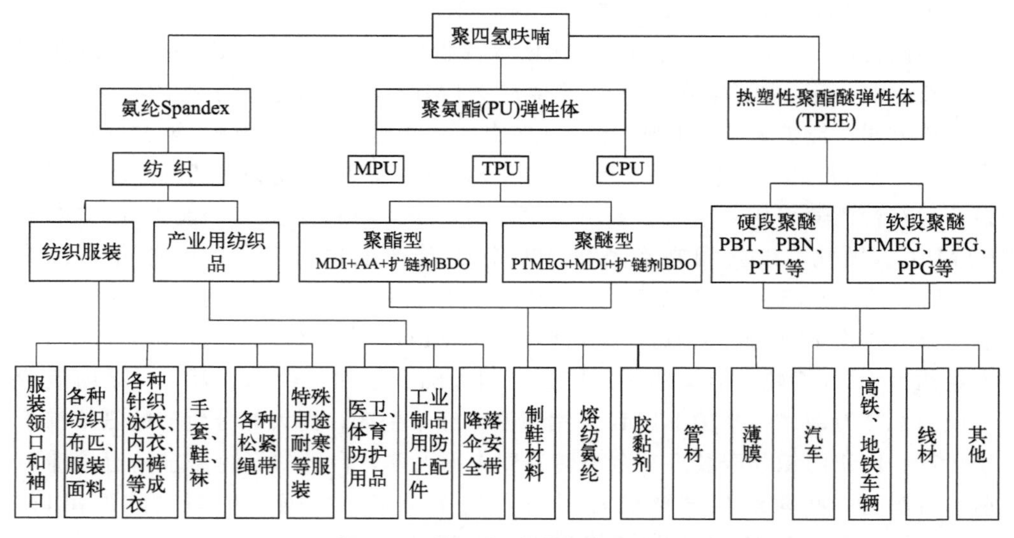

图 7-12 聚四氢呋喃的产业链图

MPU—混炼型聚氨酯弹性体；TPU—热塑性聚氨酯弹性体；CPU—浇铸型聚氨酯弹性体；MDI—二苯基甲烷二异氰酸酯；AA—1,6-己二酸；BDO—1,4-丁二醇；PTMEG—聚四氢呋喃；PBT—聚对苯二甲酸丁二醇酯；PBN—聚萘二甲酸丁二醇酯；PTT—聚对苯二甲酸丙二酯；PEG—聚乙二醇；PPG—聚丙二醇

聚四氢呋喃各种应用领域如下：

1. 聚氨酯弹性纤维

数均分子量 2000 的 PTMEG 主要用于生产 Spandex 纤维，这是一种高弹力纤维，它的断裂伸长率大于 400%，最高可达 800%，形变 300%时的弹性恢复率在 95%以上，这是目前已知的任何一种弹性纤维所不可比拟的。Spandex 纤维的纤度范围大，一般在 22～4778dtex（1dtex＝0.1g/km 长纤维），最小为 10dtex，细度是最细的橡胶丝的十几分之一，断裂强度为 0.006～0.013N/dtex，是橡胶丝强度的 3～5 倍。美国 DuPont 公司是 Spandex 纤维的主要生产商，其 Lycra 产品主要用于泳装、高级运动衣、腰带、弹力内衣、纬编针织成衣等。日本各大公司也在积极开发 Spandex 纤维新产品，并把 Spandex 纤维同其他差别化纤维结合发展高附加值的精细纺织品，供服装厂生产高级弹力服装。

2. 热塑性聚氨酯弹性体（TPU）

聚氨酯是由多元醇和二异氰酸酯生成的高分子化学品。用 PTMEG 生产的聚氨酯弹性体是一种介于一般橡胶与塑料之间的材料，其应用领域已由国防、航天部门扩大到冶金、石油、采矿、汽车、水利、印刷、医用、粮食加工、建材等领域的高性能专用材料。多元醇部分构成聚氨酯分子的软段，而二异氰酸酯构成硬段。常用的多元醇是聚醚和聚酯多元醇。聚醚多元醇主要是聚丙二醇（PPG）和PTMEG，而聚酯多元醇通常是聚己二酸乙二醇酯、聚丁二酸乙二醇酯和聚己二酸乙二醇酯。由PTMEG构成的聚氨酯弹性体的用途包括汽车和航空软管和垫圈、叉车轮胎和车轮、轮滑轮、工业皮带、坦克和管道衬垫、采矿和石油生产泵的衬垫、鞋（如运动鞋）、服装（如皮衣）、医疗假肢和导管及其他医疗设备。其性能优点是耐水解和真菌、耐低温、高弹性、低黏度和极低的噪声特性。大多数非氨纶应用倾向于使用1000和2000分子量等级，1000分子量是首选。PTMEG优良的性能，促使其应用范围正日益扩大。

3. 铸造弹性体

在大多数应用中，将其预聚物即异氰酸酯和多元醇经预反应生成的预聚物与扩链剂（如二醇或二胺）混合，加入预制的模型中，通过进一步反应即可制成铸造形体。工业通常更喜欢预聚物而不是单体，因为预聚物的毒性比单体小，更容易混合。

4. 共聚酯醚弹性体（COPE）

COPE是一种高性能的工程材料，性能介于弹性塑料和刚性塑料之间。COPE分子中存在交替的硬段（通常是酯）和软段（通常是醚），使其具有独特的性能特性。COPE相对容易加工，能耐油和许多化学品，并具有低温柔性特性。COPE可用于汽车零部件生产，如汽车座椅、车门安全气囊展开、进气支气管、软管、油管、电线和电缆，以及用于医疗应用的透气薄膜等。

5. 聚四氢呋喃的其他应用

少量的PTMEG被用于聚氨酯胶黏剂、密封剂以及聚氨酯表面涂层中。胶黏剂和密封剂的应用包括建筑（窗玻璃、接缝等密封剂）、汽车（挡风玻璃密封剂、车身装饰胶黏剂）、木工和鞋类制造。表面涂层的应用包括地板表面、汽车面涂层和其他特殊用途的配方等。

三、全球聚四氢呋喃的用途分配

2018年全球PTMEG的产能为141.1万吨，消费量为90.25万吨。其中79.0%用于生产聚氨酯弹性纤维，15%用于生产聚氨酯弹性体，3%用于生产共聚酯醚，3%用于生产胶黏剂等其他聚氨酯。各国PTMEG的消费结构不完全相同，美国非纤维用PTMEG的消费量比重较大，西欧和日本则Spandex纤维消费占的比例较大。展望未来，全球PTMEG的年均消费量的增长率仍将有一定的上升空间。美国、西欧和日本的消费结构仍然会继续保持，但是总体规模和消费量增长将趋缓慢。美国PTMEG生产发展较早，应用和后加工已形成体系及一定的规模，非纤维应用比例大，新产品和新应用领域的开发力度较大，将会继续保持和形成新应用领域和新产品开发增长领先的国家。未来PTMEG生产和消费重心向亚洲，特别是向中国转移的势头不会逆转。

四、中国聚四氢呋喃的产能、产量和消费[101-109]

1. 中国PTMEG的生产企业及产能

中国聚四氢呋喃生产技术的研发生产起步相对较晚，在下游产品氨纶市场需求的强烈促进和国外产品的倾销下，直到20世纪90年代国内才开始BDO-THF-PTMEG产业链的研究和开发。历经30年，2021年中国BDO的产能已达数百万吨/年，为THF-PTMEG发展奠定了基础。截至2021年末国内PTMEG生产企业已有15家，产能80.6万吨/年。其中本地企业11家，产能占比68%，既有国有企业，也有外资及民营企业。国有企业产能大，外资企业技术先进，产品质量好，民营企业填补空白，经济效益明显。2021年这些企业产能明细见表7-12。

表7-12　2021年中国聚四氢呋喃生产企业及产能

生产商	位置	产能/(万吨/年)	备注
BASF化学有限公司(BACH)	上海	11.0	巴斯夫的全资子公司，成立于2005年初，在2012～2013年扩大。THF专门提供聚四氢呋喃
BASF Markor化工制造(新疆)有限公司	新疆库尔勒	5.0	德国巴斯夫与新杰朗马科化工有限公司的合资企业，成立于2014年
重庆建锋工业集团重庆弛源化工有限公司	重庆	4.6	2014年开工
长春集团(ChangChun)长春化工(盘锦)有限公司	盘锦	6.0	2004年年中投产
Dairen化工(江苏)有限公司	江苏仪征	4.0	
杭州三隆新材料有限公司	浙江萧山	2.0	2010年建成后扩产
河南能源化工集团精细化工有限公司	河南鹤壁	6.0	2012年一期建成，2013年扩产
Hyosung化工(嘉兴)有限公司	嘉兴	6.0	全资归韩国Hyosung公司所有。该工厂于2009年投产，2013年扩建

续表

生产商	位置	产能/(万吨/年)	备注
宁波利万(Liwan)聚合产品有限公司	宁波	2.5	前身为菱化高新聚合产品(宁波)有限公司，为日本三菱化学株式会社全资所有。PTMEG 工厂成立于 2009 年，公司使用进口的 THF 作为 PTMEG 生产的原料。2016 年 8 月，三菱化学将其价值 2600 万元人民币的 100%股份转让给了香港万里集团
陕西渭河煤化工集团有限责任公司	陕西渭南	4.6	2012 年建成
山西三维集团股份有限公司	山西临汾	1.5 3.0	2010 年开工
四川天华富邦化工有限责任公司	四川泸州	4.6	2013 年开工
中国石化长城能源化工(宁夏)有限公司	宁夏银川	9.2	前身为国电英力特能源化工集团有限公司，成立于 2014 年
新疆国泰新华矿业股份有限公司	新疆昌吉	6.0	2017 年建成
新疆蓝山屯河能源有限公司	新疆昌吉	4.6	2015 年建成
合计		80.6	

2. 中国 PTMEG 的消费结构

在中国 PTMEG 自 2001 年实现国内生产以来，得到了快速的发展，产能、产量和消费迅速增长，尤其在 2013～2016 年期间，产能从 35.6 万吨/年快速增长到 74.6 万吨/年，产能翻了一倍。氨纶生产是 PTMEG 最大的消费领域，由于同期氨纶的发展需求增速缓慢，PTMEG 在此期间出现供大于求的局面。2017 年以后，中国 PTMEG 的发展放缓，经过调整开工率基本保持上升。至 2020 年，产能达到 80.6 万吨/年，产量 72 万吨/年，基本满足了国内市场的需要。中国 PTMEG 产能、产量和消费量的逐年变化如表 7-13 所示。

表 7-13 中国 PTMEG 产能、产量和消费量逐年变化统计

单位：万吨/年

年份	产能	产量	进口量	出口量	表观消费量
2000	0	0	1.23	0	1.23
2001	0.15	0.1	1.46	0	1.56
2002	0.5	0.3	2.10	0	2.40
2003	0.5	0.6	4.2	0	4.80
2004	5.5	1.8	6.4	0	8.20
2005	11.5	4.8	4.5	0	9.30

续表

年份	产能	产量	进口量	出口量	表观消费量
2006	15.7	5.7	5.53	0	11.23
2007	15.7	7.2	8.47	0	15.67
2008	16.0	8.19	8.93	0.02	17.10
2009	21.4	8.6	10.33	0.01	18.91
2010	24.4	15.05	10.40	0.53	24.93
2011	26.4	17.8	9.77	1.43	26.14
2012	29.6	21.0	11.99	0.96	32.03
2013	35.6	25.3	12.74	1.23	36.81
2014	65.0	32.5	10.04	1.40	41.14
2015	69.6	37.0	7.9	0.89	44.01
2016	74.6	41.75	5.17	1.23	45.71
2017	77.6	46.75	6.14	0.62	52.27
2018	80.6	51.60	6.38	0.37	57.61
2019	80.6	52.0	5.4	1.2	56.2
2020	80.6	72.0	5.2	1.3	75.9
2021	89.7	83.6	4.6	4.6	83.6

中国PTMEG的主要进口来自中国台湾、韩国和日本。其中中国台湾约占80%，出口量很少，主要出口地是泰国。

聚四氢呋喃是一种生产高性能材料的基础原料，是制造嵌段聚氨酯、聚醚弹性体的原料。其下游产品在纺织、交通工具、机械设备用弹性材料、医疗卫生用品等领域应用广泛。随着人们对衣着、生活舒适性需求的提升，氨纶在纺织服装领域，尤其是运动服、瑜伽服、防晒服等产品中的应用不断提升，国内氨纶行业将迎来新一轮扩能周期。中国PTMEG在其他领域的应用远低于国外的水平，因此对PTMEG的需求还有上升的空间，国内2020年后新一轮BDO的扩产为其发展做了保障。显然，那些BDO-THF-PTMEG一体化生产的企业将优先占领市场的空间。在热塑性聚氨酯弹性体（TPU）、热塑性聚酯醚弹性体（TPEE）等下游领域，国产PTMEG应用占比不足15%，市场竞争力低于进口产品。聚醚型TPU应用较少，且生产工艺对原料品质要求较高，短期内很难形成PTMEG有效需求；TPEE产品主要应用于汽车、高铁、电子电气、鞋材等领域，高端应用领域以进口TPEE产品为主。目前，国内生产的PTMEG在聚氨酯弹性体及聚醚共聚物等非纤维领域的应用中，对PTMEG产品性能的差别化、高品质的要求将更加突出，对PTMEG生产技术的要求将更迫切。聚氨酯弹性体和酯醚共聚物将成为中国PTMEG产业链发展的新增长点，因此做大做强中国PTMEG产业链，突破技术进步和TPEE等新材料技术壁垒将成为市场竞争的关键。

3. 中国聚四氢呋喃生产技术的发展历史和现状[94-95,101-109]

中国存在巨大的 PTMEG 市场，国内外技术及产业界 20 世纪 80 年代就注意到 PTMEG 在我国发展的潜力，但在当时由国外引进 PTMEG 合成技术，甚至包括上游 BDO、THF 制造技术困难较大，几乎是不可能的。国内有多家研发机构投入力量进行了 PTMEG 合成技术开发研究，所用催化剂几乎从发烟硫酸、醋酸酐-高氯酸、氟磺酸、杂多酸到活性白土等都进行过开发研究。其中研究最多的是杂多酸技术，先后有河南省科学院化学研究所、大连理工大学、中国科学院广州化学研究所、中国科学院化学研究所等单位参与开发。20 世纪 90 年代，利用河南省科学院化学研究所的技术在河南百泉聚醚厂和河南宏毅化工有限公司都曾建成百吨级的实验装置，辽宁的北方华锦化学工业集团有限公司建成一套 200 吨/年实验装置；山东烟台氨纶厂采用大连理工大学的技术在 2000 年初建成一套百吨级的中试装置，几乎都是采用杂多酸为催化剂，但都没有形成生产能力。2002 年山东的济南圣泉集团股份有限公司在引进俄罗斯高氯酸催化剂 PTMEG 技术基础上，率先生产出氨纶用数均分子量 2000 的 PTMEG 产品，成为我国工业生产 PTMEG 的先行。吉林中国石油前郭炼油厂利用吉林丰富的玉米芯农副产品资源，引进美国 Penn 公司的糠醛生产 THF 技术和韩国 PTG 公司的 PTMEG 技术，建成 2 万吨/年 PTMEG 装置，投产不久即停产。

2003 年中国中化国际贸易股份有限公司采用中国科学院化学研究所研发的杂多酸技术，在江苏太仓建成一套 2 万吨 PTMEG 生产装置，于 2004 年 11 月投料试车，成为采用国内技术建成的第一套工业生产装置，大大促进了国外公司在我国建厂或转让技术的进程。首先，BASF 公司在上海建成以正丁烷为原料氧化成马来酸酐（MA），MA 直接加氢成 THF，以天然黏土为催化剂的 6.0 万吨/年 PTMEG 装置，标志着全球 PTMEG 生产重心已转移至中国。接着我国台湾 Dairen 化学公司利用其在台湾闲置的一套环氧丙烷氢甲酰化生产 THF 装置，以及该公司自有的 PTMEG 技术在江苏仪征建成 4.0 万吨/年 PTMEG 装置。与此同时，上游 BDO 和 THF 生产装置也纷纷立项和建设，形成了上游带下游、下游促上游的 PTMEG 建设发展的大好局面。因此我国 PTMEG 行业经历了以下的发展：

① 20 世纪末至 21 世纪初的十多年间产能从无到有，发展迅速，总产能已接近全球产能的一半，产量和消费量已达到全球的 40%，已成为全球 PTMEG 生产和消费最多的国家。

② PTMEG 的生产技术多样化，其中只有一套装置采用国内开发的杂多酸技术，其余全部都是引进或外资公司的自有技术。

③ 资本形式多样，既有国外大型跨国公司（如 BASF）独资，也有合资，既

有国有资本，也有民营企业。

④ 大部分企业属于上下游产品联产，即同时建有 BDO 和 THF 原料生产装置。除韩国晓星（Hyosung）公司配有下游氨纶生产装置外，几乎都采取生产出售 PTMEG 产品的经营方式。

⑤ 产能和产量国内已饱和，我国从 PTMEG 的净进口国转变成净出口国。

分析我国 PTMEG 产能、产量、市场的宏观发展，全球 PTMEG 产能和消费中心已从欧美转移到我国，我国的产能和产量已居全球第一。我国已成为 PTMEG 产业链的生产大国，产能、产量、消费都已超过全球的一半，但还不是 PTMEG 产业的生产强国。国内已形成了 BASF、山西三维集团、台湾 Dairen 化学等 PTMEG 生产的强势企业，但核心技术，甚至大部分产能和产量，基本上仍为国外大公司所掌握。在 PTMEG 需求量最多的长三角和珠三角地区产能布点不够，中部、西南和西北地区尚未形成市场。由于对下游产品，特别是高档专用聚氨酯弹性体产品的研究开发不足，国内这一消费市场尚未打开，我国 PTMEG 产业出现产能饱和和过剩的局面，这将是我国产业界需要在今后积极应对的问题。

4. 中国聚四氢呋喃市场和消费的发展潜力[15-17,42-54,86-95,101-112]

（1）聚四氢呋喃在中国有广泛的应用、需求和市场

中国 PTMEG 主要消费在氨纶纤维的生产，约占总消费量的 80%。氨纶在中国广泛用于针织和机织弹力织物。在针织工业中应用氨纶纤维包芯纱、包覆纱，以及用氨纶纤维丝与尼龙丝交织制作紧身时装、泳装、健美裤、内衣裤、高档连裤袜、运动衣等。采用机织工艺的氨纶纤维可制作牛仔衣、牛仔裤、骑士裤、休闲装等。国际上流行的氨纶纤维与羊毛共混的弹力毛织物等在上海问世，深受人民群众的喜爱。中国氨纶纤维有广泛的市场，近年来需求增长较快，从而带动了对 PTMEG 需求的迅速增加。20 世纪 90 年代初在引进技术的基础上，我国开始氨纶的生产，继而迅速发展，生产能力由 2001 年的 2.51 万吨突增至 2006 年的 23.06 万吨，产量由 1.7 万吨增至 15.5 万吨，年均增长率为 55.6%，同期消费增长率为 37.2%。自给率由 2001 年的 48.57%增加至 2006 年的 90.94%，基本实现自给。2006 年后又掀起新一轮发展高峰，截至 2010 年中国氨纶产能已达到 37.2 万吨，已成为全球氨纶纤维产能最多的国家。2010 年我国氨纶产量约 28.8 万吨，除少量高档品仍需进口外，部分产品出口量增加，表观消费量约 25 万吨，生产氨纶需要 PTMEG 约 20 万吨。2021 年中国氨纶产能达到 86.8 万吨，产量达到 80.9 万吨，约需 PTMEG 56 万吨。

聚四氢呋喃在我国的另一消费领域是聚氨酯弹性体，在聚氨酯浆料、涂料、胶黏剂、密封剂等其他领域也有少量的应用，在共聚酯醚领域的应用基本上是空白。2006 年我国 PTMEG 在非纤维领域的消费量是 3 万吨左右，占总消费量的

20.5%。2020年我国PTMEG消费构成为氨纶80%，聚氨酯弹性体20%，全年对PTMEG的全部需求在70万吨以上。

2011年后中国氨纶需求PTMEG的增长速度放缓，甚至饱和，所占总消费量的比例也下降，而非纤维需要的PTMEG量增加迅速，特别是共聚酯醚的消费量增加。

(2) 聚四氢呋喃在产业链中的地位、作用和发展潜力

聚四氢呋喃产业链投资密集，技术含量高，其下游产品的性能介于塑料和橡胶之间，具有差别化、品种多样、专用性强等特点，产品应用涵盖交通工具、各种机械产品、航空航天，以及人们衣着穿用、建筑装修、家具等，市场潜力巨大，发展空间广阔。

中国生产PTMEG用BDO的量占BDO总消费的一半，而PTMEG的80%用于生产氨纶，因此，PTMEG在BDO-THF的产业链中是一种关键的中间产品，起着承上启下的关键作用，疏通上游，开创下游，化解“肠梗阻”是今后发展的关键。

作为PTMEG的上游产品的生产商，要简化BDO-THF-PTMEG一体化生产的过程，企业要优化原料，减少中间环节，减少包装运输，避免重复建设、重复加工，生产出聚氨酯、氨纶等生产所需要的不同分子量和性能的PTMEG产品。

作为氨纶、聚氨酯等大宗化学品原料PTMEG的生产商，要一次性生产出下游生产需要的性能差别化的中间产品，使下游生产拿来即用，减少重复加工的中间环节。这就需要全行业加强管理，积极研究开发新技术、新产品、新市场需求，化解“肠梗阻”，消除局部产能过剩，从而形成上下游畅通、相互促进、共同发展的局面。

参考文献

[1] Dreyfuss M P. Polytetrahydrofuran [M]. New York: Gordon and Breach Science Publishers Inc, 1982.

[2] Herman F M, et al. Encyclopedia of Polymers Science and Engineering [M]//Dreyfuss P, et al. Tetrahydrofuran Polymers. 2th ed. New York: John Wiley &Sons, 1985: 649.

[3] Dreyfuss M P, et al. *p*-Chlorophenyldiazonium Hexafluorophosphate as a Catalyst in the Polymerization of Tetrahydrofuranand Other Cyclic Ethers [J]. J Polym Sci A1, 1966, 4 (9): 2179.

[4] Huang C R, et al. Theoretical Reaction Kinetics of Reversible Polymerization [J]. J Polym Sci A1, 1972 (10): 791.

[5] Maysuda K, et al. Effect of Perchloric Acid on the Molecular Weight and Yield of Poly-THF [J]. J Applied Polymer Science, 1976, 20: 2821.

[6] 范伟伟，等. 均匀设计法研究聚四氢呋喃的阳离子开环聚合制备工艺 [J]. 化工进展，2015 (2): 470-473.

[7] Dreyfuss，P，et al. *p*-Chlorophenyldiazonium hexafluorophosphate as a catalyst in the polymerization of tetrahydrofuran and other cyclic ethers [J]. Journal of Polymer Science，1966 (4)：2179-2200.

[8] Matsuda K，et al. Effect of perchloric acid on the molecular weight and yield of poly-THF [J]. Journal of Applied Polymer Science，1976 (20)：2621-2627.

[9] 雍学锋，等. 酸催化的四氢呋喃阳离子开环聚合机理探讨 [J]. 广州化工，2013 (10)：16-17.

[10] 李相元. 聚四氢呋喃的生产方法与技术发展的研究 [J]. 化工管理，2018 (7)：184-185.

[11] 张宏博，等. 不同厂商聚四氢呋喃分析研究 [J]. 精细与专用化学品，2018 (9)：26-30.

[12] Andrew P D，et al. Process for production of tetrahydrofuran polymersus：US 3454652 [P]. 1969-07-08.

[13] Matsuda K，et al. Process for polymerizing tetrahydrofuran：US 3864287 [P]. 1975-02-04.

[14] Matshumoto S，et al. Process for the preparation of polyether glycol：US 4371713 [P]. 1983-02-01.

[15] Dunlop A P，Scherman E，et al. Process for recovering polytetramethylene ether glycol：US 3358042 [P]. 1967-12-12.

[16] Pick R，et al. Process for reducing color in poly(tetramethylene ether) glycol：US 4544774 [P]. 1985-01-01.

[17] Suriyanarayanan D，et al. Process for reducing fluoride levels in poly(tetramethylene ether，glycol：US 4954658 [P]. 1990-09-04.

[18] Frederick B H，et al. Process for purification of polytetramethylene ether：US2751419 [P]. 1956-06-18.

[19] 于剑昆. 聚四氢呋喃的经济概况及工艺进展 [J]. 化学推进剂与高分子材料，2006，4 (4)：15-22.

[20] 余国星，等. 窄分子量分布聚四氢呋喃的合成 [J]. 合成化学，2006 (5)：450-453.

[21] 刘志豪，等. 聚四氢呋喃催化合成研究进展 [J]. 弹性体，1999 (1)：41-45.

[22] PENN Specialty Chemicals Inc. Peen Specialty Chemicals Memphis Operations Overview Shengquan Visit. 2002.

[23] Donald J C，et al. Fluorocarbon vinyl ether polymers：US 3282875 [P]. 1966-11-01.

[24] Hugh H G，et al. Trifluolrovinyl Sulfonic acide polymers：US 3624053 [P]. 1971-11-30.

[25] Walther G G，et al. Films of fluorinated polymer containing sulfonyl groups with one surface in the sulfonamide or sulfonamide salt form and a process for preparing such：US 3784399 [P]. 1974-01-08.

[26] Gerfried P，et al. Method for preparing poly(tetramethylene ether) glycol：US 4120903 [P]. 1978-10-17.

[27] Heinson G，et al. Preparation of esters of poly(tetramethylene ether)glycol：US 4163115 [P]. 1979-07-31.

[28] Dorai S，et al. Polymerizing tetrahydrofuran to produce polytetramethylene ether glycol using a modified fluorinated resin catalyst containing sulfonic acid groups：US 5118869 [P]. 1992-06-02.

[29] Pruckmayr G，et al. Alcoholysis process for preparing poly-(tetramethylene ether) glycol：US 4230892 [P]. 1980-10-28.

[30] Pruckmayr G，et al. Process for preparing improved poly (tetramethylene ether) glycol by alcoholysis：US 4584414 [P]. 1986-04-22.

[31] Doral S，et al. Method for removing transesterification catalyst from polyether polyols：US 5410093 [P]. 1995-04-25.

[32] Suriyanarayanan D，et al. Reducing molecular weight distribution of polyether glycols by short-path distillation：US 5302255 [P]. 1994-04-12.

[33] 明渡隆治. 一种制备聚四甲撑醚二醇的方法及其装置：CN1302312A [P]. 2001-01-08.
[34] 儿玉宝，森刚，明渡隆治. 用于制备聚氨酯柔性模塑泡沫塑料的硅氧烷聚醚共聚物：CN 1368990A [P]. 2002-8-28.
[35] Mueller H，et al. Process for the preparation of polyether glycols：US 5099074 [P]. 1992-03-24.
[36] Atsushi A，et al. Processfor producing polyetherglycol：US 4568775 [P]. 1986-02-04.
[37] 范天民，等. 一种制备聚四甲撑醚二醇的方法及其装置：CN 1389493A [P]. 2003-01-08.
[38] 张永梅. 聚四氢呋喃二醇及其制备和纯化方法：CN 1884339A [P]. 2006-12-27.
[39] 田春荣，等. 聚四氢呋喃醚二醇 PU 弹性体的形态和性能 [J]. 橡胶工业，2004 (7)：411-413.
[40] 李淑勉，等. 杂多酸催化四氢呋喃开环聚合反应 [J]. 化学研究与应用，2003，15 (1)：48-50.
[41] 游利峰，聚四氢呋喃的合成机制与表征研究 [J]. 河南工程学院学报，2011，24 (1)：39-45.
[42] 张阿方，等. 杂多酸引发四氢呋喃聚合反应 [J]. 高分子学报，1998 (6)：752-755.
[43] 张阿方，等. 杂多酸引发四氢呋喃聚合反应Ⅱ. 水的反应行为 [J]. 高分子学报，1999 (2)：23.
[44] 张阿方，等. 杂多酸引发四氢呋喃聚合反应Ⅲ. 环氧乙烷对聚合反应的影响 [J]. 高分子学报，1999 (4)：22.
[45] 张阿方，等. 杂多酸引发四氢呋喃开环聚合反应 Ⅳ. 以环氧丙烷为促进剂 [J]. 高分子学报，2000，26 (3)：372-376.
[46] 陈宇，等. 杂多酸引发四氢呋喃开环聚合反应Ⅵ. 以环氧氯丙烷为促进剂 [J]. 高分子学报，2000 (4)：26.
[47] 朱海，等. 固体酸催化合成聚四氢呋喃基聚醚的研究进展 [J]. 化学推进剂与高分子材料，2022，20 (3)：20-26.
[48] 武海洵. 杂多酸催化四氢呋喃聚合的研究 [J]. 精细石油化工，2000 (4)：31-32.
[49] 李琨九. 使用杂多酸催化剂制备聚四亚甲基醚二醇的方法：CN 101302290B [P]. 2012-07-11.
[50] Akedo T. Producing tetrahydrofuran polymer using heteropolyacid catalyst at specified polymerization temperature and reaction time，wherein aluminum content in heteropolyacid is 4 ppm or less：EP 1004610A4 [P]. 2002-06-02.
[51] Lee E-K，et al. Process for producing poly-tetrahydrofuran：US 079895B2 [P]. 2011-08-02.
[52] Eller K，et al. Catalyst and method for producing polytetrahydrofuran：EP 1297051 [P]. 2003-04-02.
[53] 村井信行，等. ポリアルキレンエーテルグリコールのカルボン酸ジエステルの製：JP 2001-019759 [P]. 2001-01-23.
[54] Lambert Timothy L，et al. Process for polymerization of tetrahydrofuran using acidic zeolite catalysts：US 5466778 [P]. 1995-11-14.
[55] 加幡良雄. 環状エーテルの重合方：JP 2001302786 [P]. 2001-10-31.
[56] 小早川聡，等. 酸化物の製造方法および該酸化物を触媒として用いる環状エーテルの重合体の製造方法：JP 2003-113238 [P]. 2003-04-18.
[57] 斯格瓦特 C，等. 聚四氢呋喃及其衍生物的制备方法：CN 1232479A [P]. 1999-10-20.
[58] Doral S，et al. Preparation of polytetramethylene ether glycol using an acidic zirconia catalyst：US 5149862 [P]. 1992-09-22.
[59] Pruckmayr G，et al. Process for preparing improved poly (tetramethylene ether) glycol by alcoholysis：US 4584414 [P]. 1986-04-22.
[60] Dorai S，et al. Reducing molecular weight polydispersity of polyethglycolsby，membrane，fractionation：US 5434315 [P]. 1995-07-18.
[61] Dorai S，et al. Method for removing transesterification catalyst from polyether polyols：US 5410093

[P]. 1995-04-25.
[62] Gerfried P，et al. Alcoholysis process for preparing poly(tetramethylene ether) glycol：US 4230892 [P]. 1980-10-26.
[63] 波罗斯汉姆 P A，等. 生产聚四亚甲基醚二醇聚合物或共聚物的方法：CN 1304948 [P]. 2001-07-25.
[64] Herbert M，et al. Reactivation of montmorillonite catalysts：US 5268345 [P]. 1993-12-07.
[65] Herbert M，et al. Preparation of polytetramethylene ether glycol diesters having a low color number：US 4803299 [P]. 1989-02-07.
[66] Muller M，et al. Process for the preparation of polytetramethylene ether glycol diester using an aluminosilicate type catalyst：US 6069226 [P]. 2000-05-30.
[67] Becker R，et al. Method for producing polytetrahydrofuran with low color index：US 6197979B1 [P]. 2001-03-06.
[68] Eller K，et al. Catalyst and method for producing polytetrahydrofuran：US 6274700B1 [P]. 2001-08-14.
[69] Eller K，et al. Catalyst and method for the production of polytetrahydrofuran：US 6362312 [P]. 2002-03-26.
[70] Eller K，et al. Method for producing polytetrahydrofuran：US 6455711 B1 [P]. 2002-09-24.
[71] Schitter S，et al. Catalyst and method for the production of polytetrahydrofuran：US 7041752B2 [P]. 2006-05-09.
[72] Wufrich F，et al. Preparation of polytetrahydrofuran with terminal hydroxyl groups using ion exchangers：US 6037381 [P]. 2000-03-14.
[73] Auer H，et al. Continuous preparation of polytetrahydrofuran by a transesterification cascade with specific destruction of foam：US 5981688 [P]. 1999-11-09.
[74] Muller H，et al. Continuous preparation of polytetrahydrofuran by a transesterification cascade with specific destruction of foam：US 6037381 [P]. 2000-03-14.
[75] Auer H，et al. Production of polytetrahydrofuran with terminal hydroxyl groups by changing the continuous and dispersed phase：US 6300467 B1 [P]. 2001-10-09.
[76] 伯托拉 A，等. 聚四亚甲基醚二酯转变成聚四亚甲基醚二醇的连续方法：CN 1382177 [P]. 2002-11-27.
[77] Bertola A，et al. Continuous process for converting polytetramethylene ether diester to polytetramethylene ether glycol：US 6979752B1 [P]. 2005-12-27.
[78] Muller H，et al. Process for the preparation of polytetramethylene ether glycol diester using an aluminosilicate type catalyst：US 4480124 [P]. 1997-6-29.
[79] Muller H，et al. Preparationof hydroxyl-containing polymers：US 4608422A [P]. 1986-08-26.
[80] Volkmar M，et al. Method for processing PTHF polymerization catalysts：US 6713422B1 [P]. 2004-03-30.
[81] Sung-II K. Process for production of polytetramethylene-ether-glycol-diester using halloysite catalyst：US 6207793 [P]. 2001-03-27.
[82] Muller H，et al. Process for producing polytetramethylene ether glycol diester on aluminium magnesium silicate catalysis：US 6271413 [P]. 2001-08-07.
[83] 张宏博，等. 不同厂商聚四氢呋喃分析研究 [J]. 精细于专用化学品，2018 (9)：26-30.
[84] 李正清，等. 聚四氢呋喃生产工艺评述 [J]. 现代化工，2001 (11)：24-27.
[85] 孙亚斌，等. 四氢呋喃均聚醚催化研究进展 [J]. 化学推进剂与高分子材料，2004 (2)：7-12.

[86] 汪家明. 聚四氢呋喃生产现状及市场分析 [J]. 合成技术及应用，2006 (16)：63-65.
[87] 汪家明. 聚四氢呋喃生产现状及市场分析 [J]. 中国石油和化工经济分析，2007 (2)：35-38.
[88] 崔小明. 聚四氢呋喃的生产技术及国内外市场分析（上）[J]. 上海化工，2006 (11)：43-45.
[89] 崔小明. 聚四氢呋喃的生产技术及国内外市场分析（下）[J]. 上海化工，2006 (12)：41-42.
[90] 钱文斌. 四氢呋喃和聚四氢呋喃生产技术进展 [J]. 精细化工原料及中间体，2008 (3)：34-37.
[91] 汪家明. 聚四氢呋喃生产应用及市场前景 [J]. 化工科技市场，2008 (4)：10-15.
[92] 赵立群，等. 聚四氢呋喃市场现状及发展前景 [J]. 化学工业，2008 (8)：34-40.
[93] 钱伯章. 我国聚四氢呋喃发展走上快车道 [J]. 合成纤维，2003 (S1)：48-49.
[94] 白庚辛. 聚四氢呋喃生产技术的发展及对我国研究开发现状的思考 [J]. 现代化工，2005 (1)：13-17.
[95] 李健达，等. 聚四氢呋喃生产工艺中醇解反应的研究 [J]. 化学工程，2019 (2)：75-78.
[96] 陈 亮，等. 聚四氢呋喃工业化生产工艺及市场概况 [J]. 河南化工，2012 (9)：23-26.
[97] 于剑昆. 聚四氢呋喃的经济概况及工艺进展 [J]. 化学推进剂与高分子材料，2006 (4)：7-11.
[98] 于剑昆. 巴斯夫新疆聚四氢呋喃装置投产 [J]. 化学推进剂与高分子材料，2016 (5)：96-97.
[99] 于剑昆. 巴斯夫新疆聚四氢呋喃装置启动 [J]. 化学推进剂与高分子材料，2016 (6)：92.
[100] 魏玖明，等. 国内聚四氢呋喃生产应用及市场前景 [J]. 辽宁化工，2015 (11)：1336-1338.
[101] 唐元，等. 聚四氢呋喃分子量窄化的研究进展 [J]. 石油化工应用，2015 (12)：15-16.
[102] 唐元，等. 1,4-丁二醇、聚四氢呋喃及其重点衍生物的开发现状 [J]. 山东化工，2015 (21)：59-60.
[103] 吴让君，等. 聚四氢呋喃二醇型聚氨酯弹性体在铸造件阴极电泳涂料中的应用 [J]. 涂料技术与文摘，2014 (5)：17-20.
[104] 王桂莲. 聚四氢呋喃的生产方法及国内外技术发展 [J]. 内蒙古石油化工，2013 (3)：120-121.
[105] 编辑. BASF公司增加聚四氢呋喃产能同时现代化改造丁二醇装置 [J]. 化学推进剂与高分子材料，2013 (2)：94-95.
[106] 刘静. 1,4-丁二醇、聚四氢呋喃生产废水处理工艺介绍 [J]. 石油化工应用，2013 (11)：110-111，117.
[107] 李恒，等. 聚四氢呋喃发展概况及市场预测 [J]. 化学推进剂与高分子材料，2012 (5)：102.
[108] 张俊良. 巴斯夫扩大全球丁二醇和聚四氢呋喃产能 [J]. 现代塑料，2013 (8)：24.
[109] 张星芒. 泸天化24亿建聚四氢呋喃项目 [J]. 化工装备技术，2012 (6)：28.

第八章

聚氨酯弹性体和聚氨酯弹性纤维

第一节

聚氨酯化学

一、生成聚氨酯的主要化学反应和产品的多样性[1-7]

聚氨酯（polyurethane，简称 PU），是指分子链中含有多个重复氨基甲酸酯基团（—NHCOO—）的大分子化合物的总称。20 世纪 30 年代德国化学家 O. Bayer 首先发现通过二异氰酸酯与大分子二元醇加聚反应可以生成 PU，40 年代德国开始工业生产 PU 材料，经过半个多世纪的发展，PU 已成为一类产品多样、性质各异、用途广泛的高分子化合物材料。PU 的生成是基于异氰酸酯和多元醇的以下化学反应：

$$\underset{\text{多元醇}}{HO—R'—OH} + \underset{\text{异氰酸酯}}{OCN—R—NCO} + \underset{\text{多元醇}}{HO—R'—OH} + \underset{\text{异氰酸酯}}{OCN—R—NCO} + \cdots + \longrightarrow$$

$$\underset{\text{聚氨酯}}{\sim\sim O—R'—O—\overset{\overset{\displaystyle O}{\|}}{C}—NH—R—NH—\overset{\overset{\displaystyle O}{\|}}{C}—O—R'—O—\overset{\overset{\displaystyle O}{\|}}{C}—NH—R—NH—\overset{\overset{\displaystyle O}{\|}}{C}\sim\sim}$$

以上化学反应方程代表了制造 PU 的基本化学反应。但就多元醇和异氰酸酯来说，由于多元醇和异氰酸酯的多样性，以及不同化合物、不同品种、不同比例和配方、不同添加剂、不同加工方法等的相互匹配和组合，构成了 PU 产品的结构、品种、性能变化的多样性。PU 制品种类繁多，有软、硬泡沫塑料，聚氨酯弹性体、弹性纤维，结构材料，涂料，黏合剂等，广泛用于交通、纺织、建筑、航空、汽车、机车、机电、医疗卫生材料等各行各业。其制造工艺、产品品种和性能仍在不断地研究开发和进步，应用领域和生产规模仍在迅速扩大和拓宽，已逐渐成为全球继聚乙烯、聚丙烯、聚氯乙烯、聚苯乙烯之后的第五大通用合成材料。但就其制造原料和加工制造方法、产品的性能、工业部门及民用市场的广泛性，是其他通用合成材料无可比拟的。

二、制造聚氨酯的主要原料[1-7]

制造聚氨酯的主要原料有多元醇、异氰酸酯和各种助剂和添加剂。

1. 多元醇

多元醇是指端基和侧链端基为羟基，分子量一般低于 8000 的大分子化合物，有聚醚型多元醇和聚酯型多元醇之分。官能度在 3 以下的聚醚多元醇一般是由环氧化物或低分子量的二元或多元醇缩聚而成的（例如本书第七章所述的 PTMEG），多用于软质 PU 制品，官能度在 3 以上的聚醚多元醇多用于硬质 PU 制品。

聚酯型多元醇是由二元羧酸和多元醇缩聚制造的，最重要的羧酸有丁二酸、己二酸、邻苯二甲酸、间苯二甲酸、对苯二甲酸等；多元醇有乙二醇、二乙二醇、三乙二醇、1,2-丙二醇，1,4-丁二醇、1,6-己二醇、丙三醇、三羟甲基丙烷等。为了得到端羟基结构的聚酯多元醇，必须采用化学当量过量的多元醇与二元羧酸进行反应。以 1,6-己二酸和二元醇反应为例，反应方程如下：

$$n\mathrm{HCOO}\!\left(\mathrm{CH_2}\right)_4\mathrm{COOH}+(n+1)\mathrm{HO{-}R{-}OH}\longrightarrow \mathrm{HO{-}R}\!\left[\mathrm{O{-}\overset{\overset{\displaystyle O}{\|}}{C}}\!\left(\mathrm{CH_2}\right)_4\!\mathrm{\overset{\overset{\displaystyle O}{\|}}{C}{-}O{-}R{-}O}\right]_n\mathrm{H}+2n\mathrm{H_2O}$$

聚酯多元醇在许多场合已被聚醚多元醇所取代，在一些有特殊要求的 PU 制品中，例如微孔鞋底、油箱衬里、过滤用的全开孔海绵、胶黏剂、弹性纤维等 PU 制品中被广泛应用。聚酯多元醇大多采用己二酸，弹性体要求用线型结构的聚酯多元醇，涂料和泡沫塑料多用支链型结构的聚酯多元醇。

2. 异氰酸酯

异氰酸酯（isocyanate）是异氰酸 H—N═C═O 中的氢原子被脂肪族、芳香族、脂环族、芳脂族、杂环或酰基一类基团取代生成的衍生物的总称，从结构上看异氰酸酯是氰酸酯 R—O—CN 的异构体。

用作 PU 制造原料的异氰酸酯主要是含有两个或两个以上异氰酸根的多异氰酸酯。工业上制造 PU 弹性体应用最多、用量最大的有二苯基甲烷二异氰酸酯（methylene diphenyl diisocyanate，简称 MDI）、甲苯二异氰酸酯（toluylene diisocyanate，简称 TDI）、1,6-六亚甲基二异氰酸酯（1,6-Hexamethylene diisocyanate，简称 HDI）等。氨纶生产主要用 MDI，TDI 则主要用于制造软质泡沫塑料。

3. 助剂和添加剂

制造 PU 用助剂和添加剂，最主要的是扩链剂、交联剂和催化剂。扩链剂主要为低分子量的二元胺和二元醇等。乙二胺、丁二胺等脂肪族二胺与异氰酸酯的反应速率过快，不易控制，因此大多采用芳香族二胺，例如3,3′-二氯-4,4′-二苯基甲烷二胺［4,4′-methylenebis(2-chloroaniline)，简称MOCA］、二乙基甲苯二胺（diethyltoluenediamine，简称DETDA）等。脂肪族二元醇则有乙二醇、丁二醇、己二醇等，芳香族二元醇有双羟乙基对苯二酚等。交联剂主要以多元醇为主，例如丙三醇、三羟甲基丙烷、季戊四醇等。催化剂主要是叔胺和有机金属化合物两类，常用的叔胺有三亚乙基二胺、*N*,*N*-二甲基环己胺、*N*-烷基吗啉等。分子中的N原子空间位阻小、碱性强的叔胺，催化活性高。有机金属化合物催化剂的活性比叔胺高，如果两者混用能产生强化催化活性的协同效果，最常用的有机金属化合物有辛酸亚锡、二丁基二月桂酸锡、辛酸锌、辛酸铅等。其他助剂和添加剂还有发泡剂、表面活性剂、阻燃剂、防老剂、填充剂等。

三、聚氨酯的分子结构和性能[1-7]

聚氨酯的各种性能主要取决于其化学组成和分子结构，除了其链段的结构、长度、柔性和刚性以及交联等因素外，链间的作用力引起的超分子结构、结晶性能等也对PU的性能有影响。由长链、非结晶、无支链的聚醚或聚酯二元醇与等摩尔的二异氰酸酯加聚反应生成的不含嵌段结构的双组分聚氨酯，分子呈无定形，分子间基本上只有范德华力作用，且这种PU材料的硬度和强度都比较低，具有弹性体的性质。随着所采用二元醇链段长度的降低，官能度增加，结晶性增加，PU的硬度增加，而弹性降低。采用小分子量的二元醇与二异氰酸酯加聚生成的二组分PU，具有结晶能力，分子中的—NH—和—CO—基团间因形成大量的氢键而有较强的分子间作用力，导致这种PU的硬度和强度都比较高。

由二异氰酸酯、聚酯或聚醚长链多元醇、短链的二元醇或二元胺扩链剂三组分为基本原料加聚而制成的PU，具有线型多嵌段结构。长链的聚酯或聚醚二元醇与二异氰酸酯加成后形成线型PU大分子中的软链段，短链扩链剂与二异氰酸酯加成后形成其硬链段，硬链段可以形成序列，硬链段序列与软链段连接处的二异氰酸酯计作硬链段。这是一类以主链嵌段结构为特性的多嵌段PU，具有微相分离的形态特征，热力学的不相容性导致其硬链段和软链段分别聚集为硬链段微区和软链段微区。两个微区的链结构、分离程度以及相互作用对PU的性能有很大的影响，一般来说，硬链段微区的熔点主要决定PU的熔点，软链段结构和长度影响PU的弹性、低温挠曲性和极限强度。为了使PU具有良好的弹性和抗冲击强度，软链段应呈无定形结构，玻璃化温度尽可能低。对于热塑性PU弹性体，软链段的分子量一般为1500～4000，玻璃化温度范围略高于纯聚醚或聚酯二元醇的玻璃化温度。PU弹性体及弹性纤维、涂料的结构属于这种线型多嵌段结构。

弹性体通常是指玻璃化温度低于室温，断裂伸长率大于 50%，外力撤除后恢复较好的高分子材料，应用远比橡胶广泛。PU 弹性体是高分子弹性材料中一类特殊的弹性材料，又是庞大 PU 材料家族中的一大类，其制造用的原材料众多，配方和制造工艺多种多样，各项性能调整的范围比较大，用途非常广泛。PU 弹性体是介于橡胶和塑料间的一类人工合成的高分子材料，其分子结构是一种线型多嵌段的共聚物。其大分子的主链上含有重复的氨基甲酸酯链段（—NH—COO—），是由玻璃化温度低于室温的柔性链段（即软链段）和玻璃化温度高于室温的刚性链段（即硬链段）构成。由于 PU 弹性体中软、硬链段的不相容性，存在明显的微观相分离结构。其中软链段相提供弹性，硬链段相起到增强和分子交联的作用。分子链段中氨基甲酸酯基团的极性、在基团间形成氢键的能力及长链的软链段和短链的硬链段溶解性能的差异，导致软、硬链段热力学不相容，产生微相分离，硬链段分子之间强烈缔合在一起，形成许多微区，分散在软链段相的基质中。由此导致最终形成的 PU 弹性体不是统计学上的无规共聚物，而是有很高硬链段含量的聚合物链，以及几乎是纯软链段构成的“混合物”。由化学键连接的两相微区中存在着的氢键相互作用，使强极性和氢键作用的硬链段在橡胶状态的软链段基质中起到物理交联点和活性增强填料的作用。PU 弹性体的反应原理如下，结构如图 8-1 所示。

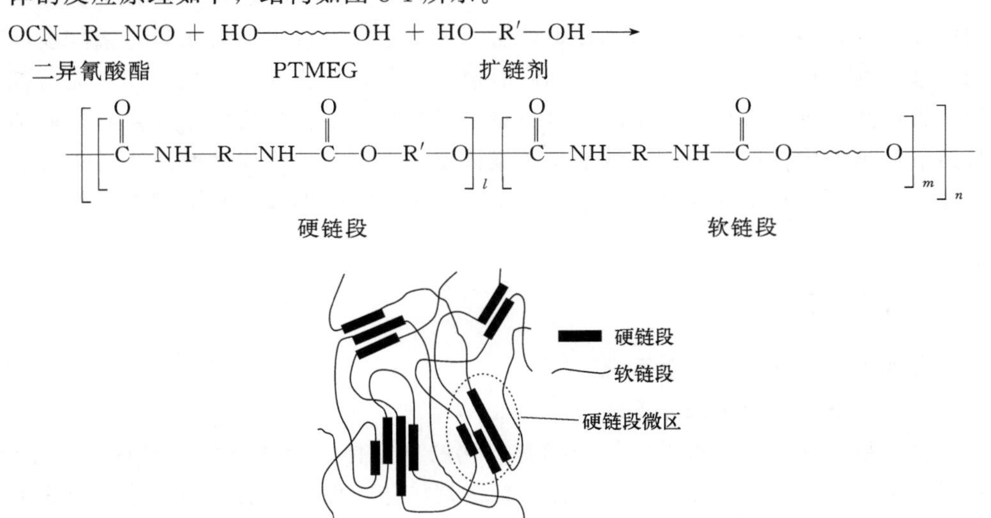

图 8-1　聚氨酯弹性体软、硬链段集聚结构

聚氨酯弹性体产品依据原料的不同、加工方法和应用的不同，有浇铸型 PU 弹性体（cast polyurethane elastomer，简称 CPU）、热塑性 PU 弹性体（polyurethane thermoplastic elastomer，简称 TPU）、混炼型 PU 弹性体（millable polyurethane elastomer，简称 MPU）、反应注射型 PU 弹性体（reaction injection moulding polyurethane elastomer，简称 RIMPU）之分。TPU 是一类加热可以塑化、溶剂可以溶解的聚氨酯，其分子结构基本上是线型的，分子中没有或很少有化学交联存在，仅存在一定量的物理交联。TPU 加工工艺有熔融法和溶液法，可以采用通用塑料工业常用的诸如混炼、压延、挤出、吹塑和模塑等技术。溶液加工是将 TPU 粒料融入溶剂，或者直接在溶剂中制成溶液，直接进行涂覆、纺丝等。氨纶纤维实际上是一种纺成丝的 TPU。

软泡沫和半软泡沫 PU、注塑 PU 弹性体以及大多数高反应性的 PU 是交联 PU，基本都是热固性聚氨酯弹性体，采用高官能度的聚醚或聚酯多元醇和多异氰酸酯单体或预聚物，或用过量的异氰酸酯与聚氨酯反应，使反应中出现的氨基甲酸酯、脲等发生二次反应形成交联结构，也可直接采用交联剂等方法制造。

四、聚氨酯的合成方法[8-9]

聚氨酯的合成方法主要有以下几种。

1. 无溶剂系统

无溶剂系统适合于制造软硬泡沫塑料、浇铸型弹性体、热塑性弹性体。按反应物加入的顺序可分为一步法和预聚体法。一步法是直接将反应物料与诸如发泡剂、催化剂、稳定剂、阻燃剂等助剂同时混在一起，快速反应制成产品。无溶剂的预聚体法是首先将异氰酸酯与小分子量二元醇或其低聚物反应制成由异氰酸酯基封端的预聚体，然后再用扩链剂与预聚体反应。采用预聚体的两步法易于准确计量、控制产品结构和使其分子量分布窄。多数 PU 弹性体制品采用预聚体方法制造。

2. 溶液系统

有如下三种独立的溶液系统

（1）完全反应的单组分系统

这种系统首先是制得以异氰酸酯基封端的预聚体，使之溶解于极性溶剂中，例如二甲基甲酰胺等；然后采用二元胺扩链剂扩链，挥发溶剂得到固体的聚氨酯预聚物。采用这种合成方法可防止 PU 链段发生支化或交联而形成凝胶的副反应。湿纺、干纺氨纶纤维即采用这种溶液系统制造。

（2）单组分活性系统

首先制得分子量较低的异氰酸酯基封端的预聚体，溶于诸如乙酸乙酯一类低极性的溶剂中形成溶液；然后在使用时借助空气中的水分固化，生成物为交联的聚氨酯缩二脲，可用作涂料。由于涂层薄，产生的二氧化碳不会造成气泡，但这种单组分系统的贮存稳定期只有 6～12 个月。另一种单组分活性系统是由以羟基封端的预聚体、氨基甲酸酯的低聚物与含羟甲基醚的氨基塑料树脂构成的混合物，或者是由以异氰酸酯基封端的预聚体与单官能度扩链剂的反应产物以及含羟甲基醚的氨基塑料树脂构成的混合物。将其溶解在甲苯、异丙醇一类的溶剂中，固含量 40%～50%，在室温下是稳定的，涂覆在基材上加热到 120～150℃时，溶剂挥发而固化在基材上。同样在室温下封端的异氰酸酯基、羟基和氨基都是稳定的，在 120～150℃时反应固化。

(3) 双组分系统

主要是由氨基甲酸酯改性的多羟基化物与一种不易挥发的二异氰酸酯的加合物构成，通常用于人造皮革、织物涂层以及涂料的制造。

3. 含水的乳液系统

以异氰酸酯基封端的 PU 预聚体，特别是其分子量不超过 8000 时，与水混合可以得到水乳液，如果预聚体含有铵、锍、磺酸盐、羧酸盐基团等离子中心，就会发生自动乳化作用。如果用疏水性的以异氰酸酯基封端的预聚体，需要加乳化剂及高剪切力作用。高黏度的预聚体可以用有机溶剂稀释，形成的水乳液再用活性高、微溶于水的二元胺或多元胺进一步扩链或交联。如果不加扩链剂，仍用水进行扩链，则需要数日的长时间。

4. 其他合成方法

随着聚氨酯终端市场的不断扩大、性能要求的不同，合成方法也在不断创新，诸如粉末、微胶囊、水凝胶等不用有机溶剂的合成方法得到发展和使用。值得关注的是对 PU 弹性体改性及复合体制备方法的研究开发，进一步增强和改进了 PU 弹性体的各种性能，进一步扩大了 PU 弹性体的应用市场。

五、聚氨酯弹性体的不同类型及终端市场

聚氨酯弹性体是一种由基于二异氰酸酯和多元醇的高分子聚合材料与扩链剂反应产生的具有弹性的合成材料。各种单体原料、加工方法的多样性，以及各种聚氨酯弹性体改性及复合材料的制备和研发，使 PU 弹性体的品种、性能、用途、终端市场非常广阔。

根据聚氨酯弹性体成型方式的不同可分为热固性 PU 和热塑性 PU。当反应物被加热、辐射或在其他固化剂诱导下发生交联反应，导致 PU 固化和凝固的，称为热固性 PU。PU 在加热时能熔化，在冷却到室温时能固化为固体的 PU 材料

称为热塑性 PU，通常可作为颗粒供应，并可回收利用。PU 弹性体的特点还包括加工方法，有铸造、浇注和喷雾产品，以及由反应注射成型（RIM）生产的产品等。其他涉及的产品有 PU 泡沫、PU 表面涂层、PU 胶黏剂和 PU 密封材料以及 PU 医疗卫生材料。PU 纤维（氨纶）虽然也是弹性材料，但一般都作为另类材料。图 8-2 给出了聚氨酯的各种类型。

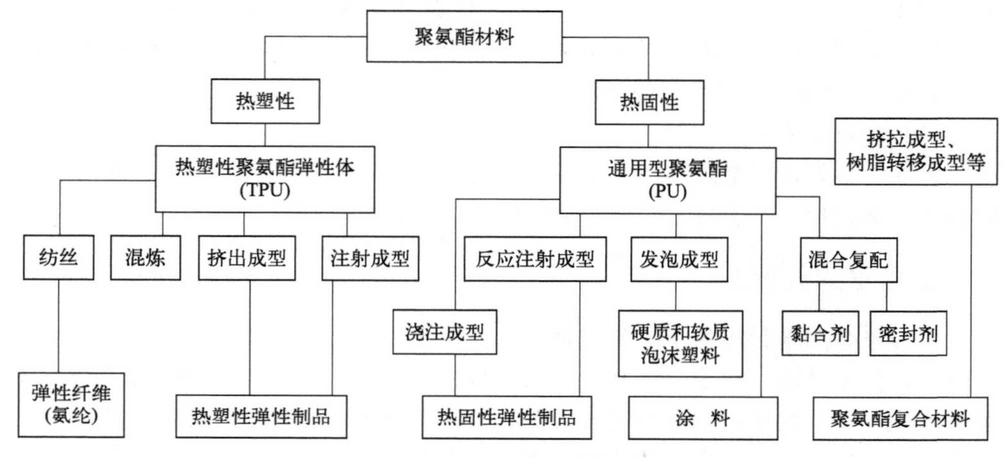

图 8-2 聚氨酯的各种类型

全球 PU 弹性材料市场中，热固性材料占 70%以上，热塑性材料市场占有率不足 30%。PU 弹性体可用于各种各样的终端市场，包括各种鞋类制造（主要是鞋底制造和鞋底鞋帮的黏结），纺织品和服装、运输工具（包括轮胎填充产品、平板轮胎、垫圈、密封件、弹簧辅助装置和卡车床衬垫）、车轮和轮胎、建筑、家具、装修胶黏剂和涂料应用，以及机械（包括采矿和油气市场的搅拌器和零件，以及铸造产品，如轴承、皮带和滑轮）。鞋类和服装市场是最大的终端使用市场，新兴的能源工业、高铁、建筑材料、绿色环保等领域的应用为 PU 弹性体的市场提供了更为巨大的发展潜力。

六、全球聚氨酯的产能概况[10-11]

随着 PU 用途和品种的增加，特别是环境要求的苛刻，多种环境友好的分散体系和新合成方法应运而生。2010 年全球各种 PU 产品的总消费量约 1902 万吨。2010～2016 年，全球 PU 产量年复合增长率为 4.53%，2016 年全球 PU 产品总产量达到 2425 万吨，2021 年后产能超过 3000 万吨。制造 PU 的原料各种异氰酸酯的年消费量为 1100 多万吨，各种多元醇的年消费量为 1400 多万吨，各种添加剂年消费量为 500 多万吨。在各种异氰酸酯中二苯基甲烷二异氰酸酯（MDI）的消费量占绝对优势，年消耗量为900多万吨，占异氰酸酯总消费量的2/3以上；其次是甲苯二异氰酸酯（TDI），约200万吨。在多元醇中聚醚多元醇的年消耗量为1000多万吨，占绝对优势，聚酯多元醇为300多万吨。在聚醚多元醇中，聚四氢呋喃（PTMEG）只占总年消费量的约1/10。

PTMEG与异氰酸酯加聚制成的PU弹性体具有各种优良的性能，但PTMEG的价格要比由环氧乙烷和环氧丙烷制成的聚醚二元醇高许多，因此仅限于性价比较高的产品的生产。除了氨纶生产完全是采用PTMEG外，其他的应用主要是生产特殊性能的PU弹性体，与之匹配的异氰酸酯主要是毒性较低的MDI。

第二节　二苯基甲烷二异氰酸酯

一、MDI的物理性质[7-9]

二苯基甲烷二异氰酸酯（MDI）是聚氨酯的生产原料之一。MDI是三种异构体，即4,4′-二苯基甲烷二异氰酸酯、2,4′-二苯基甲烷二异氰酸酯及2,2′-二苯基甲烷二异氰酸酯，以及缩聚的多苯基甲烷多异氰酸酯（polyphenylmetha polyisocyanate，也称PMDI或PAPI）的总称。化学结构式分别如下：

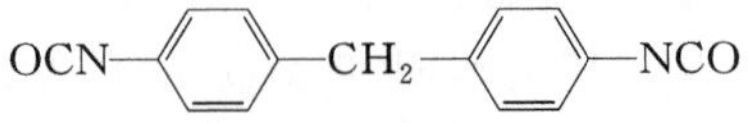

OCN—C₆H₄—CH₂—C₆H₄—NCO

4,4′-二苯基甲烷二异氰酸酯（4,4′-MDI）

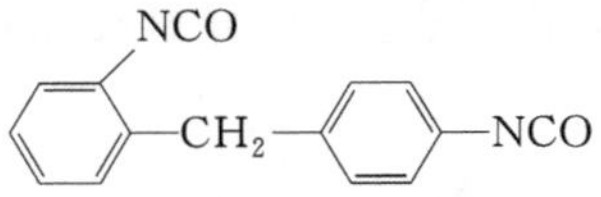

2,4-二苯基甲烷二异氰酸酯（2,4-MDI）

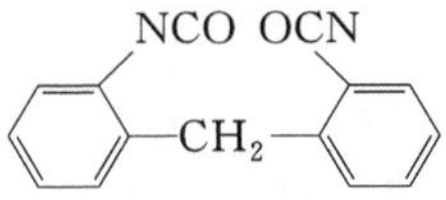

2,2′-二苯基甲烷二异氰酸酯（2,2′-MDI）

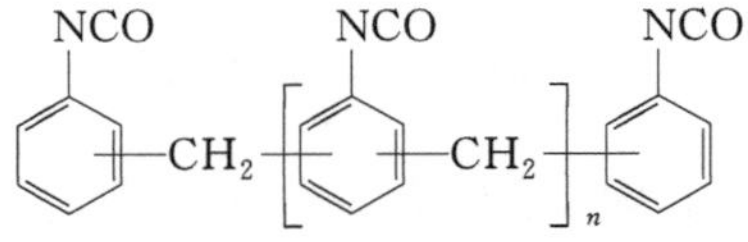

多苯基甲烷多异氰酸酯（PMDI）

MDI（以下文中若无明确指明，MDI均为泛指，即包括异构体及缩聚体在内）常温下为固体，4,4′-MDI的熔点39.5℃，沸点208℃（1.0kPa）；2,4-MDI的熔点

34.5℃，沸点154℃（173Pa）；2,2′-MDI的熔点46.5℃，沸点145℃（173Pa）。

二、MDI的化学性质[7-9]

聚氨酯产品的合成是建立在异氰酸酯基基团化学反应性能基础上的化学合成。MDI及PMDI的分子中都含有异氰酸酯基“—N═C═O”，其性能代表了异氰酸酯的通性。异氰酸酯基的高度不饱和性，使其具有极强的化学反应性能，它能与许多类型的化合物反应，特别是和含有活泼氢的化合物反应，以及交联反应和本身的自聚反应。通过这些反应，可生成多种MDI衍生化学品。MDI的主要化学反应如下。

1. 与含活泼氢化合物的反应

异氰酸酯基与含活泼氢化合物的反应是其最重要、最有价值的反应，是合成一系列PU产品的化学基础。其反应机理是通过含活泼氢化合物分子中的亲核中心攻击异氰酸基（—NCO）中亲电子中心的碳正离子引起反应。生成产物的平均分子量随反应温度的升高、反应时间的延长而增加，每步反应都能形成稳定的中间产物。异氰酸酯基和含活泼氢化合物的分子结构、催化剂和溶剂的种类都对其化学反应速率有影响。

MDI与含有活泼氢的醇、胺、酚、水、羧酸、酰胺、脲、氨基甲酸酯等的反应是一种氢转移的逐步加成聚合反应，含有活泼氢化合物的氢原子转移到MDI异氰酸酯基的氮原子上，其余基团和MDI的羰基结合，生成氨基甲酸酯等化合物。以二元醇为例，如果反应的二元醇过量，就生成由羟基封端的线型PU；如果MDI过量，在适宜的条件下就生成由异氰酸酯基封端的线型PU。反应方程如下：

$$n\mathrm{OCN{-}R{-}NCO} + (n+1)\mathrm{HO{-}R'{-}OH} \longrightarrow \mathrm{HO{+}R'{-}O{-}\overset{\overset{O}{\|}}{C}{-}NH{-}R{-}NH{-}\overset{\overset{O}{\|}}{C}{-}O{+}_{n}R'{-}OH}$$

$$(n+1)\mathrm{OCN{-}R{-}NCO} + n\mathrm{HO{-}R'{-}OH} \longrightarrow \mathrm{OCN{+}R{-}NH{-}\overset{\overset{O}{\|}}{C}{-}O{-}R'{-}O{-}\overset{\overset{O}{\|}}{C}{-}NH{+}_{n}R{-}NCO}$$

上述反应的反应速率与醇的结构有关，一般来说，伯羟基＞仲羟基＞叔羟基。对二元醇来说，二元醇的分子量越大，反应速率越慢。在合成MPU和TPU时通常采用一步法合成，在配方上使二元醇过量，生成两端为羟基的聚氨酯，贮存稳定。在合成CPU时，通常采用两步法，在制备预聚体的配方上使二异氰酸酯过量，生成两端由异氰酸酯基封端的预聚体，然后再用二胺或多元醇扩链，形成 CPU 制品。

MDI 的异氰酸酯基遇水能迅速水解，经过氨基甲酸快速分解，生成胺和二氧化碳，胺又能与异氰酸酯基进一步反应生成二元取代脲，反应方程如下：

$$—R—NCO+H_2O \longrightarrow —R—NH—\overset{\overset{\displaystyle O}{\|}}{C}—OH \longrightarrow R'—NH_2+CO_2\uparrow$$

$$—R—NCO+R'NH_2 \longrightarrow —R—NH—\overset{\overset{\displaystyle O}{\|}}{C}—NH—R'$$

异氰酸酯基与胺、水和羧酸反应都能生成脲基基团，在较高的温度下脲基基团可进一步与异氰酸酯基反应，产生缩二脲的支链或交联，反应方程如下：

$$\sim\sim NH—\overset{\overset{\displaystyle O}{\|}}{C}—NH\sim\sim + \sim\sim NCO \longrightarrow \sim\sim N\begin{matrix} \diagup \overset{\overset{\displaystyle O}{\|}}{C}—NH\sim\sim \\ \diagdown \underset{\underset{\displaystyle O}{\|}}{C}—NH\sim\sim \end{matrix}$$

脲基　　　　异氰酸酯基　　　　缩二脲

水解反应在制造 PU 软泡沫塑料时氨基甲酸分解放出的二氧化碳起到发泡剂的作用，但这在非发泡 PU 的制造过程中却是非常有害的，不但会因产品中有气泡而报废，而且因为进一步反应生成脲，使预聚体的黏度增大，脲还可能进一步与异氰酸酯基反应生成缩二脲，使分子结构枝化或交联，显著降低预聚体的稳定性。这就是在生产 TPU、CPU 和氨纶纤维过程中需要严格限制原料和环境中的水分存在量，以及多元醇中羧基存在的原因所在。

2. 交联反应

有些 PU 弹性体产品需要在大分子之间形成适度的化学交联。当以官能度大于 2 的多异氰酸酯和多元醇为原料时，异氰酸酯基和多元醇羟基之间的反应，可以直接形成氨基甲酸酯的交联。在有水、胺、羧酸存在时，也会生成缩二脲的交联。在制造 MPU 时需要加入硫黄、甲醛以及过氧化物作为硫化剂，发生交联反应，以提高硫化胶的硬度和机械强度，改善其水解性能。对于用含有不饱和键的 MDI 生产的生胶，可在双键的 α-碳原子之间通过自由基偶联形成交联。对于制造氨纶纤维用线型结构的 PU 弹性体，恰恰相反，要避免交联反应的发生。

3. 低聚、聚合和缩聚反应

芳香族异氰酸酯易于进行二聚、三聚生成环状或线型的低聚物，甚至多聚物。芳香族异氰酸酯的二聚反应是一种不饱和化合物反应的特殊情况，反应产物的化学名称为取代的二氮杂环丁二酮。低聚反应因温度升高而加剧。其二聚反应的反应通式如下：

$$\mathrm{Ar{-}NCO + OCN{-}Ar \longrightarrow Ar{-}N\begin{matrix} \overset{\displaystyle O}{\overset{\|}{C}} \\ \\ \underset{\|}{\underset{\displaystyle O}{C}} \end{matrix}N{-}Ar}$$

对 MDI 来说，有意义的是 MDI 的线型低聚物。MDI 的二聚速度与 TDI 比较要慢得多，然而在贮存几个星期之后也有明显的变化。MDI 的二聚反应是一种可逆反应，200℃以上其二聚体就完全分解，在 120℃以下，平衡混合物中含有 6.3%的二聚体。二异氰酸酯在环戊烯磷化氢化物（例如 1-苯基-3-甲基磷杂环戊烯-1-氧化物）存在下，可放出二氧化碳并缩聚成以下结构的多碳化二亚胺：

$$\mathrm{\left[R{-}N{=}C{=}N\right]_n}$$

MDI 毒性较小、活性高，由其制造的 PU 综合性能好。但是 MDI 稳定性差、熔点高，给贮存、运输和加工都带来许多困难。通过上述碳化二亚胺反应改性的 MDI，不仅克服了以上缺陷，而且提高了其反应活性，改善了产品的耐水解和阻燃性能。碳化二亚胺的结构还易与异氰酸酯基进一步反应生成环，生成脲酮亚胺结构，控制这一反应的程度，便可得到不同官能度的脲酮亚胺改性的多异氰酸酯，为 PU 改性和新产品开发提供了多种途径。

三、MDI 的毒性[7-9]

异氰酸酯是具有刺激气味的有毒化学品，对于人体的毒害主要在呼吸器官，低分子量的异氰酸酯具有强烈的催泪作用，随着异氰酸酯分子量的增加，催泪作用减弱。一般异氰酸酯的蒸气通过呼吸进入人体，或与眼睛、皮肤接触，会与人体内各组织中的蛋白质起反应，引起过敏皮炎、灼烧。刺激眼睛会引起眼睛组织脱水、发炎，甚至使角膜损坏。刺激呼吸道，会引起呼吸困难、头痛、头晕、失眠、咳嗽、胸闷、低哮喘般的支气管痉挛，以及咽喉发炎、疼痛、水肿等。MDI 的毒性相对较低，例如对于老鼠的经口 LD_{50}，2,4-TDI 为 4.9～6.7g/kg，而 MDI 为 31.6g/kg。

四、MDI 产品的各种规格[7-9]

贮存 MDI 需要采用密闭容器，避水、避碱，为防止长期贮存 MDI 因聚合而变质，应在15℃以下低温贮运，最好在5℃以下低温贮运。其安全贮存期与贮存温度的关系为：0℃，三个月以上；5℃，30天；20℃，15天；30℃，4天；70℃，1天。添加一些稳定剂，有利于MDI稳定性的改善。对于纯的MDI产品，在出厂前添加0.1%～5%的稳定剂，如磷酸三苯酯、甲苯磺酰异氰酸酯、碳酰异氰酸酯等。此外还有正硅酸四乙酯、正硅酸四苯酯等也可用作MDI贮存的稳定剂。

MDI的用途广泛，纯的MDI商品是白色至浅黄色的固体，主要化学成分是4,4′-MDI。由于MDI常温下为固体，贮存稳定性差，给使用带来许多不便，因此开发了多种液化MDI产品，按液化方法的不同，构成三种不同类型的液化产品。

① 精品MDI　一般精品MDI产品为4,4′-MDI，含2,4′-MDI和2,2′-MDI异构体在3%以下，若2,4′-MDI异构体含量达到25%以上时，在常温下就成为液体。

② 氨基甲酸酯改性的MDI（U-MDI）　采用小分子量的聚醚或小分子多元醇与大大过量的MDI反应生成氨基甲酸酯改性的MDI，实际上是一种半预聚物，一般异氰酸酯基（—NCO）的含量在20%以上，在常温下为液体，黏度在1000mPa•s以下。

③ 碳化二亚胺改性的MDI（C-MDI）　正如上述，MDI在有机磷化物存在下，部分经缩合反应，排出二氧化碳生成碳化二亚胺改性的MDI，同时也易生成少量的脲酮亚胺，使其官能度略大于2，异氰酸酯基（—NCO）的含量在28%～30%，25℃以下为浅黄色的透明液体，黏度低于100mPa•s。由C-MDI制得的聚氨酯的耐热性、耐水解性、阻燃性都得到改善。表8-1和表8-2给出一些公司有关MDI的产品规格和性能，表8-3给出不同MDI的商品等级和用途。

表8-1　美国MDI和PMDI工业品规格

规格项目	MDI	PMDI
—NCO的含量/%	33.6	31.5
纯度/%	≥99.5	
二异氰酸酯含量/%	100	50
4,4′-MDI含量/%	≤95	
总氯含量/%	≤0.05	≤0.4
可水解氯含量/%	≤0.002	≤0.05
凝固点/℃	38	<0
酸度(以HCl计)/%	≤0.002	≤0.05
色度/APHA	≤50	深棕色液体
己烷不溶解部分/%	≤0.5	
黏度(25℃)/mPa•s	200±50	

表 8-2 几家公司的 MDI 产品规格

项目	ISonate-143-L	Millionate-MTL-S	MDI-LD	MT-145
生产公司	日本化成厄普姜	日本聚氨酯公司	日本三井日曹	烟台万华化学集团股份有限公司
外观	淡黄色液体			
相对密度(25℃)	1.22	1.22	1.22	1.22
商品牌号	ISonate-143-L	Millionate-MTL-S	MDI-LD	MT-145
黏度(25℃)/mPa·s	25～30	30～70	<60	25～60
—NCO 含量/%	28.1～29.6	28.5～29.5	28.5～29.5	28～30
酸度(以 HCl 计)/%	<0.02	<0.02	<0.01	<0.04
蒸气压(20℃)/Pa	3.8×10^{-2}			

表 8-3 MDI 的商品等级和用途

商品名称	其他名称	全球市场份额/%	主要应用领域	特征	4,4′-MDI的含量/%
聚合 MDI	PMDI，技术级MDI，直接 PMDI	35～40	建筑级电气绝缘、泡沫材料	单体和低聚 MDI 分子的混合物	50
高功能聚合MDI	HFPMDI	40～46	隔热板	低聚物含量高于 PMDI	<5
原始状 MDI		无关	蒸馏生产 MMDI 和 HFPMDI 的原料	单体含量高于 PMDI	>60
单体 MDI	纯 MDI，MMDI 4,4′-MDI，*o*,*o*-MDI 混合 MDI，MDI 异构体	10～15	涂料、胶黏剂、密封剂、弹性体(外壳)	最常见单体，异构体是 4,4′-MDI	>95
改良 MDI		<5%	涂料、胶黏剂、密封剂、弹性体(外壳)	单体 MDI 与其他化学品结合	无关
MDI 预聚物		<5%	涂料、胶黏剂、密封剂、弹性体(外壳)	多元醇超过单体 MDI 的反应产物	可变的

五、MDI 的工业生产技术[10-25]

异氰酸酯的合成始于 20 世纪 30 年代，首先在德国实现工业生产，采用有机胺与剧毒的光气合成，虽然历经数十年，经过许多改进和发展，但至今仍是采用这一经典方法生产。德国 I. G. Farben 通过苯胺-甲醛缩合首先合成二氨基二苯甲烷（MDA）混合物，再与光气反应制得 4,4′-MDI。

20 世纪 60 年代美国的 Carwin、Upjohn 公司，欧洲的 Bayer 和 ICI 公司分别将该技术产业化，生产出 MDI 和 PMDI 产品。生产过程如图 8-3 所示。

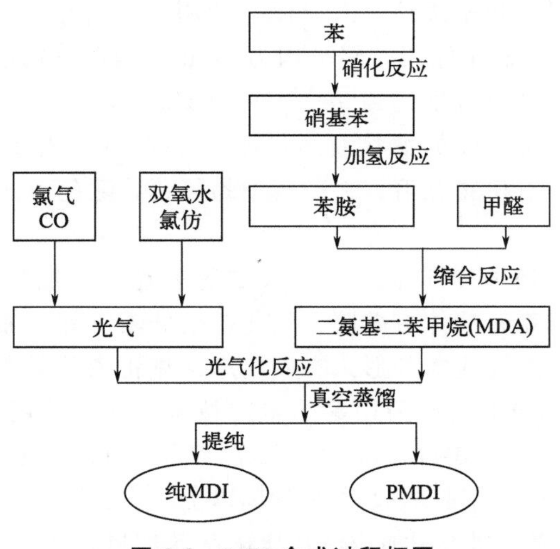

图 8-3　MDI 合成过程框图

1. 硝基苯和苯胺的合成

工业上制造苯胺分为两步：第一步是苯经硝化反应生成硝基苯，第二步是硝基苯加氢还原生成苯胺。苯的连续混酸硝化过程，采用含硫酸 60%～70%，硝酸 5%～8.5%，水小于 25%的混酸，硝化反应方程如下：

$$HNO_3 + 2H_2SO_4 \longrightarrow NO_2^+ + H_3O^+ + 2HSO_4^-$$

$$C_6H_6 + NO_2^+ \longrightarrow C_6H_5NO_2 + H^+ \qquad \Delta H = -133\ \mathrm{kJ/mol}$$

苯的硝化反应为放热反应，由于换热方式不同而又分为不同的硝化技术，如表 8-4 所示。

表 8-4　不同的苯硝化技术

公司名称	硝化技术	工业应用
NORAM	苯绝热硝化	专利技术，全球有多套装置采用，最大产能 50 万吨/年
KBR Pinke	苯绝热硝化	专利技术，全球有 4 套装置，最大产能 8 万吨/年
JOSEL Meissner	苯绝热硝化	专利技术，产能 50 万吨/年
Biazzi	苯等温硝化	

在苯的硝化反应中，由于苯和硝基苯在混合酸和泛酸中的溶解度很低，所以反应是多相的。苯的硝化反应通常在 50～100℃下进行。几乎所有的工业技术都利用反应释放的能量绝热来浓缩废酸以便再利用。原料在 60～80℃进入反应器，在 120℃退出，在反应器中停留时间平均为 4min。依据硝化过程硝化反应器的配置，总转化率和选择性可分别达到 98%～99.9%。

苯胺是一种有特殊气味的油状液体，沸点 184.4℃，熔点－6.15℃。微溶于水，与醇、苯、醚等有机物互溶。在空气中易氧化，颜色由浅变深，直至呈黑色油状液体。

硝基苯催化加氢还原是工业生产苯胺的重要途径。加氢反应用催化剂有铜系、镍系及贵金属钯系，载体有硅胶、氧化铝及硅藻土等。加氢反应可在气相和液相中进行，气相反应反应器的形式有固定床、流化床及混合床。典型固定床工艺如日本住友公司、瑞士朗沙公司等的生产技术，住友采用铜-铬催化剂，朗沙采用铜-沸石催化剂。反应温度 150～300℃，压力 200～1500kPa，硝基苯和氢的摩尔比为 1∶(2.5～6)，苯胺的收率在 99%以上。

BASF 及美国氰氨公司采用加压流化床硝基苯加氢技术。BASF 技术采用铜催化剂，载体为二氧化硅，助催化剂为铬、锌、钡，硝基苯和氢的摩尔比为 1∶9 以上，反应温度 280～290℃，压力 0.49MPa，粗苯胺的收率 99.5%，精制后得到高纯度的苯胺产品。氰氨公司的流化床技术在 270℃、234.3kPa 下操作，采用铜-硅催化剂。我国自行开发的万华苯胺技术为液相加氢反应，第一台反应器为连续搅拌釜，催化剂采用贵金属铂和钯；第二台反应器采用铜锌催化剂，固定床反应器，硝基苯的转化率和苯胺选择性均大于 99.6%。

另一项正在开发，且受到关注的技术是由 Covestro 公司的以未精炼的原糖为基础的生物质-苯胺的商业化计划，正在努力建设一个试点工厂。Covestro 声称，他们的生态工艺比化石燃料衍生的苯胺好 30%。考虑到 Covestro 生产全球近 20%的苯胺，如果他们在试点阶段之后获得成功，这可能会对该行业的碳足迹产生重大影响。该项目从 2018 年开始，已证明从生物质中生产苯胺的技术是可行的，其生物途径如下：

葡萄糖 —发酵→ 邻氨基苯甲酸 —脱羧基反应（$-CO_2$）→ 苯胺

该途径包括使用一种基因重组细菌从糖中生产邻氨基苯甲酸作为原料。邻氨基苯甲酸是通过微生物发酵原糖产生的，发酵液中含有邻氨基苯甲酸阴离子和氨或钠阳离子。除了糖的原料外，还添加了氨、氧和微量营养物质形式的氮，以维持微生物生存所需的条件。最佳操作需要一个中性的 pH 值。连续进行发酵，连续从发酵罐中分离提取发酵液，通过过滤等处理去除生物质，滤出的生物质经过净化与新鲜的生物质一起再返回发酵罐，保持平衡。邻氨基苯甲酸可以在 180～200℃，采用镁等载于二氧化硅/氧化铝上的催化剂催化热脱羧基转化为苯胺，进一步通过精制可得到与硝基苯加氢技术相同纯度的苯胺。

2. 二氨基二苯甲烷的合成

二氨基二苯甲烷（简称 MDA）又称二苯基甲烷二胺，有三种异构体存在，即 4,4′-MDA、2,4′-MDA 和 2,2′-MDA，由苯胺与甲醛在盐酸催化剂存在下缩合反应生成。缩合反应生成的是二胺、三胺、四胺、五胺等多种异构体组成的多胺混合物，根据需要可以分离出以一种 MDA 组分为主的纯品。MDA 主要是采用苯胺与 37%的甲醛溶液缩合方法生产的。缩合反应是复杂的放热反应，工业生产采用分步进行的方法。由于对生成产品组成要求不同，所以缩合反应的配方、混合方式、催化剂种类、反应条件、反应设备等也不同。MDA 生产装置的规模大，大都采用连续液相法，各生产商都开发了各种连续、高效、节能、环保的设备和工艺。MDA 的合成：苯胺首先与 25%～35%的 HCl 水溶液反应，生成苯胺的盐酸盐溶液；与甲醛的缩合反应首先在 80℃反应 1～2h，然后在 100℃左右反应 1h，生成二苯基甲烷二胺及亚甲基多苯基多胺的混合物，再进行重排转位反应，使仲胺转位成伯胺，用氢氧化钠水溶液进行中和，最后再进行水洗、分层、水洗、减压蒸馏等处理得到不同缩合度的 MDA 的混合物。缩合反应中苯胺和甲醛的摩尔比为（1.6～2.0）∶1。苯胺过量生成物中 MDA 的含量就高，可高达 85%～90%；反之，甲醛过量则生成物中聚二氨基二苯甲烷（PMDA）的含量就增加。物料混合和缩合反应设备有釜式搅拌混合器、泵式及喷射混合器，反应器的形式有管式、搅拌釜式，不同反应器串联组成多段控制的工艺过程。不同的生产技术和工艺条件，生成的多胺混合物组成也不同。

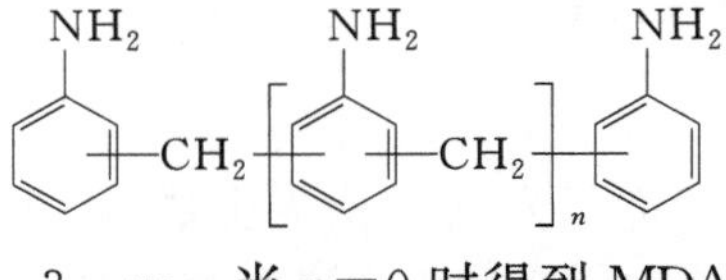

$$\mathrm{H_2N{-}C_6H_4{-}CH_2{-}[C_6H_3(NH_2){-}CH_2]_{\mathit{n}}{-}C_6H_4{-}NH_2}$$

上式中，$n=0$，1，2，3，…，当 $n=0$ 时得到 MDA，但 $n>1$ 时即是 PMDA。MDA 和 PMDA 的合成一般都是与后续 MDA 光气化反应生产 MDI 和 PMDI 的技术一起，形成了多种为各大生产公司专有和垄断的不同的专利技术和工艺。

3. 光气的合成

光气（$COCl_2$）又名碳酰氯，常温下是一种无色，比空气重，具有特殊气味的剧毒气体。沸点 7.48℃，加压下可液化成无色、比水重的液体。光气在常温下是稳定的，加热就会慢慢分解成一氧化碳和氯气。光气在冷水中水解速率很慢，随着温度的升高及有酸存在时，光气的水解速率加快，水解产物为二氧化碳和氯化氢。光气分子中具有两个酰氯基，因此化学性质活泼，与含有活泼氢的有机物反应，可引入酰氯基和羰基。例如与伯胺反应首先生成氨基酰氯，后者受热分解出氯化氢生成异氰酸酯，反应方程如下：

$$R—NH_2+COCl_2 \longrightarrow R—NHCOCl+HCl$$

$$R—NHCOCl \longrightarrow R—N=C=O+HCl$$

光气是剧毒的化学品，是一种窒息性的毒气，其毒性比氯气大 10 倍。一般空气中光气浓度为 30～50mg/m^3 时，就能使人急性中毒；吸入含 100～300mg/m^3 光气的空气 15～30min 内就会使人严重中毒，抢救不及时就会造成死亡。

合成光气的原料是一氧化碳和氯气，催化剂为活性炭。反应是强放热反应，一氧化碳与氯气的摩尔比为 1.05∶1，反应温度 90～180℃，压力 600～700kPa。反应器采用列管式，2～3 个反应器组成的多段床，控制不同反应段的温度和空速，以便使氯气反应完全，并及时移出反应放热。

合成的光气冷却液化，不凝气体中含有微量光气的处理，以及液体光气中剩余游离氯的处理是重要的举措。绝不能将光气生产装置含有微量光气的尾气排入大气，其处理方式是将不凝气体经碱溶液洗涤，在碱的作用下使微量光气分解。在光气合成中采用一氧化碳稍过量的配比，将液体光气中游离氯的存在降到最低量，但是仍达不到游离氯含量≤0.1%的质量指标。处理的方法有活性炭吸附法和化学反应法，前者在低温下使液体光气通过活性炭床层，可以使游离氯降低到几十微克每克。吸附了游离氯和光气的活性炭可用一氧化碳在较高的温度下解吸，解吸气体可作为合成光气配料返回反应器循环。化学反应法是在低温下向液体光气中加入少量苯酚，搅拌下使游离氯与苯酚反应，再使液体光气汽化，即可得到不含游离氯的光气。

4. MDI 和 PMDI 的合成

（1）*反应原理*

MDA 和 PMDA 与光气进行光气化反应生成 MDI 和 PMDI。由于反应介质的强腐蚀性、强毒性，组成和反应过程相变的复杂性，不同产品性能和要求不同等，关于光气化反应过程不同的生产公司形成各自垄断的专利技术。虽然各生产技术具体细节有很大区别，但都采用连续液相光气化反应技术。即采用氯苯或邻二氯苯等为溶剂，分为低温和高温（或称冷光气化反应和热光气化反应）两段反应技术，也有的工艺采用二胺和多胺分别光气化反应技术。在低温光气化反应段，MDA 首先与光气反应，生成酰胺盐，释放出氯化氢，然后 MDA 与氯化氢反应生成相应的盐酸盐。在高温光气化反应段，主要是 MDA 的酰胺盐和盐酸盐转化为异氰酸酯。其反应方程如下。

① 低温光气化反应

$$H_2N\text{-}C_6H_4\text{-}CH_2\text{-}[C_6H_3(NH_2)\text{-}CH_2]_n\text{-}C_6H_4\text{-}NH_2 + (n+2)COCl_2 \longrightarrow$$

(MDA＋PMDA)

$$ClOCHN\text{-}C_6H_4\text{-}CH_2\text{-}[C_6H_3(NHCOCl)\text{-}CH_2]_n\text{-}C_6H_4\text{-}NHCOCl + (n+2)HCl$$

酰胺盐

$$H_2N\text{-}C_6H_4\text{-}CH_2\text{-}[C_6H_3(NH_2)\text{-}CH_2]_n\text{-}C_6H_4\text{-}NH_2 + (n+2)HCl \longrightarrow HCl\cdot H_2N\text{-}C_6H_4\text{-}CH_2\text{-}[C_6H_3(NH_2\cdot HCl)\text{-}CH_2]_n\text{-}C_6H_4\text{-}NH_2\cdot HCl$$

(MDA＋PMDA)　　　　盐酸盐

② 高温光气化反应

$$ClOCHN\text{-}C_6H_4\text{-}CH_2\text{-}[C_6H_3(NHCOCl)\text{-}CH_2]_n\text{-}C_6H_4\text{-}NHCOCl \longrightarrow OCN\text{-}C_6H_4\text{-}CH_2\text{-}[C_6H_3(NCO)\text{-}CH_2]_n\text{-}C_6H_4\text{-}NCO + (n+2)HCl$$

酰胺盐　　　　(MDI＋PMDI)

$$HCl\cdot H_2N\text{-}C_6H_4\text{-}CH_2\text{-}[C_6H_3(NH_2\cdot HCl)\text{-}CH_2]_n\text{-}C_6H_4\text{-}NH_2\cdot HCl + (n+2)COCl_2 \longrightarrow$$

盐酸盐

$$OCN\text{-}C_6H_4\text{-}CH_2\text{-}[C_6H_3(NCO)\text{-}CH_2]_n\text{-}C_6H_4\text{-}NCO + 3(n+2)HCl$$

(MDI＋PMDI)

(2) BASF 公司的连续 MDI 生产技术

BASF 公司的 Christian Muller 等公开了一种大规模连续生产 MDI 和 PMDI 的技术。其中，MDI 采用 MDA 气相光气化反应过程，PMDI 采用液相光气化反应过程。MDA 的气相光气化反应为 MDA 与惰性介质混合呈气相，在一具有高剪切力的混合设备中与光气混合，进入一反应器进行气相光气化反应。惰性介质可以是氯苯等，也可以是氮气，或者两者的混合物。惰性介质与 MDA 的摩尔比 2.5～15，光气与 MDA 的摩尔比控制在 (1.5∶1)～(6∶1)。要求在气相光气化反应器出口光气的浓度保持在 30～50mol/m^3，惰性介质的含量在 30～100mol/m^3。气相光气化反应压力为 0.4～1MPa，反应温度选取要低于反应压力下反应组分中沸点最高组分的沸点温度，最好在280～400℃以内，物料在进入混合设备混合前应预热到200～400℃的对应温度，反应停留时间以两种物料开始混合到离开反应器的时间计算，应控制在0.6～1.5s。采用管式反应器时，反应器内的流体流速应为10～100m/s，雷诺数在2700以上。气相光气化反应气在150℃采用氯苯溶剂吸收，异氰酸酯被吸收，反应剩余的光气和氯化氢被分出，与液相光气化反应的光气和氯化氢一起去分离、提纯和处理。

PMDA的液相光气化反应采用氯苯为溶剂，PMDA在氯苯中的浓度为3%～30%，光气化反应在光气过量下进行，光气与PMDA的摩尔比按$—NH_2$计，为$COCl_2$：$—NH_2$=(1.25：1)～(8：1)，反应压力0.3～3.5MPa，反应温度60～200℃，停留时间3min～12h，一步完成光气和PMDA的混合以及光气化反应。不同于以往分冷光气化反应和热光气化反应两步反应过程，要求光气和PMDA溶液的混合在具有较高剪切力的设备中进行，例如喷嘴，混合时间控制在0.001～3s内。液相光气化反应以连续化的方式进行，采用长径比大于10的活塞流管式反应器，反应器内装多孔板，外设加热夹套，通过导热油加热，具有窄的停留时间分布。可以采用多个平行管式反应器并列，以扩大生产能力。液相光气化反应的物料去分离反应剩余的光气和氯化氢，光气循环，氯化氢被水洗生成盐酸，或被碱液中和成盐水排出。

BASF的连续光气化技术工艺流程如图8-4所示。

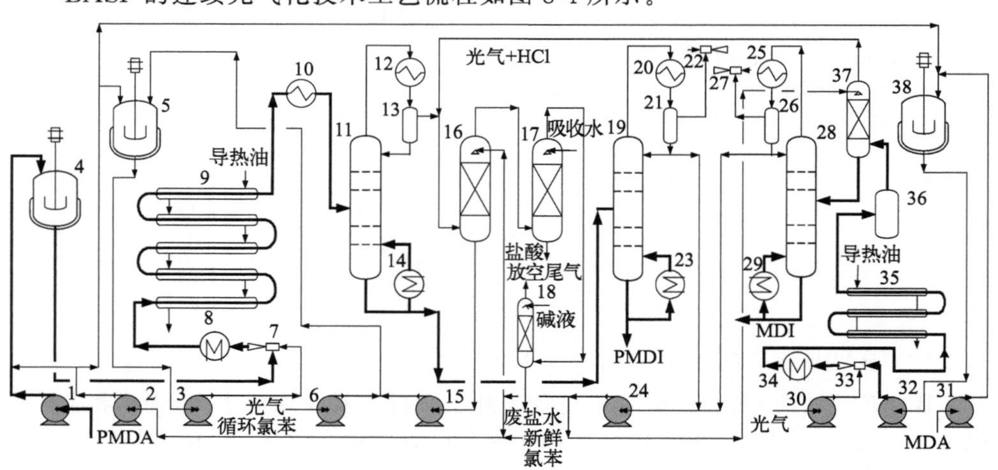

图8-4 BASF公司MDI生产工艺流程

1—PMDA泵；2，24—循环氯苯泵；3—加压混合泵；4—PMDA-溶剂混合釜；5—光气-溶剂混合釜；6，30—光气泵；7，33—喷嘴；8—加热器；9—液相光气化反应器；10—冷却器；11—脱光气-HCl塔；12，20，25—塔顶冷凝器；13，21，26—气液分离器；14，23，29—重沸器；15—光气-氯苯溶液循环泵；16—光气吸收塔；17—HCl吸收塔；18—光气分解塔；19—PMDI脱溶剂塔；22，27—蒸汽喷射泵；28—MDI脱溶剂塔；31—MDA泵；32—MDA-氯苯溶液加压泵；34—汽化器；35—气相光气化反应器；36—气相反应罐；37—氯苯吸收塔；38—MDA-氯苯混合釜

① 液相光气化过程　PMDA 由 PMDA 泵 1，溶剂氯苯由循环氯苯泵 2 打到 PMDA-溶剂混合釜 4，配成一定浓度的溶液。光气经光气泵 6 与来自光气-氯苯溶液循环泵 15 的溶液一起加入光气-溶剂混合釜 5，混合成一定浓度的光气-氯苯溶液，经加压混合泵 3 加压，进入喷嘴 7，与来自 PMDA-溶剂混合釜 4 的 PMDA-氯苯溶液充分混合，再经加热器 8 加热至液相光气化反应温度，进入管式液相光气化反应器 9 进行 PMDA 的光气化反应。光气化反应液经冷却器 10 冷却后进入脱光气-HCl 塔 11，由塔顶分出光气和 HCl 的混合气体，由塔釜得到 PMDI 的氯苯溶液，进入 PMDI 脱溶剂塔 19，减压下由塔顶蒸出氯苯溶剂进行循环，由塔釜得到产品 PMDI。由脱光气-HCl 塔 11 塔顶分出的光气和 HCl 混合气体，首先进入光气吸收塔 16，由循环氯苯泵 24 向塔顶喷入吸收溶剂氯苯，反应剩余的光气溶于氯苯，经光气-氯苯溶液循环泵 15 循环利用。光气吸收塔 16 塔顶的 HCl 尾气仍含有微量光气，先进入 HCl 吸收塔 17，经水吸收制成 30%浓度的盐酸副产品，未被吸收的尾气主要有 HCl 和少量的光气，进入光气分解塔 18，由塔顶喷入热的碱液，分解残余的光气，并吸收 HCl，由塔的底部排出废盐水去治理。

② 气相光气化过程　MDA 由 MDA 泵 31 打入 MDA-氯苯混合釜 38，配制成一定浓度的溶液，经 MDA-氯苯溶液加压泵 32 加压并进入喷嘴 33，与来自光气泵 30 的光气充分混合后进入汽化器 34，汽化后的 MDA-光气-氯苯混合气进入气相光气化反应器 35 进行光气化反应，再经气相反应罐 36，反应产物进入氯苯吸收塔 37，MDI 和稀释剂氯苯被溶剂氯苯吸收。吸收液进入 MDI 脱溶剂塔 28，由塔顶蒸出氯苯溶剂，塔釜得到 MDI 产品。未被溶剂吸收的光气和 HCl，进入光气吸收塔 16，与液相光气化反应的光气-HCl 混合气一起进行回收和处理。

六、全球 MDI 的产能、需求及市场[26-28]

1. 2000 年后全球 MDI 产能、消费发展加速

全球 MDI 近十年无论产能和产量、需求都得到快速发展，2003 年全球 MDI 的产能为 315.6 万吨，2010 年达到 500 万吨以上，年均增长率近 10%。其中亚太地区，特别是中国的产能增长最快，北美和亚太的产能各占全球总产能的 1/3 以上。全球 PU 需求量的不断增加，特别是亚洲地区硬泡聚氨酯市场需求的快速增长，是促进 MDI 产能增长的主要原因。其次，由于 MDI 的毒性小于 TDI，特别在聚氨酯弹性体的应用领域有取代 TDI 的趋势，使用率的提高也加快了 MDI 产能的发展。全球 MDI 的生产商主要有拜耳，BASF，陶氏化学（DOW），意大利埃尼化学，日本聚氨酯工业株式会社、住友拜耳聚氨酯公司、日本三菱化学株式会社，中国烟台万华化学集团股份有限公司等。2000 年全球 MDI 的产量为

210 万吨，需求量为 240 万吨，存在缺口。缺口促使其产能和产量不断增长，2003 年全球总产量达到 284 万吨，到 2005 年已突破 400 万吨。2010 年以前全球对 MDI 的年均需求增长率保持在 6%以上，2021 年全球 MDI 产能增至约 1024 万吨，其中万华产能占 25.9%，BASF 占 18.5%，Covestro 占 17.3%，Huntsman18.6%，DOW 占 10.8%，其他占 8.9%。全球 2021 年产能中，中国产能占 38%，西欧占 23%，北美占 19%，韩国占 7%，日本占 5%，中东占 5%，中欧占 3%。全球主要 MDI 生产公司逐年产能变化见表 8-5。

表 8-5 全球主要 MDI 生产公司产能逐年变化 单位：万吨/年

公司	2017 年	2018 年	2019 年	2020 年	2021 年
烟台万华化学集团股份有限公司	210	210	210	210	265
Huntsman(亨斯曼)	190	190	190	190	190
BASF	189	189	189	179	179
Covestro(科思创)	147	167	167	177	177
DOW(陶氏化学)	111	111	111	111	111
Tosoh Corporation(东曹株式会社)	47	47	47	47	47
锦湖三井化学①	41	35	41	41	41
Karoon 石化工司②	4	4	4	4	4
合计	939	953	959	959	1014

① 锦湖三井化学公司，成立于 1989 年，由韩国锦湖石油化学公司与日本三井化学成立，主要生产和供应聚合 MDI、纯 MDI、改性 MDI、特色 MDI 等聚氨酯核心原料。

② Karoon 石化公司是伊朗唯一的异氰酸酯生产商。其主要产品（TDI）的年产量为 4 万吨。一半的产量供国内使用，其余的则用于出口。

纯 MDI 主要用于生产合成革、氨纶、鞋底原液等。PMDI 主要用于生产硬质 PU 泡沫，其次是涂料、弹性体、胶黏剂等。全球 MDI 的消费比例硬质 PU 泡沫约占 79%，包装占 6%，运输占 4%，弹性体占 1%，其他占 10%。

中国烟台万华化学集团股份有限公司是全球最大 MDI 生产商，生产工厂分布在中国和中欧。万华通过收购和 MDI 及 TDI 生产技术授权与生产商加强了技术组合和 TDI 技术的准入。BASF 在北美、西欧和亚太地区均有工厂，2000 年完成了在美国盖斯马尔工厂装置的扩建。Covestro 在北美、西欧和亚太地区都设有工厂，并于 2021 年提高了中国工厂的产能。Huntsman 在北美和西欧设有 MDI 工厂。Dow 在北美和西欧都有生产 MDI 工厂，并与沙特阿美石油公司合资在沙特建有 MDI 生产装置。

2. 中国 MDI 产能和需求快速增长

中国工业生产 MDI 始于 20 世纪 80 年代初，烟台合成革厂（即现在的烟台万华化学集团股份有限公司，以下简称烟台万华）由日本东曹株式会社引进技术，建成1万吨/年的MDI生产装置，1985年开始生产MDI。与此同时，具有自主知识产权的MDI生产技术也加紧开发，经过大量的试验、研究与开发，通过对原有装置的不断更新、扩产、改造的实践，掌握了MDA光气化反应等关键技术，2003年万华在原有的1万吨/年装置的基础上，改扩建成15万吨/年的大型、连续化、具有我国自主知识产权的MDI生产装置。接着2005年烟台万华又在宁波大榭开发区建成16万吨/年MDI的新装置，实现一次试车成功，并投入生产，从而使万华成为全球继BASF、拜耳等公司后第四家掌握这项生产技术的公司。该装置在以下三个方面成为全球首创：其一，完全摒弃了引进的间歇工艺，缩合、光气化反应和MDI结晶分离过程实现了全连续生产；其二，全装置实施能量集成、工艺优化，使公用工程消耗达到并部分超过了国外公司的技术水平，原料消耗与国外公司持平；其三，装置取消了液态光气贮罐，使全系统内光气贮量为零，极大地降低了装置的安全风险。

聚氨酯下游产品在中国快速发展，导致国内对MDI的需求呈连续快速增长，2000～2009年，中国纯MDI和PMDI的消费量均保持了年均20%的增长率。2000年两者的消费量分别为6万吨和10万吨，2009年则分别达到33万吨和63万吨，年均增长率分别为22%和24%。由于国内产能的不足，国外大型跨国公司在加大向我国出口的同时，纷纷在我国建设生产装置和扩大产能，BASF和拜耳直接在我国投资建设MDI生产装置。2006年BASF和亨斯迈的合资公司，2008年拜耳公司分别在上海漕泾建成和投产了24万吨/年和35万吨/年MDI装置，从而使中国MDI产能在2008年达到98万吨。截至2010年底中国烟台万华的MDI总产能已达到80万吨/年，成为亚洲地区最大MDI生产商，与BASF和拜耳形成全球三家产能超过80万吨/年的MDI生产公司。2011年烟台万华将宁波MDI装置实施技术改造，新增产能60万吨/年。烟台八角一期60万吨/年MDI项目已开工建设，2014年达产，建成后关闭了烟台万华20万吨/年装置，加之收购的博苏化学公司原有的18万吨/年MDI装置扩产到24万吨/年，宁波大榭装置技术改造达产，烟台万华的总产能超过了200万吨/年，成为全球最大的MDI生产公司。2011年BASF公司在重庆建设的40万吨/年MDI项目获得批准，拜耳公司也有意将上海漕泾的35吨/年装置扩大到100万吨/年。2015年后中国MDI的产能达到300万吨/年以上，成为全球最大的MDI生产国。MDI产能扩大的同时，配套的主要大宗原料多元醇等产能的增长，使中国成为全球第一大聚氨酯材料产销国，产品生产技术水平已经达到或接近国际先进水平，其中烟台万华的MDI、TDI产能均为国内第一。2018年聚氨酯制品产量达到1130万吨，异氰酸酯链（TDI、MDI和HDI）总产量达到357万吨。其中TDI产量占总产量的20%以上，MDI产量占总量的70%以上，聚醚多元醇产量为272万吨。

中国异氰酸酯主要生产公司2019年产能见表8-6，中国MDI产能、产量和消费量的增长见表8-7。

表8-6　中国主要异氰酸酯生产公司产能（2019年）

生产公司	产能/(万吨/年)		
	TDI	MDI	ADI
烟台万华化学集团股份有限公司	40.0	230.0	3.8
BASF	16.0	40.0	1.5
科思创(Covestro)	25.0	50.0	8.0
上海联恒异氰酸酯有限公司	—	59.0	—
沧州大化新材料有限责任公司	12.0	—	—
甘肃银光化学工业集团有限公司	12.0	—	—
烟台巨力精细化工股份有限公司	8.0	—	—
赢创特种化学(上海)有限公司	—	—	0.2
旭化成精细化工(南通)有限公司	—	—	1.0
合计	113.0	379.0	14.5

注：ADI—脂肪族二异氰酸酯。

表8-7　中国异氰酸酯逐年产能和消费变化　　单位：万吨/年

项目		2015	2016	2017	2018	2019	2020
TDI	产能	84.0	84.0	84.0	114.0	113.0	138.0
	产量	55.7	65.6	73.8	74.5	90.1	
	出口量	3.7	2.8	4.3	6.9	5.1	
	进口量	6.3	13.6	11.1	8.6	13.9	
	消费量	53.0	54.8	66.9	72.9	81.9	
MDI	产能	294.0	305.0	305.0	329.0	379.0	334.0
	产量	196.8	213.2	239.1	227.0	223.8	
	出口量	37.4	29.7	30.5	40.7	40.5	
	进口量	44.4	50.1	65.8	73.0	74.0	
	消费量	189.8	192.8	203.9	194.6	200.3	
特种异氰酸酯	产能	9.5	14.3	14.5	14.5	14.5	14.5
	产量	4.9	5.2	7.2	7.7	7.8	
	出口量	2.2	2.6	2.6	2.6	2.4	
	进口量	1.7	1.6	1.8	1.9	2.1	
	消费量	5.5	6.2	7.9	8.5	8.3	

中国异氰酸酯的各种消费为：纯 MDI 主要用于硬泡生产，TDI 主要用于软泡生产，特种异氰酸酯主要用于涂料生产。各种消费的变化见表 8-8。

表 8-8　中国异氰酸酯不同消费领域占比变化　　单位：%

年份	异氰酸酯	消费领域									
		硬泡	软泡	合成革	鞋底料	弹性体	氨纶	胶黏剂	涂料	密封胶	其他
2010	MDI	60.0	4.8	13.2	8.7	4.7	5.1				3.5
	TDI		67.4			6.0			20.6	6.0	
	特种					8.0		10.2	80.1		1.7
2015	MDI	61.6	4.2	10.6	7.9	6.5	5.5				3.7
	TDI		70.0			4.5			18.7	6.0	0.8
	特种					7.5		10.1	80.5		1.9B
2019	MDI	61.4	4.1	10.5	8.0	6.2	6.0				3.8
	TDI		69.0			3.9			20.6	5.0	1.5
	特种					6.6		11.3	80.3		1.8
2025①	MDI	61.0	5.0	9.0	7.0	8.0	6.0				4.0
	TDI		68.0			5.0			20.0	5.0	2.0
	特种					6.1		12.3	80.1		1.5

① 2025 年数据为预测数据。

第三节
聚氨酯弹性体

一、聚氨酯弹性体的分子结构和综合性能[5,29-39]

1. 聚氨酯弹性体的分子结构

聚氨酯弹性体是一种基于二异氰酸酯和多元醇的缩聚反应生成的高分子聚合物，通过与扩链剂（或称为链延长剂）反应产生的具有弹性体性质的合成材料。当反应物被加热、辐照或其他固化剂诱导发生交联反应时凝固或固化，称为热固性聚氨酯弹性体。在加热时软化，冷却到室温时固化为固体的聚氨酯材料，称为热塑性聚氨酯弹性体（简称为 TPU）。终端市场热固性聚氨酯材料要占 70%以上，例如聚氨酯泡沫、鞋底等；热塑性聚氨酯如胶黏剂、密封剂等仅占不足 30%。为便于终端市场应用方便，聚氨酯有多种加工方法，包括铸造、浇铸、喷雾、反应注射（简称 RIM）、轧制捏炼等。

聚氨酯弹性体分子是由硬段和软段组成的两相体系，相的分离通过其对结晶度的影响来强烈地影响弹性体的性质。晶相部分提供了刚性和强度，非晶相部分提供了弹性性质。增加其结晶度，就会增加弹性体的硬度、刚性和承重性能。如果没有这些结晶区域，TPU 将失去弹性，成为胶状材料。独特的结构赋予其介于橡胶和塑料之间的优良的综合性能。聚氨酯弹性体分子结构示意图如图 8-5 所示。

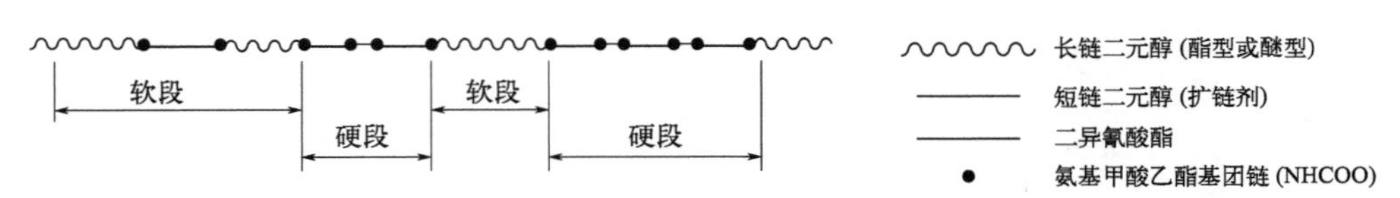

图 8-5 聚氨酯弹性体分子链的形态示意图

2. 聚氨酯弹性体综合性能

（1）聚氨酯弹性体的优异性能

① 各项性能指标的范围宽，可调节范围大。多项物理力学性能指标均可通过对原材料的选择、工艺和配方等的调整，在一定范围内变化，从而满足用户对制品性能的不同要求。例如硬度，可通过提高分子链段中刚性链段的比例，增加极性基团的密度，使弹性体强度和硬度相应提高。其硬度的可调范围由邵氏 A10 至邵氏 D80，都能保持较高的弹性，因此使 PU 弹性体既能制成邵氏硬度 A20 左右的软质印刷胶辊，又可制成邵氏硬度 D70 以上的硬质胶辊，这是一般弹性体材料所难以做到的。

② 耐磨性能优越（Tobor 磨耗 0.5～3.5mg，天然橡胶 146mg）。特别是在有水、油等润湿介质存在的工作条件下，其耐磨性往往是普通橡胶材料的几倍到几十倍。

③ 聚氨酯弹性体具有高强度、高断裂伸长率，大负载支撑容量，强的减震能力和加工方式多样，使其适用性和用途广泛。聚氨酯弹性体既可和通用橡胶一样采用塑炼、混炼、硫化工艺成型（指 MPU）；也可以制成液体橡胶，浇注模压成型或喷涂、灌封、离心成型（指 CPU）；还可以制成颗粒料，与普通塑料一样，用注射、挤出、压延、吹塑等工艺成型（指 TPU）。模压或注射成型的制件，在一定的硬度范围内，还可以进行切割、修磨、钻孔等机械加工。加工过程的多样性，使 PU 弹性体的适用性十分广泛，应用领域不断扩大。

④ 耐油、耐多种有机溶剂、耐臭氧、耐老化、耐辐射、耐低温，透声性好，黏结力强，生物相容性和血液相容性优秀。这些优点使 PU 弹性体在军工、航天、声学、生物学、医疗卫生材料等不同领域获得广泛应用。

(2) 酯氨酯弹性体的缺点

① 内生热大，耐高温性能一般，正常使用温度范围是－40～120℃。若需在高频振荡条件或高温条件下长期作用，则必须在结构设计或配方上采取相应改性措施。

② 耐强极性溶剂和强酸、强碱介质性能较差。在一定温度下，醇、酸、酮会使PU弹性体溶胀和降解，在常温下氯仿、二氯甲烷、二甲基甲酰胺、三氯乙烯等极性溶剂也会使PU弹性体溶胀和溶解，使一些优良的性能丧失。

二、聚氨酯弹性体合成、加工方法

聚氨酯弹性体是聚氨酯的一大类化合物，根据软段结构的不同，可分为聚醚型聚氨酯弹性体、聚酯型聚氨酯弹性体和丁二醇型聚氨酯弹性体，其中聚醚型聚氨酯弹性体应用最为广泛。根据硬段结构不同可分为氨酯型和氨酯脲型，它们分别由二元醇和二元胺扩链得到。根据合成和加工工艺的不同，可分为热塑性PU弹性体（TPU）、浇注型PU弹性体（CPU）、混炼型PU弹性体（MPU）。TPU像塑料一样，加热可以塑化成型，是溶剂可以溶解的PU弹性体。其分子结构基本上是线型的嵌段聚合物，分子间很少有化学交联，但存在一定的物理交联。TPU制品同样具有高模量、高强度、高弹性以及优良的耐磨、耐油、耐低温、耐老化性能。TPU的加工技术有熔融法和溶液法，熔融加工时采用塑料工业常用的加工技术，诸如混炼、压延、挤出、吹塑和模塑；溶液加工是将物料溶于溶剂或直接在溶液中聚合而制成溶液，再进行涂覆、纺丝等。TPU制成的最终制品，一般不需要进行硫化交联反应。TPU可以广泛使用助剂和填料改性，来降低成本和改善其性能。助剂和填料可在其合成过程中加入，可以将TPU制成透明、纯度高、颜色浅的制品，以满足要求美观、无毒的食品和医疗卫生行业用品。分子中含有不同软段多元醇的聚氨酯具有各种不同的性能，应用领域也不同，详见表8-9。

表8-9 不同多元醇TPU的性能和应用

多元醇	性能特点	应用领域
醚-醚混合物	耐低温性、耐水解稳定性好，循环时间快	密封件、垫圈、软管护套
聚己内酯	优良的水解稳定性、抗微生物稳定性	密封件、垫圈、压脚轮、皮带、动物身份证标签、其他制造产品、办公家具、手机和个人设备
醚-酯混合物	优良的耐低温和耐循环时间性能及耐油性	脚轮、密封件、垫圈、动物身份标签、软管护套、滑雪靴、汽车制造

续表

多元醇	性能特点	应用领域
聚醚	优良的耐水解稳定性、抗微生物性	薄膜、油管、皮带、电缆护套、手机和个人用品
聚酯	优异的耐油性和耐化学品性	薄膜、板材、管、娱乐和运动设备、工业软管、织物层、下水道衬里、鞋类

聚氨酯的合成技术有本体聚合和溶液聚合两种，本体聚合又有一步法和预聚法。预聚法是将二异氰酸酯和大分子二元醇先反应一段时间，生成低分子量的TPU预聚体，再加入扩链剂聚合成TPU。顾名思义，一步法是将异氰酸酯、大分子二元醇和扩链剂同时混合制成TPU。聚合过程无须溶剂的为本体聚合法，加入溶剂的为溶剂聚合法。PU的永久变形较大，耐热性能较差，其他性能都很优秀，适合制作皮革、薄膜、纤维和小件制品的批量生产。TPU按制成品用途可分为异形件（各种形状的机械零部件等）、管材（护套、棒型材等）、膜材（膜片、薄板等），以及胶黏剂、涂料和纤维等。随着PU应用领域的扩大，在膜片材方面将有较大的发展，例如用于高级汽车上仪表盘、飞机悬窗用安全玻璃、寿命长的暖房用薄膜等。

聚氨酯弹性体的特点还包括加工方法，包括铸造、浇注和喷雾产品；由RIM（反应注射成型）生产的产品［包括增强RIM（RRIM）和结构RIM（SRIM）］和可轧制可捏炼的树脂（millable gums）产品。TPU工业生产连续一步法，即连续溶液聚合一步法，其特点是反应缓慢、均匀、平稳、易于控制，副反应少，能获得全线型结构的产品，因此产品的力学、加工和溶解性能均比较好。由于有溶剂参与反应过程，对溶剂的纯度、溶解性能、回收、精制、循环系统等要求严格。溶剂系统的挥发、损失等也会带来一定的污染。TPU聚合过程所用溶剂有二甲基甲酰胺、二甲基乙酰胺、二氧六环、甲基异丁基酮等。聚合设备采用带有搅拌的釜式反应器。选择好配方、加料顺序和物料准确计量设备，聚合过程可以采用几台釜串联完成整个聚合过程。干法和湿法氨纶的纺丝原液制造过程即是溶液PU制造的典型。

聚氨酯连续本体聚合一步法是将原料的计量、输送、混合、熔融、反应、造粒等工序组合成一条流水线，连续平行进行。主要设备为双螺杆反应挤出机和高压水流切粒机。连续本体聚合合成TPU工艺流程如图8-6所示。

双螺杆反应挤出机是一种比较理想的熔融本体聚合的反应装置，其优点如下：

① 聚合过程可在140～250℃，4～7MPa下进行，确保将副反应降到最低限度，高压几乎可以完全抑制能生成气体的分解反应的发生。

② 可以将低分子量低聚物产品的量降至最低，一般溶液聚合的TPU中低聚

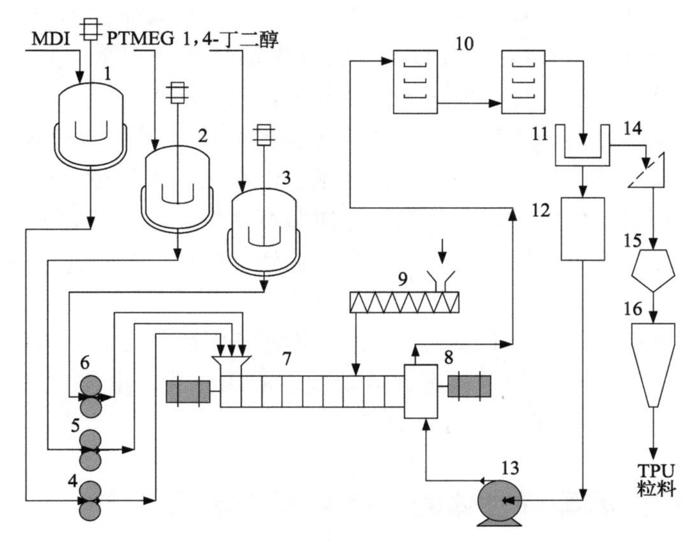

图 8-6 TPU 连续熔融聚合挤出成型过程工艺流程

1—MDI 熔融加热釜；2—PTMEG 熔融加热釜；3—1,4-丁二醇加热釜；
4—MDI 计量泵；5—PTMEG 计量泵；6—1,4-丁二醇计量泵；7—双螺杆反应挤出机；
8—水下切粒机；9—侧喂料机；10—冷水塔；11—离心干燥机；12—储水箱；13—水泵；
14—分级筛；15—TPU 粒干燥器；16—储料罐

物的含量为 3%，除去溶剂再挤出可降至 1.38%，采用双螺杆反应挤出机生产的 TPU 中低聚物含量仅为 0.36%。

③ 在双螺杆中物料的捏合次数多，混合均匀。

④ 将 TPU 的生产和应用过程分开，便于实现大规模、现代化的生产。因此双螺杆反应挤出机生产的 TPU 质量好，产品可用于涂料、黏合剂、弹性体、弹性纤维、注塑粒料等用途。

其实例为：将数均分子量为 2000 的 PTMEG、BDO、4,4′-MDI 按摩尔配比为 1∶2∶3 混合，同时加入适量的配合剂，呈熔融状态的反应物料由计量泵精确计量加入双螺杆反应挤出机，螺杆温度控制分为四段，各段温度分别为 150℃、180℃、190℃及 200℃，螺杆转数 150r/min。经水下切粒制得的 PU 弹性体切片，邵氏硬度为 80A，在 215℃下用 VC404 纺丝机进行熔融纺丝，氨纶的性能指标为：纤维强度 0.76g/dtex，总延伸率达到 786.2%。

浇注型 PU 弹性体（CPU），俗称液体橡胶，是一种液体聚氨酯弹性体混合物，通过向模腔中浇注生产制品。这种液体聚氨酯弹性体在进行浇注前是通过一步法或两步法合成的黏性液体，浇注的制品固化成型既可以采用加压硫化，又可以常压硫化；既可以加热固化，也可以在室温固化；既可以手工浇注，也可以采用机械连续浇注成型。CPU 能最大限度地发挥 PU 弹性体的特点，适合于生产制造大中型制品和设备衬里。诸多优点使 CPU 在聚氨酯弹性体中产量最大，应用最为广泛。混炼型弹性体（MPU）生胶也为端羟基线型聚合物，但软链段含量较高，可塑性大，适于生产模压制品，其用量正在萎缩。

喷雾聚氨酯弹性体的产品是将液体反应物混合并使用加压喷雾设备提供 PU 或聚脲保护涂层，典型产品包括地板、屋顶、停车场、人行道、公路、桥梁、变压器、储罐和管道上的涂层。可轧制捏炼树脂型是用传统的橡胶加工技术加工成最终用途的产品，它最重要的最终用途是工业辊（例如，那些用于造纸和输送带的辊）。

热塑性聚氨酯弹性体（TPU），完全反应的聚合物作为微泡被注塑、铸造或挤压形成产品，如汽车组件、鞋底、运动靴、液压软管、电缆护套和液压密封。TPU 是可回收重复使用的，也可以着色。

三、全球聚氨酯弹性体的生产和消费状况[29-39]

2016 年全球聚氨酯弹性体总消耗量为 215.06 万吨，热固性 PU 材料占全球 PU 弹性体市场的 76.52%，热塑性 PU 材料占 23.48%。其中美国占 11.72%，西欧占 14.13%，中国占 50.28%。2016～2021 年全球 PU 消耗年均增长率为 3.5%。PU 弹性体的生产和消费是全球性的。全球最大的 PU 弹性体生产商也是 PU 原料的生产商，即 BASF、Covestro、DOW 和 Hutsman；其他重要的生产商有 Chemtura、Lubrizol、Nippon Polyurethane 和 Mitsui Chemicals。

表 8-10、表 8-11、表 8-12 给出美国、西欧、日本和中国 2016 年后 PU 弹性体的消费和增长变化。

表 8-10　全球主要地区和国家 2016～2021 年聚氨酯弹性体消费年均增长率　单位：%

地区和国家	热固性聚氨酯	热塑性聚氨酯
北美地区		
美国	2.3	3.0
加拿大	1.6	0
墨西哥	3.7	2.8
中南美洲	3.1	3.9
西欧	1.5	1.9
中东欧	3.7	3.7
中东和非洲	3.4	5.9

续表

地区和国家	热固性聚氨酯	热塑性聚氨酯
亚洲	0.2	1.8
日本	3.9	5.1
中国大陆	4.2	5.8
印度	0.8	0
韩国	1.9	1.9
中国台湾	4.0	4.2
大洋洲	1.7	2.0
全球平均	3.2	4.1

表 8-11　2016 年全球不同国家和地区聚氨酯弹性体的消费量　　单位：万吨/年

地区和国家		热固性聚氨酯					热塑性聚氨酯	合计	占全球比例/%
		微泡	RIM	铸造	其他	合计			
北美	美国	1.51⑤	0.90②	15.74	0.05③	18.2	7.0	25.2	11.72
	加拿大	—	0.1	1.82④	—	1.92	0	1.92	0.89
	墨西哥	—	0.12②	4.0①		4.12	0.41	4.53	2.11
	北美合计	1.51	1.12	21.56	0.05	24.24	7.41	31.65	14.72
中南美		—	0.5	4.49	—	4.99	0.66	5.65	2.63
西欧		8.39	2.8	7.6	2.6	21.39	9.0	30.39	14.13
中东欧		4.3	0.3	0.6	0.3	5.5	1.5	7.0	3.25
中东和非洲		10.0	—	—	0.6	10.6	0.9	11.5	5.35
亚洲	中国大陆	48.5	—	27.5	0.25	76.25	31.9	108.15	50.29
	日本	0.36	0.04⑥	0.42	0.06	0.88	1.95	2.83	1.32
	韩国	1.8	—	0.7	0.1	2.6	0.8	3.4	1.58
	中国台湾	0.8	—	0.6	0.1	1.5	1.5	3.0	1.39
	印度	2.5	—	0.5	0.1	3.1	0.47	3.57	1.66
	其他	5.2	—	1.1	0.2	6.5	0.66	7.16	3.33
	亚洲合计	59.16	0.04	30.82	0.81	90.83	37.28	128.11	59.57
大洋洲						0.57	0.19	0.76	0.35
总计		83.36	4.76	65.07	4.36	158.12	56.94	215.06	100.0
占总消耗的比例/%						73.52	26.48	100.0	

① 其他的还包括可轧制可捏练的树脂。
② 包括 RIM 微胞。
③ 美国的非 RIM 在铸造和浇铸弹性体生产微细胞和可轧制可捏练的树脂。
④ 包括 800～900t 的鞋制微细胞（报告为铸造和浇铸）。
⑤ 包括大约 12500t 的微细胞（报告在铸造和注射），主要用于鞋类。
⑥ 固体 RIM/RRIM 产品。

表 8-12　2012 年和 2021 年美国、西欧、日本和中国聚氨酯弹性体的消费量　单位：万吨/年

弹性体	美国		西欧		日本		中国		总计	
	2012	2021	2012	2021	2012	2021	2012	2021	2012	2021
热固性 TPU										
RIM①	1.6	0.7	2.6	3.0	0.04	0.04	—	—	4.24	3.74
非 RIM②	1.41	1.65	7.7	8.7	0.35	0.35	38.7	57.0	48.16	67.7
铸造	14.9	17.99	7.2	8.4	0.4	0.42	15.0	35.0	37.54	61.81
其他	0.05	0.06	2.5	2.8	0.06	0.06	0.01	0.04	2.71	3.32
合计	18.0	20.4	20.0	22.9	0.85	0.87	53.8	92.4	92.65	136.57
热塑性 TPU	6.5	8.1	7.9	9.9	1.58	2.12	20.2	41.0	36.18	60.62
总计	24.5	28.5	27.9	32.8	2.44	2.99	74.0	133.4	128.84	197.69

① 在某些地区可能包括固态 RIM/RRIM 产品。
② 包括 RIM（鞋类）和非 RIM 微蜂窝产品。

聚氨酯弹性体的 30%～40%是消耗在制鞋业。2016 年中国消费聚氨酯弹性体为 108.15 万吨，其中制鞋业消费占总消费量的 43%，全球平均为 38%。中国未来是全球 PU 弹性体的最大消费国，但制鞋业将逐步转移到东南亚和印度及巴基斯坦。印度将成为第二大鞋类生产国，其次是越南、印度尼西亚和孟加拉国。对 PU 弹性体的需求将增加到 170 万～180 万吨/年。

四、美国聚氨酯弹性体的生产和消费[29-39]

1. 美国聚氨酯弹性体生产和消费的特点

聚氨酯弹性体是一个多种原材料、多种加工制造方法、性能各异的产品种类多和应用市场广泛的产品。因此构成了多种生产组织结构和经营模式，美国是 PU 弹性体的生产技术和产能大国，其生产和消费结构形式特点和市场如下：

① 产能集中在四家大公司，其他公司只从事进口产品或购买预聚体和合成 PU 弹性体供应市场。表 8-13 给出美国四大热塑性 PU 弹性体生产商。

表 8-13　美国热塑性聚氨酯弹性体主要生产商及产品名称

生产公司	2017 年生产能力/(万吨/年)	产品和商品名称
BASF 公司聚合物分割(聚氨酯)	2.0	Elastollan
Covestro①	0.7	Desmopan,Desmoflex，Texin TPU

续表

生产公司	2017 年生产能力/(万吨/年)	产品和商品名称
Huntstman LLC[②]	0.5	Irogran. Irostic",Irodur,Irocoat",Krys-talgran"
Lubrizol Corporation[③]	3.4 2.5	Estaloc(reinforced), Estane, Pellethane, Isoplast

① 前拜耳材料科学，2015 年 9 月 1 日以科维斯特罗（Covestro）的名义开始运营。

② 2000 年从罗姆和哈斯手中收购了莫顿国际的 TPU 业务。

③ 以前被称为文扬，2001 年 5 月，前 TPU 性能业务和其他特种化学品业务更名为 TPU。Noveon 于 2004 年 6 月 3 日成为鲁博里佐（Lubrizol）公司的全资子公司。

美国聚氨酯的生产公司既是聚氨酯原料 BDO、THF 等的生产者，也是聚氨酯不同产品的生产者，这样的生产组织方式既可以形成行业的垄断，也可以节省中间生产环节的各种费用，降低了产品的生产成本。表 8-14 给出美国聚氨酯生产商及其产品品种（2017 年）。

表 8-14 美国聚氨酯生产商及其产品品种（2017 年）

公司	主要原料						产品类型				
	BDO	THE	聚醚多元醇	聚酯多元醇	TDI	MDI	微泡	浇铸	可轧制树脂	TPU	组合
BASF 公司	×	×	×	×	×	×	×	×		×	
Chemtura 公司[①]				×				×			
COM USA				×				×			
Covestro[②]			×	×	×	×	×	×		×	
Dow 化学公司			×			×	×	×			
Hunsman 公司[③]			×			×	×			×	
Lubrizol*										×	×
TSE 产业									×		

注：“×”表示有此产品。

① 前身为克朗普顿公司，于 2005 年 7 月 1 日由克朗普顿公司和大湖化学公司合并而成。

② 前拜耳现代科学，2015 年 9 月 1 日以科维斯特罗（Covestro）的名义开始运营。

③ 前 ICI 美洲。洪博培在 1999 年从障碍化学工业有限公司（英国）收购了这家公司，成立了洪博培 ICI 化学公司（洪博培 70%所有权，ICI 30%所有权），并将其更名为洪博培 ICI 控股有限责任公司。在 2000 年 11 月，洪博培宣布将收购 ICI 持有的 30%的股份。此外，在 2000 年 9 月，洪博培从罗姆和哈斯手中收购了莫顿国际的全球 TPU 业务。

② 美国聚氨酯弹性体生产商既是生产技术专利的发明者、拥有者，又是使用者和转让者，从而达到控制全球聚氨酯弹性体的生产和市场。

③ 美国聚氨酯弹性体的生产商不断通过买卖、合资、兼并等多种手段重新

组合，增加产能，节能降耗，扩大市场，有利于竞争垄断和利益最大化。

2. 美国聚氨酯弹性体消费的年均增长

美国聚氨酯弹性体 1990～2021 年的年均增长率为 2.5%，见表 8-15。

表 8-15　美国 1990～2021 年聚氨酯弹性体消耗增长

年份	热固性聚氨酯/(万吨/年)		热塑性聚氨酯/(万吨/年)	总计/(万吨/年)
	RIM 产品	铸造和浇铸产品		
1990	7.53	5.40	2.31	15.24
1995	6.53	7.30	4.49	18.32
2000	7.63	10.01	4.85	22.49
2006	7.26	13.15	6.83	27.24
2010	2.90	12.90	6.30	22.1
2015	0.95	17.45	7.00	25.40
2016	0.9	17.30	7.00	25.20
2021	0.7	19.70	8.10	28.50
2016～2021 年均增长率/%	4.9	2.6	3.0	2.5

美国 1990 年 PU 弹性体的总消费量为 15.24 万吨/年，其中铸造和浇铸 PU 弹性体的消费占总消费的 35.43%，RIM 弹性体占 49.41%，热塑性 PU 弹性体占 15.16%。2016 年 PU 弹性体总消费量增至 25.2 万吨/年，其中铸造和浇铸 PU 弹性体的消费量占 PU 弹性体总消费量的 68.7%，热塑性 PU 弹性体占 27.8%，RIM 弹性体仅占 3.6%。RIM 加工的 PU 弹性体的产能几乎未变，市场占有率大大下降，而铸造和浇铸 PU 和热塑性 PU 的产能和占比均增加。这主要是由于美国汽车工业中应用 RIM 加工部件减少。2000 年美国 RIM 总消费量为 7.63 万吨。其中汽车制造应用 RIM 加工 PU 弹性体 5.4 万吨，占总消费的 71%，2004 年下降至约 65%，2008 年下降至约 58%，2021 年下降至约 44%。美国 PU 弹性体的进出口贸易活跃，出口大于进口。

美国 RIM 加工的聚氨酯弹性体主要用于汽车制造业，汽车外部最大的用途是窗、门的封装，约占汽车用反应注射型聚氨酯（RIM PU）弹性体的一半；汽车内部应用有方向盘分装、装饰和门面板等，占了 RIMPU 弹性体消耗的另一半。美国 RIM PU 弹性体市场早期的增长主要是受到汽车制造业的刺激，早期的应用还曾包括保险杠蒙皮，后来被用于制造零部件，如挡泥板、地板和门板等。20 世纪 90 年代初汽车制造商开始转向聚烯烃热塑性弹性体（简称 TPO）的应用，由于聚烯烃原材料便宜，能较好地回收，可避免成品修剪，部分取代了RIM PU弹性体的应用。90年代中期这种下降趋势放缓，保险杠的蒙皮消耗RIM PU弹性体急剧下降，而膜壁技术的发展，使得用模具的RIM PU弹性体在车身面板制造中取代钢板等板材具有优势。从长远发展来看，TPO和RIM PU弹性体仍然是互为竞争的材料，仍然是汽车制造业优选的非金属材料，优胜者仍取决于各自的性能改进和加工技术的进步和经济性。

玻璃长纤维增强的RIM PU弹性体（LEI）与传统的SRIM（使用玻璃衬垫加固RIM）比较，成本较低，在美国与欧洲广泛用于汽车的前挡泥板、窗户封装等。据报道，由PU弹性体制成的挡泥板比传统的铝或玻璃纤维挡泥板更轻、更耐用，受到其他系统供应商包括BASF/Elastogran和HuntsmanPU的重视。美国RIM PU弹性体的其他应用还包括运输业中的拖拉机等。

美国最大的铸造和浇铸PU弹性体市场是运输业的应用。轮胎填充化合物是聚醚化合物与纯MDI反应生成的材料，用于缓慢行驶车辆的轮胎，例如叉车、挖土机、建筑和采矿用重型机械设备和运输车辆轮胎制造，防止轮胎被刺穿。2010～2016年运输业的铸造和浇铸PU弹性体总消费量年均增长率在9%以上。运输业其他应用有车辆制造的零部件，包括各种垫圈、水密封材料、O形圈、减震器等。许多公司开发了非充气备用轮胎，将橡胶轮胎的胎面黏结到铸造PU轮胎体上，这种非充气轮胎用于自行车上，具有不用维护和轮胎受力扁平的优点，但不足的是相对充气轮胎滚动阻力较大。若能推广应用将为铸造PU带来巨大的市场。在体育娱乐市场，铸造和浇铸PU弹性体可以制作滑冰鞋、滑雪板等，也具有应用市场。2016年工业用车轮消费工业PU弹性体1.68万吨，体育休闲车轮使用了0.62万吨。2021年分别增长到1.91万吨/年和0.69万吨/年，这些产品通常采用热固性PU弹性体。典型的用途还包括钢铁工业和选矿的冷轧厂，印刷设备、造纸设备和纺织设备的零部件及物料输送系统，传统的橡胶输送带被更耐用的PU输送带所取代，造纸厂的卷纸筒也可以采用PU弹性体制造，这一领域的产品多采用聚醚多元醇的PU弹性体制造。石油、天然气及采矿工业中使用PU弹性体的密封件和垫片，以及PU涂覆的叶轮和其他机械设备。在建筑业中PU弹性体主要用作防止双层玻璃冷、热开裂的密封和铺设塑胶操场、运动场所地面和跑道、人行道。

电子设备方面的应用有陶瓷部件的封装、电信网络以及其他电子设施等的维护，要求采用由光稳定的脂肪族异氰酸酯制成，通常，这些产品都是冷固化的产品。

鞋类产品中PU弹性体主要应用是高密度微泡沫制造，包括外底、中底和鞋垫，是一项主要应用。但鞋子的生产已逐渐从美国转移到中国等其他国家。美国铸造和浇铸PU弹性体的消费变化见表8-16。

表 8-16 美国铸造和浇铸聚氨酯弹性体的消费变化 单位：万吨/年

年份	运输②	车轮和轮胎		机械设备④	建筑		电子电气设备⑥	鞋业⑦	其他①	总计
		工业车轮	娱乐用车轮③		热敏断⑤	跑道				
2000	1.86	1.13	0.54	1.45	1.36	0.46	1.22	1.27	0.54	9.83
2006	5.4	1.48	0.7	1.85	0.82	0.54	1.0	0.54	1.0	13.33
2010	7.12	1.53	0.55	1.83	0.82	0.68	0.41	0.64	1.42	15.0
2016	8.68	1.68	0.62	2.02	0.92	0.83	0.45	0.52	1.58	17.3
2021	10.0	1.91	0.69	2.27	1.05	0.95	0.53	0.55	1.75	19.7
2016～2021年均增长率/%	2.9	2.6	2.2	2.4	2.7	2.7	3.3	1.1	2.1	2.6

① 包括可磨树脂和喷涂聚氨酯弹性体。
② 包括汽车使用的轮胎填充产品，以防止轮胎刺穿。
③ 包括旱轮、溜冰鞋和滑板。
④ 采矿、石油和天然气钻井设备的机械搅拌机，铸造机械产品，如轴承、皮带、滑轮等。
⑤ 铸造弹性体，以绝缘门窗、防止热量损失。
⑥ 包括用于电子和电信设备的封装剂和盆栽化合物。
⑦ 包括鞋底。

美国热塑性 PU 的市场应用开发较晚，20 世纪 60 年代，不断的商品开发带来广泛的工业应用。热塑性 PU 弹性体具有特殊的性能加之热塑性塑料有注射、挤出、煅烧及粉末泥浆成型等灵活高效的加工技术，同时还可用其他诸如 PVC、ABS、PBT 等兼容性良好的热塑性塑料作为热塑性 PU 改性剂制造性能多样的塑料混合物和合金，还可加入无机材料和加强剂、助燃剂、抗静电剂、抗辐射交联剂等助剂，进一步扩大其应用领域。美国热塑性 PU 消费见表 8-17，美国热塑性 PU 最终消费市场见表 8-18。

表 8-17 美国热塑性聚氨酯的消费 单位：万吨/年

年份	挤出	注射	黏合剂	涂层	总计
2004	3.34	2.15	0.3	0.2	5.99
2009	2.95	1.9	0.45	0.2	5.5
2010	3.2	2.34	0.38	0.38	6.3
2012	3.3	2.44	0.4	0.36	6.5
2014	4.82	1.53	0.5	0.45	7.3
2016	4.7	1.42	0.48	0.4	7.0

表 8-18 美国热塑性聚氨酯弹性体最终消费市场 单位：万吨/年

年份	膜和薄片	工业				运输业		医疗卫生	机械制造	鞋业	其他	总计
		电子电气	软管和管道	车轮	其他	汽车	非汽车					
2004	1.0	0.5	0.32	0.18	1.22	1.27	0.27	0.32	0.23	0.27	0.41	5.99
2009	2.1	0.42	0.49	0.21	0.17	0.23	0.13	0.31	0.23	0.20	0.21	4.70
2010	3.2	0.47	0.53	0.23	0.20	0.34	0.17	0.40	0.27	0.22	0.27	6.30
2012	3.2	0.49	0.57	0.24	0.21	0.39	0.20	0.44	0.29	0.19	0.30	6.52
2014	3.8	0.51	0.59	0.25	0.23	0.42	0.21	0.47	0.30	0.20	0.31	7.29
2016	3.6	0.49	0.57	0.24	0.22	0.40	0.20	0.45	0.29	0.19	0.29	6.94
2021	4.3	0.55	0.65	0.25	0.25	0.47	0.23	0.52	0.33	0.20	0.33	8.08
2014～2021 年均增长率/%												
	3.3	2.3	2.7	2.4	2.6	3.3	2.8	2.9	2.6	1.0	2.6	3.0

热塑性 PU 的性能和价格都处于热塑性弹性体的高端，在性能上弥补了刚性塑料和弹性体橡胶之间的空白，从硬到软和柔性、弹性，这种潜在的性能可变性在美国多种高端应用正逐步打开市场。2000 年美国热塑性 PU 的消费为 4.85 万吨，2006 年增长到 6.83 万吨，2000～2006 年年均增长率为 6%。在 2009 年经济衰退期间，消费量曾下滑到 4.7 万吨，2006～2009 年期间年均下降 11.7%。2010 年恢复到 6.3 万吨，2014 增长到 7.3 万吨，继续增长，2021 年达到 8.1 万吨。PU 弹性体具有很好的韧性、耐磨性、耐油和耐化学品性，技术进步使热塑性 PU 弹性体的性能得到进一步的提高，满足了这些市场的需要，主要是汽车制造和各种工程需要，随着市场的扩大，仍有继续增长的空间。PU 弹性体的应用市场主要有汽车和农业用途的增强 PU 弹性体、薄膜、板材，飞机逃生用的滑板，食品输送带，运动鞋底，医疗软管，电线电缆，生物医疗卫生用品，涂料等。玻璃纤维增强的弹性体用作车身面钢板替代品，除了重量轻外还具有良好的结构完整性、尺寸稳定性，低的翘曲性和高的涂覆性能。因此总体来看，美国以及全球 PU 弹性体市场消费仍有发展的空间。

五、中国聚氨酯弹性体的生产和消费[39]

1. 中国是全球聚氨酯弹性体产能、产量和消费最多的国家

中国 PU 产业链与欧美等发达国家比较，起步较晚。20 世纪 90 年代在下游产品氨纶等市场需求强烈的刺激下，激发了中国 BDO、THF、PTMEG 等装置

的建设高潮。21 世纪初，在充足原材料二元醇、TDI 等推动下，在广阔的汽车、家电、家具、建材等市场对 PU 需求快速增长情况下，形成中国 PU 产业链下游促上游、上游助下游的加速发展，短短几年，中国已成为全球 PU 弹性体生产和消费最多的国家。在 2005～2015 年期间，中国的 PU 工业经历了强劲的增长，在此期间，PU 弹性体的消费量每年增长接近 11%。2016 年中国 PU 弹性体产能已超过全球总产能的一半。2016 年以后随着家电、汽车、高铁、新能源等的发展，市场的再次扩大，迎来 PU 弹性体消费市场的进一步增加，及产能增长的高潮。中国 PU 产能统计见表 8-19。

表 8-19　中国聚氨酯弹性体的逐年消费量　　单位：万吨/年

年份	热固性聚氨酯弹性体			热塑性聚氨酯	总计
	微孔泡沫	铸造系统	可轧制捏炼的树脂		
2005	20.0	6.0	0.08	12.0	38.08
2006	24.4	6.4	0.08	10.8	41.68
2007	25.9	7.3	0.08	11.5	44.78
2008	26.5	6.6	0.09	13.0	46.19
2009	29.8	7.5	0.09	14.8	52.19
2010	33.4	9.4	0.09	15.4	58.29
2011	35.0	11.9	0.09	17.0	63.99
2012	38.7	15.0	0.1	20.2	74.00
2013	40.0	20.0	0.12	23.0	83.12
2014	42.0	24.0	0.15	28.0	94.15
2015	50.0	26.0	0.19	29.5	105.69
2016	48.5	27.5	0.25	31.9	108.15
2021	57.0	35.0	0.40	41.0	133.40
年均增速/%	3.3	4.9	9.8	5.1	4.1

中国 PU 泡沫弹性体的产能最大，主要集中在上海、江苏、浙江、山东等地，其产能占中国总产能的 80%。浙江华峰化学股份有限公司是最大的 PU 泡沫弹性体生产商，其产能在 50 万吨/年以上，其他主要生产公司有浙江恒泰原聚氨酯有限公司、旭川化学（苏州）有限公司、江苏双象集团有限公司和烟台华大化学集团有限公司等，这五家公司占全国市场的 85%。中国热塑性 PU 弹性体在 2000～2010 年间发展迅速，主要是由于制鞋业和 TPU 薄膜的发展。2016 年，总产能超过 55 万吨/年，有 9 家生产商产能超过 1 万吨/年。万华化学集团股份有限公司是中国最大的生产商，其次是浙江华锋热塑性聚氨酯有限公司。中国的制

鞋业是PU弹性体最大的消费行业，2016年共生产了140亿双鞋类，约占全球这种鞋类产量的60%，其中80%的鞋类出口到其他国家。2016年后鞋业的生产已逐步转移到越南等东南亚国家，因此中国的热塑性PU弹性体总产能呈下降趋势。

中国现在有超过200家企业从事铸造PU弹性体的生产，其中大多数规模较小，技术落后，品种单一。南京金三力橡塑有限公司、常州泰来东方聚氨酯有限公司、上海澳硕化工科技有限公司是目前主要的生产商。

随着中国PU弹性体市场的快速扩大，国外的跨国公司也以独资、合资、技术转让等形式进入中国。2007年德国巴斯夫聚氨酯（中国）有限公司在上海浦东建设了PU弹性体工厂，利用其BDO、THF的产能，直接生产PU弹性体产品，2015年其产能已扩大到2.9万吨/年。2012年Huntsman公司在上海建设上海Huntsman聚氨酯有限公司，生产PU弹性体。

此外，中国对PU弹性体薄膜的市场需求也增加，万华化学集团股份有限公司、东莞市雄林新材料科技股份有限公司、浙江佳阳塑胶新材料有限公司为主要生产厂家。

2. 中国聚氨酯弹性体发展空间巨大

经历了多年的快速发展，中国已成为全球PU生产原材料和产品的生产和消费中心，其产能和消费已占到全球一半以上。上游原料充足，下游产品市场空间广阔。在多方市场消费的推动下，中国PU弹性体面临再一次发展高峰的来临。

① 建筑节能是推动发展的重要动力　中国能源消耗中，建筑能耗占全社会总能耗的27.6%，中国以往的建筑95%以上都属于高能耗。根据建筑节能目标：2010年中国城镇新建建筑实现节能50%，到2020年中国北方和沿海经济发达地区新建建筑要实现节能65%，因此中国建筑节能市场潜力巨大。按照中国建筑市场每年新增建筑面积20平方米和对400亿平方米既有建筑每年以20亿平方米进行节能改造计算，今后几年中国建筑节能每年将需PU硬泡保温材料约200万吨。

② 汽车工业强势发展的拉动　2009年中国汽车产量已突破1000万辆，全球汽车制造业对PU的消费已超过100万吨，一辆高档轿车上PU的平均用量为22kg。随着中国高档汽车和新能源汽车产量的增加，PU弹性体的消费也将上升。

③ 中国城市地铁、轨道交通以及高铁的建设将需要大量PU弹性体　地铁、轨道交通以及高铁的建设是中国未来发展的重要领域，这些交通工具要求具有高的运行速度，高的稳定性、耐久性、可靠性和抗震动、抗噪声等舒适性。传统的轨道枕木已不能满足，而PU弹性体的新品种可以满足这些要求。这些新品

种有：

a. 聚氨酯枕木。是一种玻璃增强的 PU 微孔弹性体，具有比强度大、抗震、降噪、耐电绝缘、耐久和环保等优良性能，要比木材枕木和混凝土枕木优越，已受到各界关注。按现在的每公里铁路需用 1800 根枕木计算，未来将是一个巨大的市场。

b. 聚氨酯轨枕垫板和轨枕垫。是一种 PU 微孔弹性体，具有良好的弹性和减震性能，垫于轨道和枕木之间，能缓冲、减轻高速车辆通过时的强烈振动和冲击，具有保护路基的作用。其具有优良的弹性、耐磨性和耐电绝缘性、耐－40～80℃下自然老化性能，已在中国的高铁和地铁线路上得到应用。虽然每块垫板仅需数百克聚氨酯弹性体，但每根枕木需两块轨枕垫板，因此市场也是巨大的。

c. 聚氨酯车辆涂层和车内装饰。高铁车辆等要求防护层不仅具有防水、防渗和抗裂等基本性能，还要能经受高铁高速行驶、重载、交变冲击等作用。聚脲弹性体涂层的黏结力强，无接缝，达到整体防水，抗冲击、抗开裂、耐磨、耐紫外线、耐高低温性能可满足高铁的特殊要求，京津高铁修建聚脲用量超过 0.2 万吨。高铁车辆内部的装修、门窗的密封、座椅用泡沫扪皮等都可采用聚氨酯弹性体材料制作，因此高铁、地铁车辆是另一项聚氨酯弹性体消费市场。

④ 家电中冰箱、冰柜等的保温材料及家电产品的包装是中国 PU 硬泡沫的又一重要市场。随着人民生活水平的提高，家电下乡的举措实施，同样也拉动了聚氨酯市场。

⑤ 新能源和环保同样推动 PU 产能的快速增长。风电设备中风能发电机的叶片是极为重要的关键部件，约占总成本的 20%。目前国内风机叶片大部分采用玻纤增强的环氧树脂复合材料，但环氧树脂复合材料存在韧性不足、低温性能差的缺点，在寒冷地区和气候条件较为恶劣的环境下，使用寿命会受到影响。而用 PU 复合材料作为风机叶片可以克服环氧树脂复合材料的缺点，尤其适用于高功率、超高空和气候条件恶劣环境下作业的风能发电机组。国内相关单位也正在开发这种材料。此外，PU 胶黏剂和 PU 涂料在风机叶片上也得到了广泛的应用。

太阳能的开发与 PU 材料关系密切，包括太阳能电池用热塑性 PU 弹性体，薄膜新材料、太阳能光伏组件背板与垫板均使用 PU 材料。

水性 PU 涂料、水性工业胶黏剂、水性建筑涂料、汽车及家具等用水性涂料克服了有机溶剂涂料因有机溶剂的挥发给环境带来的污染。

⑥ 轻纺工业是 PU 弹性体增长的长期拉动力。我国有 14 亿人口，人们的穿和用都和 PU 弹性体有关，如服装、袜子、手套用氨纶，制鞋业、皮革业、家具业等用 PU 泡沫、PU 水性涂料、PU 胶黏剂等，这些物品因采用 PU 而具有舒适、美观、耐用、多样、环保等特性，成为推动中国 PU 产业链长期稳定增长的动力。

⑦ 医疗卫生材料。聚氨酯材料除了具有优异的力学性能、回弹性和良好的加工性能外，还具有优良的血液相容性和组织相容性。因此 PU 已被广泛用于医疗器具，如介入导管、人工心脏起搏器、人工血管、骨科材料、医用胶黏剂、伤口敷料和齿科材料等，今后 PU 在医疗卫生材料方面的应用将会进一步扩大。

第四节 聚氨酯弹性纤维的生产原料和性能

一、聚氨酯弹性纤维——氨纶[5-6,40-41]

聚氨酯弹性纤维的学名为聚氨基甲酸酯纤维（polyurethane fiber），又名 Spandex，在不同国家和生产公司有不同的品牌和商品名称，中国称为氨纶。氨纶是合成纤维的一种，其分子中包含有 85%以上 PU 链段，其余组分为紫外线吸收剂、消光剂、抗氧化剂等一类助剂。氨纶的断裂伸长率可以达到数百倍，当外力消除后，立刻能恢复原状。它能与其他非弹性纤维混纺，因此具有优良的纺织性能。氨纶适合制造多种弹性织物，但在织物中的比例并不高，在纱线中的比例一般在 7%～15%，在便装织物中的比例为 2%～10%，有的可高达 20%～25%。含有氨纶的面料无论制成外衣或内衣，都穿着舒适、美观、大方。特别是制作成贴身穿的内衣，穿着使人体活动自由，无压迫感，享有“人类第二皮肤”的美称。

氨纶于 20 世纪 60 年代末实现工业生产，是继橡胶丝和弹力丝之后的第三代弹性纤维，其合成方法和原料配方有多种变化，可以解决纺织纤维领域内的许多问题。其高弹的性能来源于分子链段的结构，即来源于拉伸（有序）和未拉伸（无序）状态之间的熵差，取决于反应原料、聚合方法、纺丝技术和其后处理方法的不同和选择，这些加工方法为氨纶的差别化、应用和发展带来广阔的空间。

中国氨纶生产比国外晚了近 30 年，直到 20 世纪 80 年代末才有了工业生产，但发展迅速，而今产能已有 30 多万吨/年，占全球总产能的 60%以上，成了名副其实的全球第一氨纶生产大国。

二、聚氨酯弹性纤维的生产原料

氨纶是 PU 弹性体的一种，但其生产用原料更具专用性。所用多元醇为长链的二元醇，采用熔点低于 50℃，数均分子量为 2000，由 THF 开环聚合的 PTMEG 最适合。由其生产的氨纶纤维为聚醚型氨纶，具有极好的耐水解性、耐苛性碱的性能，以及良好的耐低温性能，但是对氧和光敏感，需要添加抗氧化剂、抗紫外线剂等助剂。聚酯二元醇也能合成性能优良的聚酯型弹性纤维，其中价值较大的聚酯二元醇是己二酸和多种二元醇（如乙二醇、BDO、1,2-丙二醇、1,6-己二醇、2,2-二甲基-1,3-丙二醇等）的共聚酯。一般聚酯型氨纶纤维由于分子中有酰氧键存在，产品的耐水解性、回弹性、耐低温性都不如聚醚型氨纶纤维，因此，生产和应用的氨纶主要是聚醚型氨纶纤维。所用二异氰酸酯为二苯基甲烷二异氰酸酯（MDI），有时用少量1,6-六亚甲基二异氰酸酯（HDI），主要是为了改变氨纶纤维的耐黄性能。

氨纶生产中扩链剂用量很少，但对氨纶的结构、性能和制造工艺影响很大。适合的扩链剂主要是低分子量的二胺或羟基化物，如乙二胺、1,2-丙二胺、2-甲基-1,5-戊二胺、1,3-环己二胺。采用二元醇作扩链剂，例如BDO，制成的氨纶耐热性较差，一般在熔纺氨纶中采用，干纺氨纶不用。

为了改进氨纶的各种性能和提高产品的质量，需要加入较多的添加剂，添加剂一般是在扩链时或扩链之后加入。添加剂的种类有很多，例如抗静电剂、防老剂、紫外线吸收剂、热稳定剂、消光剂、反应终止剂、增塑剂、耐水解剂、耐潮解剂、耐霉菌剂、阻燃剂、溶剂等。这些针对不同性能和用途加入的各种添加剂，大大改善了氨纶的性能，扩大了其应用的领域和环境。此外也可以从改变氨纶的大分子主链结构着手，这是氨纶进一步发展、研究和开发的重点领域。

三、聚氨酯弹性纤维的大分子结构

氨纶是PU弹性体的一类特例，其大分子结构同样也显示它是一种线型嵌段高分子共聚物，在其分子链中既有不结晶的低分子柔性软链段（即聚醚或聚酯链段），又有刚性的结晶硬链段（二异氰酸酯链段），两者相互镶嵌而形成网状大分子的结构形式。受到外力作用时，柔性的软链段容易发生变形，表现出其伸缩性能；而硬链段基本上不发生变形，从而防止了大分之间发生滑移，保持了其强度，赋予氨纶纤维良好的弹性。

氨纶的大分子结构中，软链段部分是由脂肪族聚醚或聚酯构成的，均含有C—O和C—C单键，由于单键的内旋转频率很高，因此软链段是无规卷曲的，时而卷曲，时而伸展，不停变化。软链段在纤维中呈连续相，其分子量较大，一般数均分子量为1500～3000，长度为15～30nm，约为硬链段部分长度的10倍。它具有较低的玻璃化温度（T_g=－70～－50℃），所以即使在室温下也处于高弹性状态，被拉伸时能产生很大的伸长度，具有优异的弹性。而且软链段部分的分子量越大，氨纶纤维的弹性和伸长率就越高。其硬链段部分是由二异氰酸酯与低分子二胺扩链剂反应生成的，数均分子量只有300～1000，链段短，含有多种极性基团，如芳香基、脂肪族脲基等。软、硬链段借氨酯键—NH—COO—连接起来。硬链段分子间的作用力大，彼此借氢键等静电引力缔合在一起，结晶性起着大小分子之间的物理交联作用。硬链段不容易改变其构象，显得很僵硬。氨纶分子中这种软、硬链段相反特性越明显，也即软链段的柔性越好，硬链段的刚性越强，软、硬链段的相容性就越差，两相之间的分离效果就越好，氨纶纤维的弹性就越大。

如果在PU弹性体分子中引入侧链基，会增加大分子之间的距离，降低分子间的作用力，妨碍软链段自由旋转和微相分离，使大分子不易取向结晶，从而会导致其机械强度下降。因此氨纶纤维的生产原料采用具有一定数均分子量的直链聚醚和聚酯，以及4,4′-MDI为好。此外，为使氨纶大分子之间发生连接，除上述物理交联外，还有化学交联，即通过硬链段间发生化学交联的方式，大分子间发生横向连接。化学交联可以提高氨纶的定伸引力和耐溶胀性能，降低永久变形。但是随着分子中化学交联的增加，会妨碍硬链段之间彼此靠拢，使静电力的作用减弱，氢键和缔合难以形成，从而影响其微相分离。因此在考虑氨纶的配方时，要考虑其分子结构的交联连接、交联的密度与要求氨纶性能和使用条件的匹配。宏观来看，聚醚型氨纶纤维比聚酯型氨纶纤维的伸长率和弹性高，化学交联型纤维的伸长率和弹性高于物理交联型纤维。氨纶大分子的分子结构如图8-7所示。

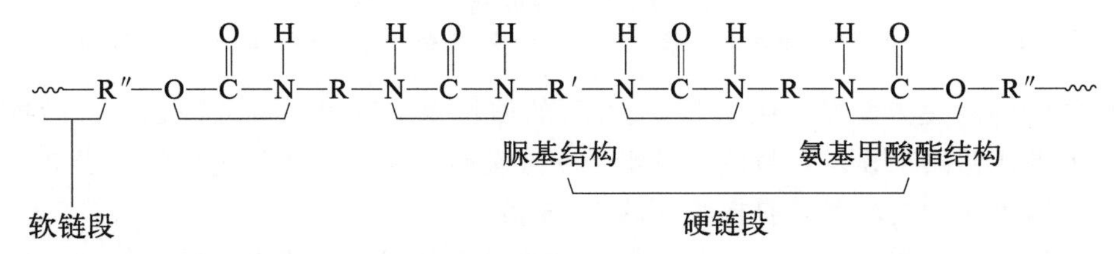

图8-7　氨纶的分子结构

R—MDI的主链段；R′—扩链剂脂肪族二胺的主链段；R″—脂肪族聚醚或聚酯二元醇链段

四、聚氨酯弹性纤维的优良性能

氨纶作为聚氨酯弹性体的一类，除具有PU弹性体的一般通性外，作为一种弹性纤维材料还具有弹性纤维的特殊性能。这些性能与氨纶的生产和加工方法、原料配方密切相关。氨纶纤维的主要性能如下。

1. 力学性能

由PTMEG和MDI制成的氨纶拉伸强度大，柔韧性好，回弹性高，耐挠曲疲劳、耐磨损等力学性能优异。作为弹性纤维，其最大的特性就是高弹性，伸长率一般为500%～600%，有的甚至高达800%，大大高于尼龙弹力丝，与橡胶丝相差不大。在外力撤除后能瞬时恢复到90%以上，当伸长500%时可恢复到95%～99%，在温度为20～40℃时其弹性表现最好。氨纶是弹性纤维中强度最大的一种，一般为0.5～0.9cN/dtex，是橡胶丝的2～4倍。一些弹力丝的强度-伸长率曲线见图8-8。

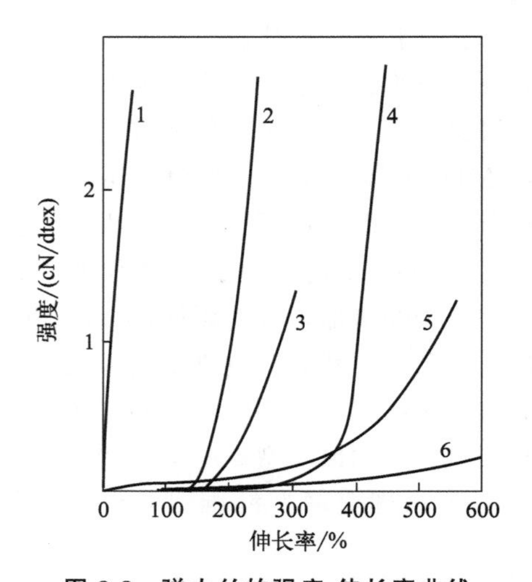

图8-8 弹力丝的强度-伸长率曲线

1—纺织尼龙；2—双组分尼龙；3—复合弹力纤维；4—结构尼龙；5—Spandex；6—挤出橡胶

氨纶的耐疲劳性强，在50%～300%的伸长率范围内，每分钟220次的抗伸收缩疲劳试验结果显示，氨纶丝可耐100万次而不断裂，橡胶丝只能经受2.4万次。同样氨纶丝的耐磨性是橡胶丝的3～5倍。

试验表明氨纶软链段PTMEG的分子量和分子量分布直接影响氨纶的力学性能，PTMEG的分子量增加，实际上等于增加了氨纶分子中软链段部分的含量，因此其硬度和强度下降。PTMEG的分子量分布窄，有利于提高氨纶断裂强度和断裂伸长率。采用两步合成技术制成的氨纶纤维，随着预聚物中游离的—NCO基含量的提高，其硬度、拉伸强度、撕裂强度、压缩永久变形、300%定伸应力都逐渐增大，而撕断永久变形、回弹性逐渐变小。各种改性剂的加入，也会使氨纶综合力学性能下降。

2. 耐热性能和耐低温性能

在诸多纤维中氨纶属于耐热性较好的一种，其软化点约200℃，熔融温度约270℃，要优于橡胶丝。但其耐热性因品种不同而有较大的差异，大多数品种在95～150℃下短时间存放不会损伤，但超过150℃纤维容易变黄，170℃就会发黏，强度下降。氨纶在大多纺织品使用中都是呈包覆状态，在常用织物的热定型温度 150～180℃下，40s 内不会受到损伤。氨纶分子链是由多种基团构成的嵌段聚合物，这些基团的耐热性能是不同的，绝氧条件下不同基团的初始热分解温度见表 8-20。

表 8-20 氨纶分子链中不同基团绝氧初始热分解温度

基团名称	化学结构式	绝氧下初始热分解温度/℃
脲基甲酸酯基	$-NH-\overset{\overset{O}{\parallel}}{C}-N-\overset{\overset{O}{\parallel}}{C}-O$	100～120
二脲基	$-NH-\overset{\overset{O}{\parallel}}{C}-N-\overset{\overset{O}{\parallel}}{C}-NH-$	115～125
氨基甲酸酯基	$-NH-\overset{\overset{O}{\parallel}}{C}-O-$	140～160
脲基	$-NH-\overset{\overset{O}{\parallel}}{C}-NH-$	160～200

脲基在高温下可发生分解生成异氰酸酯和胺，反应方程式如下：

$$R-NH-\overset{\overset{O}{\parallel}}{C}-NH-R' \rightleftharpoons R-NCO + R'-NH_2$$

氨基甲酸酯基热分解温度低于脲基，因此在氨纶主链上的氨基甲酸酯基先于脲基发生热分解。其热分解反应有三种形式，其一是氨基甲酸酯在高温下生成异氰酸酯和醇，该过程是可逆的，反应方程式如下；

$$RNH-\overset{\overset{O}{\parallel}}{C}-O-CH_2CH_2-R' \rightleftharpoons R-NCO + HO-CH_2CH_2-R'$$

其二是氨基甲酸酯的氧原子发生断键，与 β-碳原子上的质子 H 结合，生成氨基甲酸和烯烃，然后氨基甲酸又分解成伯胺和二氧化碳，反应反方程式如下：

$$RNH-\overset{\overset{O}{\parallel}}{C}-O-CH_2CH_2-R' \longrightarrow RNH-\overset{\overset{O}{\parallel}}{C}-OH + CH_2=CH-R'$$

$$\llcorner\!\longrightarrow RNH_2 + CO_2$$

其三是与氨基甲酸基连接的—OCH_2—基团发生断裂，然后—OCH_2—基与—NHR 结合生成仲胺和二氧化碳，反应方程式如下：

$$RNH-\overset{\overset{O}{\parallel}}{C}-O-CH_2CH_2-R' \longrightarrow RNH-CH_2CH_2-R' + CO_2$$

在氨纶分子的主链上硬段和硬段间、硬段和软段间存在大量的氢键，经测试证实，这些氢键能承受更高的温度，当温度达到 200℃，氢键还未完全断裂，仍然保留有 40%。氨纶耐低温性能良好，脆性温度为 -50～70℃。但随着温度的下降，其硬度、拉伸强度、撕裂强度和扭转刚性增大，回弹性和伸长率下降。

3. 耐水解性能和吸湿性能

氨纶主要用途是制造纺织品，因此其耐水解性和吸湿性都是重要性能。常温环境下氨纶的耐水解性是很好的，一两年内其性能不会发生明显的变化。聚醚型氨纶的耐水解性要优于聚酯型氨纶，利用外推法测得聚醚型氨纶在 25℃ 常温水中，其拉伸强度损失一半需要数十年，是聚酯型弹性体的 5 倍。聚酯型氨纶的耐水解性欠缺，随着其水解开始进行，系统的酸性逐渐增加，水解速率会加快。通过在配方中加入碳化二胺，可以改善其耐水解性能。氨纶纤维的吸湿性与原料配方有关，一般为 0.3%～1.3%，比棉、羊毛、尼龙差，但比涤纶、丙纶要好，而橡胶丝根本就不能吸湿。

4. 耐氧化性能和耐光照性能

常温下氨纶耐氧及臭氧氧化性能很好，且聚酯型氨纶优于聚醚型氨纶，温度较高时则性能变差，其降解和老化进程加快。聚醚型氨纶氧化降解是通过自由基反应机理进行的，即醚键的 α-碳原子上激发出一个氢原子后，生成的仲自由基与氧结合成一个过氧化物自由基，然后形成过氧化物，过氧化物分解成氧化物自由基和羟基自由基，氧化物自由基继续分解出甲酸酯、醛等，使氨纶分子链发生断裂降解。

氨纶纤维的耐光性要比橡胶丝强很多，在耐劳度试验仪（Fade Meter）上经历同样光照时间后，氨纶纤维和橡胶丝的强度和伸长率保持率的对比见图 8-9。由图可以看出当光照 40h 后，橡胶丝的强度近乎完全丧失，而氨纶纤维的强度只

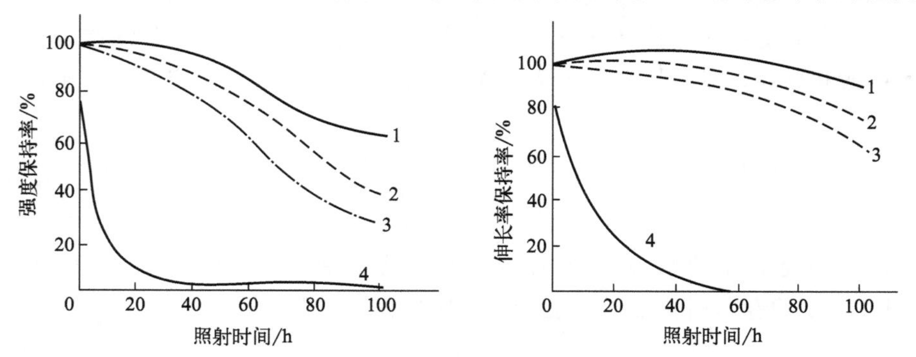

图 8-9 氨纶纤维和橡胶丝的强度和伸长率保持率随光照时间的变化

1—933dtex 氨纶纤维；2—311dtex 氨纶纤维；3—78dtex 氨纶纤维；4—橡胶丝

下降了约20%。照射60h后，橡胶丝不能再伸长，而氨纶纤维伸长率还保留在80%。氨纶纤维的纤度越大，经照射后，强度和伸长率保持率越高。

5. 耐油性能和耐化学品性能

聚酯型氨纶和非极性矿物油的亲和性小，在诸如煤油、汽油等燃料油，及液压油、机油、润滑油中几乎不受侵蚀，耐油性能大大优于通用橡胶，可与丁腈橡胶相比。但在醇、酯、酮及芳烃中则溶胀较大，高温下则遭断裂破坏。在一些卤代烃溶剂中溶胀更为显著，甚至发生降解。氨纶能溶解于像二甲基甲酰胺、二甲基乙酰胺等一类高极性溶剂。氨纶纤维能耐多种酸、冷碱，但在弱酸弱碱溶液中降解速率快于纯水，强酸强碱的侵蚀作用更加显著。聚醚和聚酯型氨纶性能的比较见表8-21，聚醚型氨纶的耐化学品性能实测数据见表8-22。

表8-21 聚醚和聚酯型氨纶性能的比较

性能	聚醚型氨纶	聚酯型氨纶
延伸率/%	480～550	650～700
回弹性/%	95(伸长500%)	98(伸长600%)
弹性模量/(cN/dtex)	0.11	—
密度/(g/cm^3)	1.21	1.2
回潮率/%	1.3	0.3
耐热性	150℃发黄，175℃发黏	150℃热塑性增强，190℃强度下降
耐酸碱性	耐酸，在稀盐酸和浓硫酸中发黄	耐冷稀酸，不耐热碱
耐溶剂性	良好	良好
耐气候性	长时间日照后强度下降	长时间日照后强度下降，变色
耐磨性	良好	良好

表8-22 聚醚型氨纶耐化学品性能实测数据

化学品	浓度/%	温度/℃	时间/h	力学性能变化	颜色变化
次氯酸钾	0.0009	21	168	变化不大	变黄
次氯酸钠	1.0	50	24	破坏	变黄
苯甲酸	2	100	1	变化不大	无
草酸	1	21	3	无	无
醋酸	10	93	10	无	无
硫酸	10	50	24	变化不大	稍变黄
盐酸	10	50	2	无	无
四氯化碳	100	21	3	无	无
海水	100	21	168	无	无
汗水	AATCC①	50	24	无	无

续表

化学品	浓度/%	温度/℃	时间/h	力学性能变化	颜色变化
矿物油	100	40	336	无	无
洗涤剂和肥皂	洗涤条件下	无	无		
氢氧化钠	1	50	24	无	无
纯碱	pH=10	90	1	无	无
全氯乙酸	100	50	24	无	无
热水		100	3	无	无
双氧水	8	88	1	无	无
芳香族油		室温		略有下降	无
植物油		室温		略有下降	无

① AATCC为美国纺织化学家和印染协会标准。

6. 染色性能

橡胶丝是不能染色的，但氨纶纤维的染色性能很好，它与尼龙纤维的染色性能类似，所以用于尼龙的大多染料也可以用于氨纶染色，包括酸性染料、分散染料、铬酸盐染料、金属络合染料等。由于氨纶纤维在纺织品中仅占较少的比例，因此在实际染色设计时要考虑满足其他纺织纤维的适应性的匹配。氨纶纤维的染色性能如表8-23所示。

表8-23 氨纶纤维染色性能

染料类型	亲和性	耐度	耐洗牢度
酸性染料	优	良好	良好
铬酸盐染料	优	优	优
阳离子染料	较好	不好	不好
分散染料	优	良好	不好
直接染料	不好	不好	不好
反应染料	优	不好	不好
还原染料(瓮染染料)	不好	良好	较好
金属络合染料	好	较好	较好

7. 其他性能

氨纶纤维的密度较低，一般其密度为1～1.25g/cm^3，略高于橡胶丝，但低于其他纤维。聚醚型氨纶的耐霉菌性能优于聚酯型氨纶，测试等级为0～11级，聚醚型氨纶基本不长霉菌，而聚酯型氨纶则严重长霉。霉菌要求生长环境温度为26～32℃，相对湿度在85%以上，因此氨纶纤维纺织品的储放应考虑在干燥和通风的环境，避免其优良性能的降低和损失，必要时在配方中加入防霉剂以改善其防霉性能。氨纶纤维对人体无毒，无致畸变作用，对皮肤无过敏反应，无局部刺激性，无致热源性，因此非常适合制作直接和人体皮肤接触的内衣织品。

氨纶的一些性能可以在聚合、纺丝等过程中通过调试配方、改变其分子结构，以及添加不同的助剂而得到改善和加强，以适应不同的需要和应用领域。

第五节 聚氨酯弹性纤维的生产技术

一、聚氨酯弹性纤维的工业生产方法[6,26,42-49]

氨纶可以按照合成纤维的通用加工方法进行纺丝和加工，但不同于其他纤维的是氨纶仅以连续长丝纱的形式进行生产，因为采用这种形式比纺丝线更能保证其弹性特性。其生产过程由以下几步构成：PU 弹性体的合成、纤维成型或纺丝、纤维后处理、溶剂的回收和精制。根据纺丝工艺和技术的不同，可分为溶液纺丝法、熔融纺丝法、反应纺丝法，其中溶液纺丝法又根据凝固介质不同分为干法溶液纺丝法和湿法溶液纺丝法。目前，世界范围内干法溶液纺丝已占全球氨纶生产的 80%以上，湿法溶液纺丝约占 10%，其他两种纺丝法约占 10%。氨纶纤维整个生产过程以框图表示为图 8-10。

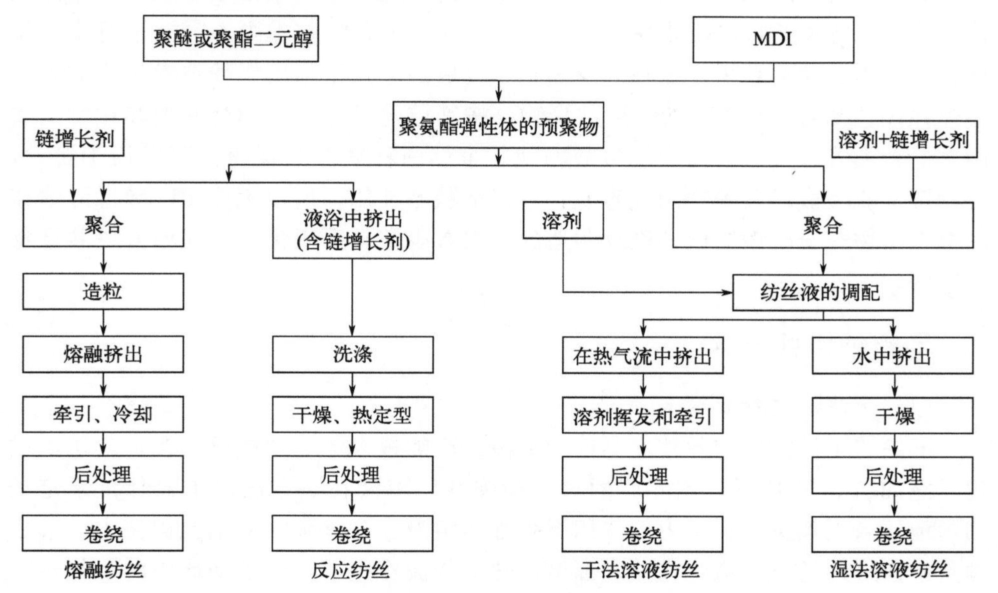

图 8-10 聚氨酯弹性纤维不同生产过程示意框图

1. 氨纶用聚氨酯弹性体的合成

合成氨纶的原料就是热塑性 PU 弹性体（TPU），前述 TPU 的合成技术也同样可以用来生产氨纶原料。也有一步法和两步法之分，一步法就是将各种基本原料加入同一反应器中进行反应制成嵌段共聚物；两步法是首先制成一定分子量的预聚物，然后再将预聚物同链增长剂反应，将聚合物链增长到氨纶纤维需要的分子量为 20000～60000 的 PU 嵌段共聚物。现在全球氨纶生产基本上采用两步法，因为两步法使聚合反应放热比较平缓，生成的嵌段共聚物比较规整。

预聚体的合成：在一装有连续搅拌的反应釜中加入数均分子量 2000～4000 的聚醚或聚酯二元醇或两者混合物、MDI 以及二元醇量 0～0.1%的正丁醇反应控制剂等，二元醇与 MDI 的摩尔比为 1∶(1.5～2.0)，于温度 50～80℃，常压，氮封下进行预聚合反应 1～3h，得到两端为—NCO 基封端的黏稠预聚物液体。然后应立即冷却并进行下一步加工处理，不做中间储存。

对于溶液纺丝工艺，是将预聚物制成纺丝溶液，即在同样结构的带搅拌反应釜中加入预聚物、溶剂二甲基甲酰胺或二甲基乙酰胺、等摩尔的链增长剂以及反应控制剂，链增长反应温度一般控制在 40℃以下，反应 2～3h。反应结束，向纺丝液中加入防变黄剂、抗氧剂、紫外线吸收剂、润滑疏解剂等助剂。再经熟化、过滤去除胶质、脱气泡后得到纺丝原液，其 PU 的含量一般控制在 20%～35%。通常链增长剂采用一种或一种以上，单独加入，或先溶于溶剂中随溶剂一起加入。制成的纺丝原液可以用于干法或湿法纺制氨纶。对于熔融纺丝用的 PU 弹性体，第二步链增长反应不采用溶剂聚合；对于反应纺丝技术则不需要进行第二步反应，因为其链增长反应是在纺丝过程中完成的。无论采用哪种技术生成的聚氨酯弹性体，都是一种 PU 的嵌段共聚物，按其结构可分为物理交联型和化学交联型，前者为线型，后者为非线型或网状。虽然两种嵌段共聚物都可以用于纺丝，但物理交联型嵌段共聚物制造容易，以溶液状态使用，所以大多 PU 弹性纤维商品都是由物理交联型嵌段共聚物制造的，只有少数是采用化学交联型嵌段共聚物制造的。

2. 各种纺丝技术

(1) 干法溶液纺丝技术

氨纶的干法溶液纺丝技术是使用最多、产能最大的一种纺丝工艺，其纺丝过程示意如图 8-11 所示。调配好的聚氨酯弹性体溶液在一定温度下经计量泵定量均匀地压入喷丝头，在压力的作用下弹性体溶液经喷丝头的毛细孔被挤出，形成丝条细流进入纺丝甬道。在一定温度的热空气流作用下，丝条细流中的溶剂迅速挥发，随热空气流带出纺丝甬道，夹带溶剂的热空气去进行溶剂回收。丝条细流得到固化，而且被牵引变细，成为一定规格的氨纶纤维，经上油等后处理后被卷绕成一定形状和质量的卷装。

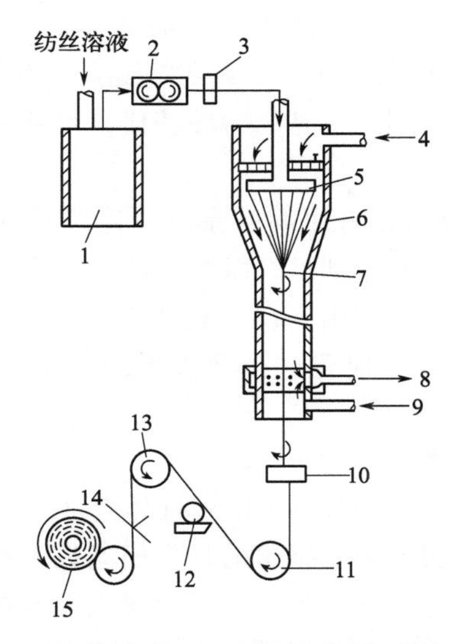

图 8-11　氨纶干法溶液纺丝过程

1—纺丝溶液贮罐；2—计量泵；3—过滤器；4—热空气入口；5—喷丝头；6—纺丝甬道；7—捻点；8—热空气出口；9—新鲜热空气入口；10—假捻器；11—导丝盘；12—上油盘；13—导丝盘；14—横动导丝器；15—卷绕装置

干法溶液纺丝的纺丝速度快，一般为 200～900m/min，有的技术甚至可以达到 1000m/min。氨纶纤维的质量好，其单丝的纤度为 4～20dtex，总纤度为 20～2500dtex。干法溶液纺丝的特点是工艺流程短，适合生产细旦丝。但干法对原料规格要求高，适用的各种辅助添加剂种类繁多，技术难度较大。由于采用原料和配方、生产工艺的区别，干法溶液纺丝形成多种专有技术和产品品名，比较有名的干法溶液纺丝技术如下。

① 英威达（原杜邦）和晓星（韩国公司）技术　英威达最早实现氨纶干法溶液纺丝的工业生产，其氨纶产品“莱卡”在产品质量和品牌推广上独树一帜。英威达和晓星技术采用连续聚合、高速纺丝，比常规的间歇聚合、中速纺丝有更好的产品质量。其生产规模大，公用工程消耗少，单位生产成本低。氨纶生产技术壁垒非常强，英威达和晓星在中国的发展战略主要以合资建厂为主，没有进行技术转让。

② 日本东洋纺技术　东洋纺是日本最早生产氨纶和纤维的厂商，1963 年开发出自有知识产权的干法溶液纺丝生产技术，采用间歇聚合、连续纺丝的工艺，经过多年的探索和改进，工艺成熟，生产过程稳定。纺速为 500～600m/min，品牌为“爱思卑”。东洋纺技术是我国最早引进的氨纶纺丝技术，我国一些主要

的氨纶企业，如烟台氨纶、浙江华峰、连云港杜钟、江苏双良、杭州舒尔姿等公司基本上都是采用东洋纺技术。国内一些企业通过技术改造已实现连续聚合，纺速可达到 800m/min。产品性能优良、规格齐全，从 20 到 210den（1den＝1/9tex），应用领域广泛，可用于机织、纬编、经编、织袜、包芯纱、包覆纱等。东洋纺新技术采用环保型溶剂二甲基乙酰胺替代二甲基甲酰胺，大大降低了环境污染。

③ 日清纺技术　日清纺也采用间歇聚合、连续纺丝的工艺技术，纺速可达 600～800m/min。其技术在开发细旦纤维、提高产品弹性伸长等方面有一定先进性，一些新建企业如浙江绍兴龙山、江苏双良四期均采用此技术。

此外还有拜耳公司、日本旭化成公司等干纺技术，其品牌分别为“多拉斯坦”和“罗伊卡”。

（2）湿法溶液纺丝技术

湿法溶液纺丝技术是将调配好的 PU 弹性体溶液（通常在 25%以下）通过计量泵压入喷丝头，从喷丝头毛细孔挤出的丝条细流进入水凝固浴中。水凝固浴中的水流方向与丝条细流的行进方向相反，从而形成溶剂在水浴中的浓度梯度，与丝条细流中溶剂含量降低梯度变化相反。丝条细流中的溶剂逐渐向水浴中扩散，PU 浓度逐渐提高而在水凝固浴出口形成氨纶纤维，再经干燥和牵引，卷绕成一定形状和质量的卷装。在水浴的顶端喷丝头出口处溶剂浓度达到最高（约 25%），排出去回收精制。湿法溶液纺丝水凝固浴的水温一般在 90℃以下，氨纶纤维的固化速度快，但有时会产生褶皱。如果以醇为凝固介质，可防止褶皱，纤维的结构均匀、强度大，但会使生产成本上升。湿法溶液纺丝由于溶剂在凝固浴中扩散速度慢、流体阻力大等因素影响，其纺丝速度仅有 100～200m/min，比干法溶液纺丝慢得多，因此使其发展受到限制。其代表产品有日本富士纺公司的“斯潘的”，单丝的纤度一般为 0.55～44tex，总纤度为 44～2489tex。湿法溶液纺丝操作容易，溶剂回收容易，产品质量稳定，适合中粗旦丝的生产。但纺丝速度慢，能耗相对较高，丝的断面不规则，表面粗糙。湿法溶液纺丝过程示意如图 8-12 所示。

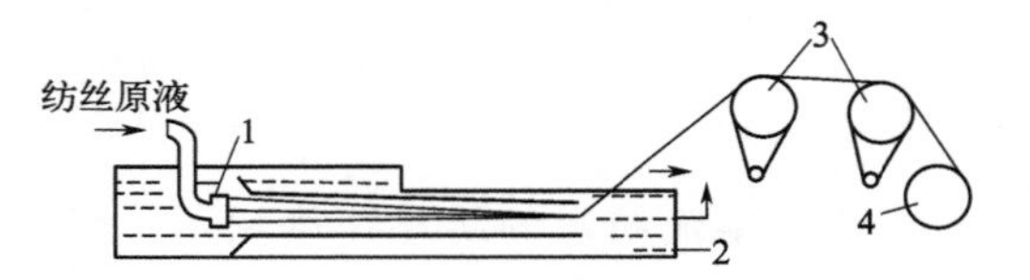

图 8-12　氨纶湿法溶液纺丝过程

1—喷丝头；2—凝固浴；3—导丝盘；4—卷绕装置

干法溶液纺丝与湿法溶液纺丝相比，纺丝溶液的聚合物浓度更高，黏度也更高，能够承受更大的喷丝头拉伸比，纤维比湿纺更细。干纺使用热空气作为凝固介质，与凝固水浴相比，丝条流体力学阻力小，纺丝速度快，生产规模较大。

（3）熔融纺丝技术

熔融纺丝技术采用的原料是由连续双螺杆反应挤出机生产的热塑性 PU 弹性

体切粒。纺丝过程是将这种颗粒首先熔融成流体，经过计量、加压直接进入喷丝头，经毛细孔挤出，形成丝状细流，然后在甬道中被伸长、变细、冷却、定型，经上油等后处理后卷绕成一定形状和质量的卷装。

熔融纺丝最大的特点是不用溶剂，但熔融纺丝过程对水分含量的要求比较严格，PU 弹性体切粒在熔融前必须进行干燥，除去表面和内部的水分，要求切粒的含水量低于 0.04%。因为水分的存在，会导致 PU 链段在纺丝过程中发生水解和热降解反应。特别是聚酯型 PU，当切粒内存在水分时，在纺丝过程中会发生严重水解，导致聚合物分子量显著下降，降低了氨纶纤维的质量。此外，熔体内的水分汽化逸出，会使纺丝时断头率增加，甚至导致无法进行纺丝。另外，PU 弹性体切粒在 160～220℃熔融时，要严格控制熔体在高温下的停留时间，时间稍长，将导致 PU 嵌段共聚物发生过度的交联，生成凝胶等，使氨纶纤维的物理和力学性能变坏。

熔融纺丝技术只适用于易熔的和熔融温度下稳定性良好的 PU 嵌段共聚物纺丝，纺丝速度为 200～800m/min。熔融纺丝可制得不同断面形状的氨纶丝，可以是实心丝，也可以是空心丝、扁丝，但是纤度相当粗，一般为 4～16tex，有的可高达 5000tex。熔融纺丝生产流程短，投资少，不需溶剂回收，成本低。但熔融纺氨纶纤维技术难度大，仍不够成熟，生产成本、产品品质受 PU 弹性体的切粒性能影响较大。熔融纺丝技术纺丝过程示意图如图 8-13 所示。

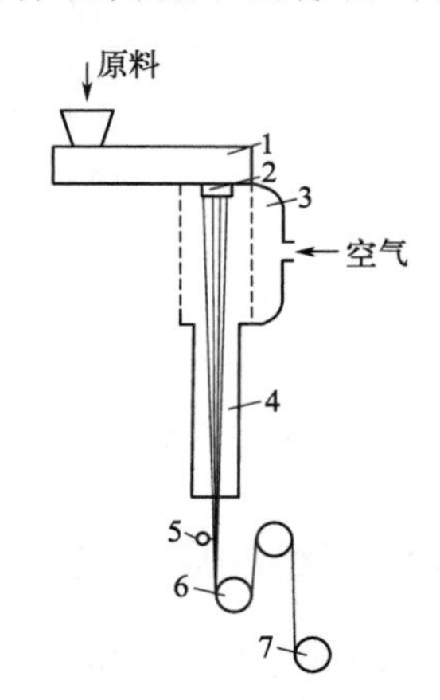

图 8-13　熔融纺丝技术纺丝过程

1—螺杆挤出机；2—喷丝头；3—吹风窗；4—纺丝甬道；5—给油盘；6—导丝盘；7—卷绕装置

（4）反应纺丝技术

反应纺丝技术又称化学纺丝技术，因为在由纺丝液转化成固态纤维时，必须经过化学反应，通过化学反应来控制纤维生成的速率。化学纺丝过程中预聚体形成高聚物的聚合、链增长过程，以及纤维的形成过程，都是同时在纺丝浴中边行进，边反应，边成丝。化学纺丝过程是将末端基为—NCO 的预聚体与稳定剂等混合均匀，计量，加压，经喷丝头的毛细孔挤出丝条细流，进入凝固浴中。凝固浴是乙二胺链增长剂的甲苯溶液，预聚体丝条细流在纺丝浴中与乙二胺进行链增长反应，生成初生的纤维，此反应首先在丝条细流的外表面进行，使其表面得到固化，随着丝条在纺丝浴中向前移动，反应沿径向向线条中心深入，直至全部丝条固化成纤维。这种初生的纤维经卷绕后还需要在加压温水或含二胺、乙醇或甲苯的溶液中进行固化处理，使未反应的部分进行充分的交联，从而转变成三维结构的 PU 弹性体。再经水洗、干燥等后处理后卷绕成一定形状和质量的卷装。甲苯溶剂被回收、精制、循环。化学纺丝的代表产品有美国环球公司的“Glospan”等，其单丝纤度通常为 12tex，纺丝速度一般为 50～150m/min。化学纺丝法因工艺复杂，纺丝速度慢，生产成本高，设备投资大，且存在二胺等环境污染等问题，限制了其进一步的发展。反应纺丝过程示意图如图 8-14 所示。

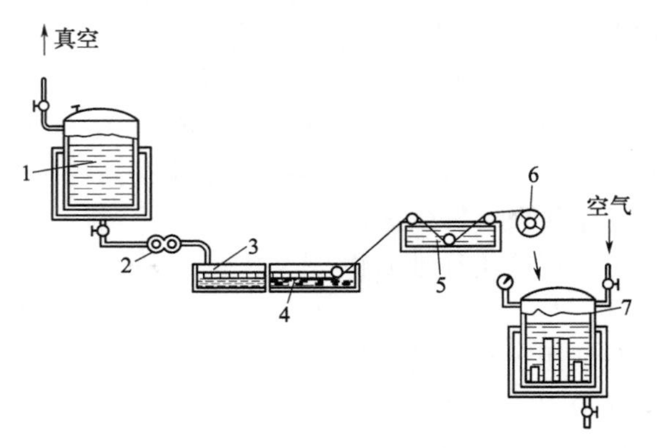

图 8-14　反应纺丝过程

1—纺丝原液；2—纺丝泵；3—纺丝头；4，5—纺丝浴槽；6—丝筒；7—硬化处理装置

3. 氨纶纤维的后处理

无论采用哪种纺丝技术制成的氨纶丝，都称作初生纤维，其表面具有黏性，特别是干法溶液纺丝法和熔融纺丝法制成的纤维表面黏性较大，容易黏结，粘连，一般采用滑石粉、油剂等物质组成的后处理剂对其进行处理，这样不但降低了纤维表面的黏性，也改善了纤维的润滑性和抗静电等性能。此外根据对纤维的要求，对其进行热处理，热处理可以使氨纶纤维产生取向，从而使其具有最佳性能。预拉伸的氨纶纤维在低于 150℃下短时间加热处理，能提高其模量，降低延伸性。提高温度或延长处理时间将形态转变成各向异性态，可使其应力-应变曲线变得平坦。

4. 溶剂回收

氨纶干法和湿法溶液纺丝都采用溶剂，原来的工艺大多采用二甲基甲酰胺，现多改用二甲基乙酰胺为溶剂。溶剂是循环使用的，干法溶液纺丝回收溶剂的方法是将热空气带出的溶剂通过逐级冷凝及水吸收，将夹带的溶剂回收，再通过两个蒸馏塔蒸馏脱水及脱重组分得到纯的溶剂，进行循环。湿法溶液纺丝则是直接将水浴的浓溶剂蒸馏脱水进行回收。反应纺丝用甲苯为溶剂，主要是回收氨纶纤维干燥时挥发的甲苯，一般采用多级活性炭吸附-解吸回收、冷凝再蒸馏的方法提纯。

二、不同聚氨酯弹性纤维产品的规格[6,32-33,40-47]

聚氨酯弹性纤维的生产公司不同，往往采用的工艺、原料规格、配方、加工和后处理方式等是不完全相同的，不同公司都有自己的专利和品牌，产品的性能也有一定的差异。一些知名品牌和性能见表 8-24。

表 8-24 部分聚氨酯弹性纤维的品牌和性能

性能	美国		意大利	德国	日本	英国
商品名称	Lycra	Glospan	Virece	Dorlastan	Espa	Spanzelle
纺丝方法	干纺	反应纺丝	湿纺	干纺	干纺	反应纺丝
类型	聚酯	聚醚	聚酯	聚酯	聚酯	聚醚
异氰酸酯	MDI	TDI	TDI、MDI	MDI	MDI	MDI
链增长剂	二胺	肼	二胺	二胺	二胺	二胺
强力/(cN/dtex)	79～88	4.9～59.8	24.6～29.9	59.8～88	79～88	79～88
断裂伸长率/%	600～700	600～750	800	675～750	700	500～600
回弹率/%	95	92	98	86	96	95
形状模量/(cN/dtex)	1.5～2.06	8.54～17.95	3.96	12.32～14.08	15.84	20.24
耐紫外线①	4	2	2	3	4	2
耐洗性①	3	3	2	4	3	3
软化点/℃	175～200	215	189～190	175		275
熔点/℃			245	275		225
密度/(g/cm^3)	1.07～1.3	1.077	1.295	1.167		1.077
吸湿性②	0.8～1.3	<1.0	1.0	1.0	1.2	1.1

① 聚氨酯弹性纤维耐紫外线和耐水性分为 5 级：即 1，不耐紫外线和无水洗性；2，耐紫外线和耐水洗性很低；3，较好；4，好；5，很好。

② 相对湿度 65%的吸湿性。

三、聚氨酯弹性纤维的应用[6,23-25,31-39]

聚氨酯弹性纤维优良的弹性和回复率，使其与其他纤维一起常用于制造需要一定伸长率的弹性衣物。一般衣料织物的伸长率只有 10%～20%，但若需要伸长率在 50%左右时，就可以用含 PU 弹性纤维的织物来制作，例如袜子、运动衣、游泳衣、内衣裤、胸衣、编织带、领口、袖口等。现已发展到制造外衣的面料，含有 PU 弹性纤维的织物特点是伸缩性好，穿着舒适、挺拔、美观、大方。

在实际应用中，PU 弹性纤维与其他硬纤维结合使用，弹性纤维只占很少比例。如果织物完全由 PU 弹性纤维制成，则织物不但在有效伸长率内缺乏应有的强度，而且手感很差，更不经济。在一般的纺织品中，硬纤维承受负载，弹性纤维只提供伸长和回复，基本不影响织物的强度和手感。PU 弹性纤维与硬纤维的结合，首先要制成纱线，常用的纱线类型有裸丝、包覆纱、包芯纱和合捻纱四种。其中裸丝是 100％的 PU 弹性纤维，细纤度的裸丝主要用于制造袜子、游泳衣、内衣等；中等纤度的除用于制造袜子、游泳衣、内衣外，还用于制造便服、窄幅带类等；粗纤度的裸丝主要用于制造各种带材等。裸丝的弹性大，但滑动性差，加工困难，成本也高，使用较少。

包覆纱是以不同纤度的 PU 弹性纤维为芯，在包覆机上在其外面缠绕包覆上棉纤维、尼龙、腈纶、黏胶纤维等非弹性纤维，按需要制成不同用途、不同纤维的包覆纱线。包覆纱一般含 PU 弹性纤维 20％～25％，其弹性伸长率为 300％～400％。包覆纱可以是单层包覆，也可以是双层包覆，用途非常广泛。包芯纱是以 PU 弹性纤维为芯线，与其他纤维纺制成的纱线，一般含弹性纤维 7％～12％，弹性伸长率为 150％～200％，主要用于机织物的生产，例如弹力劳动布、灯芯绒、绒面呢等。合捻纱又称股线，是 PU 弹性纤维在 2.5～4 倍伸长率下与 1～3 根其他纤维或长丝在捻线机上进行合并加捻制成纱线，常用来制造弹力劳动布。四种 PU 弹性纤维纱线外形示意图如图 8-15 所示。

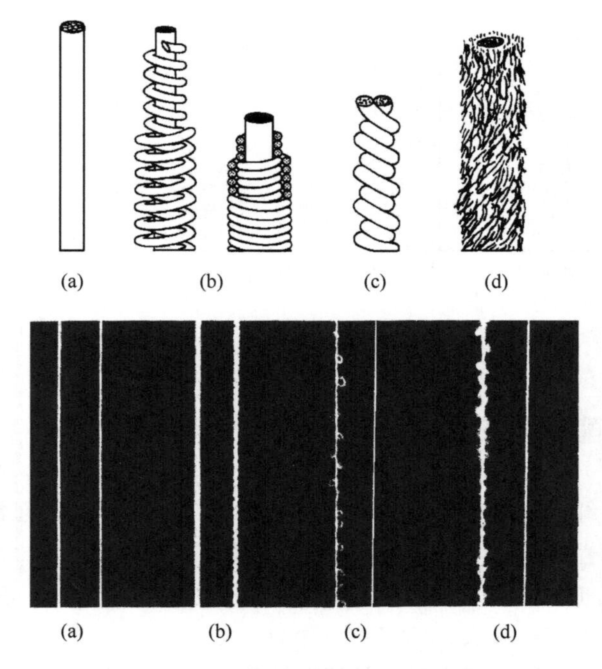

图 8-15 四种聚氨酯弹性纤维纱线示意图

（a）裸丝；（b）包覆纱；（c）合捻纱；（d）包芯纱

常用聚氨酯弹性纤维的织物类型有针织品、机织品、窄幅织物和袜类等。针织品可分为经编、纬编和圆编等，常用裸丝与尼龙、聚酯和棉等非弹性纤维进行合织，即裸丝位于纺织品的内侧，外侧为非弹性纤维。这种针织品适合制作游泳衣、健美裤、内衣、长短袜等，这种针织品质量轻，既有良好的手感和美观的外形，又在经纬双向均有适当的弹性，能充分展现出人体的美。一般裸丝的用量在20%～25%，也可以采用合捻纱和包芯纱与其他非弹性纱进行交织制造。机织品都使用包覆纱和包芯纱，伸长率约100%，一般要求15%～45%的弹性。在制造过程中张力的控制非常重要，否则会使纺织品表面形成皱纹，在进一步的加工和使用中很难平整，使加工成的衣服等织品容易变形、不平坦挺拔。径向纺织品用于灯芯绒和弹力裤的生产，纬向纺织品主要用于劳动布、宽幅咔叽和游泳衣的制造。窄幅织物主要是指弹性带类织物和装饰花边等。袜类是聚氨酯弹性纤维使用最早和最多的领域，主要有妇女用的长筒袜、连裤袜以及各种短袜等。裸丝、包芯纱在织品的不同部位都会使用，例如单层包芯纱用于短袜的罗口，双层包芯纱用在连裤袜的腰带等。氨纶一般不单独纺丝，通常加入化学纤维和棉纱等纤维中，可大幅提升其弹性，添加比例为2%～35%。氨纶用途广泛，凡是要求高弹性的领域都能见到它的身影，如运动衣、紧身衣、游泳衣、内衣、运动鞋、绷带、汽车内饰。一般而言，对弹性要求越大，氨纶添加越多。不同纺织品添加氨纶的比例如表8-25所示

表8-25 不同纺织品添加氨纶的比例

纺织品种类	添加比例/%	纺织品种类	添加比例/%
衬衫	2	蕾丝内裤	16
袜子	5	紧身裤	20
运动T恤	8	紧身内裤	23
运动裤	10	丝袜	27
泳装	15	防晒外套	28

四、聚氨酯弹性纤维的改性研究及新产品和发展[50-62]

聚氨酯弹性纤维自20世纪60年代产业化以来，无论在产能和技术，还是在应用领域和市场方面都有了非常大的发展。展望其发展，仍存在较大的空间。在生产方法上向着更注重环境保护、资源利用、规模和效益等方向发展，随着干、湿纺丝法淘汰二甲基甲酰胺溶剂，改用挥发性小、沸点高的二甲基乙酰胺溶剂，充分说明在PU弹性体聚合过程中使用的溶剂对生产现场和环境的危害已不容忽视。不使用溶剂的熔融纺丝应该是今后发展的方向，但熔融纺的弹性纤维耐热性

等诸多性能仍不及干纺纤维，需要进一步改进熔融纺弹性体切片配方和生产工艺，提高切片的综合性能，使其纺出丝的性能能够与干法纺丝媲美。此外熔融纺丝法将聚氨酯弹性体的聚合过程与弹性体的纺丝过程截然分开为两个不同的生产单元，这样有利于技术分工、生产管理、规模化生产，为PU弹性纤维的进一步发展创造了条件。

聚氨酯弹性纤维作为一种具有特种功能的纤维材料，无论从其性能还是市场需求发展来看，在传统领域通过性能的改进、提高，增加应用，扩大市场仍有较大的发展空间。采用高科技技术，使聚氨酯弹性纤维更加功能化、差别化、专用化、高性能化，是进一步拓展应用领域和市场的发展方向。

聚氨酯弹性纤维也会像PU弹性体一样，可以通过各种软硬链段组成、结构的调整，助剂的变更等改性技术，以及有效生产加工工艺和技术的开发来改变其结构和性能，对其原有的不足加以改进，并赋予各种新的性质和功能。例如通过引入亲水性链段可改善其吸湿性、透湿性、抗静电性，引入聚碳酸酯类基团可改善其抗水解和耐热性等。近些年已开发并推向市场的有以下新产品：

① 高舒适功能的PU弹性纤维　如DuPont公司的Lycra-soft、旭化成株式会社的Roica-HS系列。

② 高抗氯功能的PU弹性纤维　如旭化成公司Roica-SP、DuPont公司的T-162、Toyobo公司的ESPA（T365）、Hiss Hinbo公司的Mobilon-k、Hyosung公司的Creora（c-200）等。

③ 耐高温性能的PU弹性纤维　如DuPont公司的T-169、Toyobo公司的ESPA（T765）、Hiss Hinbo公司的Mobilon-p、Hyosung公司的Creora（c-300）等。

④ 特殊耐低温功能PU弹性纤维　如Toyobo公司的ESPA-M、Hiss Hinbo公司的Mobilon-R、Fujibo公司的U-型PU弹性纤维等。

⑤ 特殊吸湿及透气性功能PU弹性纤维　如旭化成公司的Roica-BZ、Fujibo公司的E-型PU弹性纤维等。

⑥ 高耐磨耐久PU弹性纤维　如Toyobo公司的ESPA-T70、Fujibo公司的E-型PU弹性纤维等。

⑦ 抗菌防臭功能PU弹性纤维　如Fujibo公司的KA-型及UA-型PU弹性纤维等。

⑧ 抗远红外线功能PU弹性纤维　如Fujibo公司的EF-型PU弹性纤维等。

正在积极研究和开发的其他高功能化PU弹性纤维，主要集中在以下几个方面：

① 智能化PU弹性纤维　其智能表现在对环境的感知和反应功能，例如智能抗菌、智能变色、智能记忆等功能。利用这种PU弹性纤维可制成适应环境温

度、湿度等变化的冬暖夏凉、知冷知热的智能服装。

② 高强度防弹衣　与超高分子量的聚乙烯一起，制造性价比均优于其他材料制成的防弹衣，已得到军队的应用。

③ 导电、防辐射和抗紫外线功能 PU 弹性纤维　可用其制造在特殊环境下工作的高功能性防护服，使人体减少或免受辐射、静电和紫外线的危害。

④ 超细旦 PU 弹性纤维　用于制造更薄、更轻的纺织面料。

⑤ 可生物降解聚氨酯弹性纤维。

⑥ 纳米 PU 弹性纤维。

⑦ 其他自发光、阻燃、减振等功能的 PU 弹性纤维。

五、全球聚氨酯弹性纤维的产能、产量与发展[49-62]

1937 年德国拜尔（Bayer）公司首次开发出 PU 弹性纤维，20 世纪 50 年代由美国 DuPont 公司开发出干法溶液纺丝技术，实现工业生产。1967 年全球产能仅有 0.68 万吨/年，生产企业已发展到 28 家。但由于市场需求不足，发展缓慢。1980 年产能增至 2.8 万吨/年，1990 年 4.38 万吨/年。1995 年全球有 32 家 PU 弹性纤维生产企业，总产能达到约 8.31 万吨/年。除美国以外，全球发展缓慢。新世纪始的 2001 年全球产能达到约 23.4 万吨/年，2007 年已增长到 52.8 万吨/年，2010 年全球 PU 弹性纤维的总产能已增长为 60 万吨/年，15 年产能增长约 7 倍，是全球 PU 弹性纤维增长最快的时期。2007 年后由于全球经济发展减缓，PU 弹性纤维需求减少，其产能的增长也放慢。2010 年以后中国氨纶产能的迅速增长，带动全球产能的加快增长，2021 年全球氨纶产能 133.8 万吨/年，增速为 10%以上。其中中国产能 97.15 万吨/年，为全球产能的 72.6%。

全球主要生产氨纶的国家和地区为美国、欧洲、中国、日本、韩国和中国台湾。美国有三家生产氨纶的公司，即拜尔、杜邦和拉迪克公司，总生产能力约 4 万吨/年。欧洲有 5 家生产公司，德国的 Bayer Faster 公司，意大利的 Fillatice 公司，DuPont 公司也在荷兰、英国设厂采用干法生产氨纶。此外，俄罗斯 CIS 公司于 1997 年从日本东洋纺引进 0.17 万吨/年氨纶装置，整个欧洲的氨纶生产能力约 3 万吨/年。日本生产氨纶已有 40 年的历史，有东洋纺、旭化成、富士纺、钟纺、日清纺和杜邦东丽六家氨纶生产企业，合计总生产能力约 3 万吨/年。韩国的氨纶产能近年来增长较快，韩国生产氨纶的企业主要有晓星、泰光、东国、世韩和可隆 5 家公司，总生产能力约 7 万吨/年，产品大部分出口到中国。中国台湾有远东纺织、台塑、薛恒兴、东华、华隆和聚隆，以及东云和新光氨纶生产企业，规模都较小，总产能不足 1 万吨/年。

除上述主要氨纶生产国家和地区外，加拿大、巴西、阿根廷、新加坡、墨西哥等国也有氨纶生产，但规模都较小，几乎都是杜邦公司的海外子公司，总生产能力 3 万～4 万吨/年。

全球 PU 弹性纤维产能的 86% 是采用干法溶液纺丝，湿法溶液纺丝仅占 8%，已在淘汰之列，熔融纺丝占 4%，反应纺丝约占 2%，从发展看熔融纺丝今后会得到进一步发展。中国熔融纺丝产能约为 2.2 万吨/年，约占总产能的 5.9%，高于全球比例。其余几乎全部为干法溶液纺丝。熔融纺丝近几年在中国发展较快，现有 35 家企业生产，但规模都比较小，为几百吨/年的生产规模，生产企业较多。

纵观 21 世纪前 10 年全球氨纶产能的增长，增长最多和最快的地区是亚洲，亚洲增长最快的是中国。2021 年全球氨纶产能 133.8 万吨/年，较上年增速 10.1%。中国氨纶产能 97.15 万吨/年，增速 11.5%，占全球产能的 72.6%。欧美等国家和地区产能基本上保持稳定。全球（中国大陆以外）氨纶生产企业、产能、生产方法及品牌见表 8-26。

表 8-26 全球（中国大陆以外）氨纶的主要生产企业及产能

生产企业	商标	产能/(万吨/年)	生产技术	厂址
英威达公司	Elaspan	8.2	干法、化学反应	美国、中国等多国
DuPont 公司	Lycra①	6.67	干法(连续聚合)	美国、中国等多国
环球公司	Glospan	0.9	化学反应	美国
Hyosung(晓星)公司	Toplon	6.5	干法(连续聚合)	韩国、中国
Hyosung(晓星)公司		3.0	干法(连续聚合)	土耳其、越南
Taekwang(泰光)公司	Acelan	2.16	干法(间歇聚合)	韩国
Tongkook(东国)公司		1.8	干法(间歇聚合)	韩国
Radici(兰蒂奇)公司		1.3	化学反应	美国
拜耳朗盛公司	Dorlastan	1.7	干法(连续聚合)	美国、德国
旭化成株式会社	Roica	1.95	干法	日本、中国大陆、中国台湾
Fillattice 公司		0.65	干法、湿法	意大利
可乐丽株式会社	Rexe	0.24	熔融纺	日本
东洋纺株式会社	Espa	0.55	干法(间歇聚合)	日本
日清纺株式会社	Mobilon	0.22	熔融纺	日本
富士纺株式会社		0.22	湿法	日本
总计		36.06		

① 2019 年 1 月 31 日，山东如意控股集团有限公司全面完成了对美国莱卡的收购，包括其全球技术、品牌、生产及研发中心等。

六、中国的氨纶产能和市场迅速发展[49-62]

1. 中国氨纶的发展历程

中国的氨纶生产从引进技术开始，1987 年山东烟台氨纶厂率先从日本东洋纺引进一套 300 吨/年干法溶液纺丝氨纶生产线，1989 年投产，结束了我国完全依赖进口的历史，开始生产聚氨酯弹性纤维 Spendex，取名为氨纶，年产能只有数百吨，主要生产原料 PTMEG 等完全依赖进口。与此同时，江苏连云港杜钟氨纶公司也引进相同技术和规模的氨纶装置，于 1992 年投产。到 21 世纪初，两家企业经过数期改扩建，生产能力分别达到 2.0 万吨/年和 0.7 万吨/年。由于中国有良好的纺织工业及服装加工工业基础，氨纶在中国的应用、需求和市场得到快速的增长。增长最快的是 2006～2008 年，净增产能达到 15 万吨/年，2010 年后产能增长放缓。伴随着这种需求的增长，20 世纪末又促进了上游原料 BDO、THF、PTMEG、MDI 等技术的引进和产能的快速增长，形成这种下游产品促上游原料、上游原料带下游产品的热烈局面，使得全球知名 PU 弹性纤维生产企业，诸如英威达、晓星等纷纷在中国建立生产基地，中国的氨纶产能从 21 世纪初的 2.51 多万吨/年，10 年间增长了近 15 倍，2013 年中国氨纶产能已达到 37 万吨/年，约占全球产能的 60%。2021 年再创新高，产能增至 97.15 万吨/年，年均增长率达到 11.47%。全球 PU 弹性纤维的生产中心已转移到中国，中国 2016～2021 年氨纶产能、产量及消费变化见表 8-27。中国生产氨纶的企业有数十家，其中 2021 年产能最大的重点企业见表 8-28。

中国大陆氨纶的主要进口来源国为越南、韩国、新加坡、印度、泰国等，主要出口地是土耳其、越南、中国台湾、埃及、韩国、孟加拉国、巴基斯坦等。

表 8-27　中国 2016～2021 年氨纶产能、消费的变化　单位：万吨/年

项目	2016 年	2017 年	2018 年	2019 年	2020 年	2021 年
产能	66.20	70.70	78.55	84.95	87.15	97.15
产量	53.29	55.11	68.32	72.70	83.20	86.8
进口量	2.64	2.69	3.09	2.8	2.94	3.68
出口量	5.87	5.77	6.46	6.84	7.85	9.60
表观消费量	50.06	52.03	64.95	68.66	78.29	80.68
增长率/%						
产能		6.79	11.1	8.14	2.58	11.47
产量		3.42	23.97	6.41	14.44	4.32
消费		3.9	24.83	9.85	14.02	3.05

中国还有几家企业计划在 2022～2023 年期间进一步扩大生产能力，晓星氨

纶（宁夏）有限公司再建产能10.8万吨/年，华峰化学股份有限公司再建产能25万吨/年，山东如意科技集团有限公司再建产能3万吨/年，烟台泰和新材集团股份有限公司再建产能1.5万吨/年。若这些计划全部落实，中国2023年的氨纶产能预测达到138万吨/年。

表8-28　2021年中国重点氨纶企业产能

企业名称	企业所在地	企业商标	产能/(万吨/年)	技术路线
华峰化学股份有限公司	浙江温州	千禧	22.5	干法
韩国晓星株式会社	嘉兴，珠海	CREORA，TOPLON	17.0	干法
新乡化纤股份有限公司	河南新乡	白鹭	10.0	干法
诸暨华海氨纶有限公司	浙江	艾妮	12.0	干法
烟台泰和新材集团股份有限公司	山东烟台	纽士达	7.5	干法
恒申控股集团有限公司	江苏	恒申 HSCC	4.0	干法
杭州青云新材料股份有限公司	杭州	舒尔茨	3.85	干法
江苏双良氨纶有限公司	江苏江阴	舒卡	3.2	干法
连云港杜钟新奥神氨纶有限公司	江苏连云港	奥神	3.0	干法
泰光化纤(常熟)有限公司	江苏常熟	氨纶	2.8	干法
合计			85.85	

2. 中国氨纶生产已形成完整的体系

中国氨纶生产上游原料PTMEG、异氰酸酯充足，产品品种齐全，性能优越，现有市场繁荣，经过10多年的发展，已成为全球发展最快、产能最多、最完整的产业链，形成以长三角浙江为首和珠三角广东省两个中心，形成以国内市场为主少量出口的氨纶生产消费格局。中国市场消费的不同氨纶纱线的比例见表8-29。

表8-29　中国氨纶生产主要规格产量比例变化　　单位：%

规格	2005年	2007年	2008年	2009年
20D	9.6	18.86	23.81	28.50
30D	6.7	9.94	10.18	11.15
40D	58.2	51.01	45.3	41.69
70D以上	25.5	20.19	20.71	18.67

注：D为den，线密度的单位，是纤维、单纱、网线、绳索等在公定回潮率时每9000m长度的质量(以g计)。

氨纶丝产品结构如前述可分为包覆纱、包芯纱、合捻纱、裸丝。中国氨纶丝占比为包纱占35%、经编占12%、圆机占28%、花边占5%、棉包芯占20%。

作为纺织服装产品可以有牛仔裤、运动服、T恤、泳衣裤、无缝内衣、紧身衣、袜子、蕾丝等，作为医疗卫生材料有医疗绷带、尿不湿等。2021年中国氨纶重点产品应用领域休闲内衣、袜子占28%，运动服、泳衣、紧身衣占28%，休闲衣服、医疗卫生用品占24%，家纺用品等占15%，其他蕾丝、衣服松紧口等占5%。中国氨纶差别化的品种齐全，生产不同差别化品种企业及产品见表8-30。

表8-30　差别化氨纶纤维生产企业及产品

生产企业	差别化氨纶产品品种
烟台泰和新材集团股份有限公司	黑色氨纶、耐氯氨纶、耐高温氨纶、阻燃氨纶、可染氨纶、经编氨纶、医疗卫生材料用氨纶、超细氨纶、超粗氨纶、粗旦高伸长氨纶、抗菌氨纶
华峰化学股份有限公司	高弹黑色氨纶、超耐氯氨纶、高弹耐温氨纶、酸性可染氨纶、舒适氨纶、低温易黏合氨纶、彩色氨纶、再生氨纶、医疗卫生材料用氨纶
晓星氨纶（宁夏）有限公司	染色氨纶、黑色纺前染色氨纶、高耐热高强度氨纶、高耐氯氨纶、低温定型氨纶、蒸汽定型舒适氨纶、荧光氨纶、降臭氨纶

3. 中国氨纶产业链的发展

中国氨纶产业经过10多年的发展，已经形成一个从原料、生产到市场应用，从技术引进、消化吸收、创新到新产品新技术的开发应用，比较完整的产业体系。中国氨纶总产能和产量已占到全球总产能和产量的2/3，但其中约1/3的产能和产量由外资公司掌控。连续聚合、干法溶液纺丝等生产技术已基本实现自主知识产权，聚合和纺丝设备也可以立足国内制造，但是一些高端产品，无论技术还是产能仍显不足，与国外知名的大公司，像英威达、晓星等比较，在技术和产品性能、品牌上仍有较大的差别，仍需引进和进口一些先进的技术和高端产品。从当前产能、产量来看，受到产能过剩、开工率下降、市场拓展和竞争加剧等影响，我国现在只能算是聚氨酯弹性纤维的生产大国，但不是强国。整个产业无论技术、产能、产量还是市场都还存在不协调等问题，需要在不断的发展中进行克服，这样才能使我国氨纶产业走向健康发展的道路。

生产氨纶的原料和辅助材料国内已完全配套，产量充沛，为氨纶产业链发展奠定了基础。以氨纶100万吨/年产量计算，约需要20万吨/年MDI，80万吨/年的PTMEG及其他聚酯二元醇等。国内BDO产能已达1000万吨/年以上，具有足够的PTMEG生产原料，MDI产能140万吨/年，产量85万吨/年，完全可以满足氨纶发展的需要，这就为氨纶产业现在和今后发展提供了有力的后盾。

中国氨纶生产技术进步明显，与国外先进技术差距缩小，为氨纶产业链发展提供了技术支持。中国氨纶在产能扩大的同时，近几年在氨纶生产及品种等整体技术上也取得了明显进步。其标志之一是日产10～12吨连续聚合高速纺丝干法氨纶技术国产化工程技术装备已开发成功，并大量推广使用。与国内大多技术比较，其纺丝速度提高60%～80%，溶剂消耗降低2/3，能耗降低1/2，已有多条生产线运行。标志之二是氨纶生产已整体实现连续聚合，纺丝速度为80～100m/min，折算全行业纺速提升15%～20%。标志之三是产品品种结构优化，国产化精品性能升级，产品的品质提升，差异化品种增多，细旦比例明显上升（参见表8-29），2009年20D和30D细丝产量比例已占约40%。截至2021年，全国从事氨纶生产的企业有25家，主要在江苏、浙江和广东三省，生产集中度高，有利于进一步发展。

氨纶售价平民化，应用比例提高，市场扩大，为产业链进一步发展提供了较大的发展空间。氨纶纤维一向被称为“贵族纤维”，这是因为虽然其具有优良的性能，但是由于价格昂贵，只有在高档纺织品中使用，而且用量和比例较低，由此限制了其发展。自20世纪50年代末实现工业生产以来，到20世纪末，40多年的时间全球氨纶产能不足10万吨/年。而我国自20世纪90年代开始生产氨纶以来，仅用不足20多年的时间，从无到有，产能达到近100万吨/年。产能的扩大，生产成本的下降，使这一优良弹性纤维应用于普通服装，走向千家万户。当前我国氨纶人均用量已超过发达国家的使用量，因此市场得到很好的扩大。

4. 中国氨纶产业的进一步扩大和发展存在的潜在危机

中国氨纶产业发展既存在机遇，也存在许多不确定影响因素的风险，会带来负面影响。随着产能的增加，这种影响会加剧。

① 产能因素　中国氨纶产能已达到全球产能的60%以上，而且还在上升。与此同时，国外产能在停滞和萎缩，而且除了一部分高端品牌保持生产外，很大一部分产能已经处于闲置或转移至中国。产能过剩，市场饱和，时刻在威胁着我国的氨纶产业。

② 市场因素　中国氨纶市场容量大，但实际上，约70%的氨纶消费量是作为纺织品和服装出口，国内市场容量只有1/3，人均消费量已超过国外水平，今后消费增长尚需进一步开拓。

③ 技术因素　中国氨纶生产技术及装备国产化已达到较高的程度，但不可否认的是中国的氨纶生产技术是在消化吸收引进技术的基础上发展起来的。与国外一些传统生产大公司比较，无论技术水平，还是新产品开发能力仍有一定的差距，特别是在差别化、功能化方面与美国和日本仍存在一定的差距。另外国内尚有1/3的产能掌控在外资公司中，这些生产企业的技术和装备优于国内的企业。

5. 中国氨纶产业发展需要关注和应对的问题

面对激烈的国内外竞争，行业要及时进行产能、产量、品种的调整和转型。现在氨纶生产无论原料、产能还是市场都集中在长三角和珠三角地区，随着西北、西南、内蒙古BDO装置、MDI装置的投产，将形成另一个BDO产业链发展中心，将来与长三角、珠三角两个中心共同协调、相互配合，弥补国内生产短线，避免同质化竞争，积极开发国内国外两个市场。特别是医疗卫生、航空等非传统领域的市场，仍有相当潜力。积极开拓国外市场，加大氨纶纤维的直接出口，减缓对纺织服装出口的过分依赖。

近年来中国氨纶生产中熔融纺的比例增加，又将兴起一轮熔融纺热，但熔融纺的发展前景尚不明朗。原因之一是可生产熔融纺切片的企业，国外只有美国诺誉公司，日本的钟纺、日清纺、可乐丽公司等，德国的 BASF、伊文达-菲瑟公司等；国内只有沈阳鸿祥塑胶制造有限公司、南通华盛高聚物科技股份有限公司生产，生产能力各有 0.15 万吨/年。原因之二是熔融纺氨纶纤维在耐热性等方面与溶液干纺氨纶纤维相比存在不足。因此在增加国内熔融纺切片产能的同时，更要关注熔融纺氨纶性能的提高。

在人造纤维中氨纶只是一种具有特殊弹性功能的小品种，具有弹性功能的纤维尚有聚酯、尼龙等多种纤维，因此要关注其他弹性纤维的发展，关注一些生产弹性纤维产能大的跨国公司的动向，及时调整发展，化解不利的局面。

聚氨酯弹性纤维作为一种材料，既有独特的性能优势，也存在不足和劣势。在当今全球各种材料性能改进提升的激烈竞争中，各种材料此消彼长，氨纶纤维既要保住自身优势，也要看到其他纤维的异军突起。当前对中国氨纶纱线和纺织品构成竞争和威胁的是全球一些有实力的跨国大公司的动向，例如美国陶氏化学公司，其紧盯着中国日益发展的纺织市场，2006 年前后成立一家下属的新型企业——陶氏纺织纤维业务部，负责研发新型纺织纤维。该公司开发的 DOWXLA 弹性纤维是一种用熔融法纺丝的聚烯烃弹性纤维，具有耐用性、舒适的弹性和良好的抗热、抗化学性能。DOWXLA 纤维的设计思想在于扩大弹性纤维的应用范围，不受以往弹性纤维的限制，有利于工厂提高加工效率。在织物中掺入 DOWXLA 纤维可使衣物易保养、舒适、尺寸稳定、经久耐用。此外 DOWXLA 纤维还具有抗紫外线、抗氯等特性，为一些特殊要求的应用提供了更多的选择机会，例如运动服、工业用纺织品、汽车用纺织品等。DOWXLA 弹性纤维已进入我国纺织品生产行业，被诸如山东鲁泰纺织股份有限公司、宁波雅戈尔集团股份有限公司、宜兴乐琪纺织集团有限公司、上海天虹纺织（中国）有限公司、江苏阳光集团有限公司等 20 多家纺织企业应用，并采用 DOWXLA 弹性纤维开发出新产品。优势在于采用这种弹性纤维适合制造一年四季都适用的弹性纺织品和服装，该纱线不受季节的影响，没有淡季和旺季之分。特别是礼服和制服面料加入 DOWXLA 弹性纤维后，性能大大提高，且不会影响服装的理想悬垂性和手感。应引起氨纶纤维界重视的是，DOWXLA 纤维的进一步发展，应用市场的进一步扩大，不可避免会分割部分氨纶市场，给我国氨纶产业当前面临的产能过剩、市场扩大、进一步发展带来忧虑和警惕。

在全球产业大转移的十多年中，中国凭借广阔的市场、充足的资金和劳动力等优势，成功地将 PU 弹性纤维的生产和市场由欧美等国和地区转移至中国。中国也不可能无限制地发展，在应用、产品性能、技术含量等进一步发展提高，知识产权自主化，完成第一次产业转移的基础上，应该不间断地将高科技技术和产能留下继续发展，将另一部分产能不失时机地转移到资源相对丰富、市场广阔、基础条件比较好的国家和地区。实际上一些大的公司已在行动，例如韩国晓星公司已将部分产能投在土耳其和越南的市场，这种动向应引起业界的关注和重视。

第六节
聚氨酯泡沫塑料、涂料、胶黏剂和密封剂

一、聚氨酯泡沫塑料[1,5,63-67]

1. 聚氨酯泡沫塑料的性能

聚氨酯泡沫塑料英文名称为 polyurethane foam 或 cellula polyurethane，简称 PU 泡沫。聚氨酯泡沫塑料是由大量的微孔气泡分散于固体聚氨酯材料中形成的，是热固性聚氨酯弹性体的一种产品，也是聚氨酯产品中用量最大的品种，在聚氨酯制品总量中占比超过 50%。同样，在各种类型的泡沫塑料市场中，PU 泡沫的占有率也达到 50%以上。与其他塑料的泡沫材料相比，聚氨酯泡沫塑料在性能上具有许多特色，除密度低外，聚氨酯型泡沫塑料还具有轻质、多孔、无毒、不易变形、柔软、弹性好、撕力强、隔热保温性好、透气性好（开孔型）、防尘、防虫蛀、不发霉、吸油、吸水、吸声等优良特性。此外，还具有无臭、高绝热性（闭孔型硬泡）、泡孔均匀、耐老化、耐有机溶剂侵蚀等特性，对金属、木材、玻璃、砖石、纤维等异种材料有很强的黏附性，这是其他泡沫材料有所不及的，因此被广泛用于各行各业。其中在保温材料应用领域，聚氨酯泡沫塑料已占据稳固的市场地位。

2. 聚氨酯泡沫塑料的分类

由于 PU 泡沫生产工艺的不同、配方组分的可调性，聚氨酯可以制成许多不同品种的泡沫塑料。按软硬程度不同可分为柔性和刚性两种产品，因密度及其他性能不同而导致最终应用的不同。柔性 PU 泡沫主要用于家具、床上用品和运输的弹性垫层材料，以及各种技术应用（主要是基于聚酯多元醇）。刚性聚氨酯/聚异氰尿酸酯（PU/PIR）泡沫主要用作绝热材料应用在建筑和冷冻保温，其具有不同的化学结构，通常被认为是刚性聚氨酯泡沫。还有一些聚氨酯泡沫塑料具有介于这两类之间的特性（刚度和弹性），被称为半柔性或半刚性泡沫。不同类型的 PU 泡沫如下：

(1) 聚氨酯硬泡、软泡及半硬泡、半软泡

按聚氨酯泡沫塑料的软硬程度，可分为软质聚氨酯泡沫塑料（称为聚氨酯软泡）和硬质聚氨酯泡沫塑料（称为聚氨酯硬泡），以及介于两者之间的半硬质、半软质聚氨酯泡沫塑料（称为聚氨酯半硬泡、聚氨酯半软泡）。聚氨酯软泡俗称聚氨酯海绵、泡棉，这类泡沫塑料弹性好，主要应用于各种热材、缓冲材料，如车船及家具沙发座椅的坐垫、靠垫及扶手、床垫、服装衬垫等。

聚氨酯硬泡质地较硬，低密度硬泡多为脆性材料，大多数聚氨酯硬泡是闭孔结构，采用低热导率发泡剂发泡，因而热传导率低，广泛用于各种隔热保温领域。高密度硬泡韧性好，强度高。聚氨酯半硬泡具有一定的开孔结构，其承载性能好，吸收振动性能好，多用于缓冲材料、汽车部件等。

(2) 高密度和低密度聚氨酯泡沫塑料

聚氨酯泡沫塑料根据用途的不同，可以改变配方及生产工艺，制成具有较高密度和较低密度之分的产品。

(3) 聚醚型聚氨酯泡沫塑料和聚酯型聚氨酯泡沫塑料

按采用的低聚物多元醇原料种类不同，聚氨酯泡沫塑料又可分为聚醚型和聚酯型两种。聚酯型 PU 泡沫强度高，但由于酯基不耐水解，泡沫的耐水解性能较差，并且聚酯多元醇成本偏高，也限制了其应用。聚酯型 PU 泡沫常用于服装衬垫等特殊应用场合。芳香族聚酯型聚氨酯硬泡韧性好，可用于结构板材。聚醚多元醇品种丰富，成本相对较低，制品耐水解性能好，故在聚氨酯软泡市场以聚醚型为主，占据 90%以上市场份额。

(4) TDI（甲苯二异氰酸酯）型和 MDI（二苯基甲烷二异氰酸酯）型聚氨酯泡沫塑料

按原料异氰酸酯种类的不同，聚氨酯泡沫塑料可分为 TDI 型、MDI 型及 TDI/MDI 混合型。聚氨酯硬泡的异氰酸酯原料基本上采用粗 MDI（也称 PAPI），而在聚氨酯软泡生产中这三种异氰酸酯类型的产品都存在，有的聚氨酯泡沫塑料采用液化 MDI 或预聚体改性 MDI 制造。普通块状聚氨酯软泡一般以 TDI 为原料，采用 TDI 为原料的聚氨酯软泡较为柔软，密度小；而高回弹聚氨酯泡沫一般以 TDI 与 PAPI（或改性 MDI）的混合物为异氰酸酯原料，从而获得较快的固化和承载性能。近 20 年来，熟化快、生产周期短的全 MDI 型模塑高回弹聚氨酯软泡被开发出来，并已形成一定的市场。

(5) 聚氨酯（PU）泡沫塑料和聚异氰尿酸酯（PIR）泡沫塑料

按发泡时的异氰酸酯指数不同，聚氨酯硬泡可分为聚氨酯泡沫塑料（PU 泡沫）和聚异氰尿酸酯泡沫塑料（PIR 泡沫）。一般聚氨酯硬泡发泡时的异氰酸酯指数（表征原材料中 NCO 基团的含量）在 100 左右。当原料中的异氰酸酯大大过量时，制得的 PIR 泡沫的刚性、阻燃性比普通聚氨酯硬泡显著提高。

（6）开孔型和闭孔型聚氨酯泡沫塑料

闭孔型聚氨酯泡沫塑料中的气孔互相隔离，在水面有漂浮性。大多数聚氨酯硬泡具有闭孔型泡孔结构，这是因为硬质聚氨酯泡沫塑料的形状对温度的变化不是很敏感，可以制得尺寸稳定的闭孔泡沫塑料。而闭孔的聚氨酯软泡会因温度而改变形状，冷却后会收缩变形，尺寸不稳定。开孔型聚氨酯泡沫塑料中的气孔互相连通，开孔率高，可以作为一种模具制造需要高开孔率的过滤固体材料，例如制造催化剂的载体及热过滤材料等。它在水中无漂浮性。大多数聚氨酯软泡具有开孔结构，气体可以通过泡沫体。高开孔率的泡沫可以用作过滤等用途。网状泡沫塑料是经过特殊工艺制造的高开孔率软质或半软质泡沫塑料，用作过滤材料等。也有一类开孔型聚氨酯硬泡，可用于制造特殊的真空泡沫塑料隔热板材等，生产量很少。

3. 聚氨酯泡沫塑料制造技术

生产聚氨酯泡沫塑料的原料有聚醚二元醇、聚酯二元醇、异氰酸酯及表面活性剂、催化剂（主要有有机锡化物等）和发泡剂等。生产工艺是采用液相反应，即依据生产品种将反应物料严格按配方准确计量后，加入聚合釜内，在一定反应条件下混合并进行聚合反应，同时在聚合液中生成微气泡，体积膨胀，达到产品的指标后，通过模压、挤出、注射、浇铸等各种成型方法成型，冷却。

（1）聚氨酯泡沫塑料的配方

根据聚氨酯泡沫塑料的最终用途要求，其成分是多种多样的。最关键的参数是羟基的数量、官能度、聚合物 MDI 的确切组成（所使用的催化剂体系）和所使用的发泡剂的种类和用量。聚氨酯泡沫塑料的物理性质，特别是其密度、均匀性和抗压强度，都受到这些参数的微小变化的影响。家具用柔性聚氨酯泡沫塑料和层压板用刚性聚氨酯泡沫塑料的典型配方如表 8-31 所示。

表 8-31 柔性和刚性聚氨酯泡沫塑料的典型配方

原始材料	配入量（质量分数）/%	成分
家具级柔性聚氨酯泡沫塑料（水发泡，泡沫密度为 18～32kg/m^3）		
1. 多元醇	62～66	一种分子量为 3000 的聚醚三元醇，其羟基数为 56
2. 甲苯二异氰酸酯	29～33	2,4-异构体和 2,6-异构体比例为 80∶20，异氰酸酯指数为 105
3. 水或注入的二氧化碳	2～3	
4. 表面活性剂	1.5	
5. 催化剂	1	

续表

原始材料	配入量（质量分数）/%	成分
刚性聚氨酯泡沫塑料		
1. 聚酯多元醇	30	芳香族聚酯多元醇的混合物，其羟基数约为 200，加上蔗糖刚性聚氨酯 6～7
2. 异氰酸酯	50	粗 4,4′-亚甲基二苯二异氰酸酯，通常被称为“聚合物”MDI，功能在 3.5～5 范围内
3. 表面活性剂	5～6	聚硅氧烷和非离子类
4. 催化剂	1	通常是硅金酸二丁基锡和叔胺的混合物
5. 水	0.4	
6. 其他	6	包括阻燃剂和交联剂等

（2）聚氨酯泡沫塑料的泡沫生成

聚氨酯泡沫塑料的泡沫生成包括气泡的产生、气泡增长到一定体积、固定气泡的结构三个过程。无论柔性或刚性泡沫，产生气泡的方法有机械法、物理法和化学法。机械法是借助对聚合液的强烈搅拌，将液面上大量的空气或其他气体引入聚合液体中从而产生气泡，工业上采用此法的有脲醛树脂泡沫塑料。物理法是将低沸点的烃或卤代烃溶入塑料聚合物中，受热时低沸点烃汽化膨胀成气泡，刚性聚苯乙烯泡沫就是采用这种方法生成的。

化学法是利用反应产生气泡，可以是利用化学发泡剂，受热时发泡剂分解释放出二氧化碳等气体形成气泡；也可以是聚合过程中副产二氧化碳等不凝气体产生气泡。聚氨酯泡沫塑料的泡沫生成过程是，当异氰酸酯和聚醚或聚酯多元醇进行缩聚反应时，部分异氰酸酯会与水反应，羰基和羧基反应生成二氧化碳。塑聚反应速率和气泡的释放速率调节得当，就可制造出气泡均匀分布的高发泡的聚氨酯泡沫塑料。因此在配方中水的加入量是一种重要的调节手段。

在此需要指出的是发泡剂的使用，由于氯氟碳（CFC）、氢氯氟碳烃（HCFCs）发泡剂对环境有影响，根据联合国环境规划署的《蒙特利尔破坏臭氧层物质管制议定书》规定最终要逐步淘汰，改用无害的发泡剂。

4. 聚氨酯泡沫塑料的产能、用途及市场

（1）全球聚氨酯泡沫塑料的市场和供需

聚氨酯泡沫塑料是聚合物泡沫材料的最大类别，在大多数情况下都是以柔性聚氨酯泡沫或刚性聚氨酯泡沫生产。密度和其他性能的不同而使其最终用途不同。柔性聚氨酯泡沫主要用于家具、运输和床上用品的垫层材料，以及其他各种技术应用；刚性聚氨酯和聚异氰尿酸酯（PU/PIR）泡沫主要用作绝热材料，在建筑保暖、冷冻保温等方面应用。PIR 泡沫具有不同的化学组成和结构，通常被

认为是刚性聚氨酯泡沫。

全球2018年柔性聚氨酯泡沫市场的规模是750多万吨。2018～2024年间全球柔性PU泡沫的消费量预计以增速3.2%的速度增长，这样，估计2023年全球柔性PU泡沫的市场规模接近800万吨/年。全球最大的柔性PU泡沫市场是中国，2018年中国消费总量为239.5万吨，占全球的32%；其次是欧洲，占20%；北美占22%；除中国以外的亚洲国家占15%。

全球2018年刚性聚氨酯和聚异氰尿酸酯泡沫的消费规模是641万吨/年。其中最大的市场是中国，中国2018年消费总量为239.5万吨，占全球总消费量的37.4%，南美占23.3%，北美占22%，除中国以外的亚洲国家占13.8%。2018～2024年全球消费量的年均增长率为3.6%，2023年刚性聚氨酯和聚异氰尿酸酯泡沫的消费规模预估为760万吨/年。

(2) 美国聚氨酯泡沫塑料的产能和消费特点

美国有数十家聚氨酯泡沫塑料生产公司，产能大都在万吨以上。主要生产公司有Carpenter Co、FXI-Foamex Innovations、Innocor Foam Technologies三家公司。美国2019年聚氨酯泡沫塑料的产量为200.9万吨，其中聚氨酯软泡102.9万吨，聚氨酯硬泡98万吨，分别占51.2%和48.8%。

美国柔性聚氨酯泡沫塑料的最大市场是床上用品和运输业，2018年分别占美国总消费量的34%和32%。床上用品市场主要用于床垫、弹簧垫的顶部垫和枕头。2018～2024年，床上用品中柔性聚氨酯泡沫的需求将以约3.3%年均增长率的速度增长，估测2024年的消费量达到40万吨。

运输业应用是美国柔性PU泡沫的第二大市场，主要是应用模塑泡沫和一些柔性薄板泡沫。在这个市场上，聚醚多元醇被用于高弹性泡沫的生产，主要用于车用的座位，也包括其他机动车辆的座位，如货车、卡车、公共汽车和摩托车等。用于运输应用的柔性薄板泡沫是由100%TDI生产出来的。这些应用包括座位、座椅靠背和头衬、内饰、填充用料、门板和一些隔声设施。其中，座位、靠背、头衬等大多是用模压泡沫制成的。汽车中PU泡沫用于地毯的衬垫和泡沫背衬。2018年美国用于此项柔性PU泡沫的消费量是31.6万吨，2018～2024年消费年均增长率为3.1%，预计2024年将增加到38万吨。

家具业是PU泡沫传统上的最大应用市场，主要用作缓冲材料。此外在包装、纺织领域也有应用市场。半柔半刚性PU泡沫还用于各种衬里和衬垫材料、隔声材料等。

美国最大的刚性聚氨酯泡沫市场是建筑应用，2018年消耗了刚性PU泡沫的68.4%。其他重要市场包括电器（15.5%）和工业绝缘（6.1%）。

建筑业中生产的大多数基板和层压板、一些浇铸泡沫系统，以及大部分的喷雾系统都被用于建筑业相关的应用。其中住宅用的层压板和平板、屋顶的层压板是最重要的应用。浇铸泡沫系统已被用于与建筑相关的应用，包括冷藏和绝缘门窗等应用。美国在建筑业应用的刚性PU泡沫2018年消费量为71.5万吨，2018～2024年用于建筑业的刚性PU泡沫年均增长率为4.2%。

家电行业使用的刚性PU泡沫绝热材料大部分是用于家用冰箱和冰柜，是利用MDI和聚醚多元醇和一些聚酯多元醇在浇铸系统中生产的。近年来，由于强劲的建筑业和新屋开工、电器更换的增加、一些家庭中多台冰箱的使用、汽车和家庭中电器的使用不断增加，以及自动售货机和葡萄酒储存电器的使用不断增加，电器的刚性PU泡沫消费出现了强劲增长。

（3）中国聚氨酯泡沫塑料的生产和消费

中国是全球PU泡沫产能最多的国家，生产企业有上百家。最大的柔性PU泡沫生产商是新乡市鑫源化工实业有限公司、衡水千富橡塑制品有限公司、深圳市联达海棉制品有限公司和南通鑫源塑料制品有限公司，产能都在1万～3万吨/年。最大的刚性PU泡沫生产商是冰箱制造商，如海尔、长虹美菱、容声电器、新飞电器等，每个公司都有自己的刚性泡沫生产。

聚氨酯泡沫生产商主要位于长三角、珠三角和东北地区，并聚集了其下游，如汽车原始设备制造商（OEM）、家具、冰箱、服装厂等客户。在PU泡沫系统的生产中，长三角地区正成为中国最集中的地区之一。这对于PU泡沫生产厂家来说，运输和原料资源都很方便。

一些国外公司如美欧的Johnson Controls、Woodbridge Group、Faurecia，日本的NHK Spring（Nippatsu）、Toyota Boshoku等，专门生产用于座椅/缓冲应用的聚氨酯泡沫。随着汽车工业的发展，越来越多的一级供应商与聚氨酯原料公司合作，在当地生产PU泡沫部件。Woodbridge泡沫公司2016年与广州汽车集团组建公司开发了用于座椅缓冲和头部约束的模塑聚氨酯泡沫塑料。

中国柔性聚氨酯泡沫2018年的消费量为239.47万吨，最大的消费市场是家具和床上用品，占64.2%，其余为运输及其他市场。2018～2024年期间年均消费增长为3.8%，估测2023年消费量接近300万吨。

中国刚性聚氨酯泡沫2018年的消费量为207.36万吨，2018～2024年年均消费增长率为4.1%，估测2023年消费量超过250万吨。

中国PU泡沫生产主要供国内市场，每年少量进出口，进口国为德国、韩国和日本，出口国为越南、英国。

二、聚氨酯涂料[1,5,68-74]

1. 聚氨酯涂料的性能

聚氨酯表面涂层（polyurethane surface coatings，urethane surface coatings），又

称氨基甲酸酯表面涂层、聚氨酯涂料（urethane coatings）。它是由异氰酸酯和含活性氢原子的化合物聚合而成的，以聚氨酯树脂为主要成膜物质的涂料，因此称为聚氨酯涂料。它是涂料中产能和市场增长最快的品种，具有最佳的耐用性、耐腐蚀性、耐磨性、柔韧性以及令人悦目的光泽观感性，适用于一系列高档的应用。近年来由于对涂料中有机溶剂污染环境、有害人体健康的关注，许多涂料的发展受到限制，聚氨酯涂料因配料有机溶剂含量较低而更受市场欢迎。

聚氨酯涂料可以形成广泛的硬度，在同等硬度值下，比其他涂层更加灵活。但其应用存在限制，其中的一些限制如下：

① 价格较高　聚氨酯涂料生产成本高，一般只用于涂层非常昂贵或耗时的基底（如桥梁或飞机）或需要低固化条件的材料（如塑料）。尽管聚氨酯涂料初始的原材料成本较高，但使用寿命较长，具备长期的经济优势。

② 变黄　芳香族异氰酸酯为原料的聚氨酯涂料在应用后会变黄，有时会非常迅速地变黄。脂肪族或脂环族异氰酸酯的使用可显著减少变黄，但成本显著增加。紫外线（UV）吸收剂也能延缓变黄，但它们也会增加成本。使用聚氨基烷酸酯，干燥油成分可能变黄，问题进一步加剧。

③ 快速固化　一些聚氨酯涂料的快速固化在某些应用中可能是一个问题。基板的表面必须仔细加工，以便涂料能够在交联发生之前被充分地湿润并黏结在基板的表面上。此外，聚氨酯有时不会很好地黏附在一些饰面上，特别是当第一层涂层完全固化时。使用聚氨酯涂料作为涂层时，必须遵循相应的时间/温度关系。

2. 聚氨酯涂料的分类

聚氨酯涂料的品种虽然很多，但总体上有两种类型，即非反应型和反应型。两类的主要区别在于反应型涂料在应用后聚合形成坚韧耐用的黏合，而非反应型涂料在应用前完全聚合。非反应型涂料不含任何游离异氰酸酯单体，使用时有机溶剂或/和水蒸发，聚合物趋于聚结，形成连续的膜。在聚氨酯改性醇酸树脂的情况下，不饱和干性油会有一些空气氧化，从而提高其耐用性。习惯上按美国材料测试协会（ASTM）编号系统对聚氨酯涂料进行如下分类：

① ASTM1 型　聚氨酯改性的醇酸树脂型（urethane-modified alkyds），是非反应型涂料，也被称为聚氨酯醇酸树脂（urethane alkyds 或 uralkyds）和油改性的聚氨酯（oil-modified urethanes）涂料。除了添加二异氰酸酯来加速干燥和增加物理性能外，基本上类似于经典的醇酸树脂涂料。商业应用包括地板的装饰面和木材制品的装饰面。

② ASTM2 型　湿固化单组分类型（moisture-curing one-component types），是基于聚酯或聚醚的低分子量聚合物（即预聚合物），由过量的含异氰酸酯基的

成分与适当的多元醇反应制成。应用后，异氰酸酯基团与空气中的水分发生反应，形成聚脲键，其特征是具有良好的抗水性。这些涂层的固体含量为40%～50%。这种水固化的聚氨酯几乎都是用作透明涂料，因为大多数色素含有一些吸收水，这将破坏配方的稳定性。典型的用途包括地板装饰面、木材和混凝土的密封剂，以及停车场和公寓地板的膜涂层。这些聚氨酯的固化率高度依赖于环境湿度，优点是能很好地附着在潮湿的基板上。

③ ASTM3 型　阻断的异氰酸酯体系（blocked isocyanate systems），这种涂料是多元醇和异氰酸酯官能体的组合，其中异氰酸酯基团被阻断（以前使用苯酚，但现在使用2-丁烷肟）。当被加热到135～150℃时，释放苯酚，异氰酸酯基团与多元醇中的羟基反应形成涂料的黏结剂。这些涂料的主要应用是电线、罐头和线圈涂层，此外，它们也用于汽车工业的OEM。

④ ASTM4 型　催化预聚合物体系（catalyzed prepolymers），是预聚物（类似于湿固化预聚物）和催化剂的双组分体系，如叔胺和金属萘酸酯，以确保涂料非常快地固化。这些涂料的使用程度有限。

⑤ ASTM5 型　双组分系统（two-component systems），该体系由异氰酸酯官能体与多元醇成分（通常是聚酯、丙烯酸酯或聚醚骨架）组成，两者分开包装。这两个组件在应用前是混合的。可以添加少量的催化剂来加速固化。从混合到显著凝胶化开始的时间（混合物不能再应用于制造涂料）被称为“贮放时间”。该系统具有出色的性能，但在使用前需要进行计量和混合。这类涂料常用作工业结构高性能维护的涂料，汽车、飞机、卡车和公共汽车是目前的主要应用领域。在汽车和卡车OEM行业中，这些系统也被用作彩色丙烯酸底漆上的透明涂层。然而，该行业正在开发单组分阻断系统作为替代品。

⑥ ASTM6 型　聚氨酯漆（polyurethane lacquers），是基于完全反应的聚合物或漆。它们仅通过溶剂蒸发形成连续的薄膜，没有不饱和键的空气氧化。这些聚合物在本质上是弹性体，经常被用于涂层柔性基材，如塑料、木材、皮革和织物。

其他三种重要类型的聚氨酯涂料，聚酯-聚氨酯粉末涂料和紫外可固化聚氨酯、聚氨酯涂料水性分散体，不属于ASTM体系。

3. 聚氨酯涂料的生产技术

聚氨酯涂料的生产由两部分构成：其一是聚氨酯树脂的生产；其二是将不同组成和性能的聚氨酯树脂按配方要求品种、质量和数量混合，然后加入各种助剂，配制成各种性能和用途的聚氨酯涂料。

（1）聚氨酯树脂的合成原料

聚氨酯树脂是二异氰酸酯或多异氰酸酯和分子中至少包含两个活性氢原子

（例如，多羟基化合物和二胺或多胺）的中间体反应的产物。

① 异氰酸酯　聚氨酯涂料采用脂肪族和芳香族两种类型的异氰酸酯。其中脂肪族异氰酸酯用于户外应用，可提供良好的抗阳光变黄性，主要有 1,6-六亚甲基二异氰酸酯（HDI）、异佛尔酮二异氰酸酯（IPDI）和氢化 p,p-亚甲基二苯基二异氰酸酯（$H_{12}MDI$）。

② 活性氢供体　多元醇（主要是二元醇和三元醇），基于聚酯、丙烯酸或聚醚骨架，是大多数聚氨酯涂料中使用的活性氢供体。此外，甘油、季戊四醇和丙二醇也可被用于制造聚氨酯。

③ 脂肪酸和油　蓖麻油、亚麻籽油、红花油、大豆油和高油脂肪酸都是聚氨酯生产主要消耗的脂肪酸和油。

④ 胺和亚胺　在热塑性聚氨酯漆树脂中，乙二胺或异氟二胺被用作扩链剂（即延长聚合物链的反应物）。

（2）生产工艺

① 聚氨酯树脂的制造　通过二异氰酸酯或多异氰酸酯与分子中至少包含两个活性氢原子的中间体反应制造聚氨酯树脂。由于异氰酸酯基团的反应活性很高，为使反应物不受外来物质和大气水分的影响，必须使用清洁干燥的氮气封闭的釜式反应器来实现。在包装之前，树脂和涂料需通过分子筛减少其水分含量。

② 配制成涂料　全球已经商品化的聚氨酯涂料的品种很多，但所采用的聚氨酯树脂品种并不多，主要是根据市场需求通过配方来配成不同性能和用途的聚氨酯涂料。有反应型、非反应型、溶剂型、高固含量型、无溶剂型、水基分散型、粉末涂料等复杂系统。典型的几种溶剂型聚氨酯涂料配方如表 8-32 所示。

表 8-32　一些溶剂型聚氨酯涂料的配方

组分	含量/%	作用
1.透明光泽建筑涂料用高固体油改性聚氨酯		
固体油改性聚氨酯聚合物	63	胶黏剂
矿物油	36	溶剂
金属羧酸盐	<1	漆干剂
肟	<1	防结皮剂
2.高固体含量白色高光泽阻断脂肪族异氰酸酯-聚酯聚氨酯搪瓷		
二氧化钛，钛白	33	白色颜料
固体阻断的脂肪族异氰酸酯	22	胶黏剂
甲基异戊基酮	21	溶剂
固体聚酯多元醇聚合物	19	胶黏剂
丙二醇单甲醚醋酸酯	3	溶剂
胺	<1	催化剂

续表

组分	含量/%	作用
3.高固体含量高光泽黑色双组分丙烯酸聚氨酯搪瓷		
高固体丙烯酸多元醇聚合物	46	胶黏剂
脂肪族二异氰酸酯	19	胶黏剂
甲基戊基酮	11	溶剂
甲基异戊基酮	9	溶剂
芳烃	8	溶剂
丙二醇单甲醚醋酸酯	3	溶剂
炭黑	3	颜料
胺	<1	催化剂

例如聚氨酯醇酸树脂（urethane alkyds）（ASTM1 型涂料）的制造过程：为非反应型聚氨酯涂料，首先通过多元醇（如甘油或季戊四醇）与脂肪酸或油反应生成端羟基酯，然后与多价组分（二异氰酸酯代替或与邻苯二甲酸酐结合）反应。聚氨酯醇酸树脂类似于油改性的聚氨酯，首先由醇和二异氰酸酯形成聚氨酯，然后与脂肪酸或油反应制成。聚氨酯醇酸树脂和油改性的聚氨酯性能之间的差别不大。这些涂料主要应用如下：

a. 可用于木地板、家具和木材装饰；

b. 工业用维修和防腐涂料；

c. 印刷电路板用适形涂料。

油、二异氰酸酯和多元醇的数量和类型会影响 ASTM1 型涂层树脂的涂膜性能。经改性的涂层具有坚硬、耐磨的薄膜，耐化学性和快的固化性能，但包装的稳定性和颜料的分散性会受到不利影响。这些产品的变黄趋势取决于异氰酸酯和油的类型。由于成本原因，通常使用甲苯二异氰酸酯（TDI），因为许多产品不需要高度的抗黄性。例如，室内地板饰面通常用基于芳香族异氰酸酯的聚氨酯涂料，因为它们通常应用在固有的黄色木材基材上，也不会长期暴露在过量的紫外线下，不需要高的抗黄性。大多数建筑用的聚氨酯醇酸树脂含有约 5%的二异氰酸酯，二异氰酸酯完全反应（优选游离异氰酸酯含量低于 0.1%的），涂层通过干性油（如大豆油）的不饱和脂肪酸侧链的空气氧化或在烘烤温度下与氨基树脂交联固化。此外还添加了传统的涂层干燥剂（例如萘酸钴），以促进其固化过程。

这些涂料系统往往具有高的溶剂含量，使其在许多应用中出于对环境的保护而不能使用。为了降低溶剂含量（<350g/L），需要使用低分子量树脂，但与传统的聚氨酯醇酸树脂比较，耐久性和硬度较低。有些配方也可以不使用溶剂，如采用矿物油、丙酮、碳酸二甲酯和对氯三苯并氟化物的系统，但这些系统更昂贵，且存在可燃性问题，和产生不可接受的气味。解决挥发性有机化合物

（VOC）问题的方法是在水中分散，可以通过将羧基附着到聚合物的主链上来实现，树脂溶解在醇中，最终使用者可用水稀释。

4. 聚氨酯涂料的生产、应用市场和需求

2018 年，全球聚氨酯涂料生产消耗了约 147 万吨多元醇和异氰酸酯。中国约占消费总量的 40%，北美占 15%，其次是欧洲、中东和非洲共占 23%。聚氨酯涂料的消费年均增长约为 4%，而涂料总市场年均增长速度只有 2%～3%。大部分的增长发生在亚太地区、非洲地区和中东地区，北美、西欧和日本市场的增长较小。

2020 年全球聚氨酯涂料的市场销售量为 590 万吨，约占涂料总消费 5360 万吨的 11%，预计到 2025 年将增至 760 万吨，涂料市场的占有率将增至 11.6%。2020 年聚氨酯涂料终端市场分布为防护涂料占 32.1%，工业木器涂料占 24.7%，一般工业用涂料占 18.1%，建筑涂料占 12.3%，汽车涂料占 9.4%，其他占 3.4%。全球 2006～2023 年不同国家和地区聚氨酯涂料消费多元醇和异氰酸酯的量见表 8-33，2018 年多元醇和异氰酸酯全球消费量见表 8-34。

表 8-33 2006～2023 年全球不同国家和地区聚氨酯涂料消费多元醇和异氰酸酯的量①

单位：万吨/年

年份	北美	南美	EMEA	日本	中国	亚洲其他国家	总计
2006	21.4	4.0	27.4	10.7	15.2	5.2	83.9
2012	20.0	4.5	27.6	9.9	30.6	11.6	104.2
2016	22.1	8.0	31.4	10.2	47.5	14.0	133.2
2018	22.2	5.0	33.2	10.4	58.9	17.4	147.1
2023	24.6	5.8	37.4	10.8	80.7	20.6	179.9
2006～2023 年均增长率/%							
	2.1	3.0	2.4	0.8	6.5	3.4	4.1

① 包括脂肪酸和油、甘油、季戊四醇和其他用于制造聚氨酯改性醇酸树脂的物质。

注：1. 2023 年数据系估算值。

2. EMEA 表示欧洲、中东和非洲三地区。

表 8-34 2018 年全球生产聚氨酯涂料消耗多元醇和异氰酸酯的量

品种	数量/(万吨/年)
多元醇部分	
烯丙基多元醇	50.8
聚酯多元醇	28.6
聚醚多元醇	19.9
其他	1.3

续表

品种	数量/(万吨/年)
异氰酸酯部分	
HDI	20.1
IPDI	7.4
H_{12}MDI	3.4
芳基异氰酸酯(甲苯二异氰酸酯和 *p*,*p*-亚甲基二苯基二异氰酸酯)	15.5
合计	147.0

由于聚氨酯涂料用途广、品种多，因此生产公司很多、分布广，既有像BASF等这样的树脂大公司，也有外购原料配方生产终端用途涂料的小公司，美国和西欧都有几十家，甚至百家的公司构成这一行业的生产。

5. 中国聚氨酯涂料生产和消费

中国聚氨酯涂料的发展始于20世纪50年代末，但是直到60年代中期才有小规模的工业生产。由于生产聚氨酯的原料异氰酸酯、多元醇等没有工业生产，所以直到90年代才得到快速发展，产能、产量和市场消费连年成倍增长。2000年后，中国的产能、产量和消费量已占全球的一半以上，成为全球聚氨酯涂料发展最快、品种最全、产能和消费量最多的国家。

中国聚氨酯涂料的生产公司分布广泛，在20多个地点有140多家生产商，大部分都建在长江及珠江三角洲地区。1996～2023年中国生产聚氨酯涂料的变化如表8-35所示。

表 8-35 1996～2023 年中国聚氨酯涂料产量及原料耗量逐年变化 单位：万吨/年

年份	湿基含33%树脂	100%的干树脂	生产聚氨酯涂料消耗多元醇和异氰酸酯量	年份	湿基含33%树脂	100%的干树脂	生产聚氨酯涂料消耗多元醇和异氰酸酯量
1996	7.0	2.3	2.3	2012	91.7	30.6	30.6
1997	11.0	3.7	3.7	2013	103.0	34.3	34.3
1999	14.5	4.8	4.8	2014	113.6	37.9	37.9
2001	19.5	6.5	6.5	2015	129.7	43.2	43.2
2005	35,9	11.7	11.7	2016	142.4	47.5	47.5
2010	77.9	26.0	26.0	2017	155.2	51.7	51.7
2011	82.6	27.5	27.5	2018	176.8	58.9	58.9
				2023	242.0	80.7	80.7
2018～2023年均增长率为6.5%							

2018年，中国的涂料总产量约为1750万吨，聚氨酯涂料约占10%。消耗多元醇39.3万吨，芳基异氰酸酯138万吨，脂肪烃异氰酸酯5.8万吨。据估计，在聚氨酯涂料中添加了约59万吨稀释剂。

聚氨酯涂料的主要应用包括木材涂料、汽车内饰涂料、塑料涂料（用于汽车零部件、电子产品、家用电器等）和金属丝涂料。相当一部分聚氨酯涂料用于木材加工和车辆维修。

中国生产聚氨酯涂层树脂的聚异氰酸酯交联剂的主要生产商大多也同时生产BDO、PTMEG，以及生产涂料用的聚氨酯树脂，这种上下游产品一体化生产的模式，加快了下游产品的生产和发展。

基于芳香族异氰酸酯TDI的聚氨酯涂料的最大应用是木地板和木质家具涂料，它们总共占聚氨酯涂料使用总量的65%左右。2018年，涂料用TDI消费量约为9.3万吨，是涂料应用中消耗是最大的异氰酸酯。聚氨酯涂料，特别是溶剂型聚氨酯系统，广泛应用于要求表面外观具有长期耐久性的产品，如厨房橱柜、办公家具和硬木地板的整理。专业木门装饰（现场应用）也是我国聚氨酯涂料的一个重要终端市场。自2010年以来，中国向低排放（水性、紫外线固化）聚氨酯体系发展的趋势明显加快，这主要是由严格的溶剂排放立法推动的。

聚氨酯涂料另一个很大的市场是钢丝涂料。用于发电机、电机和变压器中产生磁场的电气线圈的绕组线通常有5～100μm的薄绝缘层。绝缘是通过覆盖30层厚度在1～2μm范围内的钢丝涂料而产生的。聚氨酯涂层作为单组分体系加工，通常由支链热活化聚氨酯交联剂和支链含羟基聚酯组成。硬化剂通常是三甲基丙烷和甲苯二异氰酸酯（TDI）的加合物。此外，采用热活化MDI交联剂制备的金属丝涂层，具有更好的防潮性和耐热性，但降低了可焊性。世界上主要的钢丝涂料生产商是Elantas（Altana Group）和Totoku Toryo，这两家公司都在中国建立了钢丝涂料厂。

其他大型市场还包括防腐涂料和汽车OEM涂料。此外聚氨酯作为集装箱船和集装箱港口用的涂料越来越重要，自2000年以来，在中国发展迅速。

中国的粉末涂料产量非常大，占全球产量的一半以上。然而，大多数的生产是基于环氧树脂和环氧-聚酯混合物，聚氨酯基粉末涂料的使用非常少。

中国水基聚氨酯涂料发展迅速（年均增长10%～20%），但其基数非常小。这些材料越来越多地被用作外科手套涂层，使用聚氨酯可以防止对乳胶的过敏反应。Covestro公司是这个市场的主要供应商。中国的水基聚氨酯总产能约为每年10万吨，主要用于皮革精加工（49%）、工业水性涂料（12%）、建筑涂料（10%）、工业胶黏剂（9%）、汽车涂料（8%）、玻璃纤维涂层手套（5%）、织物胶黏剂（4%）和木制品（3%）。聚氨酯涂料未来会越来越多地应用于建筑涂料和其他工业涂料中，以提高技术性能和耐久性。

HDI衍生物（即加合物）越来越多地用于汽车涂料，如OEM中的塑料零件和汽车再装饰涂层。在2005～2018年期间，HDI基聚氨酯涂料的应用增长最快的是汽车涂料，在此期间每年增长15%～20%。

汽车内饰塑料部件、电子产品和家用电器的塑料涂料也是中国的主要市场。在过去的20年里，在塑料上应用涂层以提高其外观和技术性能已成为普遍的做法。例如，汽车工业中使用的塑料约有70%是涂层。聚氨酯涂料（溶剂性、水性和紫外线固化）具有固化温度低、化学性能良好、耐划伤以及外观良好等特性，是塑料涂料的完美选择。塑料上的紫外线固化聚氨酯涂料的重要应用包括地板（聚氯乙烯、天然橡胶、聚烯烃等）、汽车零部件、由聚碳酸酯或聚碳酸酯混合物制成的手机外壳，以及塑料家居用品。世界上主要的家电和手机塑料涂料公司包括Musashi Paint、Cashew Coating、Origin Paint和Ohashi Chemica等，所有这些公司都在中国建立了涂料生产厂。汽车OEM塑料涂料主要由PPG、BASF、Nippon Bee Chemical和Fujikura Kasei公司提供。

随着中国造船业的继续发展，高铁和城市轨道交通、风力发电等新能源基础设施的建设，以及越来越多的大型基建项目建设，对防腐涂料的需求正在上升，聚氨酯涂料的消费预计将迅速增长。

2013～2018年，中国涂料消费量以年均11%的速度增长。2018～2023年的年均增长率放缓至6%～7%，主要由汽车翻新涂料、建筑涂料和塑料涂料驱动。

三、聚氨酯胶黏剂和密封剂[1,5,75-80]

胶黏剂和密封剂是指那些在应用后能进行交联并提供优异物理性能的材料。这些化合物中的大多数是环氧树脂和聚氨酯，以及用于密封剂的聚硅氧烷和聚氨酯。其中聚氨酯胶黏剂和密封剂的用量最多，发展最快。

1. 聚氨酯胶黏剂和密封剂的性能

聚氨酯胶黏剂和密封剂（polyurethane adhesives and sealants）的分子中含有氨基甲酸酯（—NH—CO—O—）和/或异氰酸酯基（—NCO）链段，在制造及黏结过程中都会发生多异氰酸酯化合物或含异氰酸酯基（—NCO）端基的聚氨酯预聚物与活泼氢化合物（如含羟基、氨基的化合物和水等）的反应，使聚氨酯胶黏剂及密封剂具有许多特殊的物理化学性能。

① 聚氨酯胶黏剂（包括密封剂，以下同）中含有反应活性很高的异氰酸酯基团，能和许多材料，诸如木材、皮革、金属、玻璃、橡胶、纸张、纤维、陶瓷、混凝土、石板等基材表面所含的活泼氢发生化学反应，产生键能较高的共价键，由于化学黏合的作用而具有优良的黏结性能。此外聚氨酯分子中还有氨基甲

酸酯、醚、脲等极性键，可与基材表面形成分子间的氢键和范德华力等次价键，具有良好的吸附黏结力。

② 多异氰酸酯、聚酯、聚醚多元醇等原料制成的聚氨酯，可以视为是由刚性聚酯键、芳烃及低分子扩链剂形成的“硬链段”、长链聚酯或聚醚等构成的“软链段”组成的嵌段共聚物。可以通过改变软、硬链段的化学组成和分子结构，大幅度改变聚氨酯的物理化学性能。因此聚氨酯胶黏剂可以通过性能的变化满足不同材料之间的黏结。

③ 聚氨酯胶黏剂形成的胶黏层具有耐油、耐化学品、耐冲击、耐扰曲、耐疲劳、耐解性能，以及突出的耐低温性、能吸收振动。在弹性体与钢之间能形成抗疲劳的黏结层。

④ 聚氨酯胶黏剂可加热固化，也可室温固化，黏结工艺简便，易于重复操作。

⑤ 聚氨酯胶黏剂的品种多，性能各异，用途广泛。不仅可用于表面多孔材料黏结，也可用于表面光滑的材料的黏结。不仅可用于结构材料的黏结，也可用于涂层和密封胶。既可用于建筑、家具制造、汽车制造、轻纺等工业部门，也可用于日常生活中小物品的修补和黏结。

聚氨酯胶黏剂的不足之处是其耐高温性能差，一般使用温度限于 120℃以下。

2. 聚氨酯胶黏剂的不同类型

聚氨酯胶黏剂按不同性能和用途有多种不同类别，例如按反应性能分类，可分为：

① 反应型 PU 胶黏剂　有多异氰酸酯溶液胶黏剂、含端基—NCO 的 PU 预聚体（湿固化）胶黏剂、封闭型 PU 胶黏剂、双组分 PU 胶黏剂、反应性热熔胶等。

② 非反应型 PU 胶黏剂　有由热塑性 PU 制成的热熔胶、单组分 PU 制成的热熔胶、压敏胶等。

其他分类方法有按溶剂的形态分类，按配制工艺不同分类，按用途及特性不同分类等。

3. 聚氨酯胶黏剂的主要用途

聚氨酯胶黏剂和密封剂是用于大多数工业部门的多功能产品。市场越来越多地要求胶黏剂具有新性能，以合成基质替代传统材料，同时要求注重环境效益，如挥发性有机化合物（VOC）的减少和回收等。从工程和设计的角度来看，其优势是因为它们能够黏合不同的基底，能经受振动，并在广泛的区域内分配应力。领先的应用领域包括纸张、包装、建筑、组装/制造、木制品和消费产品，高级胶黏剂通常还用于航空航天、电气/电子、磁带、低温工程、医疗卫生用品等。纺织品和柔性包装为非刚性黏合，通过胶黏剂性能和改性设计能提供高黏合强度的结构应用。可以按使用形式——水基、溶剂基、100%固体（热熔体）和薄膜对聚氨酯胶黏剂进行分类，也可以按化学胶黏剂或最终用途市场进行分类。2000年后聚氨酯胶黏剂发展很快。表8-36列出了聚氨酯胶黏剂主要用途及使用类型。

表8-36　聚氨酯胶黏剂主要用途及使用类型

用途	使用类型及组分	用途	使用类型及组分
汽车建筑结构用胶	单组分、双组分	轮胎帘子线	多异氰酸酯胶、双组分
汽车建筑用密封胶	无溶剂双组分	低温工程	无溶剂双组分
胶合板、纤维板等	单组分、双组分、水性	食品等包装	双组分、单组分
地毯垫	双组分	复合薄膜	聚酯、聚醚/多异氰酸酯
铸造砂模	双组分	制鞋	挥发型单组分、双组分，MDI/结晶性聚酯
油墨胶黏剂	挥发型单组分、双组分	磁带胶黏剂	挥发型单组分、双组分，聚酯/MDI
合成革	挥发型单组分	印刷复合、装饰纸	单双组分、水性
静电植绒	双组分、水性	风力及光伏发电，电动汽车电池抗零部件组装	双组分、单组分等

4. 聚氨酯胶黏剂的生产结构和消费

聚氨酯胶黏剂最重要的组成部分是胶黏剂，通常是一种可以交联的聚氨酯聚合物，它将系统结合在一起，对胶黏剂性能贡献最大。可以通过添加其他成分以达到最终胶黏剂配方中所需的性能，包括稀释剂和溶剂、抗氧化剂、扩展剂、填料、催化剂、增塑剂、消泡剂、防腐剂、增稠剂。配方应选择适当的原材料，以平衡特定应用的性能要求和成本。

聚氨酯胶黏剂生产的主要参与者是原材料供应商、胶黏剂和密封剂配方商、包装商、分销和经销商，以及消费者。该行业的原材料供应商也向其他行业提供产品。例如，环氧树脂也被用于涂料和复合材料工业，以及其他一些行业；聚氨酯也被用于制造泡沫、弹性体和涂层。也即聚氨酯胶黏剂的生产商都是多品种聚氨酯产品的生产商。

一般来说，胶黏剂和密封剂业务很少整合。一些胶黏剂生产商同时进行多种树脂生产，如Huntsman公司同时也生产环氧树脂和配制环氧胶黏剂，Dow and Momentive公司还生产硅胶弹性体。这些公司还以自己的品牌销售密封剂，出售给承包商和市场。一些生产商则倾向于购买原材料，然后制造和应用自己的胶黏剂，包括包装和木材层压板制造商。

胶黏剂和密封剂的配制行业由数量有限的大型跨国公司、中型公司和许多小型独立生产商组成。这个行业是非常分散的，Henkel是领先者，约占总市场份额的15%，超过2000家公司占了其余市场。一些胶黏剂和密封剂的生产商也参与了其他市场，因为许多原材料可以用于制造类似行业使用的产品，如涂料。例如，加拿大的一家聚氨酯胶黏剂和密封剂的生产商Normac，同时也生产聚氨酯涂料、弹性体和修复化合物；Sika生产环氧树脂胶黏剂和涂料，以及聚氨酯涂料、胶黏剂和密封剂。在欧洲，Soudal是聚氨酯胶黏剂、密封剂和泡沫的主要生产商。RPM是北美和欧洲密封剂的主要生产商，也活跃在各种类似的市场，包括涂料、地板、屋顶和其他特种产品等。

胶黏剂和密封剂的配方和包装通常不是资本密集型的，大多数工艺需要在一个相对简单的设备中混合几个组分，要保证良好的混合。生产几乎完全是批处理过程，虽然可以生产几种产品，但公司通常根据胶黏剂的化学类型分装。固体形式的胶黏剂，如热熔体，通常通过混合原料，然后挤压、造粒、干燥和包装。

配方设备始终是多用途的，很少专门用于单个产品。典型的胶黏剂制造商可能生产数百种不同的化合物，其中许多产品的用量相对较小。为了增加制造的灵活性和最小化货运成本，许多胶黏剂生产商倾向于使用相对较小的设备在多个地点操作。此外，分散的站点便于及时交付。胶黏剂制造的重点是灵活、低成本的生产单元和有效的质量控制，这有助于确保产品的一致性。

生产商提供各种形式和尺寸的产品，大容量液体可以装在油罐车和桶中，小容量液体可装在100kg、500kg或1000kg的桶中。热熔胶颗粒根据数量以袋子、盒子和超级包装的形式供应。

聚氨酯胶黏剂可以基于从天然产品中衍生的多元醇来合成，如蓖麻和大豆油，这些已经使用多年。生物质生产琥珀酸已应用于生产Bio-BDO和聚氨酯用的多元醇。通过糖发酵衍生出的生物质-BDO，可与对苯二甲酸或间苯二甲酸结合，制备用于热熔胶黏剂的聚氨酯树脂。除胶黏剂外，生物质琥珀酸还可用于生产聚氯乙烯增塑剂、生物可降解塑料、涂料聚酯多元醇、溶剂（琥珀酸二甲酯）等。表8-37给出全球不同国家和地区聚氨酯胶黏剂（非配方）消费量的变化。

表8-37　全球聚氨酯胶黏剂的逐年消费

国家和地区	消费量/(万吨/年)					
	2005	2008	2011	2015	2019	2024
北美	7.7	7.2	7.2	8.8	9.0	10.1
中南美	0.8	0.8	0.8	0.7	0.7	0.8

续表

国家和地区	消费量/(万吨/年)					
	2005	2008	2011	2015	2019	2024
西欧	7.6	8.0	7.7	8.3	9.3	10.4
中欧、东欧	1.3	1.4	1.5	1.7	2.0	2.4
中东和非洲	—	—	0.3	0.35	0.4	4.8
日本	3.5	3.6	3.0	3.4	3.3	3.4
中国	5.9	7.2	9.0	11.8	15.8	21.7
除中国和日本以外的亚洲国家	2.4	3.2	3.7	4.0	4.6	5.5
总计	29.2	31.4	33.2	39.1	45.1	59.1

注：2024年产能系预计。

全球2019年聚氨酯胶黏剂消费中国占35%，北美占20%，西欧占21%，日本占7%，亚洲除中国、日本以外国家占10%，中、东欧占4%，中南美占2%，中东和非洲占1%。全球主要国家和地区聚氨酯胶黏剂2019年的消费领域占比见表8-38。

表8-38　全球主要国家和地区聚氨酯胶黏剂2019年的消费领域占比　　单位：%

消费领域	北美	西欧	其他欧洲国家和地区	日本	中国	除中、日以外的亚洲国家
建筑	36	28	21	30	27	29
电子电气	2	5	2	忽略	3	忽略
鞋类	1	3	1	0	20	29
包装	30	25	36	53	26	27
运输	15	23	21	9	8	5
木器	6	9	15	9	10	11
其他	10	7	4	0	6	0
总计	100	100	100	100	100	100

中国2019年聚氨酯胶黏剂的配方消费量约为52.6万吨。中国聚氨酯胶黏剂的主要供应商见表8-39。过去，由于缺乏原材料，经济增长有些受到阻碍，但现在有足够的异氰酸酯和其他原材料的生产。超过80%的聚氨酯胶黏剂是溶剂型的，其余的是水型的。在大多数液态聚氨酯胶黏剂中，树脂含量为20%～25%。高固体含量的聚氨酯胶黏剂近年来发展迅速，但反应性热熔聚氨酯胶黏剂的使用还很少。聚氨酯胶黏剂的主要应用领域包括建筑、包装材料、鞋类和运输。其中建筑是最大的终端应用市场，约占市场的27%；第二大市场是包装材料，约占

市场的 26%；其次是鞋类和运输业。中国汽车生产增长迅速，是世界上最大的汽车生产国。中国的高铁是一个客运专用铁路网系统，在过去的 15 年在中国太平洋地区蓬勃发展，导致对聚氨酯胶黏剂的市场需求将以年均 6%的速度增长。

表 8-39 中国聚氨酯胶黏剂的主要供应商

公司及所在地	品牌	备注
北京高盟新材料股份有限公司，北京	Comens	运输工具
北京天山新材料技术有限公司，北京	Tonsan	层压板
波士胶芬得利（中国）粘合剂有限公司，广东广州		热熔
汉高胶黏剂技术（广东）有限公司，广东广州		运输工具
洛阳吉明化工有限公司，河南洛阳		包装
湖北回天新材料股份有限公司，湖北襄阳		溶剂型
昆山嘉力普制版胶黏剂油墨有限公司，江苏昆山		溶剂型
无锡市万力粘合材料股份有限公司，江苏无锡		溶剂型
扬州晨化新材料股份有限公司，江苏扬州		溶剂型
抚顺市建合聚酯厂，辽宁抚顺		溶剂型
济南山星化工有限公司，山东济南		水基型
上海新光化工有限公司，上海		水基型
安吉县广泰化工纸业有限公司，浙江湖州安吉		水基型

四、聚氨酯涂料、胶黏剂和密封剂协同发展

聚氨酯涂料、胶黏剂和密封剂均属于热固性聚氨酯弹性体，是涂覆性的聚合物，品种多，用途广，市场、生产结构和形式类似。在北美地区涂料、胶黏剂和密封剂合起来的市场相当大。其中涂料市场最大，差不多是胶黏剂市场的三倍，密封剂市场的九倍。三者的生产技术均包括聚氨酯树脂的生产和不同品种、性能、用途终端产品的配方生产，大多采用搅拌釜式分批次制造，所采用的主要原料和辅助材料也类似。在市场结构上，涂料市场有三大宏观市场，六个战略类别，三十九个大类和一百九十个小类，其市场年均增长率约为 2%。

胶黏剂和密封剂在市场结构上与涂料相似，有十二个战略类别，八十五个大类和二百六十二个小类，比涂料更复杂，类别更多。其市场年均增长率略高于涂料，为 2.1%～2.3%。

在多数胶黏剂和密封剂的使用领域都同时有涂料的存在，因此要求胶黏剂与密封剂必须与涂料兼容。例如在汽车、电器等许多产品的应用中，涂料必须涂覆

在胶黏剂或密封剂的上面，因此要考虑涂覆前后的兼容性，这样才不会导致不良的后果。而这种对涂料、胶黏剂和密封剂兼容性的要求，需要提供产品的生产商来提供产品性能、使用环境和要求的说明，而不是使用者。

聚氨酯涂料、胶黏剂和密封剂三者具有共同的生产原料，相近的生产技术和结构，相互兼容的共同市场，因此需要协同发展。既要看到市场的完整性，也要看到每种产品的独立性，从中发掘新的增长点。迎合市场需求，研发生产新产品，进一步扩大市场，是今后发展的关键。

参考文献

[1] 得宁.聚氨酯［M］//化工百科全书：第8卷.北京：化学工业出版社，1994：897-929.

[2] 欧育湘.硝基芳烃［M］//化工百科全书：第17卷.北京：化学工业出版社，1994：1067-1080.

[3] 张月娟.苯胺及其衍生物［M］//化工百科全书：第1卷.北京：化学工业出版社，1990：327-335.

[4] 乔生，等.有机异氰酸酯［M］//化工百科全书：第19卷.北京：化学工业出版社，1998：197-225.

[5] 山西省化学研究所.聚氨酯弹性体手册［M］.北京：化学工业出版社，2001.

[6] Gunter O.聚氨酯手册［M］.阎家宾，等译.北京：中国石化出版社，1992.

[7] 欧阳杰.异氰酸酯［M］//有机化工原料大全.2版，下卷.北京：化学工业出版社，1999：841.

[8] 福承.芳香族硝基化物［M］//有机化工原料大全.2版，下卷.北京：化学工业出版社，1999：718.

[9] 颂周.异氰酸酯［M］//有机化工原料大全.2版，下卷.北京：化学工业出版社，1999：841.

[10] 翁汉元.聚氨酯工业发展状况和技术进展［J］.化学推进剂与高分子材料，2008，6（1）：1-7.

[11] 黄茂松，等.后金融危机下我国聚氨酯弹性体发展之路探讨［J］.化学推进剂与高分子材料，2011，9（1）：10-17.

[12] 张坤鹏.MDI行业中光气合成反应的研究概况［J］.广州化工，2010，38（7）：63-64.

[13] 乐金彩，等.多苯基多亚甲基多胺工艺技术进展［J］.聚氨酯工业，2011，26（2）：1-4.

[14] 谢同.苯胺生产技术研究进展及市场分析［J］.石油化工技术与分析，2023（1）：15-19.

[15] 科思创在可再生原材料领域取得重大研究突破［J］.涂料工业，2017（7）：88.

[16] 哈根 T，等.Preparation method of polyisocyanate of diphenyl methane series with low color value：CN 1443796［P］.2003-09-24.

[17] 哈根 T，等.Diphenylmethane series diamine and polyamine preparation method：CN 1840521A［P］.2006-03-29.

[18] 珀克尔 H G，等.制备二苯基甲烷二异氰酸酯混合物的方法：CN 19959013A［P］.2007-07-11.

[19] 波尔 F，等.Process for preparing methylenediphenyl diisocyanates：CN 101519366A［P］.2009-02-27.

[20] 斯特洛夫 E，等.制备亚甲基二苯胺和亚甲基二（异氰酸苯酯）的方法：CN 1290245A［P］.2001-04-04.

[21] Covestro AG.Production of aniline：US 20170066713［P］.2017-05-09.

[22] Genomatica Inc.Microorganisms for the production of aniline：US 20110097767［P］.2011-04-28.

[23] 吕国会."十四五"迎重点聚焦高性能、高品质、绿色化和可持续［J］.中国化工信息，2021（10）：28-29.

[24] 魏坤.抓住长期向好契机，苦练内功促聚氨酯助剂行业绿色发展［J］.中国化工信息，2022（24）：39-41.

[25] 佚名.聚氨酯材料助推绿色建筑新发展聚氨酯［J］.中国化工信息，2016（18）：44-46.

[26] 郭智臣.中国聚氨酯发展的九大亮点及八大热点［J］.化学推进剂与高分子材料，2010（1）：6.

[27] 黄茂松，等.新兴产业拉动聚氨酯弹性体高速发展 [J].中国化工信息，2011（16）：6.
[28] 李清永，等.MDI生产技术进展及市场前景的浅析 [J].科技传播，2011（12）：7.
[29] 康永，等.聚氨酯复合材料的研究 [J].环球聚氨酯，2010（9）：68-71.
[30] 黄茂松，等.后金融危机下我国聚氨酯弹性体发展之路探讨 [J].新材料产业，2011（6）：7.
[31] 维杜拉 R R.聚氨酯弹性纤维和制备该纤维的方法：CN 1511180A [P].2004-07-07.
[32] 彭帆.中国TPU市场分析（上）[J].新材料产业，2008（2）：27-32.
[33] 彭帆.中国TPU市场分析（下）[J].新材料产业，2008（3）：47-50.
[34] Ultee A J. Encyclopedia of Polymers Science and Engineering [M]. 2nd ed. New York：John Wiley & Sons，1985：755.
[35] 刘锦春，等.四氢呋喃聚醚型聚氨酯弹性体力学性能的研究 [J].弹性体，2002（3）：13.
[36] 刘凉冰.等.PTMG/MDI体系聚氨酯弹性体的力学性能研究 [J].聚氨酯工业，2009（2）：13.
[37] 刘凉冰.聚氨酯弹性体的耐热性能 [J].弹性体，1999（3）：41-47.
[38] 刘凉冰.四氢呋喃均聚醚聚氨酯弹性体——影响PTMG-PU力学性能的因素 [J].化学推进剂与高分子材料，2006（6）：9.
[39] 刘凉冰.扩链剂对PTMG/MDI体系聚氨酯弹性体力学性能的影响 [J].环球聚氨酯，2009（6）：56-58.
[40] 王德诚.弹性纤维 [M]//化工百科全书：第15卷.北京：化学工业出版社，1997：585.
[41] 刘丹，等.聚氨酯弹性纤维发展概况 [J].化学推进剂与高分子材料，2007，5（1）：20.
[42] Richard L，et al. Spandex fiber with copolymer soft segmen：US 5000899 [P].1991-03-19.
[43] Stepben D S，et al. Spandex elastomers：US 5691441 [P].1997-11-25.
[44] 李泽阳，等.Rebound elasticity being improved polyether ester elastic fiber：CN 1480570 [P].2004-03-10.
[45] 杨从登，等.High-resilience polyurethane elastic fiber and preparation method thereof：CN 101555638A [P].2009-10-14.
[46] 周国永，等.Method for preparing polyurethane snapback fibre with solution polymerization：CN 101096782 [P].2008-01-02.
[47] 陶宇，等.一种用多元醇和异氰酸酯生产聚氨酯弹性纤维的方法：CN 1108705A [P].1995-09-20.
[48] Harald Feuerherm，et al. Method of blow molding hollow articles from thermoplastic synthetic resin：US 5840223 [P].1998-11-24.
[49] Robin N G，et al. Process for melt spinning spandex：US 6127506 [P].2000-10-03.
[50] Vedula R R，et al. Thermoplastic polyether urethane：US 5959059 [P].1999-09-28.
[51] 顾超英.国内外氨纶市场现状及中国氨纶行业经济运行分析 [J].环球聚氨酯，2007（11）：84-92.
[52] 钱伯章.国内外氨纶生产现状和市场分析 [J].化学推进剂与高分子材料，2007（2）：33.
[53] 顾超英.国内外氨纶纱线市场发展趋势 [J].纺织商业周刊，2009（2）：40.
[54] 黄茂松.我国氨纶产业的现状与发展方向 [J].环球聚氨酯，2008（7）：80-83.
[55] 韩秀山.熔融氨纶的优势和生产发展现状 [J].精细化工原料及中间体，2008（6）：3.
[56] 李增俊.世界氨纶新产品的开发现状分析 [J].环球聚氨酯，2009（8）：70-73.
[57] 顾超英.2008—2009年中国氨纶市场发展现状与行业经济运行分析 [J].环球聚氨酯，2009（6）：68-74.
[58] 顾超英.2011—2013年氨纶纤维及原料产需行情现状与前景预测分析 [J].环球聚氨酯，2011（1）：68-75.
[59] 顾超英.当前与未来几年氨纶纤维上下游产需情况变化分析与预测 [J].环球聚氨酯，2012（2）：

76-81.
[60] 顾超英. 2009 年国内外氨纶纱线市场发展现状与前景分析 [J]. 环球聚氨酯，2009 (2)：68-74.
[61] 韩秀山，等. 发展熔纺氨纶正当时 [J]. 环球聚氨酯，2010 (7)：6.
[62] 巩玉倩. 氨纶：规模逐渐扩大，供应过剩将持续 [N]. 中国经营报，2019-6-28.
[63] 侯保训，等. 软质聚氨酯泡沫塑料生产工艺 [J]. 塑料科技，1994 (3)：28-42.
[64] 祝建勋，等. PIR 与 PUR 泡沫塑料性能对比研究 [J]. 聚氨酯工业，2015 (2)：29-31.
[65] 张慧波，等. 我国聚氨酯泡沫塑料的发展近况 [J]. 工程塑料应用，2005 (2)：71-73.
[66] 沈春林. 聚氨酯防水涂料：发展态势良好，未来前景广阔 [J]. 中国化工信息，2020 (11)：44-47.
[67] 方秀华. 聚氨酯泡沫塑料的发展近况 [J]. 聚氨酯工业，2000 (4)：6-10.
[68] 王宝川. 高性能水性聚氨酯涂料及其发展研究 [J]. 中文科技期刊数据库（全文版）工程技术，2023 (7)：93-95.
[69] 于国玲，等. 内聚氨酯涂料的研究进展 [J]. 弹性体，2022 (5)：98-102.
[70] Sarah，Silva. 聚氨酯涂料：传统市场正在不断变化 [J]. 中国涂料，2022 (5)：75-76.
[71] 刘道春. 聚氨酯涂料应用前景 [J]. 化学工业，2013 (5)：31-35.
[72] 廉兵杰，等. 水性聚氨酯涂料的研制及性能研究 [J]. 涂层与防护，2022 (1)：1-5.
[73] 王永厚，等. 聚氨酯涂料讲座（连载一）[J]. 聚氨酯工业，1989 (1)：49-51.
[74] 王永厚，等. 聚氨酯涂料讲座（连载二）[J]. 聚氨酯工业，1989 (2)：45-55.
[75] 朱永康. 亚太地区胶黏剂和密封剂需求量引领全球市场 [J]. 橡胶科技，2013 (10)：59.
[76] 刘海涛，等. 车用密封剂和胶黏剂概述 [J]. 汽车零部件，2009 (6)：61-64.
[77] 李绍雄，等. 聚氨酯胶黏剂讲座（连载一）[J]. 聚氨酯工业，1992 (2)：45-49.
[78] 李绍雄，等. 聚氨酯胶黏剂讲座（连载二）[J]. 聚氨酯工业，1992 (3)：44-50.
[79] 佚名. 聚氨酯胶黏剂密封剂再受瞩目 [J]. 胶黏剂市场资讯，2005 (7)：7-8.
[80] 佚名. 胶黏剂和密封剂市场不可忽视 [J]. 中国涂料工业，2002 (3)：48-49.

第九章
1,4-丁二醇产业链的现状和展望

第一节 1,4-丁二醇产业链的现状

一、1,4-丁二醇产业链的诞生和发展[1-5]

1. 产业链诞生和兴起于煤化工

第一个生产 BDO 的 Reppe 工艺是由德国 Farben 公司的 Walter Reppe 博士在 20 世纪 30 年代开发成功的。该工艺在第二次世界大战期间被用于为生产 1,3-丁二烯提供原料，1,3-丁二烯是制造合成聚苯乙烯-丁二烯橡胶（SBR，又称丁苯橡胶，商业上称为 BUNA-S）的关键单体之一。20 世纪 40 年代在德国实现 Reppe 工艺工业生产，当时的生产规模只有几千吨/年。

全球煤化工产业的兴起源于近代工业革命，全面发展是在 1930 年以后。当时德国的煤化工产业非常发达，Reppe 法生产 BDO 的原料来源于煤化工，即乙炔来源于电石，而电石是由焦炭和石灰石烧制而成的。生产甲醇的原料也是由煤制的合成气，甲醇氧化又可制成甲醛。随着第二次世界大战的结束，由于大量廉价石油和天然气的开采，西方国家率先完成了有机化学工业原料由煤向石油和天然气的转变，也即石油化工的兴起。因此，由 BDO 制造 1,3-丁二烯这一目的已无现实意义。由于 W. Reppe 在开发 BDO 合成技术的同时，也开发了 BDO 脱氢制 γ-丁内酯（GBL）、脱水制四氢呋喃（THF）的技术，而 GBL 和 THF 作为一系列有机化工产品合成的原料已为人们所认识，BDO 产品转而生产 GBL 和 THF 是顺理成章的事，从而维持了这一产业链的存在和延续。第二次世界大战后德国 Farben 公司 THF 的生产规模曾达到 5000 吨/年。继德国之后，美国的 DuPont、Quaker Oats 公司在 20 世纪 50 年代前后，采用 Reppe 法建成 BDO 及 BDO 脱水制造 THF 的生产装置，同时生产 BDO 和 THF，使 BDO 的产能成倍增加，而且使这一产业链走出德国，面向全球。

2. 产业链形成于下游产品的发展

1,4-丁二醇产业链的诞生和初期发展在德国，促进产业链扩大和发展的是下游产品聚酯和聚氨酯产品的开发。

聚酯主要是指饱和聚酯，最早产业化的是聚对苯二甲酸乙二醇酯（简称PET）。PET早在20世纪40年代末开始工业生产，50年代初，其纤维纺织产品面世，很快用于纺织品的生产。此后不久，又有薄膜制品出现在市场上。60年代中期，作为注塑成型的聚酯原料，广泛用于包装容器等制品的生产。作为合成纤维的用料，1960～1966年全球PET需求年均增速为31%。PET的成功应用和快速发展，及其一系列聚合、加工、改性等技术的开发，为聚对苯二甲酸丁二醇酯（简称PBT）的开发和应用铺好了道路。PBT的商品化比PET晚了20年，直到1970年才有商品面世。与PET比较，PBT具有很好的注模流动性、高结晶速率、优异的电学性能和耐热性能等，因此很快得到许多高性能领域的应用、需要和推广，以年均25%～30%的速度增长。到20世纪70年代末，全球PBT需求量已达到4.2万吨/年，而且市场需求仍保持强劲增长势头。

20世纪30年代末，德国O. Bayer等人首先发现二异氰酸酯与大分子二元醇一起加聚能得到聚氨酯（PU）。40年代初德国开始生产PU材料，早期的PU泡沫塑料采用聚酯多元醇和甲苯二异氰酸酯（TDI）为原料，PU纤维是采用1,6-六亚甲基二异氰酸酯（HDI）和聚四氢呋喃（PTMEG）为原料生产。

早在1930年德国人就发现了THF的聚合性能，但直到第二次世界大战后这项研究仍未被普遍了解，仅发现其能形成薄膜。20世纪50年代，美国及其他一些国家的学者对PTMEG的兴趣大增。50年代末，美国首先用其工业生产二元伯醇，DuPont公司和Quacker Oats公司开始生产THF聚合物，品名为trocol（现在叫terathane)，聚醚二元醇。后来发现这些材料可以用作制备PU弹性体的软段材料，与异氰酸酯进行嵌段共聚可得到弹性、耐水解性优良的弹性体，制成纤维，即PU弹性纤维Spandex。至此，用了20多年的时间，PBT、PU弹性体和弹性纤维这两类下游产品才出现和发展，并成为推动产业链进一步拓展的动力。

3. 产业链发展于石油化工

进入20世纪70年代，在下游产品聚酯、PU弹性体和弹性纤维需求高速上涨的带动下，原来的Reppe法无论规模、产能或原料，再也无法满足日益发展的BDO市场的需要。20世纪60～70年代正是石油化工大发展取代煤化工的时期，当年几乎所有依赖煤原料发展起来的有机化工产品，都转而依靠以石油和天然气为原料的石油化学工业进行生产。BDO和THF的产业链也不例外，Reppe法的乙炔、甲醛、氢气转而依附于石油化工原料生产，生产装置和技术也进一步融入了石油化工催化剂、连续化、自动化、大型化的生产理念，使原有技术和生产规模得到较大的发展。与此同时，一些完全依赖石油化工原料的BDO生产技术成功开发和产业化，大大促进了产业链产能的增加。继Reppe法之后，20世纪70年代以1,3-丁二烯为原料的乙酰氧化法生产BDO技术实现产业化，马来酸酐（MA）加氢制GBL实现工业化生产；80年代MA酯化加氢生产BDO技术开发成功，以丁烷为原料，氧化生成MA，直接生产BDO、GBL、THF的各种技术日趋成熟，并逐步实现工业生产；90年代环氧丙烷、烯丙醇羰基化合成BDO技术产业化。

一系列以石油化工产品为原料合成BDO、THF等技术的开发成功，完全使这一产业链依附于以石油、天然气为起始原料，成为石油化工大产业链中的一员，为这一产业链的大发展奠定了基础。21世纪初，全球BDO的产能和产量已达到数百万吨/年。2023年后BDO产能超过1000万吨/年，主要下游产品的需求量达到百万吨/年，从而使这一产业链跃上一个新的台阶。

4. 产业链的壮大与产业链的转移

1,4-丁二醇的工业生产开始于德国，大规模生产并形成多种产品的产业链主要是在美、欧、日等国家和地区。技术的进步、用途市场的扩大、产能的增加、专利技术的相互转让使这一产业链不但在本国逐渐壮大，同时转移到生产技术、市场空白的国家和地区建设和发展，使产能和市场进一步壮大。

5. 生物质-1,4-丁二醇路线的出现

生物质-BDO技术的产业化即将使BDO产业链未来发展进入新阶段。

生物琥珀公司（BioAmber）基于生物质-琥珀酸生产开发出了一种将生物质-琥珀酸（Bio-SA）转化为BDO的工艺。2010年生物琥珀公司得到DuPont公司的加氢化催化剂技术授权，用Bio-SA通过催化加氢生产出Bio-BDO和Bio-THF。此后不断扩大DuPont公司的技术，生产100%的Bio-BDO、Bio-THF和Bio-GBL。该技术是基于SA液相加氢，而不是DPT公司的气相加氢路线。生物琥珀公司合成路线的发展主要是消除了纯化蒸发后需要中和发酵液及结晶的过程，以及在加氢前将SA进行酯化的过程。采用液相加氢法与生物质-琥珀酸的过程相结合，使糖完全转化为Bio-BDO和Bio-THF。公司在萨尼亚经营一家生物质-琥珀酸工厂，产能为每年3万吨，已于2015年3月投入使用。这是目前世界上最大的生物质-琥珀酸装置。该公司还计划在北美建造第二座生物质-琥珀酸工厂，每年生产7万吨Bio-BDO和3万吨Bio-THF。

2023年中国科学院天津工业生物技术研究所的科研团队在实验室研究成功

的基础上，已建成二氧化碳人工合成淀粉吨级中试装置，正在进行测试，要在理论、技术和工程上同步推进“二氧化碳人工合成淀粉”这一技术取得成功。淀粉实现二氧化碳人工合成，而淀粉可以进一步通过发酵制造 BDO 系列产品，BDO 系列产品分子中的碳原子最终都会以不同方式和过程转化为二氧化碳，从而实现这一系列产品分子中的碳在自然界大循环，具有非常大的现实意义。

二、1,4-丁二醇产业链的特点[6-14]

分析 BDO 产业链近 80 年的兴起和发展过程，产业链具有以下特点。

1. 与能源工业的发展紧密相连

1,4-丁二醇、四氢呋喃产业链起源于煤化工，发展于石油化工，因此其最大的特点就是对能源的依赖，对能源结构和能源价格的敏感。20 世纪 30～40 年代，BDO 产业链诞生之初，德国以及全球的能源主要依赖于煤，当时德国在煤的基础上发展了煤化工，以电石乙炔为原料的 Reppe 法 BDO 技术应运而生，得到了初步的发展。到了 50 年代，全球能源结构转变成以石油为主要能源，石油炼制工业快速发展，依附于石油炼制工业发展起来的石油化工在美国和欧洲迅速兴起，许多原来依附煤化工发展起来的有机化工产品转而采用石油为原料。随着石油化学工业的兴起和发展，BDO 产业链也不失时机地转化为石油化工的产业链之一，Reppe 法的原料电石乙炔也转变为天然气乙炔，还开发出了丁二烯、环氧丙烷、马来酸酐（又称顺酐）、丁烷等石油化工生产的 BDO 合成原料，大大促进了产业链产能的扩大。20 世纪末 21 世纪初，随着石油化工大产业链由欧美向中国转移，BDO 产业链的重心也转移至中国。但在中国的能源结构中，煤仍是主要能源，中国的电石产能全球第一，使以电石乙炔生产 BDO 的 Reppe 法又得到新生，中国新建装置大多采用 Reppe 法。由于中国煤炼焦产能巨大，顺酐生产主要以焦化苯为原料，因此实际上顺酐酯化加氢生产的 BDO 和 THF 也成为煤化工的下游产品，使 BDO 产业链在中国又主要依附于煤化工。从今后发展来看，随着中国城市民用燃料由液化气转变为天然气，炼厂丁烷会成为中国生产 BDO 的首选原料，中国 BDO 生产原料来源将趋于多元化。

2. 技术含量高，专业性强，垄断性高

产业链上的产品生产既有现代化的典型石油化工高温、高压、化学反应与分离，及各种高性能催化剂的大规模连续化生产的工程化技术和装备，也有依赖于千变万化、配方调整、改性的精巧化学技能。既有吨位数量大的产品，也有产量有限的高附加值产品。产品性能各异，品种差别化、多样化，专用材料的发展趋

势明显。这些生产技能与技术，以及产能、产品和市场，多年来一直是由一些诸如 BASF、DuPont 等大型跨国公司所开发和拥有，专有性和垄断性强。随着产业链的扩大和转移，一些拥有技术专利的跨国公司已经从中获得丰厚利润。从今后发展看，随着各种新技术的开发、高性能产品的涌现，技术的专有性会更强，谁开发新技术、新产品投入得多，谁就会拥有更多的专利和高科技产品，就会获得丰厚回报。

3. 产品的附加值高

产业链上主要产品与其主要生产原料的价格比远高于大多石油化工产品的比值，一般石油化工产品与其主要生产原料的价格比为 1.1～1.4。例如苯乙烯与乙烯的价格比为 1.1～1.2，苯乙烯与苯的价格比为 1.2～1.3，聚苯乙烯与苯乙烯的价格比为 1.2～1.3，尼龙 66 切片和己内酰胺的价格比约为 1.45。此外，BDO 的价格是正丁烷价格的 3～4 倍，是 MA 价格的 2～3 倍。聚氨酯弹性纤维的价格分别是 MDI 和 PTMEG 价格的 2～3 倍，如果是细旦丝或制成包覆纱，价格比更高。

4. 最终产品应用领域广，与人们的生活、衣食住行紧密相关

产业链的最终产品，特别是 PBT、聚氨酯等产品是航天航空、机械制造、家用电器、汽车等交通工具零部件的生产原料，氨纶等可直接用于鞋、袜、衣服等的生产中，与人们的生活质量息息相关。因此 BDO 产业链的最终产品市场广阔，前景明朗。价廉、物美、舒适、耐用、性能优越、深受人们喜爱的产品，总会是有市场、有发展前途的。

5. 产业链的发展存在环境的代价

特别是电石乙炔原料，能耗高，烧制石灰会对山体和环境造成破坏，大量排放二氧化碳，生产乙炔的电石渣处理等都不利于环境。此外光气法生产 MDI 等异氰酸酯存在安全隐患等。因此发展产业链，必须伴随着环境治理，关注环境的保护。

三、1,4-丁二醇产业链主要产品全球的产能和规模[15-31]

2015 年全球 BDO 的总产能为 376.9 万吨，产量和消费量为 186.8 万吨；2020 年产能增至 423.9 万吨，产量和消费量增至 222.5 万吨，产能年均增长率约为 3%。全球不同国家和地区 2015 年和 2020 年 1,4-丁二醇产能、产量和消费量见表 9-1，不同 1,4-丁二醇生产技术专利特点及专利持有者见表 9-2，2016 年和 2020 年全球不同生产原料 BDO 产能占比见表 9-3，2016 年和 2020 年除中国大陆

以外全球BDO主要生产公司产能见表9-4，全球2015年和2020年1,4-丁二醇主要下游产品消费量见表9-5。

表9-1 全球不同国家和地区2015年和2020年1,4-丁二醇的产能、产量和消费量的变化

单位：万吨/年

国家和地区	产能		产量	进口	出口	消费		产能年均增长率/%
	2015	2020	2015	2015	2015	2015	2020	2015～2020
美国	36.3	38.3	33.5	5.0	3.9	30.1	31.4	0.9
加拿大	0	7.0	0	2.0	0	2.0	18.0	58.0
拉丁美洲	0	0	0	2.0	0	2.0	2.0	2.7
西欧	44.5	44.5	19.3	3.8	5.0	22.6	23.7	0.9
中欧、北欧	0	0	0	2.0	0	2.0	3.0	6.5
中东	7.5	7.5	6.0	5.0	3.9	2.6	3.2	4.8
非洲	0	0	0	0.2	0	0.2	0.7	22.9
日本	8.5	8.5	8.5	4.5	2.0	12.8	12.7	−0.3
中国	208.7	246.7	75.0	1.2	4.0	75.8	107.0	7.1
其他亚洲国家	71.4	71.4	44.3	5.8	7.9	42.3	42.0	−0.1
总计	376.9	423.9	186.6	169.0	26.7	192.4	243.7	3.6

表9-2 不同1,4-丁二醇生产技术特点、专利持有公司及单套装置最大产能

生产技术专利持有公司	技术特点	单套装置规模/(万吨/年)
BASF公司	改进的传统Reppe技术	10
ASHLAND公司	改进的传统Reppe技术	10
InvistaN公司	优化的Reppe技术	10
ASHLAND公司	Geminox流体床马来酸工艺	6.4
JM Davy公司	MA酯化加氢	10
Dairen化学	烯丙醇氢甲酰化	10
Lyondell巴塞尔(ARCO)	环氧丙烷异构化氢甲酰化	7.7
日本Mitsubishi	丁二烯-醋酸乙酰化技术	6.0
DuPont公司	MA移动床技术	停止使用
BioAmber,Inc	Bio-琥珀酸加氢制Bio-BDO	3

表9-3 2016年和2020年全球不同生产原料1,4-丁二醇产能及占比变化

工艺及原料	2016年		2020年	
	产能/(万吨/年)	占比/%	产能/(万吨/年)	占比/%
Reppe法/乙炔	202.3	53.7	242.3	57.2
环氧丙烷/烯丙醇	77.6	20.6	77.6	18.3

续表

工艺及原料	2016年		2020年	
	产能/(万吨/年)	占比/%	产能/(万吨/年)	占比/%
Kvaerner/正丁烷	71.7	19.0	71.7	16.9
Mitsubishi/丁二烯	16.0	4.2	16.0	3.8
Geminox®/正丁烷	6.3	1.7	6.3	1.5
生物质原料	3.0	0.8	10.0	2.3
合计	376.9	100.0	423.9	100.0

表9-4　2016年和2020年除中国大陆以外全球BDO主要生产公司及产能

生产公司	2016年产能/(万吨/年)	2020年产能/(万吨/年)	采用技术
BASF公司	45.1	47.1	Reppe法(其中丁烷法7万吨/年)
Invista公司	10.9	10.9	Reppe法
Dairen化学	59.6	59.6	烯丙醇
Lyondell Basell	18.0	18.0	环氧丙烷/烯丙醇
ASHLAND公司	16.3	6.3	Geminox®/正丁烷/马来酸酐
韩国PEG有限公司	3.0	3.0	Kvaerner/马来酸酐
合计	152.9 占全球产能40.57%	144.9 占全球产能34.04%	

表9-5　全球2015年和2020年1,4-丁二醇各种下游产品消费量　　单位：万吨/年

用途	美国		西欧		日本		中国		其他亚洲国家		世界剩余		总计	
	2015	2020	2015	2020	2015	2020	2015	2020	2015	2020	2015	2020	2015	2020
四氢呋喃	15.1	15.4	8.3	7.7	4.4	4.3	40.6	58.8	27.7	27.0	0.8	2.6	96.9	115.8
聚对苯二甲酸丁二醇酯	1.7	1.8	7.1	8.1	7.3	7.3	14.0	20.0	10.3	10.1	1.7	2.1	42.1	49.4
γ-丁内酯	9.3	7.8	3.2	3.6	—	—	8.7	11.1	—	—	0.1	0.1	21.3	22.6
聚氨酯	2.6	3.9	2.8	3.0	1.1①	1.1①	12.5①	17.1①	4.3①	4.9①	0.4	0.6	23.7	30.6
其他②	1.4	1.5	1.2	1.4	—	—	—	—	—	—	0.1	0.2	2.7	3.1
总计	30.1	30.4	22.6	23.8	12.8	12.7	75.8	107.0	42.3	42.0	3.1	5.6	186.7	221.5

① 包括用于聚氨酯和其他应用。

② 包括用于聚氨酯胶黏剂、密封剂和表面涂料、药物和其他溶剂。

由以上表中可以看出：

① 2015～2020年全球BDO产能年均增长3.6%。

② 各种生产方法中仍以乙炔原料的 Reppe 法为主，每种技术的单套生产装置规模在 10 万吨/年。

③ 2016 年以后欧美等西方国家和地区 BDO 的产能、产量和市场需求几乎不变，全球 BDO 产能、产量和消费的增长主要来自中国。2011 年开始，中国已成为 BDO 最大的生产国，中国是 BDO 产业链最活跃的市场。2020 年以后，中国进一步扩大 BDO 的产能。

④ BDO 市场消费最多的是 THF，约占 BDO 总消费量的 50%以上；其次是 PBT，占 25%，这种消费比例基本未变。而用于溶剂、制药原料、涂料、胶黏剂的用量和比例在缩小。

2008 年，BioAmber 等公司从各种类型的糖中生产了试验规模的 Bio-BDO，意大利的工厂为第一家被授权这项技术的工厂，第一代工业级工厂已经开始运营。2012 年该司生产了第一批可再生生物质-BDO，主要参与者有 BioAmber、Davy、BASF、DuPont、Genomatica、Mitsubishi 和 Myriant 等公司。

四、产业链发展大事记[30-34]

BDO 产业链 1930～2023 年经历了从诞生到产业链形成与发展的大事记见表 9-6。

表 9-6　1,4-丁二醇 1930～2023 年生产技术和产能增长轨迹

年份	大事记	产能/(万吨/年)	
		全球	中国
1930～1970 年	1,4-丁二醇基于乙炔原料的生产技术的发展	0～35	0
1930 年	Farben 公司开发出以乙炔为原料，经 1,4-丁二醇制造丁二烯技术	0	0
1940 年	开发出由乙炔经 1,4-丁二醇、1,3-丁二烯制造合成橡胶的技术	约 12	0
1949 年	DuPont 由糠醛制四氢呋喃，再制造己二腈技术	约 18	0
1950 年	由于 BASF、Ashiland 和 DuPont 公司对 Reppe 技术的改进，促进了 Reppe 技术的发展	约 18	0
1955 年	Quaker Oats 由甘蔗渣生产糠醛	约 18	0
1959 年	DuPont 公司发明 Spandex 纤维	约 18	0
1970 年	Mitsubishi 1,3-丁二烯乙酰化生产 1,4-丁二醇技术产业化	约 37	0
1971～2000 年	超越乙炔石油化工原料 BDO 技术发展	37～68	0
1990 年	ARCO(LyondellBasell)由环氧丙烷合成 BDO 技术产业化	40	
1990～1992 年	Davy 由马来酸酐制 1,4-丁二醇工艺技术产业化	40～42	0
1991～1992 年	由马来酸酐生产 BDO 的 Davy 工艺技术产业化	40～42	0

续表

年份	大事记	产能/(万吨/年)	
		全球	中国
1992年	通过Davy工艺技术改进的BDO工艺成功地分离出GBL和THF，自1992年50%的新建BDO装置采用	42	0
1993～1998年	1993年日本昭和公司率先开发了PBS技术，完成300吨/年中试。BASF公司于1998年开始PBAT可降解树脂材料生产	42	1.5
1998年	1998年山东胜利油田化工总厂首先引进美国UCC和英国Davy Mackee公司1.5万吨/年丁烷流化床氧化制马来酸酐，马来酸酐经甲酯化低压加氢生产BDO，联产THF和GBL技术，1999年建成并开车，2000年后停产	45	1.5
2000年	中国第一套炔醛法BDO生产装置是山西三维公司于2000年从美国GAF公司购买的一套二手装置，规模为2万吨/年，2003年3月建成投产。后几经改扩建和发展，生产能力达到20万吨/年	66	2
1995～2000年	BDO的市场供应增加50%，而市场需求增加只有25%。产业链的生产中心已由欧美等西方国家和地区转向中国	42～66	2
2000年	SISAS进入BDO/THF市场，导致过多供应，而且由工业化学转向专用化学品(1998年)。SISAS在2000年倒闭	66	2
2001年至今	BDO的产业化及生物质技术路线，全球20年产能增长4倍，中国产能增长2倍多，BDO、THF和其他产业链产品联合生产	66～385	
2002年	LyondellBasell在荷兰建设第二套由环氧丙烷生产BDO装置	75	4
2004年	DuPont公司1997年在Gijon产业化的由MA生产THF的移动床技术装置停产	110	8
2009年	中国首套马来酸酐法BDO装置是由南京蓝星化工新材料有限公司引进Davy技术建成的5.5万吨/年BDO装置，于2009年5月建成投产	160	34.9
2012年	中国石化采用JM Davy技术在仪征化纤于2012年三季度建成的10万吨/年BDO装置因市场效益低而停产	210	68.1
2013年	中国石化采用Invista工艺在宁夏建设20万吨/年BDO(两条生产线)和PTMEG生产装置启动	245	103.6
2014年	Dairen化学15万吨/年BDO生产装置在盘锦启动	300	167.9
2014年	2014年三季度，内蒙古东源科技集团有限公司采用Invista工艺在乌海建设10万吨/年BDO装置启动	300	167.9
2014年	2012年新疆天业股份有限公司在石河子采用Invista工艺建成3万吨/年第一条BDO生产线，2014年建成20万吨/年BDO生产装置	335	167.9

续表

年份	大事记	产能/(万吨/年)	
		全球	中国
2008～2014 年	生物质-BDO 工艺开发的关键阶段，Bio-Amber、Myriant、OPX Bio 等开发出的直接由生物质糖或琥珀酸生产 BDO 的多条路线，从中试到工业生产紧张工作期间		
2016 年	Marckor/BASF JV 10 万吨/年 BDO 装置于 2016 年 1 月在 Koda 开始建设	370	168.6
2016 年	Genomatic/Novamont 第一套 3 万吨/年工业规模 Bio-BDO 装置在意大利开建	375	168.6
2020 年	BioAmber 与 JM Davy 在北美建设 Bio-BDO/THF 装置，产能为 7 万吨 Bio-BDO，3 万吨 Bio-THF	385	222.5
2020～2023 年	欧美、日本等国家和地区 BDO 产能变化较小，中国 BDO 产能将突破 500 万吨/年	385～700	222.5～500
2023 年	中国科学院天津工业生物技术研究所科研团队建立了二氧化碳人工合成淀粉吨级中试装置，正在进行测试，“二氧化碳人工合成淀粉”在理论、技术和工程上同步推进		
2023 年	2023 年 5 月 24 日福建中景石化有限公司与英国庄信万丰公司签约，引进英国庄信万丰公司先进、环保、节能的绿色 BDO 生产工艺，技术路线为顺酐酯化加氢，规模为 150 万吨正丁烷、120 万吨顺酐、90 万吨 BDO、30 万吨 THF、30 万吨 PTMEG、10 万吨氨纶、60 万吨 PBT、60 万吨 PBA、30 万吨 γ-丁内酯，总投资 600 亿元，计划三年内建成		

五、产业链进一步发展的有利因素和限制因素

BDO 产业链进一步发展的有利因素和限制发展的不利因素如表 9-7 所示。

表 9-7 丁二醇产业链发展的有利因素和限制发展的不利因素

有利发展的因素	限制发展的不利因素
具有一定规模的、可采用不同原料的成熟的生产技术，可适合不同地区和国家建设要求	欧美等西方国家和地区消费需求发展缓慢，产能和需求增长较快的中国 2023 年后将面临供大于求，开工率下降，新建装置的闲置
成熟发达的产业链市场，家电、汽车、建筑等行业需求旺盛	需要不断改进生产技术及产品性能，降低价格，上下游产品产能协调、配套，满足各种性能产品要求

续表

有利发展的因素	限制发展的不利因素
高铁、新能源、高端电子产品等新市场潜力巨大	新市场开发需要大量资金投入，新产品需要经试用、改进、定型等程序
聚丁二醇羧酸酯类用于可降解树脂	与聚乙烯、聚丙烯产能市场比较，价高，市场有限
生物质及二氧化碳人工合成 BDO 技术前景诱人	原料的选择、生产成本、环境友好等难以与现有的石化原料技术竞争

六、1,4-丁二醇产业链今后发展的战略考虑[7,33-34]

① BDO 产业链经历了数十年的快速发展，已成为继聚氯乙烯、聚乙烯、聚丙烯、聚苯乙烯等之后的第五大聚合物体系。其全球产业链规模已有数千万吨/年，品种从有机合成原料、精细化工原料到塑料、橡胶、纤维、涂料、胶黏剂等全涵盖。涉及的行业包括建筑、家电、服装、医疗卫生材料、汽车、机械制造、航空航天，以及风力发电、光伏发电、锂电池等新能源和高铁等多种产业部门。既涉及大宗产品，像弹性纤维、泡沫塑料、风力发电叶片等，也包括多种性能不同的零部件。产业链的产品优良而独特的性能，以及改良这些性能的多种手段的不断开发，新品种（例如差别化弹性纤维）、新用途的不断涌现，不同聚氨酯加工技术可生产出具有不同性能和用途的聚氨酯弹性体，这些特点使产业链产品品种和应用领域增加和扩大的同时，更趋向专用材料的方向发展。

② 不同 BDO 生产技术的生产成本中原料的价格占比最大，氢源的选择是关键，这些构成最敏感的经济因素，新建装置在选取技术路线时要做好近期、长期的充分调研和论证。现有的技术无论是所使用的催化剂、反应器等主要设备，工艺过程，上下游产品及配套产品生产的联产和组合，还是各种现代化新技术的利用等，在节能降耗、改善环境、降低成本、提高经济性等方面都尚有余地。

③ BDO 产量的一半需要转化成 THF，而大部分的 THF 要转化成 PTMEG 进入市场，这种转化都需要另外的化学品（例如异氰酸酯、对苯二甲酸、丁二酸等）与之反应生成市场需要的产品。因此新建装置或原有生产装置改扩建，就要考虑下游产品 THF、PTMEG 等联产，尽可能靠近配套产品产地，甚至自产，避免重复建设回收、精制系统，从而降低生产成本，节约包装运输费用。

④ BDO 产业链的产品性能优异，可调整改性的余地较大，规模较大的生产企业应配备一定的科研人员进行新产品开发和装置的改进，做好售后服务。

⑤ 拓展应用市场，为用户提供快捷、方便、高质量的产品，消除中间环节，是有利市场开拓的关键。例如氨纶生产，由干纺、湿纺发展到熔融纺避免了氨纶企业重复建设聚合、溶剂回收等装置，聚氨酯预聚产品等使得用户使用方便。

⑥ 一系列生物质技术以及二氧化碳人工合成淀粉技术等前景诱人。但要与石化原料BDO合成技术比较，无论是生物质原料的选择、收集、过程效率、生产规模，还是经济性等都无法与石化原料技术相比，因此短期内不可能形成较大的生产力。

七、1,4-丁二醇产业链的中心已由西方转移到中国并得到大发展

20世纪90年代，随着亚洲特别是中国对BDO产业链下游产品PBT和PU弹性纤维需求的急剧增长，首先是产业链下游产品的生产和市场迅速转移到中国，改变了全球整个产业链的布局，拥有产业链核心技术的跨国公司看准了这一难得的发展机遇，纷纷以技术转让、直接投资、合资等方式在中国建厂。进入21世纪，随着中国加入WTO，这种趋势愈演愈烈，短短的10年间，不但完成了产业链的大转移，而且使整个产业链的产能和产量、需求量翻了一倍，10年跨越了50年的发展，产业链在中国得到进一步的大发展。

全球BDO自1930年第一套装置投产以来，历经90年的发展，2020年产能已达到385万吨之多。其中中国的产能为222.4万吨，占全球产能的58%。2000年以后，一些传统的拥有技术及产能的欧美国家和地区BDO的产能增加很少，亚洲国家，特别是中国的BDO产能成倍增加，2023年后中国BDO产能将突破1000万吨/年。除长三角、珠三角外，将在新疆和内蒙古形成新的产业链生产和消费中心。

八、产业链的进一步发展孕育着新的机遇、变革和动力

产业链的进一步发展将面临全球能源、环境、消费结构调整等一系列问题：其一是全球能源更加趋于可再生及清洁化，石油消费将减少，天然气的消费将大增；其二是煤化工可能以规模化、一体化、基地化的新面貌再度兴起，特别是煤制烯烃、煤制油、煤制乙二醇等大型装置在中国的兴建，及非常规岩层油、气、煤层气的开采利用，大有与石油化工形成竞争与互补之势；其三是生物质可再生资源BDO技术已初具产业化前景，进一步开发利用、循环经济的呼声高涨；其四是环境污染、气候变暖、减排等压力，及生物可降解制品的发展，使传统的石油化工产业的发展面临新的挑战和机遇；其五是新能源、高铁、城市交通等对BDO产业链构成新的具有发展潜力的市场需求，以及全球制造业的进一步转移，发展中国家城市化水平、人们对物质生活的要求进一步提高……所有这一切既会给石油化工整体产业链发展带来机遇和挑战，同样也会给石油化工产业链中的重要一环——BDO产业链的发展带来动力，也可能是竞争优势，或者造成困难，

甚至阻力。既激励，也会逼迫产业链进行变革和发展。产业链的生产者要勇敢面对这些现实的问题，积极应对。只有将产业链建立在环保、可持续发展的基础之上，再来考虑科学技术进步、产品的经济性及社会价值，做到消费和经济增长、环境友好、促进社会进步，产业链才会存在、进步、扩大和发展。

九、能源结构的变化和石油化工的发展对产业链发展的影响[7,33-34]

1. 中东石油化工的崛起

中东产油国家，如沙特阿拉伯、伊朗、阿联酋、卡塔尔等，利用本国天然气、油田气中的乙烷、丙烷等轻质烃为原料，建成一系列规模大、技术新、生产成本低的大型乙烯、丙烯等生产装置，并在此基础上建成了一批大型聚乙烯、聚丙烯、环氧乙烷、乙二醇等生产装置，其目标对准全球石油化工市场，特别是中国的市场。中东石化产品的冲击很可能给我国石油化工产业链的进一步发展带来竞争和挑战，我国处于竞争劣势的石化产品很可能改由从中东进口，进而发展下游加工产品。由于中东以轻质烃为原料制取乙烯、丙烯，不副产 1,4-丁二烯，哄抬了全球丁二烯的价格，因此以丁二烯为原料的丁二醇技术将被淘汰。沙特阿拉伯的 Gulf Advanced Chemical Industries 公司已建成和投产 7.5 万吨/年以丁烷为原料的 1,4-丁二醇装置。中东有丰富而廉价的丁烷原料，进一步的发展可能会对中国的 1,4-丁二醇生产构成竞争。

2. 全球石油新版图的显现

在过去的 60 年，世界石油版图一直是以中东为中心，中东的石油生产一直是全球主要能源来源。而现在一张新的石油版图正在日渐清晰，技术的发展使加拿大的“油砂”、巴西的“盐下油”、美国的“致密砂岩油”从边缘资源转变为重要的能源。这一石油新版图在西半球，北起加拿大的阿尔伯塔省，向南穿过美国的北达科他州和得克萨斯州的南部，再经过法属圭亚那沿海新发现的大油田，最后到达巴西附近发现的海上超大油田。现在加拿大的油砂产油量已达到日产 150 万桶，再过十年将翻番到日产 300 万桶，源源不断地出口至美国，减少了美国对中东石油的依赖。而美国的页岩油产量目前已达 950 万桶/日，在原油总产量的占比超过 60%。巴西的石油储量非常丰富，南部海岸有巨大的石油资源，但油层被埋在 1.6km 厚的盐层下，技术的突破使巴西的石油产量大增，预计到 2025 年巴西原油日产量将达到 500 万桶以上，相当于沙特现在产油量的 40%。加上墨西哥、委内瑞拉等产油国，美洲的原油产量将与中东不相上下，全球第一石油消费国美国必然将加大本地区原油供应，而大大减少中东石油进口。这种趋势必然会使中东石油更多地转销往亚洲，特别是中国等能源消费大国。另一种可能是更加刺激中东地区石油化工的发展，冲击全球石化产品市场。巴西、墨西哥、委内瑞拉等产油国也会利用本国的石油资源发展石油化工工业，继中东后崛起另一个石油化工中心。美洲凭借廉价而丰富的石油资源，必然会给现已形成的全球石油化工格局带来巨大冲击，生产中心的再次转移在所难免。

3. 非常规天然气的前景喜人

页岩气、煤层气、致密气以及天然气水合物统称为非常规天然气，是近些年全球大力开采的新能源，前景喜人，大有改变全球能源格局、调整能源结构之势。页岩气是藏在页岩中，成分主要是甲烷的另一种天然气，储量丰富、分布区域广。据预测全球页岩气资源量为456万亿立方米，相当于全球煤层气和致密气的总和，是常规天然气资源量的2倍。煤层气俗称瓦斯，主要以吸附态赋存于煤层中，主要成分是甲烷、乙烷等烃，还有二氧化碳、氮气、硫化氢等组分。据估计全球埋深于2000m的煤层气资源约为240万亿立方米。美国是全球能耗最多的国家，有49.38万亿立方米的技术可采天然气储量，其中非常规天然气的储量占60%。2009年美国以6240亿立方米的天然气产量首次超过俄罗斯，成为全球第一产气大国。其产量的增长，主要来自非常规天然气的产量。2007年美国页岩气产量占天然气总产量的12%，到2013年上升到35%。页岩气的大量开采将影响全球油气供销格局，美国降低了本国常规天然气的产量，缓解了本国高能源产业成本的压力，减少了从加拿大进口管道天然气及由中东等国进口液化天然气量，迫使全球天然气价格低迷。

另一种潜在的能源是天然气水合物，据保守估计，全球天然气水合物所含有机碳的总资源量，相当于全球已知煤、石油、天然气总量的两倍，其主要成分为甲烷，$1m^3$的天然气水合物含$164m^3$的常规天然气。虽然现在还没有工业开采，但前景是非常诱人的。从发展来看，专业人士预测，21世纪全球能源结构将是气、石油、煤的时代。未来廉价天然气可能作为石油化工原料，与石油原料竞争。预计产业链的进一步发展，也可能会是以天然气为依托，或者Reppe法再次成为这一产业链的主体。

4. 可再生新能源的发展还不明朗

纵观全球主要国家近30年能源结构的变化，能源安全、环境恶化、气候变暖，促进了风能、太阳能、生物质能等可再生能源的发展进程。但至今化石能源仍是世界各国的主要消费能源，以美国为例，能源消费中煤占23.7%，石油占38.9%，天然气占23%，核能占9.3%，水电占0.9%，其他占4.2%，非化石能源只占14.4%。短时间内，煤、石油、天然气等化石能源仍将是全球能源的主体，因此，依附于化石能源的石油化工也不可能例外。一些传统石化产品已开发出由可再生的农副产品生产的技术，例如糠醛法 THF、生物发酵法丁二酸和 BDO 等，尽管前景诱人，但是仍无法与强大的石油化学工业竞争，BDO 产业链仍然会长期存在于石油化工大产业链内。

第二节 1,4-丁二醇产业链在中国的现状和发展

一、中国 1,4-丁二醇产业链的现状和地位[33-34]

在 20 世纪末及 21 世纪初十多年的全球制造业产业链的大转移中，BDO 产业链从技术、生产到市场，由欧美等西方发达国家和地区转移到中国。近十多年来西方有关产品的产能和产量发展减缓或停滞，一些传统的拥有技术和市场的跨国公司，纷纷以技术转让、合资、直接投资建厂等不同方式，将这一产业链的重心转移至中国，使中国的产能、产量迅速成倍增长，2023 年后中国 BDO 的产能将达到 1000 万吨/年以上，表 9-8 列出 BDO 产业链的主要品种中全球产能和中国的产能占比。

表 9-8 BDO 产业链主要产品全球产能和中国产能占比

产品	年份	全球产能(包括中国)/(万吨/年)	中国产能/(万吨/年)	中国产能占比/%
1,4-丁二醇	2020	385.0	222.4	57.8
四氢呋喃	2021	177.0	83.0	46.9
γ-丁内酯	2022	126.5	49.5	39.1
2-吡咯烷酮	2022	68.7	53.2	77.4
聚乙烯基吡咯烷酮	2021	10.71	5.7	53.2
聚丁二酸丁二醇酯	2022	72.8	67.3	92.4
聚对苯二甲酸丁二醇酯	2022	188.6	148.0	78.5
二苯基甲烷二异氰酸酯	2020	334.0	102.4	30.7
聚四氢呋喃	2021	150.2	89.7	59.7
热固性聚氨酯弹性体	2021	136.6	92.4	67.6
热塑性聚氨酯弹性体	2021	60.6	41.0	67.7
氨纶	2021	133.8	97.2	72.6

由表 9-8 中数据可以看出，产业链上的主要产品中国的产能均占全球总产能的 50%以上。

二、中国对1,4-丁二醇产业链的贡献和竞争优劣势[15-31]

1. BDO产业链在中国的兴起和发展

1,4-丁二醇产业链在我国的出现可以追溯到20世纪80年代末和90年代初，首先始于下游产品聚氨酯弹性纤维的生产。在引进日本东洋纺干法溶液纺丝技术的基础上，山东烟台氨纶厂和江苏连云港杜钟氨纶公司开始生产聚氨酯弹性纤维，产能只有数百吨/年，两家企业经过多期的改扩建，到90年代末，生产能力分别达到2.0万吨/年及0.7万吨/年。与此同时，山东胜利油田也引进技术建成1万吨/年以丁烷为原料，氧化制MA，MA酯化加氢生产BDO的装置。山西三维集团引进美国GAF公司2万吨/年Reppe法BDO装置，一些以BDO脱水法制造THF、脱氢法制造GBL，及对苯二甲酸与BDO缩聚制造PBT等产品国内技术的小装置也相继投产。2000年初，氨纶生产的高额利润和生产技术的国产化，大大促进了氨纶产能的迅速扩大，但主要生产原料PTMEG仍完全依赖进口，影响了氨纶的发展。山东圣泉新材料股份有限公司打破这种局面，率先引进俄罗斯0.3万吨/年高氯酸法PTMEG技术，于21世纪初成功建成装置投产，促使全球这一产业链技术和产能的拥有者BASF在上海建设全球产能最大、技术最先进的丁烷氧化制MA，MA直接加氢生产THF/PTMEG，生产能力为6万吨/年的成套装置。在中国氨纶发展势头和丰厚利润的诱惑下，一些大的跨国公司纷纷通过转让技术和直接在中国投资建设BDO、THF、PTMEG等生产装置。这种上游、下游产品相互促进，不同经济体并驾齐驱的模式，只用了十年多的时间，就使中国的BDO产能从无到有翻了几番，完成了全球50年的发展过程，使中国成为全球这一产业链产能最多的国家。

2. 中国对BDO产业链的贡献

中国对BDO产业链发展的贡献：其一是中国经济的高速发展，先由下游产品氨纶的发展起始，与中国发达的纺织业、服装业很好地结合，大大促进了氨纶在中国的市场和需求不断上升。中国交通运输、汽车、家用电器等工业的发展，使产业链的另一主要产品PBT需求和产能迅速增加，从而大大促进了产业链产能的扩大。大约只用了十年多的时间，全球1/3多的产能和市场转移到中国。

其二是把被称为“贵族纤维”的氨纶“平民化”。由于产能的扩大，生产技术的进步，成本的下降，氨纶大量用于普通衣服的生产，让更多的人穿用，短短的几年，中国每人平均氨纶年均消费量已达到80～100g，与发达国家的占有量相等。大量纺织品和服装向全球出口，为市场的进一步扩大、产能的增加打下了基础。

其三是打破了跨国公司对技术的垄断。在 20 世纪 90 年代初，BDO、PTMEG 等生产的关键技术，跨国公司是不向中国转让的，正因为中国突破了氨纶的生产技术，使其产能迅速增长，跨国公司看到了这一有利的机会，才促使这一技术转让给中国企业，从而冲破了技术的垄断局面。

通过广大科技工作者多年不断的技术开发，我国已掌握并提高了 BDO 产业链的整体技术水平，并形成自己的专利技术，并提高了对生产、市场、消费的适应和应变能力，从而促进了全球 BDO 产业链产能的增加和市场的更新扩大。

3. 中国发展 BDO 产业链的优势

正如前述，BDO 产业链是石油化工大产业链中的一个分支，而石油化工产业链是依附于能源的，因此讨论产业链的发展与未来，首先要讨论其发展基础。

① 当前中国的能源结构是油煤并重、气有前途的多元能源结构，为 BDO 产业链发展提供了有力保障。中国既是各种能源的储量大国，也是全球能源的消费大国。我国 2022 年已探明的三种化石能源的储量分别为煤炭约 2070.12 亿吨，石油约 38.06 亿吨，天然气约 6.569 万亿立方米，分别为全球储量的 10%、1.1%和 1.5%。近年来在全球非常规天然气开发的热潮中，又增加了新的能源储量。我国非常规天然气的储量丰富，总资源量约 190 万亿立方米。其中煤层气 37 万亿立方米，居全球第三位。页岩气资源量达 100 万亿立方米，其中可采储量 26 万亿立方米，与美国相当，而且这一数字还在增加。这些页层岩气能源大都分布在中部盆地，以及珠三角、长三角在内的南方能源需求高的区域。

2021 年，中国能源消费总量为 52.3 亿吨标准煤，比 2020 年增长 3%。2020 年中国煤炭消费占能源总消费量的 56.8%，比上年下降 0.9%。2021 年中国天然气、水电、核电、风电、太阳能发电等清洁能源消费占能源消费总量的 24.3%，比上年提高 1%。今后中国能源结构将进一步调整，降低煤炭消耗，增加水电、核电、风电、太阳能发电、天然气等清洁能源的消耗，稳定石油消耗。在进一步节能降耗、减少二氧化碳排放的基础上，在节能减排和环境保护日益严峻的形势下，在新能源和智能化等技术进步和成本快速下降的推动下，随着全球能源沿着多元化、低碳化、分散化、数字化和全球化的方向加速转型，我国能源将进入一个能源转型发展的时代。

② 石化工业的发展为 BDO 产业链提供了坚实的基础。我国石油化工经过 10 多年的快速发展，代表石油化工发展水平的乙烯产能在 2022 年已达到 4675 万吨/年，2025 年将达到 7000 万吨/年，成为全球产能第一。一些基本有机原料的产能也占到全球总产能的 1/3 以上，为 BDO 产业链的进一步扩大和发展提供了坚实的基础。

产业链中产品生产所需的原料，仅占上述基础原料产能很少部分，因此可以说，产业链生产所需要的一些基本原料国内产能充足，有利于产能的进一步提高和扩大。

③ 相关工业的发展为BDO产业链提供了巨大的市场。经过多年的发展，产业链发展的支柱由PBT、氨纶，扩大到聚氨酯、可降解树脂等多种产品，其应用市场包括服装、电子、电气、建筑、飞机、汽车、火车等，高铁、新能源的建设也为其发展提供了广阔的空间。特别是建筑及服装市场，与人民生活水平的提高紧密相连。除了国内14亿人口的穿衣服饰外，纺织和服装业也是我国出口的强项之一，因此，BDO产业链发展的潜在市场广阔。

④ 城市化进程加速成为BDO产业链发展的坚强后盾。到21世纪前半叶，我国要实现“三步走”的战略目标，还将经历三个明显的发展阶段：2020年为建设小康社会阶段；2020～2035年为综合国力提升阶段，后工业化特征逐渐明显；2035～2050年达到中等发达国家的水平。其间，随着我国城市化进程的加快，数亿农民将变成城镇居民，随着生活水平的提升，人们对消费品的需求也将大大增加，内需将进一步扩大，对BDO产业链产品的需求将成为其发展的坚强后盾。

4. 中国发展BDO产业链的不足

① 由于关键技术大都是引进的，缺乏自主创新技术，不能形成完整的产业链的转移和转让。产业链重要产品生产技术国产化状况见表9-9。

表9-9 产业链主要产品生产技术国产化状况

产品名称	技术路线	国产化程度
1,4-丁二醇	乙炔-甲醛路线	国内已具有4.5万吨/年装置自主知识产权，并在河南义马建设装置投产（中国五环设计公司）
	顺酐酯化加氢	天津化工研究设计院掌握丁烷氧化制顺酐2万吨/年自主知识产权，顺酐酯化加氢已由中国石化抚顺石油化工研究院开发成功
	顺酐直接加氢	国内只有小规模气相及溶液加氢技术
四氢呋喃	1,4-丁二醇脱水法	以酸为催化剂，国内技术成熟，离子交换树脂法国内无技术
	顺酐加氢法	国内无大规模生产技术
γ-丁内酯	1,4-丁二醇脱氢法	中国石化北京化工研究院具有知识产权
乙烯基吡咯烷酮	乙炔法	国内已开发出生产技术
聚乙烯基吡咯烷酮		国内具有技术
PBT	DMT法	中国石化北京化工研究院具有间隙法技术
	直接酯化法	国内具有自主知识产权技术

续表

产品名称	技术路线	国产化程度
PTMEG	杂多酸法	中国科学院开发出2万吨/年技术
氨纶	干法溶液纺丝	我国掌握连续聚合及纺丝技术
	熔融纺丝	具有自己开发的融纺切片技术

② 产业链相当一部分产品的产能为外国在华公司生产，这部分产能为国内企业提供了生产原料，也对国内同行发展构成竞争。例如国内氨纶生产需要的原料 PTMEG，很大一部分由国外公司生产提供，对国内同行构成竞争。一旦这些公司在中国发展遇到困难，会很快转移到其他国家，将对我国产业链的发展带来影响。

③ 投资和建设装置带有一定的盲目性，一些产品，如 BDO、PTMEG、氨纶等面临产能过剩、开工率下降的险境。

④ 高端产品研发和产能不足，产业链附加值高的产品一般技术含量高、专利性强、垄断性生产明显、技术转让可能性小，需要自身开发，特别是一些高附加值产品。因此做强产业链的重要举措是加大对高技术含量产品的开发力度。

三、做强中国 1,4-丁二醇产业链

我国已成为1,4-丁二醇产业链的产能大国，但不是强国，因为产业链的许多关键生产技术，特别是高端产品的生产技术，我国还未形成自主知识产权，做强中国的 BDO 产业链还需要进行许多努力和创造。

1. 加强成套技术的开发，形成自主知识产权

由于 BDO 产业链上大部分产品的生产技术都是在引进国外技术的基础上发展起来的，对于产业链上的主要产品我国缺乏具有自主知识产权的成套技术。虽然有的通过不断的努力和开发，已形成自主知识产权，例如炔醛法1,4-丁二醇的生产技术、氨纶连续聚合和纺丝技术等，但这些技术和国外的技术比较还有一定的差距，特别是一些高端产品，例如高性能的 PBT、PVP 等。缺乏自主知识产权的成套技术，其一是影响国内产业链的完整，尽管我国的一些产能已出现饱和，开工率低，但一部分产品还需要依赖进口；其二是影响产业链整体转移。

2. 适时改变原料结构

1,4-丁二醇在我国主要采用炔醛法生产，乙炔采用电石制造。电石生产的原料是石灰石和焦炭，生产1t电石需要消耗3100kW·h电和1t标准煤，能耗大、

污染严重，二氧化碳排放量大，环境压力大，不是进一步发展的方向。国外乙炔生产早已改为天然气制乙炔，能耗、污染和碳排放要比电石法小得多。在我国能源结构调整中，将减少煤炭消耗，增加天然气的消费量。因此BDO产业链的发展应关注乙炔原料的转变，及时发展我国已有的天然气制乙炔技术。特别要注意煤层气资源的利用，煤层气含有部分二氧化碳、氮等惰性气体，分散，不易并入天然气输送管道中，产地接近我国现有的丁二醇生产装置，因此利用廉价、分散的煤层气制造乙炔，是值得进一步研究、评价、开发的技术。其次是随着民用天然气量的增加，会替换出一批液化气，液化气中含有一定量的正丁烷，进行分离和提纯，发展以正丁烷为原料生产BDO产业链的主要产品，是国外进一步发展和改进的方向。无论采用哪种技术，都要消耗大量的氢气，解决好氢源问题是提高经济效益的关键。

3. 上下游产品协同发展，减少中间环节，避免重复建设

重温氨纶的发展过程会得到很多启发。氨纶从最初采用的湿纺、干纺到熔融纺的发展过程就是减少了许多中间环节，扩大了生产，降低了成本。同样许多聚氨酯产品沿着这个方向发展，就会开辟出新的发展道路。

4. 实施产业链再转移

BDO产业链在我国不能无限制地发展，不能将全球的产能都转移至我国，在掌握自主知识产权的同时应及时将部分产业链产能，特别是低端产品的产能，适时向油气资源丰富的国家和地区转移。

参考文献

[1] 黄佩佩. 1,4-丁二醇的生产现状和发展 [J]. 当代化工研究，2002 (1)：48.
[2] 崔小明. 1,4-丁二醇生产技术研究进展 [J]. 上海化工，2019，44 (6)：27-31.
[3] 李延生. 1,4-丁二醇生产工艺技术比较及技术经济分析 [J]. 化学工业，2022 (2)：43-52.
[4] 谢君. 我国1,4-丁二醇生产技术分析及展望 [J]. 广东化工，2021 (21)：111-113.
[5] 黄佩佩. 1,4-丁二醇的生产现状和发展 [J]. 精细化工，2022 (1)：48-50.
[6] 满娟. 世界能源结构清洁化趋势明显 [J]. 中国石化，2010 (7)：52.
[7] 朱增蕙. 世界化学工业发展战略中的若干问题 [M]. 北京：化学工业出版社，2009：83，143，195.
[8] 张颖异，等. 新型洁净能源可燃冰的研究发展 [J]. 资源与产业，2011，13 (3)：50.
[9] 魏旭页. 岩气改变全球油气格局 [J]. 中国石化，2011 (9)：111-113.
[10] 单卫国. 世界石油市场变化趋势 [J]. 理论视野，2011 (3)：35.
[11] 周庆凡，等. 美国页岩气发展现状及对我国的启示 [J]. 中国石化，2011 (9)：15.
[12] 严绪朝. 中国能源结构优化和天然气的战略地位与作用 [J]. 国际石油经济，2010 (3)：2.
[13] 熊聪茹，等. 中国能源"气时代"浮出水面 [J]. 瞭望，2011 (25)：52-53.
[14] 张蓉蓉. 我国煤层气开发的现状及其对策 [J]. 石油与化工设备，2011，14 (4)：5.

[15] 高小超. Reppe 法 BDO 生产中乙炔净化工艺改进 [J]. 化工管理，2020（2）：94-95.
[16] 刘新. 1,4-丁二醇精馏残液制备四氢呋喃 [J]. 化工环保，2017，37（6）：703-706.
[17] 杨鑫. 林居超 Reppe 法 1,4-丁炔二醇装置改性研究 [J]. 四川化工，2021，24（4）：17-20.
[18] 李纲. 固定床镍-铝催化剂失活原因分析及解决措施 [J]. 能源化工，2020，41（2）：13-17.
[19] 李小定. Reppe 法 1,4-丁二醇三项催化剂的研究 [C]//第 22 届全国煤化工、化肥、甲醇行业发展技术年会论文集. 2013：388-392.
[20] Wang Yiduo，et al. Insight into the mechanism of the key step for the production of 1,4-butanediol on Ni（111）surface：A DFT study [J]. Molecular Catalysis，2022（524）：112335.
[21] 杨杰. 1,4-丁二醇精制过程中延长高压加氢催化剂使用周期的研究 [J]. 河南化工，2021（9）：47-49.
[22] 肖明. Reppe 法合成 1,4-丁二醇技术研究进展 [J]. 精细与专用化学品，2019，27（4）：44-46.
[23] 和进伟，孙凯，张方，等. 一种用于制备 1,4-丁二醇的低压加氢催化剂及其制备方法：CN 1068241 [P]. 2017-06-13.
[24] 胡燕，李耀会，章小林，等. 1,4-丁炔二醇加氢制 1,4-丁二醇专用雷尼镍-铝-X 催化剂的制备及活化方法：CN 1102744083B [P]. 2015-11-18.
[25] 马凤云，武洪丽，莫文龙，等. 用于 1,4-丁炔二醇加氢合成 1,4-丁二醇的镍基催化剂及其制备方法：CN 108097254A [P]. 2016-06-01.
[26] 郑陈华，魏宏斌，陈良才，等. 一种组合式处理 1,4-丁二醇生产废水的方法：CN 103253827B [P]，2014-05-21.
[27] 刘跃进，张光文，李勇飞，等. 一种从雷珀法生产 1,4-丁二醇的废液中回收 1,4-丁二醇的方法：CN 102659515B [P]. 2015-05-14.
[28] 周桢，颜李秀，周小华，等. 一种综合利用 1,4-丁二醇蒸馏底物的方法：CN 103849306B [P]. 2016-01-06.
[29] 袁鹏俊，洪缪. "非张力环"? -丁内酯及其衍生物开环聚合的研究进展 [J]. 高分子学报，2019，50（4）：327-337.
[30] 蔡韬，等. 二氧化碳人工生物转化 [J]，生物工程学报，2022，38（11）：4101-4114.
[31] 张璐，中科院天津工卫所马延和：二氧化碳人工合成淀粉吨级中试装置建成 [N]. 新京报，2023-05-28.
[32] 中国石油和化学工业联合会，山东隆众信息技术有限公司. 中国石化市场预警报告 [M]. 北京：化学工业出版社，2022.
[33] 刘敬彩. 原创业界热议 BDO 产业高质量发展路径 [N]. 中国化工报，2023-3-25.
[34] 侯梅芳. 碳中和目标下中国能源转型和能源安全的现状、挑战和对策 [J]. 西南石油大学学报（自然科学版），2023，45（3）：1-10.

缩略语表

缩略语	英文全称	中文全称
AA	adipic acid	肥酸，又称1,4-丁二甲酸、1,6-己二酸
ABS	acrylonitrile-butadiene-styrene terpolymer	丙烯腈-苯乙烯-丁二烯共聚物
BDO	1,4-butanediol	1,4-丁二醇
Bio-	biomass	生物质-
BT	butylene terephthalate	对苯二甲酸二丁二醇酯
BYD	2-butyne-1,4-diol	1,4-丁炔二醇，又称2-丁炔-1,4-二醇
CPVC	polyethylene, chlorinated	氯化聚氯乙烯
COPEs	copolyester-ether elastomers	共聚酯醚弹性体
DEM	diethyltoluenediamine	乙基甲苯二胺
DMT	dimethyl terephthalate	对苯二甲酸二甲酯
EVA	ethylene-vinyl acetate copolymer	乙烯-醋酸乙烯共聚物
GBL	gamma-butyrolactone	γ-丁内酯
HDI	hexamethylene diisocyanate	1,6-六亚甲基二异氰酸酯
4-HB	4-hydroxyl acide	4-羟基丁酸
MA	maleic anhydride	马来酸酐，又称顺丁烯二酸酐、顺酐
MBS	methylmethacrylate-butadiene-styrene	甲基丙烯酸甲酯-丁二烯-苯乙烯共聚物
MDI	methylene diphenyl diisocyanate	二苯基甲烷二异氰酸酯
4-MOCA	4,4′-methylenebis(2-chloroamiline)	4,4′-亚甲基二(2-氯苯胺)
NMP	*N*-methylpyrrolidinone	*N*-甲基吡咯烷酮
NVP	*N*-vinylpyrrolidinone	*N*-乙烯基吡咯烷酮
P4HB	poly(4-hydroxybutyrate)	聚4-羟基丁酸
PB	polybutadiene	聚丁二烯
PBAT	polybutyleneadipate-co-terephthalate	聚对苯二甲酸-己二酸丁二醇酯
PBS	poly(1,4-butylene succinate)	聚丁二酸丁二醇酯

续表

缩略语	英文全称	中文全称
PBSA	adipic acid-1,4-butanediol-succinic acid copolymer	聚丁二酸-己二酸丁二醇酯
PBST	poly(butylene succinate-co-terephthalate)	聚对苯二甲酸-丁二酸丁二醇酯
PBT	polybutylene terephthalate	聚对苯二甲酸丁二醇酯
PET	polyethyene terephthalate	聚对苯二甲酸乙二醇酯
PO	propylene oxide	环氧丙烷
PTA	pure terephthalic acide	精对苯二甲酸
PTMEG	polytetramethylene ether glycol	聚四氢呋喃，又称聚四亚甲基醚二醇
PVC	polyvinyl chloride	聚氯乙烯
PVP	poly(*N*-vinyl-2-pyrrolidinone)	聚乙烯基吡咯烷酮
PU	polyurethane	聚氨酯
RIM	reaction injection molding	反应注射成型
SA	butane diacid,succinic acid	1,4-丁二酸，又称琥珀酸
SAN	acrylonitrile-styrene copolymer	苯乙烯-丙烯腈共聚物
TDI	toluylene diisocyanate	甲苯二异氰酸酯
THF	tetrahydrofuran	四氢呋喃
TPEE	thermoplastic polyether ester elastomer	热塑性聚酯醚弹性体
TPU	Thermoplastic polyurethane	热塑性聚氨酯